U0791993

普通高等教育“十三五”规划教材

工程地球物理勘探

张宏兵　蒋甫玉　黄国娇　主编

中国水利水电出版社
www.waterpub.com.cn
·北京·

内 容 提 要

本教材由十章组成，以电法勘探、地震勘探、岩体弹性波勘探和地球物理测井四部分内容为重点，对其他一些常规、成熟的物探方法及某些新技术、新方法也作了全面的知识性介绍。教材中系统地介绍了这些物探方法的基本原理、物理实质、应用条件和资料解释方法。本教材为求条理清楚、深入浅出，注意地球物理与地质密切结合及在工程勘察实践中的应用。

本教材可作为高等院校工程地质及水文地质、勘查技术等专业工程地球物理勘探（或工程物探）课程的教材或教学参考书使用，也可供研究生和从事这方面工作的科研、工程技术人员参考。

图书在版编目（CIP）数据

工程地球物理勘探 / 张宏兵，蒋甫玉，黄国娇主编
. -- 北京 : 中国水利水电出版社，2019.11(2023.7重印)
普通高等教育“十三五”规划教材
ISBN 978-7-5170-8288-0

Ⅰ. ①工… Ⅱ. ①张… ②蒋… ③黄… Ⅲ. ①地球物理勘探－高等学校－教材 Ⅳ. ①P631

中国版本图书馆CIP数据核字(2019)第288778号

	普通高等教育“十三五”规划教材
书　　名	**工程地球物理勘探** GONGCHENG DIQIU WULI KANTAN
作　　者	张宏兵　蒋甫玉　黄国娇　主编
出版发行	中国水利水电出版社 （北京市海淀区玉渊潭南路1号D座　100038） 网址：www.waterpub.com.cn E-mail：sales@mwr.gov.cn 电话：（010）68545888（营销中心）
经　　售	北京科水图书销售有限公司 电话：（010）68545874、63202643 全国各地新华书店和相关出版物销售网点
排　　版	中国水利水电出版社微机排版中心
印　　刷	清淞永业（天津）印刷有限公司
规　　格	184mm×260mm　16开本　21.75印张　529千字
版　　次	2019年11月第1版　2023年7月第2次印刷
印　　数	1501—3500册
定　　价	**60.00**元

前言

本教材在河海大学周天福老师主编的《工程物探》(由水利部科教司教学委员会组织编写)的基础上进行了修订编写，适合高等院校工程地质及水文地质、勘查技术等专业开设工程地球物理勘探(或工程物探)课程的需要。鉴于物探方法多，而本课程在非地质类和石油类高校所分配到的学时有限(54学时)，故在内容取舍上，以电法勘探、地震勘探、岩体弹性波勘探和地球物理测井为重点，对其他一些常规的、成熟的物探方法及某些新技术、新方法尽量作全面的知识性介绍。书中系统地介绍了这些物探方法的基本原理、物理实质、应用条件和资料处理解释方法。本书为求条理清楚、深入浅出，注意地球物理与地质密切结合以及在工程勘察实践中的应用。在教材内容的取舍上同时考虑了地质、环境地质、岩土工程、建筑工程、矿业等相近专业学生学习物探的需要。

本教材与周天福老师主编的《工程物探》相比，在电法勘探方面，重点突出了阵列电阻率方法，增加了探地雷达、瞬变电磁法；在地震勘探方面，重点突出了地震资料的处理方法和解释方法；在岩体弹性波勘探方面，在原岩体声波探测的基础上，增加了隧道超前预报、井间弹性波勘探、水域弹性波勘探、面波勘探和常时微动等方法；在地球物理测井方面，增加了水文地质参数测井方法。其中，常时微动和水文地质参数测井方法等内容主要参考了王兴泰老师主编的《工程与环境物探新方法新技术》；反射波法解释内容主要参考周绪文老师编的《反射波地震勘探方法》。

参加本教材编写工作的有河海大学张宏兵(绪论、第八章、第十章)、蒋甫玉(第一至第四章、第九章)和黄国娇(第五至第七章)。全书由中国地质大学(武汉)顾汉明教授担任主审。在编写过程中，得到河海大学同事及兄弟院校、生产科研单位的大力帮助，在此一并致谢。由于水平有限，教材中的缺点和不足之处在所难免，敬请读者批评指正。

编著者

2018年10月于南京

目录

绪　论

一、地球物理勘探的概念

地球物理勘探，简称物探，是一种对天然存在的或人工建立的地球物理场进行观测，借以查明地下岩体的地质构造，寻找矿产或解决各种水文、工程地质和环境地质问题的勘探方法[1,2]。

所谓地球物理场，指的是存在于地球及其周围的具有物理作用的空间。例如，具有重力作用的空间称为重力场，具有磁力作用的空间称为磁场，具有电流作用的空间称为电场，等等。众所周知，组成地壳的各种岩（矿）体在某些物理性质方面往往有明显的差异。例如，相对于周围的岩体而言，磁铁矿的磁性强，金属硫化物的导电性好，放射性矿体的放射性强，等等。这些差异会引起相应的地球物理场的局部变化，这种变化称为地球物理异常。地球物理异常按物理场的性质可分为重力异常、磁力异常、电性异常、放射性异常等。用专门的仪器测量物理场的分布状况，通过分析和研究物理场异常变化规律，并结合当地的地质资料，推断出地下一定深度范围内地质体的分布规律，从而达到地质勘探的目的。

地球物理异常是相对于其正常场的偏差。正常场是由具体物理参数均一的岩体所决定的地球物理场。其均一性与研究范围大小有关。地球物理异常按范围大小可分为大陆异常、区域异常（几千至几万平方公里）和不同级别的局部异常（小于几千平方公里）。在进行具体物探时，常利用的是区域异常和局部异常。在研究局部异常时，可将地球正常场、大陆异常和区域异常之和视为正常场，作为背景值，认为它们对研究范围内的影响是稳定的。有了这样的概念，就可能根据异常的级别划分出场的某些假定的正常场水平，从而突出有用的异常。

必须指出，我们观测到的地球物理场都是由正常场、各种异常场和干扰场叠加而成的。所谓干扰，是指能使地球物理场的测量结果发生畸变，致使解释推断困难的所有因素。例如，由于上覆岩层和下伏岩层的影响，断面上部的不均匀性、局部地形等引起的干扰是地质成因的干扰；而场的短期变化、游散电流等的干扰则是非地质成因的干扰。干扰可以是随机的，也可以是非随机。有的干扰可以通过技术和计算手段消除，有的干扰是无法消除的。在物探工作中，必须从干扰背景上划分出由被探测地质目标所引起的异常，并对其作出定性的和定量的解释。

由此可见，物探方法与一般地质勘探方法不同，它具有一定的透视性。它并不直接观测研究出露于地表的岩（矿）体和地质构造，而是凭借仪器观测地球物理场的变化，以查明地下的地质问题。透视性、效率高、成本低是物探方法的最大优点。在工程地质勘察中，合理地应用综合物探，不仅可以指导钻探的布置，减少钻探和野外工作量，缩短勘察周期，降低成本，而且可以填补难以进行钻探工作地段的地质“空白”。但是，也必须认识到物探技术的应用具有一定的条件性和局限性，解释成果有时具有多解性的缺点。例如石灰岩和花岗岩，它们的纵波速如果都是5000m/s的话，用地震勘探就不能区分它们。但这两种岩石的磁性不同，用磁法勘探测得花岗岩一侧磁场较强，达1000γ，石灰岩一侧磁场较弱，仅200γ，很容易将它们区分出来。如果是一个深埋地下的小溶洞，虽然洞中水的电阻率比石灰岩低得多，但它的存在不足以改变电场在地面上的分布状态，电法勘探就不能发现它。这反映了物探的条件性。此外，同一物理现象，可以由多种不同因素所引起，例如地震波初至时间的延长，可以由地震波行经距离的延长引起，也可以由地层弹性波速度的降低引起。这反映了物探的多解性。

工程物探的特点是：探测的地质目标埋藏浅、形体小；干扰因素多，要求精度高；要求与地质、钻探、工程施工相配合，工作周期短，提交成果要快；要提供岩土体物理力学参数及某些工程特性参数。在工作中要想取得较好的地质效果，需要根据具体的地质条件，合理地选用综合物探方法，按一定的地质-物理模型和最优化工作程序进行工作，并与地质、钻探、实验等勘察手段密切结合，进行综合研究，以利于更好地解决各种地质问题。

二、地球物理勘探的分类

地球物理勘探是一门应用科学，它利用的物性参数多，场源、装置形式多，观测内容或测量要素多，应用范围广。为实现不同探测目标，适应多种地质条件，物探方法、种类十分繁多。随着物探应用领域不断地扩大和科学技术地发展，还会涌现出许多新的方法。

（一）按地球物理场的性质分类

1. 电法勘探

电法勘探是以岩（矿）体电性差异为基础的一大类物探方法。目前，在电法勘探中已经利用的岩（矿）体的电学性质有导电性、电化学活动性、介电性及导磁性。岩（矿）体的任何一种或数种电学性质的差异或改变，均能引起与其有关的电场或电磁场（天然存在的或人工形成的）在空间分布状态方面发生相应的变化。因此，人们便可在地面、空中、海洋、钻孔或地下坑道中，用仪器观测电场或电磁场的分布特点和变化规律，查明地质目标在地壳中的存在状态（大小、形状、产状和埋藏深度）及电学参数值的大小，从而实现电法勘探的地质目的。按照所观测的电场来源类型，电法勘探的基本方法及其应用范围见表0-1。

表0-1　　电法勘探分类简表

场的来源	基本方法	应用范围
天然场	自然电场法	探测地下水流向及地下水同地表水的补给关系；检查库坝漏水点；普查找矿
	大地电磁法	探查区域地质构造
人工场	电阻率剖面法	地质填图；追索断层破碎带和古河道；追索各种高低阻地质体的分布及接触面；探查岩溶发育带及覆盖层下的基岩起伏；查地热田
	电阻率测深法	划分倾角很小的岩层界线，探查基岩起伏、埋深、风化岩厚度；确定含水层厚度、埋深；划分咸水、淡水界线；探查地质构造；查地热田
	激发极化法	普查找矿；划分含泥质地层；确定含水层埋深，探查含水层、溶洞、断层带、裂隙带；追索古河道
	充电法	追索地下暗河、含水裂隙带；测地下水流速、流向；研究滑坡；了解低阻地质体分布范围和形态；探查良导矿
	电磁法	地质填图；找水；划分岩层界线，探测地质构造；探测暗河、溶洞、地下电缆和金属管道

2. 地震勘探

地震勘探是以岩（矿）体弹性差异为基础的一类物探方法。它根据人工激发所产生的地震波在地下传播过程中遇到弹性性质不同的分界面时所产生的面波、反射波、透射波或折射波等，利用地震仪在地面接收记录地震波的传播时间，再结合波的传播速度资料，就能确定界面的埋藏深度和产状。此外，还可以根据波速、波形、振幅、频率等方面的资料进行岩性的研究，提供岩体力学参数。

地震勘探也有许多分支方法，目前比较常用的是反射波法和折射波法。

岩体声波探测法是利用频率较高的声波或超声波来测定岩体弹性性质的一种物探方法。由于其波长较短，易被岩体吸收，探测范围较小，所用仪器和工作方法也与地震法不同，独立成为工程地质勘察中不可缺少的测试手段。它能对岩体质量、混凝土构件质量、水泥灌浆效果作出评价[3]。

3. 重力勘探

重力勘探是以岩（矿）体密度差异为基础的物探方法。岩（矿）体密度的差异会使地球重力场发生变化，从而引起重力异常，用仪器观测并分析研究重力异常，就能探查地下地质结构、地质构造和矿床、地热田分布情况。

微量力勘探是通过测量重力场的微小变化（微伽）来研究地质构造和工程地质问题的一种方法。它能探测地下的断层破碎带和洞穴，检查水泥灌浆效果，监测地震和岩体的稳定性等。

4. 磁法勘探

磁法勘探是以岩（矿）体磁性差异为基础的物探方法。借助于专门仪器进行地磁测量，获得磁异常的资料，分析磁异常与地下磁性地质体的对应关系，可反推磁性地质体在地下的分布和产状特征。磁法勘探主要用于找矿、找热水、地质填图和研究深部地质构造问题。

5. 放射性勘探

放射性勘探是以岩（矿）体放射性差异为基础的一类物探方法。它主要是测量地壳内天然放射性元素放出的射线强度和气态放射性元素氡（Rn）的浓度，以达到解决有关地质问题的目的。放射性勘探有很多种方法，如自然伽玛法、中子法、伽玛-伽玛法、中子-伽玛法、静电 α 卡法、α 径迹法、^{210}Po 法、同位素示踪法等。放射性勘探除用于寻找放射性矿和油气田外，还用于地质填图、划分岩层界线、确定含水层位置、寻找基岩地下水、探测地热和地下热水、测定岩土体的密度、测定河水泥沙含量、研究大坝渗流问题等方面。

（二）按观测场所分类

根据观测场所的不同，地球物理勘探可以分为：①航空物探；②地面物探；③海洋物探；④地下物探（将仪器置于地下坑道、钻孔中进行观测）。此外，利用卫星在宇宙中进行重磁法、无源无线电法、红外探测的就称为卫星地球物理勘探。

（三）按应用范围分类

地球物理勘探按在生产实践中应用的范围，可以分为：①区域物探；②固体矿产物探；③油气田物探；④工程及水文物探。

物探方法地质效果的好坏，不仅取决于方法的种类，还与地形地质条件的复杂程度、仪器性能、干扰水平及人的主观作用等因素有关[4]。实践证明，只有充分发挥人的作用，选择最佳探测方法组合，优化工作程序，选择适当的观测方法，与地质密切相结合，才能确保物探的地质效果，发挥物探的独特优势。

三、工程物探的主要任务

1. 区域稳定性评价和工程选址

在杭州湾核电站选址的地球物理调查中，先后进行了大中小比例尺的重力、电磁、地震、α径迹、汞气测量、声波和岩土动力参数等的测定，并广泛收集了区域地质地震资料，查明杭州湾位于江南断槽带，它是重磁力升高区（图0-1），为前震旦系深变质岩组成的稳定断块。莫霍面呈平板状，埋深29～30km，无明显梯级带。从由卫星重力测量计算结果编制的地幔对流应力场得知，杭州湾是一个远离孕震活动带的地幔对流平稳区。对电站半径8km范围内长度大于1.5km的断层，特别是第四系断层、全新世断层的位置、形状、产状、活动性的调查表明，核岛区是一个新构造运动不强烈、第四系活动断层不发育的稳定地区[5]。

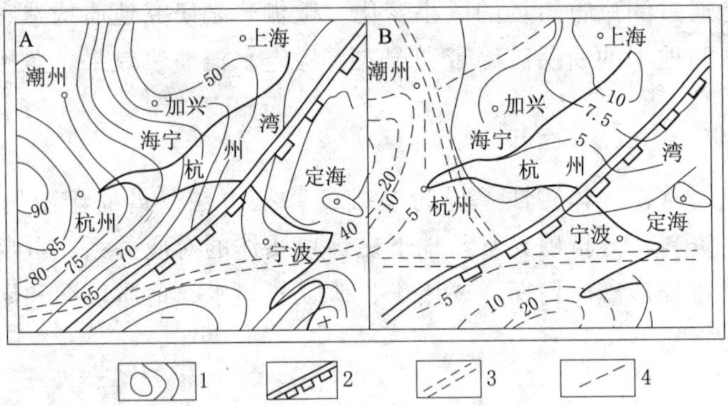

图0-1　沪杭区重磁向上延拓等值线图

A—航磁图（向上延拓30km，单位为nT）；B—重力图（向上延拓25km，单位为mGal）；

1—正负重磁等值线；2—地壳断裂；3—基底断裂；4—策层断裂

在工程选址方面，我们以黄河小浪底竹峪坝址选择为例。原先认为该坝址地质条件较好，覆盖层不厚，施工条件较理想，是个好坝址。浅层地震勘探查明覆盖厚达50m，钻探结果证明物探精度达99%。最后改变了竹峪坝址的勘探布置，节省了费用。这说明物探为坝址比较发挥了侦察兵的作用。

2. 覆盖层和风化层的探测

在坝址、厂址、码头及其他地基勘察中要分别探测覆盖的总厚度，各分层厚度和埋深，各层的密度、干容重、孔隙度和透水性，覆盖层中古河道的位置，河谷深槽和基岩起伏等，主要采用电法勘探、地震勘探、水声勘探和各种测井方法。

在坝址和主要建筑物区探测基岩风化层，主要使用初至折射波法和电测深法，辅助使用浅层反射波法和对称四极电剖面法。图0-2为浅层折射波法在叶甸工区获得的覆盖层厚度分布结果。在条件有利时，可用电阻率测井、地震波测井、声波测井及放射性测井，在钻孔和平洞中对风化岩体进行详细的分带。

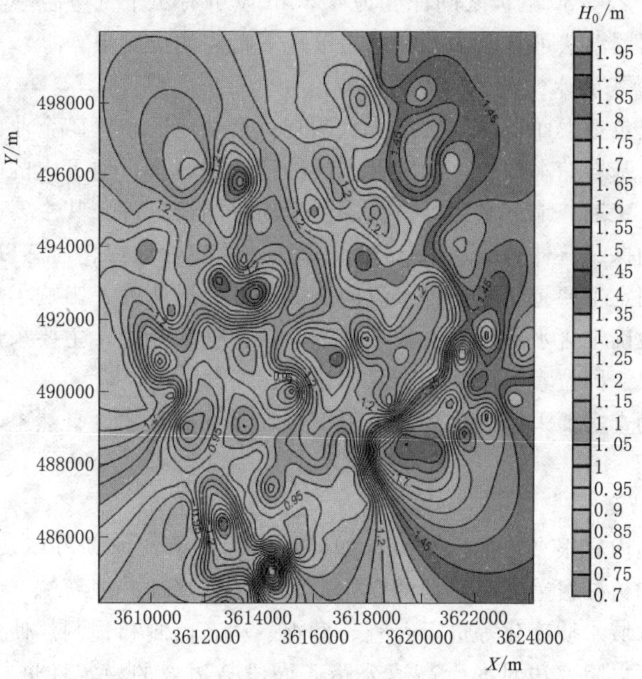

图 0-2　叶甸工区表层结构调查的覆盖层厚度 H_0 等值图

（中石化南方勘探开发分公司提供）

3．隐伏断层破碎带的探测

要查明隐伏断层破碎带的位置、规模、分布和延伸情况等，主要用地震勘探、电法勘探中的电阻率法、激电法、充电法、自然电场法、甚低频法、微重力法、静电 α 卡法等。

4．喀斯特探测

喀斯特探测主要是探测建筑区岩溶漏斗、溶洞、暗河的平面分布和岩溶地下水的分布等情况，主要使用电法勘探中的电测深和电测剖面法、自然电场法、激发极化法、甚低频法、PS（Petro-Sonde）岩性测深法、无线电波透视法、声波透视法、地质雷达、微重力法等。这些方法也可用于探测煤矿采空区、废弃坑道及其他洞穴。图 0-3 为广西德保县

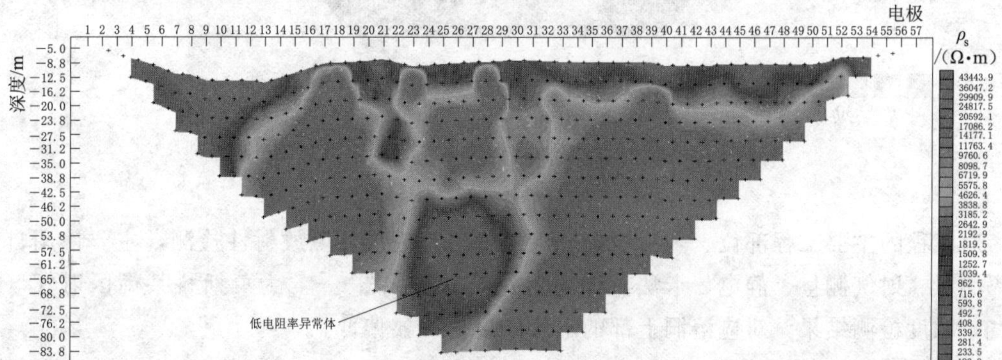

图 0-3　那甲乡多凌屯某测线的微分测量装置的电阻率剖面

那甲乡多凌屯的高密度电阻率法中微分测量装置的电阻率反演结果，可以发现，在20m以上为覆盖层，在23～30电极之间深度为42.5m以下有1个低电阻率异常体，即灰岩中的溶洞。此外，用测温法可查明水下和地表下地下暗河的出露点。

5. 地下水的勘查和水文地质参数的测定

地下水的勘查包括大面积的区域地下水调查；个别地区和厂矿企业的水煤勘查；查找古河道、洪积扇、基岩储水构造；确定含水层的埋深和厚度，地下水的赋存、运动、补给关系；区分咸淡水；勘查地下水污染情况以及库坝渗漏情况等。其主要采用电阻率法、激发极化法、地震勘探、甚低频法、PS岩性测深法、放射性勘探、遥感以及各种测井方法。水文地质参数的测定主要是测定地下水流向、流速、渗透速度、影响半径，在条件有利时配合水文地质实验确定含水层导水系数、渗透系数、桶水量等，主要采用各种测井法、自然电场法、充电法、同位素示踪法、电阻率法等。

地下热水的勘查主要采用测温法、电阻率法、激发极化法、自然电场法、重磁法、静电α卡法等。

6. 环境地质勘测

这方面的探测内容很多，面广量大，如对水域面积、江河湖海岸及滩涂变迁，沙漠、冰川冻土、森林和植被覆盖、可耕地的变化，以及区域滑坡、泥石流、黄土崩塌、水土流失、地面塌陷、水域水质变化等进行普查、勘查、动态监测和预测。使用的方法是多种多样的。如用高密度电阻率法对襄十高速公路武许段某边坡的稳定性进行评价（图0-4）。当滑坡体上有钻孔时，可以用充电法确定滑动方向和滑动速度。又如1986年9月在杭州玉皇山脚下开凿隧洞，引钱塘江水更换西湖湖水时，就用自动测井仪在换水过程中测量水电阻率的变化，确定了更换水（混合流）的运动方向、路线、速度、分布形态，揭示了湖水更换的基本规律，为换水效果和经济合理的换水方案提出了依据。这是用物探方法开展环境保护和治理的成功例子。

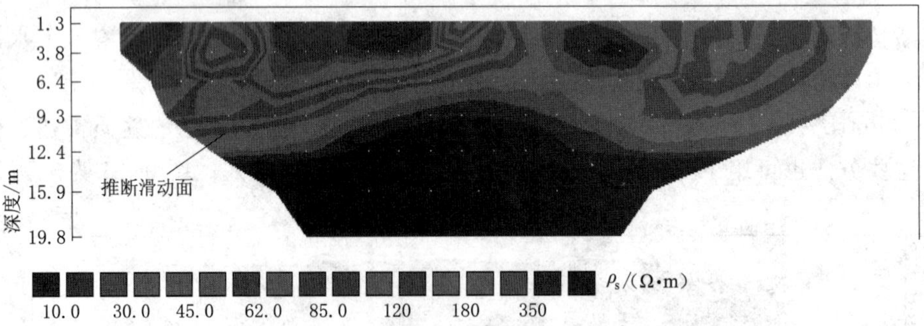

图0-4　襄十高速公路武许段某边坡的电阻率剖面

（湖北省神龙地质工程勘察院提供）

对工程的主要工程部位、生活设施、建筑材料等进行环境放射性检测，主要使用自然伽玛测量、射气测量、静电α卡法、伽玛测井等方法。图0-5为莫斯科某街区射气（或氡气）浓度检测结果，对应溶洞上部的氡气浓度值明显偏低。

7. 岩土体物理力学参数的测定

测定的内容主要包括电阻率、纵波速度、横波速度、密度、容重、动泊松比、动弹性模量、动剪切模量、动抗力系数、孔隙率、各向异性系数、地基承载力等工程设计所需参数，主要采用地面地震勘探、地震测井、地震跨孔原位测试、声波测试、声波测井、密度测井、电阻率测井等方法。例如，要修缮至今已有八百多年历史的杭州六和塔，但无建塔资料，于是用浅层地震法和跨孔地震法测定了塔基岩土体的物理力学参数，用直达波初至法测定了塔身的波速，计算了塔身自重和地基承载力，论证了地基是稳定的，可以承载。

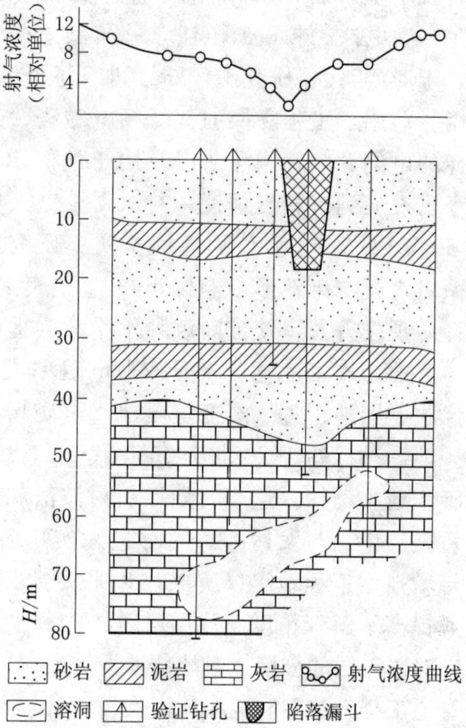

图 0-5　莫斯科某街区射气浓度检测结果

（广东省地科所，1988 年）

8. 建筑物和地基处理工程质量的无破损检验

其内容包括：①土木工程施工过程中的物理探测，如隧洞洞周和开挖面前方隐伏不良地质现象的探测，围岩松弛带的探测（图 0-6）；②施工影响的检测，如大坝坝基开挖和边坡开挖中爆破对岩体影响的探测；③施工质量的检验，如大坝混凝土强度的检测，桩基质量检测，地基加固处理效果的检测，灌浆质量的检测等，主要采用地震测试、声波测试和测井等方法。

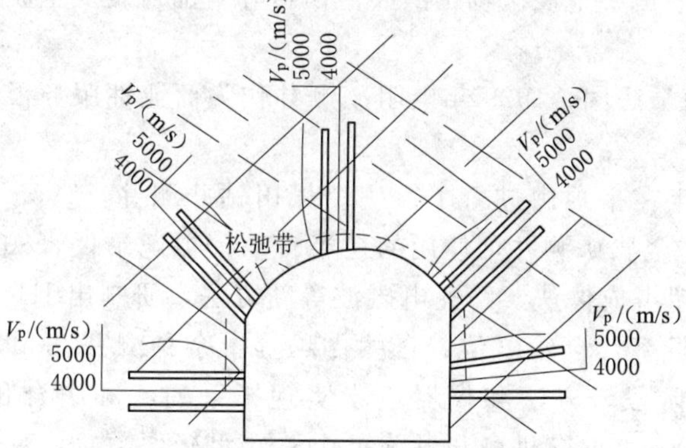

图 0-6　某地下工程围岩松弛带的探测[6]

9. 其他

在地基和建筑物卓越周期检测，地下古墓、古矿坑道、地下电缆和金属管道探测，石雕风化深度和防风化保护浆液渗入深度的探测等方面，都可以用工程物探方法取得良好的效果。

工程物探使用的方法在不断发展中，应用领域也将会不断扩大，工程物探在国民经济建设中必将发挥更大的作用。

四、我国工程物探的发展概况

电法勘探的兴起已有一个半世纪的历史[7,8]。在中华人民共和国成立之前，我国电法勘探的基础极其薄弱。仅有少数人，如丁毅在 20 世纪 30 年代、顾功叙在 40 年代试用电法找铁矿。中华人民共和国成立之初，随着国家建设迅猛发展，采用电探方法大规模地开展了地质勘探。1957 年试用了激发极化法，20 世纪 70 年代初陕西第一物探队首创激电衰减时找水法，石油部门用激电法找油气亦获成功。接着又先后引进了频率域（即“交流”）激电法、频谱激电法，并研制了相应的观测仪器，使激电法不断发展。电磁法的应用始于60年代，研究工作断续进行了近30年，仍处于实验研究阶段，没有在生产中推广应用。但用于工程物探的甚低频电磁法、磁偶源频率测深法、无线电波透视法，用于煤田勘探的电偶源频率测深法以及用于油气田和深部地质构造研究的大地电磁法却发展较快。至今已发展到有相当规模，并取得了令人信服的地质效果。对直流电法的地形改正，我国在60年代进行了多种物理模拟实验研究，在70年代初又提出了“坐标网模拟转换法”，用微机进行二维地形影响校正。从70年代中期开始发展电测资料的数字（电算法）自动解释，现已普及，使推断解释水平大为提高。

目前，高密度电法（或阵列电阻率成像法）、超高密度电法、单孔或井间直流电阻率成像法、探地雷达、瞬变电磁法、电磁场正演数值模拟和电阻率反演等是研究热点。

地震勘探始于20世纪20年代[9]。我国从1951年起运用地震法勘探石油，1957年开展工程地震勘探。这段时期以折射波法和透射波法为主。70年代浅层反射法才逐渐兴起，但发展较快，与发达国家同时进入实用阶段。80年代初，落后的多道光点示波地震仪被信号增强型工程地震仪所取代，采集数据记录在磁带（盘）上，在电子计算机上进行处理，提高了解释精度。浅层反射波技术在工程中的应用在近几年已逐渐增多。例如在龙羊峡水库对覆盖层的分层、三峡新滩滑坡勘察、上海地铁、黄浦江和武汉长江过江隧洞、南京过江管道工程、江阴和铜陵长江大桥选址、风陵渡黄河大桥工程选址等工程中，浅层反射法都取得令人满意的效果。1989年地震波速层析成象（CT）技术在二滩电站岩体质量研究中首获成功。同时，跨孔法、水声法、面波法、常时微动测量等新技术也相继得到应用。

目前，水域弹性波勘探、井间弹性波勘探、隧道超前预报（TSP）、高分辨率地震采集技术、高分辨率地震处理及解释技术、三维地震波场正演数值模拟和叠前地震及全波反演等是研究热点。

地球物理测井简称测井，1927年始于法国，1929年电阻率测井作为商业性服务很快被石油工业所承认[10]。

测井工作在我国起步较晚。1954年在平顶山进行了第一个煤田钻井测井，1955年后相继开展了工程物探测井、金属和非金属矿测井，使用的是半自动模拟记录仪。60—70年代末期发展了井中激发极化法、超声成像法、跨孔电磁波等新方法，研制出JH-1型全自动模拟综合测井仪，可作视电阻率、自然电位、自然伽玛等十余种测井。80年代，测井的数据采集系统跨入数字化阶段，方法和仪器逐步实现了系列化和组合化。JZS-1型车载数字综合测井系统、JXW-1型微机测井系统、JBS-1型轻便数字测井系统、JWT-4型跨孔电磁波仪就是代表。我国井中磁测在理论和方法技术上居世界领先地位。

目前，已经形成了电阻率测井系列、三孔隙度测井系列、弹性波测井系列、放射性测井系列、水文参数测井系列、成像测井系列和套后测井系列，其中电阻率成像测井、声波成像测井、核磁共振测井、交叉偶极子声波测井、随钻测井等是研究热点。

其他物探方法（如重磁、放射性勘探）在我国的发展也是从无到有，至今已取得了巨大发展。种类繁多的氡气测量技术已处于世界前列。

第一章　电阻率法勘探的理论基础

电阻率法是以岩土介质的导电性差异为基础的电法勘探方法。由于地下各种岩土介质的导电性能有差别，因而它们对人工电场的反应各不相同。在电阻率法中，供电电极将电流供入地下，建立起稳定电流场，电测仪器经测量电极接地，通过观测和研究人工电场的分布规律，进而推断地下地质体的分布和产状，达到解决某些地质问题的目的。用电阻率法解决地质问题时，必须知道岩土介质的电阻率大小及不同导电性地质体存在时电场的变化和分布规律。为充分了解电阻率法的基本原理，本章将主要讨论岩土介质电阻率及人工电场的有关知识。

第一节　岩土介质的电阻率及其影响因素

一、岩土介质的电阻率

在电法勘探中，用来表征岩土介质导电性好坏的参数为电阻率 ρ 。由物理学得知

$$\rho = R\frac{S}{L} \tag{1-1}$$

式中：R 为电阻；L、S 分别为导体的长度和横截面积。

式（1-1）表明电阻率是表征导体材料导电性的物理量，由材料性质决定。电阻率在数值上等于电流垂直流过单位横截面积条件下，单位长度导体的电阻。其单位为欧姆·米或记作 Ω·m。物质的电阻率越低，其导电性越好；反之，若物质电阻率越高，则其导电性越差。现将常见岩土介质的电阻率列于表 1-1，以供参考[11]。

表 1-1　常见矿物岩石的电阻率　　单位：Ω·m

类别	名称	电阻率	类别	名称	电阻率
矿物	磁铁矿	$10^{-6}\sim10^{-3}$	沉积岩	页岩	$50\sim3\times10^{2}$
	石墨	$10^{-6}\sim10^{-3}$		砂岩	$10\sim10^{3}$
	黄铁矿	$10^{-3}\sim1$		砾石	$10\sim10^{4}$
	方铅矿	$10^{-3}\sim1$		石灰岩	$50\sim10^{5}$
	黄铜矿	$10^{-6}\sim1$	岩浆岩	花岗岩	$6\times10^{2}\sim10^{5}$
	褐铁矿	$10^{3}\sim10^{6}$		正长岩	$10^{2}\sim10^{5}$
	石英	$>10^{6}$		闪长岩	$5\times10^{4}\sim10^{5}$
	长石	$>10^{6}$		辉长岩	$10^{3}\sim10^{5}$
	云母	$>10^{6}$		玄武岩	$10^{2}\sim10^{5}$
	角闪石	$>10^{6}$		熔岩	$10^{2}\sim10^{4}$
	方解石	$>10^{6}$	变质岩	片麻岩	$2\times10^{2}\sim3.4\times10^{4}$
	硬石膏	$10^{4}\sim10^{6}$		片岩	$20\sim10^{4}$
沉积物	黏土	$1\sim2\times10^{2}$		石英岩	$2\times10^{2}\sim10^{5}$
	砂	$3\sim10^{2}$		大理岩	$10^{2}\sim10^{5}$
	卵石	$3\sim6\times10^{2\sim3}$			

由表1-1可见，大多数金属硫化矿物和氧化矿物的电阻率均较低，造岩矿物的电阻率较高。岩浆岩和变质岩的电阻率高于沉积岩。

二、影响岩土介质电阻率的因素

自然界的岩石电阻率大小主要是由其矿物成分与结构、岩石的孔隙度、含水量、水的矿化度、温度等因素决定的。

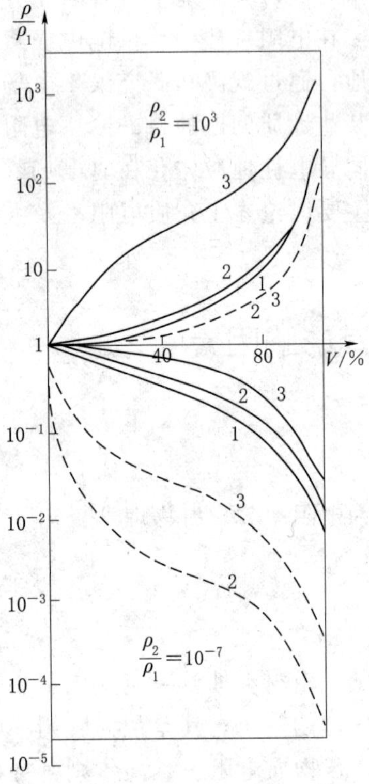

图1-1　岩、矿石电阻率与矿物颗粒体积含量的关系曲线

1—球形矿物颗粒；2—针状矿物颗粒；3—片状矿物颗粒；实线—横向电阻率 ρ_n；虚线—纵向电阻率 ρ_t

1. *岩石电阻率与矿物成分、结构的关系*

岩石中含造岩矿物多，其电阻率就高。当岩石中有少量良导电矿物，且良导电矿物彼此不相连、分散于岩石中或虽含有较多良导电矿物时，又被高电阻矿物所包围时，岩石的电阻率仍然很高。当岩石含少量良导电矿物时，只要它们彼此相连、呈网状或片状分布，岩石的电阻率可变得很低。

不少岩石是由胶结物和矿物骨架颗粒组成的。设胶结物的电阻率为 ρ_1，矿物骨架颗粒电阻率为 ρ_2，则整体岩石的电阻率 ρ 与 ρ_1、ρ_2、颗粒体积含量 V 和颗粒形状有关。理论计算表明，无论颗粒是高阻还是低阻，当其体积含量 $V<60\%$ 时，岩石的电阻率 ρ 受 ρ_2 的影响甚少，其值接近于胶结物电阻率 ρ_1；仅当颗粒体积含量 $V\geqslant 60\%$ 时，ρ_2 才对 ρ 有明显作用。这是由于 V 不大时，各颗粒是孤立存在的，胶结物则是彼此连通的，故此时胶结物起主要导电作用。而当 V 相当大以致各颗粒彼此连通时，ρ_2 对整体岩石电阻率有明显影响。

岩石中含针、片状矿物较多时，横向电阻率 ρ_n 总是大于纵向电阻率 ρ_t，且随矿物颗粒形状、导电性不同而有差异（图1-1）。对于由两种薄层交替成层的情况，设其电阻率和厚度分别为 ρ_1、h_1，ρ_2、h_2，则按电阻并联和串联，可计算出沿层理方向和垂直层理方向的电阻率 ρ_t 和 ρ_n 为

$$\left.\begin{aligned}\rho_t&=\frac{h_1+h_2}{\dfrac{h_1}{\rho_1}+\dfrac{h_2}{\rho_2}}\\ \rho_n&=\frac{h_1\rho_1+h_2\rho_2}{h_1+h_2}\end{aligned}\right\}\tag{1-2}$$

由于取这两者之差时有关系 $\rho_n-\rho_t=\dfrac{h_1h_2(\rho_1-\rho_2)^2}{(h_1+h_2)(h_1\rho_2+h_2\rho_1)}\geqslant 0$，故只要 $\rho_1\neq\rho_2$、$h_1\neq 0$ 和 $h_2\neq 0$，无论 ρ_1、ρ_2 及 h_1、h_2 各值的大小如何，皆有 $\rho_n>\rho_t$。这表明了层状岩石导电的各向异性，常用各向异性系数 λ 表示，它等于 ρ_n 与 ρ_t 的比值的平方根，即

$$\lambda=\sqrt{\frac{\rho_n}{\rho_t}} \tag{1-3}$$

一般情况下，$\lambda=1\sim2$，石墨碳质页岩 $\lambda=2.0\sim2.8$，垂直和平行层面两个方向上的电阻率相差达4～7倍以上，这在电法勘探资料解释中应予重视。此外，常用平均电阻率 ρ_m 来表示各向异性介质的电阻率，ρ_m 等于 ρ_n 与 ρ_t 乘积的平方根，即

$$\rho_m=\sqrt{\rho_n\rho_t} \tag{1-4}$$

2. 岩石电阻率与所含水溶液的关系

自然界的岩石都存在孔隙、裂隙，有些岩石中还存在气孔、溶孔、溶洞。岩石的这些空隙中可能充满着液体或气体。若孔隙、裂隙、溶洞位于潜水面以上，空隙中充填的是电阻率无限大的空气，则使岩石电阻率剧增。人工开挖的隧洞、旧矿巷道等也有类似的情况。若岩石位于潜水面以下，孔隙、裂隙、溶洞中充满了地下水，则同完整岩石相比，其电阻率可降为原来的几十分之一。岩石的电阻率与岩石的孔隙率、裂隙和溶洞发育程度、含水量及水的矿化度有关。一般含水量大的岩石电阻率较低，而含水量小或干燥岩石的电阻率较高。

地下水的矿化度变化范围较大，淡水的矿化度小于1g/L，咸水的矿化度大于10g/L，含盐分越多，水的电阻率越低。因此，各种水的电阻率也有很大的不同（表1-2）。可见，当成分和孔隙率相同的岩石埋藏于不同地下水环境时，其电阻率将不同。利用这个特性，用电阻率的差异可划分含淡水和含咸水的层位。

表1-2　　几种天然水的电阻率　　单位：Ω·m

名称	电阻率	名称	电阻率
雨水	＞1000	海水	0.1～10
河水	0.1～100	矿井水	1～10
潜水	＜100	深成盐渍水	0.1～1

3. 岩石电阻率与温度的关系

温度对近地表含水岩石电阻率的影响，表现为随温度升高使水中带电离子活动性增强、使盐类的溶解度增大，从而引起电阻率降低，其规律为

$$\rho_m=\frac{\rho_{18℃}}{1+\alpha_t(T+18)}$$

式中：$\rho_{18℃}$ 为岩石在18℃时的电阻率；T 为岩石所处的环境温度；α_t 为温度系数，约为 $0.025℃^{-1}$。

但是，如果温度下降到0℃以下，岩石中的水结冰，这时岩石的电阻率将不再遵循上式的规律，而是急剧增高。

在地下深处高温高压作用下，岩石中结晶水脱出，岩石的电阻率会降低。

第二节　均匀介质中的稳定电流场

一、稳定电流场的性质

1. 电流密度与电场强度的正比性

描述稳定电流场的物理量有电场强度矢量 $\vec{E}$、电流密度矢量 $\vec{j}$ 和电位 U。在稳定电

流场的任意一点上，电流密度矢量 $\vec{J}$ 与电场强度矢量 $\vec{E}$ 在数量上成正比，且方向一致，比例系数为该点岩石的电导率，即

$$\vec{J}=\sigma\vec{E}=\frac{\vec{E}}{\rho} \tag{1-5}$$

这便是稳定电流场中的欧姆定律。这个公式既适用均匀介质，也适用于非均匀介质。因为在介质不均匀的情况下，我们总能选取一个足够小的体积元，将其电阻率看作是均匀的。式（1-5）又称为欧姆定律的微分形式。

2. 稳定电流的连续性

在稳定电流场中，虽然有电荷的运动，但那只是空间点上一些电荷元被另一些电荷元所代替，而该点的电荷密度仍保持不变。稳定电流场中的电流满足电量守恒定律，它表明除去电源点外，流入流出任一包围电流源的闭合曲面 S 的电流的代数和为零，电流密度既不可能增加，也不能减小。一般情况下，电流密度的法向分量 J_n 沿任一闭合曲面 S 的积分应该等于零，即

$$\oiint_S J_n\mathrm{d}S=0 \tag{1-6}$$

它说明在稳定电流场中电流是连续的，式（1-6）就是电流连续性的积分表达式。

利用积分学的奥-高定理，可将式（1-6）化为微分形式。在矢量 $\vec{J}$ 为连续的域内，若闭合曲面 S 所包围的体积为 V，面上的向外法线为$\vec{n}$，则在直角坐标系中由奥-高公式可得

$$\begin{aligned}\oiint_S=J_n\mathrm{d}S&=\oiint_S[J_x\cos(\vec{n},x)+J_y\cos(\vec{n},y)+J_z\cos(\vec{n},z)]\mathrm{d}S\\&=\iiint\left(\frac{\partial J_x}{\partial x}+\frac{\partial J_y}{\partial y}+\frac{\partial J_z}{\partial z}\right)\mathrm{d}V\end{aligned} \tag{1-7}$$

于是，结合式（1-6）及式（1-7）有

$$\frac{\partial J_x}{\partial x}+\frac{\partial J_y}{\partial y}+\frac{\partial J_z}{\partial z}=0 \tag{1-8}$$

这就是电流连续性的微分表达式。它表示电流密度矢量 $\vec{J}$ 沿直角坐标系的三个方向的空间变化率的总和为零。即在稳定电流场中，电流线是连续的，除电源点外，空间任何点上不会有正电荷或负电荷的积累。

3. 稳定电流场的势场性

从稳定电流场的上述性质可知，电流在空间的分布是稳定的，即不随时间而变化，它和静电场一样是一种势场。场内任一点（除场源外）的电位 U 与场强 $\vec{E}$ 有如下关系：

$$\vec{E}=-\mathrm{grad}U \tag{1-9}$$

式（1-9）说明空间某点的电场强度等于电位的负梯度。在极坐标系中，式（1-9）可写成

$$\vec{E}=\frac{\mathrm{d}U}{\mathrm{d}r}\frac{\vec{r}}{r} \tag{1-10}$$

式中：$\frac{\vec{r}}{r}$ 为单位矢量，其模值为 1，$\vec{r}$ 的方向与 $\vec{E}$ 的方向相同。

在直角坐标系中，场强 $\vec{E}$ 沿 x 轴、y 轴、z 轴三个方向的分量分别为

$$E_x=-\frac{\partial U}{\partial x},\quad E_y=-\frac{\partial U}{\partial y},\quad E_z=-\frac{\partial U}{\partial z}$$

于是场强和电位梯度可分别写成

$$\left.\begin{aligned}\vec{E}=E_x\vec{i}+E_y\vec{j}+E_z\vec{k}=-\left(\frac{\partial U}{\partial x}\vec{i}+\frac{\partial U}{\partial y}\vec{j}+\frac{\partial U}{\partial z}\vec{k}\right)\\ \mathrm{grad}U=\frac{\partial U}{\partial x}\vec{i}+\frac{\partial U}{\partial y}\vec{j}+\frac{\partial U}{\partial z}\vec{k}\end{aligned}\right\}\tag{1-11}$$

综上所述，若将欧姆定律的微分形式及电位梯度的表达式代入电流密度连续方程式（1-8）中，则由于

$$J_x=\frac{E_x}{\rho},\quad J_y=\frac{E_y}{\rho},\quad J_z=\frac{E_z}{\rho}$$

便可得到均匀介质中的电位方程

$$\frac{\partial^2 U}{\partial x^2}+\frac{\partial^2 U}{\partial y^2}+\frac{\partial^2 U}{\partial z^2}=0\tag{1-12}$$

式（1-12）称为拉普拉斯方程，解此方程即可求出稳定电流场的电位分布。

二、稳定电流场的边界条件

边界条件是分析研究电场在介质中分布情况的重要依据之一。在稳定电流场中，除场源点外，电位处处连续，处处有限。即

在接近点电流源的点上：

$$r\rightarrow 0,\quad U\rightarrow\infty\tag{1-13}$$

在距场源无限远的点上：

$$r\rightarrow\infty,\quad U\rightarrow 0\tag{1-14}$$

在地面上（除场源点外）电流密度的法向分量为零，即

$$J_{\mathrm{n}}=-\frac{1}{\rho_1}\frac{\partial U}{\partial n}=0\tag{1-15}$$

在两种不同介质的分界面上，电位连续；电流穿过介质分界面时，电流密度的法向分量连续，切向分量不连续，而电场强度的切向分量连续，法向分量不连续，即

$$U_1=U_2\tag{1-16}$$

$$J_{1\mathrm{n}}=J_{2\mathrm{n}}\quad 或\quad \frac{1}{\rho_1}\frac{\partial U_1}{\partial n}=\frac{1}{\rho_2}\frac{\partial U_2}{\partial n}\tag{1-17}$$

$$J_{1\mathrm{t}}\neq J_{2\mathrm{t}}\tag{1-18}$$

$$E_{1\mathrm{t}}=E_{2\mathrm{t}}\tag{1-19}$$

$$E_{1\mathrm{n}}\neq E_{2\mathrm{n}}\tag{1-20}$$

三、点电流源电场的分布特点

1. 一个点电流源的电场

假设在电阻率为 ρ 的均匀各向同性的地下无限介质中埋有一个供电电极 A，由于电极本

身的尺寸很小，与电极到观测点的距离相比，小到可以看作一个点，因此称为一个点电流源。另一个供电电极 B 置于距 A 很远（可以认为是“无穷远”）的地方，那么 A 极附近的电场将不受 B 极的影响，或影响甚微，可以忽略不计。这样就得到一个点电流源的电场[12]。

对于一个点电流源的电场，由于周围介质是均匀的，可以想象，它的场将具有球对称性，故选用球坐标系统，并且把坐标原点置于 A 极处最为简便。距离 A 点为 r 处 M 点的电位，只和 r 有关，与球坐标另外两个变量 Φ（方位角）、θ（极角）无关。因此，球坐标系统的拉普拉斯方程可简化为

$$\frac{\partial}{\partial r}\left(r^{2}\frac{\partial U}{\partial r}\right)=0 \tag{1-21}$$

对式（1-21）积分得

$$\frac{\mathrm{d}U}{\mathrm{d}r}=\frac{c}{r^{2}} \tag{1-22}$$

对式（1-22）再积分得

$$U=-\frac{c}{r}+c_{1} \tag{1-23}$$

c 和 c_1 都是积分常数。根据边界条件式（1-14），当 $r\to\infty$ 时，$U\to 0$，故 c_1 应为零，于是

$$U=-\frac{c}{r} \tag{1-24}$$

因为是均匀各向同性介质，所以从 A 点流出的电流线在各个方向是一样的，呈辐射状。因此，穿过半径为 r 的球面总的电流强度为 $I=4\pi r^{2}J$，于是

$$\vec{J}=\frac{I}{4\pi r^{2}}\frac{\vec{r}}{r} \tag{1-25}$$

根据式（1-5）、式（1-10）和式（1-22），得

$$I=4\pi r^{2}\left(\frac{\vec{E}}{\rho}\right)=\frac{4\pi r^{2}}{\rho}\left(-\frac{\mathrm{d}U}{\mathrm{d}r}\right)=-\frac{4\pi r^{2}}{\rho}\frac{c}{r^{2}}$$

则

$$C=-\frac{I\rho}{4\pi}$$

最后得到

$$U=\frac{I\rho}{4\pi}\frac{1}{r} \tag{1-26}$$

式（1-26）是均匀各向同性无限介质中，点电流源电场的电位分布公式。据此，可以写出电阻率和电场强度公式

$$\rho=4\pi r\frac{U}{I} \tag{1-27}$$

$$\vec{E}=\frac{I\rho}{4\pi r^{2}}\frac{\vec{r}}{r} \tag{1-28}$$

等电位面是一系列以电极 A 点为球心，以 r 为半径的同心球面；电场强度 E 和电流密

度 J 的方向由矢径确定，呈辐射状。它们的图形是重合的；等电位面处处与 E 及 J 正交。

当把供电电极 A 放在无限大水平地面上向地下供入电流 I 时（ B 极为无穷远极），地面上部为空气，电阻率为无穷大。地面以下是电阻率为 ρ 的均匀介质，这时地下介质就相当于一个均匀各向同性半空间。一个点电流源在均匀各向同性半空间中的电位分布，可以用均匀无限介质中点电流源电场的拉普拉斯方程式求出。另外，在半无限空间介质中，电流只能沿地面以下的半空间分布，其电流密度应比无限空间介质大一倍，则有

$$\left.\begin{aligned}\vec{J}&=\frac{I}{2\pi r^2}\frac{\vec{r}}{r}\\ I&=2\pi r^2\vec{J}=-\frac{2\pi r^2}{\rho}\frac{\mathrm{d}U}{\mathrm{d}r}\end{aligned}\right\}\tag{1-29}$$

由式（1-22）得

$$I=-\frac{2\pi r^2}{\rho}\frac{c}{r^2}$$

故

$$C=-\frac{I\rho}{2\pi}$$

因此 M 点的电位、电阻率、电场强度分别为

$$U=\frac{I\rho}{2\pi}\frac{1}{r}\tag{1-30}$$

$$\rho=2\pi r\frac{U}{I}\tag{1-31}$$

$$\vec{E}=\frac{I\rho}{2\pi r^2}\frac{\vec{r}}{r}\tag{1-32}$$

电流线以点电流源 A 为中心向周围呈辐射状分布，如图 1-2 所示。等电位面为一系列以 A 点为中心的同心半球面，J 的方向与矢径 r 的方向一致，处处与等电位面正交。电位、电流密度和电场强度均与供电电流强度成正比，而电位与 r 成反比，电流密度和电场强度与 r 的平方成反比。

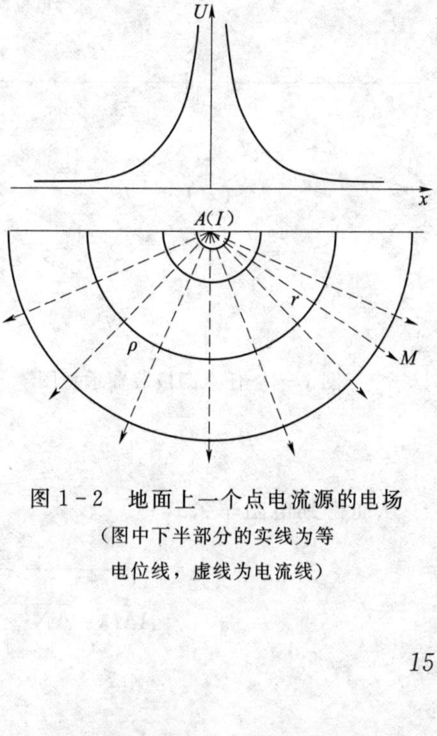

图 1-2　地面上一个点电流源的电场（图中下半部分的实线为等电位线，虚线为电流线）

2. 地表两个异性点电流源的电场

在地下为均匀介质的地面上，放置两个极性相反的电极，电流 $+I$ 由 A 极输入地下，而由 B 极（$-I$）自地下流出，构成闭合回路。当两电极彼此相距不远时，根据电场的叠加原理，地下半空间某点 M 的电位 U_M^{AB} 应是 A、B 两电流源分别在该点产生的电位 U_M^A、U_M^B 之和。

根据式（1-30）得

$$U_M^A = \frac{I\rho}{2\pi}\frac{1}{AM},\ U_M^B = -\frac{I\rho}{2\pi}\frac{1}{BM}$$

式中：AM、BM 为 A 点或 B 点与 M 点间的距离。

在 M 点的总电位为

$$U_M^{AB} = U_M^A + U_M^B = \frac{I\rho}{2\pi}\left(\frac{1}{AM} - \frac{1}{BM}\right) \tag{1-33}$$

同理，可求出两个异性点电源在 M 点的电场强度：

$$\vec{E}^{AB} = \vec{E}^A + \vec{E}^B = \frac{I\rho}{2\pi}\left(\frac{1}{AM^2}\frac{\overrightarrow{AM}}{AM} + \frac{1}{MB^2}\frac{\overrightarrow{MB}}{MB}\right) \tag{1-34}$$

由式（1－33）及式（1－34）计算的两个点电流源的电位及电场强度的变化曲线如图1－3（a）所示。它表明在地面 A、B 连线 AB 上，靠近电极处电位变化快，即在 A 极附近电位迅速增高，在 B 极附近电位迅速降低，而在 AB 中间 1/2～1/3 的地段电位变化较慢，其中点电位为零。由于电场强度等于电位的负梯度，故在电极附近电位曲线变化大的地方，电场强度的绝对值也大。在 AB 中间 1/2～1/3 的地段内，电位变化不大，电场强度值也变化不大，接近于常数。电流线基本与地面平行，呈现均匀场的特点。

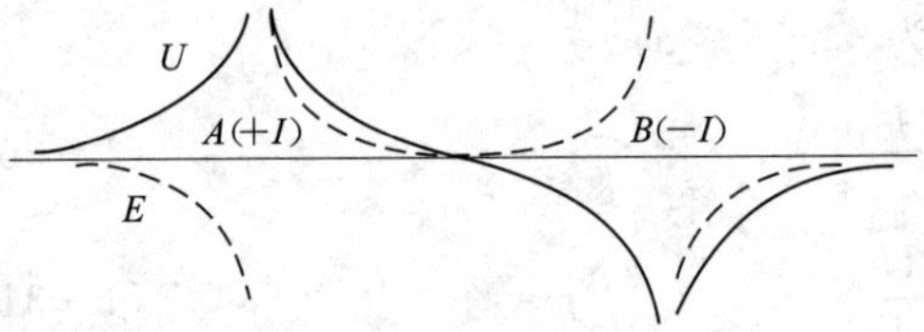

(a) 电位及电场强度曲线图

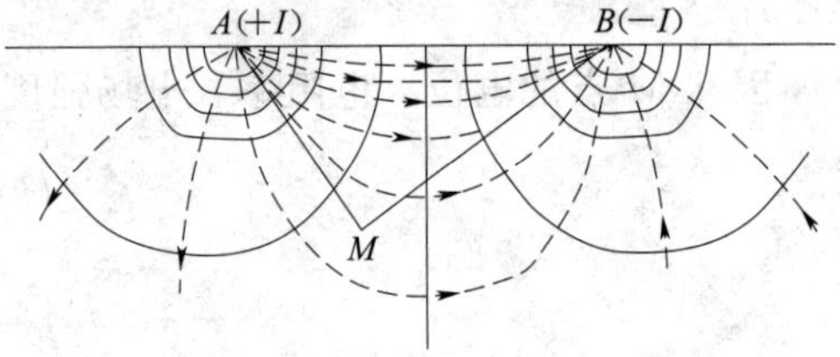

(b) 剖面图

图 1－3　两个异性点电流源的电场

（等电位面为实线，电流线为虚线）

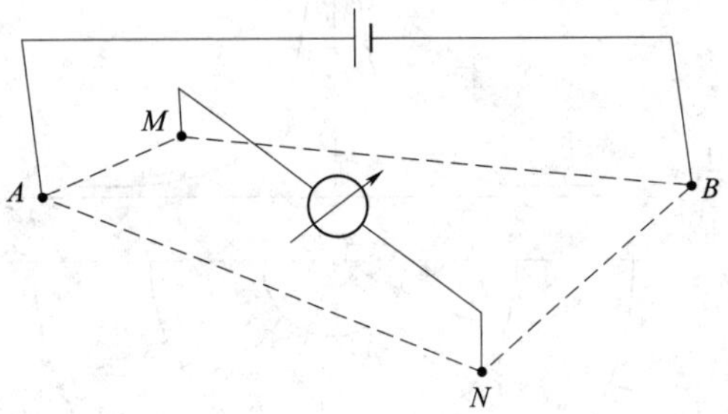

图 1－4　任意四极装置示意图

如图 1－3 所示，前面已计算了 A 极、B 极在观测点 M 上产生的电位 U_M^{AB}。同理，很容易求出地面电阻率法中 A 极、B 极在另一观测点 N 上的电位（图 1－4）为

$$U_N^{AB} = \frac{I\rho}{2\pi}\left(\frac{1}{AN} - \frac{1}{BN}\right)$$

于是 A 极、B 极在 M、N 两点间产生的电位差为

$$\Delta U_{MN} = U_M^{AB} - U_N^{AB} = \frac{I\rho}{2\pi}\left(\frac{1}{AM} - \frac{1}{AN} - \frac{1}{BM} + \frac{1}{BN}\right)$$

从而得到电阻率公式：

$$\rho = \frac{2\pi}{\dfrac{1}{AM} - \dfrac{1}{AN} - \dfrac{1}{BM} + \dfrac{1}{BN}}\frac{\Delta U_{MN}}{I} = K\frac{\Delta U_{MN}}{I} \tag{1-35}$$

$$K=\frac{2\pi}{\frac{1}{AM}-\frac{1}{AN}-\frac{1}{BM}+\frac{1}{BN}} \tag{1-36}$$

式（1-35）和式（1-36）是在地面上或在岩石露头上测定均匀各向同性半无限介质真电阻率的公式。K 为装置系数或排列系数，决定于各电极间的相对位置。

第三节　非均匀介质中的稳定电流场

上述地下均匀各向同性半无限介质中的电场特点，对电法勘探来说，相当于勘探的正常背景，即正常场。在实际工作中，地下地质情况是复杂的，地下电阻率的分布是不均匀的。电阻率法勘探正是要研究各种地下电阻率不均匀的地电体引起的异常场。在电法勘探中，通常把由地下地质体电阻率的差异划分的地质断面称为地电断面。它可能同地质体、地质层位的界线吻合，也可能不一致。

地下介质电性不均匀可使稳定电流场的空间分布发生变化。如图 1-5 所示，低阻体吸引电流，致使大部分电流从它内部流过；高阻体排斥电流，致使电流几乎不能通过其内部而经围岩流过。下面我们通过对非均匀介质中稳定电流场的分析来说明引起上述现象的原因。

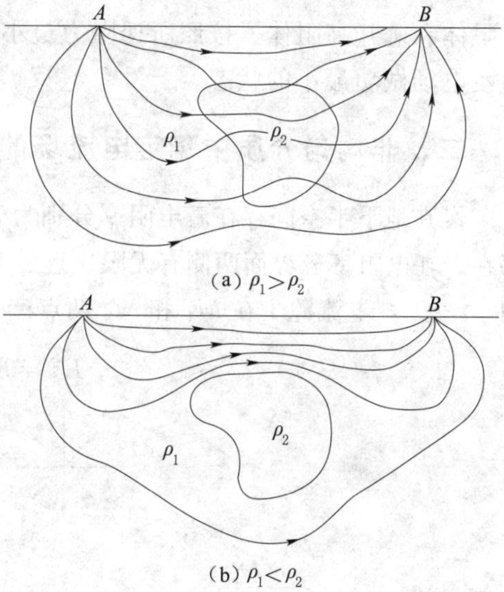

图 1-5　非均匀介质中电流分布示意图

一、电流在电阻率界面上的折射

设地下半空间存在着电阻率分别为 ρ_1、ρ_2 的介质，如果电流密度矢量从 ρ_1 介质进入 ρ_2 介质，根据边界条件式（1-17）、式（1-18），在分界面上电流密度的法向分量连续，切向分量不连续，总的电流密度矢量在界面上要改变方向。与光线在具有不同传播速度的界面上发生折射一样，电流密度矢量在不同电阻率的分界面上也发生折射（图 1-6）。这样，$\tan\theta_1=\frac{J_{1t}}{J_{1n}}$；$\tan\theta_2=\frac{J_{2t}}{J_{2n}}$。

根据电流密度法向分量和电场强度切向分量在分界面上连续的边界条件式（1-17）、式（1-19），有 $J_{1n}=J_{2n}$，$E_{1t}=E_{2t}$，$J_{1t}\rho_1=J_{2t}\rho_2$，因此

$$\frac{\tan\theta_1}{\tan\theta_2}=\frac{J_{1t}}{J_{2t}}=\frac{\rho_2}{\rho_1} \tag{1-37}$$

可见，θ_2 的大小是由 θ_1 和 $\frac{\rho_2}{\rho_1}$ 的大小决定的。

若电流线从高阻介质进入低阻介质，则 $\theta_2>\theta_1$，折射方向偏离界面法线方向。若 ρ_2 很小，折射后电流线几乎与界面平行，这时 $J_{2t}\gg J_{1t}$，低阻体具有吸引电流的能力。反之，$\rho_1<\rho_2$ 时，$\theta_1>\theta_2$，电流线接近界面法线方向，$J_{2t}<J_{1t}$，高阻体具有排斥电流的能

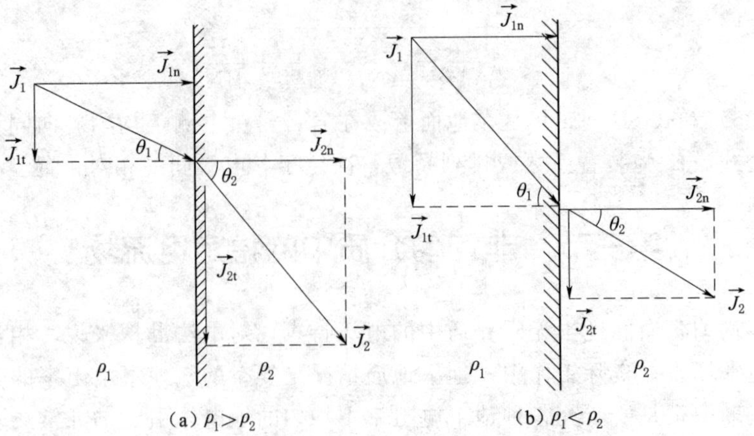

图 1-6　电流密度矢量在界面上的折射

力。若 ρ_2 很大，甚至能将初始电流全部排斥到周围介质中去。总之，介质中电流能通过低阻体和避开高阻体、按照所遇阻力最小的路径流动，或者说地下电流的分布总是自动地满足电场做功最小的状态。

二、非均匀介质中稳定电流场的实质

设在地下半空间存在着电阻率分别为 ρ_1 和 ρ_2 的介质，在 ρ_1 介质中的 A 点处有电流源 I 存在。在电阻率分界面两侧有无限靠近的两点 M_1 和 M_2（图 1-7），当电流源刚一接通的瞬间（$t\to0$），电流源 I 在 M_1 和 M_2 两点产生的电场强度应当相等，其法线分量亦相等，即

$$\vec{E}_1=\vec{E}_2,\ \vec{E}_{1n}=\vec{E}_{2n}$$

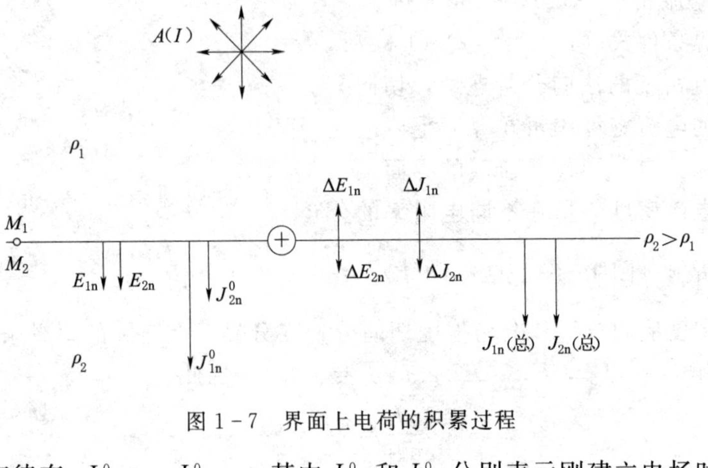

图 1-7　界面上电荷的积累过程

根据欧姆定律有：$J_{1n}^0\rho_1=J_{2n}^0\rho_2$。其中 J_{1n}^0 和 J_{2n}^0 分别表示刚建立电场时界面两侧电流密度的法线分量。由于 $\rho_2>\rho_1$，故 $J_{1n}^0>J_{2n}^0$。根据电荷守恒定律，包围分界面某点作一闭合面，由于 $J_{1n}^0>J_{2n}^0$，则

$$\Delta Q=\oint\!\!\!\oint_S J_n^0\mathrm{d}S>0$$

即在该点会堆积正的剩余电荷。也就是说当电流由低阻体进入高阻体时，流入界面的电流密度大，自界面流出的电流密度小，于是在界面上出现了正电荷的堆积。反之，若 $\rho_1>\rho_2$，则在界面上堆积负电荷。以上只是分界面上出现的第一个循环的电荷积累过程。

这些积累在界面上的电荷产生新的电场。根据欧姆定律，新的电场 ΔE_{1n}、ΔE_{2n} 又会引起新的电流 ΔJ_{1n} 和 ΔJ_{2n}。ΔJ_{1n} 与 J^0_{1n} 方向相反，ΔJ_{2n} 与 J^0_{2n} 方向相同。即积累电荷的出现使原来电流密度大的一侧二电流密度减小，而使原来电流密度小的一侧电流密度加大，即

$$J_{1n}(总)=J^0_{1n}-\Delta J_{1n}，J_{2n}(总)=J^0_{2n}+\Delta J_{2n}$$

根据电荷守恒定律，当向一侧的电流密度 J_{1n}(总) 仍大于 ρ_2 一侧的电流密度时，界面上仍然会有新的正电荷积累。而随着正电荷的增多，必将使 J_{1n}(总) 与 J_{2n}(总) 逐渐接近。当 J_{1n}(总) 与 J_{2n}(总) 相等时，界面上不再增加新的积累电荷，界面上积累电荷达到稳定值，界面周围的电场也才成为稳定电场。而此时才有

$$J_{1n}(总)=J_{2n}(总)，E_{1n}(总)\neq E_{2n}(总)$$

这恰是直流电场所应遵守的边界条件，这就是界面积累电荷由产生到稳定的全过程。由此可知，非均匀介质中的稳定电流场实质上可以看成是由场源和界面上的积累电荷产生的。懂得了场的实质之后，对前述“高阻排斥”“低阻吸引”的道理也就清楚了。

三、镜像法

根据场的唯一性定理，只要给定的边界条件不变，无论采用什么解法，场的解答都是唯一的。为求解非均匀介质中稳定电流场的电位分布问题，可以用解电位方程式（1-12）的方法，但要预先知道非均匀分界面上的边界条件，这在目前还难以完全做到，只能对少数特殊产状的断面取得满意的解答。在解决实际问题时，常用的是镜像法（或电像法），它是解决电学问题的一种特殊方法，也是一个最简便的解法。

镜像法就是把电场中存在的不同介质分界面看作一面镜子，分界面的影响用一个位于实际电源的镜像位置的虚构电源来代替，这时电场可视为由实际电源和虚电源共同产生。根据唯一性定理，最后求解的结果与实际情况产生的电位是完全一致的。

设空间有一平面，平面两侧介质电阻率分别为 ρ_1 和 ρ_2（图 1-8）。观测点 M_1 与电源 I 同在 ρ_1 介质中，虚电源 I' 在 ρ_2 介质中与场源 I 对称的位置上，相对于分界面而言，I' 恰为 I 的镜像。这样，M_1 点的电位应由两部分组成，第一部分是电源 I 在 M_1 点产生的电位，第二部分是由虚电源 I'（电流的反射部分）在 M_1 点产生的电位，根据式（1-26），M_1 点的电位为

$$U_{M_1}=\frac{I\rho_1}{4\pi r_1}+\frac{I'\rho_1}{4\pi r_2} \tag{1-38}$$

令

$$I'=K_{12}I$$

其中，K_{12} 称为界面的反射系数，则式（1-38）可改写为

$$U_{M_1}=\frac{I\rho_1}{4\pi}\left(\frac{1}{r_1}+\frac{K_{12}}{r_2}\right) \tag{1-39}$$

由于引入虚电源 I' 来代替 ρ_1 和 ρ_2 分界面的影响，认为 M_1 点的电位是在充满 ρ_1 介质

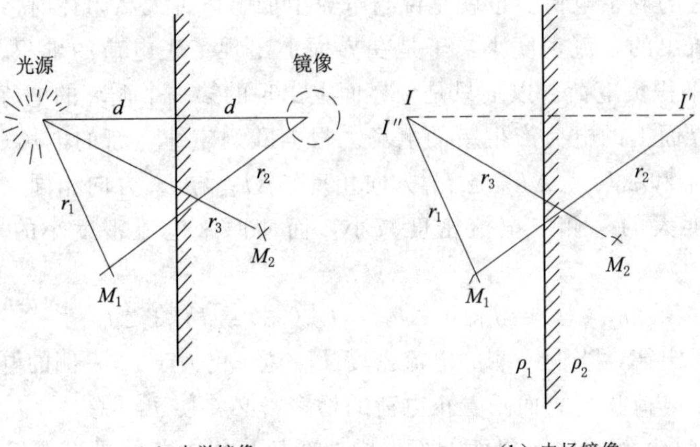

图 1-8　镜像电源示意图

的均匀全空间中由 I 和 I' 共同产生的，从而把全空间存在电阻率分界面的问题，简化为只有 ρ_1 的均匀空间存在两个点电源的问题。

当观测点位于无源介质 ρ_2 中的 M_2 点时，M_2 点的电位是电流源 I 通过分界面透射后在 M_2 点产生的。可用在电源所在位置选取的虚电源 I' 来代替 I 和界面的影响，这时可认为 M_2 点的电位是在充满 ρ_2 介质的均匀全空间中由 I'' 产生的电位，即

$$U_{M_2}=\frac{I''\rho_2}{4\pi r_3}$$

令
$$I''=(1-K_{12})I$$

其中，$1-K_{12}$ 称为界面的透射系数，则式（1-39）改写为

$$U_{M_2}=\frac{I\rho_2}{4\pi}\left(\frac{1-K_{12}}{r_3}\right)$$

为确定 I' 和 I'' 的大小，令 M_1 和 M_2 都向界面靠近，并在界面上合为一点，即 $r_1=r_2=r_3=r$。根据电位的连续条件，可解出

$$K_{12}=\frac{\rho_2-\rho_1}{\rho_2+\rho_1} \tag{1-40}$$

$$(1-K_{12})=\frac{2\rho_1}{\rho_{2+}\rho_1} \tag{1-41}$$

在地面电阻率法中，所研究的是地下半空间问题，同样可用镜像法求解非均匀介质半无限空间中稳定电流场的电位分布问题。

有源一侧 M_1 点的电位为

$$U_{M_1}=\frac{Ie_1}{2\pi}\left(\frac{1}{r_1}+\frac{K_{12}}{r_2}\right) \tag{1-42}$$

无源一侧 M_2 点的电位为

$$U_{M_2}=\frac{I\rho_2}{2\pi}\left(\frac{1-K_{12}}{r_3}\right) \tag{1-43}$$

第四节　视电阻率的概念

一、视电阻率的概念

电阻率公式［式（1－35）］的应用条件是：地面为无限大的水平面，地下充满了均匀各向同性的导电介质。满足这些条件得到的是大地的真电阻率。然而，实际的地形地质情况是复杂的，地形往往起伏不平，地下介质也不均匀。各种岩石相互重叠，断层裂隙纵横交错，或者有良导矿体、溶洞等，电阻率往往是不均匀的。在这种情况下，仍然套用式（1－35）计算地下介质的电阻率值，就不是某一岩层的真电阻率，而是该电场分布范围内，地下各种电性不均匀体和地形起伏的一种综合反映，称之为视电阻率，以符号 ρ_s 表示，即

$$\rho_s = K\frac{\Delta U_{MN}}{I} \tag{1-44}$$

式中：K 为装置系数，由式（1－36）确定，无论地面是否起伏不平，AM、AN、BM 和 BN 等分别表示 A、B 和 M、N 间的水平距离。

视电阻率虽然不是岩石的真电阻率，但可以根据所测视电阻率的变化特点和规律去发现和探查地下的电性不均匀体，达到找矿和解决其他地质问题的目的。

影响视电阻率的因素如下：

（1）电极装置类型和电极距大小。

（2）测点和装置相对于不均匀地电体的位置。

（3）地下地质体的分布情况和电性差异，包括在电场有效作用范围内各种地质体的形状、规模、厚度、埋藏深度及相互关系和地质体各自的电阻率大小。

二、视电阻率与电流密度的关系

为了更深入地理解视电阻率的物理实质，分析视电阻率与电流密度的关系是很有意义的。

当 MN 很小时，MN 间的电场可认为是均匀的。由式（1－9）可写出电场强度为

$$E_{MN} = -\frac{U_N - U_M}{MN} = \frac{\Delta U_{MN}}{MN} = J_{MN}\rho_{MN}$$

所以

$$\Delta U_{MN} = J_{MN}\rho_{MN}\cdot MN \tag{1-45}$$

式中：MN 为 M、N 电极距；J_{MN} 为 M、N 处的实际电流密度；ρ_{MN} 为 M、N 处的真实电阻率。

将式（1－45）代入式（1－44），得 $\rho_s = K\frac{J_{MN}\rho_{MN}\cdot MN}{I}$。为了与正常电场相比较，当地下为均匀介质时，把 J 和 ρ 的脚标换成 0，则有

$$\rho_s = \rho_0 = K\frac{J_0\rho_0\cdot MN}{I}$$

解出

$$\frac{1}{J_0}=\frac{K\cdot MN}{I} \tag{1-46}$$

所以

$$\rho_s=K\frac{\Delta U_{MN}}{I}=\frac{K\cdot MN}{I}J_{MN}\rho_{MN}=\frac{J_{MN}}{J_0}\rho_{MN} \tag{1-47}$$

这就是视电阻率与电流密度的关系公式。式中，J_0 为地下均匀介质时的电流密度。它只取决于装置类型和大小，对于一定的装置，可以认为它是已知的。例如，对于 A 极供电，M、N 极测量的三极装置来说，若采用梯度测量方式，即 $MN\to 0$，MN 的中点为测量点 O，则 $AO\gg MN$，$AM\approx AN\approx AO=r$，其装置系数

$$K=\frac{2\pi\cdot AM\cdot AN}{MN} \tag{1-48}$$

根据式（1-46）有 $J_0=\frac{I}{K\cdot MN}=\frac{I}{2\pi\cdot AM\cdot AN}=\frac{I}{2\pi r^2}$，这与地面上一个点电源的正常场的电流密度式（1-29）是一致的。

式（1-47）表明，视电阻率 ρ_s 与测量电极 M、N 间岩石的电阻率 ρ_{MN} 及电流密度 J_{MN} 成正比。

如果测量电极 M、N 接地处的电阻率是均匀的，则 ρ_s 取决于 J_{MN} 的变化；如果 ρ_{MN} 不均匀，如地表有废石堆、潮湿凹地，或地下不深处有金属管道等，将会引起 ρ_s 的变化，产生与地下探查对象无关的干扰。

在 ρ_{MN} 变化不大的情况下，采用固定的极距排列，沿剖面逐点测量其视电阻率值，分析 ρ_s 剖面曲线的变化，可以定性地推断地下的情况。比如测量电极 M、N 位于低阻体上方，地下正常电流被低阻体吸收，使 M、N 处的电流密度明显减少，与正常电场相比，$J_{MN}\ll J_0$，即 $\frac{J_{MN}}{J_0}\ll 1$，曲线出现极小值（低阻异常）；遇到高阻体时，正常电流被高阻体排斥，使地表 M、N 处的电流密度明显增大，与正常电场相比，$J_{MN}\gg J_0$，即 $\frac{J_{MN}}{J_0}\gg 1$，ρ_s 曲线出现极大值（高阻异常）。电流密度畸变程度越大，所产生的 ρ_s 异常就越明显。

必须指出，地形起伏也会改变地面电流的分布，因此地形对视电阻率有影响，有关地形影响问题，将在以后讨论。

三、电流密度随深度的变化及勘探深度的概念

研究电流密度随深度的变化规律对电阻率法勘探有重大意义。因为，地面电阻率法根据地表电流密度的变化来判断地下电阻率有明显差异的地质体存在与否。集中于地表的电流越多，流入地下深处的电流就越少。当埋藏于深部的岩石中的电流密度很小时，岩石电阻率的差异对地表附近电流密度的影响很小，因而能够进行勘探的深度也就小了。下面我们讨论电流密度随深度的变化规律。

1. 一个点电流源

设在均匀各向同性介质的地面上有一个点电流源，向地下流入 $+I$ 电流，在与 A 相距

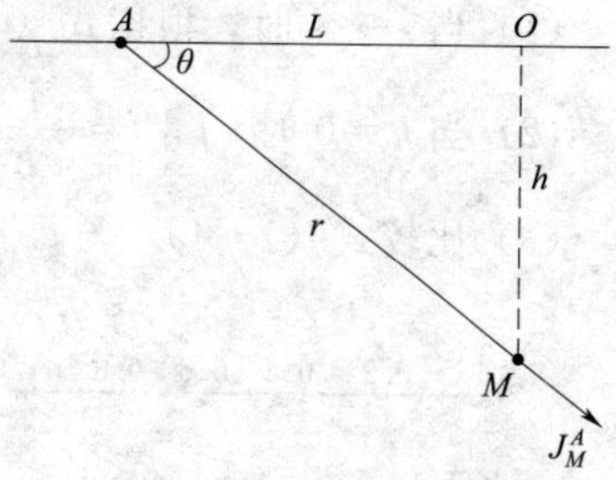

图 1-9　均匀各向同性介质地面上一个点电流源的电流密度分布

L 的地面 O 点处电流密度为 $\vec{J}_O^A=\dfrac{I}{2\pi L^2}$。在 O 点的铅垂线上（图 1-9）埋深 h 处的 M 点处电流密度应为

$$\vec{J}_M^A=\frac{I}{2\pi(L^2+h^2)}=\frac{I}{2\pi L^2}\frac{L^2}{L^2+h^2}$$

即

$$\vec{J}_M^A=\vec{J}_O^A\cos^2\theta$$

可见，一个电流源的电流分布有如下特点：

（1）当 $r\to\infty$ 时，$\vec{J}_M^A\to 0$，即在距点电流源无穷远处其电流密度为零。

（2）比较 $\vec{J}_M^A$ 和 $\vec{J}_O^A$ 可知

$$\frac{\vec{J}_M^A}{\vec{J}_O^A}=\frac{1}{1+\left(\dfrac{h}{L}\right)^2}$$

说明当 $h=0$ 时，在地面的电流密度最大。

（3）当极距一定时，随着深度的增加，电流密度急剧减小。比如当 $h=L$ 时，$\theta=45°$，M 点处的电流密度 $\vec{J}_M^A=\dfrac{1}{2}\vec{J}_O^A$，即当埋深等于极距时，该处的电流密度只有地表点处电流密度的 50%。当 $h=4L$ 时，$\vec{J}_M^A=0.06\vec{J}_O^A$，即当埋深等于 4 倍极距大小时，该处的电流密度仅为地表电流密度的 6%。

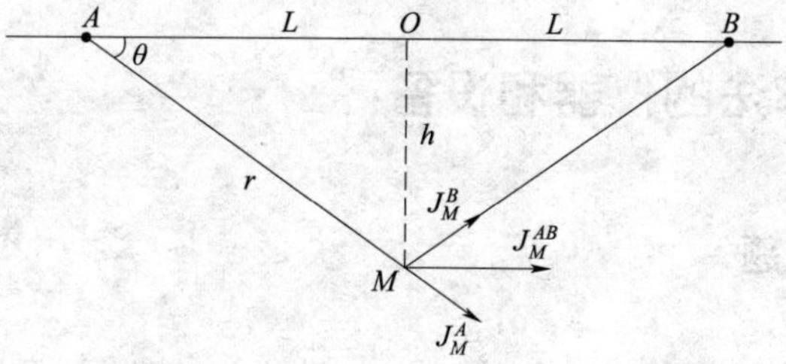

图 1-10　均匀各向同性介质地面上两个点电流源的电流密度分布

2. 两个点电流源

当地面上有两个异性点电流源 A 和 B 时（图 1-10），AB 中点 O 处的电流密度 $\vec{J}_O^{AB}$ 是来源于 A 和 B 的电流密度 $\vec{J}_O^A$ 和 $\vec{J}_O^B$ 的矢量和。

$$\vec{J}_O^{AB}=\vec{J}_O^A+\vec{J}_O^B=2\vec{J}_O^A=\frac{I}{\pi L^2} \tag{1-49}$$

在 AB 的中垂线上深度为 h 的 M 点处，电流密度为

$$\vec{J}_M^{AB}=\vec{J}_M^A+\vec{J}_M^B$$

于是有

$$\vec{J}_M^{AB}=2\vec{J}_M^A\cos\theta=2\vec{J}_O^A\cos^3\theta$$

即

$$\left.\begin{aligned}\vec{J}_M^{AB}\cos\theta&=\vec{J}_O^{AB}\cos^3\theta\\ \vec{J}_M^{AB}&=\frac{I}{\pi}\frac{L}{(L^2+h^2)^{\frac{3}{2}}}=\frac{IL}{\pi r^3}\end{aligned}\right\} \tag{1-50}$$

由此可见，两个点电流源电流密度分布有如下特点：

(1) 当 $r \to \infty$ 时，根据式 (1-50)，有 $\vec{J}_M^{AB} \to 0$。

(2) 当 $h=0$ 时，$\vec{J}_O^{AB}=\dfrac{I}{\pi L^2}$，说明在地面的电流密度最大。

(3) 比较式 (1-49) 与式 (1-50)，得

$$\frac{\vec{J}_M^{AB}}{\vec{J}_O^{AB}}=\frac{1}{\left[1+\left(\frac{h}{L}\right)^2\right]^{\frac{3}{2}}} \tag{1-51}$$

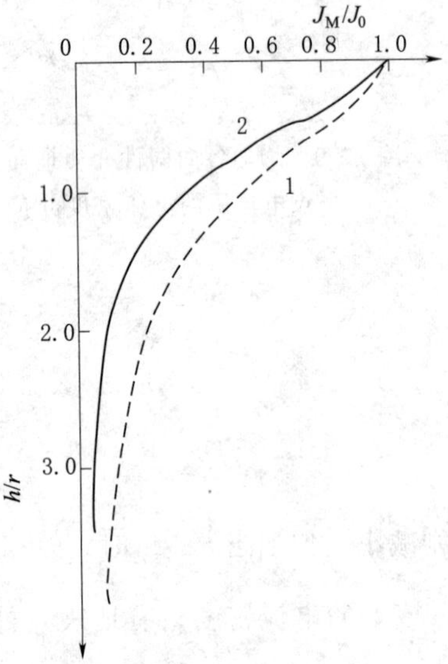

图 1-11　电流密度随深度分布曲线
1—1 个点电流源；2—2 个点电流源

把式 (1-51) 与一个点电流源的式 (1-49) 比较，可以看出两个点电流源的电流密度随深度的增加衰减得更快（图 1-11）。当 $h=L$ 时，$J_M^{AB}=0.354J_O^{AB}$；当 $h=2L$ 时，$J_M^{AB}=0.1J_O^{AB}$，也就是说，在 $h=AB$ 处的电流密度只有地表电流密度的 1/10。因此，要想增大勘探深度，只有增加 A、O 的距离 L。换句话说，勘探深度与供电电极 A、B 之间的距离有密切的关系，AB 越大，勘探深度也越大。

勘探深度是指在给定装置条件下能产生可靠相对异常、可查明探测目标的最大深度。它与供电电极距大小密切相关，一般认为是 $AB/2$，但它还与装置类型，探测目标的相对大小、形状、埋深和电阻率差异以及干扰水平等因素有关。

第五节　电阻率法的仪器和设备

一、电阻率法野外测量中的几个问题

1. 接地电阻

在电阻率法测量中都必须用 A、B、M、N 电极与大地相接，以使供电回路及测量回路连通，才能进行供电与测量。一个电极的接地电阻可以理解为电流由电极流入地下受到的阻力。严格地说，它是指从电极表面到大地无穷远处之间的大地电阻。在野外测量中，总是希望接地电阻尽可能小些，A、B 电极接地电阻小，可在一定的供电电压下供入较大的电流，现在计算一个半球形电极的接地电阻。设电极半径为 r_0，它本身的电阻率很小，可看作等电位体。以电极 A 中心为球心，画出一系列的半球面，每相邻两球面半径之差为 $\mathrm{d}r$，整个大地的电阻便为这一系列半球层电阻的总和。

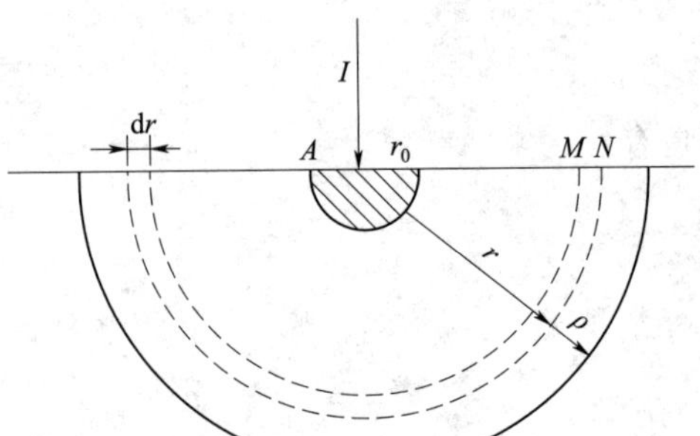

图 1-12　一个半球形电极接地的情况

如图 1-12 所示，A 电极在测量电极 M、N 处产生的电位差为

$$\Delta U_{MN}=\frac{I\rho}{2\pi}\left(\frac{1}{r_{AM}}-\frac{1}{r_{AN}}\right)$$

过 M、N 两个等位面所夹半球层的电阻为

$$dR=\frac{\Delta U_{MN}}{I}=\frac{\rho}{2\pi}\left(\frac{1}{r_{AM}}-\frac{1}{r_{AN}}\right)\approx\frac{\rho}{2\pi}\frac{dr}{r^2}$$

其中，$dr=r_{AM}-r_{AN}=MN$，在 MN 很小的情况下，$r_{AM}\approx r_{AN}$。

对上式积分就可得到 A 极的总接地电阻 R_A：

$$R_A=\int_{r_0}^{\infty}dR=\int_{r_0}^{\infty}\frac{\rho}{2\pi}\frac{dr}{r^2}=\frac{\rho}{2\pi r_0} \tag{1-52}$$

可见 R_A 与电极半径成反比，与大地的电阻率成正比。现计算从电极表面 r_0 到某一半径 r 的球层的电阻 R'：

$$R'=\int_{r_0}^{r}dR=\int_{r_0}^{r}\frac{\rho}{2\pi}\frac{dr}{r^2}=\frac{\rho}{2\pi}\left(\frac{1}{r_0}-\frac{1}{r}\right) \tag{1-53}$$

例如，当 $r=5r_0$ 时，$R'=0.8R_A$；当 $r=10r_0$ 时，$R'=0.9R_A$。

由此可见，接地电阻主要由电极周围附近 $[r=(5\sim10)r_0]$ 介质的电阻决定。为了减小接地电阻，除了在电极周围浇水及将电极适当打深之外，常采用多根电极并联的办法(电极间距离大于电极入土深度两倍)。

2. 电机极化、极化补偿、不极化电极

在野外测量中，测量电极 M、N 的金属棒与土层中的水溶液接触，产生电化学作用，在电极表面与毗邻的水溶液中形成双电层。这个双电层的电位大小与金属棒性质和溶液性质有关。也就是说，每一个金属棒打入土中就具有一定的电极电位。尽管在实际工作中经常采用化学性质较稳定的铜棒作测量电极，但因其化学纯度不可能没有差异，所插入的土层成分、温度等也不尽相同，因此 M、N 电极间经常存在一定数量的电极电位差（称为极化电位差)，在测量回路中产生干扰电流。故在直流电法仪器中要设置“极化补偿器”，在 A、B 没有供电之前，使用“极化补偿器”产生与电极电位大小相等方向相反的电位差，将电极电位补偿掉。当然，在 A、B 供电以后，当 ΔU_{MN} 较大时，在测量回路中会产生电流，在这部分电流的作用下，M、N 极也会产生次生极化，使电极电位差发生变化。因此使用“极化补偿器”并不能完全消除与测量电极本身有关的干扰电位差，而应该采用不极化电极，以更好地消除使测量电极间产生电极电位差和极化电位差的条件。

不极化电极的结构见图 3-29。通常，不极化电极在自然电场法、激发极化法工作中，是必不可少的，在电阻率法中有时也使用。

二、电阻率法常用的仪器

1. 对电测仪器的要求

在野外测量中，视电阻率 ρ_s 是根据实测的 ΔU_{MN} 和 I 值，用视电阻率公式算得的。因此，电测仪器的任务就是测量电位差 ΔU_{MN} 和电流 I。故对仪器有下列要求：

(1) 灵敏度高。仪器灵敏度越高，可测的 ΔU_{MN} 值越小、越精确。当 ρ_s 一定且测量条件不变时，ΔU_{MN} 与 I 成正比。因此，提高仪器灵敏度可减小供电电流，有利于减轻电源重量，减少供电电极数目，并可选用较细的导线，从而使整个装备轻便化。

(2) 抗干扰能力强。仪器要求对工业电流干扰信号和各种偶然干扰具有很强的抑制能力，以保证仪器本身的高灵敏度。

(3) 稳定性高。在野外工作期间，仪器应能适应各种气候条件，即温度和湿度在很大范围内变化时，仪器保持性能稳定。

(4) 输入阻抗高。要在各种接地条件下保证测量所需的精度，要求仪器具有较高的内阻（又称输入阻抗）。

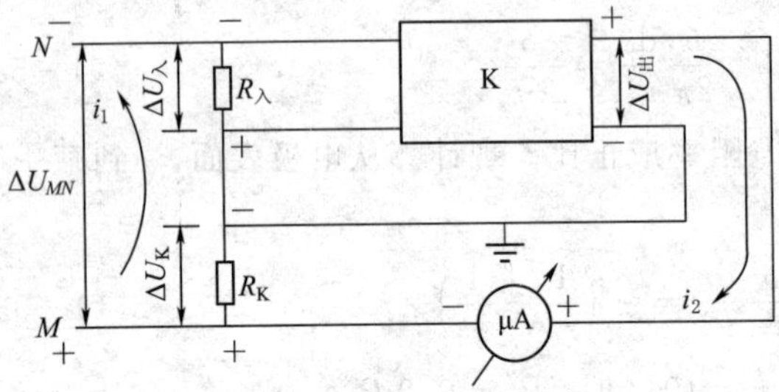

图 1-13　自动补偿仪原理图

2. 电子自动补偿仪的工作原理

电法勘探的电测仪器种类繁多，更新换代也较快，但其基本原理还是建立在电子自动补偿仪基础上。图 1-13 为自动补偿仪原理图。

当测量电极 M、N 与仪器接通后，设待测电位差为 ΔU_{MN}。仪器的输入回路中有电流 i_1 通过，就在电阻 R_λ 的两端产生输入电位差 ΔU_λ。经放大器 K 放大后，在其输出端形成输出电位差 $\Delta U_{出}$，并在输出回路中形成电流 i_2。i_2 流过负载（反馈）电阻 R_K 时，在 R_K 的两端产生电位差 $\Delta U_K = i_2 R_K$。于是在输入回路中有 ΔU_{MN} 和 ΔU_K 两个电位差，在接线时特意使它们在输入回路中极性相反，且输入与输出几乎同时完成。故对于放大器而言，输入的电压不仅有 ΔU_{MN}，而且还有 ΔU_K。另一方面，在输入电阻 R_λ 很大的条件下，由接地电阻 R_{MN} 引起的观测误差可以忽略；i_1 在 R_K 上产生的电位降很小，也可以不予考虑。因此有

$$\Delta U_\lambda = \Delta U_{MN} - \Delta U_K \tag{1-54}$$

由式（1-54）可见，如果设法使 $\Delta U_\lambda \to 0$，则 $\Delta U_{MN} = \Delta U_K$，就可以通过测量 ΔU_K 来确定 U_{MN}。为此，采用了“自动补偿”的办法。即：只要线路中 $\Delta U_{MN} > \Delta U_K$，就会有 ΔU_λ 进入放大器，从而使输出电流 i_2 增加，ΔU_K 亦随之增大。如此循环往复，直至 ΔU_K 增大到与 ΔU_{MN} 处于动态平衡，这时 i_2 不再增加，且

$$\Delta U_{MN} = \Delta U_K = i_2 R_K \tag{1-55}$$

可见输出电流 i_2 与待测电位差 ΔU_{MN} 有简单的正比关系（R_K 为固定值）。i_2 的大小可以直接指示 ΔU_{MN} 的大小。因此，只要将串接在输出回路中的微安电流表 μA 的电流刻度改为相应的电位差刻度，就可以直接读出 ΔU_{MN} 的数值（一般为毫伏数）。

供电电流 I 的测量更为简单，可在供电回路中串联一个标准电阻 R_0（一般为 0.1Ω），用电子自动补偿仪测量供电时 R_0 两端的电位差 ΔU_0，于是 $I = \Delta U_0 / R_0$，将测出的电位差数字乘以 10，得到电流 I 的毫安数。

3. 微机电测仪

我国于 1986 年研制出了 DWD-1 型微机多用电测仪。该机由微机进行智能控制，具有自动极化补偿、自动测程选择、供电时间自动控制、直接显示等功能，能测量多种参数（自然电位、一次电位、二次电位、视电阻率、视极化率、半衰时等）。1990 年 10 月北京地质仪器厂对该机进行了改进，批量生产出 DWD-2A 型微机电测仪。该机同样是由微机

控制的具有增强型功能的多用途智能式电测仪。DWD－2A 型测量参数多、操作简便，按一下启动开关，即可得到所需要的多种参数（如极化率一项就可得到断电后 7 个不同延时的极化率等）。这两种机型的仪器都具有自校程序和调试程序，使得仪器的检修极为方便。

1990 年 7 月重庆地质仪器厂生产出 DZD－1 型多功能直流电法仪，可直接显示自然电位、视电阻率、半衰时等。

我国电法勘探仪器更新换代很快，正在向多功能、自动显示、智能控制方向发展。

三、电阻率法的主要设备

在野外进行电阻率法测量，除需要电测仪外，其他主要设备还有供电电源、供电电极、测量电极、导线及线架等。

（1）供电电源：常用几块 45V 乙型干电池串联和并联组成，或以小型发电机作供电电源。

（2）供电电极：常用长 40～50cm、直径为 1～2cm 的铁棒，棒的一端呈尖锥形，以便于打入地下。

（3）测量电极：用规格与供电电极相当的铜棒。

（4）导线及线架：导线常用电阻小、抗拉耐踏、绝缘性能好的电话线。为便于工作，导线应绕于线架上。

复 习 思 考 题

1. 岩石的电阻率和视电阻率有什么区别？它们受哪些因素影响？
2. 稳定电流场有哪些性质和边界条件？
3. 点电流源电场分布特点是什么？
4. 非均匀介质中稳定电流场的实质是什么？
5. 怎样用镜像法分析非均匀介质中稳定电流场的电位分布？
6. 视电阻率与电流密度有什么关系？
7. 勘探深度的含义是什么？其与电流密度有什么关系？
8. 什么叫接地电阻和极化电位？
9. 电子自动补偿仪的工作原理是什么？工程物探中对电阻率法电测仪器有哪些要求？
10. 电阻率法勘探需要哪些仪器和设备？

第二章　电阻率剖面法及测深法

电阻率法分为两类：电阻率剖面法和电阻率测深法。这里介绍电阻率剖面法，它简称为电剖面法。电剖面法是电阻率法中应用较为广泛的一组方法的总称。该方法的特点是供电电极 A、B 和测量电极 M、N 之间的相对位置保持固定不变，整个装置沿观测剖面线移动，逐点观测视电阻率 ρ_s 的变化。由于电极距不变，勘探深度就保持在同一个范围内。因此，分析 ρ_s 值沿剖面的变化，可以了解地下某一深度以上沿测线水平方向上不同电性地质体的分布情况。电剖面法主要用于探测陡倾层状或脉状岩矿体，划分陡立的岩体接触带、岩脉，追索断层破碎带、地下暗河等。

按照电极排列方式的不同，电剖面法又分为许多种。目前常用的有联合剖面法、对称四极剖面法、中间梯度法、偶极剖面法等。

第一节　联合剖面法与对称四极法

一、联合剖面法的装置特点

1. 装置特点和工作方法

联合剖面法是由两组三极装置 $AMN\infty$ 和 ∞MNB 联合进行探测的一种电剖面法。所谓三极装置，是将一个供电电极置于“无穷远”的排列，如图 2-1 所示。把 A、M、N、B 四个电极放在同一条观测直线上，以 M、N 之间的中点 O 为测点，且 $AO=BO$，$MO=NO$。电极 C 是两组三极装置共同的“无穷远”极，一般置于测线的中垂线上，与测线的距离不小于五倍的 AO（即 $CO\geqslant 5AO$）。如果因地形或障碍物无法在中垂线上布极，那么在沿测线方向上布 C 极时，距测区边缘点的距离应大于十倍的 AO。

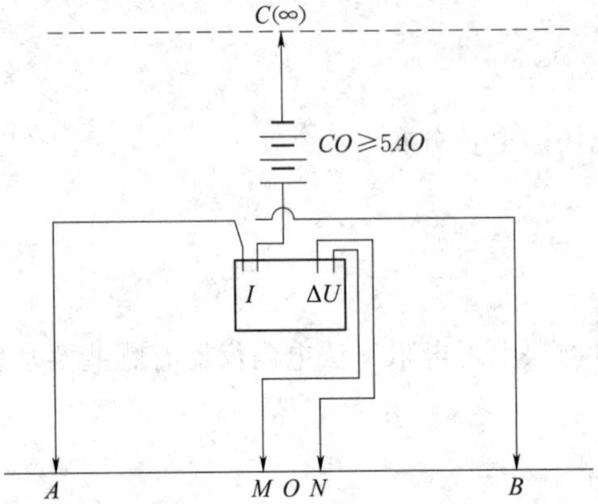

图 2-1　联合剖面装置

工作中将 A、M、N、B 四个电极沿测线一起移动，并保持各电极间的距离不变。在每个测点上观测两次，一次是用 $AMN\infty$ 装置，测出 ΔU_{MN}^{A} 和 I^{A}，所得视电阻率用 ρ_s^A 表示；另一次是用 ∞MNB 装置，测出 ΔU_{MN}^{B} 和 I^{B}，所得视电阻率用 ρ_s^B 表示。视电阻率按式（1-44）计算，得

$$\rho_s^A=K_A\frac{\Delta U_{MN}^{A}}{I^{A}},\ \rho_s^B=K_B\frac{\Delta U_{MN}^{B}}{I^{B}}$$

式中：K_A、K_B 分别为 $AMN\infty$ 和 ∞MNB 装置的装置系数。

根据式（1－36）可以推算出

$$K_A = K_B = 2\pi \frac{AM \cdot AN}{MN} \tag{2-1}$$

于是在一幅联合剖面法的 ρ_s 曲线图上可以绘出 ρ_s^A 和 ρ_s^B 两条曲线。

在各种电剖面法中，联合剖面法最适于探测陡倾良导电性地质体或断层破碎带。其优点是灵敏度高、分辨力强、异常幅度大，缺点是装置比较笨重、工作效率低、受地形和地表岩性不均匀的影响大，易使曲线发生畸变而出现虚假异常。

2. 电极距的选择

（1）供电电极距（AO 或 BO）的选择。AO 或 BO 的选择应考虑所探测地质目标的埋深，若其埋藏在覆盖层之下，设覆盖层厚度为 H，当取 $AO<H$ 时，由于探测深度小，ρ_s 曲线的变化主要反映覆盖层的电性不均匀情况。一般取 $L=\frac{AB}{2}=AO=BO=(5\sim10)H$，以便使 ρ_s^A 和 ρ_s^B 两条曲线有明显的分异性。

（2）测量电极距（MN）的选择。应在不明显降低异常的前提下，尽量采用较大的电极距 MN，同时使 MN 等于测点距或两倍测点距，而测点距的选择应根据异常范围大小确定。由 ρ_s 曲线特征知，在探测目标两侧（交点两边）联合剖面曲线的异常范围大约等于 $2AO$。在详查时，为了能得到完整的曲线，在 $2AO$ 范围内常要求应有 6～10 个测点。所以，测点间距一般选为 AO 的（1/5～1/3），于是 $MN=(1/5\sim1/3)AO$，甚至 $MN=1/10AO$。

（3）“无穷远”极（C）的距离。为了使 C 极在 M、N 极间产生的电位差小于 A 或 B 极产生的电位差的 5%，以便将其影响忽略不计，必须将 C 极置于垂直测线的方向上，并使 $CO\geqslant 5AO$。

3. 联合剖面法的图件

（1）视电阻率剖面图。将每条测线，按测点位置和视电阻率值绘制 ρ_s 剖面图。习惯上用实线表示 ρ_s^A 曲线，用虚线表示 ρ_s^B 曲线。横坐标用算术坐标表示测点位置；纵坐标表示 ρ_s 大小，可以用算术坐标或对数坐标，用对数坐标表示 ρ_s 有利于突出低阻异常。

（2）视电阻率剖面平面图。将各测线按一定比例尺绘制在平面图上，选取合适的比例尺，分别绘出每条测线的 ρ_s^A 和 ρ_s^B 剖面曲线，标出正交点和反交点，把沿一定走向延伸的各测线低阻正交点位置或低阻带连接成线，就是低阻正交异常轴；把高阻带、高低阻岩性接触界线连接起来，便构成剖面平面图（图 2－2）。它能直观地反映某一极距（相当某一勘探深度）ρ_s 曲线在平面上的变化规律。

（3）联合剖面法测网布置图和综合成果图。将测网分布情况绘制在相应比例尺的地形图或地质图上，即得到测网布置图。若将物探的综合解释成果，如异常轴、接触界线、高阻带、低阻带、推测的断层和地质界线、地点地物等内容，绘于平面图上，即成为综合成果图（图 2－3）。

二、联合剖面法 ρ_s 曲线的特征

1. 联合剖面法过陡立接触面时的 ρ_s 剖面曲线

联合剖面法是由两组三极装置组成的，由于供电电极与测量电极的排列次序不同，故

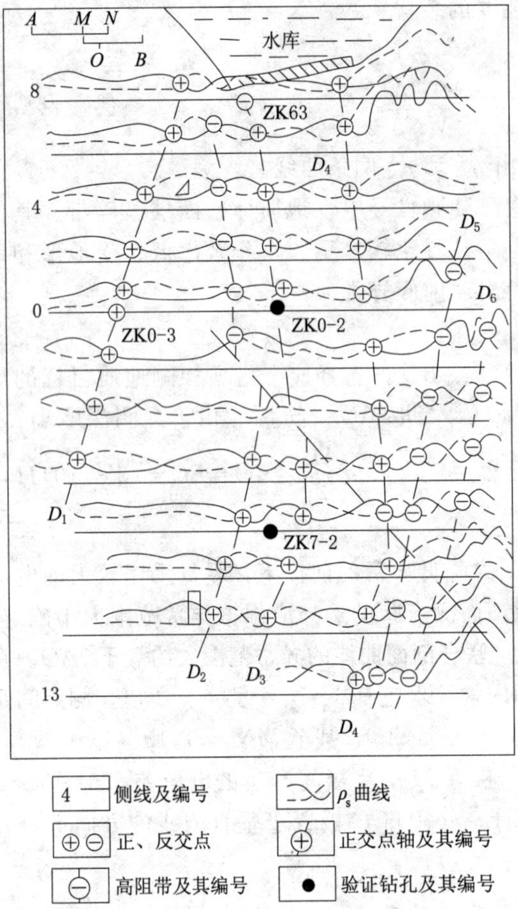

图 2-2　广东某地联合剖面平面图

在过陡立接触面时的 ρ_s^A 和 ρ_s^B 曲线特征也不同。现在让我们用电流密度的分布规律解释 ρ_s^A 曲线的变化特征。如图 2-4 所示，设 $\rho_1>\rho_2$，无覆盖层，且 $MN\to 0$，整个装置由左向右移动。

（1）当装置距离接触面很远（实际上只要大于 $2AO$ 就可算很远了）时，界面的影响可以忽略，地中电流的分布与只有 ρ_1 岩石时的均匀介质相同。由式（1-47）写出这时的视电阻率：

$$\rho_s^A=\frac{J_{MN}^A}{J_O^A}\rho_{MN} \tag{2-2}$$

由于此时 $J_{MN}^A=J_O^A$ 及 $\rho_{MN}=\rho_1$，故 $\rho_s^A=\rho_1$。故远离界面时，ρ_s^A 曲线出现数值为 ρ_1 的水平段。

（2）当装置向右移动逐渐接近接触面时，由于 $\rho_2<\rho_1$，电流线被低阻介质 ρ_2 吸引，致使 MN 处的电流密度增大，J_{MN}^A 将大于 J_O^A，所以 $\rho_s^A>\rho_1$，于是 ρ_s^A 便逐渐上升。装置越靠近接触面，ρ_2 介质吸引电流的作用越强，ρ_s^A 也不断增加，当 MN（当前 $MN\to 0$）到达界面时，ρ_s^A 出现极大值 $\dfrac{2\rho_1^2}{\rho_1+\rho_2}$，在图上用 $\rho_s^{A'}$ 表示。

（3）当 M、N 极由 ρ_1 跨过界面进入 ρ_2 时，ρ_{MN} 由 ρ_1 跃变为 ρ_2；根据电流密度法向分量连续的边界条件（即 J_{MN}^A 实际上测的是电流密度的法向分量），在界面两侧的 J_{MN}^A 不变化；由于 $\rho_2<\rho_1$，曲线在过界面以后发生跃变，由 $\rho_s^{A'}$ 值降至 $\rho_s^{A''}$ 值。

由 $\rho_s^{A'}=\dfrac{J_{MN}^A}{J_O^A}\rho_1$，$\rho_s^{A''}=\dfrac{J_{MN}^A}{J_O^A}\rho_2$，得

$$\frac{\rho_s^{A''}}{\rho_s^{A'}}=\frac{\rho_2}{\rho_1}$$

故有

$$\rho_s^{A''}=\rho_s^{A'}\frac{\rho_2}{\rho_1}$$

说明当 M、N 极跨过界面时，视电阻率将产生 $\dfrac{\rho_2}{\rho_1}$ 倍的跃变，所以 ρ_s^A 曲线显示出阶梯状的异常。

（4）当装置继续向右移动直到 A 极到达接触面之前，即 A 极处在 ρ_1 中，M、N 极处

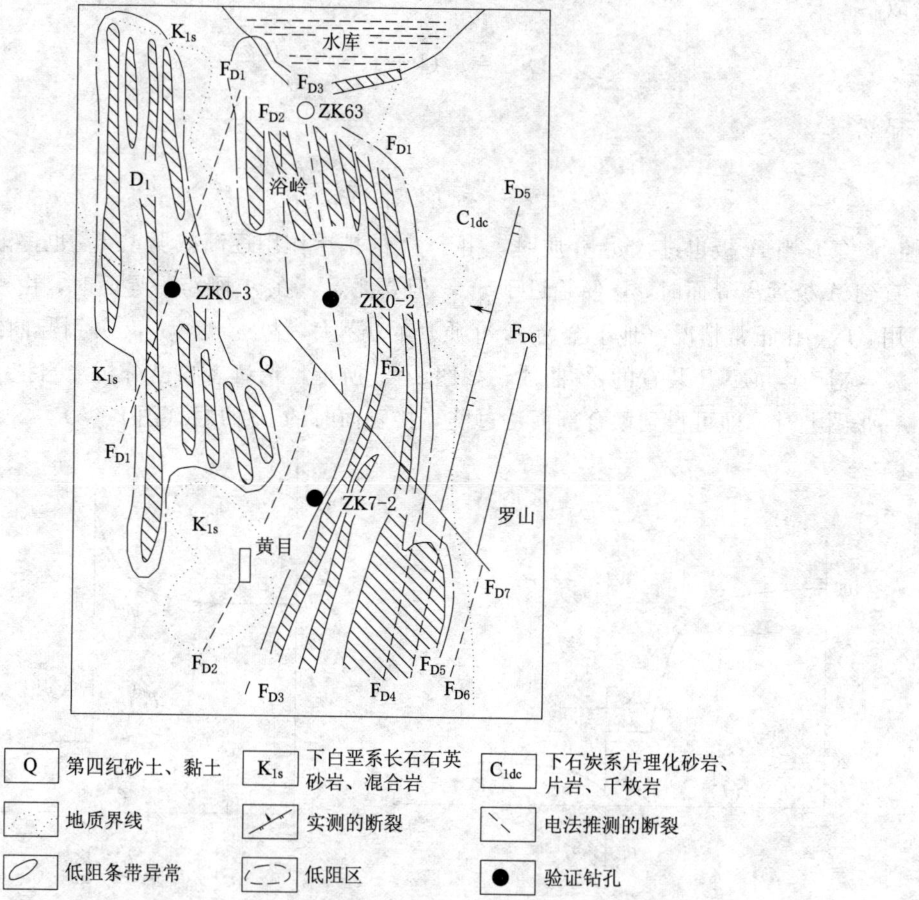

图 2-3　广东某地联合剖面成果图

在ρ_2中，ρ_s^A曲线保持着一段长度为AO的水平直线段$\rho_s^{A''}=\dfrac{2\rho_1\rho_2}{\rho_1+\rho_2}$。这是因为$A$和$M$、$N$极分别位于界面两侧，屏蔽作用恒定。现用镜像法原理来加以说明。当A处于ρ_1中，M、N处在ρ_2中时，MN处的电位（是处于无源介质中的电位）根据式（1-43）可得：

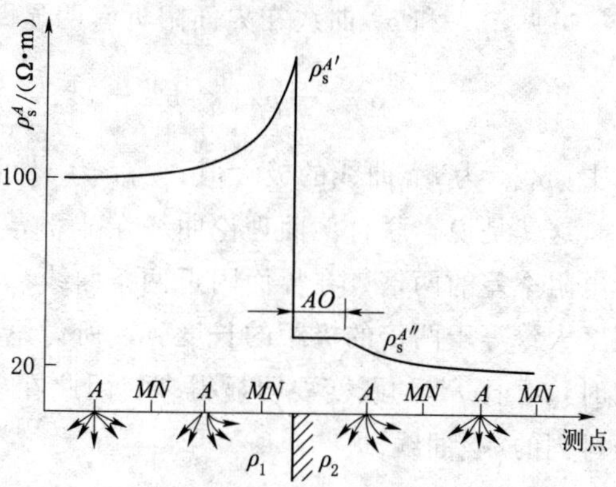

图 2-4　$AMN\infty$装置过陡立接触面时的ρ_s^A曲线

（$\rho_1=100\Omega\cdot m$，$\rho_2=20\Omega\cdot m$）

$$U_{MN}=\frac{I\rho_2}{2\pi}\left(\frac{1-K_{12}}{AO}\right)$$

因为$MN\rightarrow 0$，则有

$$E_{MN}=\frac{I\rho_2}{2\pi}\left(\frac{1-K_{12}}{AO^2}\right)$$

$$\rho_s^{A''}=K\frac{\Delta U_{MN}}{I}=\frac{2\pi\cdot AM\cdot AN}{MN}\frac{\Delta U_{MN}}{I}\approx\frac{2\pi AO^2\cdot E_{MN}}{I}$$

故

$$\rho_s^{A''}=\rho_2(1-K_{12})=\frac{2\rho_1\rho_2}{\rho_1+\rho_2}$$

显然

$$\rho_s^{A'}=\rho_s^{A''}\frac{\rho_1}{\rho_2}=\frac{2\rho_1^{\ 2}}{\rho_1+\rho_2}$$

(5) 当 A 极也进入 ρ_2 介质时，由于 ρ_1 的排斥作用逐渐减弱，J_{MN}^A 也逐渐趋近于 J_O^A，直到 A 极远离界面时，ρ_1 便趋近于 ρ_2。但要注意，在 A 刚跨过界面时，由于 ρ_1 的排斥作用，J_{MN}^A 比正常情况（地下全为 ρ_2 介质）的 J_O^A 大，故 $\rho_s^{A''}>\rho_2$，并引起曲线小的转折。

对于 ∞MNB 装置的 ρ_s^B 曲线，如图 2-5 所示，请读者自己分析。当把 ρ_s^A 和 ρ_s^B 画在一张图上时，即可得到联合剖面法过陡立接触面时的 ρ_s 曲线（图 2-6）。

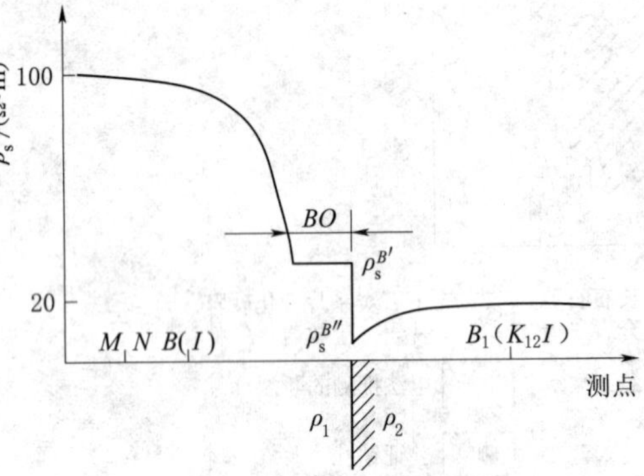

图 2-5　∞MNB 装置过陡立接触面时的 ρ_s^B 剖面曲线

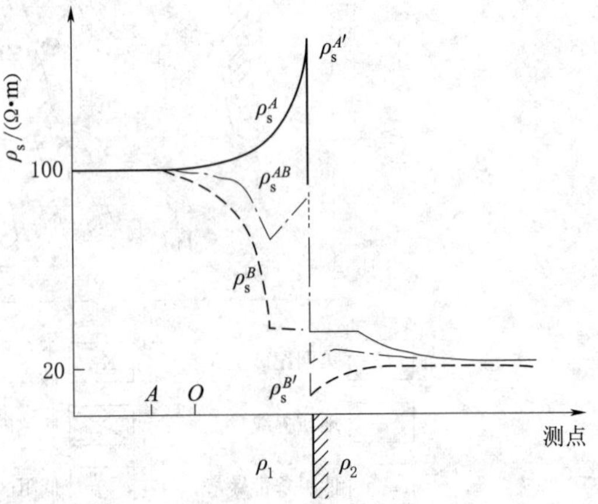

图 2-6　联合剖面法过陡立接触面时 ρ_s 的剖面曲线

可见，ρ_s^A 和 ρ_s^B 曲线在界面附近有明显跃变。两条曲线在界面上最大差值为

$$\rho_{smax}^A-\rho_{smin}^B=\rho_s^{A'}-\rho_s^{B''}=\frac{2\rho_1^{\ 2}}{\rho_1+\rho_2}-\frac{2\rho_2^{\ 2}}{\rho_1+\rho_2}=2(\rho_1-\rho_2)$$

式中：ρ_{smax}^A 为 ρ_s^A 曲线的极大值；ρ_{smin}^B 为 ρ_s^B 曲线的极小值。

这就是说，联合剖面理论曲线在陡立界面上 ρ_s^A 和 ρ_s^B 曲线的纵向幅度差最大时可达实际电阻率差的两倍。在界面附近两条曲线都有一段长度等于 AO 或 BO 的水平段，异常带宽度大致等于两倍的极距的长度。在所讨论的情况（$\rho_1>\rho_2$）下，联合剖面法在过陡立界面时，ρ_s^A 比 ρ_s^B 的跃变要明显得多。因此在确立陡立界面时要尽量利用靠近高阻一侧的电极排列的 ρ_s^A 曲线。

2. 板状良导体上联合剖面法的 ρ_s 剖面曲线

对于板状良导体上的 ρ_s 曲线，目前还没有严密的理论计算公式，但已有大量的模型实验资料。首先来分析埋深为 H 的直立良导薄板上的联合剖面 ρ_s 曲线。所谓薄板，是指板的厚度远比极距 L 小，其理论曲线如图 2-7 所示。根据式（1-47），定性地分析 ρ_s^A 和 ρ_s^B 曲线的特征。

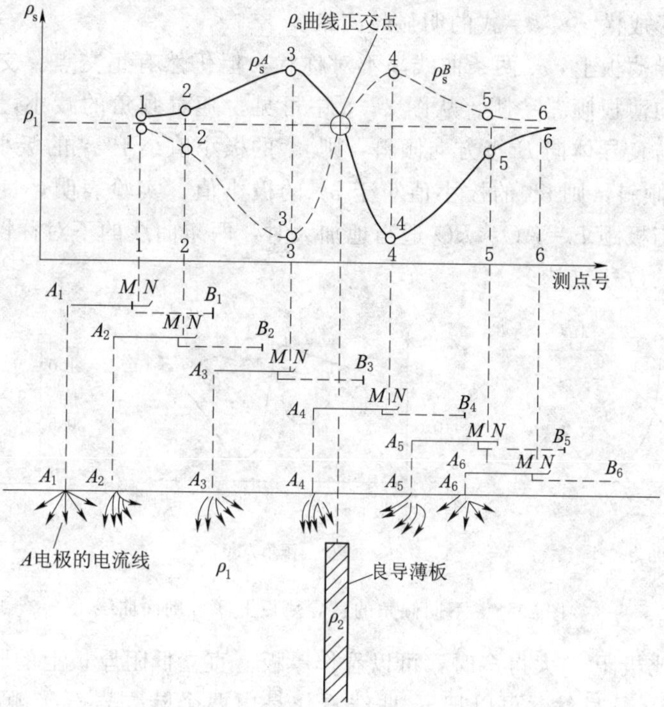

图 2-7　直立良导薄板上的联合剖面 ρ_s 曲线

(1) 当装置 $AMN\infty$ 在良导体左侧，而且距良导体较远时，由于良导薄板对电流的畸变作用较小，因此 $J_{MN}^A \approx J_O^A$，$\rho_s^A \approx \rho_1$（见曲线上 1 点）。

(2) 当 $AMN\infty$ 装置沿测线向良导薄板接近时，良导薄板对电流的吸引作用增强，使电流线偏向 M、N 电极一侧，使 M、N 处电流密度增大，即 $J_{MN}^A > J_O^A$，故 $\rho_s^A > \rho_1$，ρ_s 曲线上升（见曲线上 2 点）。

(3) 随着装置继续向右移动，良导薄板对电流的吸引作用逐渐增强，致使 ρ_s^A 曲线继续上升，直到 M、N 电极靠近良导体顶时，由于良导薄板向下吸引电流，使 J_{MN}^A 相对减弱，ρ_s^A 也开始逐渐下降，因而在 3 点形成一个极大值。

(4) 在 M、N 接近良导薄板顶到越过极顶，A 极仍在板的左侧，因 A 极离薄板更近，电流被吸引最强烈，J_{MN}^A 急剧减小，因而 ρ_s^A 也随之迅速下降。当 A 和 M、N 分别处于良导薄板两侧时，由于良导薄板的屏蔽作用同样使 ρ_s^A 曲线出现一段比较宽的低值段（见曲线 4 号点）。

(5) 当整个装置都越过良导薄板顶后，随着电极继续向右移动，良导薄板吸引电流的作用逐渐减弱，J_{MN}^A 逐渐增大，从而使 $\rho_s^A \approx \rho_1$（见曲线上 5 点、6 点）。

至于 ρ_s^B 曲线，它是装置从右向左移动的，其形状应与从左向右移动的 ρ_s^A 互为镜像，即将 ρ_s^A 曲线绕薄板旋转 180°即可得 ρ_s^B 曲线。

显而易见，ρ_s^A 和 ρ_s^B 两条曲线相交，交点位于直立良导薄板顶上方；在交点左侧，$\rho_s^A > \rho_s^B$，在交点右侧，$\rho_s^A > \rho_s^B$。这样的交点称为联合剖面曲线的"正交点"。在直立良导薄板上，ρ_s 两支曲线是对称的，在正交点两侧，两条曲线明显地张开，一个达到极大值，另一个则为极小值，形成横“8”字式的明显歧离带。

在倾斜的良导薄板上，ρ_s 两条曲线呈不对称状，但仍然有正交点。交点位置在良导薄板顶附近，稍移向薄板倾斜一侧。从图 2-8 中可见，随着倾角的减小，两条曲线的不对称性越加明显。若良导体向 B 极方向倾斜，则 ρ_s^A 的极小值小于 ρ_s^B 的极小值。反之，若良导体向 A 极方向倾斜，则 ρ_s^B 的极小值小于 ρ_s^A 的极小值。实验表明，良导薄板的倾角越小，埋藏越浅，当极距 $L=AO=BO$ 适当地加大时，两条曲线的不对称性也就越明显，正交点向倾斜方向的位移也越多。

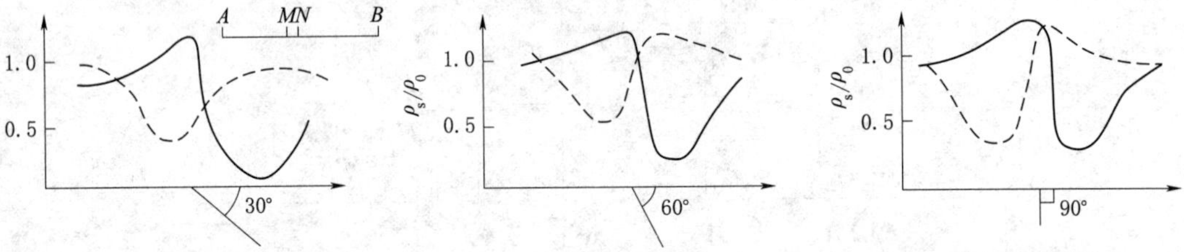

（a）倾角为30°　　（b）倾角为60°　　（c）倾角为90°

图 2-8　不同倾角的良导薄板上联合剖面曲线

当板的厚度比极距 L 大得多时，可以看作厚板。直立低阻厚板上的联合剖面模型实验曲线如图 2-9 所示。显然，可以把 ρ_s 曲线看作是由两个陡立岩石接触面组成的曲线组。当装置距界面足够远时，ρ_s 接近于围岩的电阻率值。如果直立厚板的厚度大于 $4AO$ 时，即可用两个陡立接触面的 ρ_s^A 曲线简单衔接，组成厚板的 ρ_s 曲线。它的特点是：远离界面时，两条曲线的 ρ_s 值均接近于围岩的电阻率值。在厚板的边界上，两曲线的 ρ_s 值都明显地下降。在厚板顶上形成对称的凹槽状，低阻带的宽度大致等于板的厚度，在板的中部有明显的正交点。板体越厚，交点处的 ρ_s 值越接近低阻板的电阻率 ρ_2。

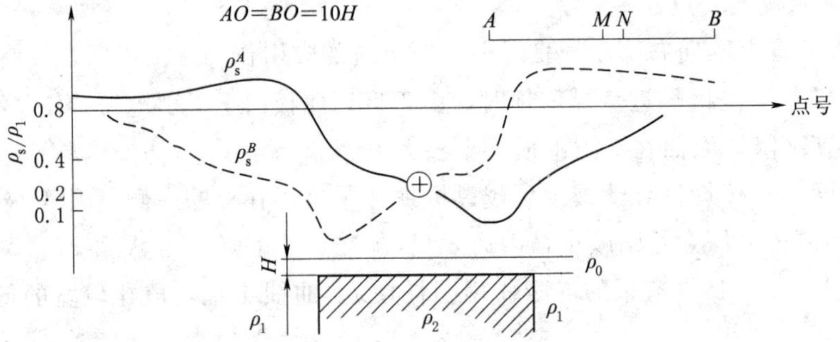

图 2-9　直立低阻厚板上的联合剖面曲线

对于倾斜良导厚板上的联合剖面曲线，亦出现类似于低阻薄板上不对称的 ρ_s 曲线形态。从图 2-10 可以看出，倾斜良导厚板的视厚度正好等于 ρ_s 曲线极大值点与极小值点的水平距离。在良导厚板倾斜方向上，ρ_s^A 和 ρ_s^B 同时出现极小值，在相反方向上，靠近板的边缘上出现极大值。曲线呈不对称状，低阻正交点偏向倾斜方向一侧。需要说明的是，图 2-10 中，D 指记录点 O 与板状体在地表的左交点间距离，O 在交点左侧 D 取负值，O 在交点右侧，D 取正值；L 为极距；用 D/L 作横坐标可消除极距的影响。

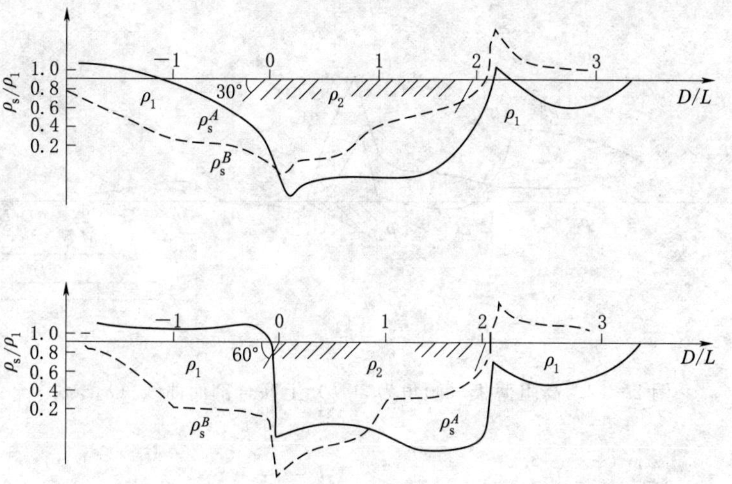

图 2-10 不同倾角良导厚板上的联合剖面曲线

3. 直立高阻板上联合剖面法的 ρ_s 剖面曲线

直立高阻板上联合剖面曲线如图 2-11 所示。对 ρ_s^A 曲线的定性分析如下：

(1) 曲线由 1 点到 3 点为下降段，这是由于高阻体排斥 A 极电流的结果，随着装置向高阻板体的接近，这种排斥作用逐渐增强，造成地表 MN 处电流密度 J_{MN}^A 的减小，故 ρ_s^A 逐渐下降。

(2) 当 AMN 继续向右移动，MN 位于高阻板顶时，由于 A 极电流被排斥向地表，J_{MN}^A 猛增，ρ_s^A 出现极大值（见图 2-11 中曲线上 4 点）。

(3) 当装置继续向右移动，MN 中点位于测点 5，而 A 极仍在离阻板体左侧时，由于高阻体的屏蔽作用，J_{MN}^A 减小，故 ρ_s^A 出现极小值（见图 2-11 中曲线上 5 点）。

(4) 当 A 极也跨过高阻板体顶时，A 极电流被排斥，J_{MN}^A 出现第二个极大值（是假异常，见图 2-11 中曲线上 6 点）。装置随着远离高阻体，受其影响逐渐减小，$\rho_s^A \to \rho_1$。

ρ_s^B 的分析方法同上。

由图 2-11 可以看出高阻板上联合剖面 ρ_s 曲线有如下特点：

(1) 直立高阻板顶上方有一个不太明显的“反交点”。所谓“反交点”是指在高

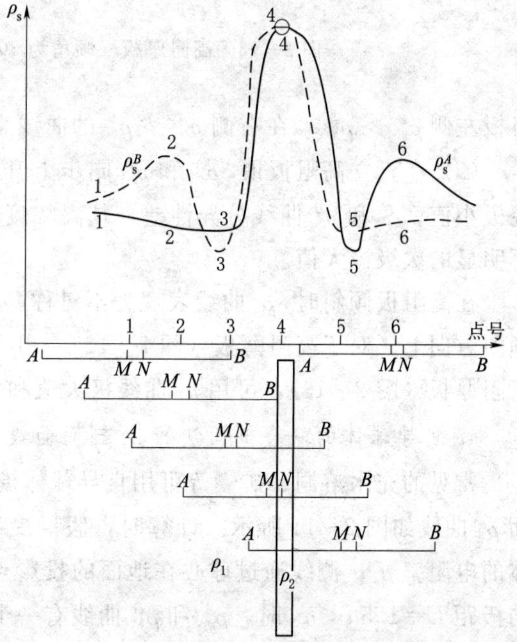

图 2-11 直立高阻板上联合剖面曲线（$\rho_2 > \rho_1$）

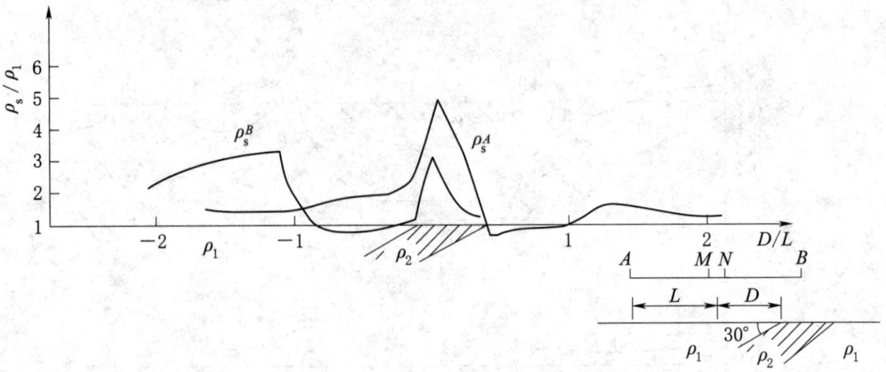

图 2-12　高阻薄板（倾角为 30°）上联合剖面曲线（$\rho_2>\rho_1$）

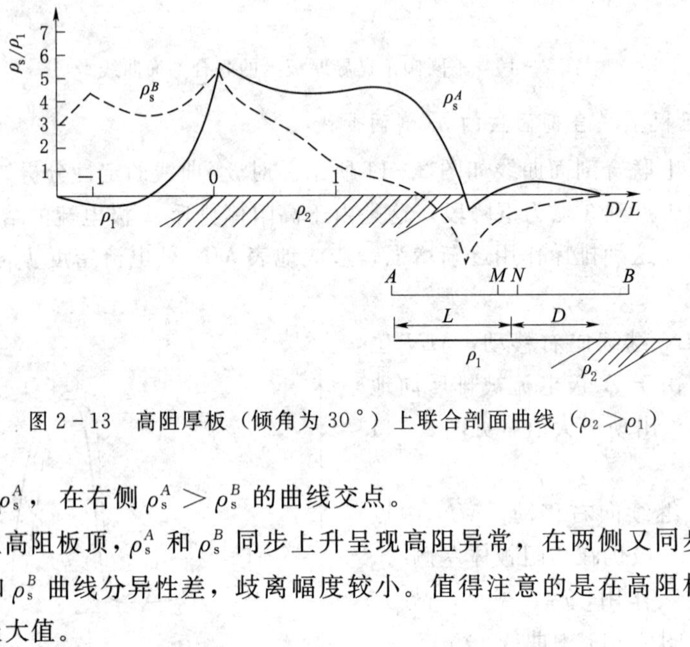

图 2-13　高阻厚板（倾角为 30°）上联合剖面曲线（$\rho_2>\rho_1$）

阻板左侧 $\rho_s^B > \rho_s^A$，在右侧 $\rho_s^A > \rho_s^B$ 的曲线交点。

（2）在直立高阻板顶，ρ_s^A 和 ρ_s^B 同步上升呈现高阻异常，在两侧又同步下降并各自出现极小值。ρ_s^A 和 ρ_s^B 曲线分异性差，歧离幅度较小。值得注意的是在高阻板两侧尚有一个不明显的次级极大值。

在高阻板倾斜时，ρ_s 曲线表现为不对称。板顶上方有极大值，“反交点”出现在高阻板倾斜方向上。对于高阻薄板（图 2-12），用 ρ_s 曲线极大值可以大致确定板顶位置。对于高阻厚板（图 2-13），可用 ρ_s 曲线极大值和极小值点间的水平距离估计其视厚度。

4. 良导球体的联合剖面法的 ρ_s 剖面曲线

常见的充水溶洞、矿囊等可用良导球体模型模拟。根据理论计算，良导球体的联合剖面 ρ_s 曲线如图 2-14 所示。计算时，假设良导球体的半径为 a，球心埋深 $h_0=1.6a$，球体的电阻率 ρ_2。测线通过球心在地面的投影点。由图 2-14 可见，采用三种不同的极距。当极距 $L=1.5a<h_0$ 时，ρ_s^A 和 ρ_s^B 曲线有一个低阻正交点，交点位置正好与球心在地面的投影位置重合。交点两侧两曲线分开，各极小值点分别在交点两侧且两条曲线形状十分对称。

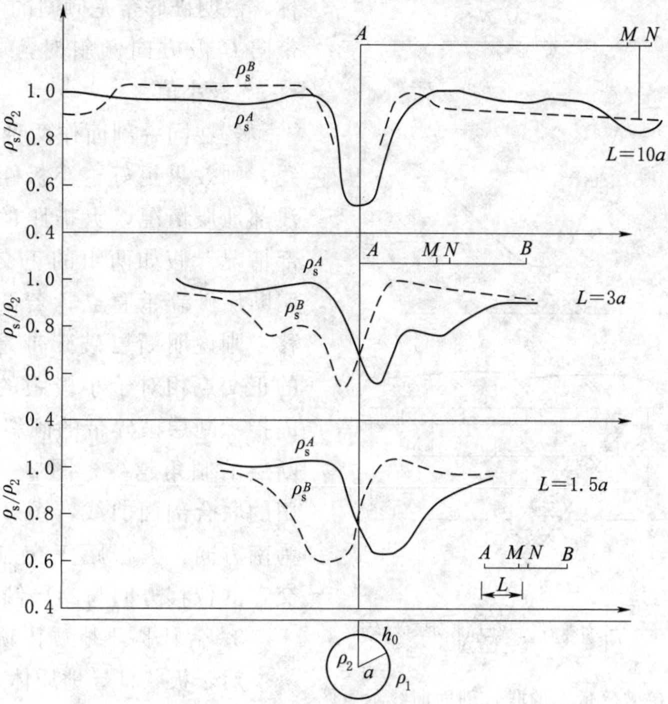

图 2-14 良导球体的联合剖面 ρ_s 曲线

当 $L=3a>h_0$ 时，两条 ρ_s 曲线的极小值相互靠拢，且在两侧出现一个次级的极小点。这是供电电极 A 或 B 过球顶上方时，电流被良导球体吸引，使 J_{MN} 减小的结果。

当 $L=10a>h_0$ 时，两条曲线逐渐靠拢，以至它们的极小点重合在一起。其低阻带中心对应于球心在地面的投影。这是由于 L 很大时，球体附近的电场和均匀电场差不多。低阻带两侧 L 的长度处同样也出现次一级极小值（假异常）。

理论计算表明，联合剖面法探测良导球体的最大勘探深度（以球顶深度计算）不超过球体直径，如果提高观测精度，最大勘探深度也不超过 $4a$。

三、联合剖面法的应用

1. 确定含水破碎带、充水管道状溶洞发育带的延伸情况

在电性上，它们表现为低阻体，通过联合剖面 ρ_s 剖面平面图，由低阻正交异常轴的走向及平面位置即可确定它们的走向和平面分布位置，如图 2-2 和图 2-3 所示。该处为城市建设区，西北部有供水水库且有渗漏现象。为查明地下断层破碎带和漏水带的位置，采用了联合剖面法（$AO=90$m，$MN=20$m，点距 20m，表土厚约 10m），并辅以电测深法，圈定出 7 条断层和两个低阻破碎区。这些成果被测井和钻探所证实，从而为高层建筑群避开断层破碎带或采取处理措施以及为水库防渗漏采取措施提供依据。

该地区中部和东部地段，由于断层通过高山区，潜水埋藏很深，断层上部干燥无水，ρ_s 曲线出现高阻反交点。

2. 判断断层破碎带的倾向

若断层破碎带两盘岩性相同，ρ_s^A 和 ρ_s^B 两曲线呈对称分布，说明破碎带直立；若曲线不对

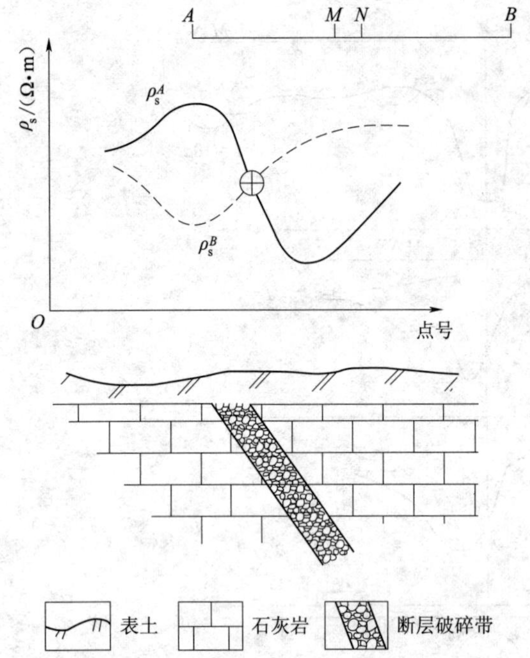

图 2-15 倾斜断层破碎带上的联合剖面曲线示意图

称，说明破碎带是倾斜的（图 2-15）。破碎带向 B 极方向倾斜时，可见到 ρ_s^A 极小值 $< \rho_s^B$ 极小值。

若在同一剖面作两种极距的 ρ_s 对比曲线，则效果更好。小极距的一组曲线反映浅部地质情况，大极距的一组曲线反映深部情况。假如两组的正交点位置重合，说明断层破碎带直立；若两组的正交点有位移，则说明断层破碎带是倾斜的。大极距的正交点相对于小极距的正交点的位移方向指示断层破碎带的倾斜方向。位移越大，断层的倾角越缓。图 2-16 为湖南某地热田的联合剖面曲线，图 2-16（a）中 S 意为南方向。大极距正交点相对于小极距正交点的位移方向与断层倾向一致。

3. 估计良导地质体顶端埋深和厚度

对于板状良导地质体，在围岩电性较均匀、曲线畸变不大的情况下，可用切线法估计良导体顶端埋深 H 的大小。具体做法见图 2-17。过正交点作 ρ_s^A 和 ρ_s^B 曲线的切线和一条铅垂线，再过 ρ_s 极小值作两条切线，获得截距 m_1、m_2，则 $H \approx \frac{1}{2}(m_1 + m_2)$。

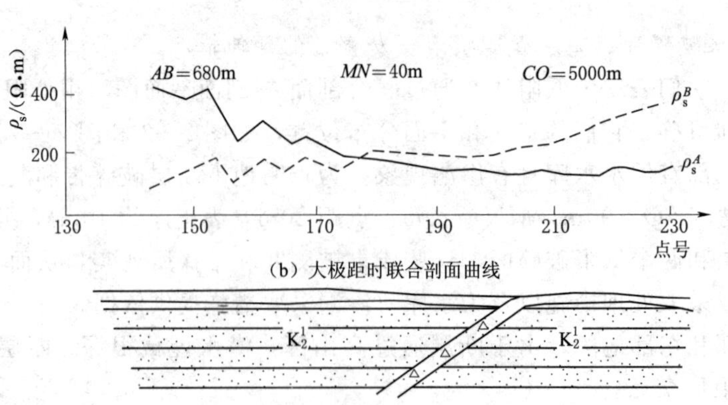

图 2-16 湖南某地热田联合剖面曲线

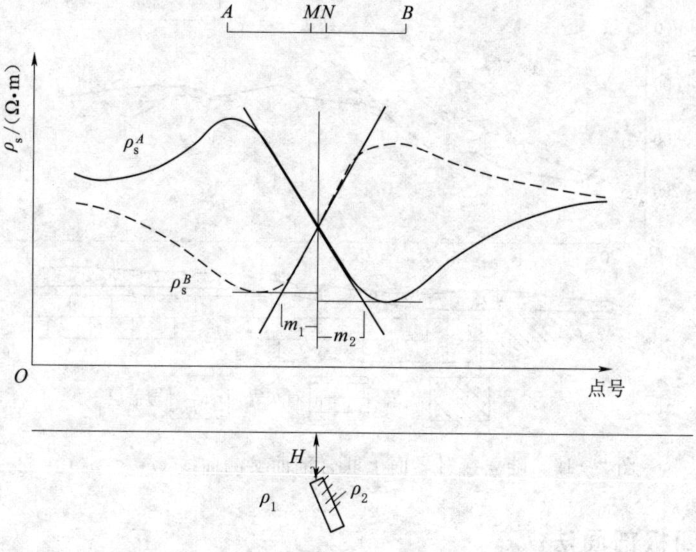

图 2-17　用切线法求良导体埋深（$\rho_2 \ll \rho_1$）

对直立良导薄板状地质体的顶端埋深 H，可利用联合剖面 ρ_s 曲线过正交点作 ρ_s^A 或 ρ_s^B 的切线和铅垂线，这两条线与过 ρ_s^A 或 ρ_s^B 曲线极小值之切线所截线段长为 m，则 $H \approx m$。

估计倾斜良导地质体的方法前已述及，对于直立低阻厚板，ρ_s^A 和 ρ_s^B 两支曲线呈对称的凹槽状，低阻带的宽度大致等于良导体的厚度（图 2-9）。对于倾斜良导厚板，其视厚度正好等于 ρ_s 曲线极大值点与极小值点的水平距离（图 2-10）。

4. 确定陡立岩体接触界线

根据模型实验曲线（图 2-18），供电电极位于高阻一侧的曲线 ρ_s^A 在接触面附近出现极大值并有明显的阶梯状异常。ρ_s^B 曲线的这些特征则不明显。根据经验，对于陡立接触面，可选取具有明显极大值和阶梯状异常的那条曲线（如图 2-18 用 ρ_s^A 曲线，而图 2-19 用 ρ_s^B 曲线），认为接触面的位置在陡度最大处，或在它的极大值至极小值幅度值的 2/3 处，但对于倾角较小的接触面不能采用这种判断方法。

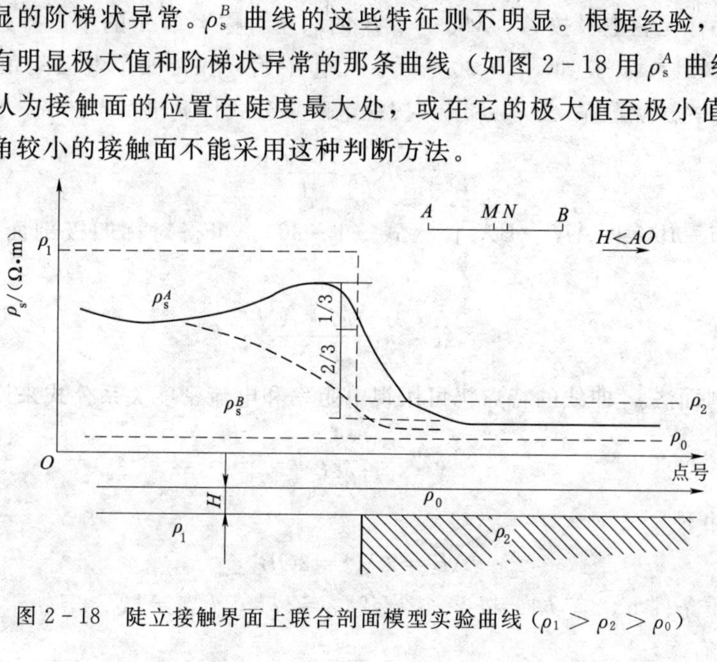

图 2-18　陡立接触界面上联合剖面模型实验曲线（$\rho_1 > \rho_2 > \rho_0$）

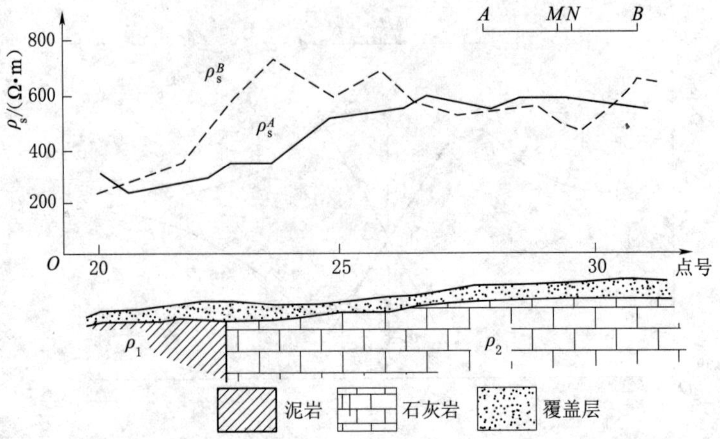

图 2-19　陡立接触界面上联合剖面实测曲线（$\rho_1 < \rho_2$）

四、对称四极剖面法

对称装置的电剖面法，有对称四极剖面法和复合对称四极剖面法。

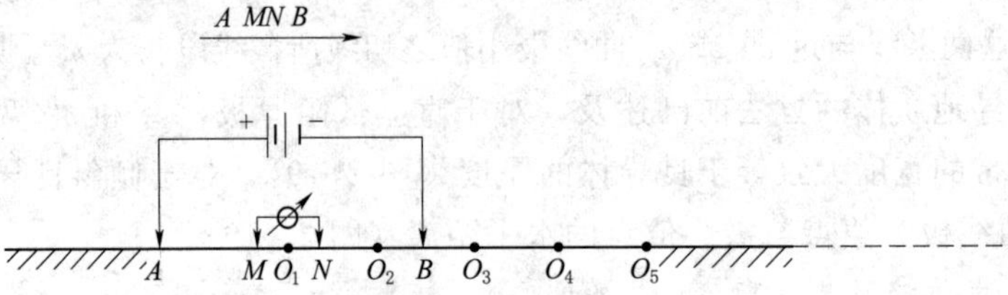

图 2-20　对称四极剖面装置

这种电剖面法是将电极按 A、M、N、B 的顺序对称于 MN 的中点排列成直线，O_1、O_2…点是测点（记录点），如图 2-20 所示。工作中始终保持四个电极间距离不变，同时沿测线向前移动，逐点测量 ΔU_{MN} 和 I，按视电阻率公式计算出每点的 ρ_s^{AB} 值。即

$$\rho_s^{AB} = K_{AB}\frac{\Delta U_{MN}}{I} \tag{2-3}$$

将条件 $AM=BM$ 和 $AN=BN$ 代入式（1-36），可得对称四极剖面法的装置系数 K_{AB}：

$$K_{AB} = \pi\frac{AM \cdot AN}{MN} \tag{2-4}$$

对称四极剖面法 ρ_s 曲线的特点仍可用视电阻率和电流密度关系公式来说明：

$$\rho_s^{AB} = \frac{J_{MN}^{AB}}{J_O^{AB}}\rho_{MN} \tag{2-5}$$

在对称条件下

$$AB = 2AO = 2OB$$

在均匀介质条件下，有 $J_O^{AB}=J_O^A+J_O^B=2J_O^A=2J_O^B$；$J_{MN}^{AB}=J_{MN}^A+J_{MN}^B$，将这些关系代入式（2-5），有

$$\rho_s^{AB}=\frac{J_{MN}^{A}+J_{MN}^{B}}{2J_{O}^{A}}\rho_{MN}=\frac{1}{2}(\rho_s^{A}+\rho_s^{B})\qquad(2-6)$$

式中：J_O^{AB}、$J_O^{A}(J_O^{B})$ 分别为对称四极剖面法和联合剖面法中均匀介质的电流密度；J_{MN}^{AB}、$J_{MN}^{A}(J_{MN}^{B})$ 分别为两方法中非均匀介质的电流密度。

由式（2-6）可以看出，相同极距的对称四极剖面曲线介于联合剖面曲线 ρ_s^A 和 ρ_s^B 之间，前者是后者的平均值（图 2-21）。从图 2-21 可见，ρ_s^{AB} 曲线的异常幅度和分辨能力都不及联合剖面 ρ_s 曲线优越。但是，对称四极剖面装置不需要笨重的无穷远极，比较轻便，工作效率高，且异常简单，易于解释，故多用于普查和大面积的电阻率测绘等。

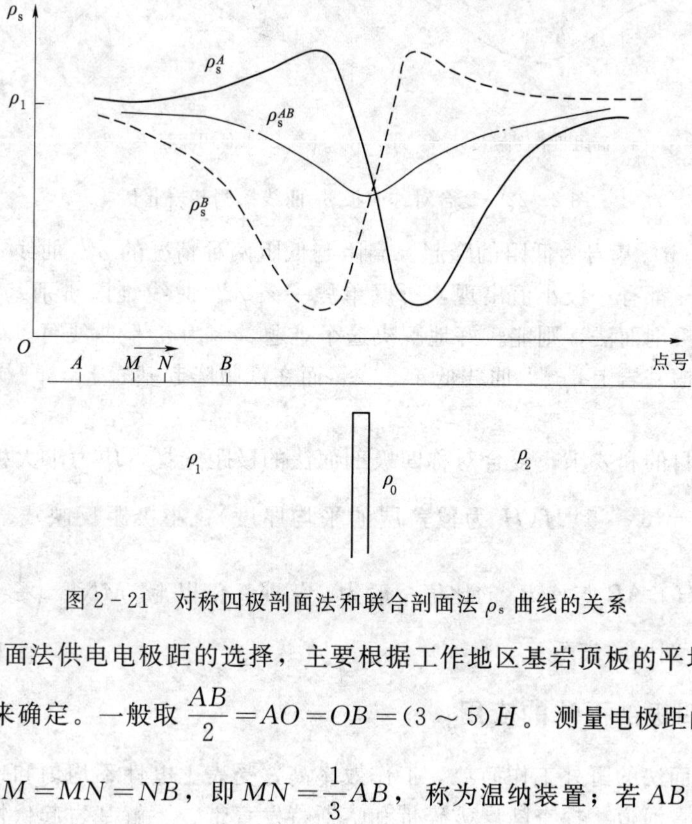

图 2-21　对称四极剖面法和联合剖面法 ρ_s 曲线的关系

对称四极剖面法供电电极距的选择，主要根据工作地区基岩顶板的平均埋深或覆盖层的平均厚度 H 来确定。一般取 $\frac{AB}{2}=AO=OB=(3\sim5)H$。测量电极距的选择，在西方国家普遍使用 $AM=MN=NB$，即 $MN=\frac{1}{3}AB$，称为温纳装置；若 $AB>3MN$，则称为施伦贝尔热装置。在我国一般使用 $MN=\left(\frac{1}{5}\sim\frac{1}{3}\right)AB$。测量的结果多用 ρ_s^{AB} 剖面图、ρ_s^{AB} 剖面平面图、ρ_s^{AB} 等值线平面图表示。

五、复合对称四极剖面法

复合对称四极剖面法，实际上是在一条剖线的每个测点上，用两种不同供电电极距（AB 和 $A'B'$）的对称四极装置进行测量。所以，沿每条测线可得到两条不同勘探深度的视电阻率曲线（ρ_s^{AB} 和 $\rho_s^{A'B'}$）。小极距时的 $\rho_s^{A'B'}$ 反映浅部地质情况，大极距时的 ρ_s^{AB} 反映深部地质情况。

常用复合对称四极剖面法查明覆盖层下基岩的起伏情况。图 2-22（a）基岩为高阻的

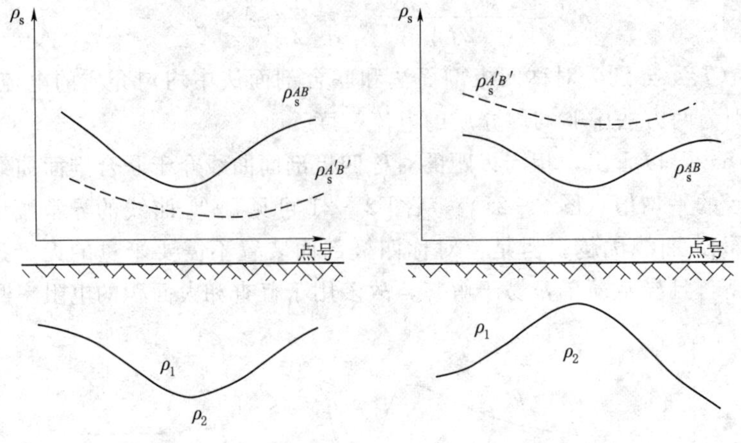

（a）高阻凹槽（$\rho_1<\rho_2$）　　（b）低阻隆起（$\rho_2<\rho_1$）

图 2-22　复合对称四极 ρ_1 曲线探测基岩起伏

凹槽，图 2-22（b）基岩为低阻的隆起。高阻与低阻两种情况的 ρ_s^{AB} 曲线（大极距）都具有相同的特征——都有一极小值出现，所以单凭一条 ρ_s^{AB} 曲线难以辨别基岩的起伏情况。若用复合对称四极剖面法，则能较好地解决这个难题。因为 $\rho_s^{A'B'}$ 曲线可以确定浅部的电性情况，在高阻凹槽基岩上，$\rho_s^{A'B'}$ 曲线低于 ρ_s^{AB}；而在低阻隆起基岩上，$\rho_s^{A'B'}$ 曲线位于 ρ_s^{AB} 曲线的上方。

根据勘探的目的和要求，复合对称四极剖面法的极距选择，应力求大极距反映深部情况，一般是 $\frac{AB}{2}=(3\sim5)H$（H 为覆盖层的平均厚度）；小极距反映浅部情况，一般是 $\frac{A'B'}{2}=(1\sim2)H$。AB 与 $A'B'$ 的比值一般为 2 倍或 2 倍以上。$MN=\left(\frac{1}{5}\sim\frac{1}{3}\right)AB$。测量的结果多用 ρ_s 剖面图表示。

六、对称四极剖面法的应用

对称四极剖面法的野外工作简单，工作效率高，受表土电性不均匀和地形的影响相对较小。它能追索古河道、探查断层破碎带和喀斯特发育带、了解基岩起伏情况、探测岩层接触界面等。但在寻找薄的岩（矿）层时，它的分辨能力和异常幅度不如联合剖面法高[15]。

1. 追索古河道

图 2-23 是我国某地应用对称四极剖面法寻找古河道的实例。充填于古河道中的砂砾石的电阻率比河床两侧砂黏土的电阻率大得多，所以在古河道上方 ρ_s 曲线明显升高，为高阻异常。根据 ρ_s 剖面曲线极大值两翼转折点之间的距离，可大致确定古河道的宽度。根据 ρ_s 剖面平面图上各条测线 ρ_s 曲线的变化特征，圈出了由一条干流和一条支流组成的古河道的范围。

2. 探查喀斯特发育带

图 2-24 是广西某地用对称四极剖面法探查喀斯特发育带的等值线平面图。该地覆盖

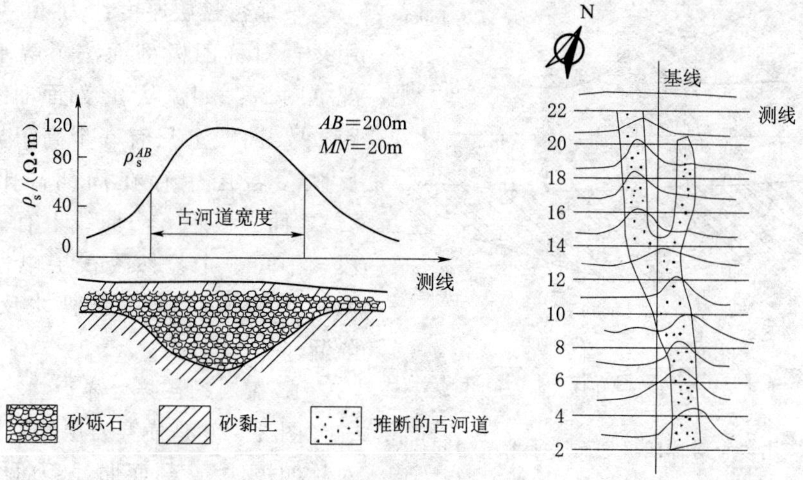

(a) 某测线的 ρ_s 、地质综合图　　(b) ρ_s 剖面平面图

图 2-23 用对称四极剖面法追索古河道

层厚 4～6m，采用 5m×2m 的小测网进行测量，$\frac{AB}{2}=30$m。图 2-24 中 ρ_s^{AB} 低于 60Ω·m 的范围对应于岩溶发育带范围，而且根据低阻的小闭合圈（如 $\rho_s=20\sim40\Omega\cdot m$ 的闭合圈）圈定了一些孤立的溶洞和溶斗。上述结论已被钻探所证实。

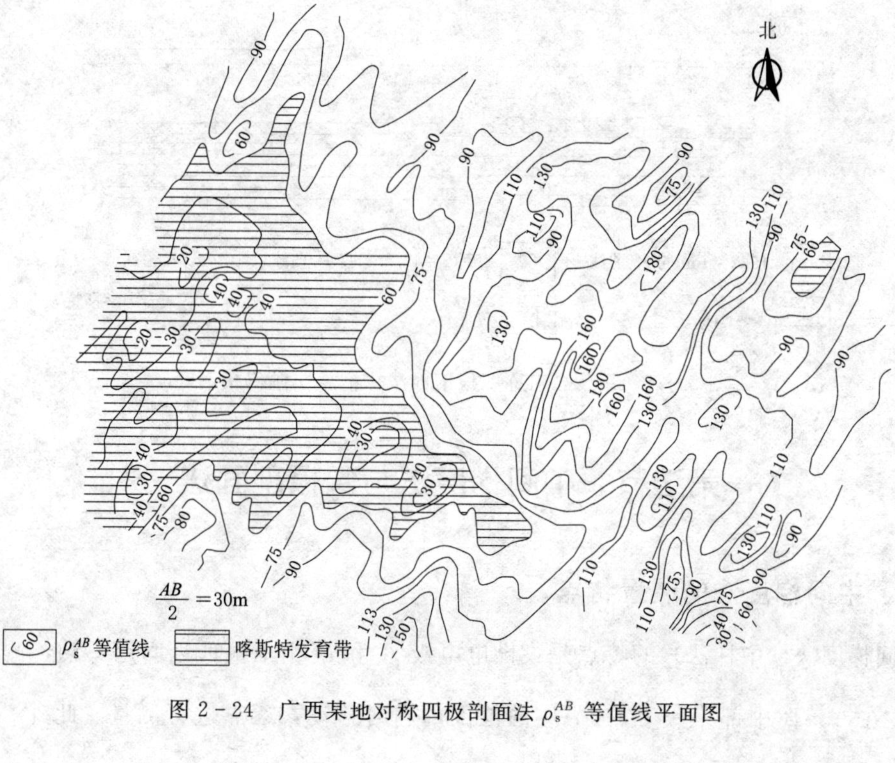

图 2-24 广西某地对称四极剖面法 ρ_s^{AB} 等值线平面图

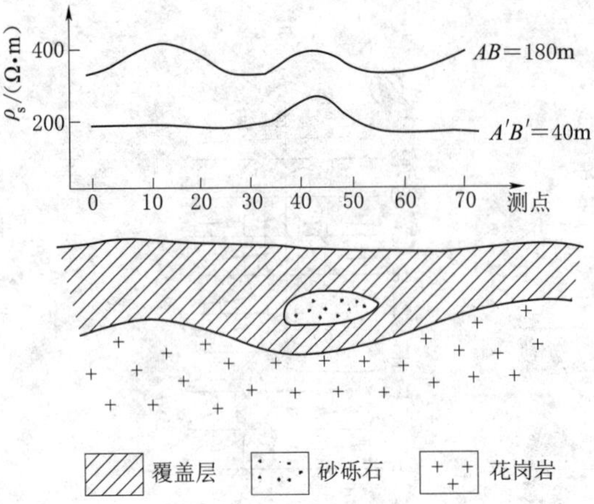

图 2-25　用复合对称四极剖面法了解基岩起伏

3. 了解基岩的起伏情况

某地覆盖层厚度约为 20～40m，曾用复合对称四极剖面法了解基岩起伏情况（图 2-25）。从 ρ_s 剖面曲线看，小极距 $\rho_s^{A'B'}$ 曲线上只有一个高阻异常，它只反映覆盖层中存在局部高阻体（砂砾石），而大极距 ρ_s^{AB} 曲线上有三个高阻地段，中间一个显然受浅层电性不均匀的影响，其他两个高阻段才反映基岩的隆起。

4. 探测岩层接触界面

图 2-26 是横穿岩层倾斜界面的复合对称四极法 ρ_s 剖面曲线。曲线呈明显的阶梯状，而且小极距的 $\rho_s^{A'B'}$ 曲线的界面特征点位置向反倾斜方向位移。喀斯特多沿界面一侧的石灰岩发育，在 ρ_s 曲线上表现为 $\rho_s^{A'B'}$ 曲线数值较低。

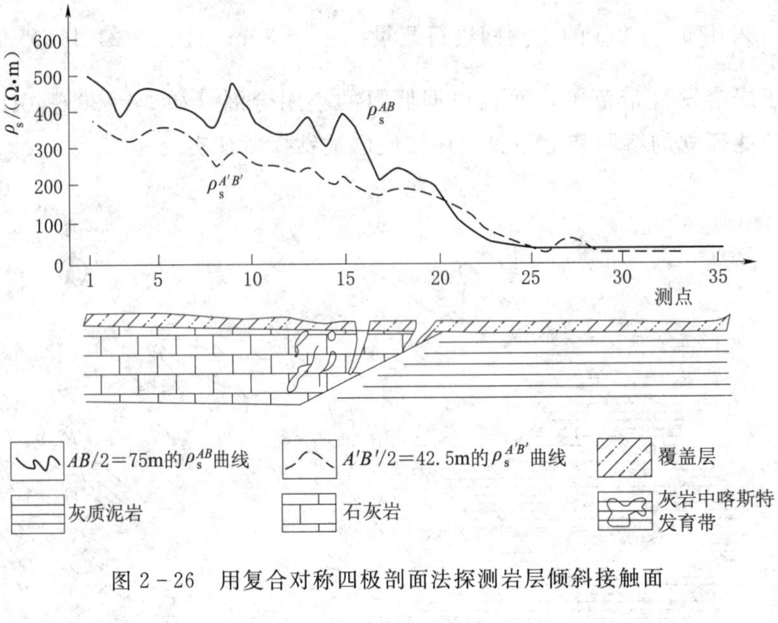

图 2-26　用复合对称四极剖面法探测岩层倾斜接触面

第二节　中间梯度法与偶极剖面法

一、中间梯度法的装置特点

中间梯度法（中梯法）的特点是：供电电极 A 和 B 相距很远且固定不动，测量电极 M 和 N 在 A、B 中部 $\left(\frac{1}{3}\sim\frac{1}{2}\right)AB$ 的范围内同时移动，逐点进行测量。此外，M、N

还可以在平行于主剖面线 AB 的几条相邻测线中部移动，逐点进行测量。旁测线与主测线的最大垂直距离不超过 $\frac{1}{6}AB$。由于中间梯度法布设一次供电电极可同时观测数条测线，因此工作效率较高（图 2-27），且能最大限度地克服供电电极附近电性不均匀的影响。

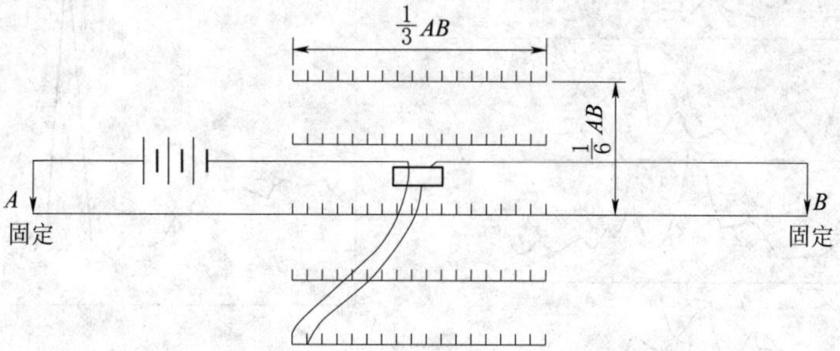

图 2-27　中间梯度装置

中间梯度法电极距的选择原则，应以取得最大异常为前提。通常取 $AB=(70\sim80)H$（H 为覆盖层厚度），$MN=\left(\frac{1}{50}\sim\frac{1}{30}\right)AB$。记录点为 MN 的中点。为便于跑极，一般均使 MN 等于测点距。

中梯法工作中，按下式计算 ρ_s 和 K 值：

$$\rho_s=K\frac{\Delta U_{MN}}{I}$$

$$K=\frac{2\pi}{\frac{1}{AM}-\frac{1}{AN}-\frac{1}{BM}+\frac{1}{BN}}$$

但必须注意，K 值不是恒定的，测量电极每移动一次要计算一次 K 值。

二、中间梯度法的 $\boldsymbol{\rho}_s$ 曲线特征

中间梯度法中由于 AB 很大，在 AB 中部测量范围内的电场可以认为是均匀电场，而 ρ_s 曲线所反映的必然是 M、N 电极附近地层电阻率的变化情况。用中间梯度法寻找高阻岩脉（如伟晶岩脉、石英岩脉等）可以取得显著的效果。例如对直立高阻脉来说，其屏蔽作用明显，排斥电流使其汇聚于覆盖层。这将使 J_{MN} 增大而使 ρ_s 曲线在高阻脉上方出现突出的高峰。对于低阻的、不宽的断层破碎带等良导直立薄脉，由于水平电流线均垂直于它（电流密度的法向分量连续，切向分量为零），使 J_{MN} 变化不大，ρ_s 异常不明显。所以，在实际工作中常用此法追索高阻陡倾地质体。

三、中间梯度法的应用

1. 追索岩脉

图 2-28 是用中间梯度法测得的 ρ_s 剖面平面图。图中两条连续的 ρ_s 高峰值带是由含铅锌矿的石英岩脉引起的。周围的花岗岩已风化，疏松含水，电阻率较低。图 2-29 是用中间梯度法追索伟晶岩脉的实例，利用 ρ_s 曲线半极值点间的宽度 q 值算脉顶埋深 H（$H\approx$

0.5q），求得 H 为 4～5m，与实际相符。

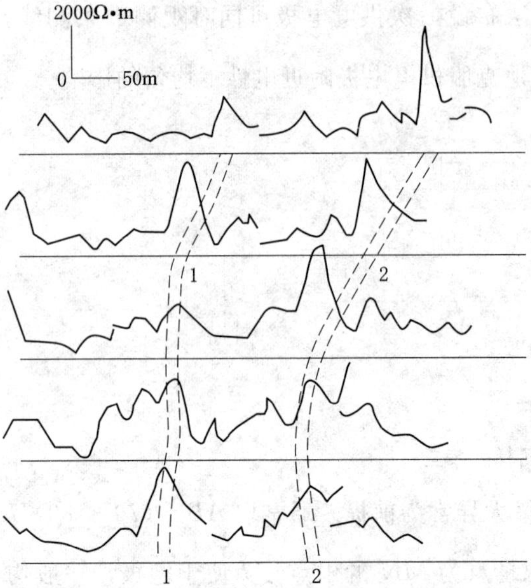

图 2-28　用中间梯度法追索石英岩脉

（AB=600m，MN=10m）

1—已知石英岩脉；2—新圈定的石英岩脉

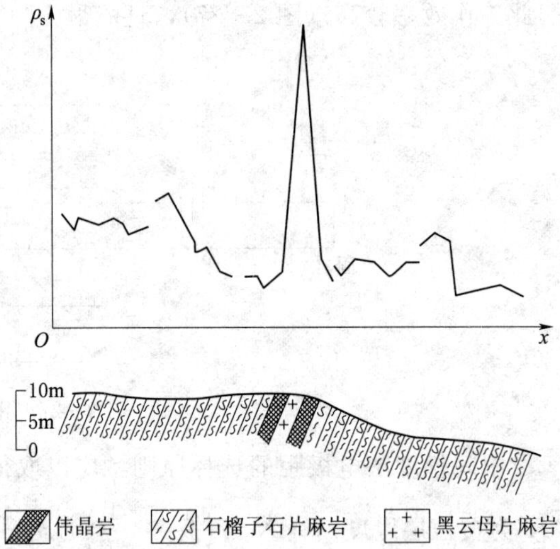

图 2-29　伟晶岩脉上的中间梯度法 ρ_s 曲线

2. 探测地裂缝

在西安市曾用中间梯度法探测地裂缝的分布位置和产状要素，取得良好效果（取 AB=30～60m，测点距为 0.5～2m）。图 2-30 表明小寨商场大院中心剖面出现的三个高阻异常（Ⅰ、Ⅱ、Ⅲ）是由未充水（土）地裂缝引起的。经探槽验证，上部为杂填土，下部为黄土，地表下 0.4m 有三条近直立的地裂缝，宽 0.5～2.5cm。深 1.5m 处黄土曾被错开 0.3m[16]。

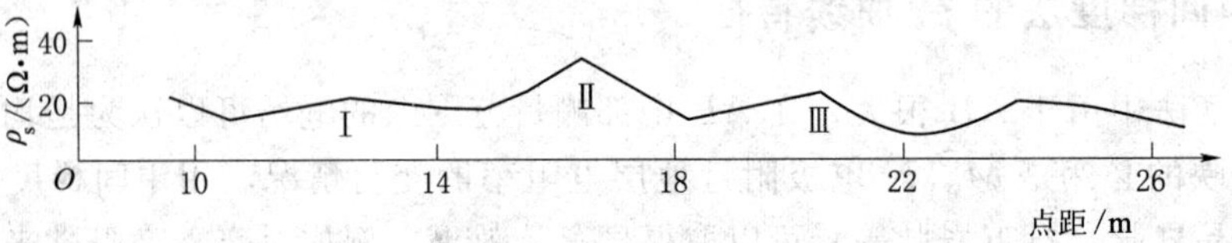

图 2-30　西安市小寨商场大院中心剖面图

3. 找蚁巢

蚁巢常造在堤坝内，往往引起水库堤坝漏水和塌方。在江西永修、进贤两县用中间梯度法寻找蚁巢，见巢率达 60%，取得较好效果。图 2-31 表明在蚁巢上方中间梯度剖面有高阻异常反应。

四、偶极剖面法的装置特点

偶极剖面法是在一剖面线的两边分别排列供电电极 A、B 和测量电极 M、N，一般采用轴向排列（图 2-32）。A、B 的距离与 M、N 的距离相等或相近，AB 的中点 O 与 MN 的中点 O' 的距离 OO' 称为电极距，由于 OO' 大于 AB 许多倍，所以从观测点上看，由供电

电极 A、B 产生的电场是一电偶极子电场。偶极剖面法的名称由此而来。

偶极剖面法的优点是 A、B 与 M、N 分开，所需导线短，故装置轻便，减弱了游散电流或电磁感应作用的干扰；该方法的灵敏度高，分辨力强，同联合剖面法差不多；使用双边偶极装置 $\overrightarrow{ABMNB'A'}$ 时，每次观测结果分别记录在 O 点和 O' 点上，分别得到 ρ_s^{AB} 和 $\rho_s^{A'B'}$ 曲线，获得类似联合剖面法的曲线，但却没有笨重的无穷远极装置。偶极剖面法的主要缺点是当极距较大、地电断面复杂或围岩电性不均匀时，曲线将变得复杂，给解释工作带来困难。

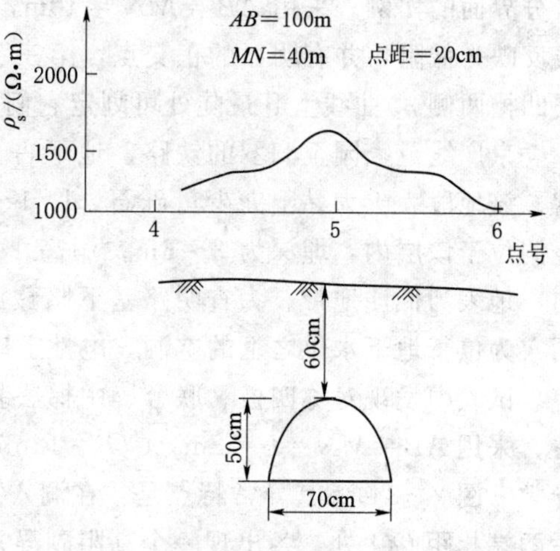

图 2－31　蚁巢上的中间梯度法 ρ_s 曲线

电极距的选择如下：一般取 $OO'=(3\sim5)H$（H 为覆盖层厚度），$AB=MN=a$，$a=\left(\frac{1}{10}\sim\frac{1}{4}\right)OO'$，$BM=na$。

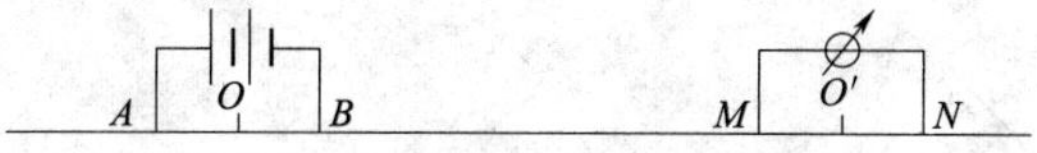

图 2－32　单边偶极剖面法电极排列

视电阻率的计算公式同前，只是 K 值的计算式不同，其计算式为 $K=\pi na(n+1)(n+2)$。曲线的解释方法与联合剖面法类同。

若 $AB=A'B'\neq MN$ 时，就要用双边偶极装置 $\overrightarrow{ABMNB'A'}$ 分别测量 ρ_s^{AB} 和 $\rho_s^{A'B'}$ 曲线。

五、偶极剖面法的应用

偶极剖面法在找矿和追索陡倾断层破碎带和岩性界线时，效果很好。现举两个实例说明。

图 2－33 是用偶极剖面法查明覆盖层下花岗岩中破碎带分布及确定第三系地层与花岗

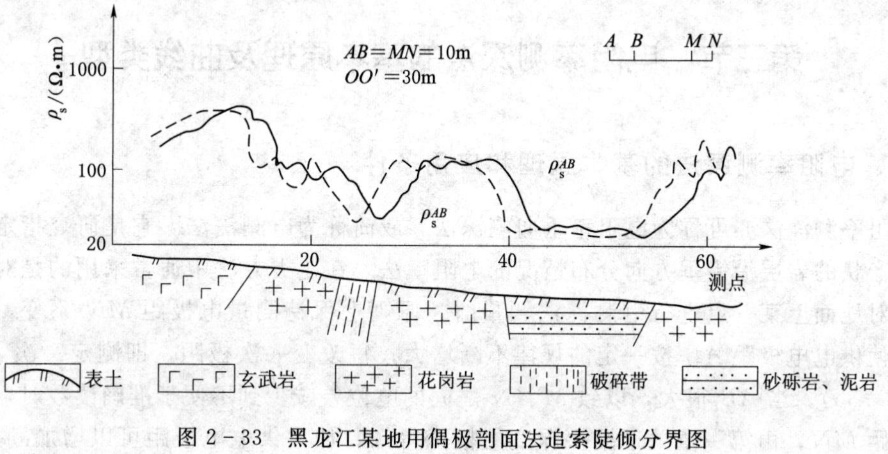

图 2－33　黑龙江某地用偶极剖面法追索陡倾分界图

岩分界面的实例。采用 $AB=MN=10\text{m}$，点距为 10m，$OO'=30\text{m}$。图中破碎带上 ρ_s 曲线反映为低阻，并有明显的正交点，第三系砂砾岩，泥岩的电阻率更低，曲线呈凹槽。根据凹槽两侧 ρ_s 曲线上升最陡处可划定它们与花岗岩的分界线[17]。

京广线范家园至汨罗的铁路，地下古代掏金洞穴塌陷而引起路基沉陷，影响正常运营。该地段表土为黏土夹少量砾石，厚 1～10m；其下为砂卵石层，含黏性土和金砂，掏金洞位于该层内，埋深为 3～6m，洞高 1～1.6m，宽 0.8～2m，断面呈拱形，无一定方向，地表为低洼地带。为查明路基下暗藏洞穴的分布，曾在几处已知洞穴处做物探试验。洞穴为位于地下水位之上的空洞，电性上应为高阻反应，而砂卵石层胶结紧密亦呈高阻反应。试验中发现对称四极、联合、中梯法装置对高阻洞穴均无明显反应。唯独用偶极剖面法，采用 $AB=MN=L=2\text{m}$，$OO'=12\text{m}$（约为 3 倍洞穴埋深）所得剖面曲线能获得明显异常（图 2-34）。其异常特点是：在洞穴顶部，两条曲线同时出现高阻异常，在异常的前后两端相距 OO' 处，各出现一个高阻副异常，呈镜像反应。用偶极剖面法圈定的洞穴地段均被钻探和施工开挖处理所证实。

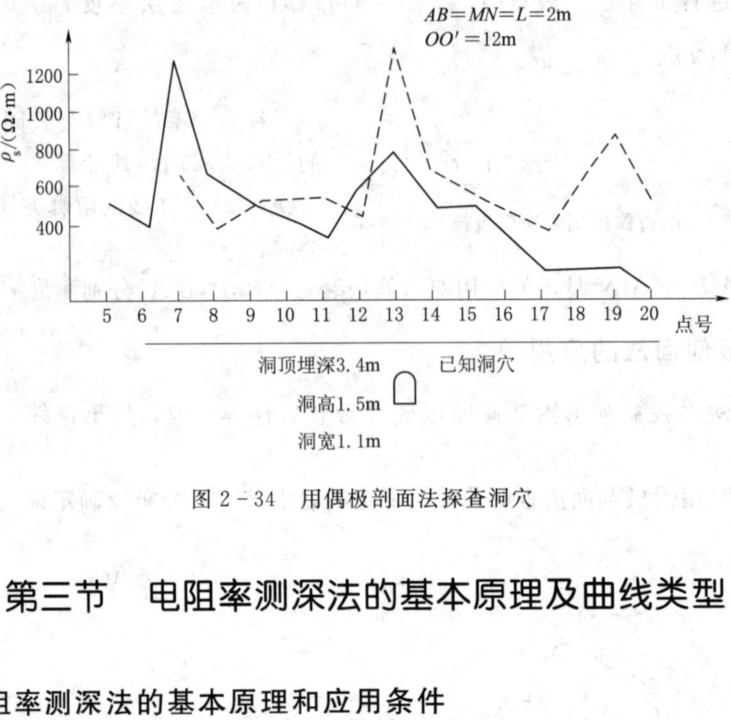

图 2-34　用偶极剖面法探查洞穴

第三节　电阻率测深法的基本原理及曲线类型

一、电阻率测深法的基本原理和应用条件

电阻率测深法亦可称为电阻率垂向测深法，或简称为电测深法。它是研究指定地点近于水平产状的岩层沿铅垂方向分布情况的电阻率法。在这类方法中通常采用的是对称四极装置。对地面上某一点进行电测深法测量时，原则上保持测量电极距 MN 不变，而在同一测点使供电电极距 AB 按一定的规律不断增大；每改变一次极距，即测定一次 ΔU_{MN} 和 I（图 2-35）。当 AB 很大，以致 M、N 之间的电位差减少到不便于准确读数时，可适当加大极距 MN，由第一章关于勘探深度的概念得知，加大供电电极距可以增加勘探深度。因此，在同一测点不断加大供电电极距所测出的视电阻率值的变化，就反映测点下由浅到

深的、电阻率有差异的岩层在不同深度处的分布情况。

对称四极电测深法的视电阻率计算公式仍是

$$\rho_s = K\frac{\Delta U_{MN}}{I},\quad K=\pi\frac{AM\cdot AN}{MN}$$

在电测深法中 K 值是随电极距的改变而逐次不同的，须作相应的 K 值计算。计算出每个极距的 ρ_s 值后，将测点的测量结果绘成一条电测深 ρ_s 曲线图（图 2-36）。通常在模数为 6.25cm 的透明双对数坐标纸上绘这种曲线，以$\frac{AB}{2}$为横坐标，以 ρ_s 为纵坐标。

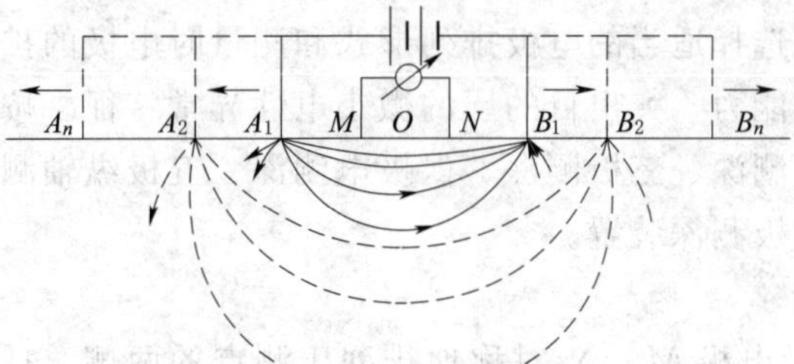

图 2-35　电测深原理图

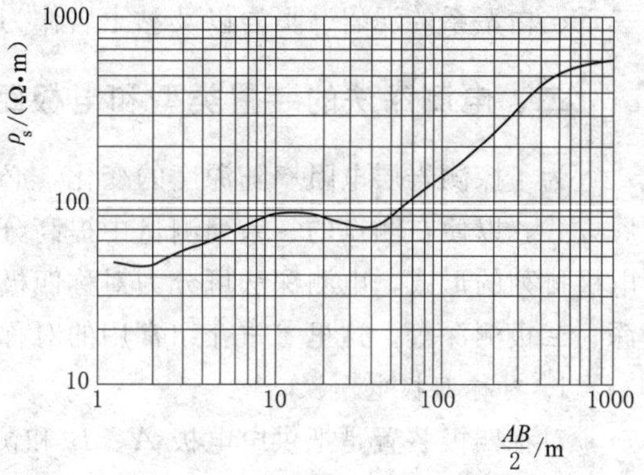

图 2-36　电测深 ρ_s 曲线

按传统的说法，当地下地质体呈水平状态展布时，可以根据电测深 ρ_s 曲线算出每一电性层的厚度和电阻率。所谓电性层，就是按岩石电阻率相同而划分的层。一个电性层可以是一种岩层，也可以由电阻率相同或相近的几种岩层组成。有时一种岩层也可能分为几个电性层，表示电性层分布的剖面，称为地电剖面（断面）。地电断面中划分的界线可能同岩层或地质体的界线吻合，也可能不一致。

电测深法的应用条件是：地面水平；岩层面水平或倾角不大（$<20°$）；地电断面层次不多；被探测的各层有一定厚度、宽度及延伸规模；各层之间电性差异明显，并已知一定数量的中间层电阻率；各层内电性均匀、稳定；电性分界面与地质分界面一致；被探测的目的层或地质体上方没有明显的高阻或低阻屏蔽层。但是实际地形地质情况往往比较复杂，不可能完全满足上述理论条件。电测深只能解决接近上述理论条件的地质问题。为了克服这种局限性，在工作中可以采取一些技术措施来扩大电测深法的应用领域。但对于非理想条件下电测深解释的理论研讨尚不够成熟。近年来，利用电子计算机对电测深资料进行数学处理，为进一步完善和发展电测深法开辟了广阔的前景。

在工程物探中，电测深法能用于下列问题的研究：

（1）查明基岩起伏和河谷深槽情况，确定覆盖层厚度和基岩风化深度。

（2）探寻含水层，确定其顶底板埋深和地下水面位置，圈定咸水和淡水分布范围。

（3）探测浅层地质构造问题，如探测断层破碎带、陡立岩性接触界线，了解其产状和分布方向、范围；构造凹陷和隆起等。

（4）探测浅层的大规模的电性局部不均匀体，如河床覆盖层中局部的砂砾石透镜体、古河道及人工洞穴、古窑、充水溶洞等。

(5) 探寻天然建筑材料，如砂、砾石、黏土，并估算其储量。

为了用电测深法解决上述地质问题，在实际工作中，常根据地质任务和测区地质资料，选择一个电性标准层，以便于进行区域追索、对比，获得地下构造的完整概念。这个标准层应该在测区内普遍存在，分布连续，厚度较大（大于或等于其埋深），电阻率稳定而且与围岩的电阻率有较大差异（最好差10～20倍或以上）。满足这些条件的电性标准层在各测深点的曲线上将有明显反映，可以把它作为电性层对比的标准。在工程物探实践中，常把前震旦系古老的结晶基底，某些变质岩、岩浆岩、石灰岩视为高阻标准层；把第三系、白垩系的泥岩、页岩以及黏土岩作为低阻标准层。

二、电测深法的装置类型和电极距选择

为了探测岩层电阻率随深度的变化，必须选择适当的电极排列形式和测量时电极的扩展方式，以便在测点的一系列测量中提高分辨能力，突出目的层的微小电性异常特征。按电极排列的形式，电测深法可分为对称四极电测深、三极测深、偶极电测深、五极纵轴测深、二极测深等。这里着重介绍常用的对称四极测深装置。

1. 对称四极电测深

对称四极装置是把供电电极 A、B 和测量电极 M、N 对称地排列于测点的两侧，且在同一条测线上。工作中最小的 A、B 间距离应能使电测深曲线的首部为近似水平的线段，以便由它的渐近线直接求出第一电性层的电阻率 ρ_1。然后，逐渐增大 A、B 之间的距离，以增大勘探深度。最大 A、B 间距离应能满足勘探深度的要求，并能测得完整的尾部渐近曲线（不少于三个读数点），以便解释出最后一个电性层。在 A、B 间距离由小到大逐次增加的过程中，其增加的最大间距，应使有意义的最薄电性层所引起的 ρ_s 变化能在测深曲线上有所反映。一般应使各相邻电极距在双对数坐标纸上相距5～15mm，并均匀地分布，曲线变化处可适当加密极距。

一般所说的对称四极装置是指 $MN \ll AB$ 的对称四极装置，又称为施伦贝尔热装置。在实际工作中，由于 A、B 间距离的不断加大，若 M、N 的距离始终保持不变，那么，当 AB 距离很大时，ΔU_{MN} 将会很小，以至于难以观测。因此，一般是在测量开始时取 $MN/AB \leqslant 1/3$，然后固定 MN，不断增大 AB 进行测量。当 MN/AB 之值减小到1/30时，就必须增大 MN。在两种 MN 交替处，同一 AB 对两种 MN 都要进行观测，以使 ρ_s 曲线能重叠衔接。改变 MN 的“接头点”，曲线出现脱节现象（图2-37）。这是最常用的一种野外电极扩展方式。

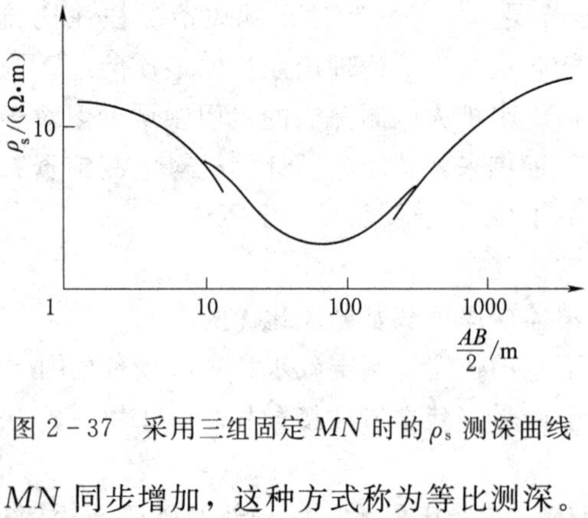

图2-37　采用三组固定 MN 时的 ρ_s 测深曲线

另一种电极扩展方式是 MN/AB 保持定值，如使 $MN/AB=\frac{1}{3}\left(\frac{1}{5}或\frac{1}{8}\right)$，$AB$ 和 MN 同步增加，这种方式称为等比测深。它所得到的电测深曲线外观上是光滑的。这种

电极扩展方式仅适用于小极距的电测深工作。

采用 $MN/AB=1/3$ 的对称四被装置称为温纳装置。该装置两相邻电极之间的距离相等，$AM=MN=NB=a$，故又称为等距电测深。这时的装置系数为：$K=2\pi a$。记录点在 MN 中间。绘制测深曲线时，横坐标以 a 为变量。这种装置的优点是 MN 大，测得的电位差较大，测量精度较高，测深曲线连续，无接头点；缺点是每次测量都要移动 M、N，地表电性不均匀体会使电场分布产生畸变，且畸变对每次测量的影响都不一样，难以识别和评估。等比测深也存在这一缺点。而对称四极装置对于一系列 AB，MN 保持不变，当地表电性不均匀体尺寸小于 A、B 间距离时，它产生的 ρ_s 相对误差对这一系列 AB 是一样的，因而易于识别和消除。

2. 偶极电测深

当 AB 和 MN 大大小于这两对电极之间的距离时，两个偶极形成的装置称为偶极装置。通常使用以下几种偶极装置类型：方位偶极、径向偶极、平行偶极、垂直偶极（图 2-38）。θ 角等于 90°的方位偶极和平行偶极又称为赤道偶极装置，θ 角等于 0°的径向偶极和平行偶极又称为极向偶极或轴向偶极装置。偶极装置是利用逐渐增加两偶极的中心距来增加勘探深度的。记录点依具体情况和习惯可取 MN 的中点或 AB 的中点，也可取两偶极的中点。电测深曲线的横坐标以两偶极中心距为变量。这种装置所需电缆短，工作方便。但是当探测深度很大时，偶极装置测得的电位差相当小、观测精度下降。

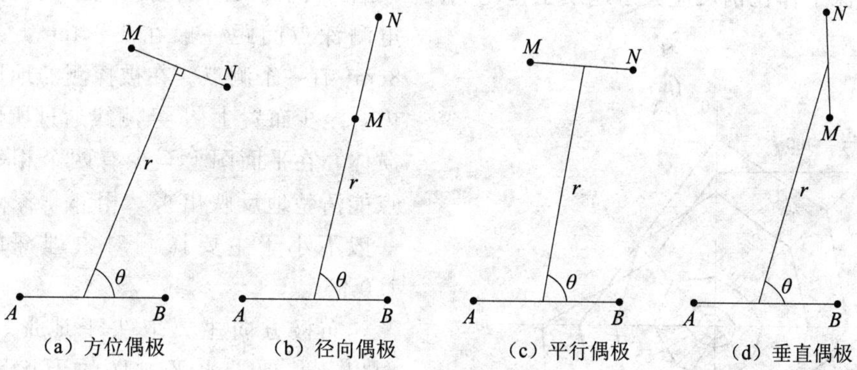

图 2-38　电测深偶极装置类型示意图

3. 三极测深和环形测深

把对称四极测深装置的一个供电电极仿照联合剖面法设置于无穷远处，即成为三极测深装置。三极测深主要用于测点附近有河流、冲沟等障碍物，两供电电极之一不便于放线移动时使用。在理想地电条件下，用三极测深装置测得的 ρ_s^A 与用对称四极测深装置测得的 ρ_s^A 是完全相同的。这是因为对称四极装置的视电阻率计算式为

$$\rho_s^{AB}=K_{AB}\frac{\Delta U_{MN}^{AB}}{I_{AB}}=K_{AB}\left(\frac{\Delta U_{MN}^{A}}{I_{AB}}+\frac{\Delta U_{MN}^{B}}{I_{AB}}\right)=K_{AB}\left(\frac{\Delta U_{MN}^{A}}{I_{A}}+\frac{\Delta U_{MN}^{B}}{I_{B}}\right) \quad (2-7)$$

式中：ΔU_{MN}^{AB}、ΔU_{MN}^{A}（ΔU_{MN}^{B}）分别为四极和三极测深的电位差值；$I_{AB}=I_A=I_B$ 为通过 A 极和 B 极的电流；对称四极的装置系数 $K_{AB}=\pi\dfrac{AM\cdot AN}{MN}$。

而对于三极装置，则有

$$\rho_s^A = K_A \frac{\Delta U_{MN}^A}{I_A}, \quad K_A = 2\pi \frac{AM \cdot AN}{MN}$$

可见 $K_A = 2K_{AB}$。另外，在电性层水平均匀条件下，对于三极装置来说，$I_A = I_B$，于是式（2-7）变为

$$\rho_s^{AB} = 2K_{AB} \frac{\Delta U_{MN}^A}{I_A} = K_A \frac{\Delta U_{MN}^A}{I_A} = \rho_s^A$$

这就证明了对称四极测深和三极测深所得到的 ρ_s 曲线完全相同。但当地层不水平，布极方向不平行岩层走向时，两者就不相同了。

环形电测深法是用对称四极或三极装置，在同一测深点上进行四个方位测量的方法。一般相邻测线夹角为45°。当覆盖层下岩体各向异性时，用环形测深法。根据不同方位的观测结果，并结合地质情况，可以确定岩层、裂隙、断层破碎带的走向等。把某一极距在各方位的 ρ_s 值以一定比例尺绘在对应的方位线上，然后将这些点连接，构成这一极距的闭合曲线。将所有极距的 ρ_s 值都分别画出闭合曲线，构成 ρ_s 极形图。在 $\frac{AB}{2} \gg H$ 的情况下，它的长轴方向反映低阻带走向。

三、比例尺、布极方向

电测深工作比例尺应大于地质工作比例尺。按工作比例尺绘电测深成果图时，图件上电测深点间距一般在1～4cm，平均1～8cm² 有一个测点。在被探测的地质体范围内，至少布置1～3条测线通过所研究的地质体，在平面图上至少有两个相邻电测深点能清楚地反映出来。相邻测深点的间距一般不小于主要探测对象埋深的0.5～1.0倍。

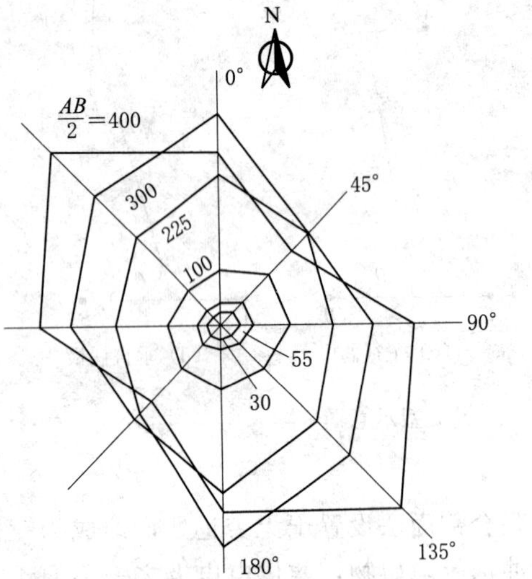

图 2-39 环形电测深 ρ_s 极形图（单位：m）

布极方向主要取决于地形、构造走向以及其他沿水平方向的干扰因素。在平原地区，地形平坦，地下岩层倾角小于5°，断裂构造不发育时，AB 线的方向可任意选定，一般是沿测线和道路布极，以提高工作效率。在地形起伏较大、岩层倾角超过10°或断裂构造发育时，应沿岩层走向选定 AB 线方向，结合地形特点，在坡度不大的斜坡上，布极方向应与地形等高线平行，以便减小和防止地表电流屏蔽和非各向同性等的影响。当对岩层走向、倾角不太了解时，可先在某一测点（最好在钻孔旁）选用互相垂直的两个布极方向，进行观测对比，称为十字测深法。通过十字测深，可以了解由于布极方向不同所引起的电测深曲线的变化大小及其规

律，以便为其他点的布极给予指导或为其他单向布极点的曲线解择提供依据。

四、电测深曲线类型及特点

1. 曲线类型

(1) 水平二层曲线类型。当岩层按电阻率大小分为 ρ_1 和 ρ_2 两层，而且第一层的厚度远小于第二层厚度时，就构成水平二层地电断面。相应的电测探曲线类型有两类：当 $\rho_2>\rho_1$ 时称为G型；当 $\rho_2<\rho_1$ 时称为D型（图2-40）。

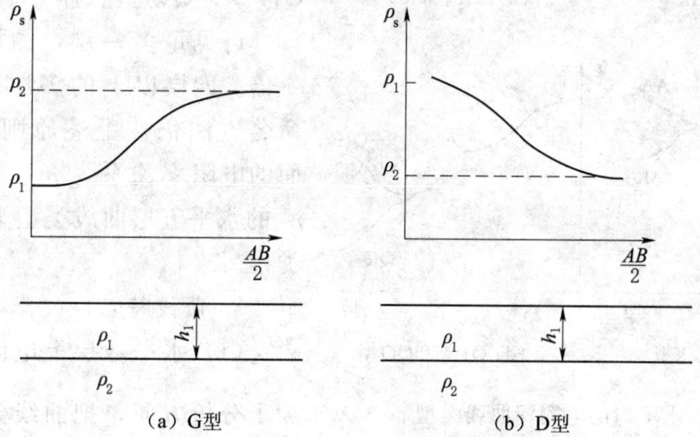

(a) G型　　(b) D型

图2-40　水平二层电测深曲线类型

(2) 水平三层曲线类型。水平三层地电断面的电测深曲线类型有四种：H型、K型、A型、Q型。包括的参数有 ρ_1、ρ_2、ρ_3、h_1、h_2 共5个。曲线的基本形态由三层电阻率的大小关系决定（图2-41）：

H型：$\rho_1>\rho_2<\rho_3$；

A型：$\rho_1<\rho_2<\rho_3$；

K型：$\rho_1<\rho_2>\rho_3$；

Q型：$\rho_1>\rho_2>\rho_3$。

(3) 水平四层及多层曲线类型。对于水平四层地电断面，按 ρ_1、ρ_2、ρ_3 和 ρ_4 之间的关系，可以构成八种曲线类型（图2-42）：

HA型：$\rho_1>\rho_2<\rho_3<\rho_4$；

KH型：$\rho_1<\rho_2>\rho_3<\rho_4$；

HK型：$\rho_1>\rho_2<\rho_3>\rho_4$；

KQ型：$\rho_1<\rho_2>\rho_3>\rho_4$；

AA型：$\rho_1<\rho_2<\rho_3<\rho_4$；

QH型：$\rho_1>\rho_2>\rho_3<\rho_4$；

AK型：$\rho_1<\rho_2<\rho_3>\rho_4$；

QQ型：$\rho_1>\rho_2>\rho_3>\rho_4$。

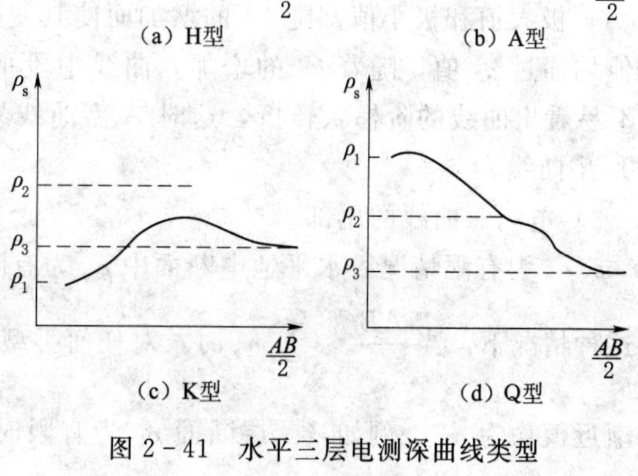

(a) H型　　(b) A型

(c) K型　　(d) Q型

图2-41　水平三层电测深曲线类型

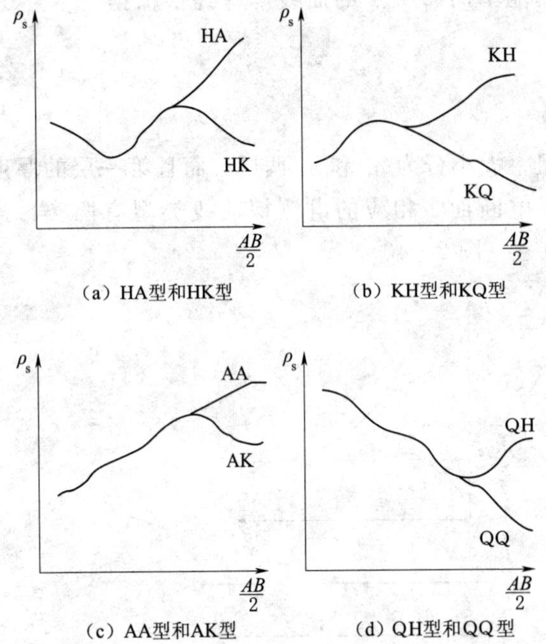

(a) HA型和HK型　(b) KH型和KQ型

(c) AA型和AK型　(d) QH型和QQ型

图 2-42　水平四层电测深曲线类型

每一类型用两个英文字母表示，前一个字母表示地电断面中前三层电阻率 ρ_1、ρ_2 和 ρ_3 之间的关系，与三层曲线的命名法相同；后一个字母则表示除第一层外的 ρ_2、ρ_3、ρ_4 三者之间的关系，命名法依然不变。因此，共有 HA 型、HK 型、KH 型、KQ 型、AA 型、AK 型、QH 型、QQ 型八种。

可见每多一层，测深曲线类型增加一倍。四层以上的多层断面测探曲线的命名方法仍按上述原则。例如，地电断面的电阻率关系为 $\rho_1 < \rho_2 > \rho_3 < \rho_4 < \rho_5$ 的水平五层曲线类型为 KHA 型，以此类推。

2. 曲线特点

（1）水平地层上电测深曲线的特点。为了分析方便，把曲线分为三段，$\frac{AB}{2} \ll h_1$ 的部分称为曲线的首部或左支，$\frac{AB}{2} \gg \sum_{i=1}^{n-1} h_i$ 的部分称为尾支或右支，其余部分为中段。

1）电测深曲线的首部。不论是二层、三层或多层断面，也无论 $\mu_2 (=\rho_2/\rho_1)$ 如何，在 $\frac{AB}{2} \ll h_1$ 时，所建立电场的有效范围只是在 ρ_1 介质中，第二层的影响很小。根据 $\rho_s = \frac{J_{MN}}{J_0}\rho_{MN}$，这时 $\rho_{MN} = \rho_1$，$J_{MN} = J_0$，故所测得的视电阻率 $\rho_s = \rho_1$，即电测深曲线首部呈现近于水平、以 ρ_1 为渐近值的线段。

2）电测深曲线的中段。二层曲线中段是首尾的过渡段。若 $\rho_2 > \rho_1$，则曲线上升；若 $\rho_2 < \rho_1$，则曲线下降。三层曲线形状稍复杂些。H 型曲线中段有极小值，但由于 ρ_1、ρ_3 较大，故极小值总大于 ρ_2。K 型曲线中段有极大值，但由于 ρ_1、ρ_3 较小，故极大值总小于 ρ_2。极大值和极小值都随 h_2 的增加而使其变宽，ρ_s 趋于 ρ_2 值。A 型和 Q 型曲线中段的 ρ_s 值均通过 ρ_2 值，随着 h_2 的增加，曲线中段平坦部分变得明显或加宽。反之，h_2 越小，越不易看出曲线的阶梯状转折，这时 A 型曲线易被误认为 G 型曲线；Q 型曲线易被误认为 D 型曲线。

3）电测深曲线的尾部。

a. ρ_n 为有限情况。水平地电断面中 ρ_n 为有限，是指底层的电阻率 $\rho_n \neq 0$ 和 $\rho_n \neq \infty$。在这种情况下，当 $\frac{AB}{2} \gg \sum_{i=1}^{n-1} h_i$ 时，对任何类型的曲线，ρ_s 曲线尾部为近于水平的线段，ρ_s 的渐近值均为 ρ_n。例如，二层断面 ρ_2 为有限时，当 $\frac{AB}{2} \gg h_1$，电场的分布特点是：在

AB 的中部，电流线既平行于地面也平行于分界面。在分界面两侧，ρ_1 中的 E_1 和 ρ_2 中的 E_2 相等，于是有 $J_1\rho_1=J_2\rho_2$；同时，绝大部分电流线都分布于 ρ_2 中。因此，可以把 AB 中部 ρ_2 介质近地表处的电流密度 J_2 近似地看成是均匀的 ρ_2 介质的电流密度，即 $J_2=J_0$。基于这两点，可以写出

$$\rho_s=\frac{J_1\rho_1}{J_0}=\frac{J_2\rho_2}{J_0}=\frac{J_0\rho_2}{J_0}=\rho_2$$

对于水平多层断面也可用类似方法加以证明。

b. $\rho_n\to\infty$ 情况。当基岩电阻率很高、ρ_n 值较上覆岩层的电阻率大 50～100 倍时，便可认为 $\rho_n\to\infty$。当 $\frac{AB}{2}\gg h_1$ 时，测深曲线尾部的渐近线为与横轴相交成 45°斜线。现以二层断面为例加以证明。

当 $\frac{AB}{2}\gg h_1$ 时，由于 ρ_2 对电流的屏蔽作用，电流不能进入第二层，只能全部在第一层中平行界面流动，如图 2-43 所示。此时全部电流必然流过以 AO 为半径、高为 h_1 的圆柱表面，其圆柱的侧面积为 $2\pi\cdot AO\cdot h_1$，则电流 $I_1=2\pi\cdot AO\cdot h_1J_1=2\pi\cdot AO\cdot h_1\frac{E_1}{\rho_1}$。

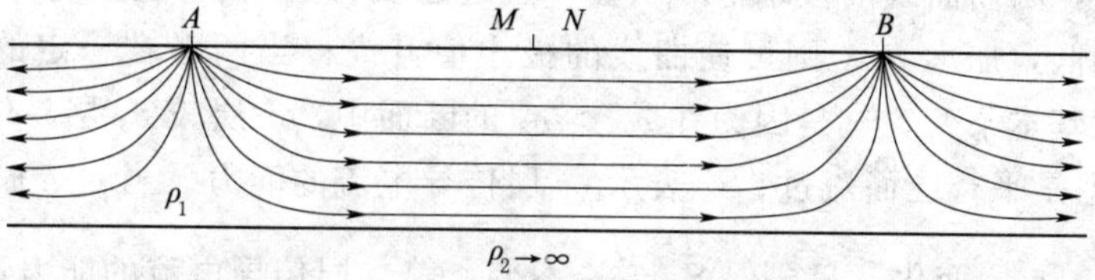

图 2-43　$\rho_n\to\infty$ 时电流线分布示意图

若令 $\frac{h_1}{\rho_1}=S_1$，于是 $I_1=2\pi\cdot AO\cdot S_1E_1$，将这个关系式代入 $MN\to 0$ 的三极排列视电阻率公式，得

$$\left.\begin{aligned}\rho_s&=2\pi\cdot AO^2\cdot\frac{E}{I}\\ \rho_s&=\frac{AO}{S}\\ \lg\rho_s&=\lg AO-\lg S\end{aligned}\right\}\tag{2-8}$$

式中：S 为电导率。

显然，由于 S 为固定值，$\lg S$ 为常数，式（2-8）为斜率为 1 的直线方程，即为一条与横轴成 45°的 ρ_s 渐进线。

另一方面，我们用 T 表示电流垂直层面流动，通过顶面积为 $1m^2$、高度为 hm、电阻率为 ρ 的方柱体时的电阻，称为横向（垂向）电阻，则

$$T=\rho\frac{L}{A}=\rho\frac{h}{1\times 1}=\rho h\tag{2-9}$$

设上覆层的厚度为 h_1、h_2、…、h_{n-1}，电阻率为 ρ_1、ρ_2、…、ρ_{n-1}，底层的厚度非常

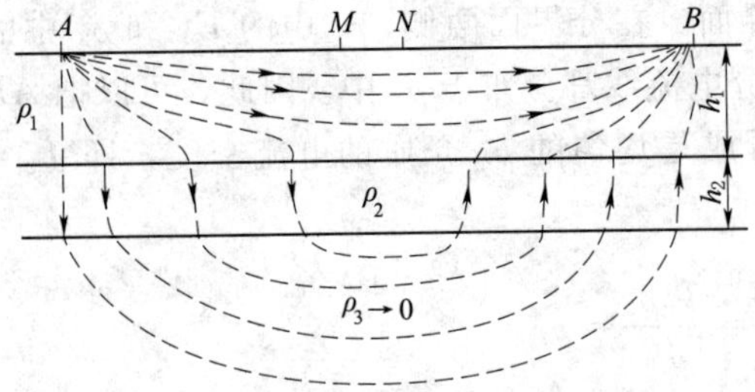

图 2-44 $\rho_s \to 0$ 时电流分布示意图

大而 $\rho_n \to 0$，这时底层对电流的吸引作用很强，电流垂直地通过各层并在 ρ_n 层中流过（图 2-44），其总横向电阻为

$$T = T_1 + T_2 + \cdots + T_{n-1} = \sum_{i=1}^{n-1} h_i \rho_i \tag{2-10}$$

4）电测深曲线的等价现象。从理论上讲，一定的地电断面所对应的电测深曲线是唯一的，不同地电断面对应着不同的电测深曲线。然而在实际工作中常遇到某些参数不同的地电断面所对应的电测深曲线形状却是基本一样的情况，这种现象称为电测深曲线的等价现象。由于等价现象的存在，一条实测电测深曲线可对应一组不同的地电断面，从而造成错误的解释。为此，研究等价现象有利于提高解释质量。

a. S_2 等价现象。在 H 型和 A 型断面中有 S_2 等价现象，现以 H 型为例来说明。在 ρ_1、h_1、ρ_3 一定且 $\rho_2 < \rho_3$ 的三层断面中，若 $\nu_2\left(=\frac{h_2}{h_1}\right)$ 不很大，则当 ρ_2 和 h_2 在一定范围内变化时，只要保持 S_2 不变，电测深曲线的形状就不会发生变化。由图 2-45 可见，第二层厚度不太大，因而曲线的极小值不明显，且远远没有达到 ρ_2 值。此时，若加大 h_2 使曲线的极小值降低，加大 ρ_2，则可使曲线的极小值升高；当两者在一定的范围内同时加大，则曲线形状基本不变。这是因为在 $\rho_3 > \rho_2$ 的断面中，ρ_2 层较 ρ_3 层易传导电流，电流在 ρ_2 层中基本上是平行层面流过。S_2 表示 ρ_2 层传导电流的能力。当 ρ_1、h_1、ρ_3 不变且 ν_2 较小时，即使 h_2 和 ρ_2 变化，只要保 $S_2 = \frac{h_2}{\rho_2}$ 不变，第二层传导电流的能力不变，则地下电流线的分布不变，地表电流密度也不变，因而出现等价 ρ_s 曲线。

b. T_2 等价现象。K 型和 Q 型断面有 T_2 等价现象，现以 K 型断面为例来说明。在 ρ_1、h_1、ρ_3 一定且 $\rho_2 > \rho_3$ 的断面中，若 ν_2 较小，则在一定范围内改变 h_2 和 ρ_2，只要保持 $T_2 = h_2\rho_2$ 值不变，则测深曲线形状不变。由图 2-46 可见，由于第二层厚度不太大，因而曲线的极大值不明显，且远远没有达到 ρ_2 值。此时，若加大 ρ_2 可使曲线极大值升高；

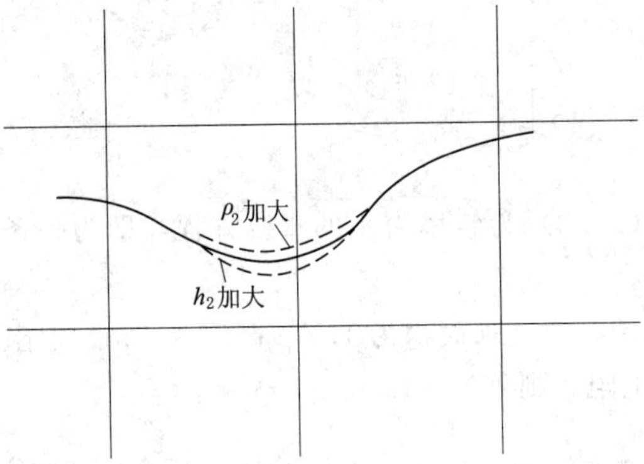

图 2-45 h_2 和 ρ_2 对 H 型曲线极小值的影响

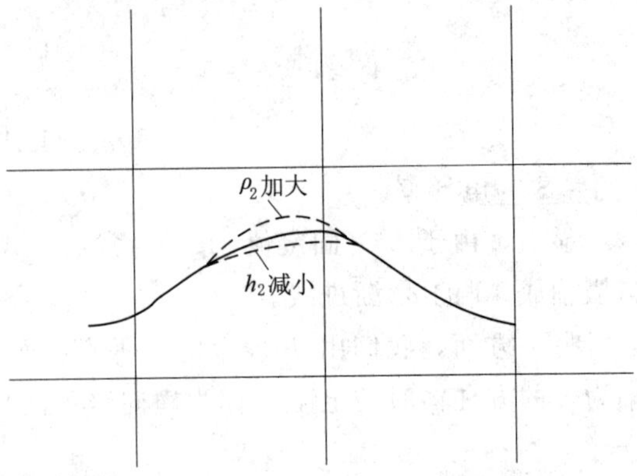

图 2-46 h_2 和 ρ_2 对 K 型曲线极大值的影响

若减小 h_2 可使曲线极大值下降；若在一定范围内同时加大 ρ_2 和减小 h_2，则曲线形状基本不变。这是由于 ρ_2 层较 ρ_3 层对电流的阻挡能力强，因而电流将垂直穿过 ρ_2 层面沿 ρ_3 层中流过。在 ρ_1、h_1、ρ_3 不变，仅改变 ρ_2 和 h_2，但保持 T_2 不变时，ρ_2 层对电流的阻力不变，断面中电流的分布亦不变，因而有等价的 ρ_s 曲线。

必须指出，当 $h_2 \gg h_1$，即ν_2 很大时就不再有等价现象。这是因为此时曲线中部将出现渐近 ρ_2 值的部分。这时若在一定范围内改变 h_2，曲线中部不会发生变化，但改变 ρ_2 将会使曲线的中部抬高或降低。此外，等价现象还与 $\mu_2\left(=\dfrac{\rho_2}{\rho_1}\right)$ 和电测深观测精度有关。

电测深曲线的等价现象是客观存在的事实，曲线定量解释必须要知道测区的 ρ_2 真值，才能求出可靠的 h_2 值。否则受等价现象的影响，所得的 h_2 值可能会随人为选取的 ρ_2 值的大小而偏离 h_2 的真值。

(2) 非水平层上的电测深曲线。在理想条件下，电测深曲线形状与测点位置、供电电极布极方向无关。而当电阻率分界面倾斜或直立时则不然，布极方向平行或垂直于地质体走向时，可以得到不同的结果。因此，有必要对非理想条件下的电测深曲线形状和特点略加分析。

1) 倾斜界面上的电测深曲线。两种电阻率地层的分界面为倾斜时，电测深曲线的形状除与 μ_2 及界面倾角 α 有关外，还与布极方向有关。图 2-47 为 $\mu_2=19$ 的倾斜层上平行走向布极时的电测深曲线，其形状与水平二层断面的 ρ_s 曲线相似，不易区分。曲线的首部渐近线为 ρ_1，曲线的尾部与水平层曲线相似。利用这一点可以解释 h_1，但所求得的 h_1 为测点到倾斜面的垂直距离。另外，曲线尾部 ρ_s 值要比界面水平时的电测深曲线尾部低得多（在 μ_2 及标准层深度都相同的情况下）。当 $\rho_2=\infty$时，没有与横轴夹角为 45°的渐近线，而是趋于某一有限的 ρ_s 值。该有限 ρ_s 值随倾角 α 的增大而变小，这是由于高阻介质排斥电流作用逐渐减弱的结果。

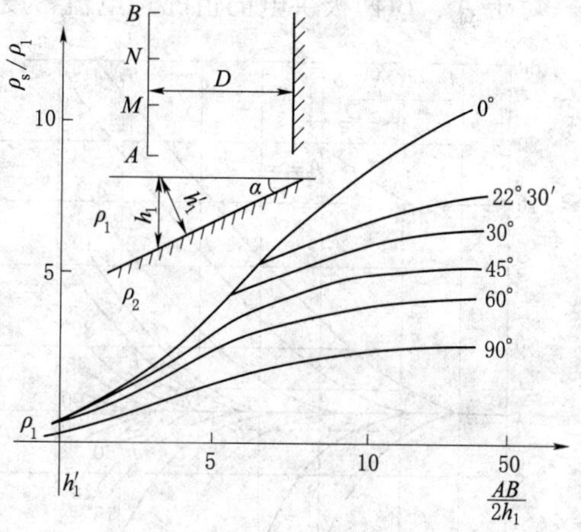

图 2-47　倾斜层上平行走向布极时的电测深理论曲线

我们可以从电流分布情况分析尾部渐近值。当 $\dfrac{AB}{2}$ 很大，即 $AO \gg D$(D 为装置距界面的距离)，MN 附近的电流线全部平行倾斜界面（图 2-48)，电流密度矢量平行地面(它们实际上是电流密度对倾斜界面的切向分量)。由 A 极流入地下 ρ_1 与 ρ_2 介质中的电流及电流密度分别为 I_1 和 I_2，J_1^A 和 J_2^A。I_1 电流通过的面积为 $2\alpha r^2$，这里 $r=AO$，故

$$2\alpha r^2 J_1^A + 2(\pi-\alpha) r^2 J_2^A = I$$

根据边界条件 $E_{1t}=E_{2t}$，有 $J_1^A\rho_1 = J_2^A\rho_2$，得

$$J_1^A = \frac{I}{2r^2\left[\alpha + \dfrac{\rho_1}{\rho_2}(\pi-\alpha)\right]}$$

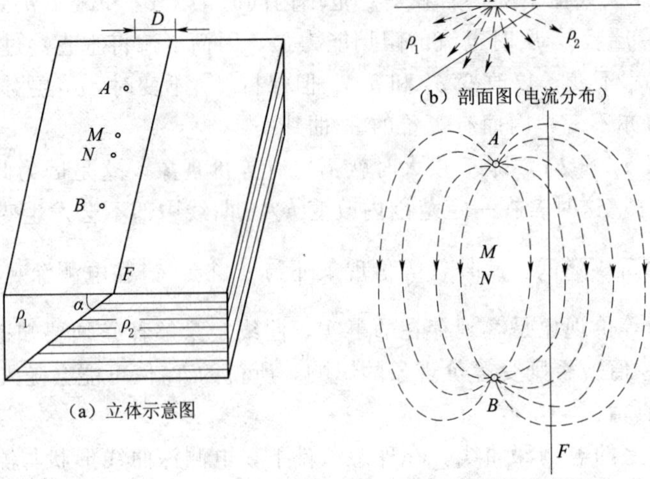

(a) 立体示意图

(b) 剖面图(电流分布)

(c) 平面图(电流分布)

图 2-48　平行倾斜界面走向布极的电测深图

对于 A、B 两极供电的情况，电流密度 J_1^{AB} 应为 $2J_1^A$，则

$$J_1^{AB}=\frac{I}{r^2\left[\alpha+\frac{\rho_1}{\rho_2}(\pi-\alpha)\right]}$$

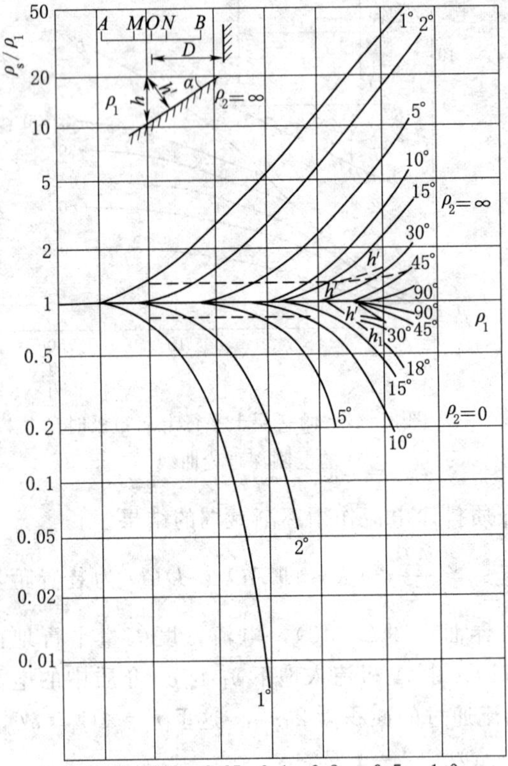

图 2-49　垂直于倾斜界面走向布极的电测深理论曲线

由于 $r \gg MN$，所以 $J_1^{AB}=J_{MN}^{AB}$，又考虑到均匀场 $J_0^{AB}=\frac{I}{\pi r^2}$，$\rho_{MN}=\rho_1$，根据式 (1-47) $\left(\rho_s=\frac{J_{MN}^{AB}}{J_0^{AB}}\rho_{MN}\right)$，得

$$\rho_s=\frac{\pi\rho_1}{\alpha+\frac{\rho_1}{\rho_2}(\pi-\alpha)} \qquad (2-11)$$

这就是 ρ_s 曲线尾部的渐近值。可见 ρ_s 渐近值与 μ_2 和 α 有关。如果 α 未知，便无法用测深曲线确定 ρ_2 值。

为了确定 α 角，可沿垂直于界面走向的测线上作两个测深点，然后用水平二层理论曲线（量板）求出 h，它实际等于自测点投向分界面的垂线长度。将两个测深点的 h 末端连成一条线，即可确定 α。

图 2-49 为布极方向垂直于倾斜界面走向时的电测深理论曲线。由图可见，当供电电极 B 接近倾斜界面时，若 $\rho_2=\infty$，无论岩层的倾角如何，曲线尾部均出现与

横轴成 45°角的渐近线。在 D 值一定的情况下，倾角越小，渐近线出现在 $\frac{AB}{2D}$ 越小的位置上。若 $\rho_2 \to 0$，则 ρ_s 曲线急剧下降，与横轴交角达 60°以上。

2）直立界面上的电测深曲线。在存在 ρ_1、ρ_2 两种介质接触且接触面直立的情况下，若平行于直立界面布极，观测点 O 在 ρ_1 一侧时所得的测深曲线如图 2-50 所示。其特点如下。

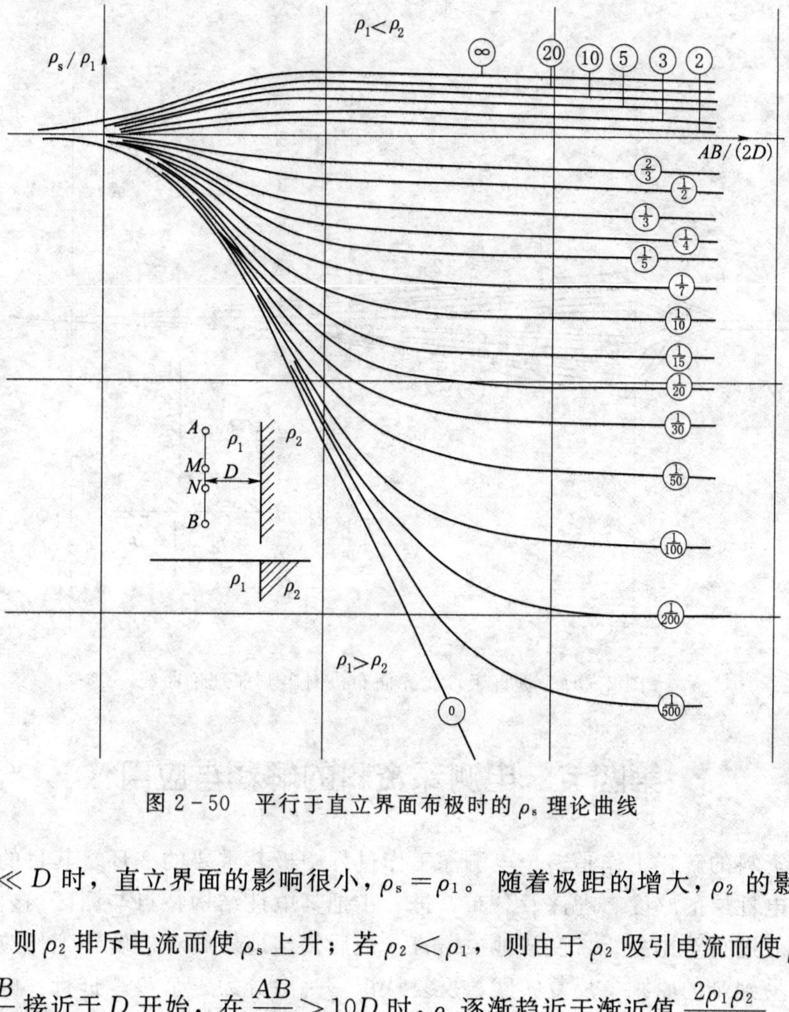

图 2-50　平行于直立界面布极时的 ρ_s 理论曲线

当 $\frac{AB}{2} \ll D$ 时，直立界面的影响很小，$\rho_s = \rho_1$。随着极距的增大，ρ_2 的影响也增大。若 $\rho_2 > \rho_1$，则 ρ_2 排斥电流而使 ρ_s 上升；若 $\rho_2 < \rho_1$，则由于 ρ_2 吸引电流而使 ρ_s 下降。这种影响从 $\frac{AB}{2}$ 接近于 D 开始，在 $\frac{AB}{2} > 10D$ 时，ρ_s 逐渐趋近于渐近值 $\frac{2\rho_1\rho_2}{\rho_1+\rho_2}$。由此可见，当 $\rho_2 = \infty$ 时，全部电流分布在 ρ_1 介质的 1/4 空间中，其电流密度较均匀半空间几乎加大一倍，因此 $\rho_s \to 2\rho_1$。而当 $\rho_2 = 0$ 时，在极距很大的情况下电流全部吸入 ρ_2 介质中，使 $\rho_s \to 0$。

当 AB 垂直于直立界面走向布极时，其理论曲线如图 2-51 所示。由图 2-51 可见，当 $\frac{AB}{2} \ll D$ 时，供电电极距界面很远，ρ_2 的存在不影响电场分布，相当于在仅有均匀的 ρ_1 介质中，$\rho_s = \rho_1$。随着供电电极距的逐渐加大，在 $\frac{AB}{2} = (0.5 \sim 0.6)D$ 时，分界面的存在

已开始对 ρ_s 曲线起作用，使 ρ_s 偏离 ρ_1；当 $\frac{AB}{2}=D$ 时影响最大，达到极大值（$\rho_2>\rho_1$）或极小值（$\rho_2<\rho_1$）。当 $\rho_2\rightarrow\infty$ 时，$\rho_s=1.45\rho_1$；当 $\rho_2\rightarrow 0$ 时，$\rho_s=0.54\rho_1$。但当供电电极跨过界面后，随着 AB 的增大，电流线逐渐垂直于分界面，界面对电流密度分布的影响逐渐减小（因为电流密度法向分量连续），ρ_s 曲线开始下降，直到 $\frac{AB}{2}>10D$ 时，ρ_s 又逐渐趋近于 ρ_1。

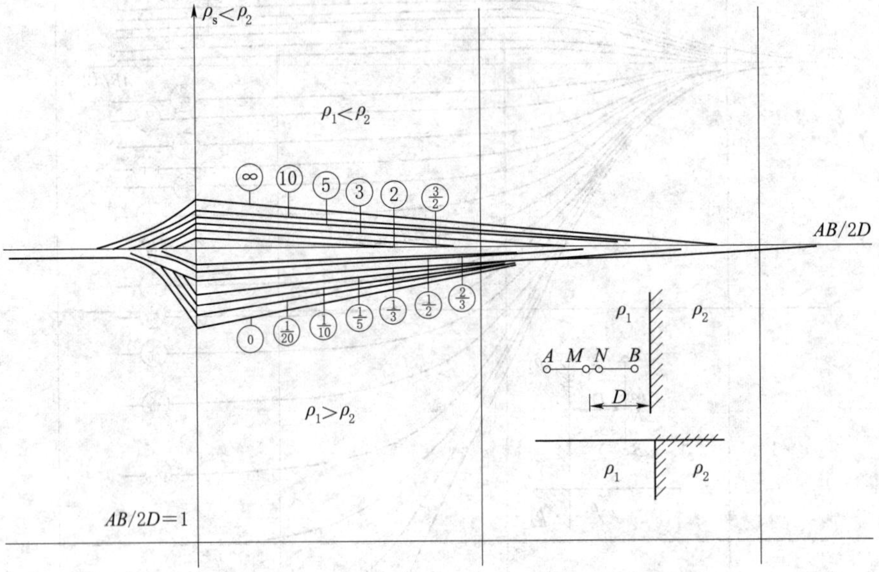

图 2-51　垂直于直立界面布极时电测深理论曲线

第四节　电测深资料的解释与应用

电测深资料的解释工作是整个电测深工作过程中极其重要的一环。其目的在于首先确定测区内各电性层的厚度、埋深及分布，进一步把其电性结构特点与测区内岩层分布、地质构造形态等进行对比分析，变成地质语言，最后提出地质解释。解释工作应遵循从已知到未知、从易到难的原则，反复实践、反复认识。一般分为三个步骤进行：电阻率参数的研究，电测深资料的定性解释，电测深曲线的定量解释。在实际工作中这三个步骤往往反复交错进行，互为补充。

一、电阻率参数的研究

电阻率参数的研究应贯穿于电测深工作的始终。工作一开始，在搜集和研究测区地质资料的同时，就同时搜集已有的地面电法、电阻率测井和钻孔资料，分析测区内有哪些电性层，哪个层可以作标准层，各电性层与地层间的对比关系，以及各电性层的电阻率值大小。若资料不足，则需要做岩石露头或标本电阻率参数的测定。但当电性层参数有变化时，应在测区内不同地段上分别测定，并注意风化、裂隙和含水情况等条件与各地段条件、深部条件不一致而造成的电性差别。在定量解释时，按参数的变化规律选用。用电测井资料和井旁测深曲线确定的电阻率参数较正确。先以电测井资料与钻探资料对比划分地电层位，然后反算各层的电阻率。必要时，可用已知的地层参数构建正演模型，得到正演曲线，进而与井旁测深曲线对比，如不重合，则适当调整参数，直到完全重合为止。

由于电阻率参数的真实性直接影响测深曲线定量解释的准确程度，因而，在工作过程中随着工作的深入，当获得更可靠的电阻率参数之后，往往要对过去已解释过的电测深曲线重新进行解释，以便取得更确切的成果。

二、电测深资料的定性解释

对电测深曲线进行整理、检查和验收，确认其质量合格之后，才能对全区或某一测线上的测深曲线作定性解释。定性解释的目的在于初步了解地层与电性层的对应关系，了解各电性层在测区内水平方向和铅直方向上的分布及变化规律，从而掌握地层结构特点和地质构造的定性概念。它还可以帮助人们选择制定定量解释的方法和步骤，以及应注意的问题。所以，定性解释是定量解释的基础，是获得测区地质结论的重要组成部分。

定性解释通常是根据曲线特征绘制反映测区电性变化的各种定性图件，以说明测区的地质结构和地质构造特征。定性解释图件有电测深曲线类型图、等 ρ_s 断面图、等 $\frac{AB}{2}$ 的 ρ_s 平面等值线图、纵向电导率 S 的平面图和剖面图等。定性解释图件应根据需要和具体情况，选择最能表达测区地质特点的图件进行编制。

定性解释中要十分重视对电测深原始曲线的研究、分析和对比，应综合考虑电测深曲线的下列标志在测区内的变化：电测深曲线类型；曲线尾部上升或下降的渐近值及曲线倾斜角度；极值点、拐点等特殊点的纵横坐标值；总纵向电导值；各测点同一极距的 ρ_s 值；电测深曲线的局部畸变。分析中还应尽可能把同一电性层的电性参数在不同地段上的变化、同地电断面类型的变化（如某电性层的尖灭消失或重新出现）和几何形态的变化（如某电性层厚度、埋深的变化）区别开来。为此应密切结合不同地段上的电性参数资料，综合研究电测深曲线多方面的特点以及作多种定性图件的解释。

1. 电测深曲线类型图

按相应的比例尺，在平面图或剖面图的各测点位置上，绘出该点经过缩小的电测深曲线，并标上首部的 ρ_s 值，根据曲线类型的不同划分同类型区。在可能条件下，根据地质和电性资料作出不同类型曲线与相应地质断面的对比图件，以说明曲线变化的地质原因。

由图 2-52 可看出测区有四个电性层，其关系是 $\rho_1 > \rho_2 < \rho_3 < \rho_4$。全区出现了三种不同类型的曲线：HK 型、K 型和 D 型。由于不同类型的曲线代表着不同的地电断面，因此可按曲线类型的不同将测区分为三个区域。由曲线首部渐近线可分别确定砂土、黏土和石灰岩的电阻率，为定量解释提供了电阻率参数。由曲线类型图的特征，可明确了解测区内地质断面的变化。

另一种电测深曲线类型图如图 2-53 所示。它是在测区测点平面分布图上，在测深点位置用文字符号注明相应点的曲线类型，划出分区界线。

电测深曲线类型图的质量取决于对每一条测线曲线的认识是否正确。应先从孔旁测深

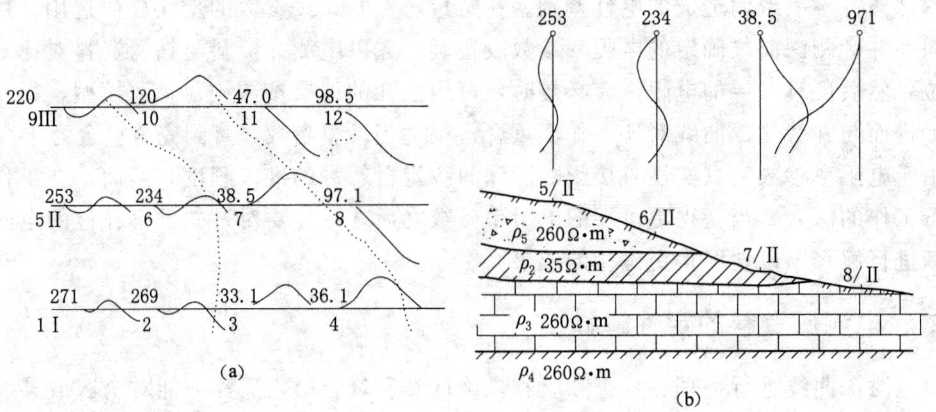

图 2-52　电测深曲线类型图

1、2、…、12—测点编号；Ⅰ、Ⅱ、Ⅲ—测线编号；253、234…—电测深曲线的首部电阻率值，Ω·m

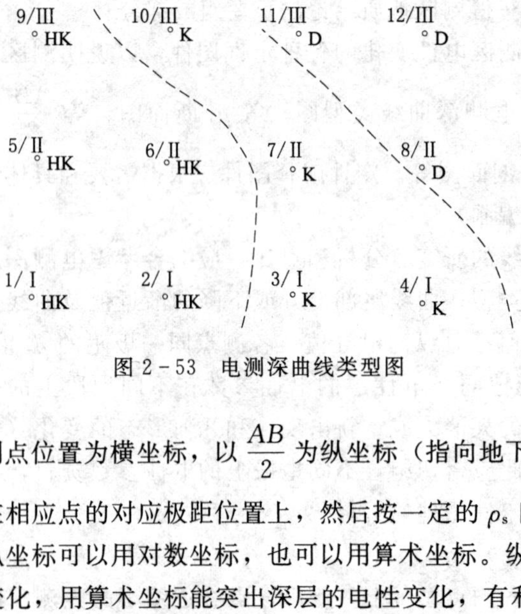

图 2-53　电测深曲线类型图

曲线开始，并综合分析其周围电测深曲线的特点，避免漏层。决不能孤立地以个别电测深曲线外形确定其类型，如把不明显的 KH 型误定为 A 型，把不明显的 HK 型误定为 Q 型等。此外，还应该考虑电性层水平向变化的可能性，不能简单地根据两个地段曲线类型相同就得出地电断面相同的结论。

2. 等 ρ_s 断面图

等 ρ_s 断面图也叫 ρ_s 等值线断面图，以测点位置为横坐标，以 $\frac{AB}{2}$ 为纵坐标（指向地下）依次将每个测点上各极距所观测的 ρ_s 值标在相应点的对应极距位置上，然后按一定的 ρ_s 间距值用内插法勾绘出 ρ_s 等值线。这种图的纵坐标可以用对数坐标，也可以用算术坐标。纵坐标选用对数坐标能较明显地反映浅层电性变化，用算术坐标能突出深层的电性变化，有利于研究基岩起伏及其构造变动情况。总之，等 ρ_s 断面图能较清晰地反映一条测线的垂向断面中视电阻率的变化情况，特别是当纵坐标的比例尺选取适当时，可使曲线形态与地电断面有较象形的对应关系（图 2-54）。

图 2-55 是几种简单地电断面的等 ρ_s 断面示意图。其中图 2-55（a）是基岩隆起的情况；图 2-55（b）是基岩凹陷的情况，ρ_s 等值线在中间层厚度最大的部分出现封闭的环线；图 2-55（c）是表土层下有倾斜分界面的情况，在高阻一侧 ρ_s 等值线密集，在界面附近，ρ_s 等值线大致平行分界面；图 2-55（d）为高阻直立脉断面，在高阻脉上 ρ_s 等值线陡立而密集，两侧低阻 ρ_s 等值线各自向背离高阻脉方向弯曲；图 2-55（e）为低阻直立厚脉的断面，在低阻厚脉上部，ρ_s 等值线呈 U 字形，在下部 ρ_s 等值线趋于平缓；图 2-55（f）为充水或充填黏土的低阻溶洞断面，溶洞附近 ρ_s 等值线呈低阻闭合曲线，远离溶洞，ρ_s 等值线围绕溶洞的曲率变小。

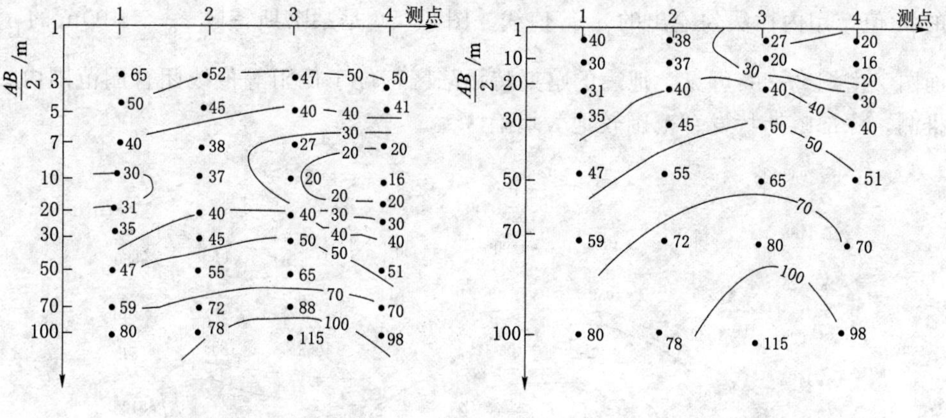

（a）纵坐标为对数坐标　　（b）纵坐标为算术坐标

图 2－54　等 ρ_s 断面图的绘制（单位：Ω·m）

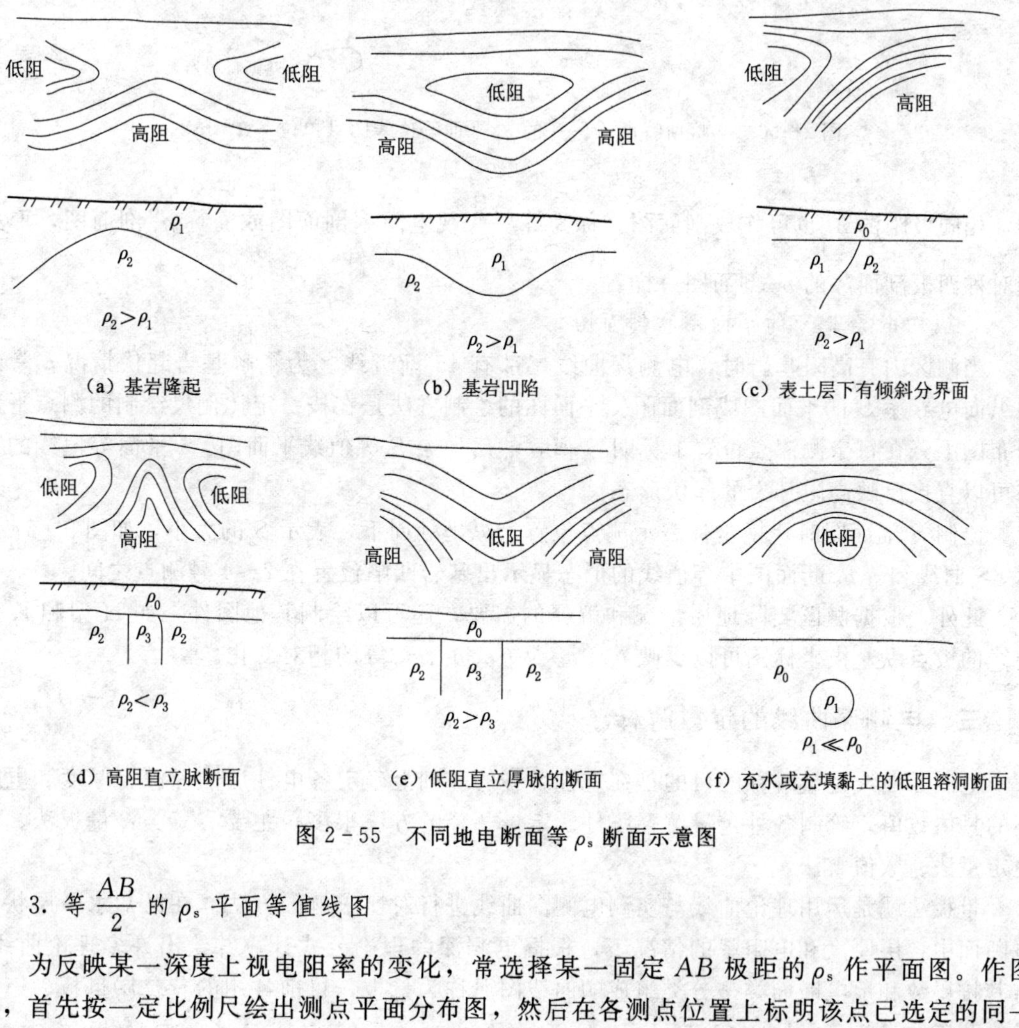

（a）基岩隆起　（b）基岩凹陷　（c）表土层下有倾斜分界面

（d）高阻直立脉断面　（e）低阻直立厚脉的断面　（f）充水或充填黏土的低阻溶洞断面

图 2－55　不同地电断面等 ρ_s 断面示意图

3．等 $\dfrac{AB}{2}$ 的 ρ_s 平面等值线图

为反映某一深度上视电阻率的变化，常选择某一固定 AB 极距的 ρ_s 作平面图。作图时，首先按一定比例尺绘出测点平面分布图，然后在各测点位置上标明该点已选定的同一

极距的 ρ_s 值，用内插法勾绘出的 ρ_s 等值线。图 2－56 是某喀斯特区 $\frac{AB}{2}=100\text{m}$ 的 ρ_s 等值线平面图。由图 2－56 可见，地表的喀斯特塌陷区正位于低阻等值线闭合圈范围内，而且可以推测，深部喀斯特发育范围较地表塌陷区大。

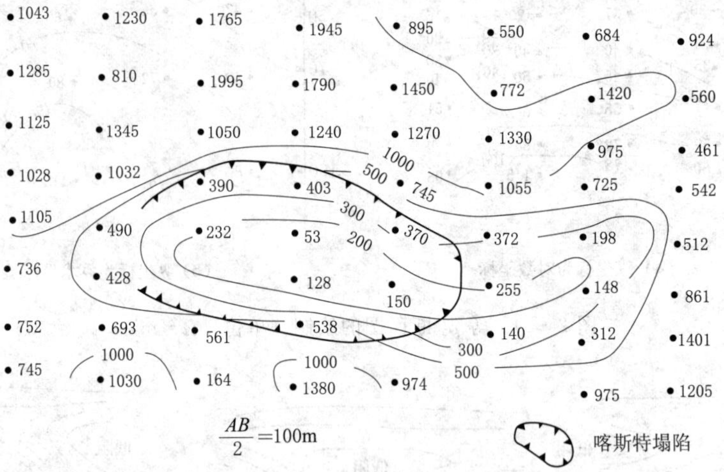

图 2－56　某喀斯特区等 $\frac{AB}{2}$ 的 ρ_s 平面等值线图（单位：Ω·m）

相同极距的 ρ_s 也可作成剖面图，称为等 $\frac{AB}{2}$ 视电阻率剖面图或简称 ρ_s 剖面图，形式与对称四极剖面法的 ρ_s 剖面图一样。

4．纵向电导率 S 的平面图和剖面图

当测区内有高阻基岩时，电测深曲线尾部有 45°渐近线。为了解基岩起伏情况，常编制纵向电导率 S 的平面图或剖面图。平面图的绘制方法是在按一定比例尺绘制的测点平面分布图上，在每个测深点位置上标明 S 值，然后勾绘 S 等值线平面图。S 平面等值线的形态可以直接反映高阻基岩的起伏形态。

绘制 S 剖面图时，横坐标表示测点位置，纵坐标向下，表示 S 的大小，如图 2－57 所示。S 曲线和等 ρ_s 断面图中等值线的形态显示出基岩凹陷位置在 2～4 号测点之间。

此外，根据测区实际地质情况和解释的需要，还可以绘制其他图件，如 H 型和 K 型曲线的极点纵、横坐标图可以反映 h_2、ρ_2 及 h_1、ρ_1、ρ_3 等的相对变化。

三、电测深曲线的定量解释

电测深曲线定量解释的目的是在定性解释的基础上确定各电性层的埋深、厚度和电阻率的具体数值，绘制各种定量解释图件。定量解释的方法很多，主要有三类：量板法、简捷定量法、数值解法。

量板法就是运用理论曲线与实测电测深曲线进行对比求解的方法。在已知水平层状地电断面中各层厚度和电阻率的情况下，根据电测深的理论公式计算并绘出许多理论曲线，将其按层数和地电断面类型分类组成的曲线图册称为量板，目前常用的有二层量板、三层量板和辅助量板。

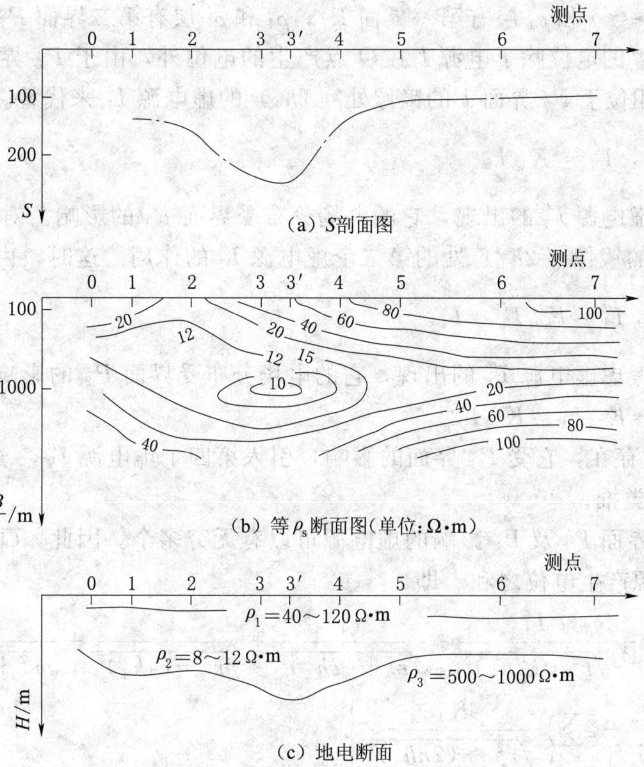

图 2-57　某地电测深综合剖面图

对于水平层状断面且电性层数有限的电测深曲线，用量板法对二层或三层断面的电测深曲线进行定量解释，其成果的准确程度较高，但对四层或更多层的曲线作定量解释时，其成果的误差较大。

对每个测点的电测深曲线作定量解释后，可求出各电性层的埋深、厚度和电阻率值。根据各个测点上电测探曲线定量解释的成果，对每条测线可以绘出地电断面图，如能对比其中各层的电性与岩性，就可以绘出电性-地质剖面图。对全测区，可绘制电性层顶板等高线图、某一电性层的等厚度图、电性-地质平面图。这些图件是电测深工作的主要图件。

1. 二层量板及二层曲线的解释

1）二层量板的编制。假设地面水平，地下存在电阻率分别为 ρ_1 和 ρ_2，厚度为 h_1 和 ∞ 的二层水平断面。现用镜像法首先求解地面上距供电点 A 为 r 的 O 点的电位（图 2-58）。地表现测点 O 点下存在两种介质和一个分界面，实际上存在三种介质和两个分

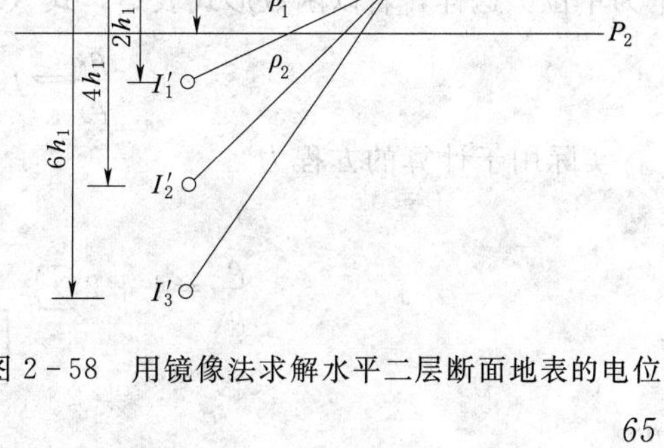

图 2-58　用镜像法求解水平二层断面地表的电位

界面。空气（$\rho_0 \to \infty$）和 ρ_1 层有第一界面 P_1；ρ_1 和 ρ_2 层有第二界面 P_2。A 点的电流强度为 I。在 O 点产生的电位除了电源 I 在 O 点产生的电位外，由于 P_2 界面的存在对电场有影响，可等效地用位于 P_2 界面 I 的镜像处（$2h_1$）的虚电源 I_1' 来代替。这时由式（1-42）写出 $K_{12}=\dfrac{\rho_2-\rho_1}{\rho_2+\rho_1}$，$I_1'=K_{12}I$。

接着应考虑虚电源 I_1' 的出现，它的电场分布受界面 P_1 的影响。对 O 点来说，等效于在界面 P_1 的 I_1' 的镜像（$2h_1$）处的第二个虚电源 I_1'' 的作用。这时，由于 $\rho_0 \to \infty$，$K_{01}=\dfrac{\rho_1-\rho_0}{\rho_1+\rho_0}=1$，所以，$I_1''=K_{01}I_1'=I_1'$。

同理，还应考虑虚电源 I_1'' 的出现，它的电场分布受界面 P_2 的影响，引入第三个虚电源 I_2'，这时 $I_2'=K_{12}I_1''=K_{12}^2 I$。

又由于 I_2' 的存在，它受 P_1 界面的影响，引入第四个虚电源 I_2''，这时，$I_2''=K_{01}I_2'=K_{12}^2 I$。……依此类推。

所以，代替界面 P_1 及 P_2 影响的虚电源可以有无穷多个。因此，O 点的电位，为电源 I 及这些镜像电源产生电位之和。即

$$
\begin{aligned}
U_M &= \frac{\rho_1}{2\pi}\left[\frac{I}{r}+\frac{I_1'}{\sqrt{r^2+(2h_1)^2}}+\frac{I_1''}{\sqrt{r^2+(2h_1)^2}}+\frac{I_2'}{\sqrt{r^2+(4h_1)^2}}+\frac{I_2''}{\sqrt{r^2+(4h_1)^2}}+\cdots\right]\\
&= \frac{I\rho_1}{2\pi}\left[\frac{1}{r}+2\sum_{n=1}^{\infty}\frac{K_{12}^n}{\sqrt{r^2+(2nh_1)^2}}\right]
\end{aligned} \tag{2-12}
$$

于是可求出该点的电场强度 E 和视电阻率 ρ_s：

$$
E=\frac{I\rho}{2\pi}\left\{\frac{1}{r^2}+2\sum_{n=1}^{\infty}\frac{K_{12}^n r}{[r^2+(2nh_1)^2]^{\frac{3}{2}}}\right\} \tag{2-13}
$$

$$
\rho_s=2\pi r^2\frac{E}{I}=\rho_1\left\{1+2\sum_{n=1}^{\infty}\frac{K_{12}^n r^3}{[r^2+(2nh_1)^2]^{\frac{3}{2}}}\right\} \tag{2-14}
$$

这就是水平二层断面电阻率测深理论曲线方程。当断面中 ρ_1、ρ_2、h_1 各参数已知时，代入式（2-14）即可算出随 r 而变化的二层测深曲线。若将不同断面参数所算出的许多理论曲线绘于一张图纸上，即构成水平二层电测深曲线量板。但是，实际的地电断面结构和各层的电阻率因地而异，变化万千。绘制量板时又不可能包罗万象地绘出全部参数的任意值的理论曲线。为了解决这个矛盾，既减少理论曲线的数目，又便于实际应用，在作量板时采取了如下两个措施。

一个措施是：理论曲线方程中有关电阻率的各项均以 ρ_1 为单位，有关距离的各项均以 h_1 为单位。这样，若以函数形式表达，式（2-14）可写成 $\rho_s=f(\rho_1,\rho_2,h_1,r)$，转换为

$$
\frac{\rho_s}{\rho_1}=f\left(\frac{\rho_2}{\rho_1},\ \frac{r}{h_1}\right)
$$

实际用于计算的方程为

$$
\frac{\rho_s}{\rho_1}=1+2\sum_{n=1}^{\infty}\frac{K_{12}^n\left(\dfrac{r}{h_1}\right)^3}{\left[\left(\dfrac{r}{h_1}\right)^2+(2n)^2\right]^{\frac{3}{2}}} \tag{2-15}
$$

这样，理论曲线的纵坐标为 $\frac{\rho_s}{\rho_1}$，横坐标为 $\frac{r}{h_1}$。然而实测曲线的纵坐标为 ρ_s，横坐标为 $r\left(=\frac{AB}{2}\right)$。为了便于对比，又采取了第二个措施：理论曲线和实测曲线都绘于双对数坐标中。

理论曲线绘于双对数坐标中时为

$$\lg\rho_s-\lg\rho_1=f(\lg r-\lg h_1) \tag{2-16}$$

实测曲线绘于双对数坐标轴中时为

$$\lg\rho_s=f\left(\lg\frac{AB}{2}\right) \tag{2-17}$$

两者在双对数坐标中的差别仅仅是曲线的纵坐标位移 $\lg\rho_1$，横坐标位移 $\lg h_1$，而它们的形状是完全相同的。这样不仅便于对比，而且由对比后理论曲线与实测曲线横坐标的位移量确定 h_1 值。

以 $\lg\frac{\rho_s}{\rho_1}$ 为纵坐标，以 $\lg\frac{AB}{2h_1}$ 为横坐标，按不同的 $\mu_2\left(=\frac{\rho_2}{\rho_1}\right)$ 值为参数，绘出如图 2-59 和图 2-60 所示的二层量板。当 $\rho_2>\rho_1$，即 $\mu_2>1$ 时，各条理论曲线构成 G 型量板；当 $\rho_2<\rho_1$，即 $\mu_2<1$ 时，各条理论曲线构成 D 型量板。绘制量板时采用模数为 6.25cm 的双对数坐标纸，把各条曲线的原点（ρ_1、h_1）集中在一个点上。

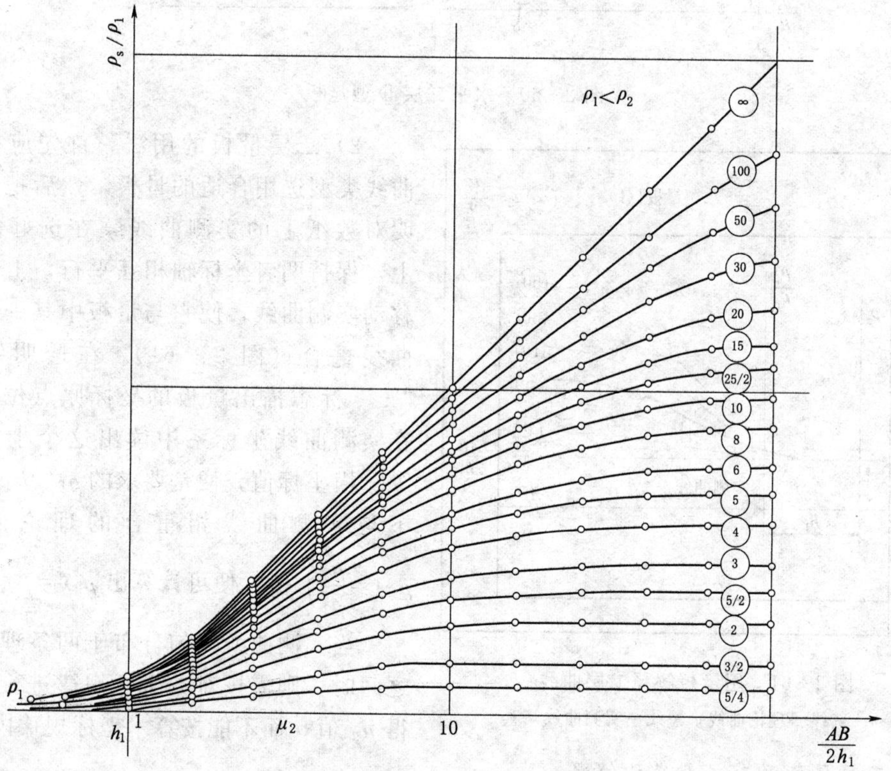

图 2-59　水平二层 G 型量板

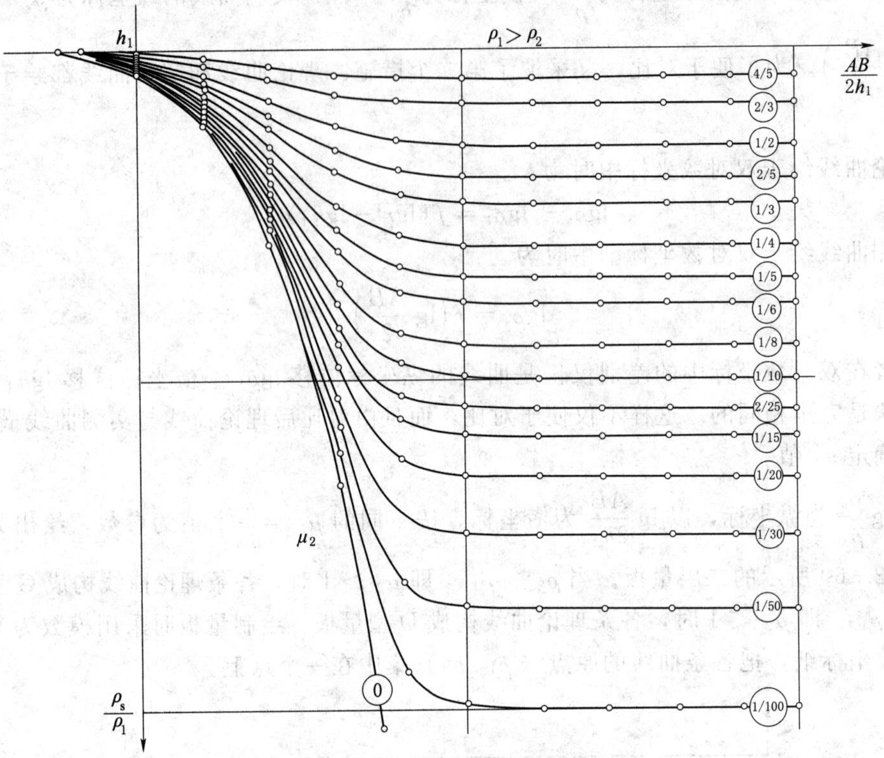

图 2-60　水平二层 D 型量板

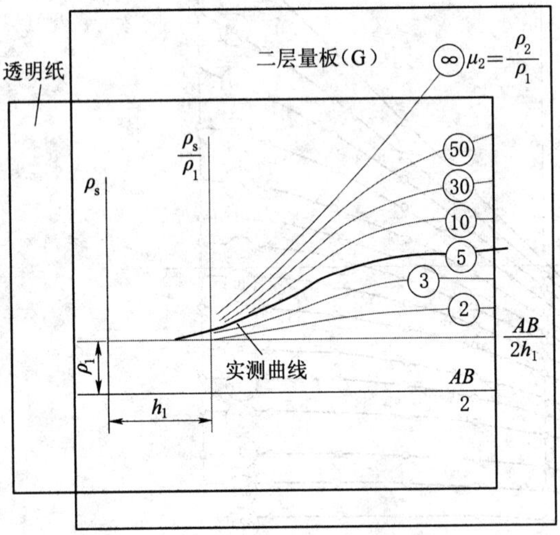

图 2-61　用量板解释二层曲线

灰线—理论曲线；黑线—实测曲线

2）二层量板的用法。首先应按实测曲线类型选用合适的量板。然后把绘于透明对数纸上的实测曲线蒙在选好的量板上，保持两者坐标轴相互平行，上下左右移动实测曲线，使它与量板中某一条理论曲线重合（图 2-61）。在透明纸上用"+"标志描出量板的坐标原点位置，并在实测曲线坐标系中读出这个十字点的纵、横坐标值，便是要求的 ρ_1、h_1 值。记下与实测曲线相重合的理论曲线的 $\mu_2\left(=\frac{\rho_2}{\rho_1}\right)$ 值，便可计算出 $\rho_2(=\mu_2\rho_1)$。

当实测曲线均匀分布于两条理论曲线之间时，则需按对数坐标规律进行内插求得 μ_2 值，而不能按算术坐标规律内插。

2. 三层量板及三层曲线的解释

在给定 ρ_1、h_1、ρ_2、h_2、ρ_3 的情况下，可以计算出三层理论曲线。由于该方程相当复杂，故不列出。在制作量板时，仍采用二层量板的方法，其函数形式为 $\frac{\rho_s}{\rho_1}=f\left(\frac{\rho_2}{\rho_1},\frac{\rho_3}{\rho_1},\frac{h_2}{h_1},\frac{r}{h_1}\right)=f\left(\mu_2,\mu_3,\nu_2,\frac{r}{h}\right)$。制作的三层量板均取$\mu_2\left(=\frac{\rho_2}{\rho_1}\right)$、$\mu_3\left(=\frac{\rho_3}{\rho_2}\right)$为常数，$\nu_2\left(=\frac{h_2}{h_1}\right)$ 为参变数的方式组合。三层曲线首先按类型划分为K型、H型、A型、Q型四类，再将同类中 μ_2 和 μ_3 相同的曲线绘制在一张图上，并使它们的点（ρ_1，h_1）集中于一点，构成一张量板。在每张量板上标出这些参数及量板编号。如图 2-62 所示，它的参数为 K-10-$\frac{1}{15}$。第一个字母表示曲线类型，第二个数字表示 $\mu_2=10$，第三个数字表示 $\mu_3=\frac{\rho_3}{\rho_2}=\frac{1}{15}$，曲线中圆圈内的数字代表 ν_2 值。此量板的编号为 LB-107。

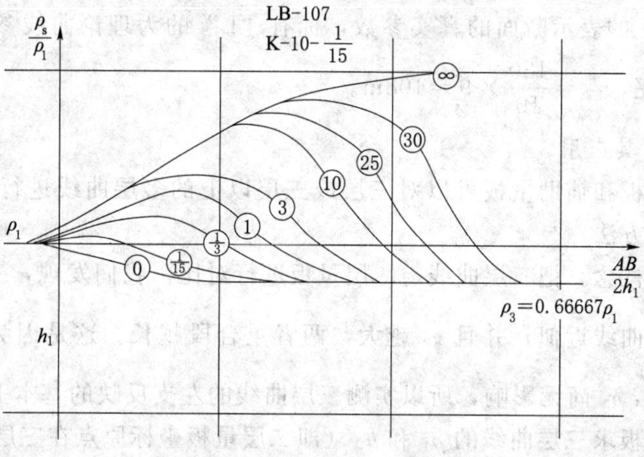

图 2-62　K型三层量板

三层曲线解释的目的是求出各层的电阻率及一、二层的厚度。现结合一条实测 H 型曲线来说明用三层量板解释三层曲线的步骤。

（1）确定 ρ_2 值，最好用电测井资料确定 ρ_2 值，或是通过对岩石露头、岩石标本实测确定。本例中已给出 $\rho_2=9\Omega\cdot\text{m}$。

（2）选择合适的量板，首先要正确判断实测曲线类型。判定后，由曲线首部和尾部的渐近值读出 $\rho_1=100\Omega\cdot\text{m}$，$\rho_3=150\Omega\cdot\text{m}$，进而可求出：$\mu_2=\frac{0.9}{10}$，$\mu_3=\frac{150}{9}=16.6$。根据曲线类型和 μ_2、μ_3 值，应选择与这些参数最接近的量板：H-10-$\frac{1}{15}$（图 2-63）。

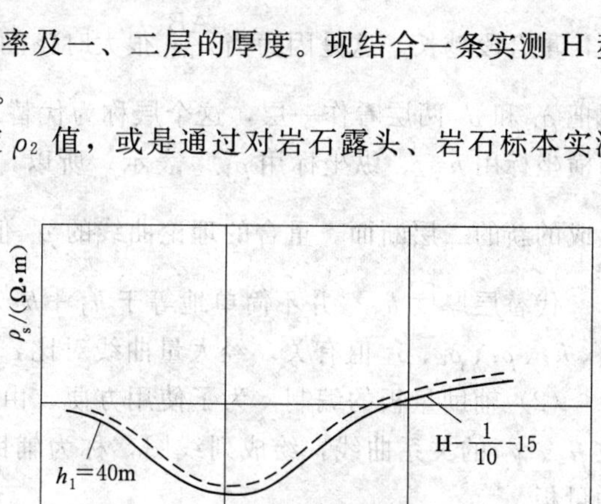

图 2-63　三层曲线解释实例

（3）将实测曲线与量板对比，求出 h_1

和 h_2 值。在保证实测曲线与量板两者纵横坐标轴都彼此平行的条件下，上下左右移动透明纸（实测曲线），找出与实测曲线重合最好的理论曲线（可以内插），并记下其参数 $\nu_2=3$。这时量板坐标原点在实测曲线横坐标的对应位置即为 $h_1=40\text{m}$，于是可求出 $h_2=\nu_2 h_1=120\text{m}$。

（4）等价校正，当所选用的量板与实测曲线的 μ_2、μ_3 都一致时，按上述方法求出的 h_2 即为第二层的真实厚度，否则应做等价校正。

对于 H 型和 A 型断面，其属于 S_2 等价性质，校正公式为

$$h_2^S=\frac{h_2^L}{\rho_2^L}\rho_2^S \tag{2-18}$$

对于 K 型和 Q 型断面，其属于 T_2 等价性质，校正公式为

$$h_2^S=\frac{h_2^L}{\rho_2^S}\rho_2^L \tag{2-19}$$

其中标有“S”的表示断面的真实参数，标有“L”的为理论曲线参数。本例中 $h_2^L=120\text{m}$，做等价校正，$h_2^S=\frac{120}{10}\times 9=108\text{m}$。

3. 辅助量板及其应用

借助于二层量板和辅助量板可以对三层或三层以上的多层曲线进行解释，步骤简便，是野外常用的解释方法。

（1）代替层的概念。把三层曲线与二层量板进行对比，我们发现，三层曲线的左支与相同向的二层理论曲线近似，并且 ν_2 越大，两者重合段越长。这是因为当 $\frac{AB}{2}$ 比较小的时候，勘探深度小，ρ_3 尚无影响，所以实测三层曲线的左支反映的基本上是 ρ_1 和 ρ_2 两层。因而可以用二层量板求三层曲线的 ρ_1 和 h_1（即二层量板坐标原点在三层曲线上的位置）。

若将三层实测曲线的右支与二层量板对比，也可以找到相重合的曲线。同样是 ν_2 越大，重合段越长。这是因为当 $\frac{AB}{2}$ 很大时，勘探深度加大，实测曲线右支主要反映 ρ_3 层，而把 ρ_1 和 ρ_2 两层看作一层，这个层称为代替层。此时二层量板的坐标原点在三层曲线中的横坐标用 $h_{1,2}$、纵坐标用 $\rho_{1,2}$ 表示。所以，曲线右支可等效地认为是代替层 $\rho_{1,2}$ 和 ρ_3 组成的新的二层断面。重合的理论曲线的 μ_2 值改用 $\mu_3'\left(=\frac{\rho_3}{\rho_{1,2}}\right)$ 表示。

代替层厚度 $h_{1,2}$ 并不简单地等于 h_1+h_2，$h_{1,2}$ 和 $\rho_{1,2}$ 值不仅与曲线类型有关，还与 h_1、h_2、ρ_1、ρ_2、ρ_3 值有关。经大量曲线对比，总结出确定 $h_{1,2}$ 和 $\rho_{1,2}$ 的许多经验公式。

（2）辅助量板的编制。为了使用方便，由经验公式计算出代替层点坐标，获得其与参数 μ_2、ν_2 的关系曲线，绘成列线图，称为辅助量板，有 H 型、KM 型、AM 型、Q 型辅助量板。

现以 H 型断面为例说明这种量板的编制方法。H 型断面代替层的参数经验公式为

$$\left.\begin{aligned} h_{1,2}^H&=h_1+h_2 \\ \rho_{1,2}^H&=\frac{h_1+h_2}{s_1+s_2} \end{aligned}\right\} \tag{2-20}$$

绘制辅助量板时，仍以 h_1 和 ρ_1 为单位，式（2-20）变为

$$\left.\begin{aligned}\frac{h_{1,2}^{H}}{h_1}&=1+\nu_2\\ \frac{\rho_{1,2}^{H}}{\rho_1}&=\frac{\mu_2(1+\nu_2)}{\mu_2+\nu_2}\end{aligned}\right\}\qquad(2-21)$$

以 $\lg\frac{h_{1,2}^{H}}{h_1}$ 为横坐标，以 $\lg\frac{\rho_{1,2}^{H}}{\rho_1}$ 为纵坐标，根据上述公式，绘制 μ_2 与 ν_2 的列线图就成为 H 型辅助量板。

对于 Q 型辅助量板，坐标轴的选法与 H 型相同。对于 AM 型和 KM 型辅助量板，坐标轴的选法有点不同：以 $\lg\frac{h_{1,2}}{h_1}$ 为横坐标，以 $\lg\frac{\rho_{1,2}}{\rho_1}$ 为纵坐标；对于不同的 μ_2 值，纵坐标的原点分别位于纵轴不同位置上。使用这两种量板时，要注意这一特点。图 2-64 为 KM 型辅助量板。

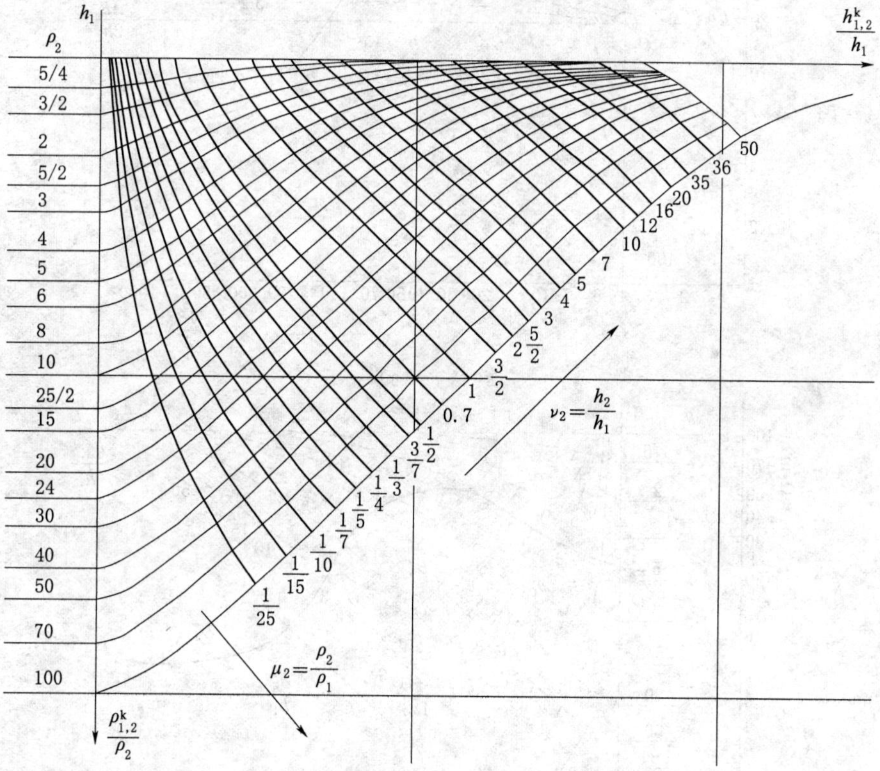

图 2-64　对称电测深 KM 型辅助量板

(3) 用辅助量板和二层量板解释二层曲线。现结合实例说明解释步骤。有一 K 型曲线，已知 $\rho_2=100\Omega\cdot m$，求解 ρ_1、h_1、h_2、ρ_3 四个参数。

1) 用二层量板求 ρ_1、h_1，选用 G 型量板，求出量板原点在实测曲线上的位置 O_1 点，于是得 $\rho_1=20\Omega\cdot m$，$h_1=4m$［图 2-65 (a)］。

2）作 μ_2 辅助曲线。根据 ρ_1、ρ_2 值定出 $\mu_2=\frac{\rho_2}{\rho_1}=\frac{100}{20}=5$，然后把实测曲线蒙在辅助量板上，使 O_1 点与辅助量板原点重合，保持二者坐标相互平行（对于 KM 量板，应将 O_1 点放在纵坐标 $\mu_2=5$ 的原点上）。用虚线描出 $\mu_2=5$ 的辅助曲线，显然，代替层 O_2 点的轨迹应在这条辅助曲线上［图 2-65（b）］。

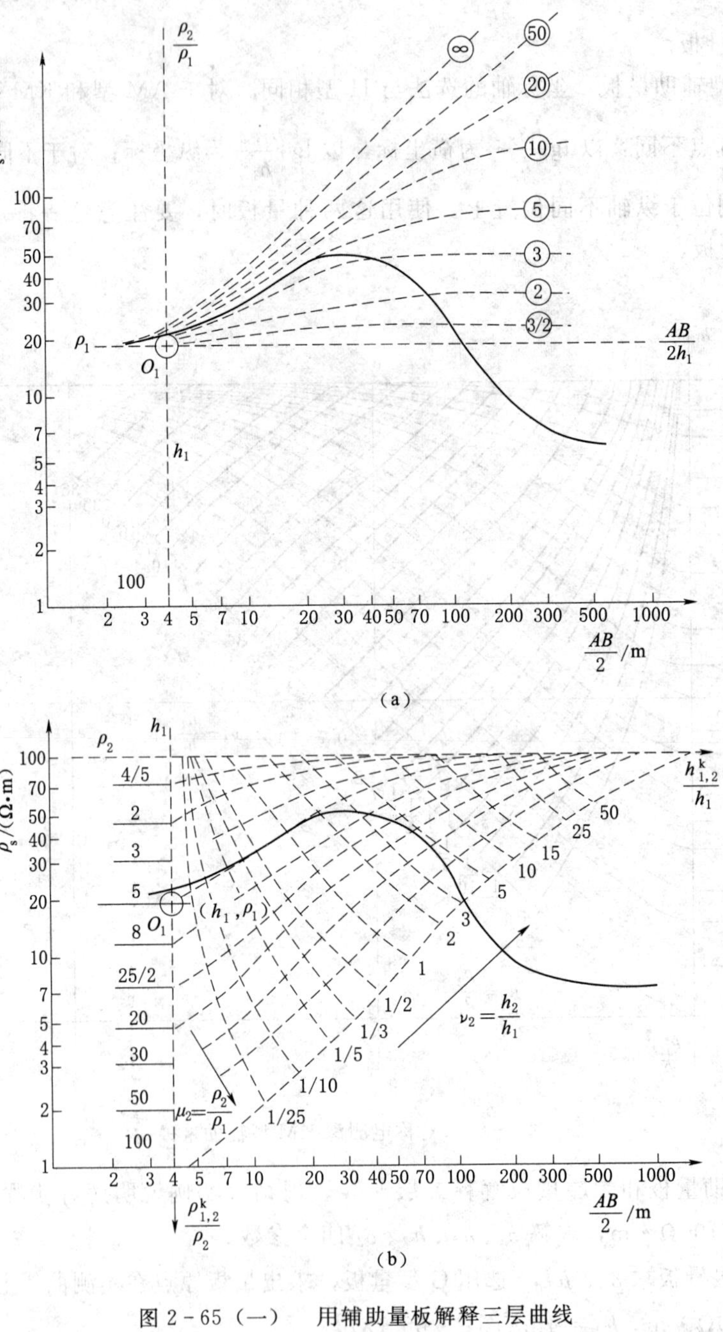

图 2-65（一）　用辅助量板解释三层曲线

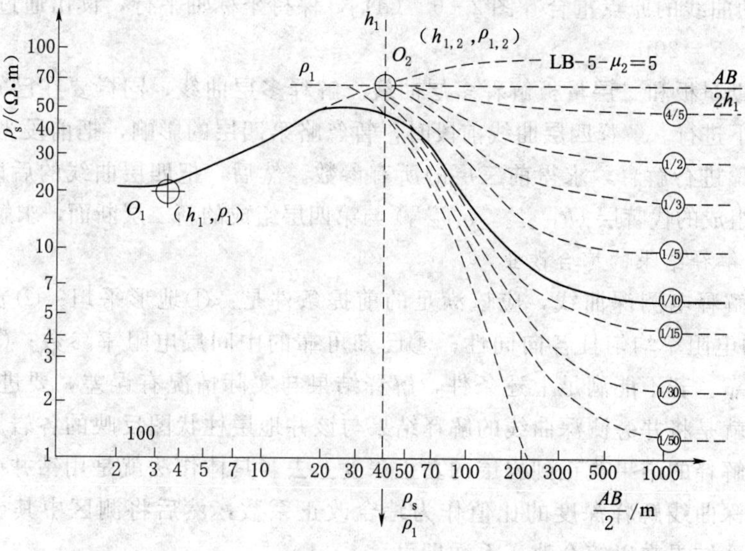

(c)

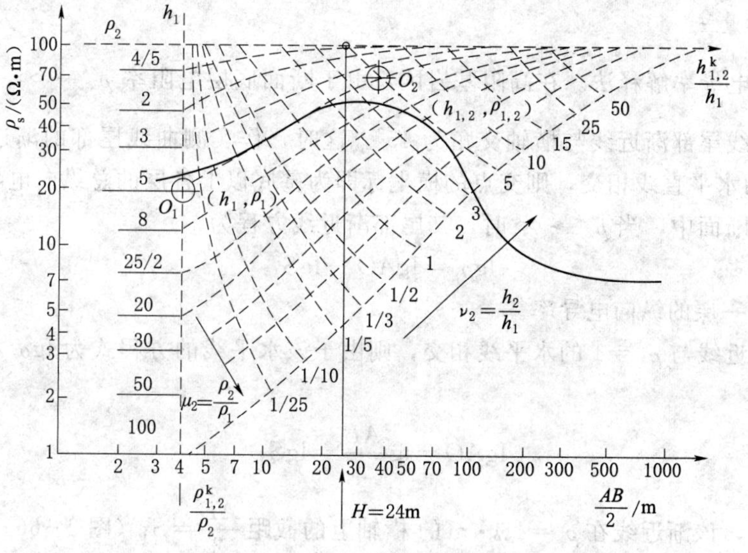

(d)

图 2-65（二）　用辅助量板解释三层曲线

3）求代替层坐标点（O_2 点）。把实测曲线右支放在相应二层量板（D 型）上，保持两者坐标轴平行，使二层量板的原点在 $\mu_2=5$ 的辅助线上滑动，直到找出一条理论曲线与之重合为止。此时，二层量板的原点位置即为代替层 O_2 点。由 O_2 点的坐标读出 $h_{1,2}=36$m，$\rho_{1,2}=70\Omega\cdot$m。与之相重合的理论曲线的 μ_2 值应为 $\mu_3'=\frac{\rho_3}{\rho_{1,2}}=\frac{1}{10}$，所以，$\rho_3=\frac{1}{10}\times70=7\Omega\cdot$m[图 2-65（c）]。

4）求参数 $\nu_2\left(=\frac{h_2}{h_1}\right)$。再将实测曲线置于相应的 KM 辅助量板上，使 O_1 点（ρ_1、h_1）

和$\mu_2=5$的辅助曲线的原点重合［图 2-65（d)］，保持坐标轴平行，读出通过O_2点的$\nu_2=5$，得$h_2=4\times5=20\text{m}$。

（4）用辅助量板和二层量板解释多层曲线。解释多层曲线，同样要在已知中间层参数ρ_2、ρ_3的条件下进行。解释四层曲线前段时，暂忽略第四层的影响，把前段当作三层曲线，并运用上述步骤进行解释，求得前三层的所有参数。然后，把四层曲线的后段看作是由第一、二、三层组成的代替层（$h_{1,2,3}$，$\rho_{1,2,3}$）与第四层组成的新二层断面，求解h_3和ρ_4。

4. 量板法解释结果的综合改正

用量板法解释电测深曲线，应该满足的前提条件是：①地形平坦；②岩层倾角小于20°；③各层的电阻率均匀且各向同性；④已知可靠的中间层电阻率参数；⑤电测深曲线完整，质量可靠。若不能满足上述条件，解释结果与实际情况有误差，要进行综合改正。所谓综合改正就是将井旁测深曲线的解释结果与该井地层柱状图反映的各岩层的深度进行对比，将曲线解释的结果改正到岩层的真正深度上去。具体作法就是用钻井中岩层的实际深度与井旁测深曲线解释深度的比值作为综合改正系数，然后将测区中其余测点（未知点）的曲线解释结果乘以综合改正系数即可。

5. 简捷定量法

（1）纵向电导率解释法。在高阻基岩区，由于断面底层电阻率$\rho_n\to\infty$，当$\frac{AB}{2}\gg h_1$时，电测深曲线尾部渐近线与横轴交角为45°。这时，作实测曲线尾部的渐近线，使之与$\rho_s=1\Omega\cdot\text{m}$的水平直线相交，则交点的横坐标即为基底以上各层的总纵向电导率S。

水平二层断面中，当$\rho_2\to\infty$时，其尾部渐近线方程为

$$\lg\rho_s=\lg AO-\lg S_1$$

式中：S_1为第一层的纵向电导率。

若令此渐近线与$\rho_1=1$的水平线相交，则由于该水平线的方程式为$\lg\rho_s=0$，于是两式联解可得

$$\lg AO=\lg\frac{AB}{2}=\lg S_1$$

由此可见，该渐近线在$\rho_s=1\Omega\cdot\text{m}$的横轴上的截距$\frac{AB}{2}=S_1$（图 2-66）。$\rho_1$可由曲线首部渐近线读出，然后将其代入$S_1=h_1/\rho_1$的关系式中，就能得到$h_1$了。故这种方法也称为渐近线图解法，或简称为$S$法。

对于$\rho_3\to\infty$的三层断面，可以先用量板求出h_1、ρ_1和$\mu_2\left(=\frac{\rho_2}{\rho_1}\right)$，再由曲线尾部的渐近线确定$S$，则

$$S=S_1+S_2=\frac{h_1}{\rho_1}+\frac{h_2}{\rho_2}$$

于是可得

$$h_2=\left(S-\frac{h_1}{\rho_1}\right)\rho_2 \tag{2-22}$$

当测区上覆地层的纵向电阻率比较稳定时，就能利用S判断基底的起伏情况。如果测

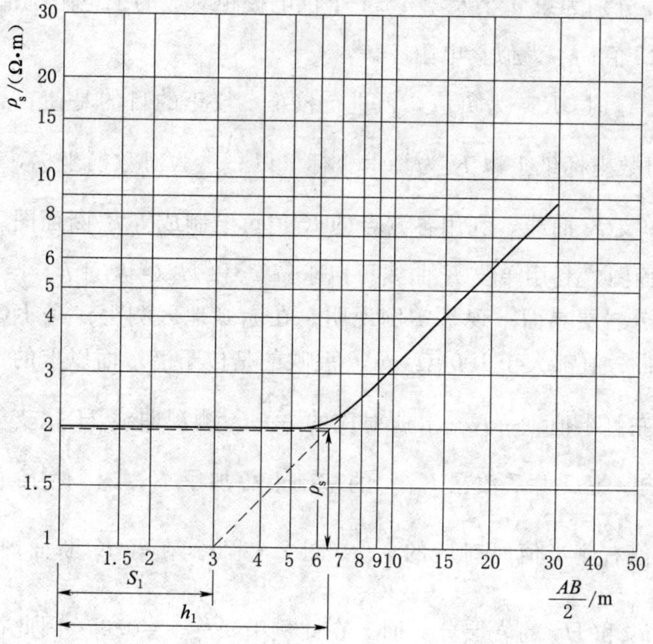

图 2-66　用 S 法求 h_1

区有钻孔资料，则可以知道 $H=h_1+h_2+\cdots+h_{n-1}$，由孔旁测深曲线图解求得 S，则 $\rho_t=H/S$。若测区内钻孔较多，则可求出上覆 $n-1$ 个岩层的平均纵向电阻率值。待解释的各测点只要分别量出各自的 S 值后，便可反求出各测点的基岩埋深 H 值：

$$H=\rho_t S$$

有了 S 值，可绘制 S 值平面等值线图、基岩埋深平面等值线图，也可以绘制 S 剖面图表示基底的起伏情况。

(2) 电反射系数法（K 剖面法）。将野外电测深曲线的一次微分值称为视反射系数 $\overline{K}$，它与反射系数 K_{12} 有简单的函数关系。在 K 剖面法中常用的参数为

$$\overline{K}_{实}=\frac{\mathrm{dlg}\xi}{\mathrm{dlg}\Lambda}=\frac{\Lambda}{\xi}\frac{\mathrm{d}\xi}{\mathrm{d}\Lambda}$$

式中：Λ 为极距深度比，其值为$\frac{AO}{h_1}$；ξ 为视电阻率比，其值为$\frac{\rho_s}{\rho_1}$；$\overline{K}_{实}$ 为未经负值校正的任意 Λ 处的 $\overline{K}$ 值。

亦可写成差商形式：

$$\overline{K}_{实}=\frac{\lg\rho_{s(n)}-\lg\rho_{s(n-1)}}{\lg AO_{(n)}-\lg AO_{(n-1)}} \tag{2-23}$$

当 $\overline{K}_{实}>0$ 时，$\overline{K}_{实}=\overline{K}_{校}$；当 $\overline{K}_{实}<0$ 时，须按下式校正：

$$\overline{K}_{校}=\frac{\overline{K}_{实}(1-\overline{K}_{实})}{1.05(1-\overline{K}_{实})+\overline{K}_{实}^2} \tag{2-24}$$

$$\rho_Z=\sqrt{\rho_{s(n)}-\rho_{s(n-1)}}\times 2^{-\overline{K}_{实}}\frac{1+\overline{K}_{校}}{1-\overline{K}_{校}} \tag{2-25}$$

式中：$\rho_{s(n)}$、$\rho_{s(n-1)}$ 分别为第 n 个及第 $n-1$ 个供电极距对应的视电阻率值；$\overline{K}_{校}$ 为经负值校正后任意 Λ 处的 $\overline{K}$ 值；ρ_Z 为似真电阻率。

当 $\rho_{s(n)}<\rho_{s(n-1)}$ 时，$\overline{K}_{实}$ 为负值，须进行校正，校正的目的是使正、负异常取得较一致的解释。在单对数坐标纸上以 $\overline{K}$ 为算术坐标、以 $\frac{AB}{2}$ 为对数横坐标，可将所求得的 $\overline{K}_{实}$ 或 $\overline{K}_{校}$ 值绘制出单支 $\overline{K}$ 曲线，利用各测点的 $\overline{K}$ 值可绘制成等 $\overline{K}$ 断面图。可将各测点的 ρ_Z 值绘制成等 ρ_Z 断面图。利用单支 $\overline{K}$ 曲线可以求解 h_1 和 $H_2(=h_1+h_2)$；利用等 $\overline{K}$ 断面图、等 ρ_Z 断面图可划分岩层界面。现举实例说明。在赤峰地区测得一条 KQH 型曲线，K 的极大值和 Q 前支的 ρ_s 值都大于 1000Ω·m，反映的是位于潜水面以上的干砂层，其厚度 h_1 取 $\overline{K}$ 曲线负峰值左侧半值 $\left(\frac{1}{2}\overline{K}_{\min}\right)$ 所对应的 $\frac{AB}{2}$。测深曲线 H 尾支上升段为高阻层反映。受高阻层影响，视反射系数在 $K_{1,2}$ 的基础上叠加了 $K_{3,4}$，使 $\overline{K}$ 值显著增大，此情况下，H_2 取负峰值右侧半值所对应的 $\frac{AB}{2}$（图 2-67）。在等 $\overline{K}$ 断面图上，利用 $\frac{\overline{K}_{\max}}{2}$ 或 $\frac{\overline{K}_{\min}}{2}$ 等值线作为 h_1 和 H_2 的岩层分界面。在此例中，$\frac{\overline{K}_{\min}}{2}=0.3$，因此在等 $\overline{K}$ 断面图中取

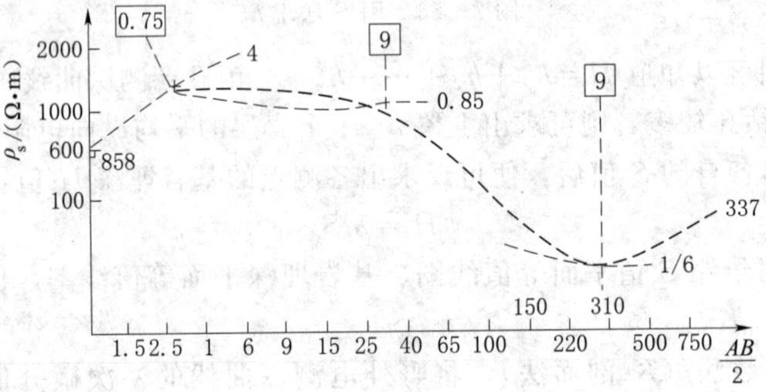

（a）量板解释剖面图

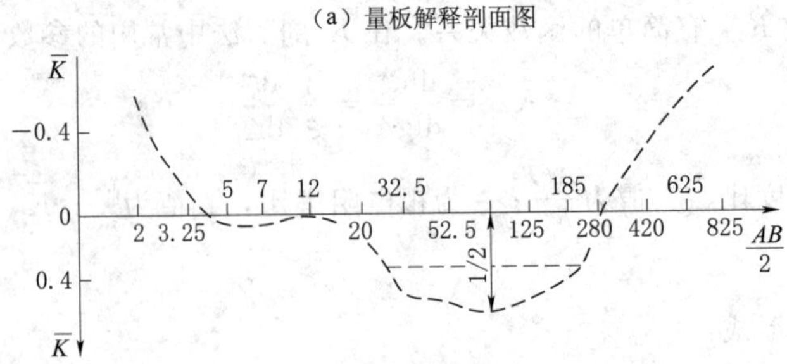

（b）单支$\overline{K}$曲线图

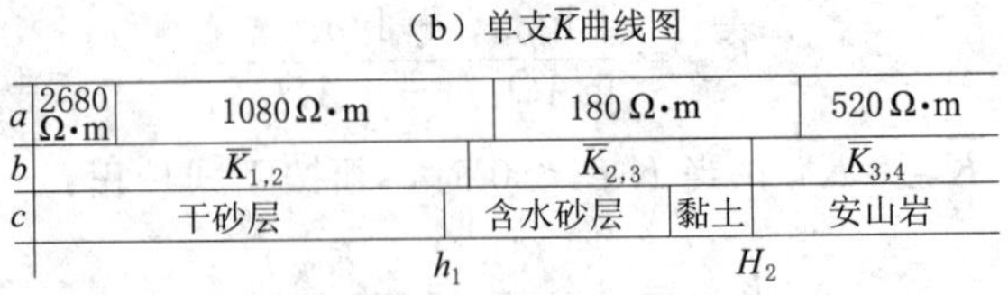

（c）钻孔地质剖面图

图 2-67　1124 号孔 ρ_s 和 $\overline{K}$ 曲线图

上下两条−0.3的等值线作出 h_1 和 H_2 的分界面。由图2-68可见，−0.3的等 $\overline{K}$ 曲线形象而准确地划分了潜水面、基岩埋深和起伏情况。必须指出，目前对此法尚有争论，但研究指出，此法除适用于二层曲线外，对于三层曲线，只要 $\dfrac{h_1}{h_1} \geqslant 25$ 且用其他方法难以解释时，应用此法可以取得良好效果[18]。

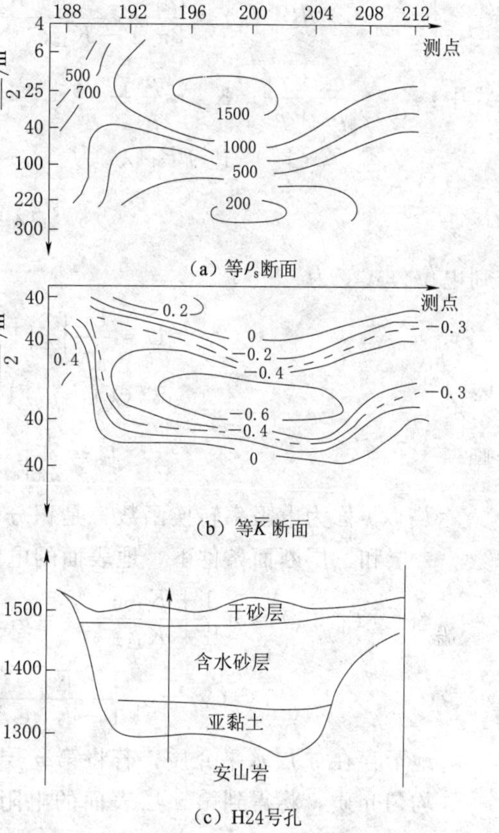

图2-68　元一180号剖面综合地电断面图

(3) 电测深曲线的数字解释法。用电子计算机对水平层电测深曲线进行数字解释已有很大发展，现已建立了多种解释方法。目前我国采用较多的是最优化分层解释法，就是利用最优化计算方法求取使理论曲线和实测曲线之间拟合差为极小值的电性层参数。在具体做法上又分为两类：一类是把理论曲线视电阻率值与野外实测视电阻率值直接进行比较；另一类是首先从野外视电阻率值导出电阻率转换函数值，然后与理论模型计算出的电阻率转换函数值进行比较。根据需要也可以把这两种方法结合使用[19]。

1) 电阻率转换函数。多层水平介质条件下，地面点电流源 A 的地中电场分布满足拉普拉斯方程。若将坐标原点选在 A 处，Z 轴垂直向下，由于电场分布对 Z 轴有对称性，与观测点方位角 ψ 无关，故电位分布满足下面形式的拉普拉斯方程（图2-69）：

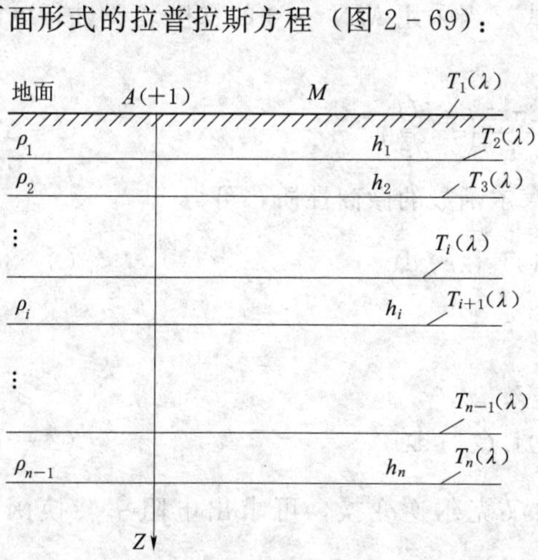

图2-69　多层水平地层模型

$$\frac{\partial^2 U}{\partial r^2}+\frac{1}{r}\frac{\partial U}{\partial r}+\frac{\partial^2 U}{\partial Z^2}=0 \qquad (2-26)$$

用分离变量法对式(2-26)求解，得地面上任意点 M 处的电位表达式：

$$U=\int_0^{\infty}\left[\frac{\rho_1 I}{2\pi}+2B_1(\lambda)\right]J_0(\lambda r)\mathrm{d}\lambda \qquad (2-27)$$

式中：λ 为积分变量；$J_0(\lambda r)\mathrm{d}\lambda$ 为零阶贝塞尔函数；$B_1(\lambda)$ 为积分变量 λ 的函数。

水平二层和三层地电断面的 $B_1(\lambda)$ 函数分别为

$$B_1^{(2)}(\lambda)=\frac{I\rho}{2\pi}\,\frac{K_{12}\mathrm{e}^{-2\lambda h_1}}{1-K_{12}\mathrm{e}^{-2\lambda h_1}} \qquad (2-28)$$

$$B_1^{(3)}(\lambda)=\frac{I\rho_1}{2\pi}\frac{K_{12}e^{-2\lambda h_1}+K_{23}e^{-2\lambda(h_1+h_2)}}{1-K_{12}e^{-2\lambda h_1}-K_{23}e^{-2\lambda(h_1+h_2)}+K_{12}K_{23}e^{-2\lambda h_2}} \tag{2-29}$$

式中：$K_{12}=\frac{\rho_2-\rho_1}{\rho_2+\rho_1}$；$K_{23}=\frac{\rho_3-\rho_2}{\rho_3+\rho_2}$。

若令式（2-27）中的 $B_1(\lambda)$ 为

$$B_1(\lambda)=\frac{I\rho_1}{2\pi}B(\lambda) \tag{2-30}$$

则电位公式变为

$$U=\frac{I\rho_1}{2\pi}\int_0^\infty[1+2B(\lambda)]J_0(\lambda r)d\lambda \tag{2-31}$$

令

$$T_1(\lambda)=\rho_1[1+2B(\lambda)]J_0(\lambda r)d\lambda \tag{2-32}$$

则

$$U=\frac{I}{2\pi}\int_0^\infty T_1(\lambda)J_0(\lambda r)d\lambda \tag{2-33}$$

$T_1(\lambda)$ 称为电阻率转换函数，是积分变量 λ 及 h_1、h_2、…、h_{n-1}，ρ_1、ρ_2、…、ρ_n 的函数。二层和三层断面条件下，地表面的电阻率转换函数为

$$T_1^{(2)}(\lambda)=\rho_1\frac{1+K_{12}e^{-2\lambda h_1}}{1-K_{12}e^{-2\lambda h_1}}=\rho_1\frac{\rho_1(1-K_{12}e^{-2\lambda h_1})+\rho_2(1+K_{12}e^{-2\lambda h_1})}{\rho_1(1+K_{12}e^{-2\lambda h_1})+\rho_2(1-K_{12}e^{-2\lambda h_1})} \tag{2-34}$$

$$T_1^{(3)}(\lambda)=\rho_1\frac{1+K_{12}e^{-2\lambda h_1}+K_{23}e^{-2\lambda(h_1+h_2)}+K_{12}e^{-2\lambda h_2}}{1-K_{12}e^{-2\lambda h_1}-K_{23}e^{-2\lambda(h_1+h_2)}+K_{12}e^{-2\lambda h_2}} \tag{2-35}$$

地下存在 n 层水平介质，若将第 n 层以上的所有地层去掉，则只剩下电阻率为 ρ_n 的一种均匀介质，将得到第 n 层表面的电阻率转换函数 $T_{(n)}(\lambda)\rho_n$。若将第 i 层以上各层全部去掉，只剩下第 i、$i+1$、$i+2$、…、$n-1$，n 层时，第 i 层介质表面的电阻率转换函数为

$$T_i(\lambda)=\rho_i\frac{\rho_i(1-e^{-2\lambda h_i})+T_{i+1}(\lambda)(1+e^{-2\lambda h_i})}{\rho_i(1+e^{-2\lambda h_i})+T_{i+1}(\lambda)(1-e^{-2\lambda h_i})} \tag{2-36}$$

2）视电阻率和电阻率转换函数的褶积表达式。当采用 $MN\to 0$ 的梯度装置进行电测深时，视电阻率为

$$\rho_s(r)=2\pi r^2\frac{E}{I}=\frac{2\pi r^2}{I}\left(-\frac{\partial U}{\partial r}\right) \tag{2-37}$$

将式（2-33）对 r 求一阶导数，并考虑贝塞尔函数的微商性质，可得

$$\rho_s(r)=r^2\int_0^\infty T_1(\lambda)J_1(\lambda r)d\lambda \tag{2-38}$$

式中：$J_1(\lambda r)$ 为一阶贝塞尔函数。

将上式移项，可得

$$\frac{\rho_s(r)}{r^2}=\int_0^\infty T_1(\lambda)J_1(\lambda r)d\lambda \tag{2-39}$$

对式（2-39）利用傅里叶-贝塞尔积分的汉克尔逆变换，可求出电阻率转换函数 $T_1(\lambda)$ 的积分表达式

$$T_1(\lambda)=\int_0^\infty\rho_s(r)J_1(\lambda r)\frac{1}{r}dr \tag{2-40}$$

式（2-38）和式（2-40）表明了视电阻率 $\rho_s(r)$ 和电阻率转换函数 $T_1(\lambda)$ 的相互关系。已知 $\rho_s(r)$ 可求 $T_1(\lambda)$，反之亦然。但是，直接计算两式的积分值是比较困难的。由于电测深曲线通常是对数坐标，如果对 $\rho_s(r)$ 和 $T_1(\lambda)$ 的自变量取对数并作变量代换，令

$$\left.\begin{aligned} \ln r = x, \quad & \ln\frac{1}{\lambda} = y \\ r = e^{x}, \quad & \lambda = e^{-y} \end{aligned}\right\} \tag{2-41}$$

式（2-38）变成

$$\rho_s(e^{x}) = \int_{-\infty}^{\infty} T_1(e^{-y}) J_1(e^{x-y}) e^{2(x-y)} dy \tag{2-42}$$

令

$$\left.\begin{aligned} \rho_s(e^{x}) = \rho_s(x), \quad & T_1(e^{-y}) = T_1(y) \\ J_1(e^{x-y}) e^{2(x-y)} = & C(x-y) \end{aligned}\right\} \tag{2-43a}$$

式（2-42）简写为

$$\rho_s(x) = \int_{-\infty}^{+\infty} T_1(y) C(x-y) dy \tag{2-43b}$$

与式（2-41）作同样的变量代换，式（2—40）变为

$$T_1(e^{-y}) = \int_{-\infty}^{+\infty} \rho_s(e^{x}) J_1[e^{-(y-x)}] dx \tag{2-44}$$

令　　$T_1(e^{-y}) = T_1(y)$，$\rho_s(e^{x}) = \rho_s(x)$，$J_1[e^{-(y-x)}] = G(y-x)$

则式（2-44）简化为

$$T_1(y) = \int_{-\infty}^{+\infty} \rho_s(x) G(y-x) dx \tag{2-45}$$

式（2-43b）和式（2-45）为视电阻率和电阻率转换函数的褶积表达式。为了能在电子计算机上对式（2-43b）和式（2-45）的积分进行数值运算，必须采用取样的方法，使式中的积分离散化。假设 $\rho_s(x)$ 和 $T_1(y)$ 的截止频率为 f_c[当 $f \geqslant f_c$ 时 $\rho_s(x)$ 和 $T_1(y)$ 的振幅均趋于零]，根据取样定理，当取样间隔 Δx（或 Δy）$\leqslant 1/2f_c$ 时，若以 $i\Delta x$ 表示第 i 个取样点上 $\rho_s(x)$ 的自变量值，以 $j\Delta y$ 表示第 j 个取样点上 $T_1(y)$ 的自变量值，$\rho_s(x)$ 和 $T_1(y)$ 两函数离散取样值的取样序列分别为

$\rho_s(0)$，$\rho_s(1\Delta x)$，$\rho_s(2\Delta x)$，…，$\rho_s(i\Delta x)$，…　$(i=0, \pm 1, \pm 2, \cdots)$

$T_1(0)$，$T_1(1\Delta y)$，$T_1(2\Delta y)$，…，$T_1(j\Delta y)$，…　$(j=0, \pm 1, \pm 2, \cdots)$

则两函数离散型的褶积运算表达式为

$$\rho_s(x) = \rho_s(i\Delta x) = \sum_{j=-\infty}^{+\infty} T_1[(i-j)\Delta] E(j\Delta) \tag{2-46}$$

$$T_1(y) = T_1(j\Delta) = \sum_{i=-\infty}^{+\infty} \rho_s[(j-i)\Delta] H(i\Delta) \tag{2-47}$$

式（2-46）和式（2-47）是用数字滤波方法由理论电阻率转换函数 T_1^{L} 求理论视电阻率 ρ_s^{L} 和由实测视电阻率 ρ_s^{S} 求相应于实测曲线的电阻率转换函数 T_1^{S} 的计算公式。Δ 为 x 和 y 的取样间隔，$\Delta x = \Delta y = \Delta$。用离散形式表示的滤波器脉冲响应 $E(j\Delta)$ 或 $H(j\Delta)$ 称为数字滤波器的滤波系数。

3）电测深曲线的最优化反演方法。采用最优化法进行反演解释，就是要求出与实测电测深曲线呈最佳拟合状态的理论曲线所对应的电性层的层参数，并以其作为实际大地的

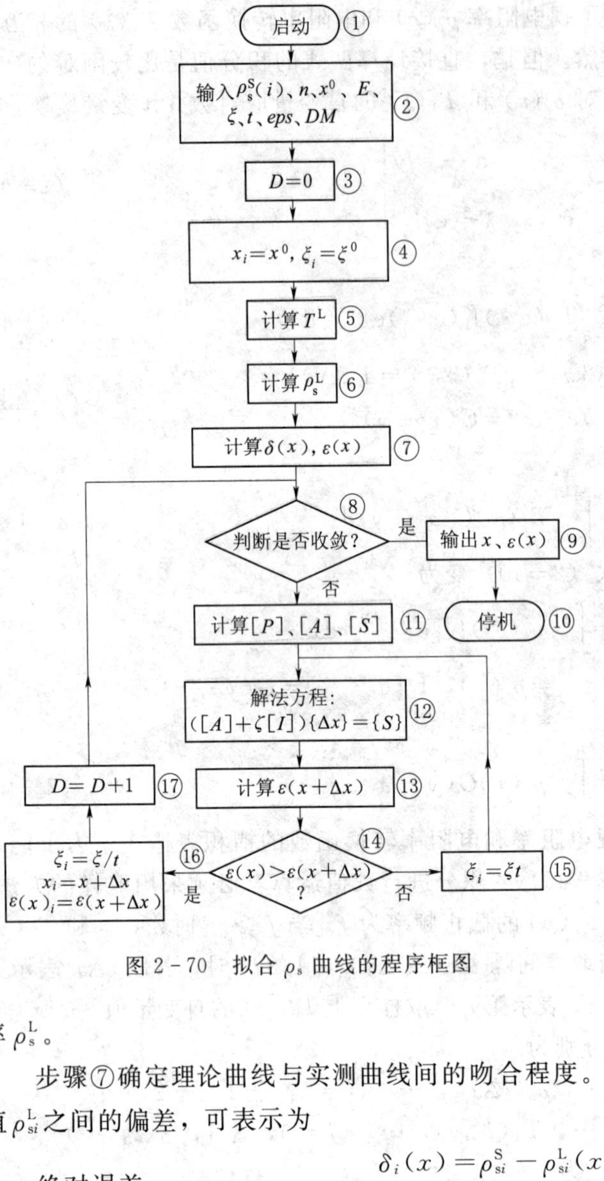

图 2-70　拟合 ρ_s 曲线的程序框图

层参数。在反演时，既可拟合 ρ_s 曲线，也可拟合 T 曲线。图2-70是拟合 ρ_s 曲线的程序框图，现将其计算步骤简要说明如下。

步骤①为启动。

步骤②输入按取样间隔离散的实测视电阻率数据序列 $\rho_s^S(i\Delta)$，给定地层层 n、层参数初始值 $x^0[x^0=\{x^0\}=(x_1^0, x_2^0, \cdots, x_{2n-1}^0)^T$，列矢量 x^0 的各分量分别表示 ρ_1^0，ρ_2^0，…，ρ_n^0；h_1^0，h_2^0，…，h_{n-1}^0]、滤波系数 E、初始阻尼系数 ξ^0、缩放系数 t、收敛精度要求 eps 和迭代次数的上限 DM。

步骤③给迭代次数 D 赋零值，开始进入第一轮计算。

步骤④将电性层参数初始值 x^0 及初始阻尼系数 ξ^0 赋给数组 x 及阻尼系数 ξ。

步骤⑤根据 x 按递推公式式（2-36）计算理论电阻率转换函数 T^L。

步骤⑥利用滤波系数 $E(j\Delta)$ 按式（2-46）由 T^L 计算理论视电阻率 ρ_s^L。

步骤⑦确定理论曲线与实测曲线间的吻合程度。对于某一极距 r_i 的实测值 ρ_{si}^S 与理论值 ρ_{si}^L 之间的偏差，可表示为

$$\left.\begin{aligned}&\text{绝对误差}\quad \delta_i(x)=\rho_{si}^S-\rho_{si}^L(x)\\&\text{相对误差}\quad \delta_i(x)=[\rho_{si}^S-\rho_{si}^L(x)]/\rho_{si}^S\\&\text{对数误差}\quad \delta_i(x)=\ln\rho_{si}^S-\ln\rho_{si}^L(x)=\ln\frac{\rho_{si}^S}{\rho_{si}^L(x)}\end{aligned}\right\}\tag{2-48}$$

包括 m 个极距（r_1，r_2，…，r_i，…，r_m）的整条实测 ρ_s^S 曲线与理论 ρ_s^L 曲线之间的拟合程度，通常以这 m 个极距上的偏差函数的平方和表示：

$$\varepsilon(x)=\sum_{i=1}^{m}[\delta_1(x)]^2\tag{2-49}$$

式（2-49）中的拟合方差 $\varepsilon(x)$ 称为目标函数，它是层参数的函数。

步骤⑧～步骤⑩根据事先给定的收敛精度要求判定是否收敛。若满足判敛条件，表明已收敛，则转入步骤⑨，打印输出反演结果——层参数 x 及目标函数 $\varepsilon(x)$ 值，然后停止

运算；若未收敛，则转入步骤⑪。

通常以下列条件之一或其组合，作为判断迭代是否收敛的条件：①模型参数修改量 $|\Delta x|$ 或其相对变化量 $\left|\frac{\Delta x}{x}\right|$ 已不大于事先规定的某一小数 eps_1；②目标函数 $\varepsilon(x)$ 或其相对变化量 $\frac{\varepsilon(x^{k+1})-\varepsilon(x^k)}{\varepsilon(x^k)}$ 已不大于事先规定的某一小数 eps_2，这里 x^k 和 x^{k+1} 表示第 k 次和第 $k+1$ 次迭代计算求得的模值参数值；③迭代次数已达到事先规定的上限 DM。此时，尽管迭代尚未收敛，但从经济角度考虑，必须强迫停止迭代，输出当时的计算结果。

步骤⑪～步骤⑫求层参数的修改量 Δx。在反演过程中，如果未收敛，则可以修改层参数，并用修改后的层参数重新计算理论曲线，进行下一次拟合，直到找出两曲线呈最佳拟合时所对应的层参数便是反演解释的结果。这种反演相当于数学上求多变量函数 $\varepsilon(x)$ 的极小值。使目标函数取极小值，即

$$\varepsilon(x)=\sum_{i=1}^{m}[\delta_i(x)]^2=\text{极小值} \tag{2-50}$$

目标函数又可写为

$$\varepsilon(x)=\sum_{i=1}^{m}[\delta_i(x)]^2\approx\sum_{i=1}^{m}\left[\delta_i(x^0)+\sum_{k=1}^{2n-1}P_{ik}^0\Delta x_k\right]^2$$

取极值的条件为

$$\frac{\partial\varepsilon(x)}{\partial\Delta x_j}=2\sum_{i=1}^{m}\left[\delta_i(x^0)+\sum_{k=1}^{2n-1}P_{ik}^0\Delta x_k\right]P_{ij}^0=0 \tag{2-51}$$

或移项写成
$$\sum_{i=1}^{m}\sum_{k=1}^{2n-1}P_{ij}^0P_{ik}^0\Delta x_k=-\sum_{i=1}^{m}\delta_i(x^0)P_{ij}^0$$

若分别取 $j=1，2，\cdots，2n-1$，可得线性方程组，其矩阵形式为

$$\{A\}\{\Delta x\}=\{S\} \tag{2-52}$$

系数矩阵
$$[A]=[P]^{\mathrm{T}}[P] \tag{2-53}$$

$[P]$ 为 $m\times(2n-1)$ 阶矩阵，称为雅可比矩阵，其元素为

$$P_{ij}^0=\frac{\partial\delta_i(x^n)}{\partial x_j} \tag{2-54}$$

列矢量 $\{\Delta x\}=\{\Delta x_1，\Delta x_2，\cdots，\Delta x_{2n-1}\}^{\mathrm{T}}\Delta x$

右端项 $\{S\}=(S_1，S_2，\cdots，S_{2n-1})^{\mathrm{T}}=-[P]^{\mathrm{T}}\{\delta^0\}$，其元素为

$$S_j=-\sum_{i=1}^{m}\delta_i(x^0)P_{ij}^0 \tag{2-55}$$

求解矩阵方程式（2-52）便可求得模型参数修改量 Δx。以 $x=x^0+\Delta x$ 作为新的层参数进行计算。但在这种算法中，层参数初始值选择不当时，迭代可能不收敛。为克服这一缺点，可适当加大矩阵 $[A]$ 的主对角元素，即把 $[A]$ 改为 $[A]+\xi[I]$，于是得

$$([A]+\xi[I])\{\Delta x\}=\{S\} \tag{2-56}$$

式中：$\xi=\gamma^2$ 为一适当的正数，称阻尼系数（亦称阻尼因子）；$[I]$ 为 $(2n-1)\times(2n-1)$ 阶的单位矩阵。

与此对应的目标函数为

$$\xi(x)=\sum_{i=1}^{m}[\delta_i(x)]^2+\sum_{j=1}^{2n-1}(\gamma\Delta x)^2 \tag{2-57}$$

步骤⑬重新计算新参数 $x+\Delta x$ 所对应的目标函数 $\varepsilon(x+\Delta x)$。

步骤⑭～步骤⑮比较相邻两次拟合的目标函数 $\varepsilon(x)$ 和 $\varepsilon(x+\Delta x)$。若后者大于前者，表明迭代趋向发散，于是转入步骤⑮，将阻尼系数 ξ 增大 t 倍后，转向步骤⑫，重新求层参数修改量 Δx；如果后者小于前者，说明迭代向收敛方向发展，该次迭代成功，转入步骤⑯。

步骤⑯将阻尼系数减小 t 倍，以新的模型参数 $x+\Delta x$ 代替原参数 x，并以新的目标函数 $\varepsilon(x+\Delta x)$ 代替 $\varepsilon(x)$。

步骤⑰将迭代次数 D 加 1 后转回步骤⑧，进行下一次迭代计算。

四、电测深法的应用

1. 地质构造方面的应用

图 2－71 是电测深成果图。从曲线类型上看，2 号点、4 号点处为 KH 型曲线，6 号点、8 号点处为 G 型曲线。各曲线首部渐近值接近，反映的是地表沉积层；各曲线尾部渐近值反映高阻的石灰岩，但 6 号点、8 号点处曲线尾部上升时的极距明显比 2 号点、4 号点处的极距小，说明 6 号点后明显变浅，4～6 号点之间可能存在断层。其他几张图也都清楚地表明高阻石灰岩沿测线的起伏，说明有断层存在，后经钻探证实。

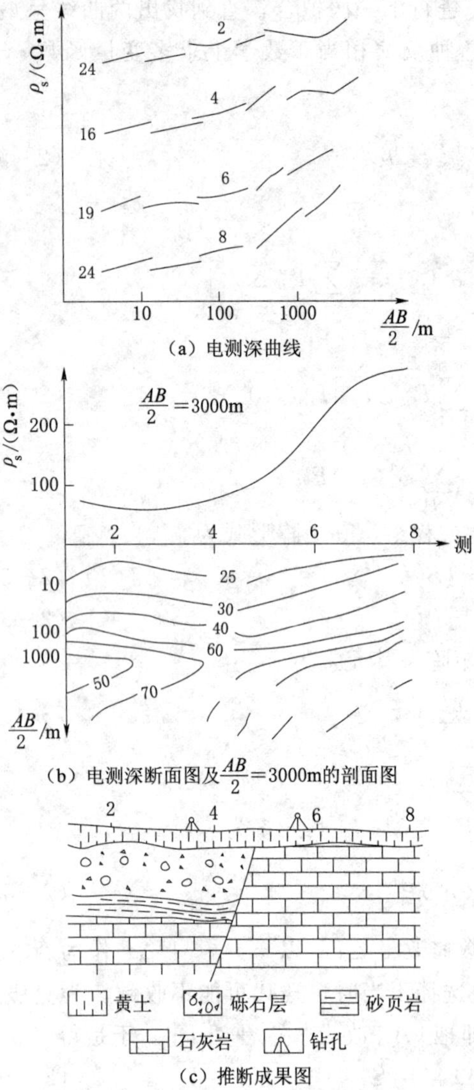

(a) 电测深曲线

(b) 电测深断面图及$\frac{AB}{2}$=3000m的剖面图

(c) 推断成果图

图 2－71　通过断层的电测深成果图

2. 寻找地下水方面的应用

图 2－72 是用电测深法寻找地下水的实例。图 2－72（a）是吉林东部某地基岩裂隙水井旁电测深曲线，曲线首部与潜水面上第四系沉积物对应，中部低阻段是流纹岩风化壳和裂隙含水带的反映，尾部与完整流纹岩对应。图 2－72（b）是云南某地第四系含水层井旁电测深曲线，中间层为高阻的砂砾石含水层，其上覆与下伏低阻层多为黏土隔水层。图 2－72（c）则是湖北某地井旁电测深曲线，Q 型曲线的中间层平缓段与富水砂层对应，首部高阻段与潜水面上干土层对应，尾部与低阻页岩对应。此外，在石灰岩断层含水带上会遇到 A 型

曲线，中间平缓段是富水带[20]。

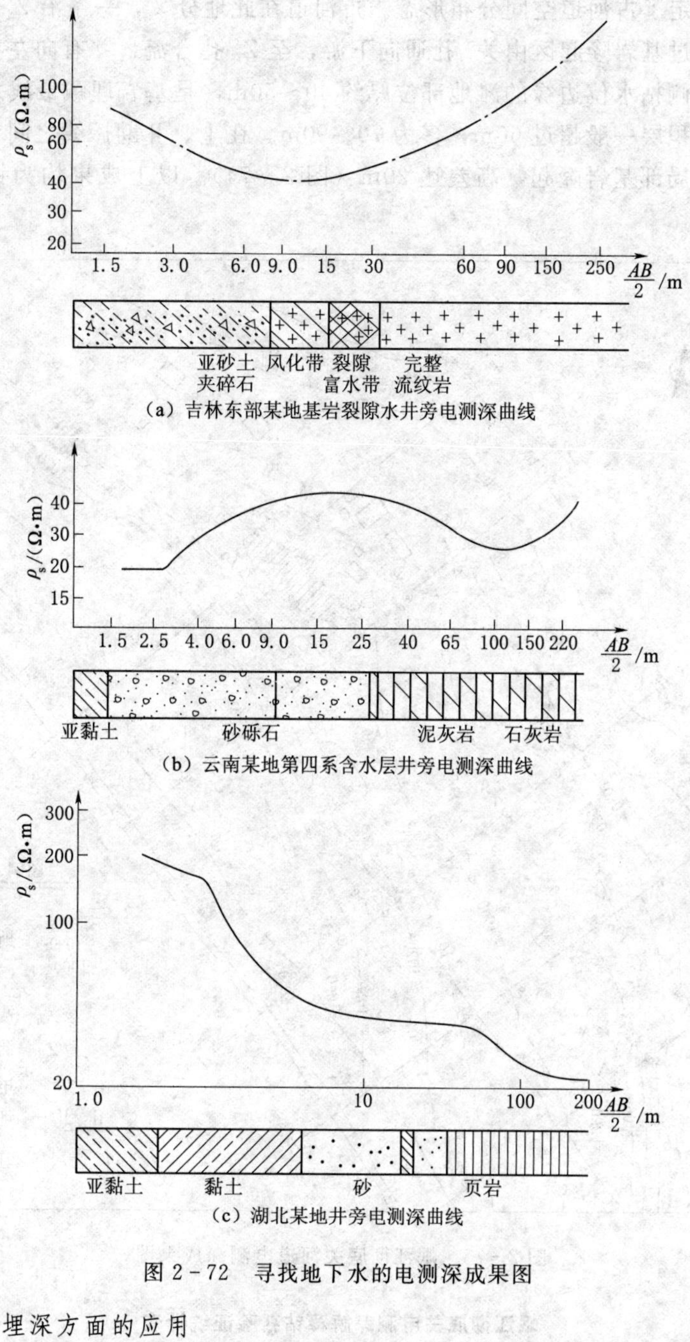

(a) 吉林东部某地基岩裂隙水井旁电测深曲线

(b) 云南某地第四系含水层井旁电测深曲线

(c) 湖北某地井旁电测深曲线

图 2-72　寻找地下水的电测深成果图

3. 确定基岩埋深方面的应用

图 2-73 是川西岷江彻底关河道电测深成果图。该地区是呈 U 形的高山峡谷，临江坡高 500～600m。谷底宽阔，堆积着的第四纪冰河相沉积物厚达 87m。在 5 条地质勘探线的基础上，以 50m×20m 的测网，布置了 12 条剖面、65 个测深点。测深曲线类型多为 KH 型、QH 型、QHA 型、KQH 型，少数为 G 型。曲线首部形状多变，主要是受覆盖层的多层次结构和地下水深浅的影响。曲线尾部都出现 45°的渐近线，反映基底标志层花岗岩

的高阻特性和埋藏状况。经过定性和定量解释，并与地震勘探和钻探相结合，绘制了平面图和剖面图，圈定了古河道空间分布形态。古河道在此地分叉，一条沿 Z_3 孔到关$_{12}$孔一带通过，另一条绕过基岩隆起区由关$_1$ 孔通向下游，至 Z_2 孔合流，并有向左拐的迹象。河谷覆盖层在岷江右侧枯水位边缘的滩地部位厚约 40～50m，是基岩埋藏最浅之处，向右岸一级阶地过渡，堆积层一般超过 60m，多为 70～90m。在Ⅰ、Ⅱ勘探线之间右岸一级阶地中部下方，存在一局部基岩隆起，高差达 20m（图 2－74）。以上成果均为钻探所证实（表 2－1）。

图 2－73 岷江彻底关河道电测深成果图

表 2－1　　岷江彻底关电测深解释钻孔验证统计表

钻孔编号	曲线类型	电测深厚度/m	钻探厚度/m	绝对误差/m	准确度/%
Z_3 孔	KQH 型	73.5	69.39	4.11	94.1
Z_2 孔	G 型	86.3	85.0	1.30	98.5
关$_1$ 孔	QHA 型	79.5	85.8	6.30	92.7

续表

钻孔编号	曲线类型	电测深厚度/m	钻探厚度/m	绝对误差/m	准确度/%
关$_9$孔	HA 型	37.5	45.0	7.50	83.3
关$_{10}$孔	KH 型	55.0	58.0	3.00	94.8
关$_2$孔	G 型	90.0	29.0	61.0	
关$_{11}$孔	KH 型	81.3	72.7	8.63	88.1
关$_{12}$孔	KH 型	71.0	68.35	2365	96.2
关$_{13}$孔	QH 型	71.2	64.43	55.7	91.4
关$_{15}$孔	QH 型	59.0	63.0	4.00	93.7
关$_{17}$孔	KH 型	59.0	56.0	3.00	94.7

注　关$_2$孔测点结果因旁侧影响失真。

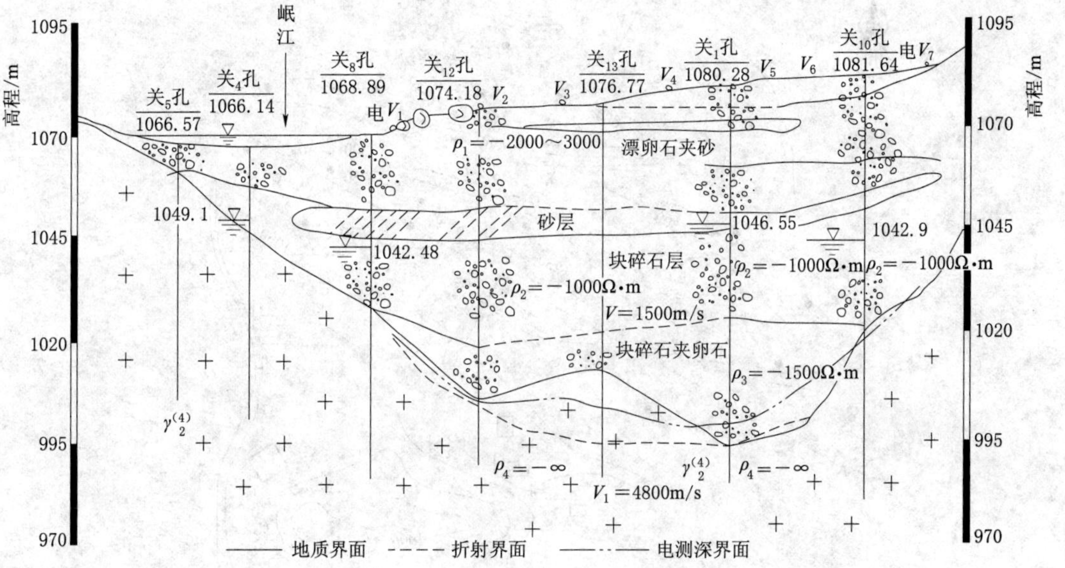

图 2-74　Ⅱ—Ⅱ勘探线河谷形态及基岩埋深图

4. 在天然建筑材料场的储量调查方面的应用

天然建筑材料包括砂砾、黏土、石料等，这里仅以二滩电站的砂砾料场储量调查为例加以说明。二滩工程需要大量的砂砾石料，在距坝址区不超过 150km 范围内，存在几处天然砂石料场，存在明显电性差异（表 2-2）[21]。

图 2-75 为中坝子料场以大于 200Ω·m 的 ρ_s 等值线所圈定的卵砾料平面分布图。据电测深解释，该地卵砾石厚度为 13～18m，平均厚度为 15m，由此可估算出储量。这里含卵砾石率达 55%～72%，含砂率达 30%。当卵砾石电阻率升高时，表明其颗粒变粗或厚度增大。反之，意味着颗粒变细或砂的含量增多。如牛街砂料场的电阻率为 100～150Ω·m。

此外，电测深在探查风化带厚度、淤泥层厚度、冻结层深度、岩体主导裂隙方向、喀斯特发育带位置、咸淡水和污染水分布及地热、海洋资源勘探中应用相当广泛，不失为一种行之有效的物探方法。

表 2-2　　二滩工程砂砾料场各层的电阻率　　单位：Ω·m

岩　性	电　阻　率		
	上限	常见值	下限
干砂 、干卵砾石	6000	1000～3000	1000
饱水的卵砾石	800	250～500	200
饱水的砂砾石	200	65～150	<65
粉细砂或淤泥	100	30～80	<30
砂质黏土、耕植土	60	25～50	<25

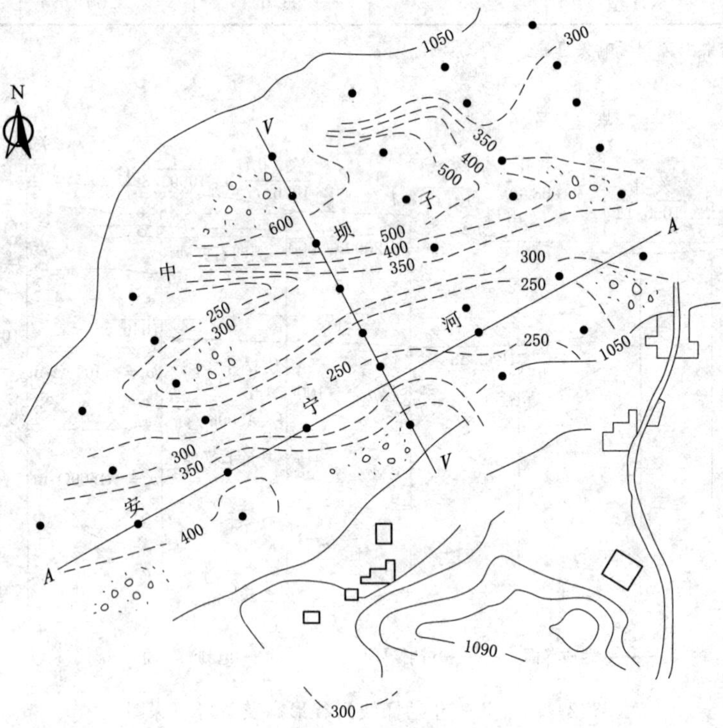

图 2-75　中坝子料场 ρ_s 等值线图（单位：Ω·m）

复习思考题

1. 什么叫电阻率剖面法？它有哪些种类和用途？

2. 联合剖面法的装置特点是什么？它有什么优缺点？

3. 什么叫正交点？什么叫反交点？

4. 对称四极剖面法和复合对称四极剖面法的装置特点和视电阻率曲线特征是什么？它们各有哪些优缺点和用途？

5. 中间梯度法的装置特点和视电阻率曲线特征是什么？有哪些优缺点和用途？

6. 偶极剖面法和微分剖面法的装置特点和优缺点是什么?
7. 电测深法的基本原理和应用条件是什么?
8. 电测深法有哪些装置类型?
9. 水平地层上的电测深曲线有什么特点? 有哪些类型?
10. 纵向和横向电阻的定义是什么? 什么叫等价现象? 等价现象在什么条件下出现?
11. 如何对电测深资料作定性解释?
12. 如何对电测深资料作定量解释?
13. 电测深法在工程物探中主要应用于哪些方面?

第三章 直流电法勘探

第一节 高密度电阻率法

一、高密度电阻率法的基本原理

高密度电阻率法实际上是集中了多个深度电剖面和密集的电测深于一体的一种技术方法。其原理与电阻率法相同，所不同的是在观测中设置了较高密度的观测点，在测量方法和仪器上采取了一些措施，使得数据采集精度高、抗干扰性能强，从而获得较丰富的地质信息。它不仅能提供勘探地质体在某一深度沿水平方向的变化，而且能反映地质体在铅垂方向不同深度的变化特征，同时可采用多种参数综合解释，弥补了常规电阻率法测点稀、解释单一的不足[22]。

它的装置排列是一种组合式的电极排列，用辫子线连结，引到接线盘上，可以在接线盘上“跑极”。为了方便，用 ρ_s^{α}、ρ_s^{β}、ρ_s^{γ} 和 $\rho_s^{S_a}$、$\rho_s^{S_b}$ 分别表示对称四极装置（$AMNB$）、偶极装置（$ABMN$）、差分装置（$AMBN$）和联合剖面装置（$AMN\infty$、∞MNB）的视电阻率（图 3-1）。通常以多电位测量为主，在测量过程中通过供电电极A、B向地下供电，

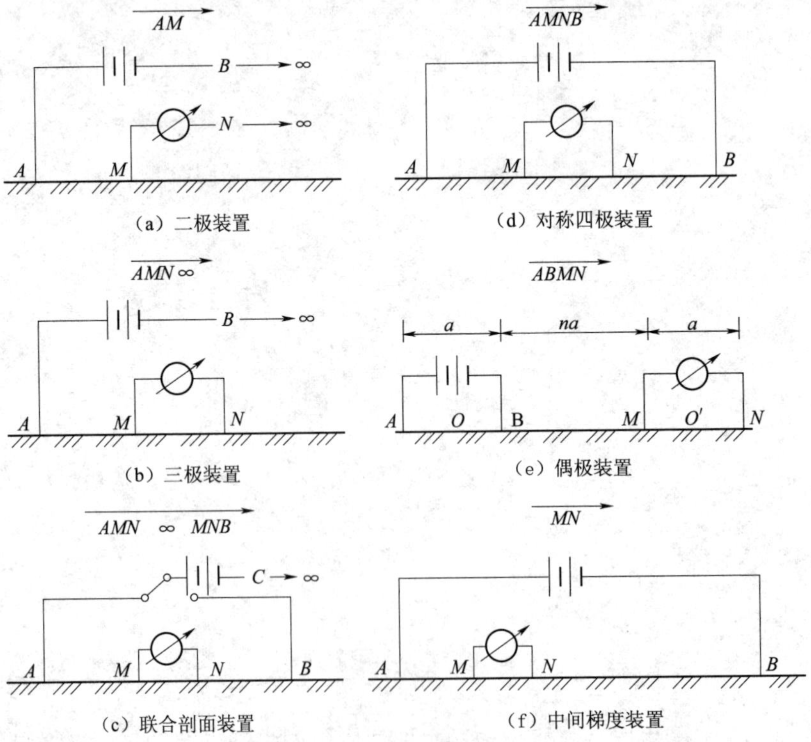

图 3-1 各种装置的电极排列

在测量电极 M、N 之间测量电位差，即可计算 ρ_s。例如，对于对称四极装置，1～4 表示电极排列顺序，r_{11}、r_{12}、r_{21}、r_{22} 表示 AM、AN、BM、BN 间的距离，由点源电场电位表达式 $U_{ij}=\frac{\rho I}{2\pi}\frac{1}{r}$ 可得

$$\left.\begin{aligned} U_{12}=\frac{\rho I}{2\pi r_{11}}, \quad U_{13}=\frac{\rho I}{2\pi r_{12}} \\ U_{42}=\frac{\rho I}{2\pi r_{21}}, \quad U_{43}=\frac{\rho I}{2\pi r_{22}} \end{aligned}\right\} \tag{3-1}$$

式中：ρ 为均匀大地电阻率；U_{ij} 为 i 点供电在 j 点产生的点位。

M、N 间的电位差为

$$U_{12}-U_{13}-U_{42}+U_{43}=\frac{\rho I}{2\pi}\left(\frac{1}{r_{11}}-\frac{1}{r_{12}}-\frac{1}{r_{21}}+\frac{1}{r_{22}}\right) \tag{3-2}$$

$$\rho=2\pi\left(\frac{1}{r_{11}}-\frac{1}{r_{12}}-\frac{1}{r_{21}}+\frac{1}{r_{22}}\right)^{-1}\frac{U_{12}-U_{13}-U_{42}+U_{43}}{I} \tag{3-3}$$

令装置系数

$$K=2\pi\left(\frac{1}{r_{11}}-\frac{1}{r_{12}}-\frac{1}{r_{21}}+\frac{1}{r_{22}}\right)^{-1} \tag{3-4}$$

而 MN 阻抗

$$R=\frac{U_{12}-U_{13}-U_{42}+U_{43}}{I} \tag{3-5}$$

那么对于非均匀大地对称四极装置有

$$\rho_s^{\alpha}=K^{\alpha}R^{\alpha} \tag{3-6}$$

式中：上角标表示装置类型。

同理可得

$$R^{\beta}=\frac{U_{14}-U_{13}-U_{24}+U_{23}}{I}, \quad \rho_s^{\beta}=K^{\beta}R^{\beta} \tag{3-7}$$

$$R^{\gamma}=\frac{U_{12}-U_{14}-U_{32}+U_{34}}{I}, \quad \rho_s^{\gamma}=K^{\gamma}R^{\gamma} \tag{3-8}$$

$$R^{\delta a}=\frac{U_{12}-U_{13}}{I}, \quad \rho_s^{\delta a}=K^{\delta a}R^{\delta a} \tag{3-9}$$

$$R^{\delta b}=\frac{U_{42}-U_{43}}{I}, \quad \rho_s^{\delta b}=K^{\delta b}R^{\delta b} \tag{3-10}$$

在这些基本参数的基础上，对它们进行比较或某种组合可得到一些派生参数。

二、高密度电阻率仪及工作方法

高密度电阻率仪的基本原理与常规电阻率仪的大致相同，不同的是它增设了数据采集系统，主要包括多电位电极系、电极转换装置和增强型数字电阻率仪。在电极装置的选择上采用多电位电极系，可获得多种常规电阻率法的视电阻率分布，同时对多种电极装置做某些组合排列，可得到电阻率异常的组合拟断面图。测量系统的程控式电极自动转换器由单片机控制做电极自动转换。增强型数字电阻率仪使测量过程按事先编好的程序、给定选

取的时间参数对数据进行采集、储存、数字显示及打印输出。

实际工作中，要根据地质资料选择适当的电极距。把所有电极固定在剖面上，用多芯电缆把电极连接到接线盘上，通过测量系统逐极观测。其记录点均在各种装置的中点。其测量值 ρ_s 表示在相邻记录点为底边的等腰直角三角形的顶点上［图 3－2（a)］。根据需要可用微型计算机和绘图仪绘制 ρ_s 剖面图、ρ_s 等值线拟断面图等。ρ_s 拟断面图的纵横坐标均用算术坐标［图 3－2（b)］。

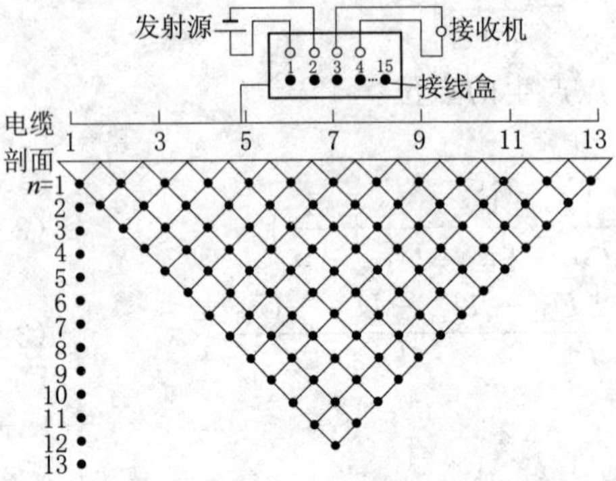

（a）电极排列及测量值表示的位置

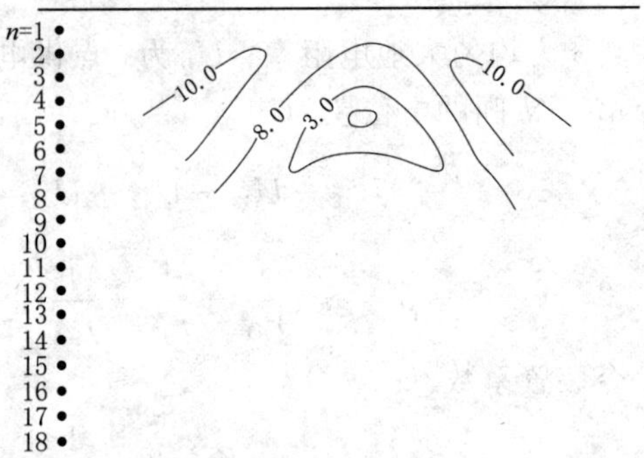

（b）ρ_s断面图（单位：Ω·m）

图 3－2　工作示意和拟断面图

n—层位，与深度有关，不同的层代表不同的深度

三、高密度电阻率法曲线特征

由图 3－3 可以看出，在低阻球体上方，不同极距均可获得明显的主异常，两侧有伴随异常。其中 ρ_s^α 和 ρ_s^β 呈明显的低阻反应，ρ_s^γ 呈相对高阻反应，ρ_s^δ 曲线对称，组成倒“八”字形。在相同极距的情况下，ρ_s^β、ρ_s^γ 和 Λ 曲线法异常幅度较大。随着极距的增大，ρ_s^β 和 ρ_s^γ 异常范围变宽，两侧极小值向外偏移，球体正上方主异常逐渐隆起。随着极距的增大，ρ_s^δ 和 Λ 异常幅度由小变大，到最佳极距时，异常幅度取得最大，然后随极距增大异常幅度逐渐变小。低阻球体上的 ρ_s^β 拟断面等值线图上呈现出中间为极小值等值圈，两侧有幅度变化较小的高阻半封闭圈，异常上窄下宽呈“八”字形［图 3－2（b)］。

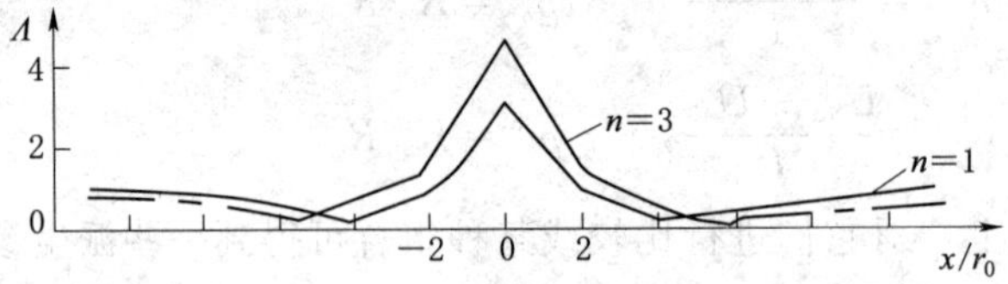

（a）Λ曲线图

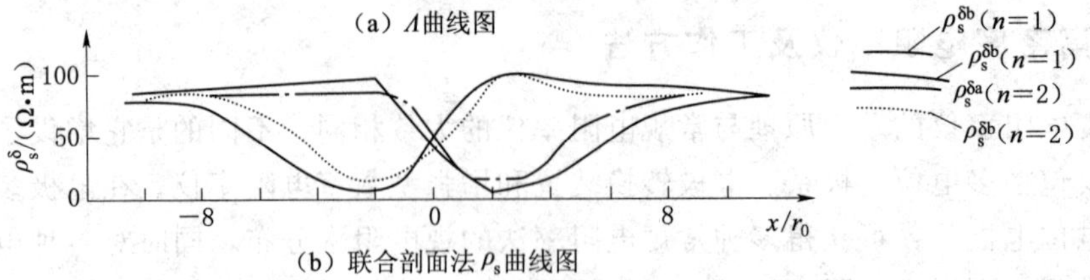

（b）联合剖面法 ρ_s 曲线图

图 3－3（一）　低阻球体上高密度电阻率剖面

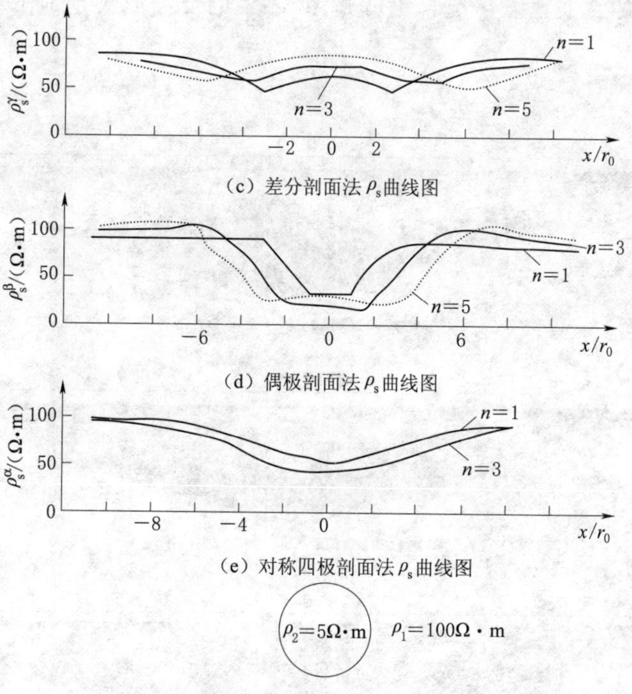

（c）差分剖面法 ρ_s 曲线图

（d）偶极剖面法 ρ_s 曲线图

（e）对称四极剖面法 ρ_s 曲线图

（f）地下介质模型

图 3-3（二） 低阻球体上高密度电阻率剖面

低阻倾斜板上高密度电阻率法 ρ_s 异常特征，与此大同小异，不再赘述。

图 3-4 为根据基岩起伏建立的一正演模型，模型顶部为第四系冲积物，底部为基岩，电阻率大小分别设为 100Ω·m 和 500Ω·m。

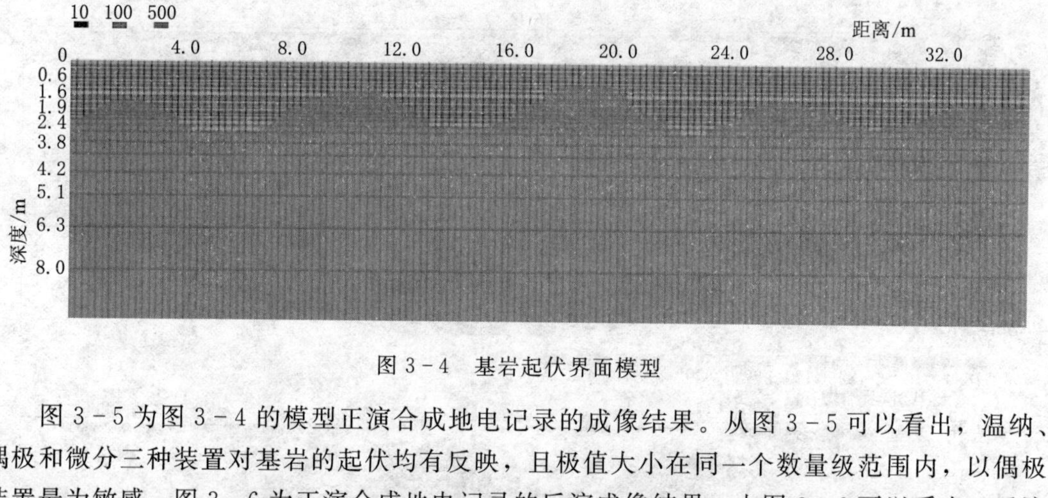

图 3-4 基岩起伏界面模型

图 3-5 为图 3-4 的模型正演合成地电记录的成像结果。从图 3-5 可以看出，温纳、偶极和微分三种装置对基岩的起伏均有反映，且极值大小在同一个数量级范围内，以偶极装置最为敏感。图 3-6 为正演合成地电记录的反演成像结果。由图 3-6 可以看出，反演结果能很好地还原基岩面的起伏形态，但是反演成像还原的异常体视电阻率和正演拟合模型的真实电阻率有明显差异，反演还原异常体的电阻率比实际拟合模型的电阻率高。对反演成像的地电模型进行正演拟合的数据是收敛的、非发散的，因此反演成像的地电模型能

够反映地下地质体的真实地电情况，也就是图 3 - 4 的反演成果是地下地质体电性的真实反映。

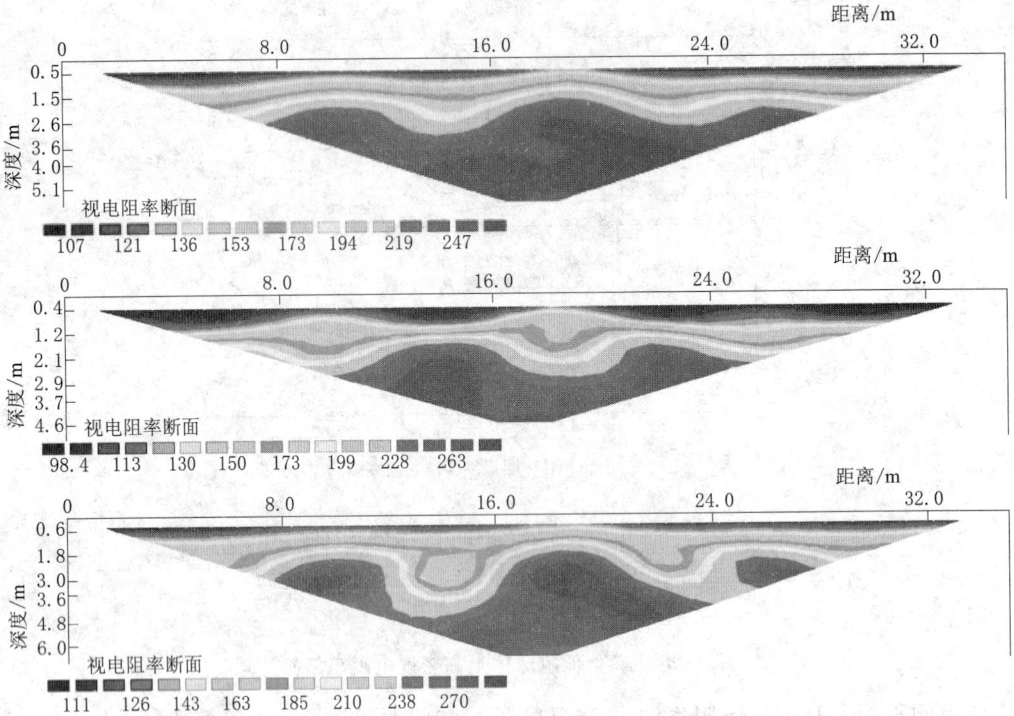

图 3 - 5　三种装置的模型正演结果

（自上而下分别是温纳、偶极和微分装置）

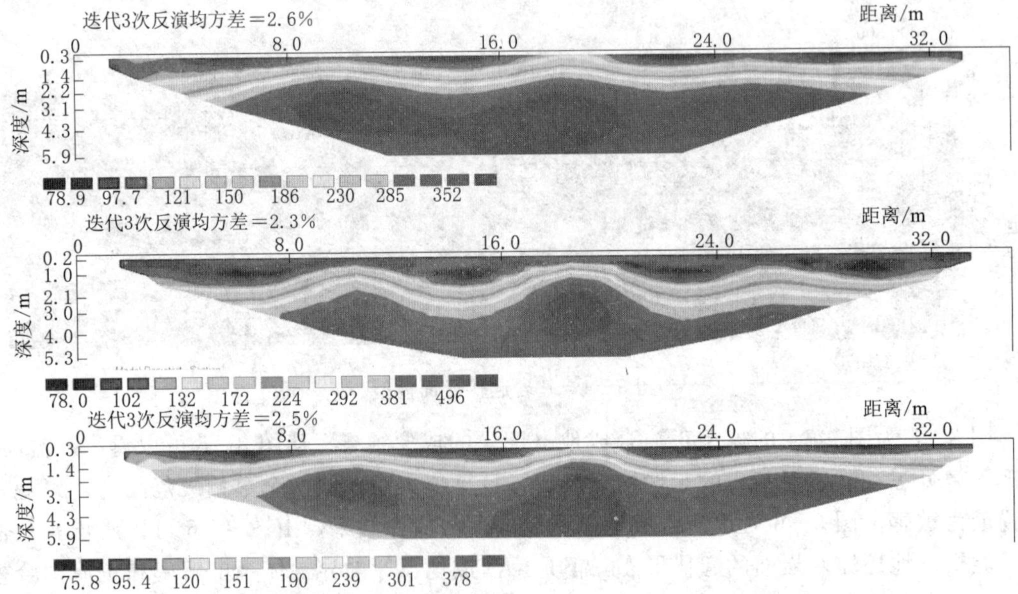

图 3 - 6　三种装置的反演结果

（自上而下分别是温纳、偶极和微分装置）

四、高密度电阻率法的应用

1. 应用实例一

在大秦铁路军都山隧道开挖过程中，遇到了严重的突泥、突水现象，给施工带来了困难，要求物探迅速探出未开挖部分的地质构造情况。该处地形起伏大，是火山岩地层，断层倾角陡，隧洞最大埋深达600m。曾用反射波和折射波法勘探，效果欠佳，改用高密度电阻率法取得良好效果。在0～1000m地段内探明两处有断层破碎带，经地面探槽等地质调查和隧道开挖证实所定断层位置相当准确。由图3-7可见，在500～600m段，断层处ρ_s曲线两侧为高阻，中间为低阻，呈“八”字形。在850～910m是断层破碎带，其中900～908m严重突泥突水，在断面图上ρ_s曲线出现类似陡立地质界面的特征。这是由于该处断层的ρ_s在浅部较低，而在深部并不低，与基岩相差不大之故[23]。

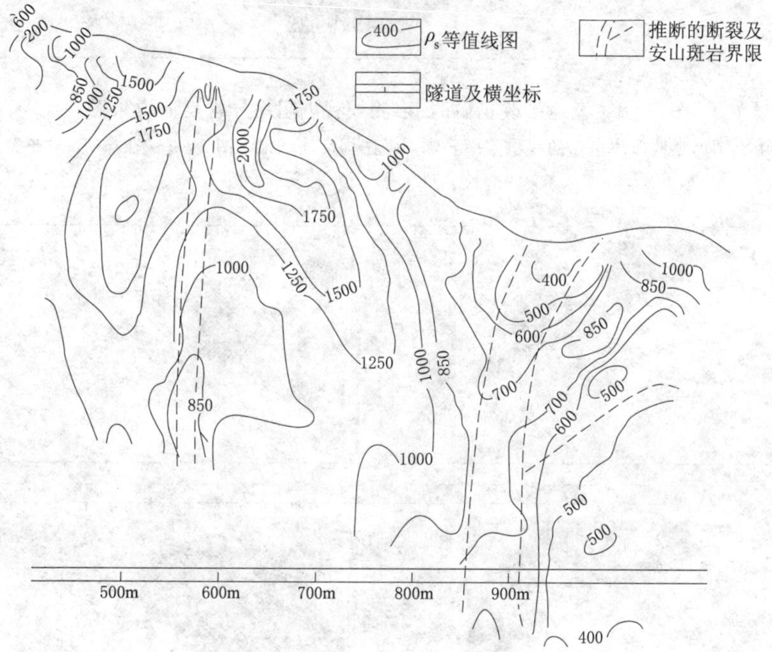

图3-7　军都山隧道ρ_s断面图（单位：Ω·m）

2. 应用实例二

图3-8～图3-10给出了某地区L_0～L_3测线经地形改正后的原始异常以及据此得到的反演成果，测线方向为自南向北，横轴坐标单位为m。图3-11给出了综合成果图。从反演成果看，自南向北视电阻率大小呈低高相间分布，低值一般为10Ω·m左右，高值在2000Ω·m左右。整个上剖面共有三个高阻异常区，为方便描述，将这三个高阻异常区分别称为Ⅰ、Ⅱ和Ⅲ号高阻异常。其中在水平位置80～160m处，埋深在地表向下约15m的位置见一呈倒V形的高视电阻率异常区（Ⅰ号高阻异常），异常极值达2000Ω·m，而在该高值异常区的南北两侧，反演得到的视电阻率南大北小，南侧为100～300Ω·m，北侧一般小于100Ω·m；水平位置180～260m处，埋深20m的位置同样见有一高阻异常区

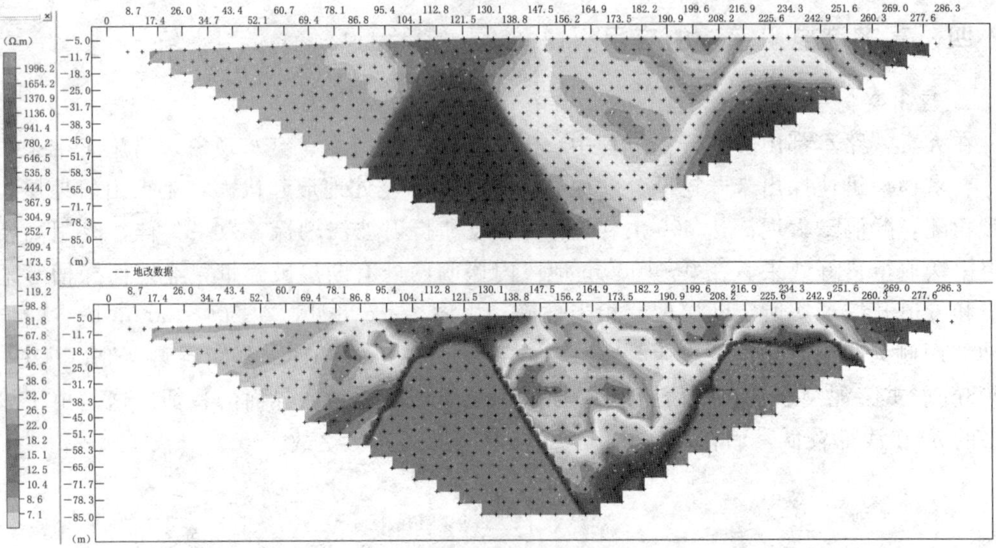

图 3-8 经地形改正后的 L_0 测线视电阻率异常反演成果图

（图中上图为径地形改正作的视电阻率异常，下图为反演结果，图 3-9～图 3-10 与此类同）

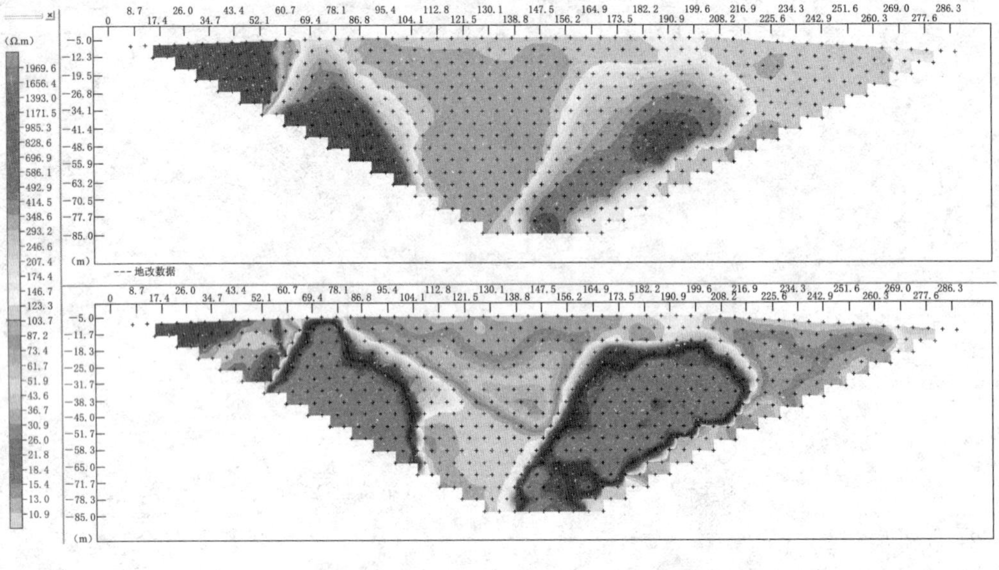

图 3-9 经地形改正后的 L_1 测线视电阻率异常反演成果图

（Ⅱ号高阻异常区），其展布形态上大下小，整体向北侧倾斜，向南侧有与Ⅰ号高阻体底部相连的趋势，其南北两侧的低阻异常变化不大，表明岩性较均一，局部低值区呈近圆形分布；水平位置 300～360m 处，地表向下 15m 位置亦有一高阻异常区（Ⅲ号高阻异常区），该高阻异常向南侧倾斜，与Ⅱ号高阻异常联合起来看，呈“八”字形，底部向北侧延伸有扩大的趋势，其两侧的低阻异常区分布均匀。

结合研究区的区域地质情况以及相关钻孔资料，推断这三处高阻异常区是由花岗岩的侵入引起，而其南北两侧的低阻异常区是凝灰岩的反映；进一步地，从异常变化的梯度看，梯度较大，表明岩性的突然变化，据此，可以推断侵入岩体的边界即为断层带所在位置，这与研究区的断层 F_{105} 相吻合。

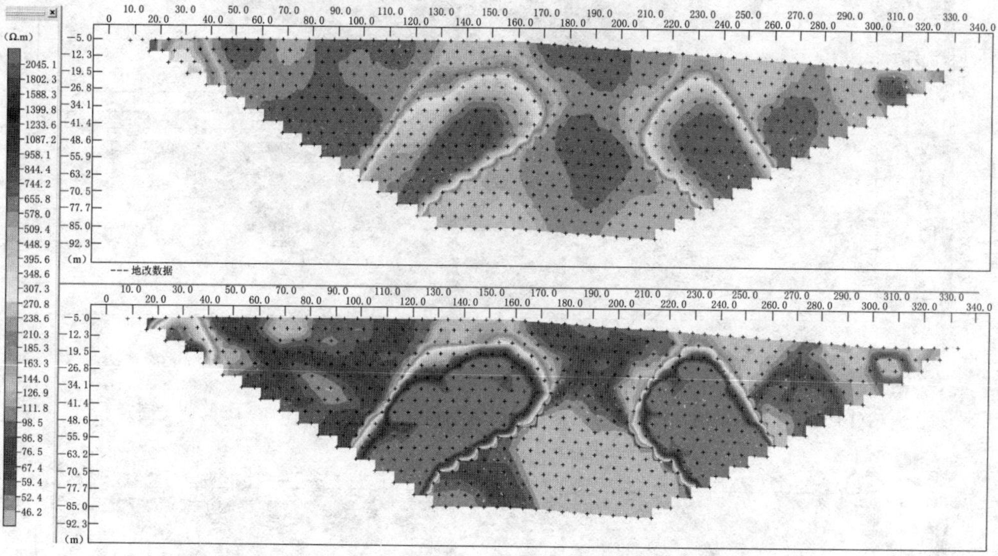

图 3-10 经地形改正后的 L_2+L_3 测线视电阻率异常反演成果图

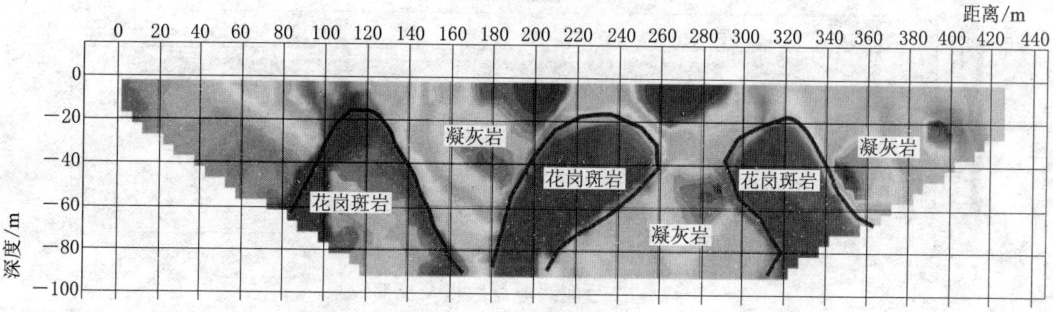

图 3-11 上剖面综合解释成果图

3. 应用实例三

南京金川河的挡墙高密度电法测线布置如图 3-12 所示，其中 1 号测线位于挡墙正上方，2 号和 3 号测线平行于 1 号测线，距离 1 号测线 30cm 和 60cm。图 3-13～图 3-15 给出了 1～3 号测线探测结果。从反演图可推断挡墙下底界面埋深为－3.0～－2.5m。经开挖验证，探测深度与实际深度误差在 20cm 左右。

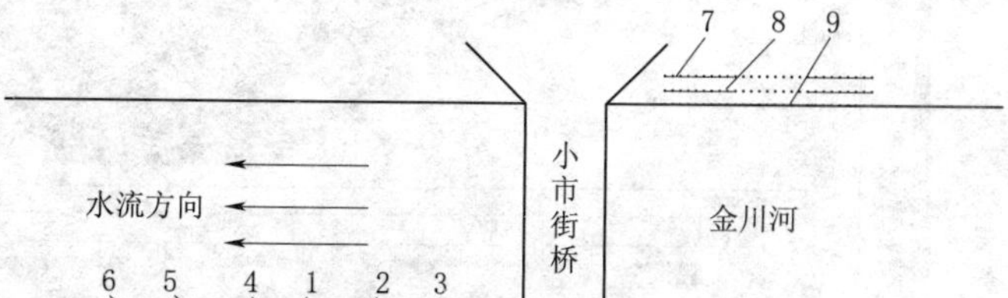

图 3-12 高密度电法测线布置示意图

1，2，…，9—测线编号，0m 位于测线左端

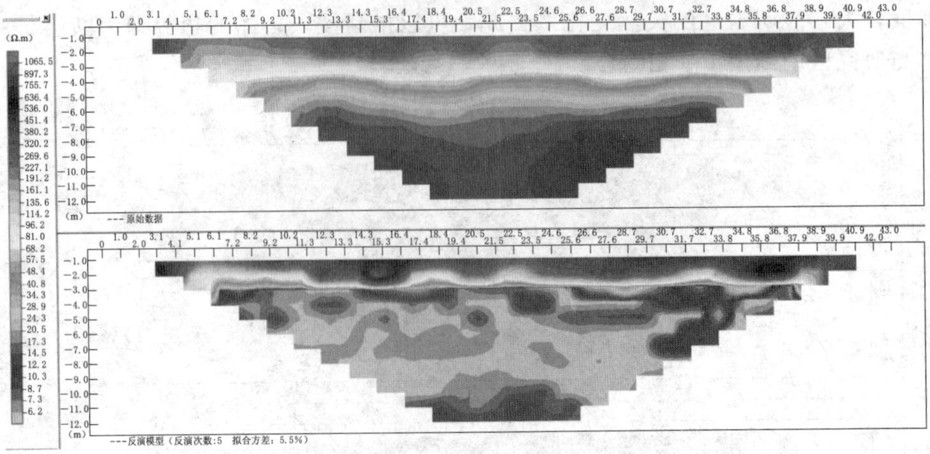

图 3-13 1 号测线原始数据及反演成果

（图中上图为原始视电阻率异常，下图为反演结果，图 3-14 与图 3-15 与此类同）

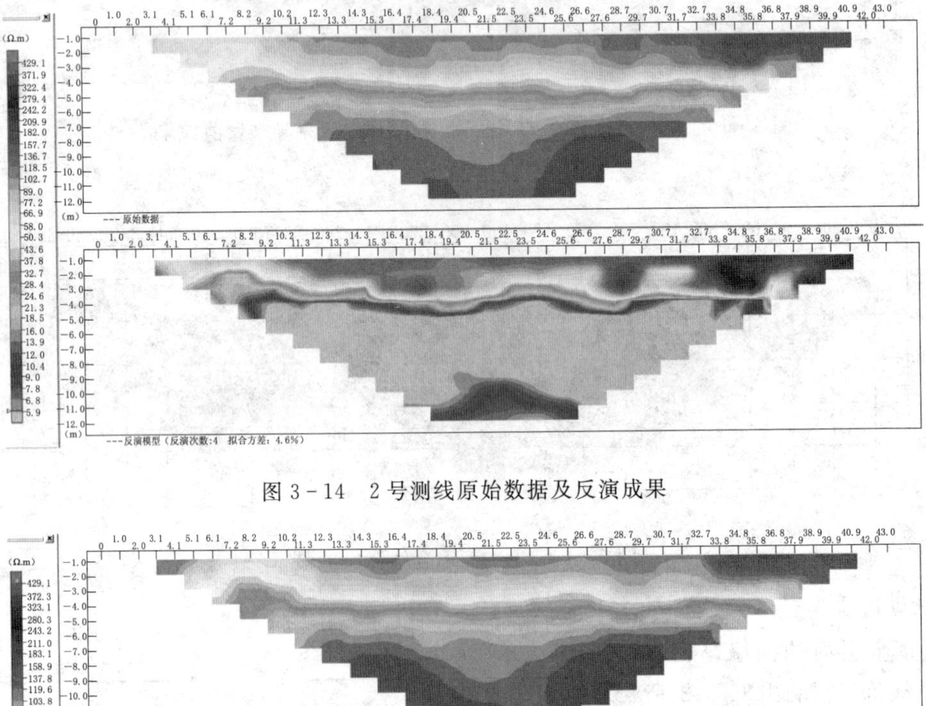

图 3-14 2 号测线原始数据及反演成果

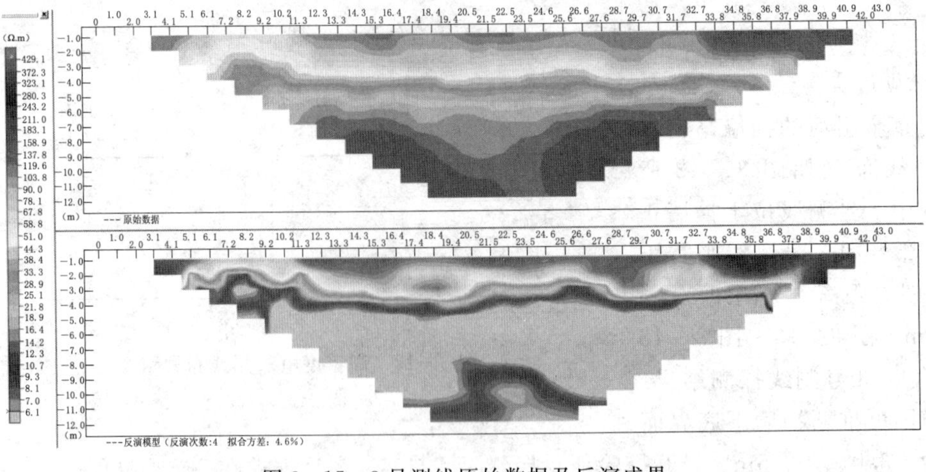

图 3-15 3 号测线原始数据及反演成果

五、超高密度电法

1. 超高密度电法工作原理

超高密度电法的工作原理属电阻率的范畴。超高密度电法是常规高密度电法工作方法的优化方法，其勘探方式同样是一种阵列式勘探，但其电极变换方式较常规电法丰富，数据采集方式是分布式的，野外测量时只需将全部电极置于测点上，然后利用程控电极转换开关和微机工程电测仪便可实现数据的快速和自动采集。当将测量结果送入计算机后，还可对数据进行处理并给出关于视电阻率等值线图或真电阻率反演剖面等各种图示结果。与常规电阻率法相比，超高密度电法布置了较高的测点密度，一次可以完成纵横二维勘探过程，所以观测精度较高，数据采集可靠，具备较好的成像功能。

2. 超高密度电法的特点

超高密度电法勘探仍然基于在人工直流电场的作用下，地表的电场分布与地下岩土介质的电阻率分布相关的基本原理，但它是创新的直流电法勘探方法，其主要特点如下：

(1) 超高密度电法打破了常规电法勘探中数据采集方式的限制，采用自由无限制的任何四极的组合方式来采集数据。基于这种方式，超高密度电法可采集达常规高密度电法几十倍的数据。例如同在一个 64 电极的排列中，常规的数据采集方式仅可采集到 1000 多个数据，而用这种超高密度的方法，就可采集到 60000 多个数据。数据的丰富性大大提高了反演结果的准确性和可靠性，也避免了常规数据采集方法中因数据采集的片面性（有些偏重于横向分辨率，有些偏重于纵向分辨率等）而导致在同一地点采用不同数据采集方式采集的数据所产生的反演结果不同的缺点。

(2) 数据处理技术上突破了视电阻率的概念，将所测得的大量数据利用现代的反演技术直接反演成真电阻率剖面图。结果更为精确和直观，可以真实反映出地下不同电性异常体的位置和大小，资料解释时直观易懂，也减少单一利用视电阻率等值线图解释时造成的误差。例如，在解释有多个异常体相关的视电阻率图时，只依据视电阻率等值线图解释会造成很多解释误差，甚至解释错误。

(3) 数据采集技术采用多通道技术。供电电极 AB 一次供电，同时测得 n 个 MN（M_1N_1、M_2N_2、…、M_nN_n）间的数据，仅用了一次 AB 通电的时间。比常规高密度电法数据采集速度提高上百倍，大大提高工作效率，并提高了采集数据的一致性。

(4) 超高密度电法数据采集过程自动化。程序自动将每个排列的 64 个电极分为奇数组 32 个（1、3、5、…、61、63）和偶数组 32 个（2、4、6、…、62、64）两组，在这两组电极中各选取一个作为供电电极 A 和 B，在一次通电过程中同时测量其他电极相对于某一电极 M 的电位差，如图 3-16 所示，就可得到 61 个电位差（MN_1、MN_2、MN_3、…、MN_{60}、MN_{61}）数据。而奇数组 32 个电极和偶数组 32 个电极互相配对（即全排列）作供电电极，即做一个排列就有 32×32=1024 次供断电过程，每次供电可同时采集 61 个电位

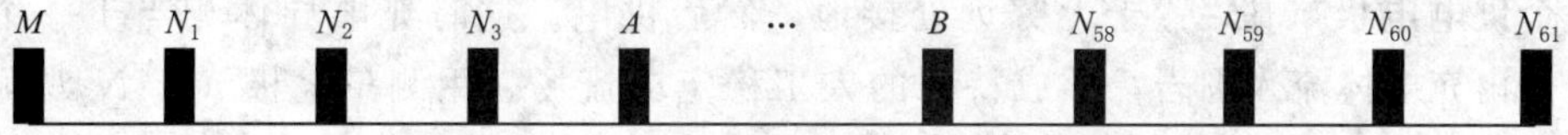

图 3-16　超高密度电法测量电极布置图

差数据，所以总的数据量应为 32×32×61=62464 个。

3. 超高密度电法的应用

图 3-17 给出了某地区 P1 剖面的超高密度电法反演成果图，图中基本反映了研究区的地下电性结构分布特征。该剖面西起施工临时设施区与厂内连接道路的东部，穿过电抗器区域，测线总长 475m，电极间距为 5m。数据采集分两次进行，每次布设 64 个电极，第一次与第二次数据采集时有 32 个电极的重合。由图 3-17 的反演结果可以看出，反演电阻率值大小为 0～60Ω·m。自上而下，电性层呈明显的“低-高-低”三层式结构，顶部第四系堆积层埋深一般小于 5m，受海水高矿化度的影响，第四系范围内反演电阻率值大小一般小于 15Ω·m。中部高阻呈厚度不一的不连续状展布，靠近测线端部（0～90m）有一呈水平椭圆状的局部高阻异常，异常中心在坐标（40，16）处，向东 90～130m 处呈低阻反映，是两段高电阻率体的渐变带；水平位置 140～360m、埋深 4～30m 的位置有一呈连续状展布的高阻体，其值大小为 30～60Ω·m，需要注意的是在水平 250m 和 360m 的位置有高低阻的梯度带；360m～剖面端部见有一呈水平状展布的次高阻体，高阻值一般在 30Ω·m 左右。下部低阻体总体呈连续状，其顶部埋深大小有一定的起伏。

据此电性层结构的分布特征，结合现场调查及地层出露情况，研究组推断中部高阻体一般为泥岩和砂岩的互层，砂岩层的厚度大小不等致使高阻体在电性层结构中呈厚度不一的反映。而下部低阻体一般是泥岩的反映。进一步地，研究组根据电阻率梯度带的展布，在该剖面上布置钻孔 3 个，分别位于 0m、250m 和 360m 的位置，以期能够在这些位置发现泥岩和砂岩的接触带或者是较大裂隙或节理，进而查明这些接触带或节理带是否有水体赋存。

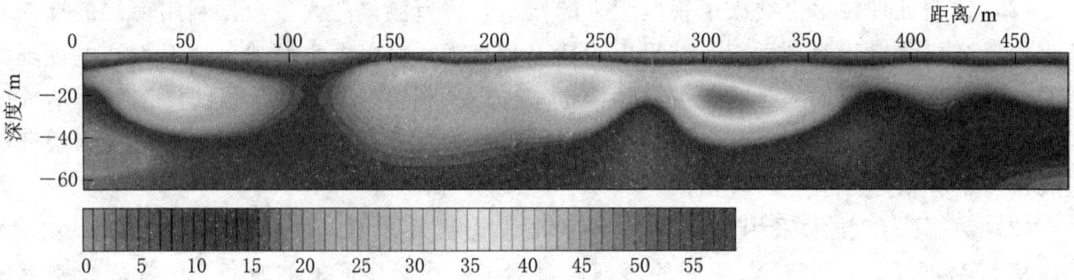

图 3-17　P1 剖面反演成果图（单位：Ω·m）

第二节　充　电　法

一、充电法的原理

充电法是在天然的或人工揭露的导电性较好的地质体上，直接接上供电电极（A），将另一个供电电极（B）置于无穷远处接地，然后供电。这时充电导体相当于一个大电极，电流由充电体流入围岩，形成特殊的人工稳定电流场。用测量电极 M、N 观测充电点周围电场的分布规律，以探查充电体的形态、大小和产状等有关问题。

充电法多用于金属矿区的勘探，追索或圈定矿体范围，确定矿体产状和埋深，判断露头相邻的矿体下部是否相连；在工程物探中主要用来测定地下水流速和流向，追索岩溶地下暗河，研究滑坡等。

充电法的应用条件是：探测对象的电阻率应远小于围岩的电阻率，围岩的岩性比较单一，地表介质电性均匀、稳定，地形平坦，埋于地下的探测对象有天然露头或人工露头(井、钻孔、探槽、坑道等)。

二、理想导体的充电场

1. 单一导体的充电场

若充电体电阻率明显低于围岩电阻率，在良导均匀的理想条件下，理想导体充电后，电流在导体内部不产生电位降落，导体表面各部分的电位处处相等，并等于充电点 A 的电位，这样的导体可认为是等电位体。流出的电流垂直于导体表面，经过围岩流向无穷远处，在围岩中形成充电电场(图 3-18)。在围岩中，由于它的电阻率比导体高得多，因此，电流流经围岩时将产生明显的电位降落。计算和测量结果表明，在充电体附近的等电位线形状和导体截面形状相近，远离充电体的等电位线形状逐渐趋于圆形。

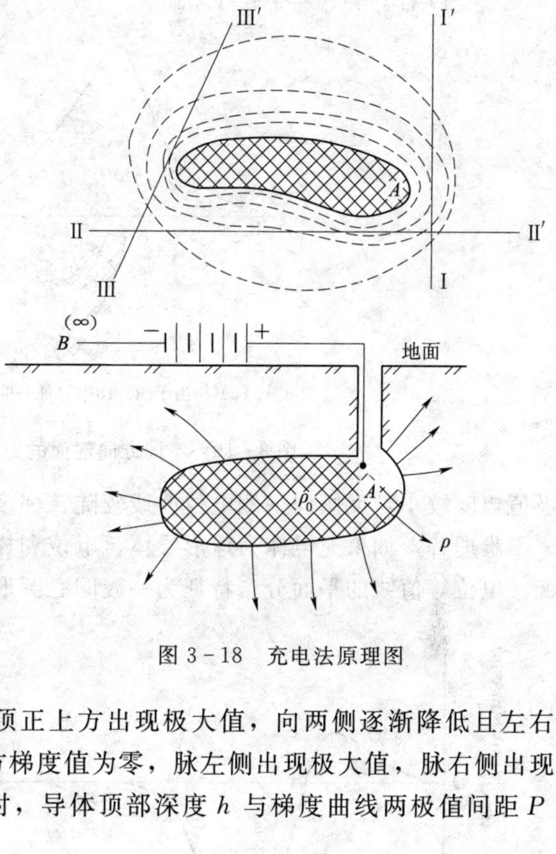

图 3-18　充电法原理图

图 3-19 是充电体上沿不同方向剖面观测的电位及梯度剖面曲线。沿图 3-18 中 Ⅰ—Ⅰ′剖面观测相当于在直立薄脉状导体上观测，电位曲线在脉顶正上方出现极大值，向两侧逐渐降低且左右对称。梯度曲线反对称于原点，在脉顶上方梯度值为零，脉左侧出现极大值，脉右侧出现极小值。当其埋深相对于导体规模不很大时，导体顶部深度 h 与梯度曲线两极值间距 P 有下列近似关系：

$$h=0.7P \tag{3-11}$$

当观测剖面通过导体中心沿走向布置时（叫主纵剖面），充电场的电位曲线在导体顶部上方出现比较平缓的极大值，在导体两端附近，电位曲线急剧下降，曲线形态依然左右对称［图 3-19（b）］。梯度曲线于导体顶上方皆为零值，左端为极大值，右端为极小值。若埋深 h 已知，则可根据主纵剖面上梯度曲线两极值点间距 P 求出充电体沿走向的长度 L：

$$L\approx P-h \tag{3-12}$$

图 3-19（c）相当于倾斜产状导体的剖面曲线。电位和梯度曲线都不对称：电位极大值和梯度零值点位置自充电体顶部向倾斜方向位移；充电体倾向一侧的电位曲线较缓、梯

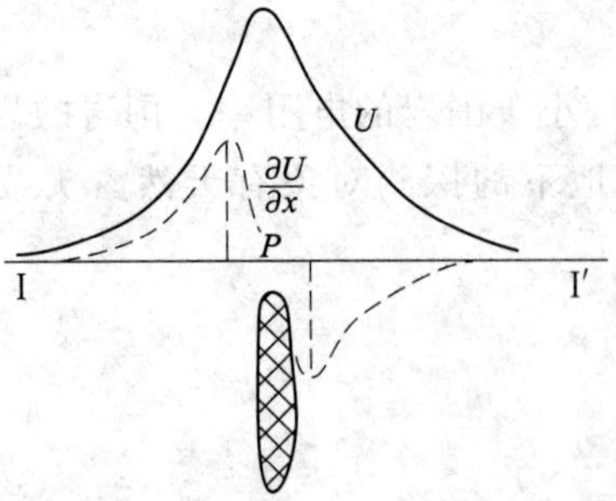

(a) 相当于图3-18中的Ⅰ—Ⅰ′剖面

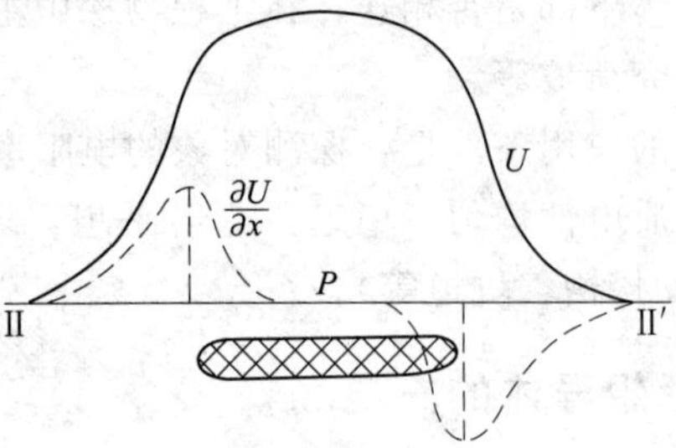

(b)

(b) 相当于图3-18中的Ⅱ—Ⅱ′剖面

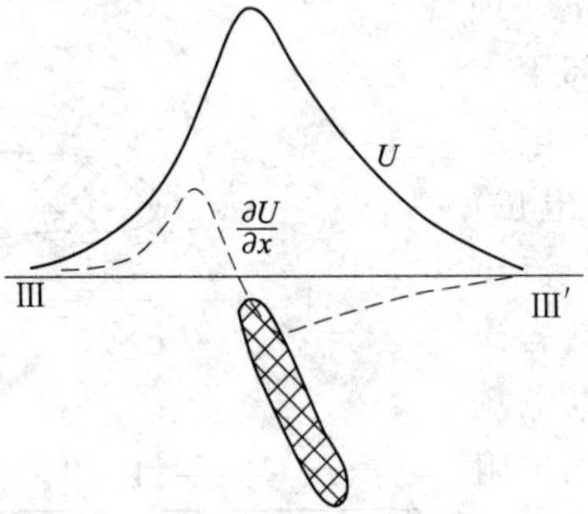

(c) 相当于图3-18中的Ⅲ—Ⅲ′剖面

图 3-19　不同方向剖面的充电电位及梯度曲线

度极值幅度较小，反倾向一侧电位曲线较陡、梯度曲线极值幅度较大。

不难理解，如果充电体为球形导体，电位和梯度曲线异常形态将不随剖面方位不同而改变。电位等值线的平面分布特征为一簇同心圆形。

2. 相邻导体的充电场

两相邻而不相连的良导体上的电位梯度异常曲线如图 3-20 所示。在两导体露头连线的剖面上，对导体甲充电观测电位梯度，异常曲线为实线，梯度零值点位于充电体甲的上方附近。由于导体乙的存在，零点值左右两侧的梯度值幅度明显不同：导体甲左侧的极值幅度较小，而两导体间的极值幅度较大。当对导体乙充电时，梯度异常曲线为虚线，梯度零值点位于充电体乙的上方附近。由于甲导体的存在，两导体之间的梯度极值幅度明显大于乙导体右侧。

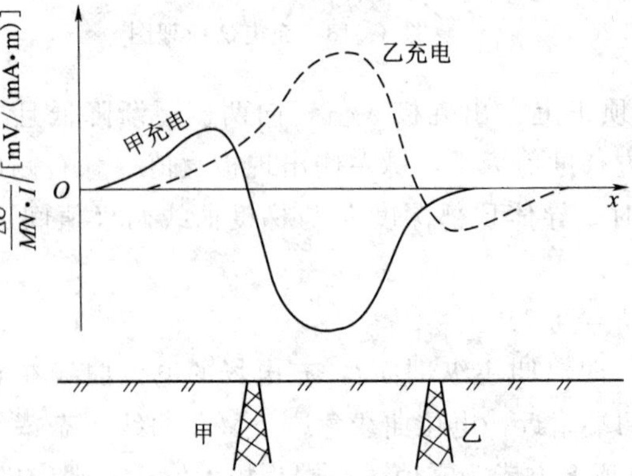

图 3-20　两相邻而不相连的良导体上的电位梯度异常曲线

若甲、乙露头在地下深处为相连的同一导体，分别对甲、乙充电时，观测到的电位梯度曲线形态一致，几乎重合。

经验表明，充电体与围岩电阻率的比值小于 1/200 时对充电法工作有利，可将导体近似看作理想等位导体，否则便是不等位导体。在不等位体上作充电法，其曲线较复杂。

三、充电法的观测方法

1. 电位观测法

将供电电极的正极通过导线和电极 A 与充电体直接接触，另一供电电极 B 置于无穷远处。将一测量电极 N 固定于距充电体足够远的正常场处，垂直充电体布置若干条测线，另一测量电极 M 沿测线逐点移动，测量各测点相对于固定基点 N 的电位时，参数 $\frac{\Delta U_{MN}}{I}$（单位为 mV/mA）表示观测结果，最后绘出电位曲线剖面图。

2. 电位梯度观测法

将测量电极 M、N 置于同一测线的两个相邻测点上，保持其相对位置和间距不变，沿测线逐点移动，观测各相邻测点间的电位差 ΔU_{MN}，隔若干点测量供电电流 I，用参数 $\frac{\Delta U_{MN}}{MN \cdot I}$［单位为 mV/(mA · m)］表示观测结果。根据测区内各测点的观测结果，可绘出电位梯度曲线剖面图和电位梯度剖面平面图。

3. 追索等位线观测法

充电点布置好后，以充电点在地面投影点为中心布设夹角为 45°的辐射状测线。固定测量电极 N 在某测线的一定位置上，然后距充电点由近及远，在各测线上移动测量电极 M，寻找与 N 极的等位点（$\Delta U_{MN}=0$）。记下该点的位置，将各等位点连接成等电位线。测量结果用等电位线平面分布图表示。

四、充电法的应用

1. 测定地下水流速、流向

将食盐或其他强电解质投入一口已穿透含水层的井中，盐离子在水溶液中因浓度差及分子热运动而扩散形成盐晕。在投入食盐的最初时刻，盐晕呈圆形。随后，盐晕随地下水运动而向前运移，盐晕的形态也随之而变成椭圆（图 3-21）。可将盐晕看成等电位体，对其充电后，在地面上观测到的等位线反映了盐晕的形态，根据不同时间里地面等电位线形态的变化，可以了解地下水的流速和流向。实际工作中，将供电电极 A 置于井内待测含水层的中部（投盐点），B 极置于距井口足够远处（大于 A 极深度

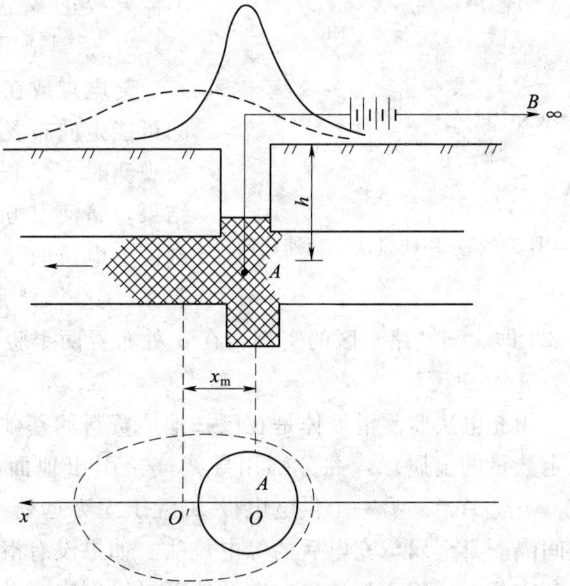

图 3-21 充电法测定地下水流速、流向

10～20 倍）。以井口为中心，以 45°夹角布置测线。把测量电极 N 置于与事先估计的水流方向相反的方向上（它距井口的距离等于待测含水层的埋深），然后用测量电极 M 按一定时间间隔（视地下水流速而定），在各测线上寻找 N 极的等位点。分别将不同时间测量的等位点相连，绘成等电位线平面图。

等电位线图中等位点移动最大的方向即为地下水流向。在水流方向的剖面上，量出不同时间观测的等位线的中心位移量 $OO'=x_m$，而 x_m 为等位线在水流方向上伸长距离 ΔR 的一半，则地下水流速为

$$V=\frac{x_m}{t_2-t_1}=\frac{\Delta R}{2\Delta t} \tag{3-13}$$

用向量法观测时，测出在一定时间内等位点在各测线上向外伸长的距离，然后以各方向上的伸长值，用矢量作图的方法求出伸长最大的方向，即为地下水流向。流向方向上伸长的距离除以两倍时间间隔，即求得地下水流速。例如，根据表 3-1 的资料，将相对方向相减求得各方向的相对位移为：N 为 1.4m；NE 为 1.58m，E 为 1.0m，NW 为 0.5m。矢量合成后得 $\Delta R=3.6$m，方向为 N36°E（图 3-22），地下水的流速为

表 3-1 用充电法求地下水流速流向观测资料 单位：m

观测时间 \ 相对位移	测线方向							
	N	NE	E	SE	S	SW	W	NW
5月4日 8：00—15：00	1.4	1.58	1.0	0.60	0.35	0	0.33	0.5

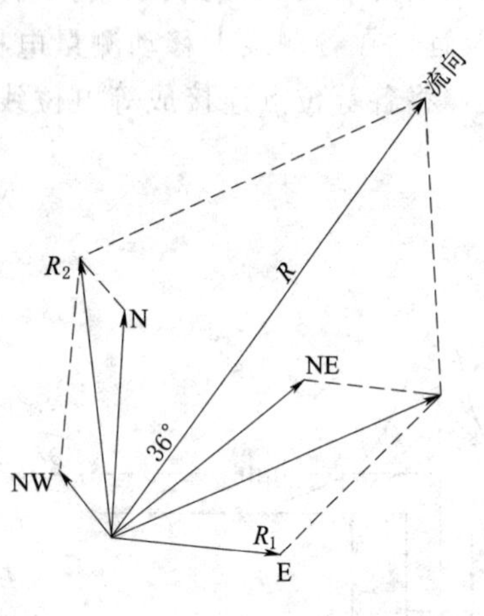

图 3-22 用向量法求流速流向

$$V=\frac{\Delta R}{2\Delta t}=\frac{3.60}{2\times 7}=0.26(\text{m/h})=6.2(\text{m/d})$$

向量法简便易行，求出的流向准确，实际工作中也不需要校正 N 极的位置，流速值的精度也相应提高。

2. 探测地下暗河

充电点放在地下暗河的露头（天窗）上，垂直暗河的可能走向布置测线，并进行电位或梯度测量。用电位法观测时，N 极要放在异常场之外。图 3-23 即为观测结果，暗河上方附近出现电位极大值和梯度零值。把各剖面上电位曲线极大值点和电位梯度曲线的零值点连接起来，这个异常轴就是地下暗河在地面的投影。图 3-24 即为某铁路工区的实例，在 a 处布置两个验证孔，均见暗河。

3. 监测滑坡

用充电法监测滑坡体是在已知地质资料的基础上，在滑坡体钻孔中不同深度上，安置一定数量的金属球，并分别用导线连接引出地面，每个金属球就是一个充电电极（A_1、A_2、…、A_n）。另一个供电电极 B 置于无穷远处（为 A 极埋深的 20～50 倍）。按一定时间间隔测量金属球充电后的等电位线。如果没有滑动，各等位线重合；若有滑动，则等位线产生相对位移，从位移方向及速度可以判定滑动面位置、滑动方向和速度（图 3-25）。

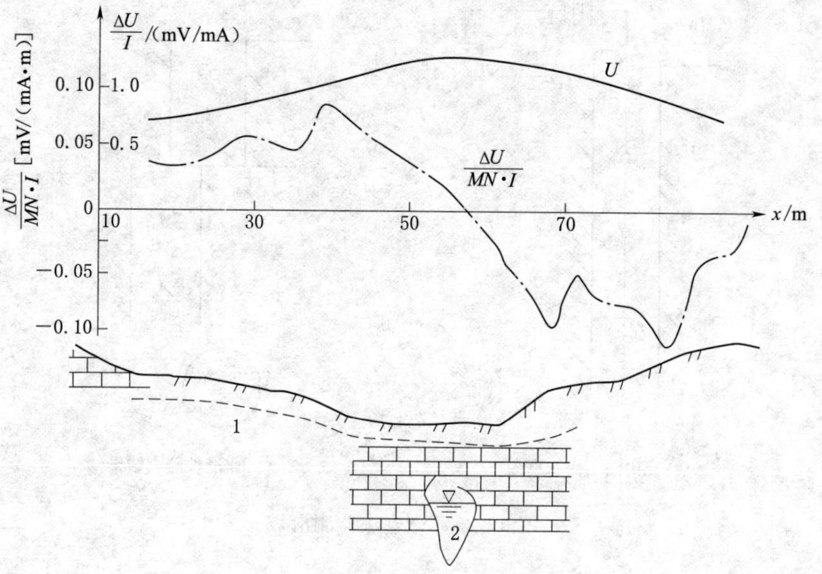

图 3-23　充电法探测暗河

1—潜水面；2—暗河

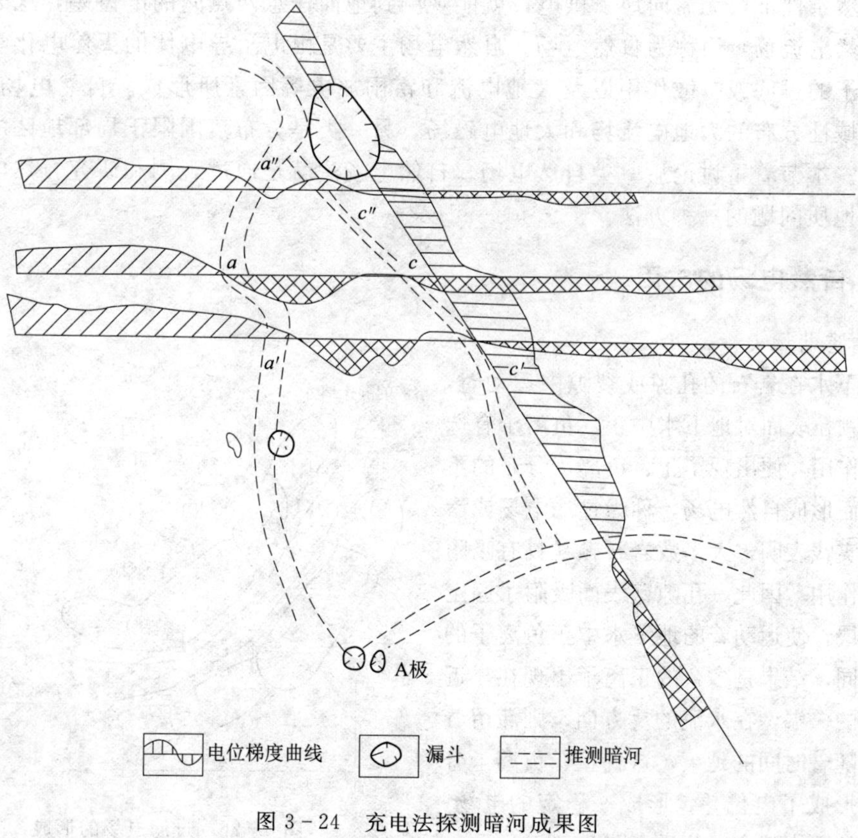

图 3-24　充电法探测暗河成果图

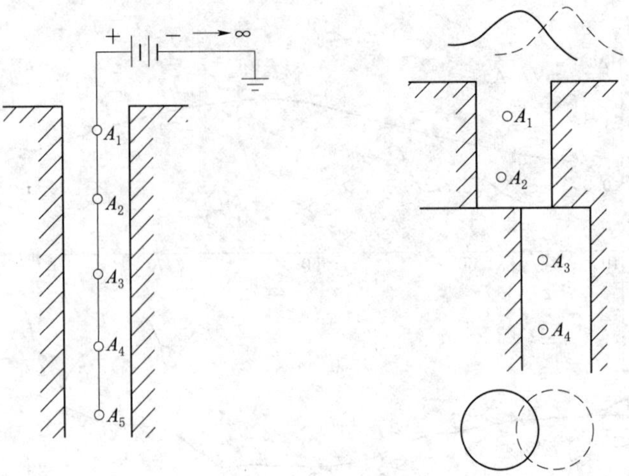

(a) 充电法工作示意图　　　　(b) 滑坡监测结果

图 3-25　充电法监测滑坡

第三节　自 然 电 场 法

在自然条件下，无需向地下供电，就能观测到地面任意两点间的电位差，这表明地下存在着天然电流场，简称为自然电场。自然电场主要是由电子导电体的天然电化学作用和地下水离子的过滤或扩散作用以及大地电流和雷雨放电等因素所形成。自然电场有两类：一类是区域性分布的大地电流场和大地电磁场，另一类是分布范围限于局部地区的稳定自然电流场。本节着重讨论后一类自然电场。自然电场法就是通过观测和研究自然电场的分布以解决地质问题的一种方法。

一、自然电场的成因

1. 过滤电场

当地下水在岩石的孔隙或裂隙中运动时，由于岩石颗粒表面对地下水中正、负离子有选择的吸附作用，便出现了正、负离子分布的不均衡，从而形成自然电场，称为过滤电场或渗透电场。实践表明，大多数岩石颗粒具有吸附负离子的作用。因此，孔隙壁表面吸附了固定的负离子层，使运动着的地下水中正负离子的数目不相同，结果是多余的正离子出现在靠近孔隙出口的一端，在水流的反方向，则滞留着负离子。随着时间的延续，这种正、负离子分布的差异形成了电位差，形成一稳定的电场，其方向与地下水流方向相反（图 3-26）。

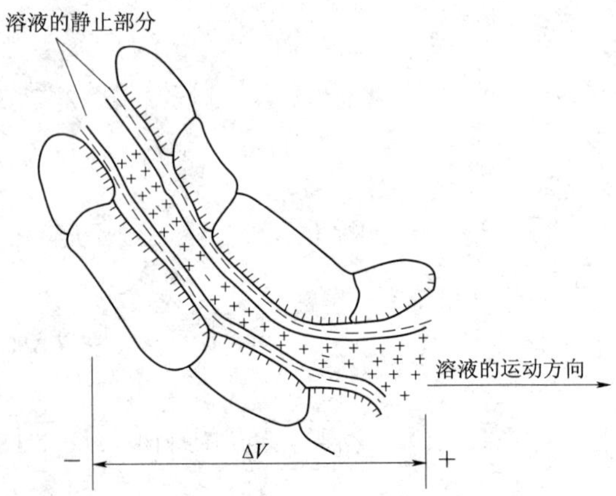

图 3-26　过滤电场的形成

由于地形起伏形成的过滤电场常称为山地电场，这是潜水由山顶向山谷渗透时产生的，在山顶形成负电位，在山谷形成正电位（图 3-27）。

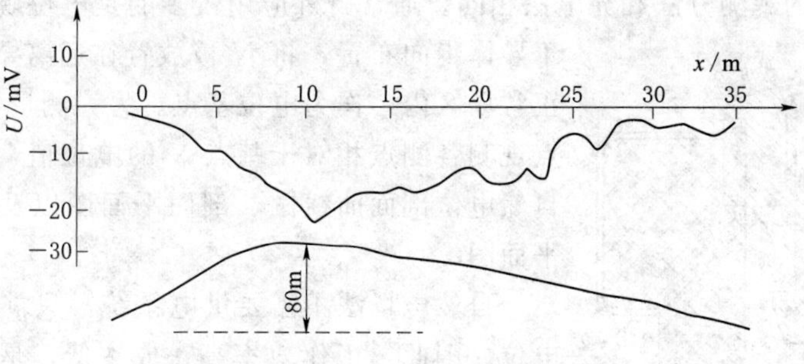

图 3-27　山地电场

2. 扩散电场

两种浓度或成分不同的水溶液相接触时，便会产生扩散现象，溶液之间形成离子的迁移，但其迁移速度不同，结果使两种不同浓度的溶液中，分别含有过量的正离子或负离子，形成电动势，这种电场称为扩散电场。例如，岩层中含氯化钠（NaCl）的水溶液的浓度相差很大时，溶液中的Na^+与Cl^-将向浓度小的溶液一方移动，由于Cl^-的迁移率大于Na^+，因而在浓度小的一侧Cl^-数较Na^+多，获得负电位，另一侧为正电位，形成扩散电场。

扩散电场的数值很小，一般为10～20mV。在自然条件下，多孔岩石中扩散电场常与过滤电场同时发生。

3. 氧化还原电场

金属导体（电子导体）埋藏在潜水面附近时，由于氧化还原作用而形成的自然电场称为氧化还原电场。如图 3-28 所示，位于潜水面以上的电子导体与氧化带中的地下水发生氧化作用，导体失去电子而带正电，围岩则获得电子而带负电。位于潜水面以下的导体，由于所处的还原环境使导体的电化学反应与其上相反，即围岩失去电子而带正电，电子导体获得电子而带负电。在导体与围岩之间，导体上端和下端产生了符号相反的电位跳跃。这样，在导体上下端形成电位差，产生自上而下的电流，而在围岩中产生自下而上的电流，构成电流回路。所以在导体上方的地面进行电位测量，能获得负的电位异常。

应当指出，关于电子导体形成自然电场的原因，至今并不完全清楚，而且尚有不同的看法。

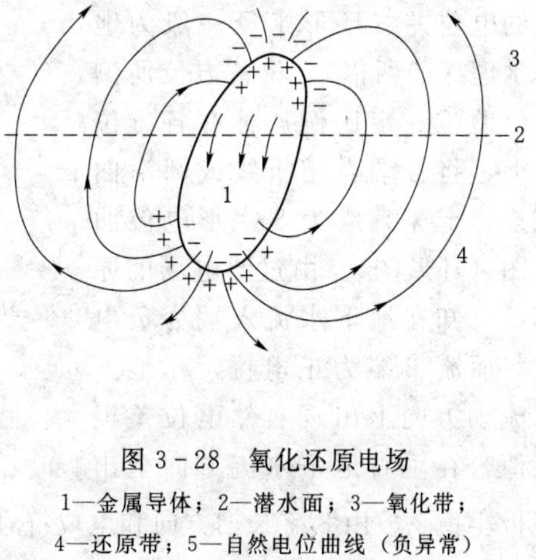

图 3-28　氧化还原电场

1—金属导体；2—潜水面；3—氧化带；4—还原带；5—自然电位曲线（负异常）

二、自然电场法的观测方法和仪器设备

自然电场法的观测方法和充电法相同。通常野外应用较多的是电位观测法。测线垂直于导体走向布置，将 N 极放置在远离导体且电场稳定的正常场区内，作为电位基点。另一测量电极 M 沿测线逐点观测各测点相对于基点 N 的电位值，以此电位值绘制自然电位剖面曲线图、剖面平面图以及自然电位等值线平面图。

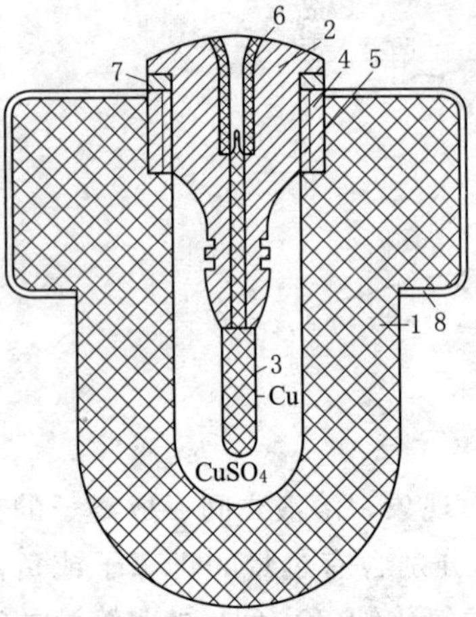

图 3－29　不极化电极的结构

1—素瓷罐；2—胶木塞；3—铜棒；4—胶木环；5—密封胶；6—插孔；7—橡皮垫；8—涂釉层

自然电场法不需要供电系统，只需测量各点的自然电位。因此，工作效率高、成本低，是一种轻便、易行又经济的勘测手段。

自然电场法的仪器设备很简单，包括电位计、不极化电极、导线和线架等。不极化电极的结构如图 3－29 所示，其特点是两个铜电极处于同一种硫酸铜饱和溶液中，故两电极具有相同的电极电位；铜电极浸在饱和溶液中，并不与土层直接接触，不会产生极化作用，其电极极化电位差将等于零。1990 年，我国生产出 DJ－1 型不极化电极，替代沿用了 40 年的陶瓷电极。这种新电极外壳为高强度工程塑料，留有液面观察孔，密封性能好，不易破碎，重量轻（0.2kg，仅为陶瓷电极的 1/5）。

三、自然电场法的应用

1. 测定潜水的流向

为确定区域地下水流向，应将测点均匀分布于全测区，并在每个测点上进行环形自然电位观测。每个测点上事先布置好夹角为 45°的辐射状测网，分别测量等距的 M_1、N_1，M_2、N_2，M_3、N_3，M_4、N_4 点间的电位差（环形半径一般为地下水埋深的两倍）。将各方位所测电位差按一定比例尺标在各方位线上，将各端点用折线或圆滑曲线连接起来，成为 8 字形电位曲线图（环形图）。由过滤电场的原理，可知在地下水流入端为负电位，而流出端为正电位，在地下水流动方向上出现自然电位差极大值，在垂直地下水流方向上出现极小值。故由 8 字长轴方向和电位符号即可确定地下水流向（图 3－30）。

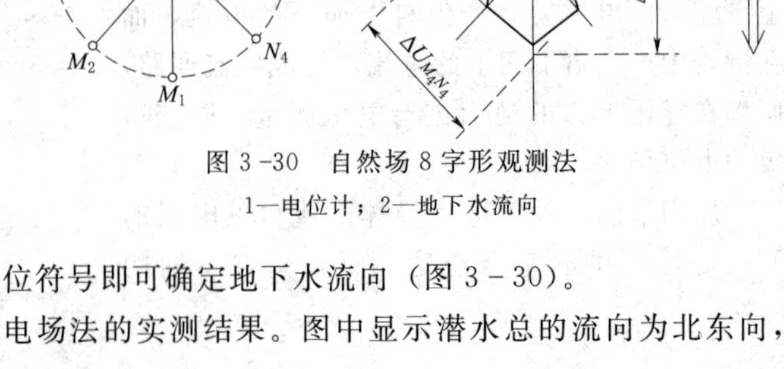

图 3－30　自然场 8 字形观测法

1—电位计；2—地下水流向

图 3－31 是河南荥阳地区自然电场法的实测结果。图中显示潜水总的流向为北东向，

与等水位线图一致。但在图的西北部黄河附近，地下水因补给河水而转为北西向。

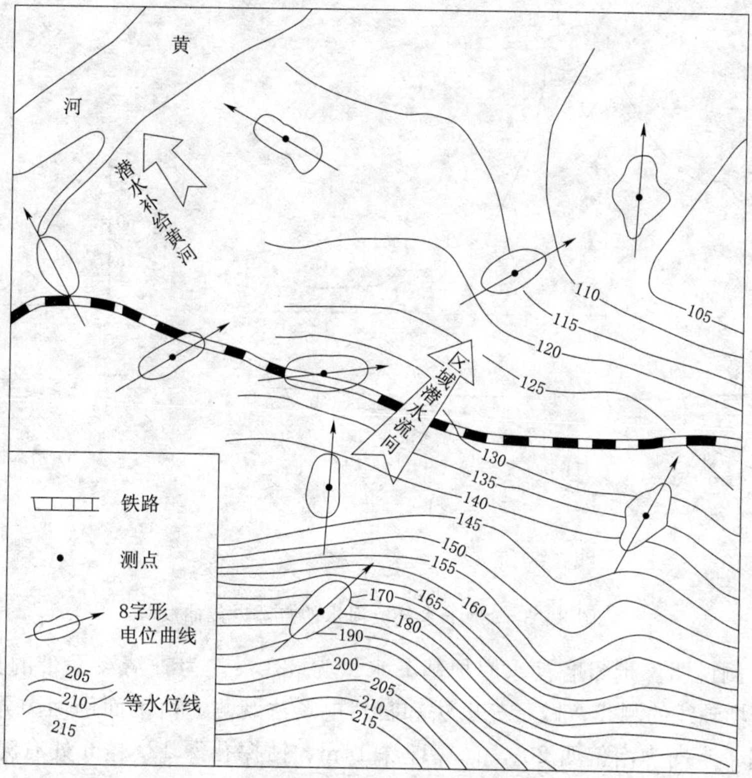

图 3－31　河南荥阳地区潜水流向图（单位：m）

2. 确定地下水降落漏斗的影响半径

在抽水试验或大量开采地下水时，地下水由四面八方流向抽水井（孔），形成降落漏斗。以抽水井为中心，布置两条相互垂直的测线，在测线上以一定点距，分别布置 8 字形观测点，测得每点的 8 字形图形，绘于平面图（图 3－32）上。在降落漏斗影响范围内，8 字形长轴方向均指向抽水井，在影响半径 R 以外的 8 字形长轴仍和抽水前地下水流向一致。

在抽水前先沿剖面测一条自然电位曲线作为正常场，在抽水过程中再测出一条自然电位变化曲线和正常场的重合处，便是降落漏斗的边缘。此方法比 8 字形法工效高、准确。

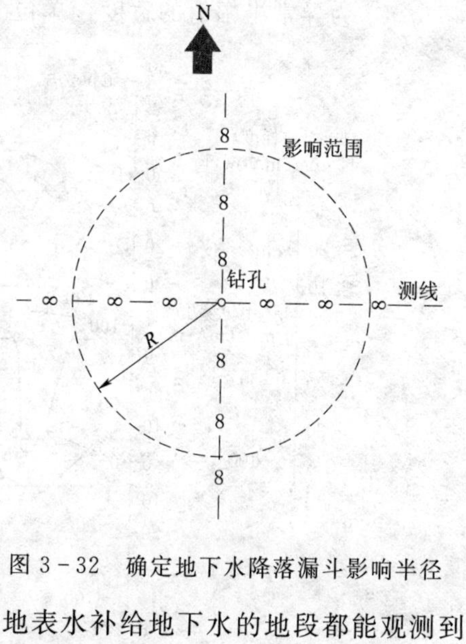

图 3－32　确定地下水降落漏斗影响半径

3. 确定堤坝漏水地段的位置及地下水补排关系

在水库、堤坝、渠道、涵管向地下渗漏地段以及地表水补给地下水的地段都能观测到自然电位负异常。反之，在地下水补给河水、有上升泉的地方则能观测到自然电位的正异常（图 3－33）[24]。

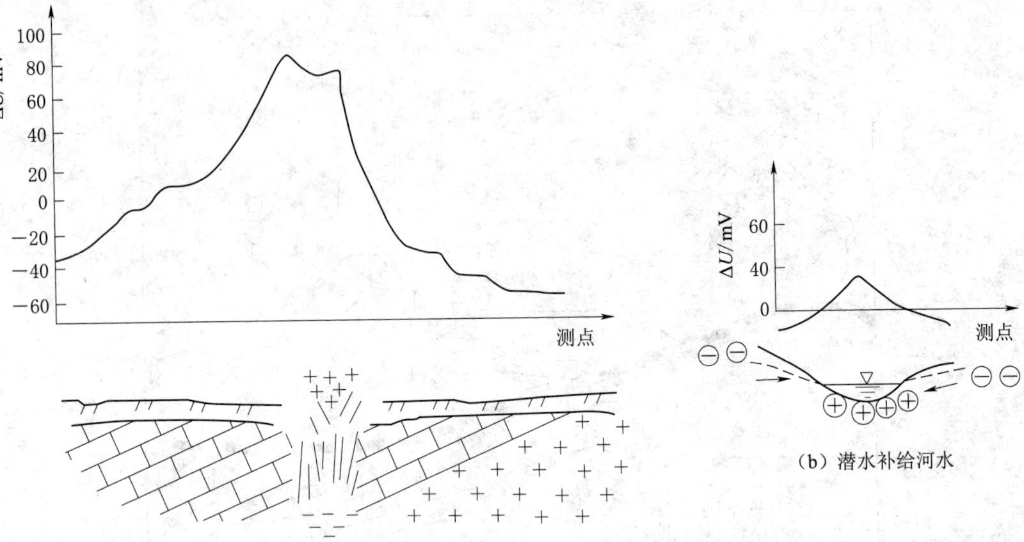

（a）上升泉补给地表水

（b）潜水补给河水

图 3－33　地下水补给河水的自然电位曲线

现举个实例说明。贵州磨盘水库坝基漏水量为 32L/s。为查清渗漏带的具体位置，布置三条平行于坝轴线的测线，做了充电法和自然电场法观测。由平面剖面图异常轴（图 3－34）确定渗漏带走向为南偏西 20°，计算埋深 14m、钻探孔深 12.35m 处有充水溶蚀裂隙。Ⅱ线负极大值为充水溶洞所致。根据湖南省水利水电科学研究所的经验，凡异常峰值与两侧正常值的比值在 1.5 以上者作为可靠异常，其准确率达 90％以上，其埋深 $H=(0.4\sim0.5)q$（q 为异常半幅值的宽度，单位为 m）。

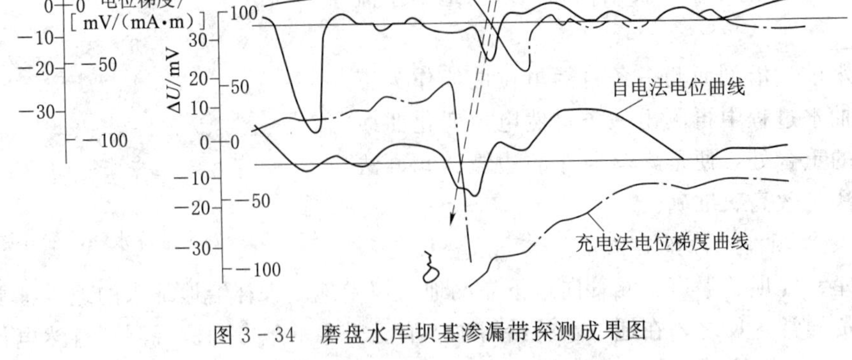

图 3－34　磨盘水库坝基渗漏带探测成果图

第四节　激 发 极 化 法

一、激发极化效应

在进行电阻率法工作时，人们常会发现在刚开始供电的瞬间，地面 M、N 两点间有个电位差 ΔU_1。在供电电流不变的情况下，ΔU_1 随时间的增加（一般约几分钟）而增大，并趋于某一稳定的饱和值 ΔU；在断开供电电流后，测量电极之间的电位差瞬即很快下降，到一定数值后便随时间相对缓慢地下降，经几分钟后衰减至零（图 3-35）。通常将供电时地下电场随时间的变化称为充电过程；断电后，电场随时间的衰减称为放电过程。在充电和放电过程中，这种随时间缓慢变化的附加电场现象，称为激发极化效应，简称激电效应。激发极化法（激电法）就是以不同岩矿体激电效应的差异为基础，通过观测和研究大地激电效应，以探查地下地质情况的一种电法勘探方法。

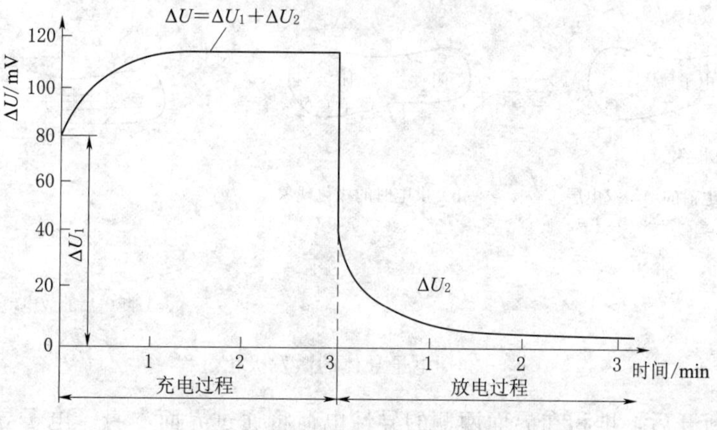

图 3-35　岩矿床的充、放电特性曲线

我们把刚供电时的电场称为一次电场，M、N 间一次场的电位差为 ΔU_1。延长供电时间 T 之后，岩矿体产生激电效应则形成激发极化电场或二次电场，在供电过程中二次场叠加在一次场之上，此时观测的电位差为总场电位差 $\Delta U(T)$。断电后，一次场立刻消失，断电瞬间观测到的电位差 $\Delta U_2(T)$ 为二次场电位差。它们的关系为

$$\Delta U(T)=\Delta U_1+\Delta U_2(T) \tag{3-14}$$

由于刚开始供电时（$T=0$），二次场电位差为零，$\Delta U_2(0)=0$，这时，$\Delta U(0)=\Delta U_1$，于是

$$\Delta U_2(T)=\Delta U(T)-\Delta U_1=\Delta U(T)-\Delta U(0) \tag{3-15}$$

为观测和记录二次场的变化规律，大多采用在断电瞬间观测的方法（直流电场时间域法）或者采用改变激发场频率的方法（交流电场变频法）。

二、激发极化的成因

1. 电子导体的激发极化成因

电子导体产生激发极化效应是电子导体与其周围溶液界面上发生超电压（过电位）的

结果。沉浸于同种化学性质溶液中的单一电子导体表面会自然形成双电层［图 3-36 (a)］。在无外电场存在时，该双电层的电位差是导体与溶液接触时的电极电位，又称为平衡电极电位。当有电流通过上述电子导体-溶液系统时，在电场作用下，电子导体内部的电荷将重新分布：自由电子逆着电流方向移向电流流入端，使那里的负电荷相对增多，形成阴极；而在电流流出端，呈现相对增多的正电荷，形成阳极。与此同时，溶液因受一次场作用而电解成离子状态，其中正离子（H^+、Na^+等）堆积在阴极附近，负离子（Cl^-、O^{2-}等）堆积在阳极附近，使原来均匀的双电层变为不均匀［图 3-36 (b)］。这种在人工电场作用下电子导体与围岩溶液接触面上的均匀双电层发生变化的现象，称为电极极化。在电流作用下，电子导体的阴极和阳极处不均匀双电层电位差相对于平衡电极电位的变化值称为超电压（过压、过电位）。随着供电时间的延长，导体两侧堆积的异性电荷逐渐增多，超电压值随之增大，最后达到平衡状态[25]。

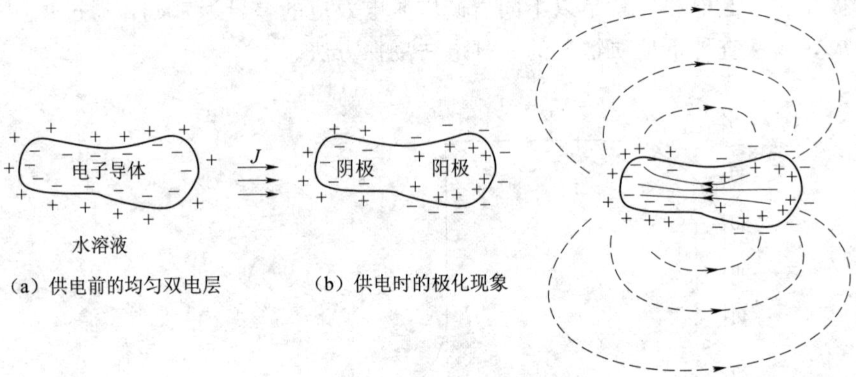

(a) 供电前的均匀双电层　(b) 供电时的极化现象　(c) 断电后的放电现象

图 3-36　电子导体的激发极化过程

当外电流断开后，堆积在界面两侧的异性电荷将通过界面本身、电子导体内部和周围溶液放电，使界面上的电荷分布逐渐恢复到供电之前的均匀双电层，超电压也随时间的延续而逐渐减小，直至最后消失［图 3-36 (c)］。

除电极极化外，电子导体的激发极化效应还可能与界面上发生的其他物理-化学过程（如“阴极”和“阳极”处在通电时发生的氧化-还原电势）有关。

2. 离子导体的激发极化成因

离子导体的激发极化常用薄膜极化假说解释。该假说认为：如果岩石颗粒间的孔隙很小，孔隙直径与双电层的外层（扩散层）的厚度（$10^{-7}\sim10^{-6}$ m）差不多时，则整个孔隙处于扩散层内，形成了含有过剩正离子的窄孔带，其他部分为宽孔带。在窄孔带过剩的正离子吸引负离子而排斥正离子。当电流流过宽窄不同的孔隙时（图 3-37），由于窄孔隙（又称为薄膜或阳离子选择带）中正离子的迁移率 V_+ 大于负离子的迁移率 V_-，而宽孔隙中 V_+ 与 V_- 几乎相等，故在窄孔隙中电流载流子主要由正离子负担，电流将大量正离子带走。结果在窄孔隙的电流流出端，形成正离子的堆积；而在电流流入端，则正离子不足。对于负离子，在窄孔隙中由于被正离子吸引和阻挡作用，因而在造成正离子堆积和不足的地方，同样造成负离子的堆积和不足。这样，便形成离子浓度沿孔隙的变化。所形成的离子浓度梯度反过来又会阻碍离子运动（即阻碍外电流），直至达到平衡为止。当断去外电流后，由于离子的扩散作用而形成扩散电场（二次电场），这便是离子导体上观测到的激发极化。扩散作用将使离子浓度梯度逐渐消失，恢复到原来的状态，二次电位衰减至零。

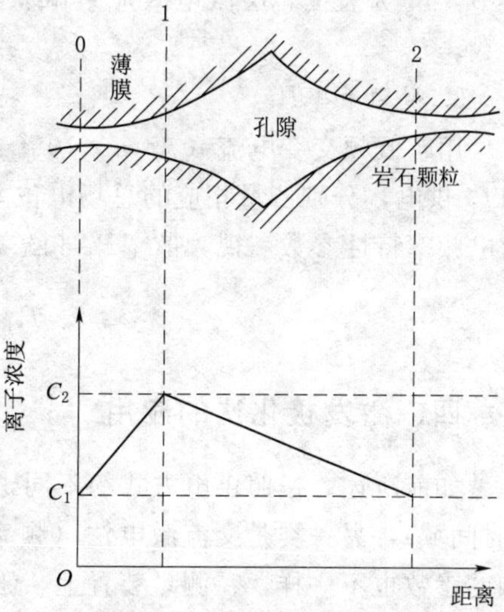

图 3-37 电流流过宽窄不同孔隙时形成离子浓度变化

0、1 和 2—孔隙和薄膜的边界

三、激发极化法测定的参数

1. 极化率

极化率是表征岩石激发极化效应相对强度的参数。如令供电 T 时刻后 M、N 间的总场电位差为 $\Delta U(T)$，断电 t 时刻后 M、N 间的二次场电位差为 $\Delta U_2(T)$，则该岩石的极化率为

$$\eta(T,t)=\frac{\Delta U_2(T)}{\Delta U(T)}\times 100\% \qquad (3-16)$$

由式（3-16）可以看出，极化率大小与供电延续时间及断电后的延续时间有关。为了统一不同测区的观测结果，我们将极化率定为供电时间 $T\to\infty$ 和断电时间 $t\to 0$ 的观测结果。并将式（3-16）写成

$$\eta=\frac{\Delta U_2}{\Delta U}\times 100\% \qquad (3-17)$$

极化率的另一种定义表达式为

$$\eta=\frac{\Delta U_2}{\Delta U_1}\times 100\% \qquad (3-18)$$

对于不均匀介质的极化率应用视极化率 η_s 表示，计算式同式（3-17）或式（3-18）。

2. 激发极化时间特性参数

（1）衰减时 S。若把断电瞬间所测得的 ΔU_2 定为 100%，则该电位差衰减到某一规定数值时所需的时间称为衰减时（s）。较常用的是衰减到 50%所需的时间，称为半衰时。在做激电测深后，以横坐标表示 $\frac{AB}{2}$，以纵坐标表示 S，可得 S 随 $\frac{AB}{2}$ 的变化曲线，称为衰减时 S 测深曲线，它与横轴包围的面积称为含水因素 M_s，经验表明，S 大小反映地下水静水量大小，而 M_s 大小则反映动水量大小。

（2）视激发比 J_s 和视衰减度 D_s。若令 ΔU_2 为供电 30s 切断电源，经过 0.25s 的二次场电位差，$\Delta\overline{U_2}$ 为供电 30s 切断电源后从 0.25～5.25s 二次场电位随时间过程中的平均值，ΔU_1 为一次场电位差，则

$$J_s=\frac{\Delta\overline{U_2}}{\Delta U_1} \qquad (3-19)$$

$$D_s=\frac{J_s}{\eta_s}=\frac{\Delta\overline{U_2}}{\Delta U_2} \qquad (3-20)$$

式中：J_s 为表征岩层激电效应衰减快慢的电参数；D_s 为表征岩层激电效应衰减特性的参数。

3. 视频散率 P_s

用超低频交变电流（$f=n\times10^{-2}\sim n\times10^{2}$ Hz）作激发场源时，若用两个特定频率 f_1 和 f_2 供电，分别测量相应的总场电位差 ΔU_{f1} 和 ΔU_{f2}，可按式（3-21）计算出表征岩体激电频率特性参数—视频散率 P_s［欧美国家称为百分频率响应（效应）］。

$$P_s=\frac{\Delta U_{f1}-\Delta U_{f2}}{\Delta U_{f2}} \tag{3-21}$$

四、激发极化法的应用

如前所述，按照供电方式的不同，激发极化法的工作方法有两类：一类是直流激电法（时间域），另一类是交流激电法（频率域）。两类方法野外工作所用的仪器装备不同，观测的参数也不一样。在测量装置上，激发极化法可以采用电阻率法中的各种装置。

长期以来，激发极化法主要用于寻找铜、铅、锌、铝等有色金属矿床。近年来，在寻找无磁性黑色金属矿、稀有金属矿、放射性矿、油气田、地热田以及在寻找地下水资源方面，该方法也发挥着越来越大的作用。但是，关于激电找水的机理问题，目前尚未很好解决。

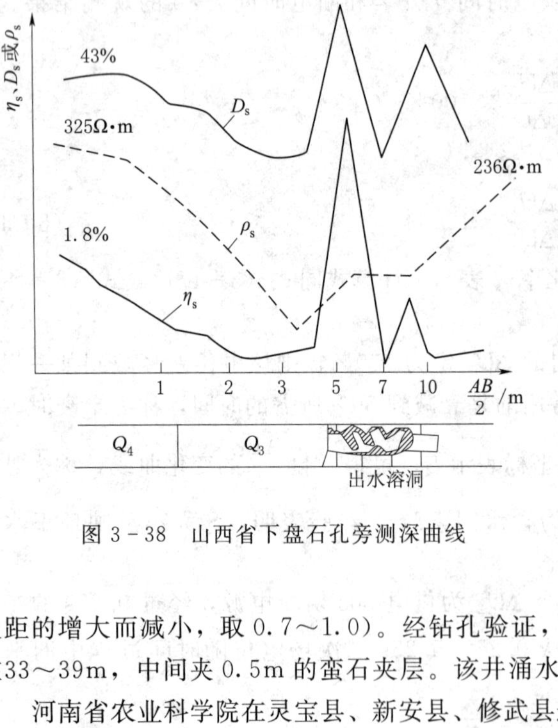

图 3-38 山西省下盘石孔旁测深曲线

现有资料表明，凡是无水地区，所测激电各参数皆为平缓的直线或波动不大的曲线（背景值）。凡是富水地区，就会引起激电参数的增大或减小。例如，在山西省下盘石地区井旁激电测深曲线在含水溶洞洞顶中心部位为负异常，而在两边缘出现两个高峰值（图 3-38）[26]，该井涌水量为 $20\text{m}^3/\text{h}$。图 3-39 为蚌埠市一井旁激电测深曲线[27]。从 ρ_s 曲线看，无明显含水层反映。而 η_s 和 $S_{0.5}$ 在 $\frac{AB}{2}=20\sim33$m 处和 60m 两处均出现峰值。由此划分出两个含水层：第一含水层深 $H_1\approx33\times f_d=60\times0.7=42$（m）（$f_d$ 为换算系数，随极距的增大而减小，取 0.7～1.0）。经钻孔验证，第一含水层在 26～32.5m，第二含水层在33～39m，中间夹 0.5m 的蛮石夹层。该井涌水量为 $22\text{m}^3/\text{h}$。

河南省农业科学院在灵宝县、新安县、修武县进行了 1938.8km^2 的激发极化法找水，所圈定的含水层经 47 个钻孔验证，平均出水量为 $45\text{m}^3/\text{h}$，含水层准确率达 95%以上。在修武县 $\eta_s>1.3\%$，$J_s>0.8\%$，$\rho_s=30\Omega\cdot\text{m}$ 的地区就是强富水区。据山西省的经验，凡是 $D_s=(55\sim65)\%$，$J_s=(1\sim1.3)\%$，$\eta_s=(1\sim1.5)\%$ 的钻孔，涌水量为 $500\sim1900\text{m}^3/\text{d}$。

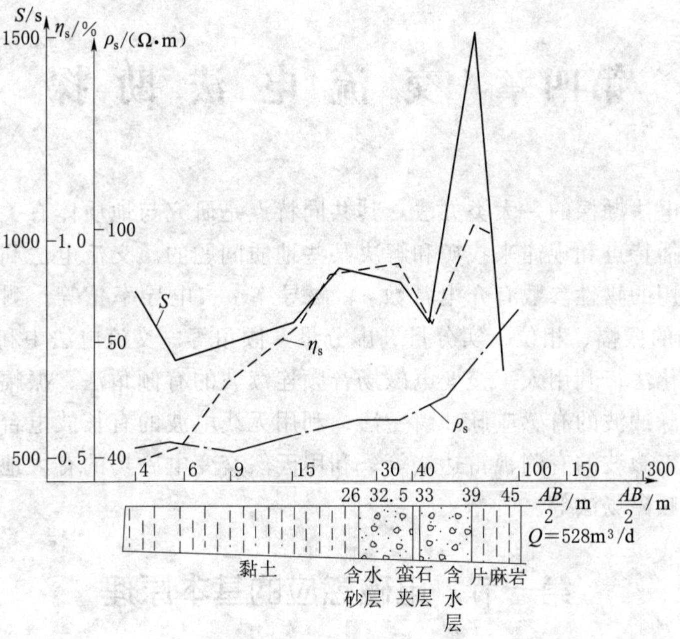

图 3-39 蚌埠市孔旁测深曲线

复习思考题

1. 高密度电法的基本原理是什么？
2. 高密度电法在工程勘察中主要用于哪些方面？
3. 什么是超高密度电法？其勘探方法与高密度电法有何不同？有什么优点？
4. 充电法的原理是什么？它有哪些观测方法？
5. 怎样用充电法求取地下水的流速、流向？
6. 自然电场法是怎样形成的？有哪些用途？
7. 激发极化的含义是什么？它是怎样形成的？
8. 激发极化法主要测定哪些参数？这些参数有什么地质-地球物理意义？

第四章　交 流 电 法 勘 探

交流电法是电法勘探的一大类方法，其共同特点是研究与地质体有关的交变电磁场的建立、分布、传播特点和规律来找矿和解决某些地质问题的。交流电法利用的场源有人工的和天然的，利用的物性参数有介电常数 ε、磁导率 μ、电导率 σ 等。测量的参数有金属因数 M，电磁场的振幅、相位、实分量、虚分量、倾角等。交流电法中利用人工交流电场的有交流激发极化法；利用人工交变电磁场音频连续波的有倾角法、振幅相位法等；利用人工交变电磁场脉冲波的有感应脉冲瞬变法；利用无线电波的有长波电台法、无线电波透视法等；利用人工微波的有测视雷达法等；利用天然交变电磁场的有大地电流法、磁大地电流法、天然音频磁场法等。

第一节　电磁感应的基本原理

一、概述

电磁感应法是以地壳中岩（矿）体的导电性、介电性与导磁性的差异为物质基础，根据电磁感应原理观测和研究电磁空间与时间分布规律，从而寻找地下良导矿体或解决其他地质问题的一组分支电法勘探方法，简称电磁法。

电磁法的种类较多，从场源形式可以分为主动场源和被动场源两大类。主动场源又可分为连续波场、瞬变脉冲场和辐射场。连续波场源是向周围空间建立连续的正弦波电磁场，并观测和研究交变电磁场的空间和相位变化。也可以通过改变发射场的频率，从而研究异常随频率的变化情况，这种方法又叫频率域电磁法，其工作频率一般低于 10^5 Hz。瞬变脉冲场源是向周围空间建立瞬变脉冲的电磁场，在脉冲间歇阶段观测随时间衰减的电磁场，研究异常的空间分布和异常与时间的关系，故这种方法又叫时间域电磁法。研究频率大于 10^5 Hz 的交变电磁场的方法称为辐射场法。这时电磁场能以波动形式传播，利用岩矿体对电磁波的透射、绕射和吸收特性的差异解决地质问题。目前常用的有地质雷达、低频电磁法和井中无线电透视法。

被动场源类有天然音频电磁场法和大地电磁法等。

电磁法按工作场所不同可分为航空、地面、井中电磁法。

电磁法在找矿，地质填图，解决区域地质构造及水文、工程地质问题等方面有广泛的用途。但限于篇幅，在此只作简单介绍。

二、低频电磁法的基本原理

将音频（几十到几千赫兹）的交变电流 $I_1 = I_{10} e^{i\omega t}$ 送入发射线圈 F 中（图 4 - 1）时，在其周围空间建立了一次交变磁场 $H_1 = H_{10} e^{i\omega t}$。则在地下良导体中形成的感应电动势

式为

$$\varepsilon_n = -\frac{d\phi}{dt} = -M\frac{dI_1}{dt} = -i\omega MI_1 \tag{4-1}$$

式中：ϕ 为一次磁场在导体中的磁通量；$\omega = 2\pi f$，f 是工作频率；M 为发射线圈与地下导体间的互感系数，由发射线圈及导体的形状、大小及其间的距离、方位等因素决定。

若把地中导体视为由电阻 R 和电感 L 组成的串联闭合回路，在该等效回路中产生的感应电流 I_2 为

$$I_2 = \frac{\varepsilon_n}{R + i\omega L}$$

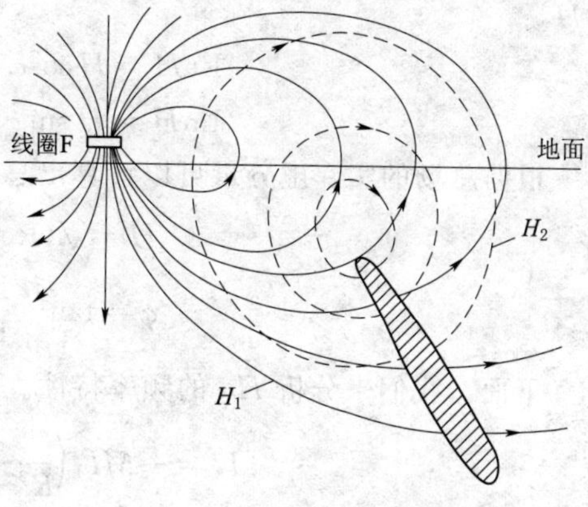

图 4-1　电磁感应原理示意图

将式（4-1）代入上式得

$$I_2 = -MI_1\frac{\omega}{R + i\omega L} \tag{4-2}$$

由于穿过导体的一次场磁通量大小、方向不断改变，根据电磁感应原理，导体内产生的感应电流（又称涡流）在周围空间又产生二次交变磁场 H_2。距发射线圈一定距离的接收线圈 S 同时接收到一次场和二次场，通过分析观测剖面上各点二次场的分布变化规律，便可以发现地下良导体的存在。

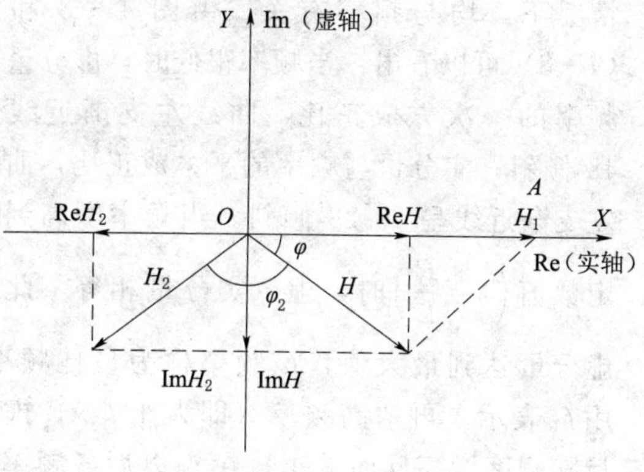

图 4-2　相位矢量图

为了方便地表示一次场、二次场及总合场之间的时间关系，常用矢量图（图 4-2），取 X 轴正方向矢量 H_1 表示一次场，其振幅用线段 OA 表示。与 H_1 成 90°，反时针方向角的另一矢量表示感应电动势，因而它比 H_1 滞后 1/4 周期。二次场又滞后于该电动势，用 H_2 表示。然后，用矢量合成法可以作出总合场矢量 H。H 在 X 轴上的投影 $H\cos\varphi$ 对于一次场 H_1 的相位差为零，或者说与 H_1 同相，称为实分量，用 ReH 表示。H 在正交于 OX 轴上的投影为 $H\sin\varphi$，其相位相对于 H_1 滞后 90°，称为虚分量，用 ImH 表示。所谓实和虚指的是相对于一次场的相位关系，而不具有通常的词汇意义。同理，二次场 H_2 也可以分解为与 H_1 相位差 180°或同相部分为实分量，与 H_1 相位差 90°的部分为虚分量。

一次场 H_1 只有实分量，$H_1 = H_{10}\sin\omega t$。二次场 $H_2 = H_{20}\sin(\omega t + \varphi_2)$ 与一次场有相位差 φ_2，故

$$\left.\begin{aligned} \mathrm{Re}H_2 &= H_2\cos\varphi_2 \\ \mathrm{Im}H_2 &= H_2\sin\varphi_2 \end{aligned}\right\} \tag{4-3}$$

我们在某点观测某一方向总场 H 时，它是那时的 H_1 和 H_2 的矢量和，即 $\vec{H}=\vec{H_1}+\vec{H_2}$。

$$\left.\begin{aligned}\mathrm{Re}H&=H\cos\varphi=H_1+\mathrm{Re}H_2\\ \mathrm{Im}H&=H\sin\varphi=H_2\sin\varphi_2=\mathrm{Im}H_2\end{aligned}\right\}\tag{4-4}$$

根据总场的实、虚分量可以计算出总场振幅和相位：

$$\left.\begin{aligned}H&=\sqrt{(\mathrm{Re}H)^2+(\mathrm{Im}H)^2}\\ \varphi&=\tan^{-1}\frac{\mathrm{Im}H}{\mathrm{Re}H}\end{aligned}\right\}\tag{4-5}$$

下面，我们来分析 H_2 的频率特性。可以将 I_2 和 H_2 写成实部和虚部：

$$I_2=-MI_1\left(\frac{\omega^2L}{R^2+\omega^2L^2}+\mathrm{i}\frac{\omega R}{R^2+\omega^2L^2}\right)\tag{4-6}$$

$$H_2=-MI_1G\left(\frac{\omega^2L}{R^2+\omega^2L^2}+\mathrm{i}\frac{\omega R}{R^2+\omega^2L^2}\right)\tag{4-7}$$

式中：G 为几何因子。

由式（4-7）可知，二次场（异常场）从相位关系上可以写成实部和虚部。

$$\left.\begin{aligned}\mathrm{Re}H_2&=-MI_1G\left(\frac{\omega^2L}{R^2+\omega^2L^2}\right)\\ \mathrm{Im}H_2&=-MI_1G\left(\frac{\omega R}{R^2+\omega^2L^2}\right)\end{aligned}\right\}\tag{4-8}$$

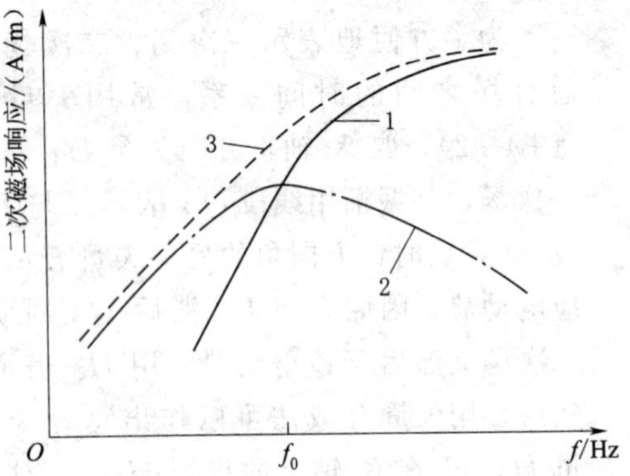

图 4-3 异常量与频率关系图

1—实分量；2—虚分量；3—振幅；f_0—最佳频率

异常场的实部和虚部在其他条件一定的情况下，均与频率有关。由图 4-3 和式（4-8）可以看出：当频率很低时，虚分量与频率的一次方成正比，曲线左支渐近线呈 45°倾斜；实分量与频率的平方成正比，曲线左支渐近线呈 63°28′倾斜。当频率增高到一定数值 $\left(\omega=\dfrac{R}{L}\right)$ 时，虚、实分量相等，此时虚分量达到最大值，该频率称为最佳频率，用 f_0 表示。再增高频率（即大于 f_0），虚分量随频率增高反而减小，在 f_0 以后各频率对应的虚、实分量关系是实分量大于虚分量，实分量随频率增高而缓慢增大，并趋于饱和，而虚分量趋于零。

在一般情况下，在空间任一点总是同时存在着一次场和二次场，它们的空间方向和相位往往是不相同的，由它们合成的总场矢量端点在一个周期内的轨迹就是一个椭圆，椭圆面在一次场和二次场所决定的平面内，这种现象称为总场的椭圆极化（图 4-4）。椭圆极化现象说明存在二次场，而二次场是地下良导体存在的反映，因此，椭圆极化特征反映了产生二次场异常源的特性。

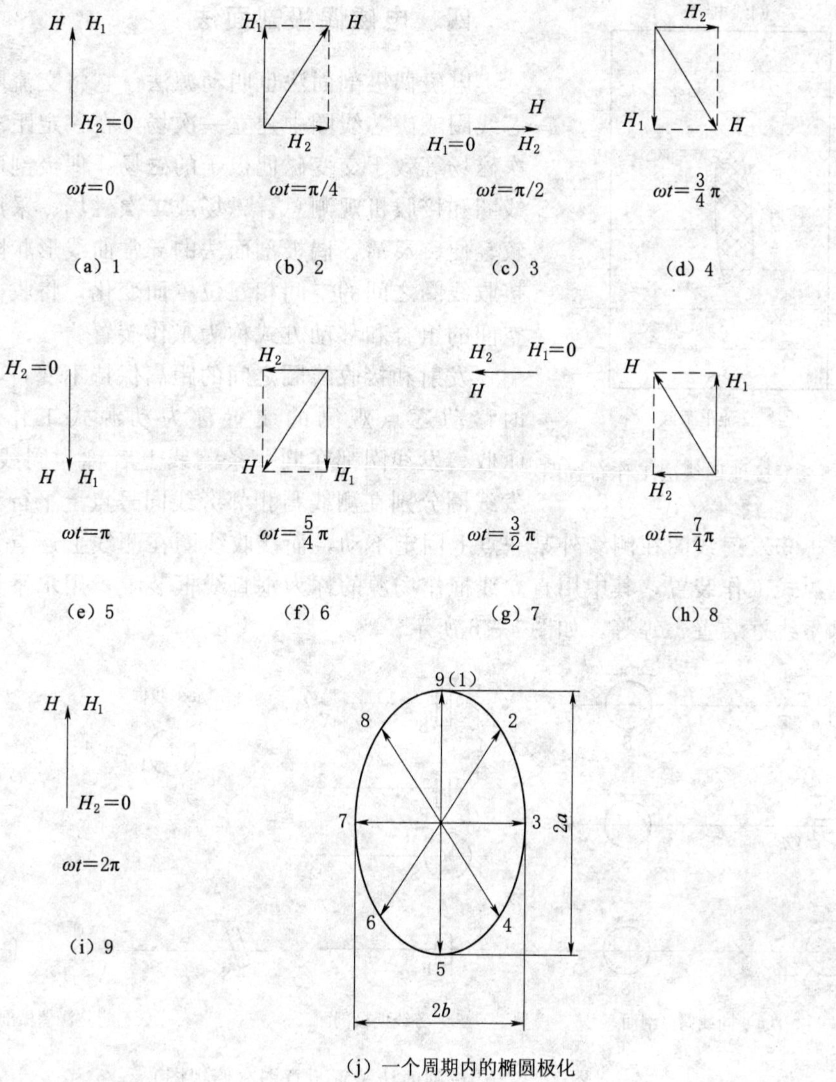

图 4-4　总场椭圆极化示意图

1～9— 一个周期内不同时刻的一次场与二次场以及由它们合成的总场

三、不接地回线法

利用不接地回线作为一次场源的低频电磁法，称为不接地回线法。将电缆铺成矩形回线，其长边一般为 1～2km，平行导体走向；短边一般为 0.5～1km（图 4-5）。测线垂直于长边，一般布置在回线范围内，也可扩展到回线之外。在工作中电缆始终不动（故也叫定源法），通以交流电，并用接收线圈和仪器在测点上进行观测。在地面平坦的情况，一次场垂直于地面，并且在回线的中部是均匀的。若地下有良导体，则在平稳的一次场背景上，可以观测到由良导体涡流产生的二次场（异常场）。这种方法在高阻覆盖区具有较大的探测深度，寻找倾角小于 60°的良导体效果较好。

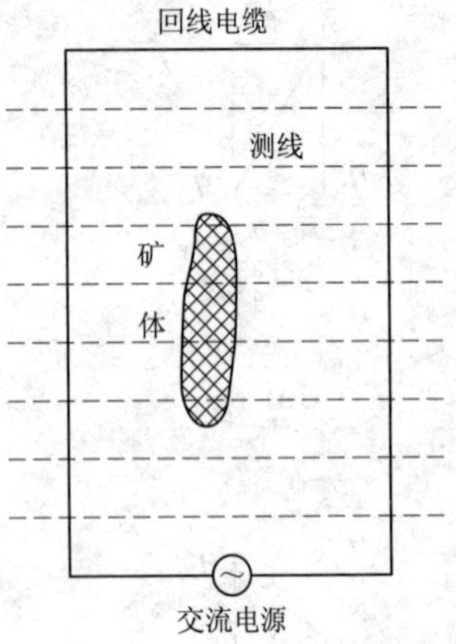

图 4-5 不接地回线法工作布置图

四、电磁偶极剖面法

电磁偶极剖面法也叫动源法。它将交流电通入多匝空芯线圈或磁芯线圈中建立一次场，在一定距离外产生的一次磁场等效于交变磁偶极子的磁场。偶极剖面法是用接收线圈和接收机观测总合磁场或二次磁场。采用偶极场源比较轻便、灵活。偶极剖面法的异常曲线形状随发射线圈与接收线圈之间的空间相互位置而变化，将收、发线圈间的空间的组合和移动方式称为工作装置。

发射和接收线圈之间的距离保持不变，收、发线圈同时移动逐点观测的装置称为动源式工作装置，其中：①收、发线圈都在同一条测线上者称为同线装置；②收、发线圈分别在测线与相邻旁线同号点上平行移动者称为旁线装置；③发射线圈在测线外某一点上固定不动，而接收线圈在测线上逐点移动的装置称为半定源式工作装置，其中用直立线框作场源的称为垂直线框装置，用水平线框作场源的称为水平线框装置，等等，如图 4-6 所示。

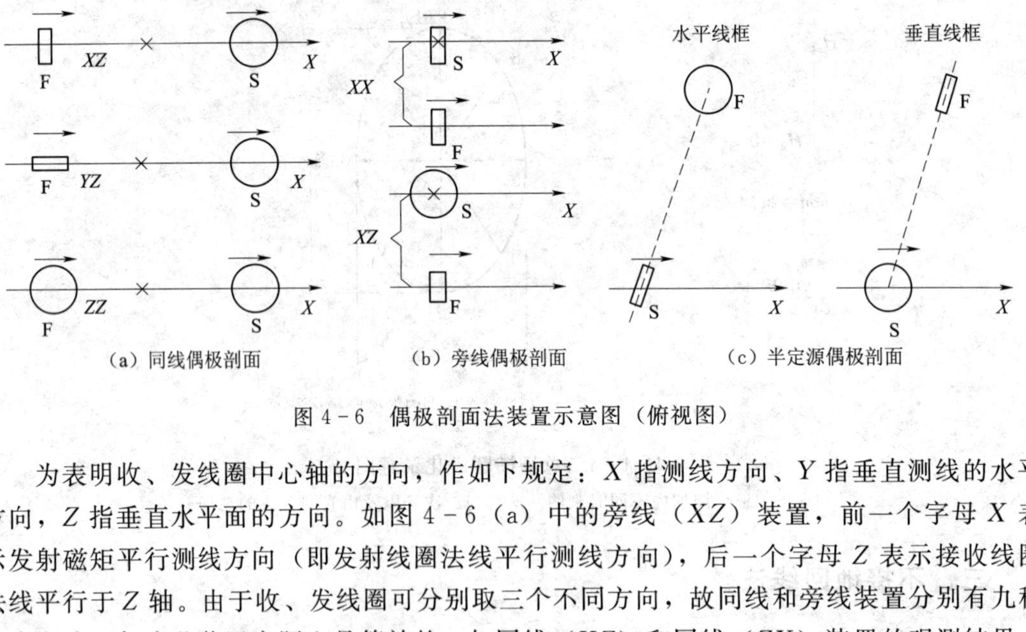

图 4-6 偶极剖面法装置示意图（俯视图）

为表明收、发线圈中心轴的方向，作如下规定：X 指测线方向、Y 指垂直测线的水平方向，Z 指垂直水平面的方向。如图 4-6（a）中的旁线（XZ）装置，前一个字母 X 表示发射磁矩平行测线方向（即发射线圈法线平行测线方向），后一个字母 Z 表示接收线圈法线平行于 Z 轴。由于收、发线圈可分别取三个不同方向，故同线和旁线装置分别有九种组合方式，但有些装置实际上是等效的，如同线（XZ）和同线（ZX）装置的观测结果一样。收发线圈都直立或水平时，测量的是总合场；一个直立另一个水平时，测量的是二次场。

某电讯大楼位于交通要道，有工业电源干扰，为查明地下电缆的确切位置，先用被动场源做水平分量干扰场普查，发现电缆后，采用半定源 ZX 装置，将水平发射线圈放在所发现的异常源附近，测线布置在与估计电缆走向相垂直的方向上（图 4-7），根据 $\mathrm{Im}H_t$ 异常曲线极值点确定电缆位置，用半极值点间距确定的电缆埋深 1.85m 与实际值 2m 相近。用此法探测地下金属管道、暖气管道也是经济、快速、有效的。

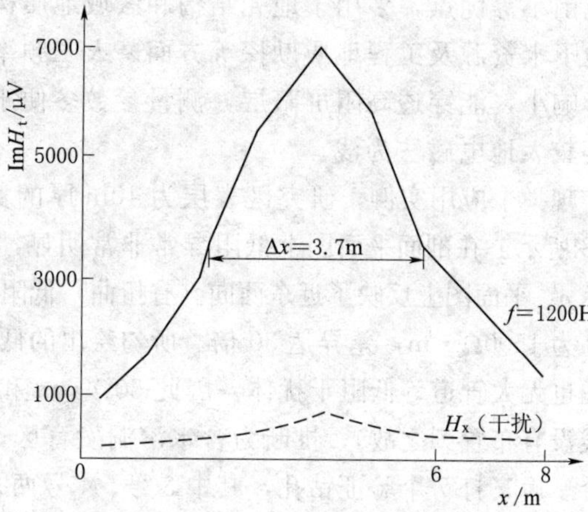

图 4-7　用 ZX 装置探测地下电缆

五、电磁测深法

电磁测深法是用变频进行测深的一个电法勘探分支。使用天然电磁场（由太阳辐射的变异、大气圈下层电荷的移动、雷雨放电等产生）作场源的，称为大地电磁测深法；使用人工电磁场作场源的，称为人工频率测深法（简称频率测深）。当电磁场从发射源以电磁波形式向地下传播时，其场强随深度增加而衰减。当深度为 $0.5\lambda_1$ 时（λ_1 为电磁波在岩石中传播的波长），电流密度只有地表的百分之几。当电磁波信号衰减到原来的 37%时的深度，称为有效穿透深度 Z，$Z=\dfrac{\lambda_1}{2\pi}$。在均匀半空间中 $\lambda_1=\sqrt{10\rho_1/f}$（km），$Z=503.3\sqrt{\rho_1/f}$（m）。若地层电阻率 ρ_1 为常量，那么只要改变电磁波的频率 f，就可以改变电磁波的波长和穿透深度。当采用合适的收、发距 r 并将其大小固定（一般取 6～8 倍地质体埋深）后，人工控制场源，改变发射频率，向地下发送由高频到低频的电磁波。高频电磁波衰减快、穿透深度浅，只能反映浅层地电断面的特点；低频电磁波衰减慢、穿透深度大，可以反映较深层地电断面的特点。这样通过定距变频的方法便可达到探测不同深度地电断面的目的[28]。

两种方法都在地面上测电场和磁场分量，计算出视电阻率，再对资料进行推断解释。

$$\rho_a=\frac{0.2}{f}\left|\frac{E_x}{H_y}\right|^2 \tag{4-9}$$

$$\rho_\omega^{E_x}=K_E\frac{\Delta U_E}{I},\qquad K_E=\frac{\pi r^3}{AB\cdot MN} \tag{4-10}$$

$$\rho_\omega^{H_z}=K_H\frac{\Delta U_H}{I},\qquad K_H=\frac{\pi r^3}{3AB\cdot ns} \tag{4-11}$$

式中：ρ_a为大地电磁测深法测得的视电阻率；E_x 为平行 x 轴方向上的电场振幅；H_y 为平行地面并垂直于 x 轴方向上的磁场振幅；K_E、K_H 为电极装置系数；$\rho_\omega^{E_x}$、$\rho_\omega^{H_z}$ 是采用水平电偶极源赤道偶极装置时的视电阻率的振幅值；ΔU_E为电场水平分量 E_x 在 MN 间产生的电位差；ΔU_H为磁场垂直分量 H_z 的感应电动势在 MN 间产生的电位差；AB 为供电极距；MN 为测量电极距；r 为场源到测点之间的距离；n、s 分别为接收线圈的圈数和面积。

两种方法的视电阻率理论曲线都有二层和三层曲线，三层曲线也用 H、K、Q、A 命名，但形状较直流电测深视电阻率曲线复杂。实测曲线的解释基本和直流电测深法类似，主要是量板拟合法和计算机反演。大地电磁测深法具有不需供电设备、使用的频率范围大（0.001～10.0Hz）、勘探深度大（几百公里）、能穿透高阻层、对低阻层分辨能力强、等值范围小等优点，多用于地壳结构和区域地质构造的研究，也用于地热田、地震预报、寻找地下水资源及工程地质勘探等方面。人工频率电磁测深法的优点是分辨力较高，各向异性影响小，能穿透高阻屏蔽层，测量参数多便于综合分析，劳动强度小，工效高，但穿透深度较大地电磁法为浅。

现举个应用实例，研究区表层为 10m 厚的黄土，下伏石炭纪灰岩。频率测深结果如图 4－8 所示。在剖面平面图上低阻异常非常明显，表明在 $r=164$m 反映的深度存在含水溶洞，在等 $\rho_{\omega}^{E_x}$ 平面图上反映了近东西向（有扭曲）低阻条带和零星低阻闭合区，$\rho_{\omega}^{E_x}$ 最低为50Ω・m，最高为 1500Ω・m，差异达 30 倍。所勾绘出的低阻封闭带与该地下原有的输电电缆位置不一致，也无大管道等低阻干扰体。因此 50Ω・m 和 100Ω・m 的低阻闭合线（未闭合之处是因测线没有布置到之故），推断为含水溶洞发育区，圈出的溶洞发育带方向与原地质推断结果吻合。后又打 7 个验证钻孔，其中 3 号、4 号两孔均证实有溶洞存在，1 号、2 号、6 号孔有裂隙状溶洞，5 号孔为充填黄土的溶洞，溶洞下灰岩完整，故相对呈高阻反映[29]。

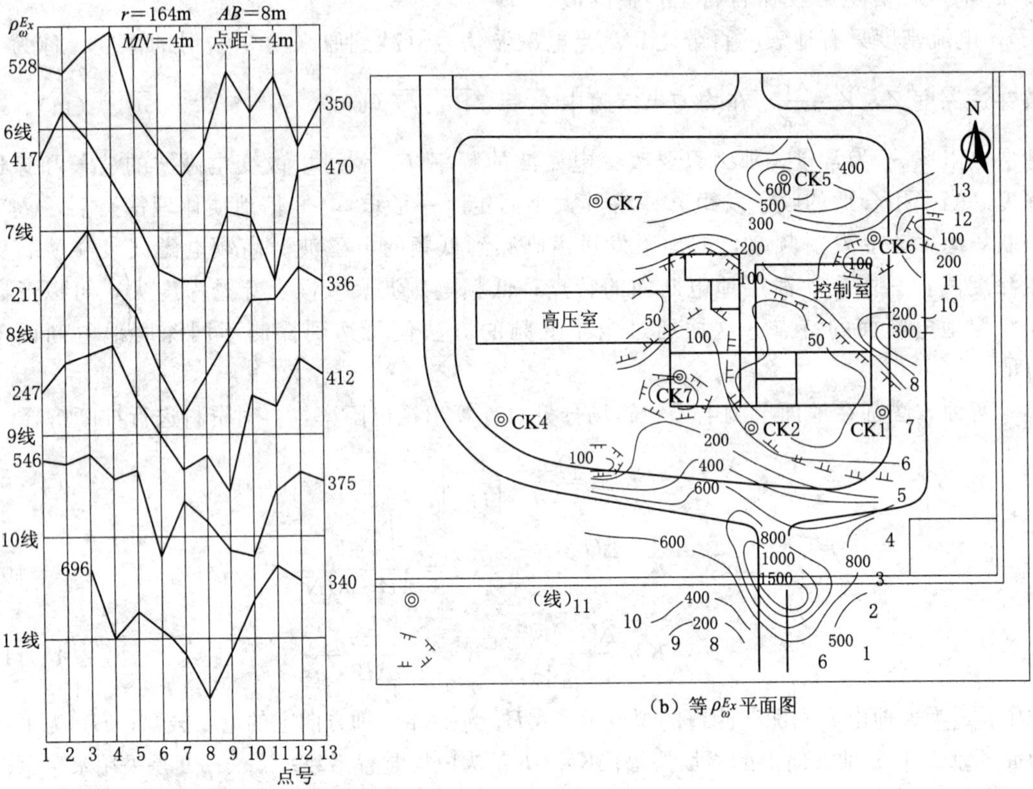

(b) 等 $\rho_{\omega}^{E_x}$ 平面图

(a) $\rho_{\omega}^{E_x}$ 剖面平面图

图 4－8 频率电磁测深探测含水溶洞分布（单位：Ω・m）

第二节 探地雷达法

探地雷达法（GPR）是利用一个天线发射高频宽带（1MHz～1GHz）电磁波，另一个天线接收来自地下介质界面的反射波而进行地下介质结构探测的一种电磁法。由于它是从地面向地下发射电磁波来实现探测的，故称探地雷达。有时亦将其称作地质雷达。它是近年来在环境、工程探测中发展最快、应用最广的一种地球物理方法。

一、发展概况

利用雷达原理探地，早在1910年就已经提出。当时德国的G. Leimbach和H. Lowy曾以专利形式阐明这一问题。1926年，Hülsenbeck首先使用脉冲技术确定埋藏体位置，并指出，由于波源方向性的实现，而使该技术优于地震方法。但是，由于地下介质具有比空气强得多的电磁波衰减特性，加之地下介质情况的多样性，波在地中的传播特性比空气中要复杂得多。因此，在以后的60年中，脉冲技术作为一种探测方法，多用于波吸收很弱的冰、盐等介质中。如B. O. Steenson（1951年）、S. Evans（1963年）用雷达测量冰川和极地冰层的厚度，Harrison（1970年）在南极冰面上取得了穿透800～2200m的资料，L. T. Procello用雷达研究月球表面结构，R. R. Unterberger探测冰川和冰山的厚度等。随着仪器信噪比的大大提高和数据处理技术的应用，20世纪70年代以后，探地雷达的实际应用范围迅速扩大，其中有：石灰岩地区采石场的探测；淡水和沙漠地区的探测；工程地质探测；煤矿井探测；泥炭调查；放射性废弃物处理调查以及地面和钻孔雷达在地质构造填图中的应用，水文地质调查，地基和道路下空洞及裂缝调查，埋设物探测，水坝、隧道、堤岸、古墓遗迹探查等。随着微电子工艺的迅速发展，现在的探地雷达设备正在由庞大、笨重结构改进为现场适用的轻便结构。

我国探地雷达仪器的研制始于20世纪70年代初期，地矿部物探所、煤炭部煤科院以及一些高校和其他研究部门均做过探地雷达设备的研制和野外试验工作。当时使用的是同点天线，以高频示波器显示回波，直接读取反射初至或照相记录波形。由于种种原因，这一研究未能正式用于实际。目前，国家地震局、水电勘测设计部门、煤炭部门、铁道部门、黄河水利委员会有关部门以及一些工程勘测单位和一些高校相继引进了国外的仪器，探地雷达的应用和理论研究工作都得到了很大发展。中国地质大学（武汉）于1990年利用教委系统世界银行贷款从加拿大引进探地雷达设备后，在国家自然科学基金资助下，开展了一系列的理论和雷达数据正反演研究，以及工程现场的试验和勘测工作。由于探地雷达的下列技术特性为其应用领域的迅速扩展铺平了道路：

（1）探地雷达是一种非破坏性的地球物理探测技术，可以安全地用于城市和正在建设中的工程现场。对于轻便类的雷达设备，工作场地条件可任意，适应性和抗磁干扰强，可在城市中各种噪声环境下工作，环境干扰影响小。

（2）具有工程地质勘测方面较满意的探测深度和分辨率，一些设备还能现场提供带有二维坐标的实时剖面记录和图件显示，图像清晰直观。

（3）轻便类仪器在现场对原始数据的采集和记录均在全数字化环境下进行，以通用便携微机全部控制数字采集、记寻、存储、处理、显示和成图。全电池供电、电耗低。轻便型仪器可自动控制操作，现场仅需1～2人即可工作，工作效率高。

当然，由于使用了较高的工作频率，电磁波能量在地下的衰减较剧，因而在高导厚覆盖条件下，探测深度受到限制。与其他物探方法一样，探地雷达图像的正确判读和解释，始终是探地雷达工作者的一项较重要和复杂的工作。

二、方法特点

探地雷达法的发射天线与接收天线之间距离很小，甚至可合二为一。当地层倾角不大时，反射波的全部路径几乎是垂直地面的。因此，在测线不同位置上法线反射时间的变化就反映了地下地层的构造形态。

探地雷达工作频率很高，在地下介质中以位移电流为主，并且在 $f=10^6\sim10^9$ Hz 的频率段内电磁波传播实质上很少出现频散现象，可以认为介电常数与频率无关，传播速度基本上由介质的介电性质决定。电磁波传播理论与弹性波的传播理论有许多类似之处，两者遵循同一形式的波动方程，只是波动方程中变量代表的物理意义不同。雷达波与地震波在运动学上的相似性，可以在资料处理中加以利用。当探地雷达记录与地震记录采用相同测量装置时，在地震资料处理中已经广泛使用的许多技术，可直接用于探地雷达资料处理[30]。

类似于探空雷达，探地雷达也是利用高频电磁波束的反射探测目标体。探空雷达发射的高频电磁波是在无耗介质中传播，探测距离大；而探地雷达发射的高频电磁波是在有耗介质中传播，探测距离受到很大限制。探空雷达探测的目标体一般为金属物体，目标回波能量大；而探地雷达探测的目标体通常为非金属物体，与周围介质差异小，因而目标回波能量小。探空雷达捕捉的是空中高速移动物体，要求能对目标快速跟踪；探地雷达探测的是地下埋藏的目标体，不需要快速跟踪技术。探地与探空雷达的上述差异，形成了探地雷达独特的发射波形与天线设计特点。

1. 发射波形调制方式

探地雷达发射波形调制方式主要有调幅波（AM）、调频连续波（FMCW）、连续波（CW）、脉冲扩展/压缩波（PEC）。

（1）调幅波是脉冲调制载波，载波频率约几十兆赫，根据脉冲回波走时，确定目标体深度。其优点是输出信号能实时显示，设备可做成便携式；缺点是发射波形状控制很难，对时标的线性要求高。

（2）调频连续波用于探测埋深小于 2m、要求测厚精度分辨率高的目标体。发射信号根据预先设置的频率间隔连续扫描。接收信号与发射信号的差频与目标体深度有关。其优点是分辨率高，信噪比高；缺点是仪器体积大，费用高。

（3）连续波使用一个或几个单频连续波，在一系列发射与接收位置上进行测量，应用全息图像处理识别目标体。其优点是对天线的频带宽度要求低，也不需要高速采样；缺点是吸收太高时，有效性减小。

（4）脉冲扩展/压缩波使用线性调频脉冲波，具有短脉冲同样的频谱，但相位经过修正，因而在时间上得以扩展。接收信号通过相位匹配可把线性调频脉冲压缩成短脉冲。由于能产生圆极化辐射，特别适宜于方向未知的细长目标体的探测，但无法进行实时监测。

2. 天线设计

探地雷达天线设计强调天线的脉冲响应，频带宽，还要考虑接收-发射天线之间的互耦合以及介质电性与几何形状对天线的影响。所以天线必须具有宽频带与线性相位响应。

成功应用于探地雷达的天线有四种：振子天线（element atennas）、行波天线（travelling - wave atennas）、频率独立天线（frequency - indepedent atennas）、开孔天线（aperture atennas）。

（1）振子天线的特点是低方向性、线性极化和有效带宽，并可用加载方法使频带变宽，但随之使天线的发射效率降低。其主要优点是体积小，可在场地狭窄条件下使用；振子天线辐射特征很容易分析，从而使设计依据充分。

（2）行波天线的场强和电流可用一个以上行波表示。在端头点火的V形天线，称作喇叭形天线，具有线性相位特征，短脉冲响应，已在许多探地雷达中应用。

（3）频率独立天线的形状完全由螺旋角来决定，其性能与频率无关。平板对数螺旋天线与双臂阿基米德螺旋线天线就是这种设计的典型，一般来说，这类天线采用自我阻抗补偿，脉冲的频率响应宽，但相位响应是非线性的。高分辨率宽带雷达系统使用这种天线时，需做相位矫正。

（4）开孔天线中最常见的一种为喇叭形天线，它主要用于短距离高分辨率的调频连续波探地雷达。其特点是体积小，天线带宽可达0.2～2.0GHz。

三、基本原理

探地雷达利用宽带短脉冲（脉冲宽为数纳秒以至更小）形式的高频电磁波（主频十数兆赫至数百以至千兆赫），通过天线（T）由地面送入地下，经地层或目标体反射后返回地面，然后用另一天线（R）进行接收（图4-9）。脉冲波旅行时为

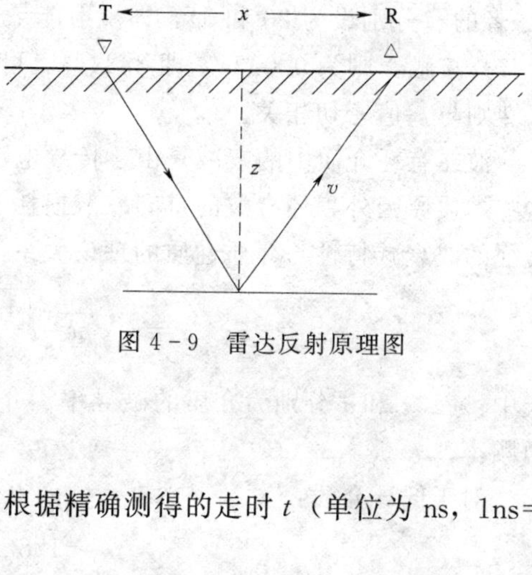

图4-9　雷达反射原理图

$$t=\frac{\sqrt{4z^2+x^2}}{v} \qquad (4-12)$$

当地下介质中的波速 v(m/ns) 为已知时，可根据精确测得的走时 t（单位为 ns，1ns=10^{-9}s），由上式求出反射物的深度（m）。

波的双程走时由反射脉冲相对于发射脉冲的延时进行测定。反射脉冲波形由重复间隔发射（重复率20～100kHz）的电路，按采样定律等间隔地采集叠加后获得。考虑到高频波的随机干扰性质，由地下返回的反射脉冲系列均经过多次叠加（叠加次数从几十至数千）。这样，若地面的发射和接收天线沿探测线以等间隔移动时，即可在纵坐标为双程走时 t(ns)、横坐标为距离 x(m) 的探地雷达屏幕上绘描出仅仅由反射体的深度所决定的时-距波形道的轨迹图（图4-10）。与此同时，探地雷达仪即以数字形式记下每一道波形的数据，它们经过数字处理之后，即由仪器绘描成图或打印输出。

反射脉冲波形明显程度，是探地雷达图像地质解释的重要依据。它决定于发射脉冲波的能量、波在地质界面上的反射特性以及波在地下介质中行进时的衰减条件。发射脉冲的幅度，一般为100～200V或更大范围，它是受高频窄脉冲电路的限制的。反射特性则决定于物性界面的波阻抗差别，并以反射系数作描述。对于平面波，反射系数为

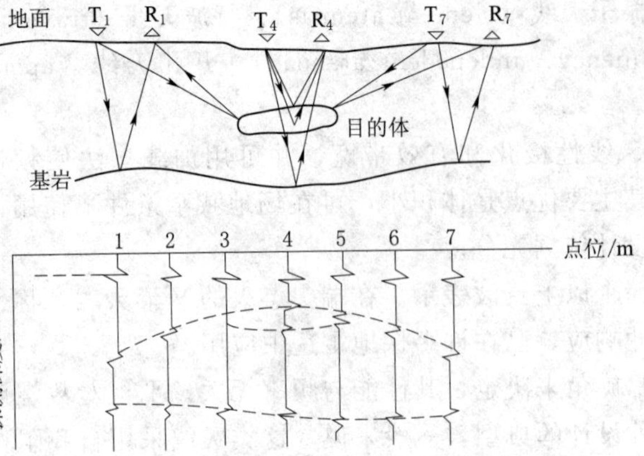

图 4-10　雷达剖面记录示意图

$$R_{12}=\frac{Z_2-Z_1}{Z_2+Z_1} \quad (4-13)$$

Z 为法向波阻抗，由介质的复介电常数、磁导率和入射角（不同极化波具有不同的三角函数形式）决定。下角标指示出波所在介质。可以看出，由于介质具有导电性，反射系数呈复数形式。对于非平面波，此值将在几何光学条件下仍起主导作用。若考虑位移电流为主，则

$$|R_{12}|=\left|\frac{\sqrt{\varepsilon_{r1}}-\sqrt{\varepsilon_{r2}}}{\sqrt{\varepsilon_{r1}}+\sqrt{\varepsilon_{r2}}}\right| \quad (4-14)$$

ε_r 为相对介电常数。这样，对于土壤与花岗岩的交界面，反射系数模值 $R\approx0.3333$（二者的 ε_r 分别设为 20 和 5），即反射能量为入射的 33.33%。湿灰岩与湿花岗岩（ε_r 各为 8，7）接触，则为 0.0334，即 3.34%。可见介电常数对反射系数的影响十分重要，而含水性则与 ε_r 值密切相关。

波在有耗介质中的衰减是由于传导电流的热损耗和介质极化过程中的附加损耗。除了这些本质原因外，还有波的空间发散损耗和散射损耗。若仅考虑前一原因，以吸收系数 α 表征的波衰减特性与介质性质的理论关系为

$$\alpha=\omega\sqrt{\mu\varepsilon}\sqrt{\frac{1}{2}\left[\sqrt{1+\left(\frac{\sigma}{\omega\varepsilon}\right)^2}-1\right]} \quad (4-15)$$

式中：μ、ε 和 σ 分别为介质的磁导率、介电常数和电导率，σ 单位为 S/m；$\omega=2\pi f$，为角频率。

对于低导介质：

$$\alpha=188.5\{\sigma\}\sqrt{1/\{\varepsilon_r\}_1} \quad (4-16)$$

α 正比于 σ，且与 ε_r 呈根号反比关系，单位为 N_p/m。在一般介质中，α 还与 f 有关，大致是随 f 升高而加大。

波速（相速）的确定，使探地雷达的双程时间可转换为深度。速度为

$$v=\lambda f=\omega/\beta \quad (4-17)$$

式中：λ 为波长。

而角波数 k 的虚部

$$\beta=\omega\sqrt{\mu\varepsilon}\sqrt{\frac{1}{2}\left[\sqrt{1+\left(\frac{\sigma}{\omega\varepsilon}\right)^2}+1\right]} \quad (4-18)$$

称为相位系数。对于低导介质：

$$\beta\approx\omega\sqrt{\mu\varepsilon} \quad (4-19)$$

于是

$$\{\lambda\} \approx 300/\{f'\}\sqrt{\{\varepsilon_r\}_1} \tag{4-20}$$

$$\{v\} \approx 0.3/\sqrt{\{\varepsilon_r\}_1} \tag{4-21}$$

f'为以 MHz 计的频率，v 为以 m/ns 计的速度。这样，空气、水和灰岩（ε_r分别为 1、81、9）三种介质中，对应于 100MHz 频率，波长分别为 3m、0.33m 和 1m，而 v 则分别为 0.3m/ns、0.033m/ns 和 0.1m/ns。

以上表明，角波数（波传播常数）$k(=\alpha+i\beta)$在探地雷达波传播中具有十分重要的作用。

可以用雷达方程来综述波信号在地下介质中的传递过程（图 4-11）：

$$P_R = P_S \xi_T \xi_R G_T G_R g S \lambda^2 e^{-4\alpha r}/(64\pi^3 r^4) \tag{4-22}$$

式中 P_S 为源输入功率，它与天线效率 ξ_T 的乘积即为天线发射功率。天线具有设计的方向性（图 4-12），其在入射方向上的方向性增益若为 G_T，则抵达目标体时的功率密度为 $P_S \xi_T G_T \dfrac{e^{-2\alpha r}}{4\pi r^2}$，这里已经考虑了辐射功率的球面发散和介质的吸收。目标体的返回功率决定于其散射截面 S、返回方向上的散射增益 g 以及波的发散和吸收。这部分能量抵达接收天线时的值，与其天线效率 ξ_R 方向性增益 G_R 及天线有效接收面积 A_R（对于偶极天线，它等于 $\lambda^2/4\pi$）有关。可见，探地雷达仪信号接收的灵敏度在很大程度上取决于天线的性能，它以仪器的动态范围 P_S/P_R（或品质因子 Q）表征。仪器性能条件一定的情况下，信号的明显程度决定于介质的性质。对于有限目标体，决定散射截面的菲涅尔主值带半径是目标体返回功率的一个重要参数，它可近似地写为

$$r_F \approx \sqrt{\lambda Z/2 + (\lambda/4)^2} \tag{4-23}$$

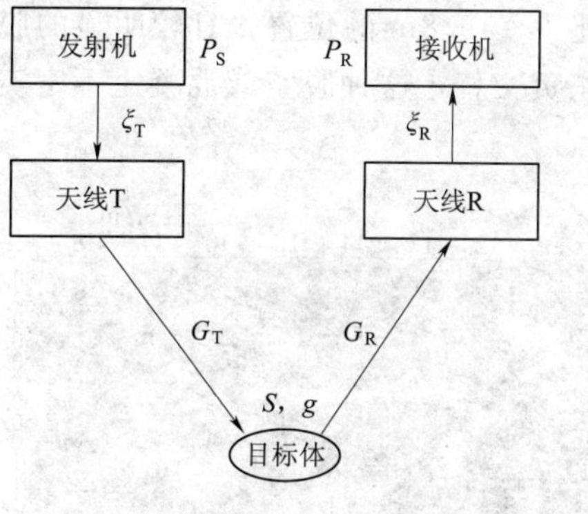

图 4-11　波信号在地下介质中的传递过程

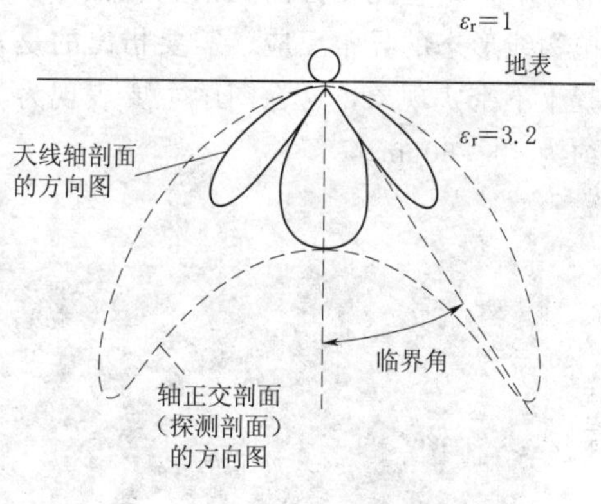

图 4-12　天线具有设计的方向性

$d_F(=2r_F)$为菲涅尔主值带直径，Z 为深度。如果有限目标体的有效反射面直径大于此值，则可以按几何光学的反射方法加以处理，并认为探测是有效的。

综上所述，天线是探地雷达的重要部件，它直接影响着探测质量。探地雷达天线一般采用分离形式，以便于适应现场的不同工作方式。理论上，作为发射或接收天线，两天线的结构和性能是相同的。作为传感器，它的性能主要反映在能量空间分布特性、发射和接收效率问题和电路特性等方面。天线的传播空间方向性图是表征发射（或接收）能量空间分布的一种特性图。图 4-12 说明了在电偶极天线紧密结合于空气大地交面上时方向指向地下及空中后方的轴线在垂直方向剖面（即测线剖面）上的能量分布。电导率和介电常数

比空气大的地下介质的电参数，使电磁波地下能量呈集中向下分布的形态。其最大能量出现在天线轴线两边的临界角方向上（最大能量等于 $\sin^{-1}n$，n 为折射率；在位移电流为主的介质中等于$\sqrt{1/\varepsilon_r}$），而后向发射却呈极微弱的球状分布。显然，这种天线具有较优良的辐射性能。在与地面耦合较佳条件下，可以获得较高的辐射效率，甚至毋需向后屏蔽。天线的辐射功率是低于输入功率的，理论上，天线应在谐振条件下工作，这就要求严密设计天线电路和考虑地下介质的耦合问题。电路设计还要充分考虑发射波形的探测特点，即宽带、窄波、高峰值、少余振等要求，使子波呈陡沿、高分辨和单峰，使记录图像清晰。

探地雷达图像由于呈时-距关系形式，因此，类似于地震记录剖面，画面的直观性较强，波形图面上同一反射脉冲起跳点所构成的同相轴可用来勾画出反射界面。当然，对于有限几何体的界面，只要返回的能量足够，图面的各道记录上均可追踪反射脉冲同相轴，这自然就歪曲了目的体的实际几何形态。一般而言，在有限体的边、角部位，常因绕射现象而使图像复杂化。例如，点状体的异常呈双曲线的一叶形态，其峰顶的横向和纵向位置即为点体的地面位置和深度。介质速度越小，异常峰尖就越明显；埋深越大、天线距越大，双曲线就越平坦。类似于地震剖面，为达到直观效果，必须对图像进行偏移归位校正。

四、应用实例

1. 混凝土脱空层探测

图 4－13 给出了某水电站尾水连接洞顶壁的地质雷达探测成果，由图中可见，自洞顶壁表面至图中黑色虚线的位置是二衬与初支的分界面，厚为 10～30cm；受沿测线方向钢筋的影响，垂直测线方向的钢筋在图中的反映不甚明显，仅在 15～17m 的位置见有下开口抛物线形态的异常反应；需要指出的是，在水平 0～16.8m 的位置，有较明显的脱空或混凝土不密实现象，这在图中主要表现为波幅的正负交替，这种脱空或混凝土不密实的厚度约为 40～60cm。

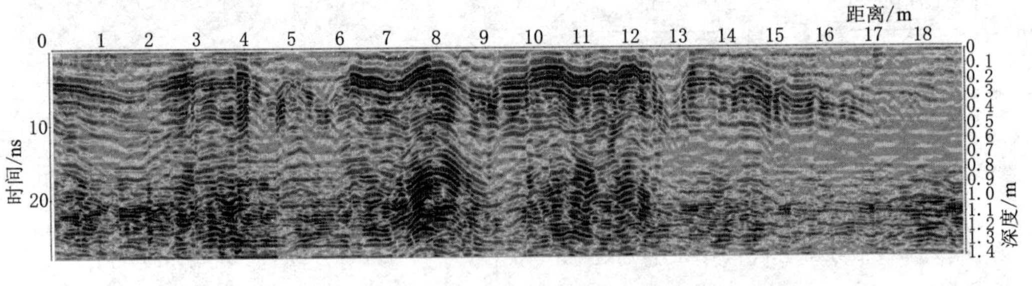

图 4－13　某水电站尾水连接洞顶壁的地质雷达探测成果

2. 划分花岗岩风化带

图 4－14 为长江三峡宜昌三斗坪坝区用探地雷达划分花岗岩风化带的一条实测剖面。它是雨后用 50MHz 中心频率脉冲的探测结果。根据波形特点，雷达图可以清晰地分辨出表土以下全风化带、强风化带、弱风化带之间的界面，甚至弱风化带内的子界面以及与微风化带的交界面也可识别，它们的位置与相对厚度均与钻探结果吻合甚好。由于未进行高程校正，图上见到的台阶形界面是山坡或地表台阶陡坎的反映。

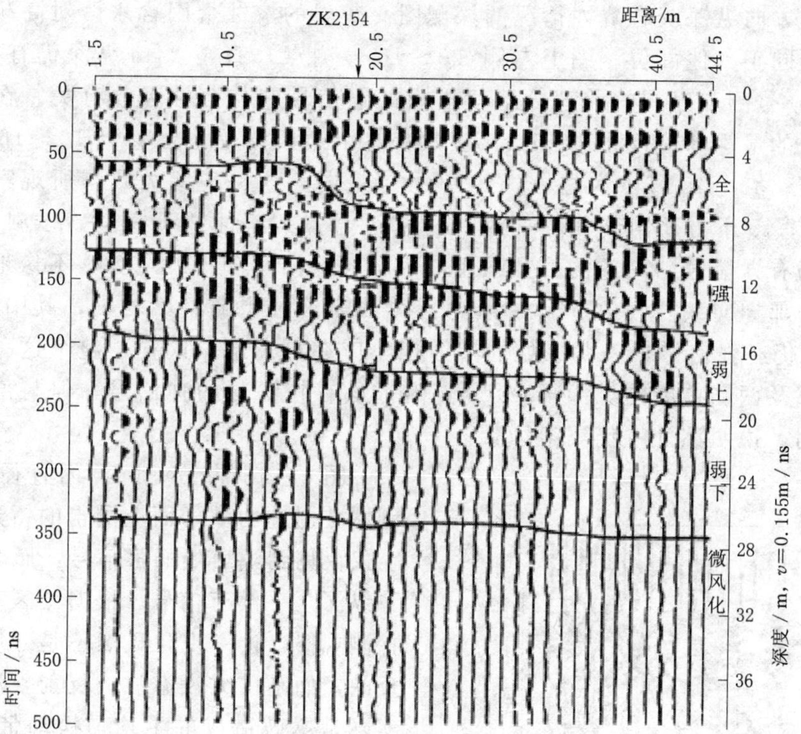

图 4-14　宜昌三斗坪长江北岸花岗岩风化带探测

3. 隧道探测

下面列举广西天生桥水电站引水隧洞内的两例雷达探测来说明其效果。图 4-15 为某

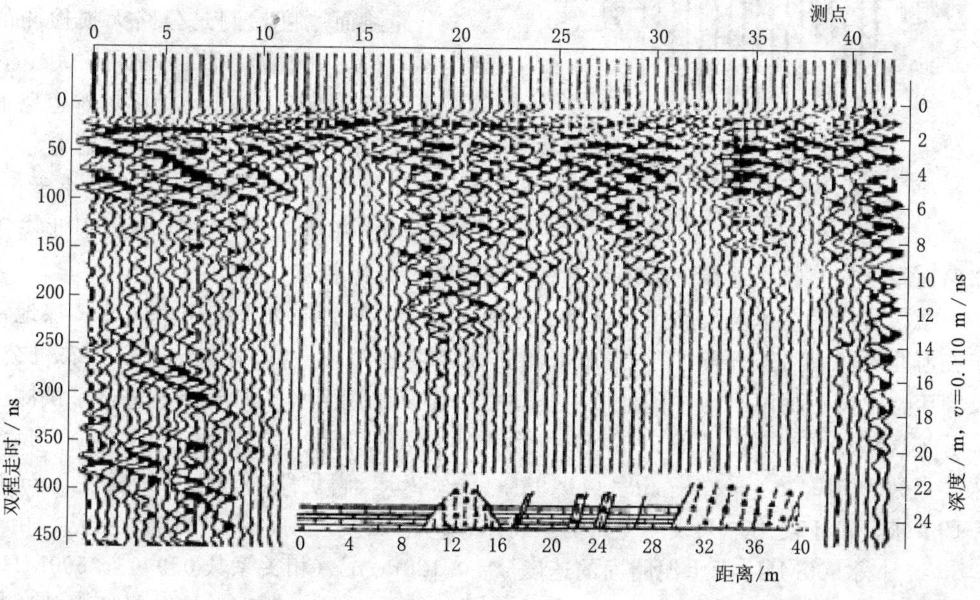

图 4-15　广西天生桥隧道内侧壁溶蚀带的探测

（下部为观测到的地质剖面示意图）

隧洞内侧壁方向纵深灰岩溶蚀情况的探测图。灰岩的溶蚀带因含水，对高频电磁波吸收较强而不同于其他部位。图上左侧（0～10 号测点）直至 24m 纵深仍有很强信号，说明图中 10 号测点以右的大部分地段出现的弱信号应与溶蚀吸收有关。在这一地段内，强信号的最深部位仅止于 14m，显然，整个地段均受溶蚀。以 10～16 号点这一段溶蚀最甚；30～40 号点次之；16～30 号点最弱。这一现象大致与所观察到的地质剖面（图 4-15 下方所附剖面）一致。10～16 号点的溶蚀并不完全始于洞壁，2m 以内的浅表仍有强信号，内部的溶蚀强于浅表，并有向两侧扩展之势，不像地质观察剖面所描述的那样向壁外收敛。30～40 号点，浅表溶蚀更弱且不均匀，其中 35 号点附近 8m 纵深仍有强信号，表明该处的溶蚀现象应在更深部。同样，整个这一段的溶蚀也是向深部及两侧扩展的。中部 20 号点附近虽有较深延的强信号，但与剖面左侧部分显然不同，说明该处应仍属溶蚀带。

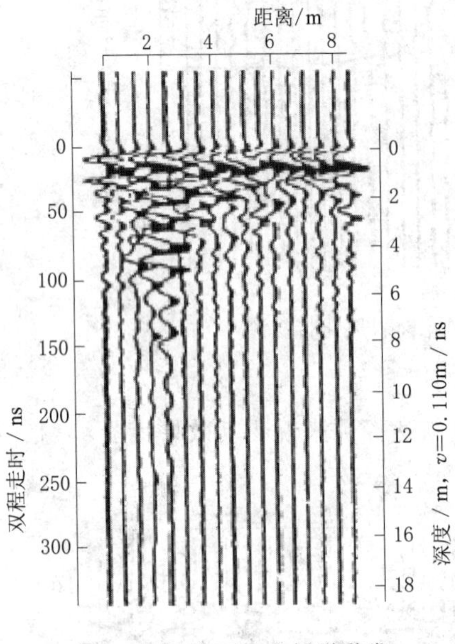

图 4-16　广西天生桥隧道掌子面的前方探测

图 4-16 为另一隧洞内直径为 10.8m、刚爆破掘进的掌子面上测得的雷达剖面。图上仅仅见到浅表处的强信号，而 2m、3m 以下纵深几乎没有信号。根据工区灰岩的雷达探测规律，这一现象显然不是介质强吸收的反映，而是前方没有波的反射，浅表强信号实际是爆破造成的不均匀松动带所引起的。由此推知，掘进方向前方无溶洞-裂断等地质隐患存在。这一推断为继续掘进的结果所证实。

4. 公路路面厚度检测

公路路面厚度检测是公路无损检测的主要内容之一。一般简易路面厚 10～20cm，高等级公路路面厚 20～30cm，机场跑道路面厚 40cm，这就要求公路路面厚度检测有较高的垂向分辨率。路面厚度检测的误差小于 1cm，要求检测方法确定厚度精度高。因此应用于公路路面厚度检测的探地雷达必须具有高分辨率与高计厚精度。

为了检验探地雷达对公路路面厚度的探测能力，中国地质大学应用美国 SIR 探地雷达系统在河北廊坊南门外公路三个已知水泥路面厚度（21.3～24.7cm）地段（农机公司、富友商店、福友粮油站）与中国地质大学图书馆前简易路面（厚 8cm）上进行了试测。为了能分辨这种路面厚度，选用 500MHz 天线与 900MHz 天线。用 10～15ns 时窗，每次扫描采样点数为 512 个，采样率 $\Delta t=0.0196\sim0.0292$ns，满足路面厚度分辨精度 1cm 对采样率的要求。由于使用单天线测量，为获得水泥的电磁波速度，须采用统计方法。由 $v=2D/t$，统计得 900MHz 下水泥路面的速度 $v=0.120$m/ns（相关系数 0.996），500MHz 水泥路面的速度 $v=0.126$m/ns（相关系数 0.889）。由上述速度分别计算各对照点的测量厚度与实际厚度相当。

第三节 瞬变电磁法

在瞬变电磁（TEM）法中，常用的剖面测量装置如图 4－17 所示。根据发、收排列的不同，它又分为同点、偶极和大回线源三种。同点装置中的重叠回线是发送回线（Tx）与接收回线（Rx）相重合敷设的装置；由于 TEM 法的供电和测量在时间上是相分开的，因此 Tx 与 Rx 可以共用一个回线，称之为共圈回线。同点装置是频率域方法无法实现的装置，它与地质探测对象有最佳的耦合，是勘查金属矿产常用的装置。偶极装置与频率域水平线圈法相类似，Tx 与 Rx 要求保持固定的发、收距 r，沿测线逐点移动观测 dB/dt 值。大回线源装置的 Tx 采用边长达数百米的矩形回线，Rx 采用小型线圈（探头），沿垂直于 Tx 长边的测线逐点观测磁场三个分量的 dB/dt 值。后两种装置是频率域电磁法中常用的装置，只要两域方法所使用的装置相同，则其异常剖面曲线形态便是相同的。所以这里主要讨论同点装置激励下的剖面异常特征。

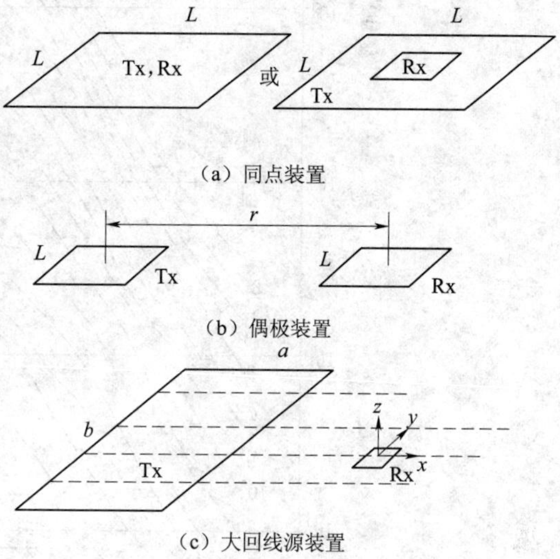

图 4－17 TEM 剖面测量装置

一、几种规则形体上瞬变电磁剖面异常特征

1. 水平圆柱体上同点装置的剖面异常特征

如图 4－18 所示为水平圆柱体上的物理模拟实验结果。由图 4－18 可见，不同测道的剖面曲线在柱顶上均出现有单峰异常。异常随测道时间的延长而衰减，其衰减速度决定于时间常数 τ。

$$\tau_{柱}=\mu\sigma a^2/5.82$$

式中：μ 为磁导率；σ 为电导率；a 为柱体半径。

研究表明，球体上也出现对称于球顶的单峰异常，但球体的时间常数 $\tau_{球}=\mu\sigma a^2/\pi^2$，$\tau_{柱}=1.8\tau_{球}$。故在半径 a 相同的条件下，球体异常随时间衰减的速度要比水平圆柱体快得多，异常范围也比较小。

2. 板状体上同点装置的剖面异常特征

(1) 不同产状薄板上的异常特征。

导电薄板上的异常形态及幅度与导体的倾角有关，如图 4－19 所示。当 $\alpha=90°$ 时，由于回线与导体间的耦合较差，异常响应较小，异常形态为对称于导体顶部的双峰；矿顶出现接近于背景值（噪声）的极小值；不同测道的曲线，除了异常幅度及范围有所差别外，具有与上述相同的特征。

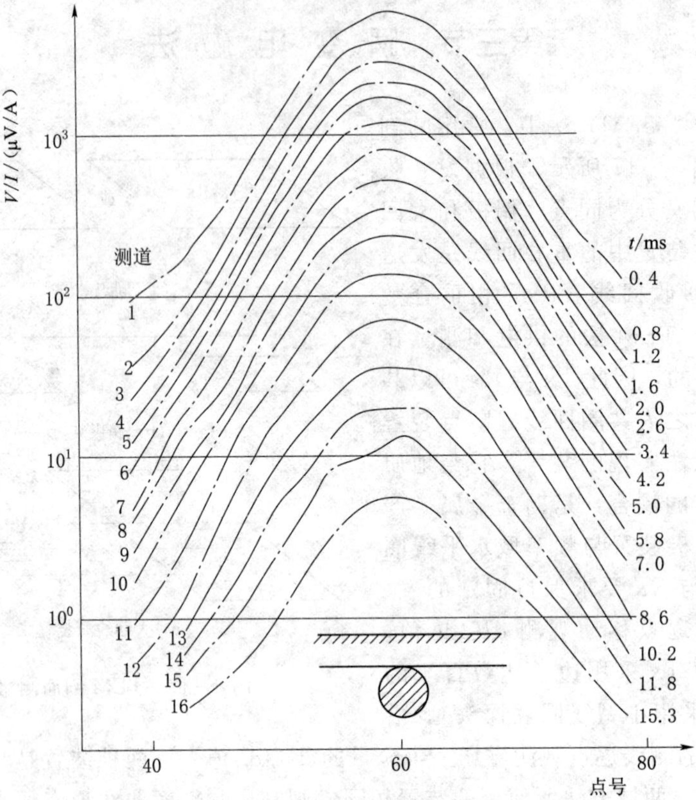

图 4-18 水平圆柱体上物理模拟剖面曲线

（铜柱：直径为 8cm；长 41.7cm；h=5cm；

重叠回线边长为 10cm；点号距离为 4cm）

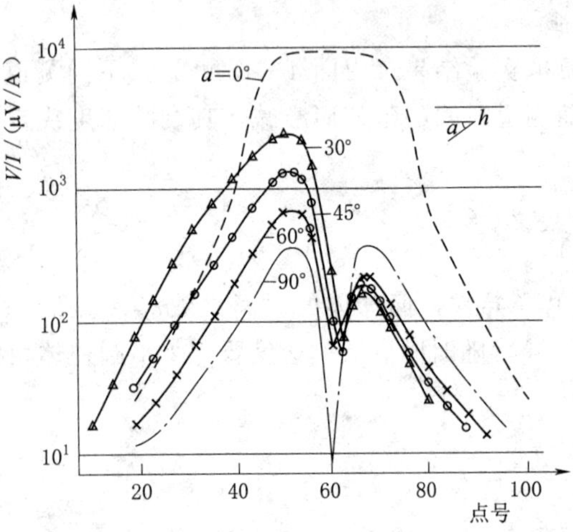

图 4-19 不同倾角板状体的异常比较

（导体模型：铅板尺寸为 70cm×40cm×0.1cm；

h=5cm；矿顶位于 60 号点；重叠回线边长为 10cm；

t=1.2ms；α=45°）

当 $0°<\alpha<90°$ 时，随着 α 的减小，回线与导体间耦合增强，异常响应随之增强，但双峰不对称，在导体倾向一侧的峰值大于另一侧；极小值随 α 的减小而稍有增大，其位置也向反倾斜一侧有所移动。两峰值之比主要受 α 的影响，据物理模拟资料统计，α 与主峰和次峰值之比 A_1/A_2 的关系为

$$\alpha=90°-22°\ln(A_1/A_2) \quad (4-24)$$

如图 4-20 所示，在倾斜板的情况下，不同测道异常剖面曲线形态有所差别，随测道从晚期到早期，极小值变小但量值增大，并往反倾斜一侧稍有移动，双峰变得越来越不明显。异常形态的这种变化反映了导体内涡流分布随延迟时间的变化。

当 $\alpha=0°$时，回线与导体处于最佳耦合状态，异常幅值比直立导体的异常大几十倍，出现异常时，曲线主要呈单峰平顶状（图 4－19），同时在近导体边缘的外侧，出现不明显的次极值或挠曲。

（2）直立厚板上的异常特征。在电磁法中，板状体的薄与厚是相对于趋肤深度而言的，时域电磁法中的趋肤深度表达式为

$$\delta=(t/\pi\mu_0\sigma)^{1/2}\approx 503(t/\sigma)^{1/2} \tag{4-25}$$

可见，趋肤深度决定于导体的电导率 σ 及场扩散时间 t。如果板厚大于 $\delta\times 10\%$，那么该板可以认为不再属于薄板，异常特征也随之有所变化。

直立厚板的异常响应如图 4－21 所示，早期道的异常具有等轴状体异常响应特征，而晚期道的响应逐步转化为对称于矿顶的薄板异常（双峰）。这是由于在早期，板体厚度相对于趋肤深度 δ 而言属于厚板，涡流分布主要集中于矿体顶部，出现类似于等轴状体的异常；到了中、晚期，板相对变薄，涡流将向下分散，其分布逐渐趋向于在板体中。这种异常类型转换的时间与矿体纵向电导值有关，纵向电导值小，其转换时间便早；所谓薄板，就是不出现这种转换的板体，它的异常仅出现双峰形态。

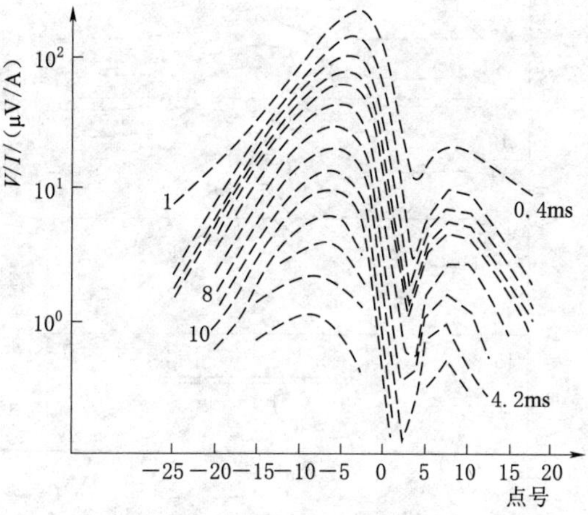

图 4－20　倾斜板上不同测道的异常剖面曲线

（导体模型：铅板尺寸为 80cm×20cm×0.6cm；h=5.5cm；顶点都在 0 号点；重叠回线边长为 5cm）

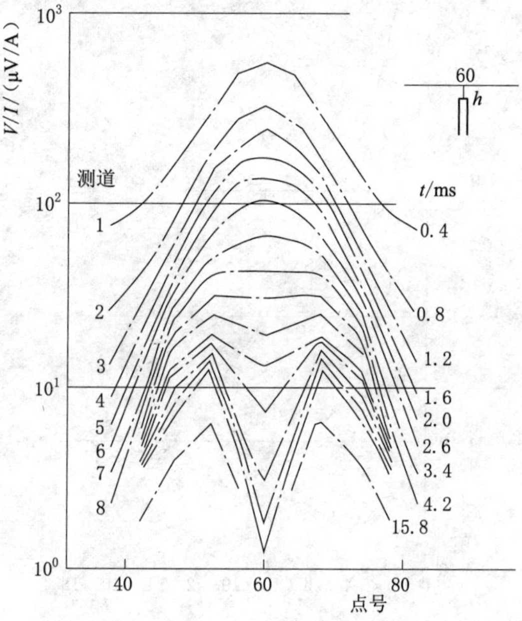

图 4－21　直立厚板的异常剖面曲线

（导体模型：铅板尺寸为 30cm×25cm×3.5cm；h=5cm；α=90°；回线边长为 10cm；点号间距为 4cm）

二、覆盖层对瞬变电磁剖面异常的影响

众所周知，有限导电体在晚期是按指数规律衰减的，在时间常数较大的情况下，其衰减速度可能比导电覆盖层上的响应衰减速度要慢。因此，当良导电矿体与覆盖层组合在一起时，在晚期有可能得到以矿体响应为主的信息。但是，在早期，由于发、收回线与覆盖

层之间的耦合比与矿体的耦合要强得多，所观测到的信号将主要反映覆盖层的响应。由图4-22可以明显看出这种规律，在早期，曲线1（组合）与曲线3（纯覆盖）相重合，主要是反映覆盖层；在晚期，曲线1（组合）与曲线2（单纯矿）逐渐趋于相平行或相近，主要是反映矿体，尽管背景被抬高，但矿体响应的主要特征被保留下来（τ 值与无覆盖时相同），区别在于进入晚期的时间被推迟。从全覆盖条件下水平圆柱体异常剖面曲线（图4-23）也可以明显地看到，早期曲线几乎为一直线，幅值也较高；随着测道的增加，异常曲线形态逐渐接近于深部矿体单独存在时异常曲线的形态（图4-18），但直至16道（15.8ms）异常幅值要比矿体单独存在时高10倍左右，异常的清晰度变差。

导电覆盖层条件下，影响对矿体探测能力的因素很多，如矿体埋深、板状矿体的纵向电导、覆盖层的纵向电导、取样时间及回线边长等。因此在对异常作解释时，应对这些因素进行综合考虑。

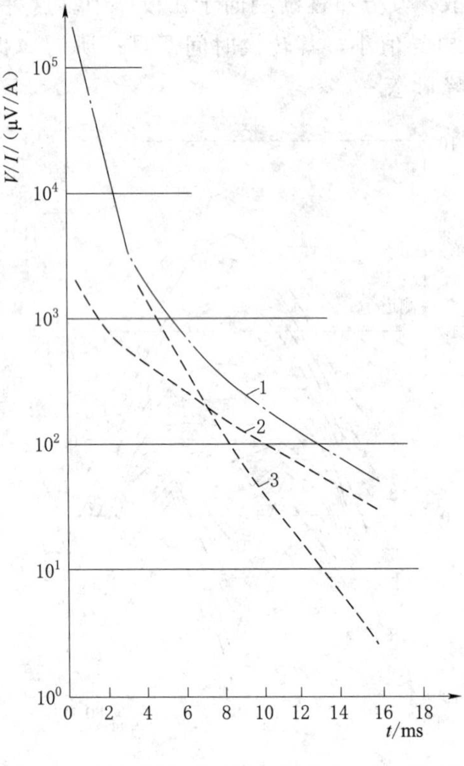

图4-22　导电覆盖层对板状体异常时间谱的影响

1—覆盖层与矿体相结合；2—矿体：铝板尺寸为34cm×31cm×0.54cm，h=4cm，α=45°；3—覆盖层：厚度为0.05cm的薄铝板，重叠回线边长为10cm

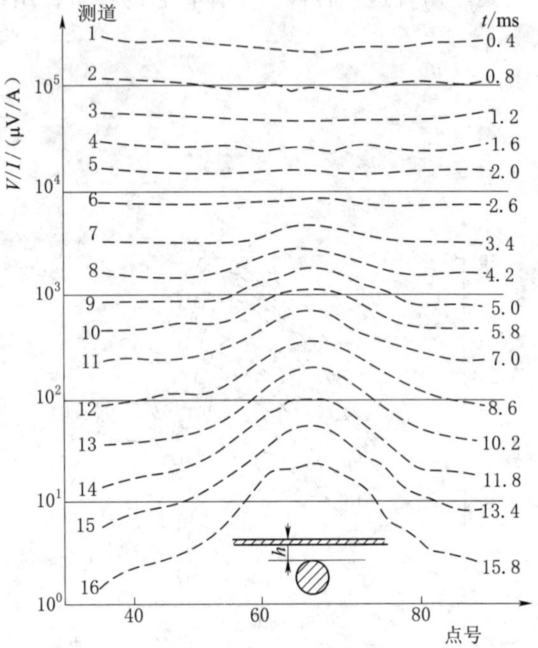

图4-23　全覆盖下水平圆柱体异常剖面曲线

（矿体模型：直径为8cm的水平钢柱；长41.7cm；h=5cm；覆盖层为0.05cm厚铝板；重叠回线边长为10cm）

三、起伏地形对瞬变电磁剖面异常的影响

1. 高阻围岩条件下的地形影响

瞬变电磁法是观测纯异常的一种方法，不存在一次场的背景，因此，在高阻围岩条件

下，当地下无导电体时，纯地形起伏不会产生假异常。如果地下有导电体，由于地形起伏改变了回线与导体之间的耦合关系，异常形态发生畸变。

图 4-24 及图 4-25 分别为山谷及山坡地形下异常畸变的特征，可见，当地形起伏使耦合加强时，所得到的异常就比平坦地形情况的异常响应要强；反之亦然。

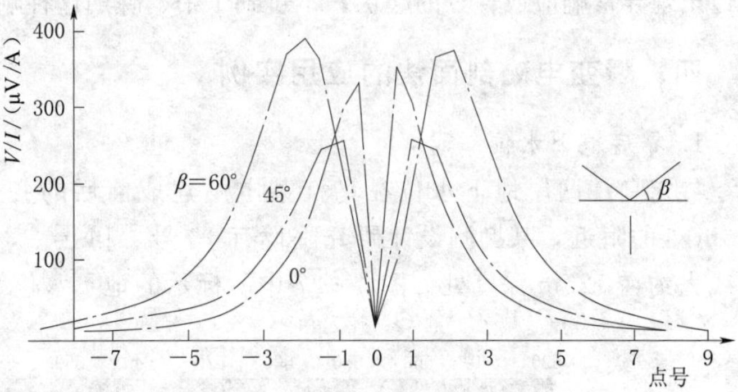

图 4-24　山谷地形下直立板状体上的异常剖面曲线

（模型：铅板尺寸为 70cm×40cm×0.1cm；h=5cm；回线边长为 10cm；t=1.2ms）

2. 导电围岩条件下的地形影响

野外实际条件下，围岩具有一定的导电性，它们的影响不可忽略。起伏地形条件下，这种影响将在剖面曲线上突出地反映出来；相对于平坦地形而言，有两个方面的因素在起作用，一是使异常背景起伏，另一是由于与矿体耦合关系的改变而使异常形成畸变。如图 4-26 所示，在早期主要反映导电围岩的起伏，其特点是响应幅值高，在地形转折点出现局部起伏，但是，由于一般情况下围岩的导电性并不十分好，这种高值响应的衰减速度较快，因此，到了中、晚期的异

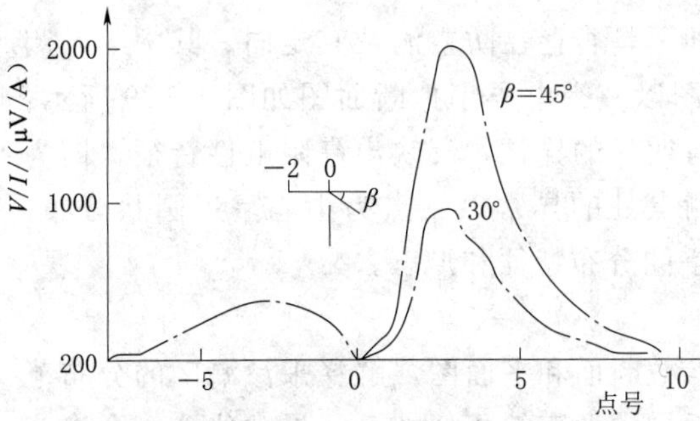

图 4-25　山坡地形下直立板状的异常剖面曲线

（模型：铅板尺寸为 70cm×40cm×0.1cm；h=5cm；回线边长为 10cm；t=1.2ms）

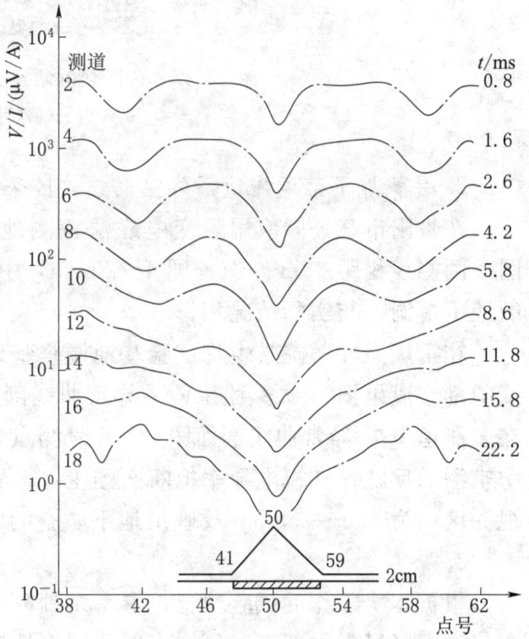

图 4-26　由导电围岩构成的山脊地形下水平板状异常响应剖面曲线

（地行模型：铅铸的 45°山脊；矿体模型：水平铜板尺寸为 15×15cm×0.4cm；回线边长为 4cm；点距为 1cm）

常将逐步突出深部矿体的响应。由于矿异常受地形起伏的影响，故得到V形的形态。

野外常遇到由于风化切割所构成的沟、谷、山包等地形，当具有相当规模时，往往在早期道出现异常响应或背景的起伏，不过到了中、晚期这种响应一般已消失，并不难识别。

四、瞬变电磁剖面法的应用实例

1. 界定地下水位

界定乌江两岸地下水位在乌江某电站建成前后的变化。在 X 轴方向 530m、550m、570m 处的附近，某勘测设计研究院设有13号、14号、15号钻孔。经钻探验证，地下水位线大约在125m深度处。图4-27中所标示的地下水位线（黑线）基本上与之吻合。

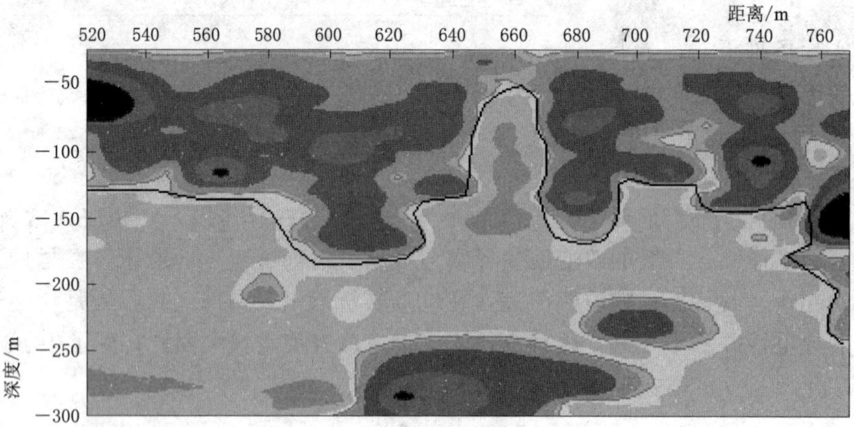

图4-27 乌江某电站瞬变电磁法视电阻率等值线图
（长沙白云仪器开发有限公司提供）

2. 寻找地下溶洞或地下防空洞或矿区采空区

在贵阳市某公园应用瞬变电磁法探测地下溶洞。图4-28是两平行测线的物探成果图，两测线相距35m左右。图4-28（a）中 X 轴方向50m处的小圆圈表示贵阳市某公园的地下溶洞，与实际情况相符。

在重庆大坪医院某生物试验基地调查基地地下是否存在防空洞及其走向。其中5号测线的勘察成果图——多测道 V/I 异常曲线剖面图以及视电导率拟断面图如图4-29所示：在多测道 V/I 异常曲线剖面图上，6号测点处有明显的异常，反映出高阻电性特征，即为防空洞的反映；在视电导率拟断面图上，6号测点处的异常以一点为中心呈近圆状分布，视深度约为5.0～7.8m，反映出地下防空洞的空间分布特征和形态。

3. 渗漏区探测

根据本次工作的试验情况，参考多种电性参数断面和平面图，解释采渗漏区的分布范围。渗漏区异常推断解释原则：①相邻电性剖面异常形态的相似性；②异常位置符合渗流等地质规律；③渗漏区异常要排除地面干扰。

由于野外测量所得并不是地下地质体的真电阻率值，而是视电阻率，与地下地质结构、地形起伏、特殊构造的存在等有着关联，所以，在进行渗漏区范围确定时，采用的是相对异常范围的概念，根据视电阻率等值线断面图，将该区域内的视电阻率高值区域包围

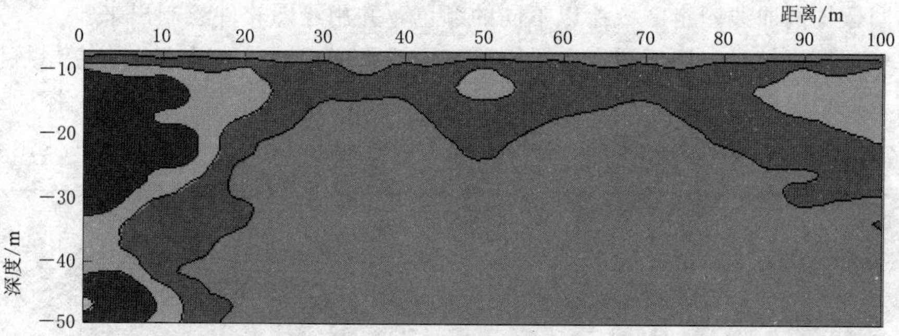

（a）测线1探测结果

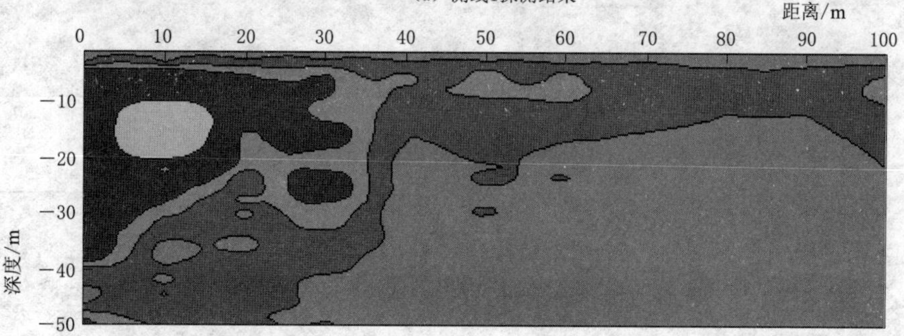

（b）测线2探测结果

图 4-28 贵阳市某公园瞬变电磁法视电阻率等值线图

（长沙白云仪器开发有限公司提供）

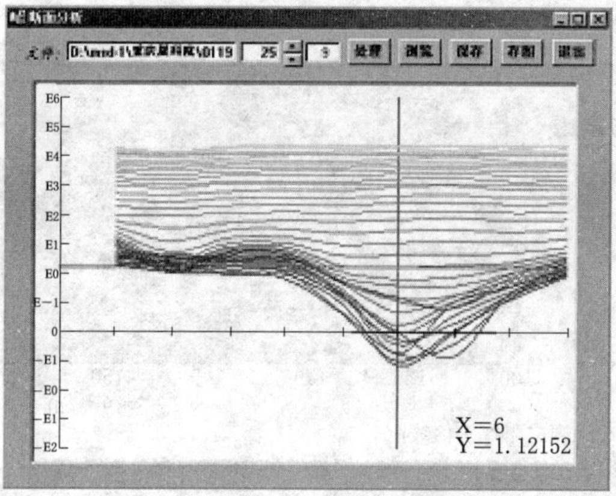

（a）多测道V/I异常曲线剖面图

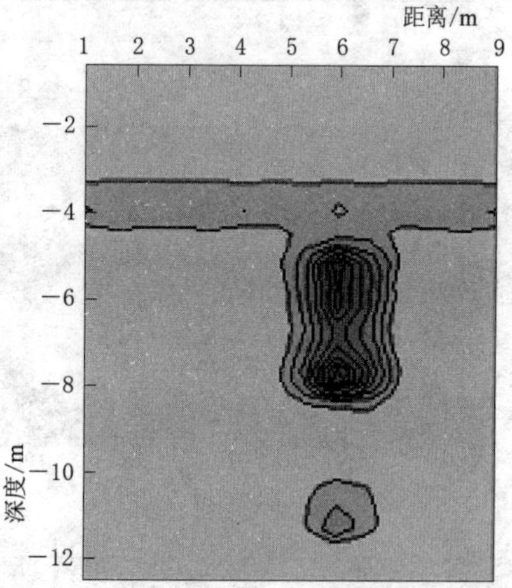

（b）视电导率拟断面图

图 4-29 重庆大坪医院某生物试验基地瞬变电磁法视电阻率等值线图

（长沙白云仪器开发有限公司提供）

的相对低阻区域划定为异常区域，并结合已知的坝体等地质条件，确定低阻异常区为渗漏区。为了更好显示沿剖面横向电性的变化情况，绘制了视电阻率等值线断面图，以探测时地表距离为横坐标，把计算出来的探测深度作为纵坐标，按一定取值间隔，把视电阻率相等的值连接成光滑的曲线，这样就可以画出视电阻等值线断面图。

图中各曲线数据都经过光滑处理。为了便于资料分析、曲线对比，在视电阻率断面图上，把不同数据的曲线圈定区域涂以不同的颜色，并用绘图软件绘制出来。

（1）坝顶探测结果。坝顶瞬变电磁探测剖面沿水库坝轴线，从右岸向左岸探测，起点为右岸侧第一根路灯杆位置，终点为溢洪道闸室右侧，剖面长度共350m。探测结果如图4-30所示。探测方向为竖直向下，主要反映了坝体20m以上范围内的电性变化。重点探

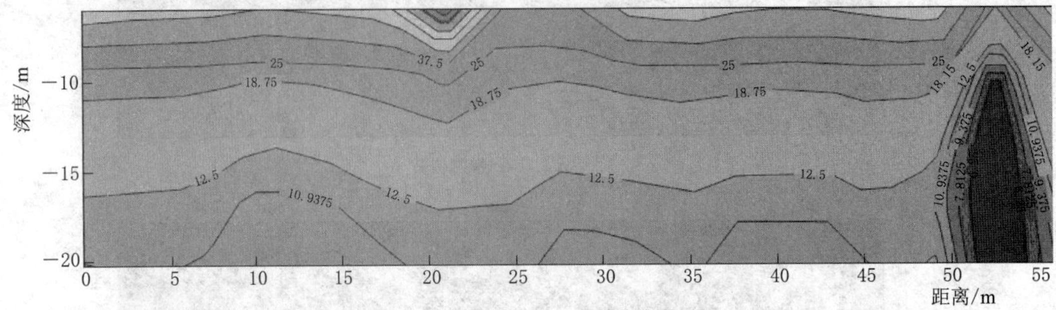

（a）0～50m视电阻率等值线图

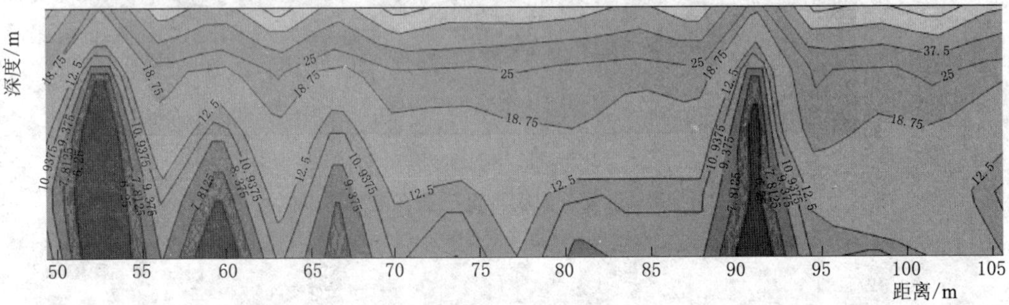

（b）50～100m视电阻率等值线图

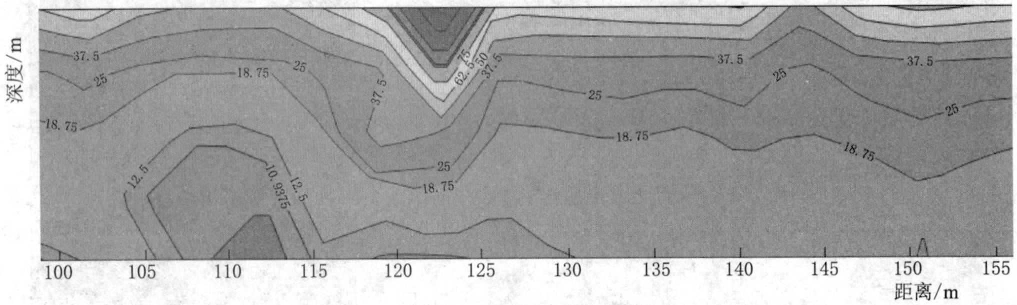

（c）100～150m视电阻率等值线图

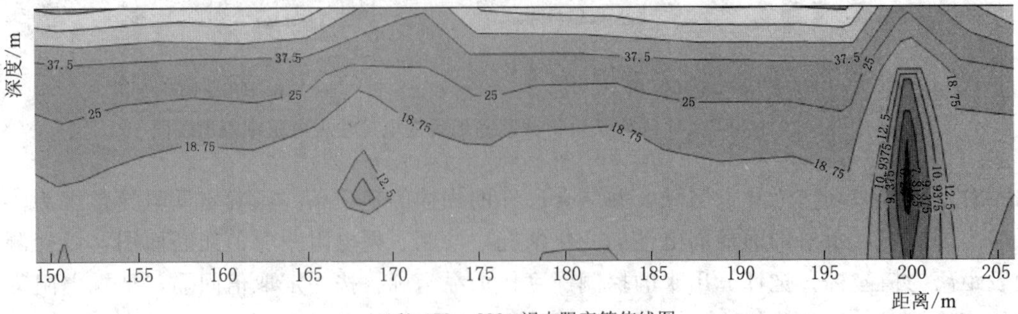

（d）150～200m视电阻率等值线图

图4-30（一）　坝轴线视电阻率等值线断面图

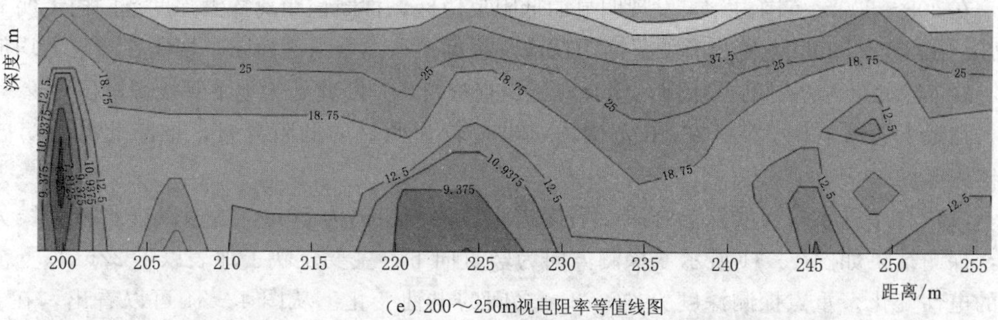

（e）200～250m视电阻率等值线图

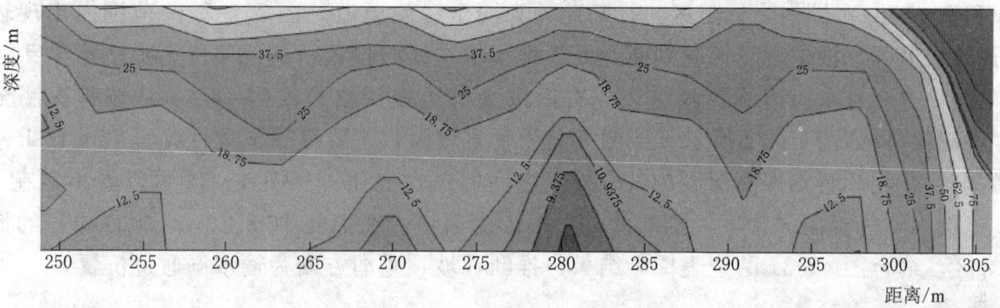

（f）250～300m视电阻率等值线图

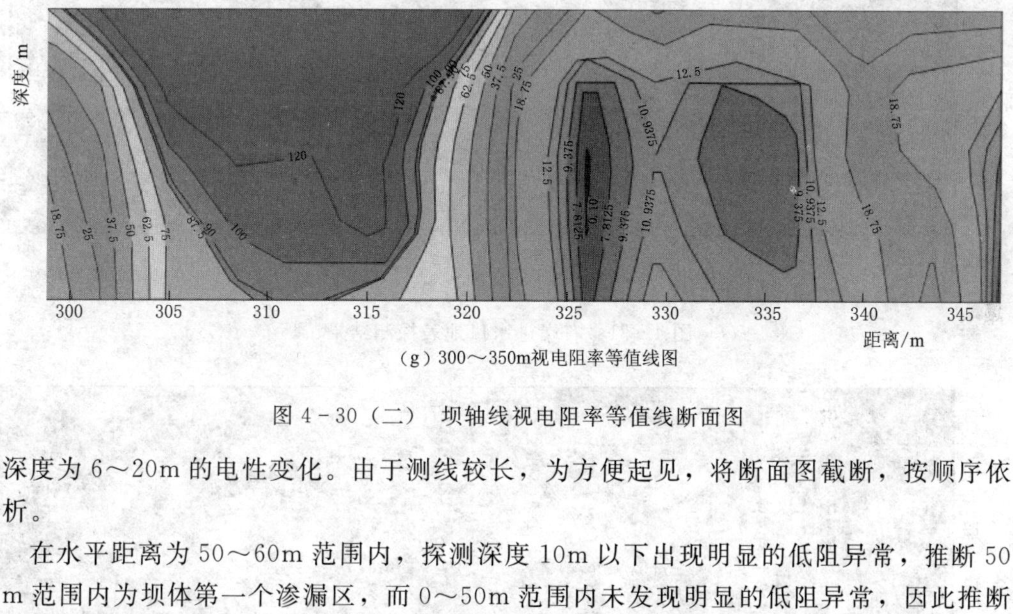

（g）300～350m视电阻率等值线图

图 4-30（二）　坝轴线视电阻率等值线断面图

测深度为 6～20m 的电性变化。由于测线较长，为方便起见，将断面图截断，按顺序依次分析。

在水平距离为 50～60m 范围内，探测深度 10m 以下出现明显的低阻异常，推断 50～60m 范围内为坝体第一个渗漏区，而 0～50m 范围内未发现明显的低阻异常，因此推断在 0～50m 探测深度内无明显渗漏区。

在水平距离 89～95m 范围内，探测深度 10m 以下出现明显的低阻异常，推断此处为第二个渗漏异常区，而在 60～85m 范围内无明显低阻异常，推断此距离探测深度内无明显渗漏区。

在水平距离 95～195m 范围内，未发现明显的低阻反应，推断该距离探测深度内无明显渗漏区。在 195～205m 范围内，探测深度 10m 以下出现明显的低阻反应，推断此处为坝体内第三个渗漏区。

在205～300m范围内，未发现明显的低阻反应区，推断该距离探测深度范围内无明显渗漏区。在305～320m范围内有明显高阻反应，根据工程地质纵剖面图，坝体心墙应为均值黏土，故排除此处为基岩的可能性。结合现场调查资料，判断此处为地下管线埋设位置。

在地下管线右侧325～330m范围内，出现较为明显的低阻异常，推断此处为第四个坝体渗漏区。

（2）右岸进水口交线探测结果。右岸进水口探测距离为50m，近似以进水口管线为中线，探测结果如图4-31所示。探测方向为竖直向下，主要反映了地表以下22m以上范围内的电性变化。重点探测深度为6～22m之间的电性变化。从图4-31可以看出，在0～1m和7～10m范围内为低阻区，推断此处为两个渗流通道。在25～28m范围内出现较为显著的低阻区，根据现场情况判断此处为地下输水线路位置，其他部位无明显异常反应。

（3）右岸进水口边坡探测结果。右岸进水口边坡探测长度为18m，从坡脚探测至路面，探测结果如图4-32所示。探测方向为垂直坡面，主要反映了垂直坡面22m以上范围内的电性变化。重点探测深度为6～22m之间的电性变化。从图4-32可以看出，在1～3m范围内，为低阻异常区，推断此处出现渗流通道。在探测16m以后，出现明显的低阻异常区，结合图4-31的地表探测结果，推断在坡顶垂向方向为输水洞通过位置。

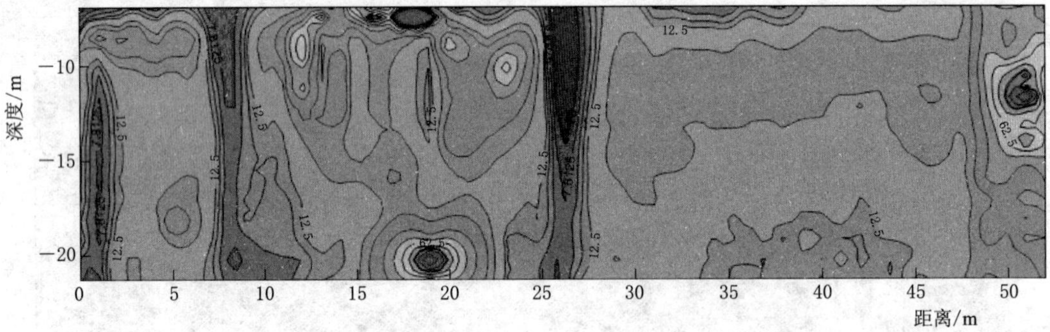

图4-31　右岸进水口地表探测结果

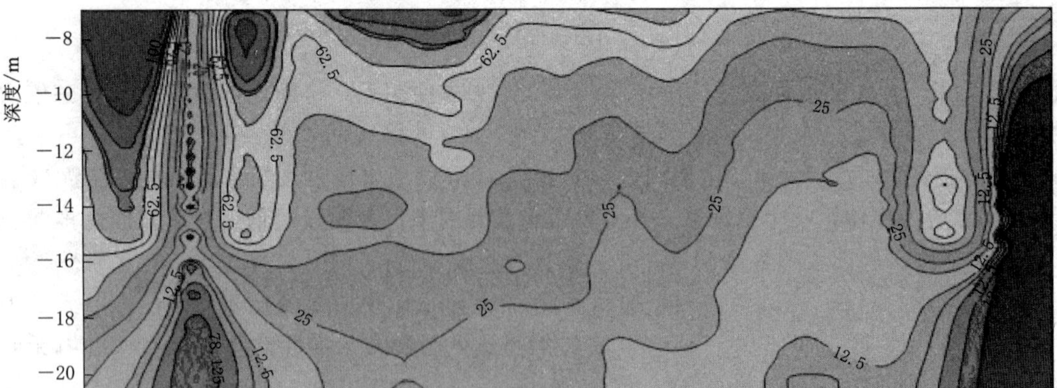

图4-32　右岸进水口地表探测结果

第四节　管　线　探　测

一、工作方法

频率域电磁法应用于地下管线探查，其工作方法根据场源性质可分为被动源法和主动源法。主动源法又可分为直接法、夹钳法、感应法、示踪法和电磁波法（又称为探地雷达法）。被动源是指工频（50～60Hz）及空间存在的电磁波信号，主动源则指通过发射装置建立的场源。探查人员可根据任务要求、探查对象（管线类型、材质、管径、埋深、出露）和地球物理条件（物性差、干扰、环境）等情况选择使用[31]。

1. 被动源法

被动场源由于不需要人工建立场源，现场工作较为简便。国内外许多管线仪设置了被动源探查功能。由于被动源不稳定、激发方式不可变等特点，除对载流（50～60Hz）电缆进行追踪定位外，不能作为精确定位方法。一般只能对存在管线的区域进行盲探，然后用主动源再对地下管线进行精确定位、定深。被动源法有两种方法，即工频法和甚低频法。

（1）工频法。工频法指利用载流电缆所载有的 50～60Hz 工频信号及工业游散电流在电缆中的工频电流或金属管线中的感应电流所产生的电磁场进行管线探查。

载流（50～60Hz）电缆与大地间具有良好的电容耦合，在载流电缆周围形成交变电磁场，地下管线在此电磁场的作用下，产生感应电流，在管线周围形成二次磁场，如图 4－33 所示。工业游散电流同样能使地下金属管线产生电磁异常。通过观测管线电缆周围交变电磁场及管道所形成的二次磁场便可探查地下金属管线，这种方法称为工频法。该法无须建立人工场，方法简便，成本低，工作效率高，但分辨率不高，精度较低，主要用于探查动力电缆和搜索金属管线，是一种简便、快速的初查方法。

（2）甚低频法。甚低频法指利用甚低频无线电台所发射的无线电信号在金属管线中感应的电流所产生的电磁场进行管线探查，如图 4－34 所示。

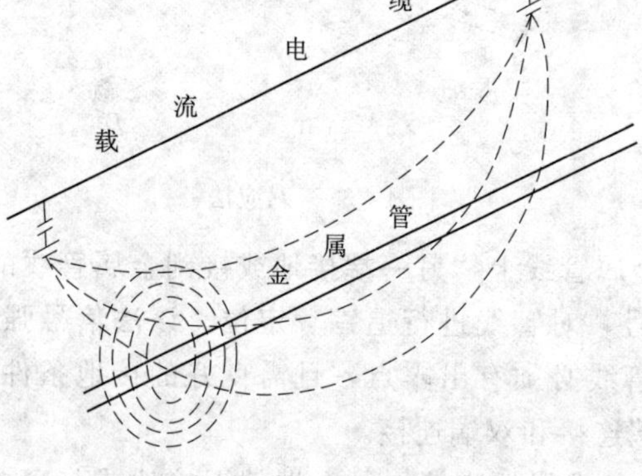

图 4－33　工频法原理

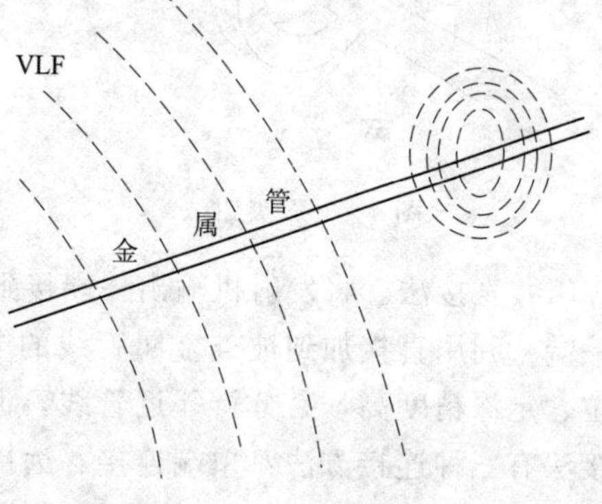

图 4－34　甚低频法原理

许多国家为了通信及导航目的，设立了强功率的长波电台，其发射频率一般为15～25kHz，在无线电工程中，将这种频率称为甚低频（very low frequency，VLF）。能为我国利用的电台有：日本爱知县NDT台，频率为17.4kHz，功率为500kW；澳大利亚西北角的NWC台，频率为15.5kHz及22.3kHz，功率为1000kW。

甚低频电台发射的电磁波在远离电台地区可视为典型的平面波。由于发射天线垂直，故磁场分量水平，且垂直于波的前进方向。当地下管线走向与电磁波前进方向垂直时，电磁波对地下管线不激励，则不能形成二次磁场；当地下金属管线走向与电磁波前进方向一致时，因一次磁场垂直于管线走向，管线将产生感应电流及相应的二次磁场。由于一次场均匀，管线所形成的二次磁场具有线电流场性质。其感应二次磁场的强度与电台和管线的方位有关。该方法简便、成本低、工作频率高，但精度低、干扰大。其信号强度和无线电台与管线的相对方位有关，可用于搜索电缆或金属管线。

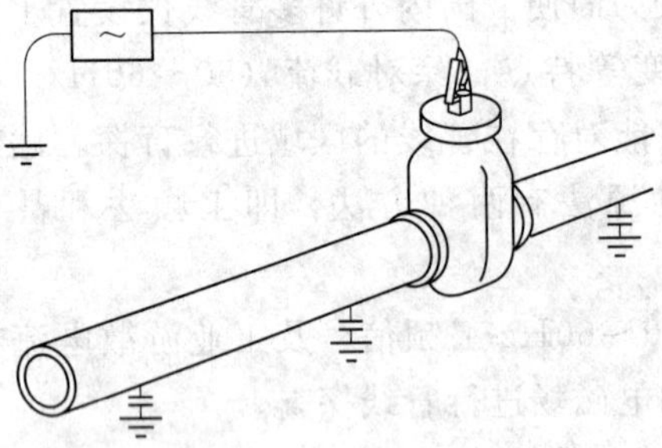

图4-35　直接法

2. 主动源法

主动场源是指可受人工控制的场源，探查工作人员可通过发射机向被探查的管线发射足够强的某一频率的交变电磁场（一次场），使被探管线受激发而产生感应电流，在被探管线周围产生二次场。根据给地下管线施加交变电磁场的方式不同，主动源法又可分为直接法（图4-35和图4-38）、夹钳法（图4-36）、感应法（图4-37）和示踪法（图4-39）。电磁波法（探地雷达法）也是主动源法的一种，但不在下文进行详细阐述（详见第四章第二节相关内容）。

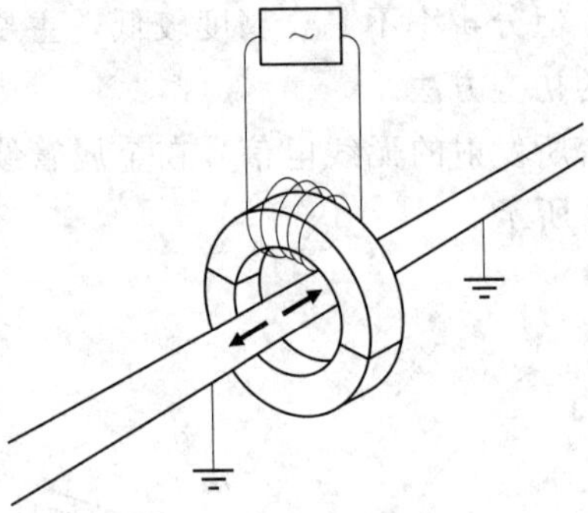

图4-36　夹钳法

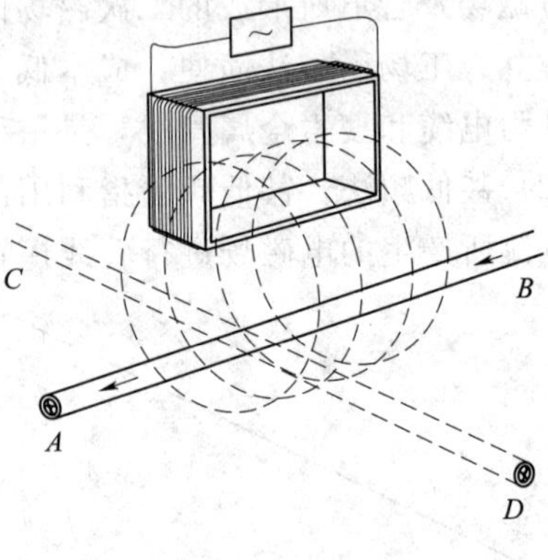

图4-37　感应法

（1）直接法。将发射机输出一端接到被查金属管线上，另一端接地或接到金属管线的另一端，利用直接加到被查金属管线的电磁信号，对管线进行追踪、定位。该法信号强，定位、定深精度高，易分辨邻近管线，但金属管线必须有出露点，且需良好的接地条件。直接法有三种连接方法：单端连接、远接地单端连接和双端连接。

1）单端连接。发射机的输出端与管线出露点或阀门连接，另一端就近接地或与窨井壁连接，如图4-38（a）所示。

2）远接地单端连接。将发射机输出端与管线出露点连接，接地端用一导线与离输出端较远处的接地电极相连，且接地条件良好，接地线尽量与管线走向垂直，少跨越其他管线，如图 4-38（b）所示。用接收机对管线进行追踪定位，随着探测距离的增加，随时增大发射机功率，以保证金属管线能够产生足够的电磁异常。

3）双端连接。当地下金属管线有两个出露点时，根据场地条件，将发射机两端（输出端和接地端）用长导线连接在两个出露点上，且连接导线与管线相距一定的距离，以减小地面连接对探查效果的影响。这样，发射机发出的谐变电流通过管线与地面连接形成回路，对地下金属管线进行追踪定位，如图 4-38（c）所示。

在选用直接法时，不论单端连接还是双端连接，连接点必须接触良好，应将金属管线的绝缘层剥干净；接地电极布置应合理，一般布设在与管线走向垂直的方向上，距离大于 10 倍管线埋深的地方，并尽量减小接地电阻。管线有两个出露点时，应根据场地条件合理选用。

在管线探查时，接收机应根据发射机设置功率的大小，在大于最小收发距范围内进行，以避免发射机发射的一次场干扰影响探测效果，还可通过测量电流来区分附近干扰管线。

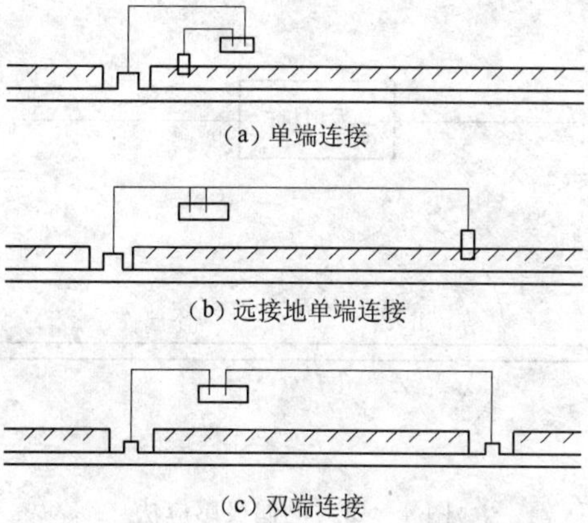

(a) 单端连接

(b) 远接地单端连接

(c) 双端连接

图 4-38　直接法连接方式

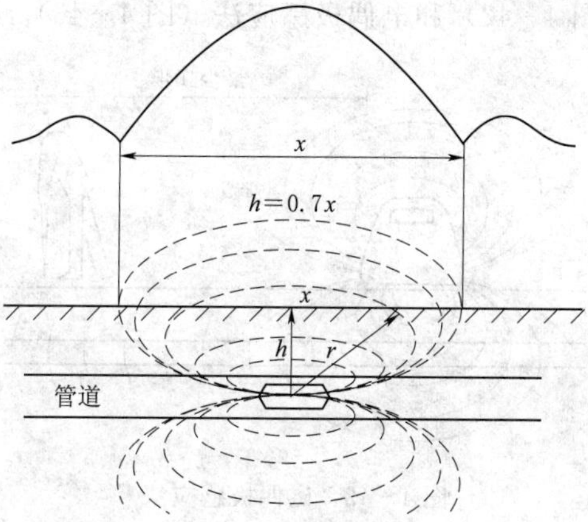

图 4-39　示踪法

（2）夹钳法。将管线仪配备的夹钳（耦合环），夹在金属管线上，通过夹钳把信号加到金属管线上，如图 4-36 所示。该法信号强，定位、定深精度高，易分辨临近管钱，方法简便。但管线必须有出露点，被查管线的直径受夹钳大小的限制。夹钳法适用于管线直径较小且不宜使用直接法的金属管线或电缆。探测前先将夹钳与发射机输出端相连，套在管线上，然后用地面接收仪器对管线进行追踪定位。

夹钳的钳体为铁磁材料，钳体上有多圈绕组，绕组的每一圈都是顺着走向正对着管线的上方进行最大的激发。整个钳体的作用，就好似有很多直立的小线圈围着所钳住的管激发，使用时管线直径应小于夹钳直径，以保证有较好的耦合状态。由于管道电缆的直径悬殊，在实际使用时应配有不同内径规格的夹钳。电缆本身与大地具有电流耦合作用，用夹钳法效果好，如图 4-40 所示。使用时应注意安全，不要碰触夹钳的接头处。当使用直接法探测密集管线时，发射机发射的谐变电流会沿最易传播的路径传播。在目标管线上信号不一定最强；而采用夹钳法，目标管线传导的信号最强，其他管线传导信号较弱，如图4-41所示。

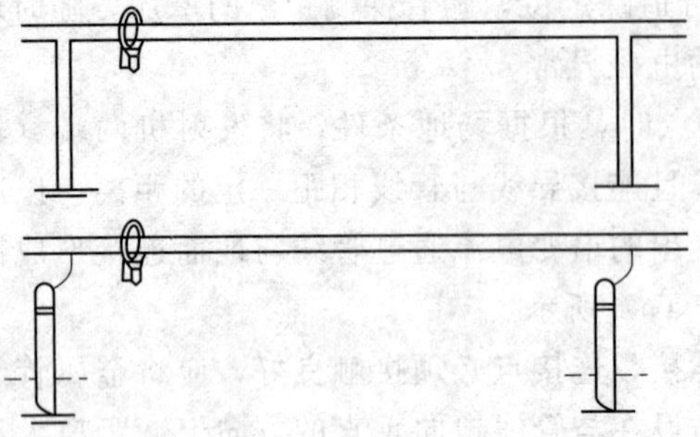

图4-40 夹钳法探测电缆

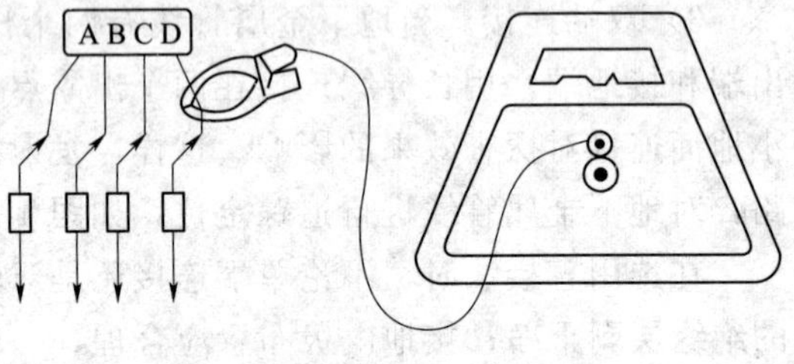

图4-41 夹钳法分辨电缆线

（3）感应法。它是通过发射机发射谐变电磁场，使地下金属管线产生感应电流，在周围形成电磁场。通过接收机在地面接收管线所形成的电磁场，对地下金属管线进行搜索、定位。当被探的目标管线出露少，不具备直接法和夹钳法条件时，可采用感应法。该法使用方便，不需接地装置，是城市地下管线探查中常用的方法。感应法可分为磁偶极感应法（图4-42）和电偶极感应法（图4-43）。

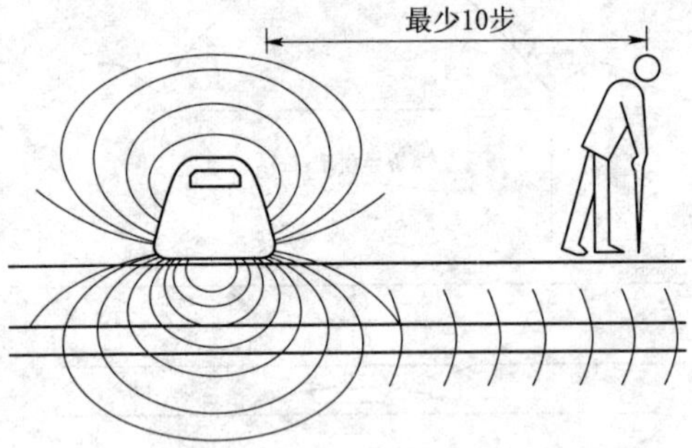

图4-42 磁偶极感应法

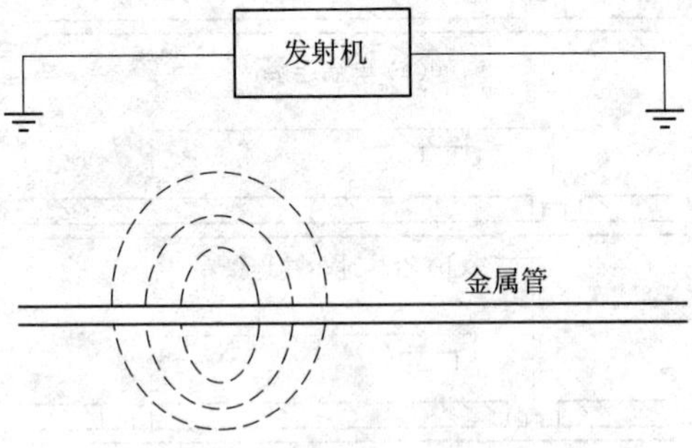

图4-43 电偶极感应法

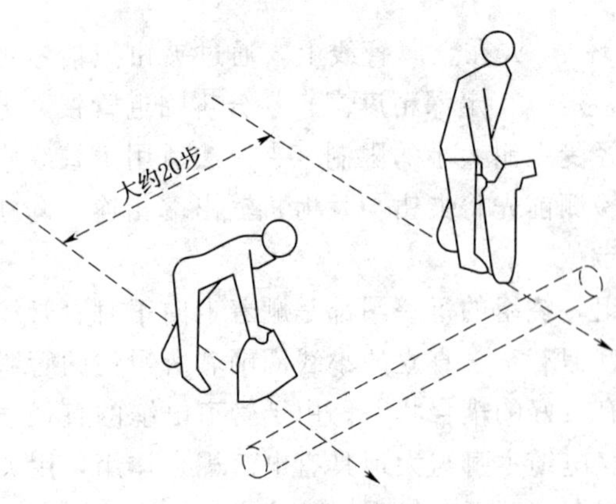

图4-44 水平偶极子发射

1）磁偶极感应法。利用发射线圈发射的电磁场，使金属管线产生感应电流，形成电磁异常，通过接收机对地下金属管线定位、定深。该方法发射机、接收机均不需接地，操作灵活、方便、效率高，用于搜索金属管线、电缆，可定位、测深和追踪管线走向（图4-42）。利用磁偶极感应法探查地下金属管线时，发射线圈一般有两种方式，即：①水平磁偶感应法，发射机呈直立状态发射，发射线圈面垂直地面，这时发射线圈与管线的耦合最强，可有效地突出地下管线的异常，并可压制邻近管线的干扰（图4-44）；②垂直磁偶感应法，发射机的发射线圈在管线正上方呈平卧状态，发射线圈面水平，这时发射线圈与管线不产生耦合，被压管线不产生异常，此方法可压制相邻管线间的干扰，有效地区分平行管线（图 4-45）。

2）电偶极感应法。利用发射机两端接地产生的一次电磁场对金属管线感应而产生的二次电磁场，对地下金属管线进行探查。该法一般采用水平电偶极方式发射（图 4-46），信号强，不需管线出露点，但必须有良好的接地条件。在具备接地条件的地区，可用来搜索追踪金属管线。工作时用长导线连接发射机两端，分别接地，且保证接地良好。使发射机、长导线、大地形成回路，建立地下电磁场，激励金属管线在周围形成电磁场。选用本法，应根据场地条件，选择良好的接地点，接地导线应尽量与地下金属管线平行，且相距适当距离，以免接地导线电磁信号对接收信号的影响。

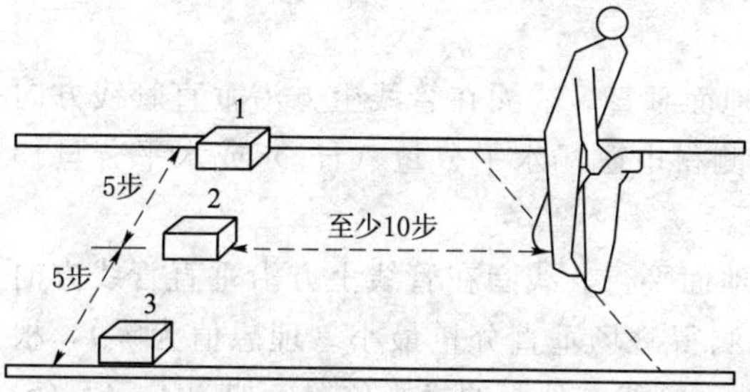

图 4-45　垂直偶极子发射

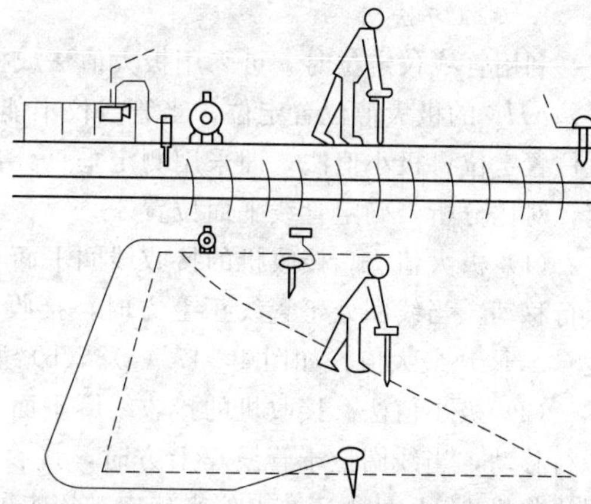
图 4-46　电偶极感应法搜索地下管线

当采用感应法工作时，电偶极感应法受场地条件及方法本身特点限制，工作中较少采用，但电偶极感应法建立的电磁场信号强，管线异常易分辨。磁偶极感应法建立的电磁场衰减较快，但工作方法简便，不需接地，工效高。在实际工作中，较多利用磁偶极感应法进行地下金属管线探查。

（4）示踪法。示踪法亦即示踪电磁法。在探测不导电的非金属管道时，可采用示踪法进行定位、测深。它通过示踪探头，沿着管道走向移动进行发射，将能发射电磁信号的示踪探头（信标）或导线送入非金属管道内，在地面上用接收机探测该探头所发出的电磁信号，根据信号变化确定地下非金属管线的走向及埋深（图 4-39）。该法探测非金属管道，信号强，效果好，但管道必须有放置跟踪探头的出入口。

将探头通过非金属管道的出入口置入管道内，沿管道推进探头，在地面用接收机接收探头所发射出的信号。探头实际上是一磁偶极子，从轴心辐射出一峰值区，在每一峰值端形成回波信号。调节接收机的灵敏度，仔细寻找回波信号及两回波信号间的峰值信号。同时沿垂直管线的方向寻找一最大值信号，以确定管道的正确位置。

地下磁偶极子在地面上的水平分量为

$$H_x = \frac{m}{r^3}(3\cos^2\theta - 1) = \frac{m}{r^5}(2x^2 - h^2) \qquad (4-26)$$

式中：m 为磁矩；θ 为磁偶极到接收点的连线与水平地面的夹角；r、h、x 的意义见图 4-39。

当 $x=0$ 时，$|H_x|$ 最大值在示踪探头的正上方。当 $x=\pm\sqrt{2}h/2$ 时，$H_x=0$，即在地面上可以探到两个过零点，这两个过零点之间的距离与管道埋深的关系为 $h=0.7x$，即示踪探头的深度为两个零值点距离的 0.7 倍。

二、定位定深方法

无论采用直接法还是感应法来传递发射机的交变电磁场，均会使地下金属管线被激发而产生交变的电磁场，该磁场可被高灵敏的接收机所接收，根据接收机所测得的电磁场分量变化特征，可对被探查的地下管线进行定位、定深。

1. 定位方法

利用管线仪定位时，可采用极大值法或极小值法。极大值法，即用测定磁场水平分量之差 ΔH_x 的极大值位置定位，当管线仪不能观测 ΔH_x 时，可以采用水平分量 H_x 的极大值位置定位；极小值法，即采用测定垂直分量 H_z 的极小值位置定位。两种方法宜综合应用，对比分析，确定管线平面位置。

（1）极大值法。接收机的接收线圈平面与地面垂直，线圈在管线上方沿垂直管线方向平行移动，当线圈处于管线正上方时，接收机测得电磁场水平分量（H_x）或水平分量梯度（ΔH_x）最大值，如图 4-47（a）、（b）所示。

（2）极小值法。接收机的接收线圈平面与地面平行，线圈在管线上方沿垂直管线方向平行移动，当线圈位于管线正上方时，接收机测得磁场垂直分量最小（理想值为零），根据接收机中 H_z 最小读数点位来确定被探查的地下管线在地面的投影位置，如图 4-47（c）所示。H_z 异常易受来自地面或附近管线的电磁场干扰，用极小值法定位时应与其他方法配合使用。当被探管线附近没有干扰时，用此法定位有较高的精度。

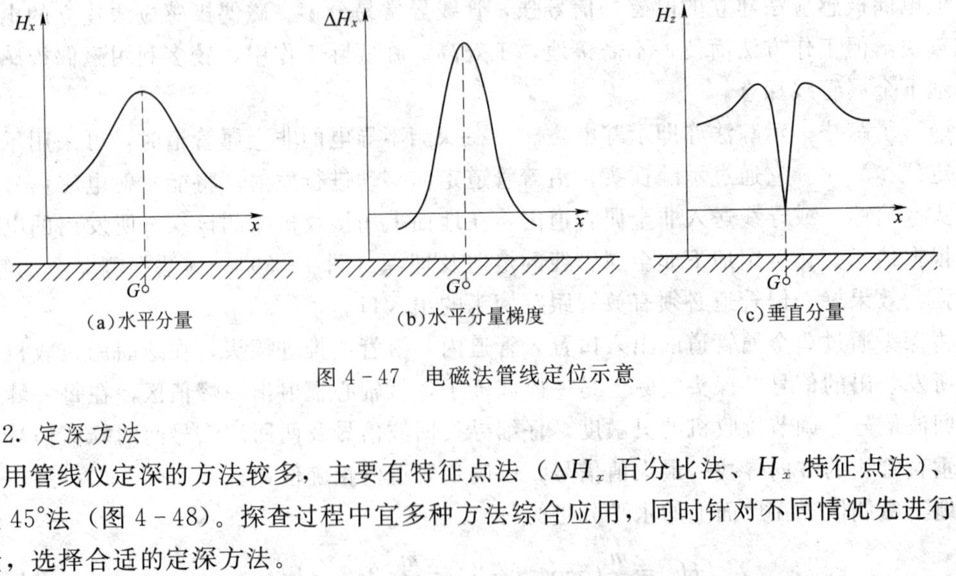

图 4-47　电磁法管线定位示意

2. 定深方法

用管线仪定深的方法较多，主要有特征点法（ΔH_x 百分比法、H_x 特征点法）、直读法及 45°法（图 4-48）。探查过程中宜多种方法综合应用，同时针对不同情况先进行方法试验，选择合适的定深方法。

（1）特征点法。利用垂直管线走向的剖面，测得的管线异常曲线峰值两侧某一百分比

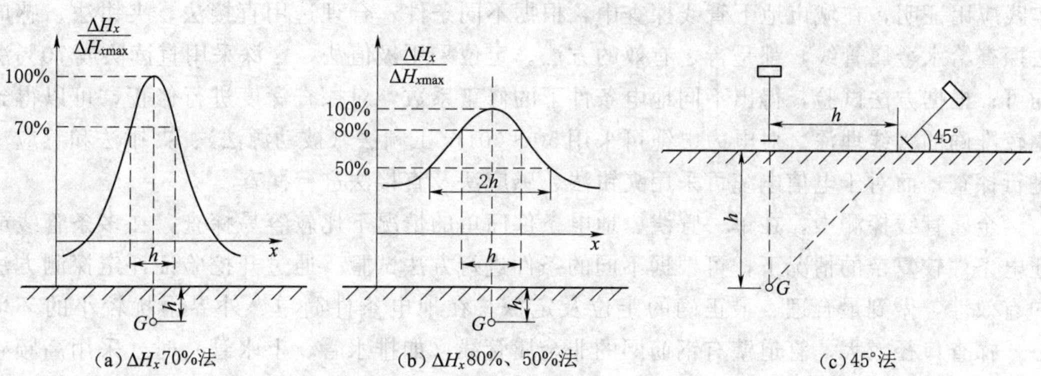

图 4-48　管线定深

值处两点之间的距离与管线埋深之间的关系，来确定地下管线埋深的方法，称为特征点法。不同型号的仪器、不同的地区，可选用不同的特征点法。

1) ΔH_x70%法。ΔH_x 百分比与管线埋深具有一定的对应关系，利用管线ΔH_x 异常曲线上某一百分比处两点之间的距离与管线埋深之间的关系即可得出管线的埋深。有的仪器由于电路处理，实测异常曲线与理论异常曲线有一定差别，可采用固定ΔH_x 百分比法定深，如图 4-48 (a) 的ΔH_x70%法。

2) H_x 特征点法［图 4-48 (b)］：①80%法，即管线 H_x 异常曲线在峰值两侧 80%极大值处的两点之间的距离，为管线的埋深；②50%法（半极值法），即管线 H_x 异常曲线在峰值 50%极大值处的两点之间的距离，为管线埋深的两倍。

(2) 直读法。有些管线仪利用上下两个水平线圈测量电磁场的梯度，电磁场梯度与埋深有关，可在接收机中设置按钮，用指针表头或数字式表头直接读出地下管线的埋深。这种方法简便，但由于管线周围介质的电性不同，可能影响直读埋深的数据。应在不同地段、不同已知管线上方，通过方法试验，确定测深修正系数，进行深度校正，测深时保持接收天线垂直，提高测深的精确度。

(3) 45°法。先用极小值法精确定位，然后将接收机线圈与地面形成 45°状态沿垂直管线方向移动，寻找零值点，该点与定位点之间的距离等于地下管线的中心埋深，如图 4-48 (c) 所示。使用此法测深时，接收机中必须具备能使接收线圈与地面成 45°角的扭动结构，若无此装置，不宜采用。线圈与地面是否成 45°角及距离量测精度均会直接影响埋深精度。

除了上述定深方法外，还有许多其他方法。方法的选用可根据仪器类型及方法试验结果确定。为保证测深精度，测深点的平面位置必须定得精确；在测深点前后各 3～4 倍管线中心埋深范围内，应是单一的直管线，中间不应有分支或弯曲，且相邻平行管线之间不要太近。

三、实际应用

在城市地下管线赋存处，由于场地物性、周围环境及地电条件不同，在实施地下管线探查中，有的物探方法受到一定的限制，而电磁法专用管线仪的应用有其独特的优越性。

实践应用证明，在城市地下管线探查中，根据不同条件，合理选用直接法、夹钳法、感应法探查给水金属管线，都是行之有效的方法。定位采用极值法，定深采用直读法或70%法均可；根据方法试验，得出不同地电条件下的修正系数，对探查深度进行修正，可以得到比较准确的管线埋深。对电力电缆可采用50～60Hz工频法（被动源法）、夹钳法和感应法进行探查；而对于电信电缆可采用夹钳法、感应法及直接法进行探查[32]。

金属管线探测中，在单一管线、地电条件简单的情况下比较容易探查，在多条管线或地电条件较复杂的情况下，可根据不同的条件进行方法试验。通过开挖验证评定探测方法的有效性，做到最合理、最正确的定位及定深。在地电条件简单、外界干扰较小的环境下，探查口径较大、管道壁有钢筋网的非金属管线（如排水管、上水管）时，采用高频感应电磁法探查也能取得较好的效果。

在某一测区内，对于金属地下管线，利用管线的露头进行直接法或夹钳法探查具有较高的分辨率，是探查地下管线的首选方法。在无管线露头的情况下，对地下管线进行被动源法或感应法搜索。先了解地下管线的分布情况，然后对各管线进行追踪定位。不同类型管线的物性、分布、结构等不同，故探查方法也不相同。正确选择和合理使用探测方法和技术，可以取得较好的探测效果。

1. 给水管线的探查

给水管线多为铸铁管，少量为混凝土管和塑料管。对金属焊接管，其电连接性较好，管线上方具有较好的异常。铸铁管出很多短管对接而成，在连接点处，电连接性较差，对电磁信号阻抗较大；在干燥地区，金属管线与大地间组成的回路中，也具有较高的阻抗，管线异常弱。但上水管害井、露头较多，在探测中采用直接法、感应法、夹钳法或各方法综合应用，都能取得较好的探测效果。

2. 电力电缆的探查

电力电缆有50～60Hz的交流电，用工频法探查较直接，夹钳法、感应法也是探查电缆的重要技术手段。使用夹钳法探查高压电缆时，若电缆中载有较强的电流，夹钳内会产生较强的感应电流，操作时不要碰触夹钳的接头处。

（1）单条电缆探查。某建筑工地埋一高压电缆，为指导施工需探明电缆的准确位置及埋深，利用管线仪接收机采用工频法进行搜索，得一峰值信号，沿信号追踪，初步断定为地下管线，用极值法对异常进行进一步的准确定位。之后采用70%法定深为0.80m左右，经开挖，证实为探查的地下电缆，平面位置及埋深都非常准确。

（2）多根电缆（电缆束）探查。某地区有4条高压直埋输电电缆，长度为2km。4条电缆埋在人行道一侧宽度为0.5m的沟内，有3条110kV的输电电缆，1条15kV的导引电缆。使用管线仪接收机用被动源法（工频法）进行搜索，得一信号异常曲线(图4-49)，然后追踪，确定为地下电缆，又用感应法（8kHz）进行探查，得异常曲线（图4-50)，两种峰值曲线迥然不同。经分析知，由于电缆的异常叠加，形成双峰曲线，可理解为电缆的传输方向相反。曲线特征为一边衰减较慢，另一边衰减较快。在感应法中各条电缆异常的叠加，其异常峰值在4条电缆的中心位置。

经分析，由于异常叠加，所探得的深度都与管线的实际深度存在较大的误差。在这一测区内，电缆敷设较长，为了验证分析及取得在此情况下探查深度的修正系数。在多点处

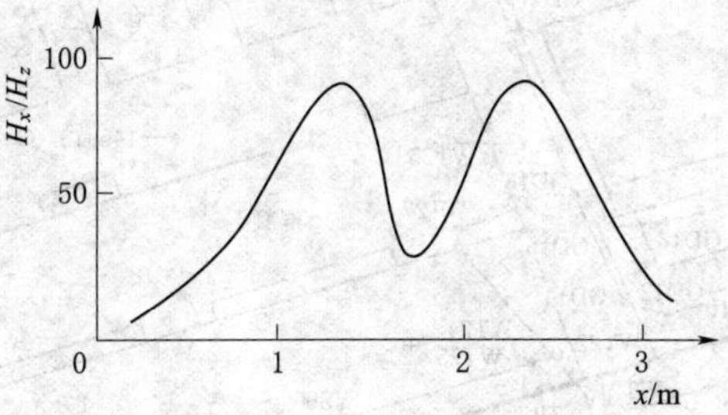

图 4-49　工频法异常曲线

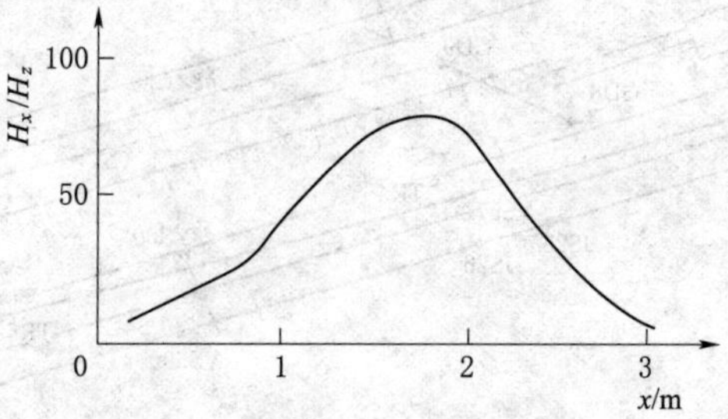

图 4-50　感应法（8kHz）异常曲线

进行开挖，其结果与先前分析一致，同时取得了修正系数，对探查深度进行修正后，取得了较好的探查效果。

(3) 电信电缆的探查。电信电缆以单根或电缆束状形式存在，外层包有胶皮，一般不用直接法，多采用夹钳法、感应法或被动源法进行探查。

(4) 燃气管道探查。燃气管道带有危险气体，禁止使用直接法探查。燃气管道为钢管，多为焊接或使用螺丝对接，电连接性较好，采用感应法、夹钳法或被动源法进行探查。而有些入户支管的对接处包有绝缘胶带，电连接性较差，一般采用多种方法综合探查。

例如，在某大道有一直径为 529mm 的煤气管道（图 4-51），首先采用管线仪对地下管线搜索追踪，在 A 点处信号迅速衰减，确定管道在此折转；通过圆形搜索法，重新抓住信号的走向，即管道走向，继续追踪，在 B 点处，向前少许，信号又迅速衰减；再用圆形搜索法，抓住信号继续追踪，初步判定管线的走向；然后对管线进行精确定位（极值法）、定深（70%法）。最后监理部门用地质雷达检查，探测结果符合要求。

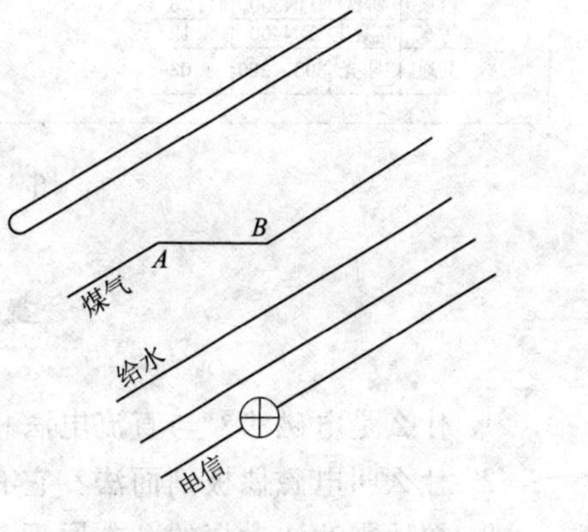

图 4-51　煤气管道分布推测

(5) 工业管道的探查。工业管道按载体可分为多类，对载有易燃易爆物质（如氧气、油、乙炔等）的管道，严禁使用直接法探查，应采用感应法、夹钳法或被动源法探查，对热力管道可配合采用红外辐射法。

(6) 排水管道的探查。排水管道多为混凝土管，窨井较多，一般以调查为主，可以在条件允许的情况下用示踪法进行探查。

在某城市开发区地下管线普查工程中，以频率域电磁法为主进行地下管线探查，图 4-52 是最后形成的综合地下管线探测成果，频率域电磁法作为管线探查的主要手段发挥了重要作用，其中的电力、通信、给水、煤气管线均采用频率域电磁法探查定深和定位。经重复探查和钎探验证，精度符合 CJJ/T 61—2003《城市地下管线探测技术规程》的规定。

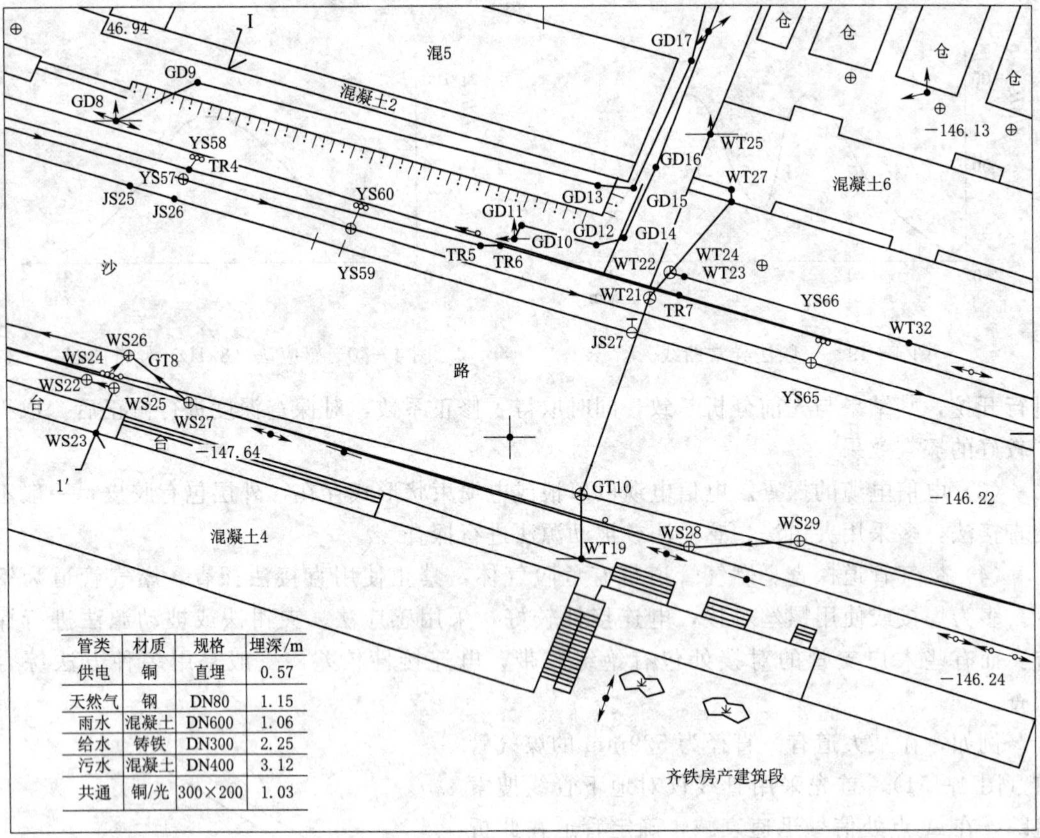

管类	材质	规格	埋深/m
供电	铜	直埋	0.57
天然气	钢	DN80	1.15
雨水	混凝土	DN600	1.06
给水	铸铁	DN300	2.25
污水	混凝土	DN400	3.12
共通	铜/光	300×200	1.03

图 4-52 地下管线探测成果

复习思考题

1. 什么是电磁法？与直流电法相比，其有何特点？

2. 什么叫电磁偶极剖面法？它有哪些装置类型？

3. 探地雷达法勘探的基本原理是什么？其主要可用于哪些工程问题？

4. 探地雷达法在实际应用过程中，主要考虑哪些因素以选取合适的天线？

5. 瞬变电磁法勘探的原理是什么？

6. 起伏地形对瞬变电磁剖面异常有何影响？

7. 管线仪工作的原理是什么？非金属管线主要用什么方法进行探测？

8. 管线探测如何进行定位和定深？

9. 在实际的管线探测中，如何进行布线？在实际应用中，主要可用于查明哪些类型的管线？

第五章　地震勘探的理论基础

地震勘探是指通过研究人工震源（如锤击、爆炸、电火花及空气枪等）激发所产生的地震波在地下介质中的传播规律来解决地质问题的一种物探方法。它所依据的是岩石的弹性。当地震波通过不同岩石的分界面时将产生反射、折射及透射等现象。接收其中不同的波，就分别构成反射波法、折射波法、透射波法等。纵波勘探是地震勘探中的一种常规方法，近年来横波勘探和面波勘探得到很快发展，根据探测对象和目标层的埋深不同，可以分为浅层、中层和深层地震勘探。在工程物探中，主要运用浅层地震勘探（埋深小于200m）。勘探方法则应根据具体地质条件和野外工作条件灵活选用[33]。

第一节　弹性介质中的波

一、弹性介质中的应力、应变和弹性模量

任何一种固体都介于完全弹性与塑性体之间，但是对大多数物体来说，当外力较小且作用时间很短时，可以把它近似看作完全弹性体。在地震勘探中，大多数介质都能基本上满足完全弹性体这一假设，所以从弹性力学角度出发，可以把地震波看作弹性波而加以研究。

1. 应力和应变

设有一各向同性的均匀直杆，长度为 L，直径为 d，横截面积为 S，如图 5-1（a）所示。当该直杆受到一个不大的外加拉力 F 作用时将被拉长，并在杆内产生一个对抗外力、使直杆恢复原状的内力，该内力垂直于直杆的横截面，数值大小等于外力 F。把单位面积上的法向内力称为法向应力 $\vec{\sigma}$，即 $\vec{\sigma}=\frac{\vec{F}}{S}$。在弹性力学中，把相切于单位面积上的内力，称作剪切应力 τ，如图 5-1（c）所示。

弹性介质在应力作用下产生的形状和体积的变化叫作应变。弹性介质在应力作用下，体积发生变化（膨胀或压缩），体积的相对变化就是体应变 θ，即 $\theta=\frac{\Delta V}{V}$，如图 5-1（b）所示。而体应变是由杆的线应变 e 组成，即 $e=\frac{\Delta L}{L}$。弹性介质在剪切应力作用下所发生的形状变化，称为剪切应变 e_τ，当 e_τ 较小时，可用直角改变量 ϕ（偏转角）表示，即 $e_\tau=\phi$。

2. 弹性模量

通常把表征弹性体性质的参数，称为弹性参数，常用的弹性参数如下。

（1）泊松比 ν：表示物体受单向拉伸力时，物体的横向应变（横向相对压缩）和纵向应变（纵向相对伸长）之比，表达式为

$$\nu=-\frac{\Delta d/d}{\Delta L/L} \tag{5-1}$$

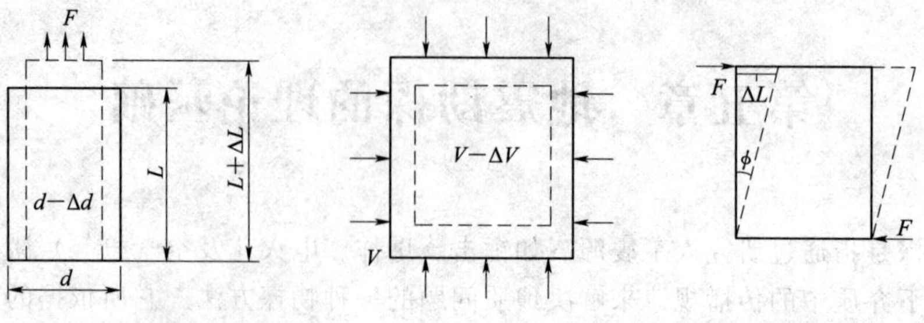

（a）拉伸变形　（b）压缩变形　（c）剪切变形

图 5-1　应力应变示意图

式中，负号表示横向与纵向应变方向相反。一般岩石的泊松比为 0.25。

（2）杨氏模量 E：表示物体单向拉伸或压缩时，应力与应变之比，表达式为

$$E=\frac{F/S}{\Delta L/L} \tag{5-2}$$

杨氏模量可作为物体抵抗应力的量度。

（3）体变模量 K：表示物体受各向均匀压缩的情况下，所加压力 P 与体积相对变化 θ 之比，表达式为

$$K=-\frac{P}{\theta} \tag{5-3}$$

式中，负号表示随着 P 值增大，K 反而减小。

（4）剪切模量 μ：表示物体切应力 τ 与切应变之比，表达式为

$$\mu=\frac{\tau}{\phi} \tag{5-4}$$

式（5-4）表明，μ 越大，切应变越小，μ 是阻止切应变的一种量度。对于液体，$\mu=0$，即不产生切应变，因此液体只有体积变化。

（5）拉梅系数 λ：表示横向拉应力与纵向应变之比，表达式为

$$\lambda=\frac{F_{横}}{l_{纵}} \tag{5-5}$$

以上五个参量，对于各向同性均匀介质，其中任意一个参量都可用任意两个其他参量表示。例如：

$$\left.\begin{aligned}\lambda&=K-\frac{2}{3}\mu\\ E&=\frac{\mu(3\lambda+2\mu)}{\lambda+\mu}\\ \nu&=\frac{\lambda}{2(\lambda+\mu)}\\ K&=\lambda+\frac{2}{3}\mu\\ \mu&=\frac{3(K-\lambda)}{2}\end{aligned}\right\} \tag{5-6}$$

其中 λ、μ 有时也合称为拉梅系数。

二、地震波的基本类型

地震波在介质中传播时，可分为体波和面波两类。体波在介质的整个体积中传播，有纵波（或称 P 波、压缩波）和横波（或称 S 波、剪切波）之分。面波在介质的自由面或界面传播，包括瑞利面波和勒夫面波等。

1. 纵波

弹性介质发生体应变产生的波动称为纵波。介质压缩时质点彼此靠近，形成压缩带，膨胀时质点彼此疏远，形成膨胀带，波的传播就由压缩带和膨胀带的序列所组成，如图 5-2 所示。因此，纵波又称为疏密波和压缩波。纵波的传播具有下列特征：

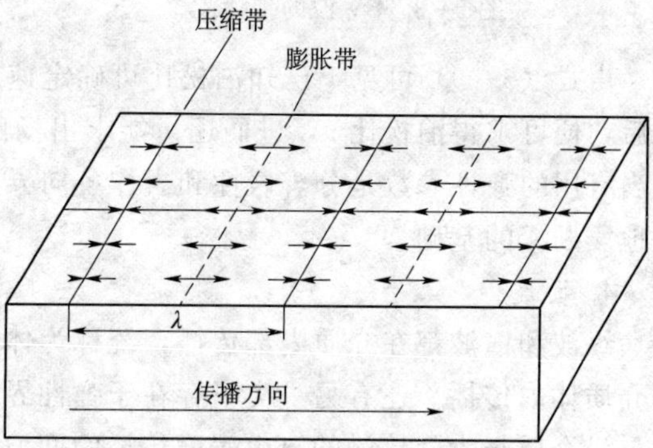

图 5-2　平面纵波质点位移图

（1）纵波在介质中的传播速度比横波快，其速度为

$$V_P=\sqrt{\frac{\lambda+2\mu}{\rho}}=\sqrt{\frac{E}{\rho}\frac{1-\nu}{(1+\nu)(1-2\nu)}} \tag{5-7}$$

（2）当纵波的传播速度 V_P 一定时，介质中的质点均在其起始平衡位置附近来回振动，质点位移的大小主要决定于震源强度及其变化率。

（3）质点位移的大小与离开震源和传播的距离 r 或 r^2 有关。

（4）质点位移的方向同波的传播方向一致。

（5）沿着纵波的传播路径交替地出现一系列压缩带和膨胀带，它们之间的间隔是半个波长。

2. 横波

弹性介质发生剪切应变时所产生的波动是横波。它有如下特征：

（1）横波的传播速度较纵波低，分辨薄层的能力比纵波强。横波速 V_S 由式（5-8）决定：

$$V_S=\sqrt{\frac{\mu}{\rho}}=\sqrt{\frac{E}{\rho}\frac{1}{2(1+\nu)}} \tag{5-8}$$

（2）横波质点振动方向与传播方向垂直。如果质点振动在波传播方向的铅垂面内，这种横波称为 SV 波，如图 5-3 所示。如果质点振动在波传播方向的水平面内，这种横波称为 SH 波，如图 5-4 所示。

（3）在液体和气体中，剪切模量 $\mu=0$，所以没有横波。

3. 纵横波关系

纵横波速度之比为

$$\frac{V_P}{V_S}=\sqrt{\frac{2(1-\nu)}{1-2\nu}} \tag{5-9}$$

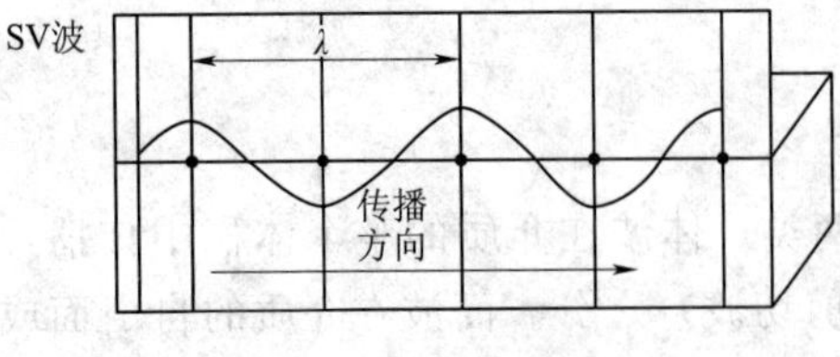

图 5-3 SV 波的传播

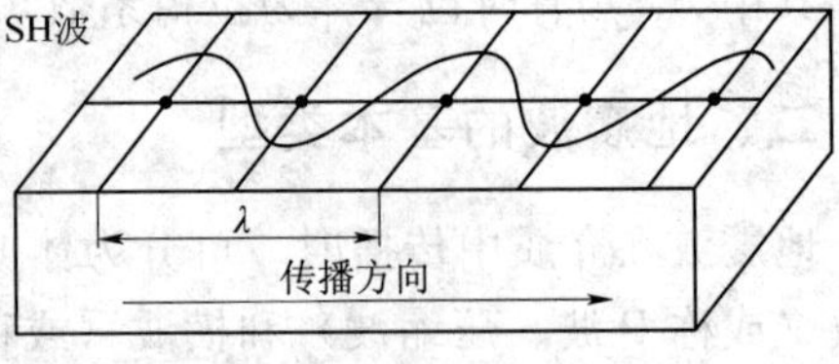

图 5-4 SH 波的传播

由式（5-9）可见，已知泊松比可确定速度比。反之，在取得岩石的纵波和横波速度之后，便可求得泊松比 ν，进而还可能求出杨氏模量 E、体变模量 K 及剪切模量 μ。这些相当有用的弹性参数是分辨岩性和岩体各向异性的基本参数，所以说纵横波联合勘探是岩性地震勘探的基础。

4. 面波

纵波和横波都在介质内部传播，统称为体波。它们随着时间的增加，向整个弹性空间的介质体内传播。还有另一类只存在于弹性界面附近的波动，称为面波。面波有两种，一种是沿介质与大气接触的自由表面传播的面波，称为瑞雷面波（或 R 波），它的特点如下：

（1）面波传播时，质点是在通过传播方向的铅垂面内沿椭圆轨迹作逆时针方向运动，椭圆长轴垂直于介质表面，长短轴比值大致为 3/2，且质点的垂直位移比水平位移超前 $\frac{\pi}{2}$。

（2）瑞雷波的波速与横波速、泊松比的关系。在均匀各向同性的半无限弹性介质的表面，瑞雷波的传播速度 V_R，与横波波速 V_S、泊松比 ν 的关系为

$$\frac{1}{8}\left(\frac{V_R}{V_S}\right)^6-\left(\frac{V_R}{V_S}\right)^4+\frac{2-\nu}{1-\nu}\left(\frac{V_R}{V_S}\right)^2-\frac{1}{1-\nu}=0 \qquad (5-10)$$

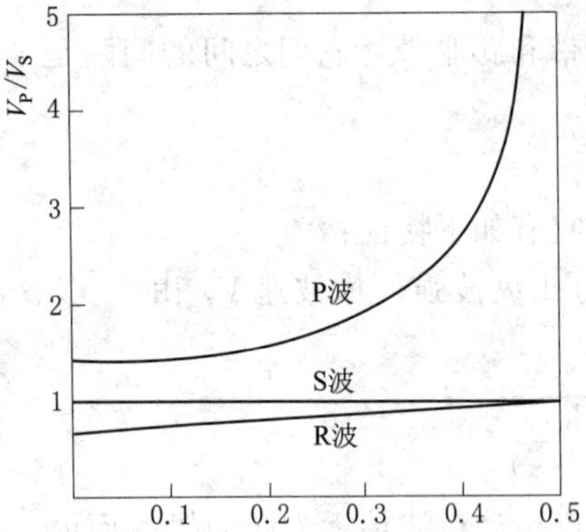

图 5-5 V_P、V_S、V_R 与 ν 的关系

图 5-5 表示了这三者之间的关系。

对于土体而言，ν 接近 0.5，横波速度 V_S 与瑞雷波速 V_R 相差甚微，可认为相等；对于坚硬岩体，$\nu=0.25$ 时，V_R 大致为表层介质中横波速度 V_S 的 92%、纵波速度 V_P 的 54%。因此，在进行工程勘察时可用测得的瑞雷波波速 V_R 代替横波波速 V_S。

（3）瑞雷波的穿透深度与波长的关系。瑞雷波的能量主要集中在一个波长的深度内，当深度大于一个波长时，其能量迅速衰减，因此可认为瑞雷波的穿透深度约为一个波长。从而可利用不同波长的瑞雷波来探测不同深度的地质体。近年来新发展起来的瑞雷波勘探技术的探测深度可达 50m。

（4）瑞雷波的衰减。与体波的能量密度按 r^2 规律的球面扩散衰减相比较，瑞雷波的能量密度随着波的传播距离是按 r^{-1} 的规律衰减，故瑞雷波传播较远。

总之，瑞雷波具有低频、低速、强振幅、沿介质表面传播较远、穿透深度较浅的特点。

还有一种面波叫勒夫波，是沿两弹性介质之间的界面传播的面波。它实际上可看作是

SH 波的一种特殊形式，对横波勘探是一种严重的干扰。

第二节 地震波的传播

一、地震波传播的基本原理

1. 惠更斯-菲涅尔原理（波前原理）

假设地质体为均匀介质，地面 O 点为震源。当 O 点振动后，地震波就从这一时刻起自 O 点向各个方向传播。如果把某一时刻介质中所有刚刚开始振动的点连成曲面，该曲面称作此时刻的波前。如果把同一时刻所有刚停止振动的点连成曲面，则此曲面称波后（波尾）。

如图 5-6 所示，在波前以外的质点，因波动尚未到达，故没有振动，而波后以内的质点已停止了振动。在波前和波后之间的介质质点处于振动状态，这个区间称为振动带。

惠更斯-菲涅尔原理就是说明波前向前传播规律的原理。该原理表明：在弹性介质中，任何时刻波前的每一质点，都可以看作一个新的点震源，由它产生的二次扰动形成子波前，而以后新的波前位置可以认为是该时刻各子波波前的包络面。

该原理也称为波前原理。根据这个原理，可以用作图法求任一时刻的波前。如果某时刻的波前为一球面 S_0，可以在 S_0 上找若干个点，以这些点为中心，以 $r=V\Delta t$ 为半径作圆弧（V 为波的传播速度），再作圆弧的包络面，即可得到 $t+\Delta t$ 时刻的波前 S。在各向同性均匀介质中，波前是以震源为中心的一系列球面。当半径很大时，在球面波上很小的一部分就可以看作为平面波，如图 5-7 所示。

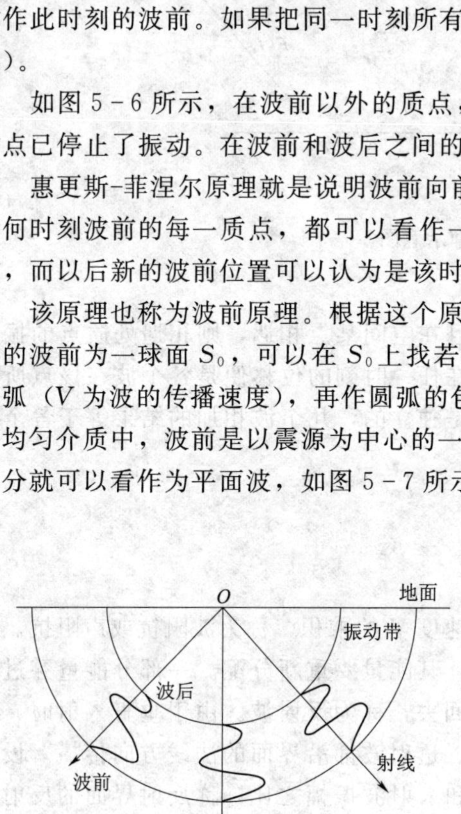

图 5-6 地震波传播示意图

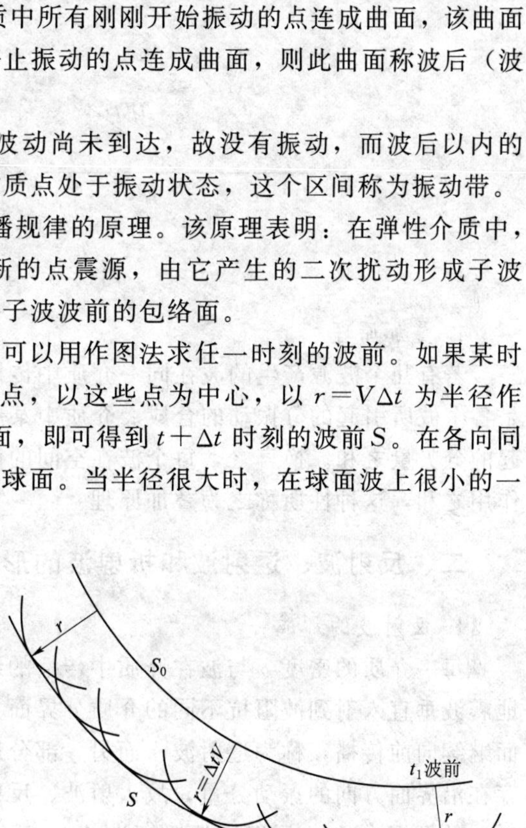

图 5-7 波前原理示意图

2. 费马原理（射线原理）

所谓射线，就是波从一点到另一点传播的路径。弹性波沿射线传播的旅行时间与沿任何其他路径传播时间相比是最小的，这就是费马的最小时间原理（也称为射线原理）。在均匀各向同性完全弹性的介质中，射线为自震源发出的一簇辐射状直线，射线垂直于波前。

用射线和波前来研究波的传播，是一种用几何作图来反映物理过程的简单方法，也叫几何地震学，它只能说明波传播中不同时刻的路径和空间几何位置，但不能分析能量的分布问题。

3. 互换原理

在介质中的 A 点施加力 $F(t)$，该力引起另外一点 B 的瞬时位移为 $D(t)$。反之，如果在 B 点施加一外力 $F(t)$，则在 A 点也会引起同样的瞬时位移 $D(t)$（图 5－8）。所谓互换原理，就是指震源和观测点（检波器所在点）的位置可以互换，在此情况下，同一波的射线路径保持不变。

互换原理普遍适用于任意形状界面的弹性介质、非均匀介质和各向同性介质。地震勘探中的相遇时距曲线的观测系统就是以该原理为基础的。

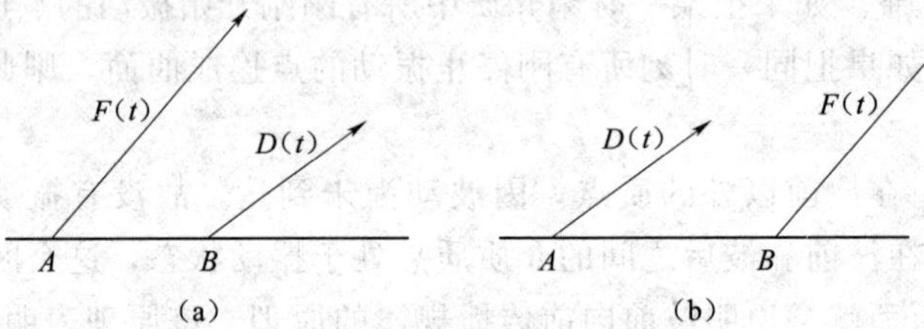

图 5－8　互换原理示意图

4. 叠加原理

若有几个波源产生的波在同一介质中传播，且在空间某点相遇，则相遇处质点的振动是各个波所引起的分振动的合成。介质中某质点在任一时刻的位移便是各个波在该点所引起的分矢量之和。换言之，每个波在空间的传播是独立的，几个波相加的结果等于各个波作用之和，这种性质称之为叠加原理。

二、反射波、透射波和折射波的形成

1. 反射波的形成

每一介质的密度 ρ 与波在介质中传播的纵波速度 V 的乘积，称为波阻抗或声阻抗。当地震波垂直入射到波阻抗不同的介质分界面上时，其能量要重新分配。一部分能量穿过界面继续向前传播，称为透射波；而另一部分反射回去，称为反射波。由于垂直入射时，不存在沿界面方向的振动分量，故入射波、反射波、透射波都沿界面的法线方向传播。设入射波的振幅为 A_i、反射波的振幅为 A_R，反射波和入射波振幅之比，称反射界面的反射系数 R。当波垂直入射到界面上时，R 为

$$R=\frac{A_R}{A_i}=\frac{\rho_2V_2-\rho_1V_1}{\rho_2V_2+\rho_1V_1}=\frac{Z_2-Z_1}{Z_1+Z_1} \tag{5-11}$$

式（5－11）中，$Z_1=\rho_1V_1$，$Z_2=\rho_2V_2$，表示界面上下两种介质的波阻抗。

多层介质时的反射系数一般式为

$$R=\frac{\rho_nV_n-\rho_{n-1}V_{n-1}}{\rho_nV_n+\rho_{n-1}V_{n-1}}=\frac{Z_n-Z_{n-1}}{Z_n+Z_{n-1}} \tag{5-12}$$

由反射系数可知，当 $R=0$，即 $Z_n=Z_{n-1}$ 时，这实际上是一种均匀介质，不存在分界面，不产生波的反射。只有当 $Z_n\neq Z_{n-1}$，即 $R\neq0$ 时，才能形成反射波。Z_n 与 Z_{n-1} 的差别越大，R 越大，反射波越强。R 的值域为 $-1\leqslant R<1$。当 $Z_n>Z_{n-1}$ 时，$R>0$，反射波与

入射波的相位相同，都为正极性；当$Z_n<Z_{n-1}$时，$R<0$ 反射波为负极性，它与入射波的相位相反，相差 180°，这种现象称为半波损失。

当地震波以某个入射角 α 射到介质分界面时，它的一部分能量经界面反射，以 α'角（反射角）出射形成反射波，另一部分能量则透过界面，以 β 角折射至下一个岩层，形成透射波，β 称为折射角，如图 5-9 所示。

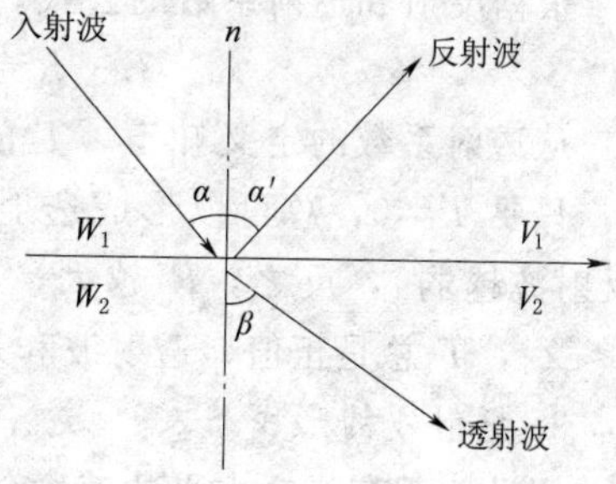

图 5-9 反射波和透射波的形成

入射线、反射线、透射线和界面法线同在一个平面内，此平面叫射线平面，它和弹性分界面垂直。这时，入射线、反射线位于反射界面法线的两侧，入射角 α 等于反射角 α'，这就是反射定律。

2. 透射波的形成

当入射波透过反射界面形成透射波时，由于分界面两侧介质波速的不同，透射波的射线要改变入射波射线的方向，而发生射线偏折现象。偏折程度的大小决定于透射定律：入射线、透射线和界面法线在同一射线平面内，入射线、透射线位于法线的两侧；入射角 α 的正弦和透射角 β 的正弦之比等于入射波和透射波速度之比，或者说入射角、反射角和透射角的正弦和它们各自相应的波速的比值等于一常数（图 5-10）。这个定律亦称为斯奈尔定律。

$$\frac{\sin\alpha}{\sin\beta}=\frac{V_1}{V_2} \text{ 或 } \frac{\sin\alpha}{V_1}=\frac{\sin\alpha'}{V_1}=\frac{\sin\beta}{V_2}=P \tag{5-13}$$

由式（5-13）可知，当 $V_1>V_2$ 时，$\alpha>\beta$，透射波射线靠近法线偏折；当 $V_1<V_2$ 时，$\beta>\alpha$，透射波射线远离法线，而向界面靠拢；在多层介质中，假定速度是递增的，透射波射线则是一条折线。

设透射波的振幅为 A_t，入射波振幅为 A_i，则透射系数 T 为

$$T=\frac{A_t}{A_i} \tag{5-14}$$

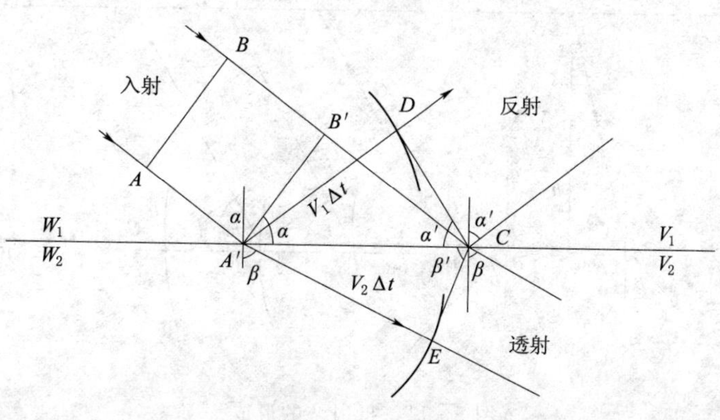

图 5-10 反射角透射角与入射角的关系

根据理论证明，当波垂直入射时，透射系数为

$$T=\frac{2\rho_1 V_1}{\rho_1 V_1+\rho_2 V_2}=\frac{2Z_1}{Z_1+Z_2} \tag{5-15}$$

根据反射和透射系数的公式，可得

$$T+R=1 \text{ 或 } T=1-R,\quad R=1-T \tag{5-16}$$

从透射系数的定义知道，T 的值域为 $0\leqslant T<2$，一般的沉积岩层，R 约为 0.2，所以，只要 $T\neq 0$，总可以形成透射波；两种介质的 R 越小，透射系数越大，透射波越强（反射波越弱），反之，R 越大，T 越小，折射波就弱（反射波就强）；无论 $Z_2>Z_1$ 或 $Z_2<Z_1$，T 总是正值，透射波和入射波相位一致，透射波极性为正极性。

3. 折射波的形成

假设地下有一个水平的速度分界面，且下面介质的传播速度 V_2 大于上覆介质的速度 V_1，从震源发出的入射波以不同的入射角投射到界面上，依据斯奈尔定律，随着入射角 α 的增大，透射角 β 也随着增大，透射波射线偏离法线向界面靠拢，当 α 增大到某一角度 i 时，可使 $\beta=90°$。这时透射波就以 V_2 的速度沿着界面滑行，形成滑行波，这时的入射角 i 称为临界角，即

$$\sin i=\frac{V_1}{V_2} \tag{5-17}$$

由波前原理知道，高速滑行波所经过的界面上的任何一点，都可看作从该时刻振动的新点源，因此紧邻介质中的质点就要发生振动。由于界面两侧介质质点存在着弹性联系，因此下面的质点振动必然要引起上覆介质质点的振动，这样在上层介质中就形成了一种新的波动，这种波动的传播，就形成折射波，如图 5-11 所示。

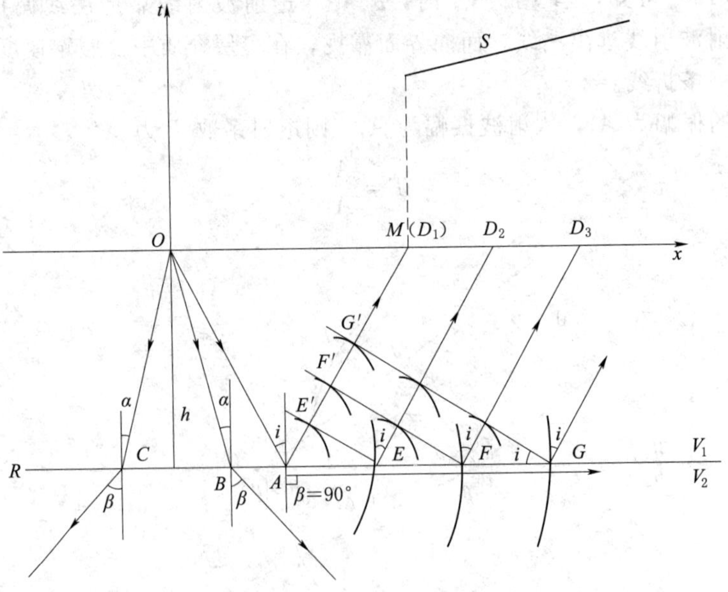

图 5-11　折射波的形成

折射波的射线是垂直于波前 GG' 的一簇平行直线，射线 AM 是折射波的第一条射线，在地面上从 M 点开始才能观测到折射波，所以称 M 点为折射波的始点。自震源 O 到 M

点的范围内不存在折射波，故称该范围为折射波的盲区，盲区的半径 X_M 为

$$X_M = 2h\tan i = \left[\sin^{-1}\left(\frac{V_1}{V_2}\right)\right] = 2h\left[\left(\frac{V_2}{V_1}\right)^2 - 1\right]^{-\frac{1}{2}} \tag{5-18}$$

由式（5-18）可知，X_M 随着 h 的减小和 $\frac{V_2}{V_1}$ 比值的增大而减小。当 $\frac{V_2}{V_1}=1.4$ 时，$X_M=2h$。因此，作为一条经验法则，一般情况下，折射波只有在炮检距大于两倍折射界面深度时才能明显观测到。

由斯奈尔定律可知，要在某一地层顶界面形成折射波，必须是该层波速大于上覆所有各层介质的速度。如果上、下地层速度倒转，即中间出现速度相对较低的地层，在这界面顶面就不能形成折射波。

三、波的绕射和散射

以上介绍的是相对理想化条件下，即界面是连续光滑时弹性波传播的基本规律。但在实际地质条件下，往往由于断层或岩性尖灭而造成反射界面的突然中断。另外侵蚀面也不是光滑的界面，而是粗糙不平的，这时便会产生波的绕射和散射现象。

图 5-12（a）表示因断层引起界面中断时产生绕射波的现象。按照反射定律，在 O 点散发的地震波，传播到断点 R 处反射到 D 点，故在 OD 区间都能接收到反射波，在 OD 段以外的区间，就不能接收到正常的反射波。但在 A、B、C 等点，仍能接收到以断点 R 为新震源发出的绕射波，它们在地震记录和时间剖面中依次以逐渐减弱的波形出现于这些接收点。

此外，当侵蚀面构成反射界面时，因古地形的起伏不平，在界面上局部无规则的起伏处，会发生散射现象，如图 5-12（b）所示。由于反射波能量的散射，在地面的一些地段会观测不到反射波，而在另一些地段又可能观测到不能用正常反射规律来解释的一些波动，从而造成地震剖面中反射界面断断续续、时隐时现的情况。

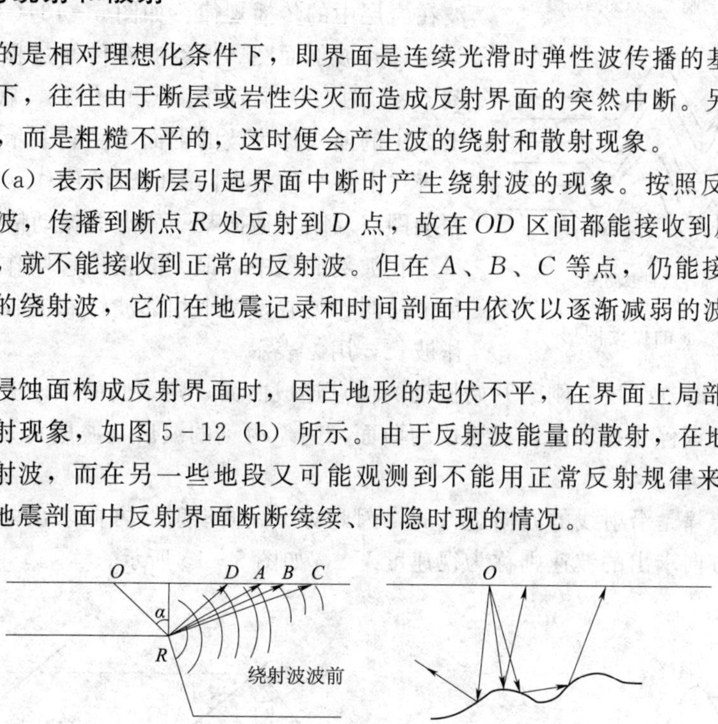

（a）绕射　　　　（b）波的散射

图 5-12　波的绕射和散射

四、地震波的描述

1. 振动图和波剖面图

（1）振动图。在距离震源 O 点 $r=r_1$ 处的 A 点，用位移-时间（$u-t$）坐标系来表示介质某质点（测点）在振动过程中离开平衡位置的位移量与地震波旅行（传播）时间函数关系的图形，称为振动图，如图 5-13 所示。地震记录中的每一条曲线就是地震波到达该观测点的振动图形。

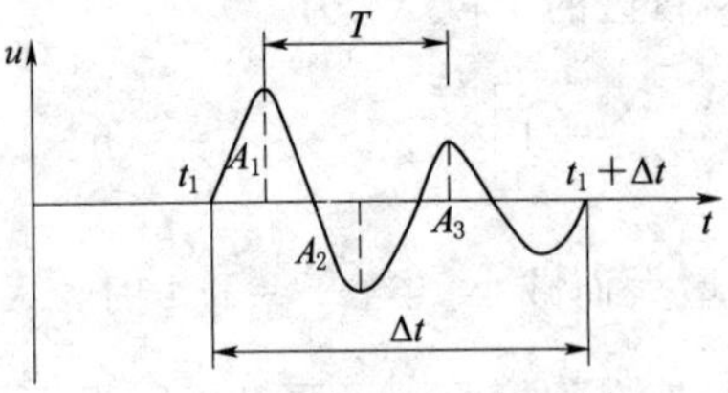

（a）初至较早的质点的振动图

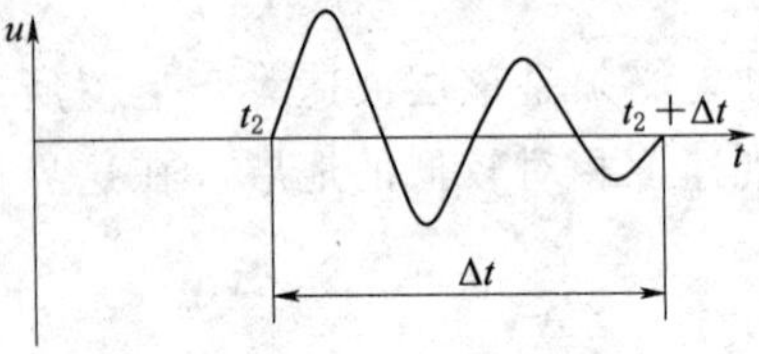

（b）初至较晚的质点的振动图

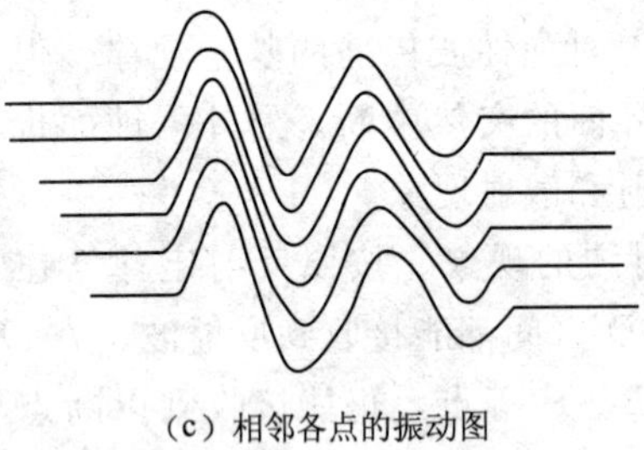

（c）相邻各点的振动图

图 5-13　波的振动图形

图 5-13（a）表示某一质点从t_1 时刻开始振动，经过 Δt 时刻后振动就逐渐停止了，时刻t_1 称为波的初至。图中 A_1、A_2 和 A_3 为振动的振幅 A，表示质点振动时离开它的平衡位置的最大位移。A 越大表示振动的能量越大。

两个相邻极大点或极小点之间的时间间隔，叫作振动的周期，用 T 表示。

对于同一波而言，彼此相距不远的两个质点的振动图是相似的，只是由于距离震源远近不同，初至有迟早的区别，如图 5-13（a）、（b）所示。这种事实，可用来比较地面上相邻各点的振动图，可以研究地震波在岩层中的传播规律，如图 5-13（c）所示。

（2）波剖面图。地震波在传播过程中，在某一时刻 $t=t_1$ 时，记录各个测点的位移，就得到的 $u-x$ 坐标中的曲线称为波的剖面图。它表示沿波传播方向的直线上各个质点在同一时刻的位移（图 5-14）。而振动图只反映了地面某一质点的振动情况。

在波剖面图中，最大的正位移叫作波峰，最大的负位移叫作波谷，两个相邻波峰和波谷之间的距离叫作波长，用λ 表示。

如果在某一时刻t_1 所有刚刚开始振动的质点连成曲面，则该曲面叫t_1 时刻的波前，而在t_1 时刻所有逐渐停止振动的各点连成的曲面，叫t_1 时刻的波后（波尾）。

2. 视速度定理

地震波的传播是沿射线的方向进行的，因此对于纵波沿射线方向求出的波速称为真速度，而沿其他方向求出的波速则称为视速度 V^*，如图 5-15 所示。

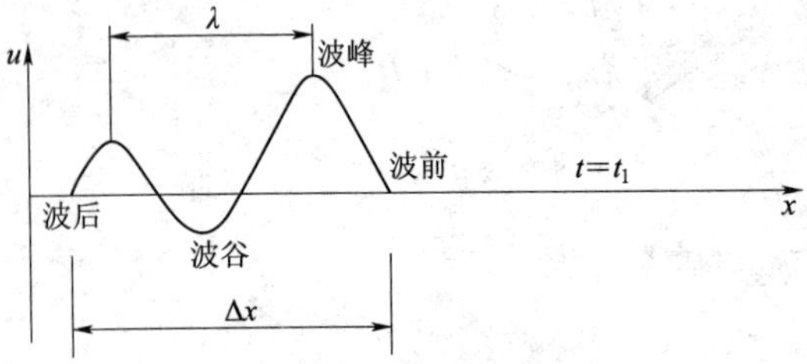

图 5-14　波剖面图

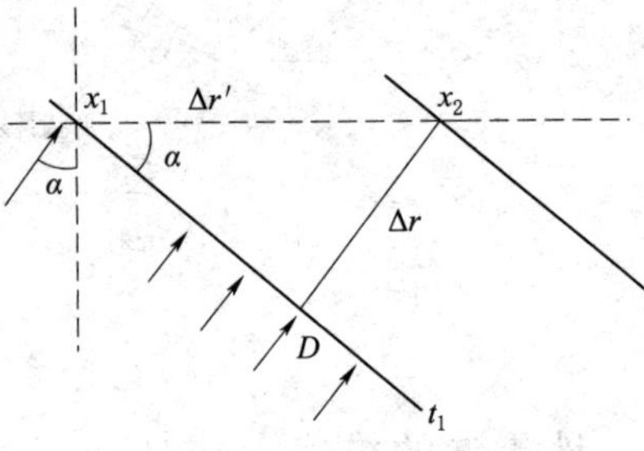

图 5-15　视速度示意图

设一平面波波前在t_1 和t_2 时刻分别到达地面上的 x_1 和 x_2 点，实际真速度为

$$V=\frac{Dx_2}{\Delta t}=\frac{\Delta r}{\Delta t} \tag{5-19}$$

但是，观测是在地面上沿测线进行的，所以在地面上观测的是视速度 V^* （$V^*=\frac{x_1x_2}{\Delta t}=$

$\frac{\Delta r'}{\Delta t}$)。

由图 5-15 中关系可知 $\Delta r = \Delta r' \sin\alpha$（$\alpha$ 为入射角），所以真速度和视速度之间的关系为

$$V^* = \frac{V}{\sin\alpha} \tag{5-20}$$

式（5-20）称为视速度定理，由此定理可知：

（1）当 $\alpha = \frac{\pi}{2}$，即波沿测线方向入射到观测点时，有 $V^* = V$，此时的视速度等于真速度。

（2）当 $\alpha = 0$，即波垂直于测线方向传播时，有 $V^* \to \infty$，此时波前同时到达地面各观测点。

（3）一般情况下，$0 < \alpha < \frac{\pi}{2}$，视速度 V^* 大于真速度 V。

（4）若波速 V 不变，视速度 V^* 的变化反映了波入射角 α 的变化，于是根据 V^* 的变化可推断地下岩层产状的变化。

由于地震波到达地面各点所产生的振动是非周期性的脉冲振动，所以严格地说，在描述地震波的振动时，通常用所谓的视振幅、视周期、视频率等名词更为确切。

第三节　地震勘探的地质基础

如果说弹性波理论是地震勘探的物理基础，那么岩土的物理力学性质的差异，则是地震勘探的地质基础。不同类型的岩石具有不同的物理力学性质；即使是同一种岩石，由于存在于不同地质环境中，其特性也随地而异。反映在地震波形上，也就呈现出不同的运动学和动力学的特点，我们正是通过研究这种变化来解决相应的地质问题。

一、影响地震波速度的因素和岩石的波速特征

1. 影响地震波速度的因素

影响岩石地震波速主要因素如下：

（1）岩石的矿物成分与结构。矿物结晶颗粒细，结构致密的岩石波速偏高，反之偏低。

（2）岩石的密度和孔隙率。波速随密度的增加而增大，随孔隙率的增加而降低。

（3）埋深。随着埋深的增加，上覆岩体压力加大，使岩体孔隙率减小，密度变大，波速也增加。

（4）温度。它主要是对深部地区而言。

2. 岩石的一般波速特征

由纵波和横波的速度公式可以看出，它们都与 $\sqrt{E/\rho}$ 成正比。由于随着岩石的密度 ρ 的增加，杨氏模量 E 增加得更快一些，因此岩石中波的传播速度和波阻抗随着密度的增加而变大。表 5-1 中列出了常见的岩石与介质的密度、纵波速度和波阻抗。

二、浅层地震地质条件

只要岩体存在弹性差异，就存在用地震勘探来查明各种地质构造的可能性。但是地震勘探效果的好坏，不外乎取决于两个条件：一个是地震勘探的技术条件；另一个是工区地震地质条件。前者有一个逐步发展的过程，而在现有勘探水平条件下，勘探效果的好坏则主要取决于后者。浅层地震地质条件主要是指地表附近和浅部的地质条件（一般深度小于200m）以及影响因素，包括地形、地貌、植被、潜水面变化、基岩以上现代沉积的岩性和厚度及浅部基岩的岩性与构造等因素，下面分别进行分述。

1. 低速带的特性

地表附近的岩层由于长期遭受风化作用变得比较疏松，地表浅部的土层也往往因沉积年代较新，胶结作用较差，因此地震波在这些岩土层中传播的速度比在下部未风化的基岩的波速要小得多。这类疏松层称之为低速带[34]。

表 5-1　　介质与岩石的密度、纵波速度和波阻抗

介质或岩石的名称	密度 ρ/(10^3kg/m^3)	纵波速度 V_P/(m/s)	波阻抗 ρV_P/[10^6kN/(m^2·s)]	介质或岩石的名称	密度 ρ/(10^3kg/m^3)	纵波速度 V_P/(m/s)	波阻抗 ρV_P/[10^6kN/(m^2·s)]
空气	0.0013	310～360	0.04	岩盐	2.14～2.18	4200～5500	90～120
石油	0.60～0.90	1200～1400	8～11	硬石膏	2.82～2.93	3500～5500	99～161
水	0.98～1.01	1430～1590	14～16	石灰岩	2.58～2.80	3400～7000	88～196
冰	0.97～1.07	3100～4209	30～45	大理岩	2.75～2.85	3500～6900	96～197
砂	1.60～1.90	600～1850	10～35	花岗岩	2.52～2.82	4750～6000	120～169
堆石	1.50～2.00	1000～2700	15～54	闪长岩	2.67～2.78	4600～4880	123～136
泥岩	1.50～2.50	1100～2500	17～63	玄武岩	2.70～3.30	5500～6300	149～208
白垩	1.94～2.23	2100～4200	41～94	辉绿岩	2.80～3.11	5800～6600	162～205
泥灰岩	2.25～2.86	2000～3500	45～100	辉长岩	2.85～2.92	6450～6700	184～196
砂岩	2.15～2.70	2100～4500	45～122	橄榄岩	3.15～3.28	7800～8400	246～276
页岩	2.41～2.81	2700～4800	65～135	铝	2.70	6300～7100	170～192
石膏	2.31～2.33	2000～3500	46～81	铜	8.96	4820～5960	432～534

低速带通常具有以下几个特性：

(1) 低速带与其下部基岩波速相差较大，形成很强的速度界面和波阻抗界面，因此它有良好的折射界面。浅层折射法就是利用这一特性来进行的，同时也会产生多次反射波。

(2) 低速带对地震波（特别是高频成分的地震波）具有较强的吸收性，使波的频率变低，能量变弱。当低速带较厚时（如西北黄土高原上的黄土厚达100多米），要得到地下反射界面的反射，必须克服低速带吸收作用的影响。

(3) 低速带存在对其下部反射波信号造成影响。一方面，当反射波返回地表时，产生时间上的滞后；另一方面，当低速带的速度和厚度在横向上变化较大时，还会使得从深部反射上来的地震波产生偏移。因此，在实际地震勘探中，收集低速带的有关资料，是资料处理和修正时必须要进行的步骤。

2. 表层潜水面特性

潜水面往往就是低速带的底部，而疏松的风化层饱合水时，其速度值会增大。因此，地震勘探中所指的低速带并非总是和地质上的风化层相一致，一般是指不含水的风化层。

潜水面是一个速度界面，在进行地震勘探中应加以适当的考虑。

潜水面较浅时，在潜水面下激发震源，可得到频带宽、能量较强的地震波。

3. 浅层地质剖面的不均匀性

浅层地质剖面中，纵向和横向上都存在着不均匀性。不均匀性主要是指存在高速夹层(厚层)，它与顶底的岩层形成很强的反射界面，往下传播的地震波遇此界面能量大部分被反射返回地表，透射能量很小，限制了地震波的穿透能力，也不能用折射法研究更深处的速度低的地层（即形成速度倒转层），影响对下部地层的勘探。地震勘探把此现象称作“高速层的屏蔽”。另外，不均匀性还指岩层中存在的溶洞、断层和人工堆积层。表层的不均匀性会对下部地震波资料的解释精度产生重大影响，这将在下面章节中再加以讨论。

4. 地质界面、地震界面和地震标准层

（1）地质界面和地震界面。地质界面是岩性不同的界面，而地震界面是地震波速度变化的界面或波阻抗变化的界面。在许多情况下，这两个界面是一致的，但有时也不一致。有些情况下，不同的地质层，但其波速很接近，或者有些很薄的地层，从地震信号上难于识别出来，这时就会出现地震界面和地质界面的不一致，而地震勘探所能探测到的，只是那些与地震界面一致的地质界面。

（2）地震标准层。和地质标准层一样，把能反射且反射能量较强的，能大面积连续稳定追踪，具有较明显的运动学和动力学特征的地震波的地质界面，称作地震标准层，常用它来对比连续地震层位、控制构造形态等。尤其是当这一地震标准层和某地质层位一致时，其意义就更大，当然在有条件的情况下，也可以在同一地区内找几个地震标准层，以便进行对比。

复习思考题

1. 试给出常用弹性参数 ν、E、K、μ、λ 的定义。
2. 什么是视速度和真速度？二者关系如何？
3. 纵波、横波、面波各有哪些特点？其在工程勘测中的用途有哪些？
4. 试绘制点震源激发的 P 波、SH 波、SV 波的振动方向图。
5. 波前、波尾、等时面这三个概念之间有什么联系与区别？
6. 简述反射波、折射波的形成条件。
7. 振动图和波剖面图的特点及两者间的关系。
8. 地震波传播的基本原理是什么？
9. 影响地震波波速的地质因素是什么？

第六章　地震波时距曲线及野外工作方法

在浅层地震勘探中，折射波法是一种使用较久且较成熟的方法，常用来探测覆盖层厚度、基岩面起伏、断层及古河道等水文工程地质问题。目前，它仍然是广泛使用的方法之一。然而随着各种工程、环境勘测任务的发展和折射波法本身的弱点（如分辨率较低、测线较长等），折射波法不能完全适应当前形势的需要。为了弥补折射波法的不足和局限性，近年来随着各类信号增强型浅层数字地震仪的出现以及微机数字处理系统的开发和普及，浅层反射法才取得了较大的进展。20 世纪 80 年代中期以来，美国、日本、加拿大等国已开始推广使用纵波浅层反射法来解决常见的工程地质问题。我国浅层反射法试验研究起步较晚，但发展较快。80 年代初期以来，水利水电、地质矿产、石油煤炭及市政等行业竞相开展浅层反射法研究。近年来在压制干扰、改进带宽、增强数据处理能力、试验新震源等方面已取得了很大的进展。下面将分别介绍折射波和反射波的理论时距曲线和野外工作方法等内容。

第一节　折射波的时距曲线

一、二层介质的折射波时距曲线

（一）二层水平界面的折射波时距曲线

假设地面下深度为 h 处有一水平的速度分界面 R，其上、下层的速度分别为 V_1 和 V_2，且满足 $V_1<V_2$ 的条件（图 6-1）。震源点为 O，通过 O 点布置测线 Ox，在测线上的 x_1、x_2、x_3、…、x_n 等点上分别安置检波器接收地震波信号。在 OM 段内，检波器首先接收到的是直达波。直达波从震源 O 点出发，沿测线 x 传播到任意点的旅行时间 t 为

$$t=\pm\frac{x}{V} \tag{6-1}$$

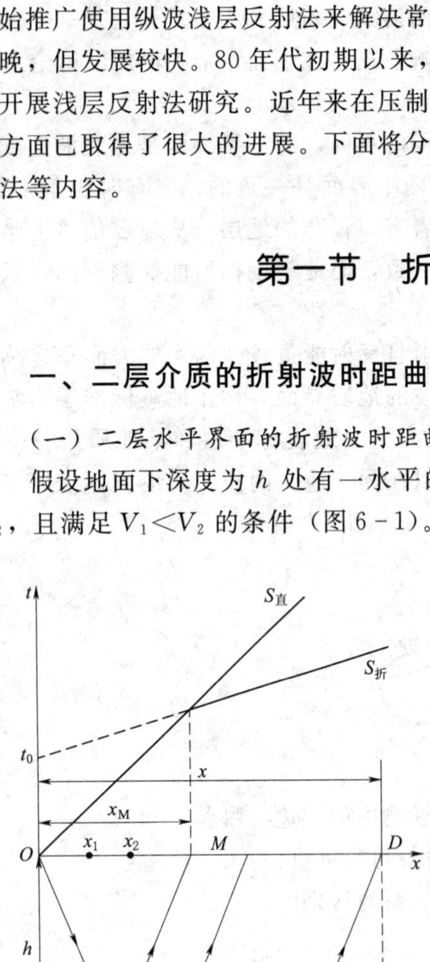

图 6-1　水平二层介质折射波时距曲线

式（6-1）就是直达波的时距方程。通常以震源点的距离 x 为横坐标，地震波旅行时 t 为纵坐标，便可作出相应的时距曲线。显然，由式（6-1）可知，直达波的时距曲线为一直线方程。由此，得到了两支通过原点 O 且对称于 t 轴的两条直线。对折射波曲线，为方便起见，只研究 Ox 轴右边的一支曲线（左边完全和右边对称）。

如前所述，当入射波的入射角达到临界角 i

时，才开始产生滑行波，即只有满足 $x>x_M$ 条件的检波器才能接收到折射波。设有一检波器安置在测线 D 处，其炮检（即震源与检波器之间的距离）为 x，则折射波的旅行路线为 $OKED$，它的旅行时间 t 为

$$t=\frac{OK}{V_1}+\frac{KE}{V_2}+\frac{ED}{V_1}$$

从 A、G 分别作 OK、ED 的垂线 AB 和 GF，由几何关系得到 $\angle BAK=\angle EGF=i$。

已知

$$\sin i=\frac{V_1}{V_2}$$

所以

$$\frac{BK}{AK}=\frac{EF}{EG}=\frac{V_1}{V_2}$$

即

$$\frac{BK}{V_1}=\frac{AK}{V_2}$$

$$\frac{EF}{V_1}=\frac{EG}{V_2}$$

又因

$$OB=DF=h\cos i, AG=x$$

所以

$$\begin{aligned}t&=\frac{OB}{V_1}+\frac{BK}{V_2}+\frac{KE}{V_2}+\frac{EF}{V_1}+\frac{FD}{V_1}\\&=\frac{OB}{V_1}+\frac{AK}{V_2}+\frac{KE}{V_2}+\frac{EG}{V_2}+\frac{FD}{V_1}\\&=\frac{OB}{V_1}+\frac{AG}{V_2}+\frac{FD}{V_1}\\&=\frac{x}{V_2}+\frac{2h\cos i}{V_1}\\&=\frac{x}{V_2}+\frac{2h\sqrt{V_2^2-V_1^2}}{V_1V_2}\end{aligned}\tag{6-2}$$

这就是水平二层介质的时距方程。可见它的时距曲线也是一条直线，这条直线的斜率为 $1/V_2$，直线 $S_{折}$ 延长与 t 轴相交于 t_0，截距时间 t_0 为

$$t_0=\frac{2h\cos i}{V_1}=\frac{2h\sqrt{V_2^2-V_1^2}}{V_1V_2}\tag{6-3}$$

则

$$h=\frac{t_0V_1}{2\cos i}=\frac{1}{2}t_0\frac{V_1V_2}{\sqrt{V_2^2-V_1^2}}\tag{6-4}$$

由此可见，可以利用直达波时距曲线求出 V_1，利用折射波时距曲线求出 V_2 和截距时间 t_0，即可按上述公式计算出震源点（即炮点）下界面的埋藏深度 h。

这时，折射波盲区的半径为

$$x_M=2h\tan i=2h\frac{V_1}{\sqrt{V_2^2-V_1^2}}=\frac{V_1^2V_2t_0}{V_2^2-V_1^2}\tag{6-5}$$

当 $x<x_M$ 时，无折射波出现；当 $x>x_M$ 时，有折射波。但在此范围内，同样还会出现直达波、反射波（包括多次反射波）；这样就有可能造成这些波的相互干涉和叠加。

（二）二层倾斜界面的折射波时距曲线

1. 时距方程

如图 6-2 所示，R 为一倾斜折射界面，$V_2>V_1$。当在炮点的下倾方向接收折射波时，波沿射线的走时 $t_{下}$ 为

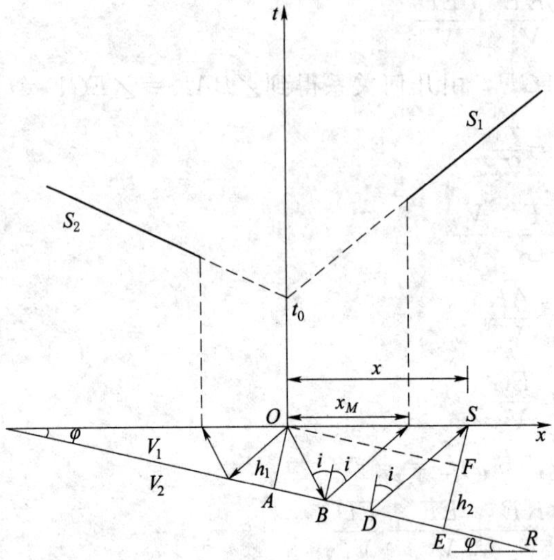

图 6-2 倾斜平界面时距曲线

$$t_{下}=\frac{OB+DS}{V_1}+\frac{BD}{V_2}$$

通过几何换算可以推出时距方程 $t_{下}$ 的表达式：

$$t_{下}=\frac{\sin(i+\varphi)}{V_1}x+\frac{2h_1\cos i}{V_1}$$

同理可推出炮点上倾方向接受到的折射波时距方程为

$$t_{上}=\frac{\sin(i-\varphi)}{V_1}x+\frac{2h_1\cos i}{V_1}$$

合并上面两式，即可得到倾斜界面的折射波时距方程的一般式：

$$t=\frac{2h_1\cos i}{V_1}+\frac{\sin(i\pm\varphi)}{V_1}x \tag{6-6}$$

2. 时距曲线特点

由式（6-6）可以看出，时距方程是一个直线方程，直线的截距为$t_{01}=\frac{2h_1\cos i}{V_1}$，斜率为$\frac{\sin(i\pm\varphi)}{V_1}$。

两条时距曲线的斜率的倒数或视速度的倒数分别为

$$\frac{1}{V_{下}^{*}}=\frac{\sin(i+\varphi)}{V_1} \tag{6-7}$$

$$\frac{1}{V_{上}^{*}}=\frac{\sin(i-\varphi)}{V_1} \tag{6-8}$$

分析式（6-7）、式（6-8）可知，下倾方向时距曲线的斜率较大，视速度小，曲线陡；上倾方向折射波的斜率小，视速度大，曲线较平缓。因此，通常可以从这两条时距曲线的陡缓情况定性判断其折射界面的倾斜方向。

对式（6-7）、式（6-8）进行变换，可得到

$$i+\varphi=\sin^{-1}\frac{V_1}{V_{下}^{*}}$$

$$i-\varphi=\sin^{-1}\frac{V_1}{V_{上}^{*}}$$

联合两式即得到

$$\left.\begin{aligned} i &= \frac{1}{2}\left(\sin^{-1}\frac{V_1}{V^*_{下}} + \sin^{-1}\frac{V_1}{V^*_{上}}\right) \\ \varphi &= \frac{1}{2}\left(\sin^{-1}\frac{V_1}{V^*_{下}} - \sin^{-1}\frac{V_1}{V^*_{上}}\right) \end{aligned}\right\} \tag{6-9}$$

如果 V_1 为已知值（可从直达波资料求取），并从折射波时距曲线上分别求得两条曲线的视速度，便可用式（6－9）求取折射波临界角 i 和界面的倾角 φ。由临界角 i 和 V_1 又能求出界面速度 V_2。

倾斜界面的折射波时距曲线存在盲区的临界值分别是

$$\left.\begin{aligned} 下倾方向：x_{M下} &= \frac{2h_1\sin i}{\cos(i+\varphi)} \\ 上倾方向：x_{M下} &= \frac{2h_1\sin i}{\cos(i-\varphi)} \end{aligned}\right\} \tag{6-10}$$

显然，整个盲区的半径即为

$$x_M = x_{M上} + x_{M下} = \frac{2h_1\sin i}{\cos(i-\varphi)} + \frac{2h_1\sin i}{\cos(i+\varphi)} \tag{6-11}$$

在进行地震勘探时，对倾斜界面的倾角有下列要求，即应满足 $i+\varphi<90°$。因为当 $i+\varphi>90°$时，若在下倾方向观测，则折射波不能到达地面接收点；若在上倾方向观测，则入射角总是小于临界角，而不能产生折射波（图 6－3）。因此，在大倾角地区进行折射波观测时应注意这一条件。

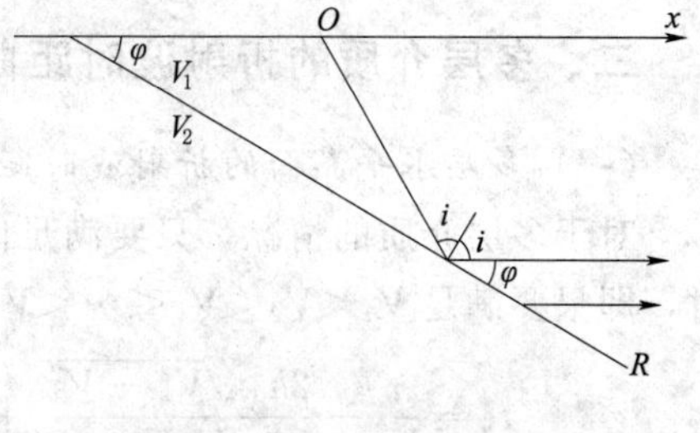

图 6－3　$i+\varphi=90°$的情况

（三）弯曲界面的折射波时距曲线

通常界面总有不同程度的弯曲。弯曲界面上折射波时距曲线不是直线，而是呈曲线形状。当折射界面为凸形时，其时距曲线如图 6－4 所示，即呈向上弯曲的凹曲线。反之，如果折射界面为凹形时，其时距曲线如图 6－5 所示，呈向下弯曲的凸曲线。

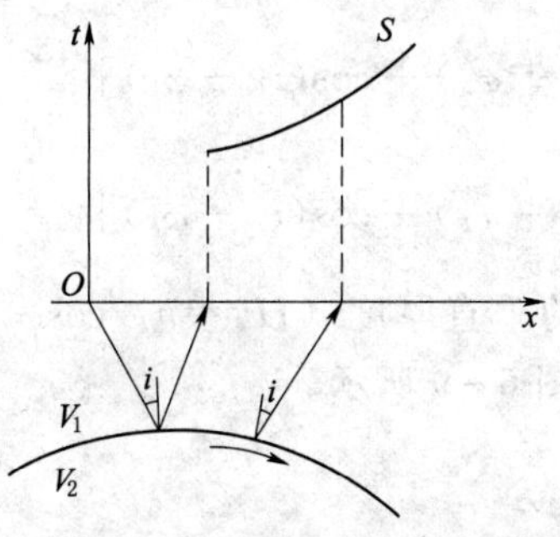

图 6－4　凸界面情况时距曲线

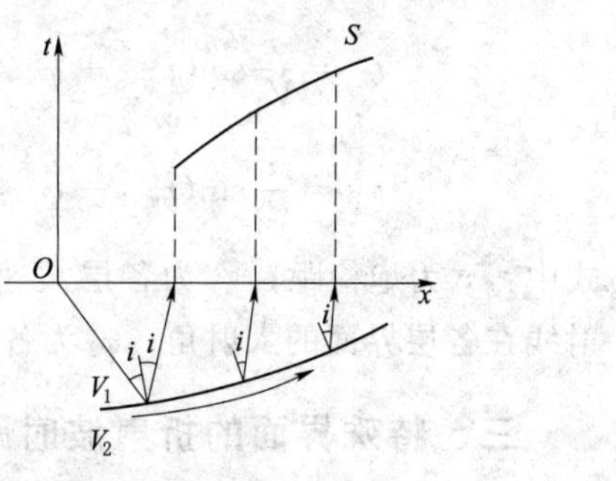

图 6－5　凹界面情况时距曲线

随着凸界面曲率半径的减小，波将出现一个特殊现象，即穿透现象，便无法得到真实的时距曲线，从而为野外勘探带来困难。为了及时发现穿透现象，在野外工作时，应该在接收地段的同侧，在不同的位置激发震源，以对同一地段进行重复观测。这种情况下所得到的时距曲线即称为追逐时距曲线。如果存在穿透现象，则由于传播路径和方向的变化，时距曲线的平行性受到破坏，如图 6-6 所示。如果没有穿透现象，则所得两条时距曲线是相互平行的，如图 6-7 所示。

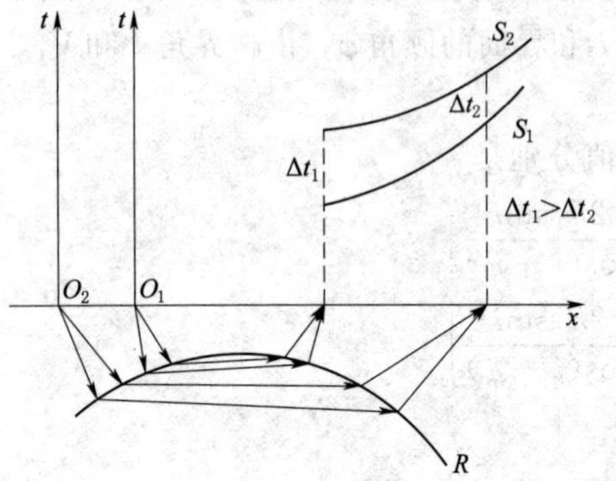

图 6-6　穿透现象情况时距曲线

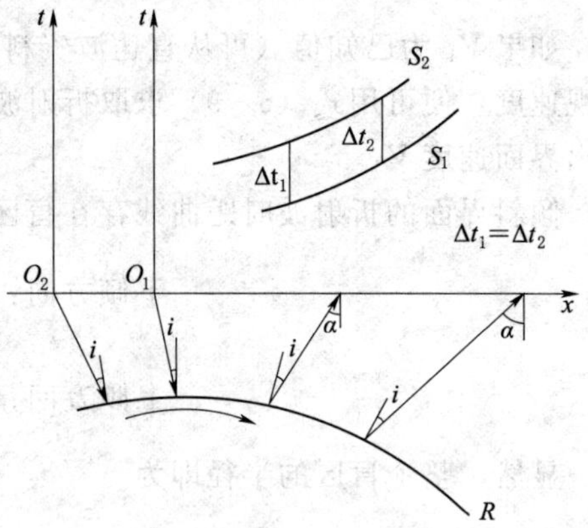

图 6-7　未穿透现象情况时距曲线

二、多层介质的折射波时距曲线

（一）多层水平界面的折射波时距曲线

对于多层介质的情况，只要满足向地下深处各层速度逐层递增的条件，就可以形成折射，即只要满足 $V_1<V_2<V_3<\cdots<V_n$ 的关系，存在 $n-1$ 个界面时其折射波时距方程为

$$t_n=\frac{x}{V_n}+\frac{2h_1\sqrt{V_n^2-V_1^2}}{V_nV_1}+\frac{2h_2\sqrt{V_n^2-V_2^2}}{V_nV_2}+\cdots+\frac{2h_{n-1}\sqrt{V_n^2-V_{n-1}^2}}{V_nV_{n-1}} \tag{6-12}$$

图 6-8 给出了三层结构的时距曲线。从图 6-8 可以看出，随着界面的逐渐加深，界面上的波速依次增大，时距曲线的斜率越来越小，且相互交叉。

（二）多层倾斜界面的折射波时距方程

多层倾斜界面的时距方程为

$$t_{下}=\frac{x}{V_1}\sin(i_{n-1}+\varphi_{n-1})+\sum_{k=1}^{n-1}\frac{H_k}{V_k}[\cos(i_k+\varphi_k)+\cos(i_k-\varphi_k)] \tag{6-13}$$

$$t_{上}=\frac{x}{V_1}\sin(i_{n-1}-\varphi_{n-1})+\sum_{k=1}^{n-1}\frac{H_k}{V_k}[\cos(i_k+\varphi_k)+\cos(i_k-\varphi_k)] \tag{6-14}$$

式中：x 为炮检距；V_k 为各层波速；H_k 为相应各层的垂直厚度（$H_k=h_k/\cos\varphi_k$）；i_k 为射线在各层界面的入射角；φ_k 为各层界面的倾角，如图 6-9 所示。

三、特殊界面的折射波时距曲线

（一）变速层的折射波时距曲线

在自然界中，有些介质如覆盖层、风化壳等，由于岩层风化程度随埋深增加而逐渐变化，波速的变化是随深度增加而逐渐增大，但无明显的速度界面，这种地层称为变速层。

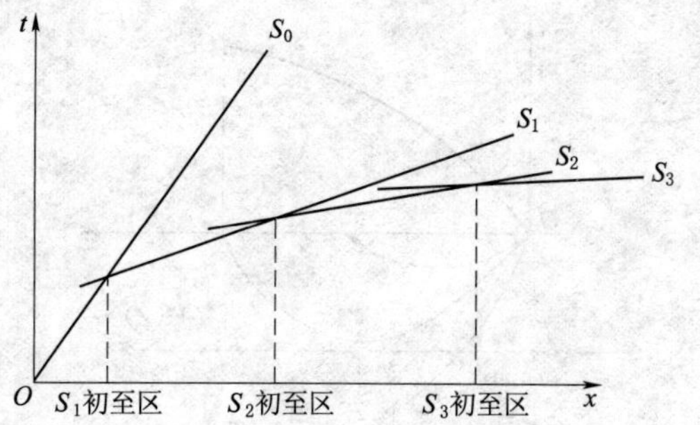

图 6-8 水平三层介质时距曲线

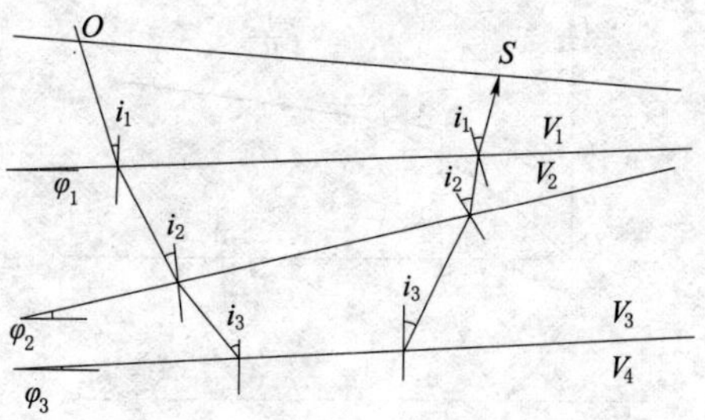

图 6-9 多层倾斜界面示意图

变速层的速度变化规律一般可表示为

$$V_z = V_0 (1 + BZ)^{\frac{1}{q}} \tag{6-15}$$

式中：V_0为最表层波速；Z 为埋深；V_z为深度 Z 处的波速；B 为一个和介质性质有关的参数；q 为变化指数，当 $q=l$ 时，可认为变速层的速度随深度的变化是线性关系，当 $q \gg 1$ 或 $q \ll 1$ 时，则地层的速度随深度变化明显地呈非线性关系。

由于地震波在变速层中传播和在匀速层中的传播具有不同的特点，人们把变速层中的折射波称为潜射波，而将其时距曲线方程称为射线方程或旅行时方程。

在讨论变速层时，可以把变速层看作是由无限个厚度为 ΔZ 的薄层组成，每层波速渐增，从而构成波速序列 V_0、V_1、V_2、…、V_z，如图 6-10 所示。

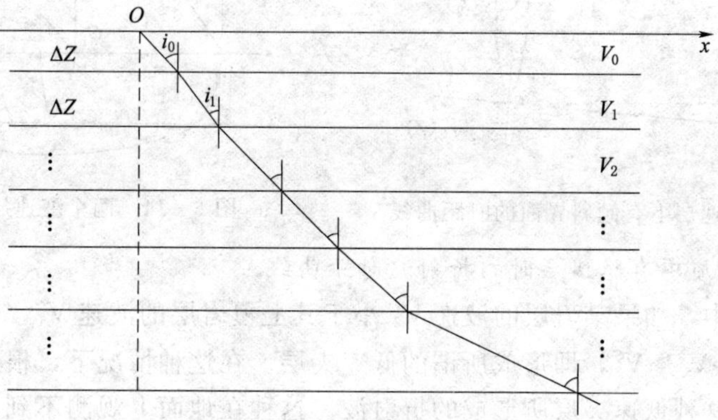

图 6-10 变速层示意图

下面讨论有界面存在时，变速层的几种时距曲线形态。

(1) 覆盖层为连续变速层，该层下面是一个均匀介质的界面，这时在时距曲线图上可见到反映覆盖层的潜射波时距曲线和反映 V_2 介质界面的折射波时距曲线，如图 6-11 所示。

(2) 当介质中变速层在上部速度逐渐变大而达到一定深度后，速度保持不变［保持为 $V(Z)$ 的常数］，但无明显速度界面，这种情况下的潜射波的时距曲线具有有限的长度，即到达某一距离（如 OC）后，就追踪不到时距曲线了，如图 6-12 所示。

(3) 倾斜界面。情况与 (1) 相同，但界面倾斜，这时在界面的上倾方向可以见到一

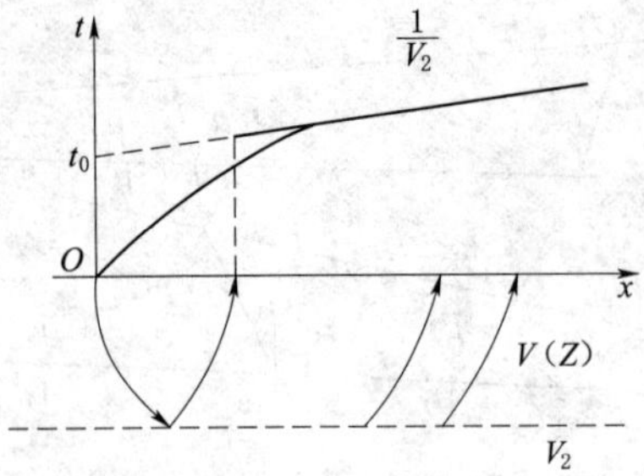

图 6-11　连续变速层时距曲线

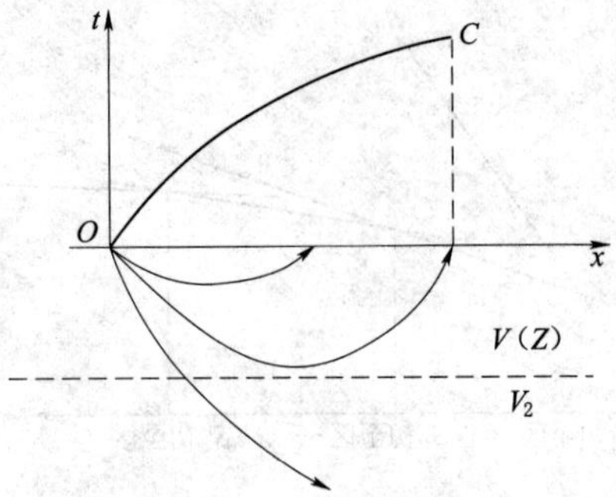

图 6-12　V（Z）和 V_2 无明显速度界面时距曲线

段较长的潜射波时距曲线和类似凹界面的折射波时距曲线；在下倾方向，则可见到一段较短的潜射波时距曲线和一类似凸界面的折射波时距曲线，如图 6-13 所示。

（4）两个变速层形成水平界面，上面为变速层 $V_1(Z)$，下面为变速层 $V_2(Z)$，形成突变界面 R。这时，由于波在变速层中的穿透潜射作用，得到的时距曲线与凹形界面上折射波的时距曲线十分类似，如图 6-14 所示。但两时距曲线不平行，Δt 随着 x 的增大而减小。

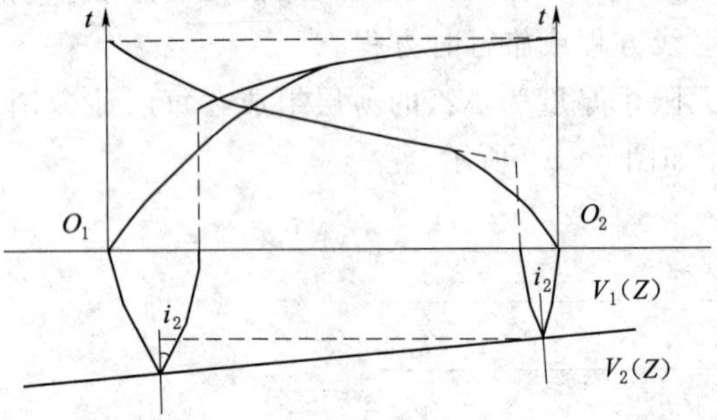

图 6-13　连续变速层下有倾斜界面的时距曲线

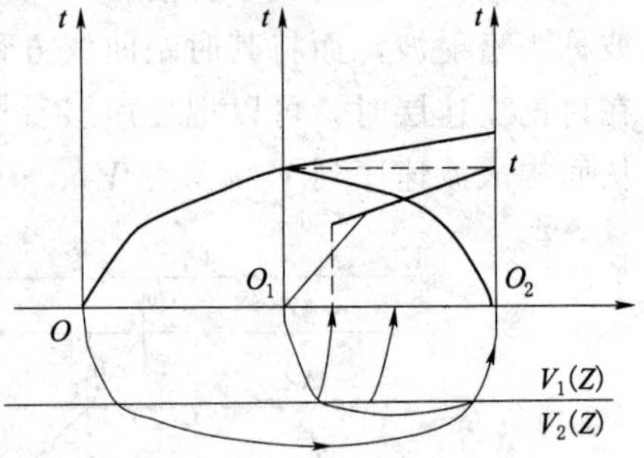

图 6-14　两个变速层的时距曲线

（二）层状介质中有隐伏层时的折射波时距曲线

在层状介质中，如果某岩层的波速 V_2 小于其上覆岩层的波速 V_1，也小于下伏岩层的波速 V_3，即 $V_1>V_2>V_3$，即形成所谓的低速夹层。在这种情况下，根据折射波的传播特性，无法观测到这种低速夹层所形成的折射波。这种在地面上观测不到其界面所产生的折射波的岩层，称为隐伏层。

下面讨论水平层状介质中的低速夹层的特点。

在正常情况下，对于三层介质来说，根据折射波产生的基本原理，必须满足 $V_1<V_2<V_3$ 的要求。其时距方程为

$$\left.\begin{aligned} t_1 &= \frac{x}{V_1} \\ t_2 &= \frac{x}{V_2}+\frac{2h_1}{V_1V_2}\sqrt{V_2^2-V_1^2} \\ t_3 &= \frac{x}{V_3}+\frac{2h_2\sqrt{V_3^2-V_2^2}}{V_2V_3}+\frac{2h_3\sqrt{V_3^2-V_1^2}}{V_3V_1} \end{aligned}\right\} \quad (6-16)$$

其时距曲线形态如图 6-15 所示。

它们的两个界面深度分别为

$$\left.\begin{aligned} h_1 &= \frac{t_0 V_1 V_3}{2\sqrt{V_3^2 - V_1^2}} \\ h_{1,2} &= \left[\frac{t_{02}}{2} + h_1\left(\frac{\sqrt{V_3^2 - V_2^2}}{V_3 V_2} - \frac{\sqrt{V_3^2 - V_1^2}}{V_3 V_1}\right)\right]\frac{V_3 V_1}{\sqrt{V_3^2 - V_2^2}} \end{aligned}\right\} \tag{6-17}$$

如果存在低速层，即 $V_1 > V_2 < V_3$（且 $V_1 < V_3$）时，则在 V_1 和 V_2 界面上就不可能产生折射波。这时仅从时距曲线上看就相当于存在两层介质。如这时无其他数据一起分析的话，就会错误地把三层介质看作两层介质，即把 V_3 误认为 V_2，把 t_{02} 误认为 t_{01}，计算两层介质的界面深度 h'，即为

$$h' = \frac{t_{02} V_1 V_3}{2\sqrt{V_3^2 - V_1^2}} \tag{6-18}$$

很明显，这时 h' 和 $h_{1,2}$ 之间将可能有很大误差，并且随着 V_2 速度值越小或其厚度 h_2 越大，误差也越大。

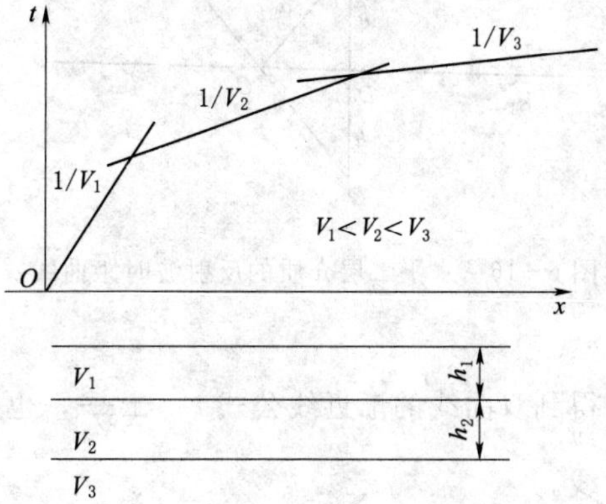

图 6-15　水平三层断面正常时距曲线

在实际工作中，当在有低速层的地区进行折射波法勘探时，应尽量避免产生上述这种遗漏低速层的现象。因此，这要求工作人员首先必须摸清地震地质条件。一般情况下，在有钻孔、测井资料的工区，应先进行地震波速的对比评价。当满足 $V_1 < V_2 < \cdots < V_n$ 的波速条件时，才能使用折射波方法，当然，在有条件的地区或低速层埋深不大的情况下，可将震源点移到低速层内进行激发，以便得到相应的结果。

第二节　反射波时距曲线

一、水平界面的反射波时距曲线

如前所述，只要满足界面上下介质的波阻抗不相等，即 $\rho_1 V_1 \neq \rho_2 V_2$，则入射到界面的地震波可按反射定律产生反射波。

如图 6-16 所示，地下有一水平波阻抗界面 R，界面埋深 h，其上部表层的波速为 V_1。爆炸点 O 为震源，在地面上设若干观测点接受反射波。如在 C 点反射到地面检波点 S 的反射波，其旅行路程为 $OC+CS$。设与爆炸点 O 对称的 O^* 为虚爆炸点（虚震源），则 $OO^*=2h$，而且反射界面是 OO^* 的垂直平分面。于是 $\Delta OCD=\Delta O^*CD$，因而 $OC=O^*C$，$\angle OCD=\angle O^*CD$，并且 O^*CS 是一条直线。于是折射波旅行时间为

$$t = \frac{OC+CS}{V_1} = \frac{O^*CS}{V_1} = \frac{1}{V_1}\sqrt{(2h)^2 + x^2} \tag{6-19}$$

或

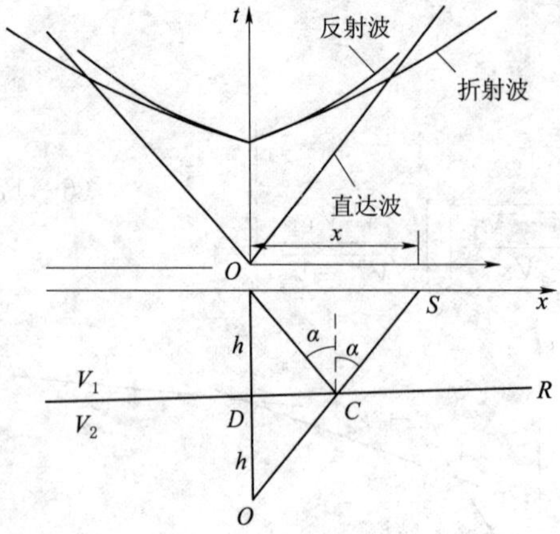

图 6-16 水平二层介质的反射波时距曲线

$$\frac{t^2}{\left(\frac{2h}{V_1}\right)^2}-\frac{x^2}{(2h)^2}=1 \qquad (6-20)$$

此两式就是水平界面反射波的时距方程。可见反射波的时距曲线是一双曲线，且对称于 t 轴，极小点坐标为 $\left(\frac{2h}{V_1},\ 0\right)$。

在震源 O 点接收到的反射波的到达时间称为双程垂直时间 t_0，从图 6-16 中可以看出 $t_0=\frac{2h}{V_1}$，t_0 也是最小的反射时间。根据 t_0 可以确定水平界面的埋深 $h=\frac{1}{2}V_1\ t_0$。

令式（6-20）的右端为零，经整理简化，可得到双曲线的渐近线公式 $t=\pm\frac{x}{V_1}$，也就是说直达波的时距曲线是反射波时距曲线的渐近线。

在震源附近 $x=0$ 的检波点，反射波垂直射向测线，出射角为 0°。根据视速度定理，该点反射波的视速度 $V^*=\infty$，时距曲线为零，随着炮检距 x 的增加，出射角也增大，沿测线的视速度 V^* 则逐渐减小。当 $x\to\infty$ 时，反射波的出射角为 90°。视速度 V^* 即等于 V_1。反射波时距曲线上任意一点的斜率正好是该点的反射波视速度的倒数，即 $V^*=\frac{\mathrm{d}x}{\mathrm{d}t}$，故双曲线上各点的斜率变化范围为 $0\sim\frac{1}{V_1}$。

对式（6-19）两边平方得

$$t^2=\frac{x^2}{V_1^2}+\left(\frac{2h}{V_1}\right)^2=\frac{x^2}{V_1^2}+t_0^2 \qquad (6-21)$$

以 x^2 为横坐标、以 t^2 为纵坐标可得图 6-17，图中直线的斜率 $K=\frac{1}{V_1^2}$，由此可反求覆盖层的波速 $V_1=\sqrt{\frac{1}{K}}$。

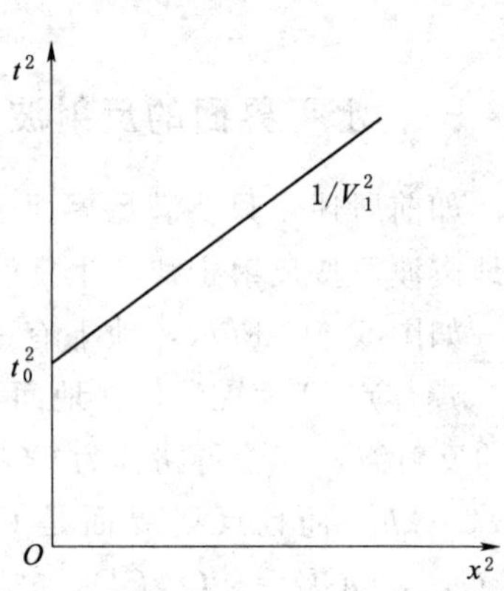

图 6-17 x^2-t^2 关系图

二、倾斜界面的反射波时距曲线

设地下有一反射界面 R，界面与水平测线的夹角（视倾角）为 φ，界面上下介质满足 $V_1\rho_1\neq V_2\rho_2$，爆炸点到界面的法线深度为 h，虚震源 O^* 不在 O 点的正下方，而是向上倾方向偏离（图 6-18）。

在 O 点激发，地震波经界面上的 A 点反射到达地面上任意一点 S。用虚震源的概念，可以写出波的旅行路程 $O^*S=OA+AS=V_1t$，则

$$t=\frac{O^{*}S}{V_1} \qquad (6-22)$$

用 M 点表示 O^{*} 在地面的投影点，则有

$$O^{*}S=\sqrt{MO^{*2}+MS^{2}} \qquad (6-23)$$

由于　$MO^{*}=\sqrt{OO^{*2}-x_M^2}=\sqrt{4h^2-x_M^2}$，

$$MS=x-x_M$$

故　$$O^{*}S=\sqrt{x^2+4h^2-2xx_M} \qquad (6-24)$$

将式（6-24）代入式（6-22），得

$$t=\frac{1}{V_1}\sqrt{x^2+4h^2-2xx_M} \qquad (6-25)$$

因为　$$x_M=2h\sin\varphi$$

所以　$$t=\frac{1}{V_1}\sqrt{x^2+4h^2-4hx\sin\varphi} \qquad (6-26)$$

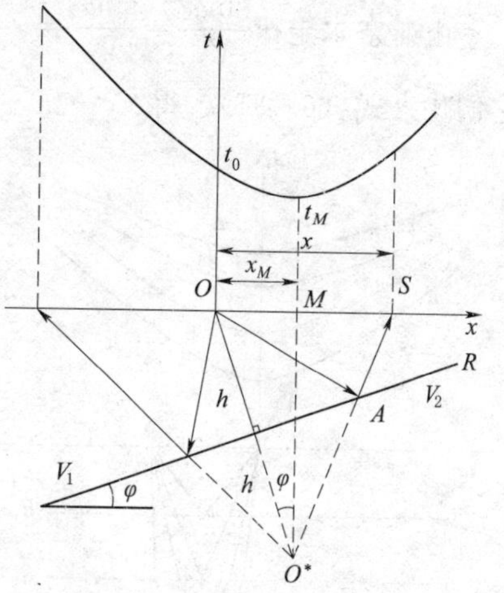

图 6-18　倾斜界面反射波时距曲线

式（6-26）就是反射波时距曲线方程式。我们约定：当界面的下倾方向和 x 轴正方向一致时 φ 值取正；反之，φ 取负值。

经变换得

$$\frac{t_2}{\left(\frac{2h\cos\varphi}{V_1}\right)^2}-\frac{(x-2h\sin\varphi)^2}{(2h\cos\varphi)^2}=1 \qquad (6-27)$$

由此可见，这时反射波的时距曲线仍为一条双曲线，其极小点的坐标为

$$\left.\begin{aligned} x_M&=\pm 2h\sin\varphi \\ t_M&=\frac{2h}{V_1}\cos\varphi \end{aligned}\right\} \qquad (6-28)$$

极小点的位置就是虚震源在地面测线上的投影，它始终位于界面的上倾方向。在实际工作中，可以根据极小点的位置来定性地判断反射界面的倾斜方向，而且随着界面埋藏深度和倾角的增大，极小点也越远离震源 O 点。

在震源 O 点接收到的反射波的到达时间称为双程垂直时间 t_0，在时距曲线上即是时距曲线与时间 t 轴的交点。

$$t_0=\frac{2h}{V_1} \qquad (6-29)$$

从时距曲线上求出 t_0 后，可用 t_0 值求出界面的法线深度 h：

$$h=\frac{1}{2}V_1\,t_0 \qquad (6-30)$$

三、多层介质的反射波时距曲线

在多层水平层状介质条件下，在 O 点激发地震波，在 S 点接收经第 n 个界面反射到达 S 点的旅行时之和为

$$t=2\sum_{i=1}^{n}\frac{h_i}{V_i\cos\alpha_i} \qquad (6-31)$$

由斯奈尔定律$\frac{\sin\alpha_1}{V_1}=\frac{\sin\alpha_2}{V_2}=\cdots=\frac{\sin\alpha_i}{V_i}=P$，得 $\sin\alpha_i=V_iP$，$\cos\alpha_i=\sqrt{1-P^2V_i^2}$。将它们代入式（6－31），得

$$t=2\sum_{i=1}^{n}\frac{h_i}{V_i\sqrt{1-P^2V_i^2}} \qquad (6-32)$$

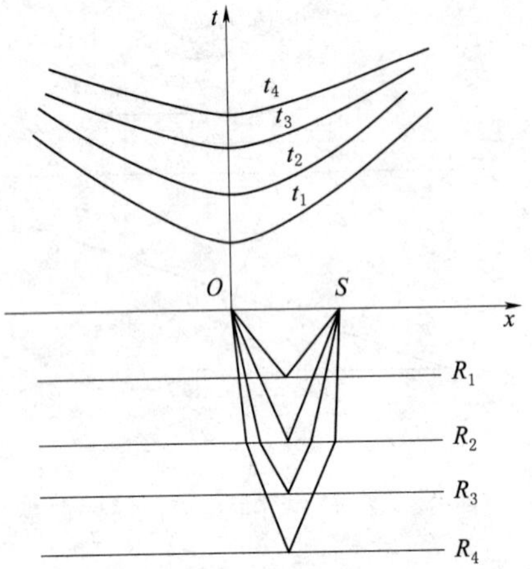

图 6－19　多层水平层状介质的反射波时距曲线

应用二项式展开，并令$t_i=\frac{h_i}{V_i}$为波在各分层的单程垂直时间。当 α_i 较小时，$PV_i=\sin\alpha_i$ 的高次项可以略去，于是得到近似式

$$t=2\sum_{i=1}^{n}t_i\left(1+\frac{1}{2}P^2V_i^2\right)$$

另外，双程垂直时间为

$$t_{0n}=2\sum_{i=1}^{n}t_i$$

从而得　$t=t_{0n}+\sum_{i=1}^{n}t_iP^2V_i^2$　　(6－33)

由图 6－19 可得到观测点 S 的横坐标为

$$x=2\sum_{i=1}^{n}x_i=2\sum_{i=1}^{n}h_i\tan\alpha_i$$

$$=2\sum_{i=1}^{n}\frac{hPV_i}{\sqrt{1-P^2V_i^2}} \qquad (6-34)$$

式（6－33）和式（6－34）组成了以 P 为参数的时距曲线方程，进一步可写成

$$\left.\begin{aligned}t^2&=t_{0n}^2+\frac{x^2}{\overline{V}_N^2}\\ \overline{V}_N&=\left(\frac{\sum_{i=1}^{n}t_iV_i^2}{\sum_{i=1}^{n}t_i}\right)^{1/2}\end{aligned}\right\} \qquad (6-35)$$

式中：$\overline{V}_N$为均方根速度。

由此可见，在水平多层介质情况下，其时距方程也是双曲线。

至于倾斜多层介质，反射波时距曲线形状仍可利用虚震源概念绘制。图 6－20 是具有相同倾角的时距曲线簇。图 6－21 是倾角不同的时距曲线簇。

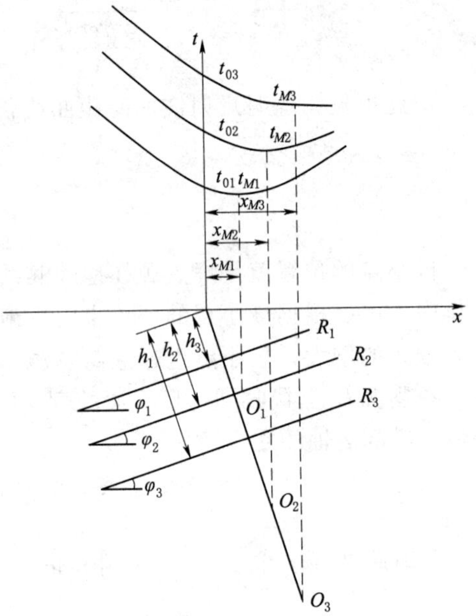

图 6－20　相同倾角的多层介质反射波时距曲线

四、断层附近的反射波时距曲线

在震源附近有一直立断层。假设断层两侧的反射界面是水平的，震源 O 在下降盘一

侧，如图 6－22 所示。作下降盘 R_1A 反射界面的虚震源O_1^*。因为界面在 A 点断开，所以下降盘的反射波只能在S_1 点的左方被接收到，而S_1 点右方就接收不到下降盘的反射波。因下盘是水平界面，所以反射波时距曲线呈双曲线形状，极小点位于 t 轴上，且$t_0=\frac{2h_1}{V_1}$。

同样，把上升盘R_2B 当作一个独立的反射界面，向左延长R_2B，其虚震源为O_2^*，作$O_2^*BS_2$ 线，则S_2 点左边没有上升盘R_2B 的反射波。这样在S_1 和S_2 两个断点之间无法得到反射波。因此在地震记录上，反射波的同相轴在S_1 和S_2 两点中断，在S_1 和S_2 之间出现空白带。并且在S_1 和S_2 点上的反射波时距曲线前后错开一段时差 Δt：

$$\Delta t=\frac{O_1^*S_1-O_2^*S_2}{V_1}$$

必须指出，在断层附近还会出现绕射波的干扰而出现复杂的干涉现象。

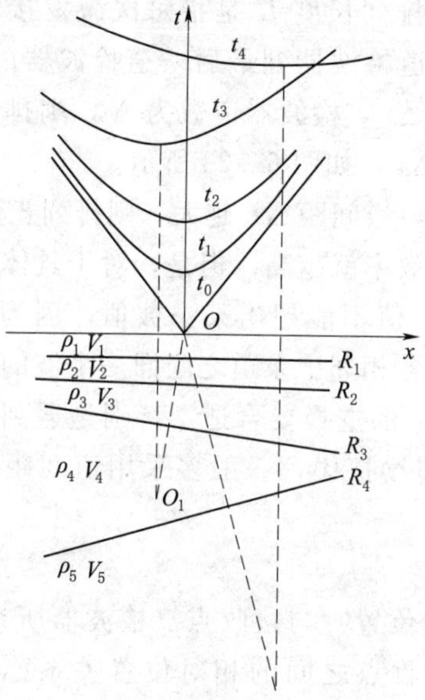

图 6－21　不同倾角的多层介质反射波时距曲线

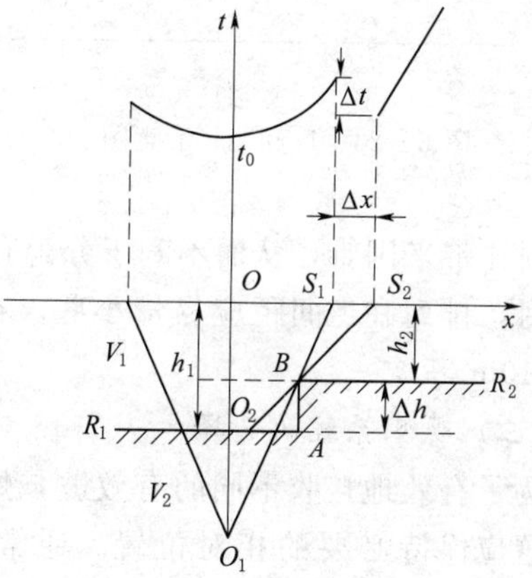

图 6－22　直立断层附近的反射波时距曲线

第三节　地震勘探的野外工作方法

一、概述

一般说，地震勘探野外工作大体分为三个阶段。首先是现场踏勘和收集工区有关资料，目的在于了解工区的地震地质条件和地形情况，确定布置地震勘探的可能性及预期达到的地质效果。其次是进行必要的试验工作，目的在于选择最佳的工作方法和试验条件，如激发方法、接收条件和观测系统的确定，这是保证勘测任务顺利完成的关键所在。然后在试验工作的基础上，根据所提出的地质任务，确定工区整个测试计划，进行野外生产作业，以取得有关地质体空间位置的定性或定量解释的资料，为内业数据处理提供正确的数据。

二、测网的布置

测网的布置通常是根据地震勘探的精度要求、目的层的形态及分布特征、地形条件等因素决定的。测网由一定密度的测线组成，测线又具有一定的长度和布置原则。一条测线上有几个排列，在一个排列上要布置炮点和检波点。距离炮点最近的一个检波器与炮点的距离称炮检距。各个检波器之间的距离称为道间距。

（一）测线的布置

一般情况下都把测线布置为直线，遇到特殊地形时也可以为折线或弧线状。测线的走向要求与地质体的走向大致相垂直，而测线的密度（即单位面积内测线数）则是由勘探的精度要求来决定的。

（二）排列长度和道间距

测线的排列长度 L 是指每次激发接收地震记录时第一道检波器到最后一道检波器的距离。设道间距为 Δx，检波器道数为 N，则排列长度 $L=(n-1)\Delta x$，如图 6-23 所示。

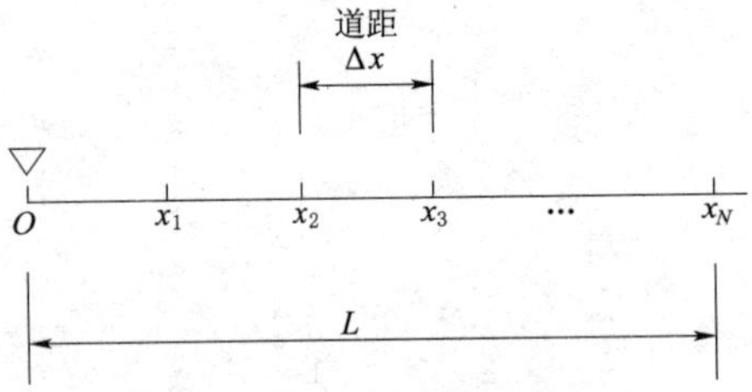

图 6-23　L 和 Δx 示意图

很明显，道间距 Δx 越大，则排列长度 L 就越大，工作效率就越高。但是，对于具体勘探任务来说，Δx 值不能超出某一数值，因为 Δx 太大时，会对各相邻记录道之间同一个波的相位追踪和对比带来困难，从而不利于分辨有效波，所以 Δx 的选择要合适。特别是遇到特殊地质体时，排列和道间距应尽量小些。在浅层工程地震勘探中，一般多采用道间距为 3m、5m、10m 等。

（三）观测系统的选择

为了有效地接收不同的有效波，炮点（震源所在位置）与接收点（检波器所在位置）的布置应保持必要的相对位置。通常把激发点与接收点之间的相对位置关系称为观测系统。

测线的类型有多种，如图 6-24 所示。当激发点和接收点在一条直线上时称为纵测线，如图 6-24（a）所示。当激发点和接收点不在一直线上时称非纵测线，图 6-24（b）所示称为横测线，图 6-24（c）所示称为侧测线，图 6-24（d）所示称为弧形测线。实际工作中以纵测线为主，非纵测线作为辅助测线或在特殊条件时应用。

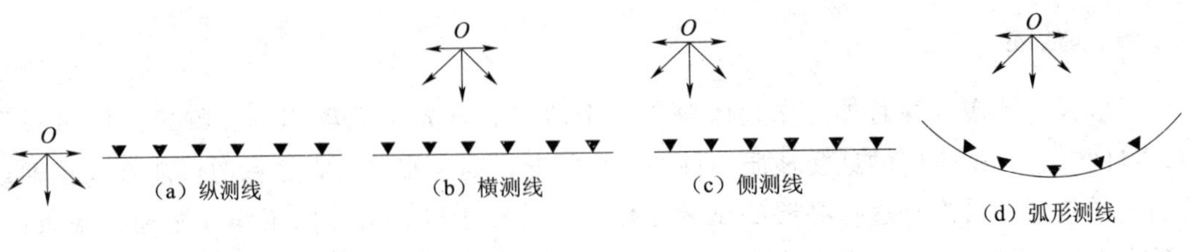

图 6-24　测线类型示意图

用纵测线进行观测时，可根据采用的勘探方法及不同的地质情况分别采用下列观测系统。

1. 折射波法的观测系统

(1) 单支时距曲线观测系统。该系统具体形式见图 6-25。本系统适用于勘探地质条件简单、界面平缓的情况，工作效率较高。在界面起伏较大或地质条件复杂时会带来很大的误差。

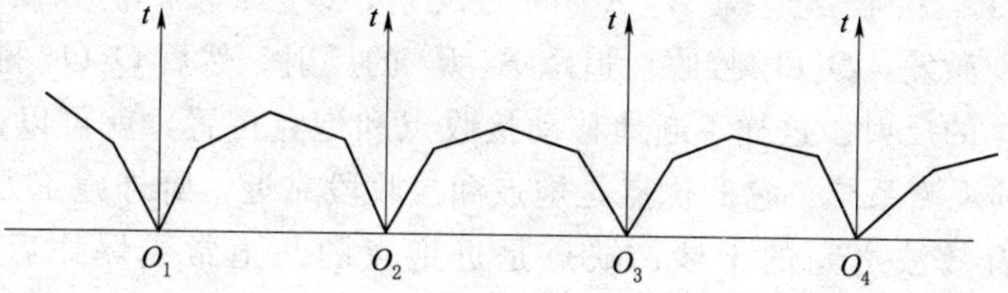

图 6-25　单支时距曲线观测系统

(2) 相遇时距曲线观测系统。该系统具体形式见图 6-26。当在测线的一端 O_1 点激发震源时，可在 A_1O_2 间追踪折射波，并可得到时距曲线S_1；当在测线的另一端 O_2 点激发震源时，可在 A_2O_1 间追踪折射波，得到时距曲线S_2。S_1 和S_2 这一对时距曲线称为相遇时距曲线。这一对相遇时距曲线满足互换关系。相遇时距曲线，对于解释地质条件复杂、界面起伏较大的情况较适用，故现被广泛应用。

(3) 追逐时距曲线观测系统。为了证实地震波在介质中传播时是否会出现前述的穿透现象，或为了证实地震界面的起伏情况，可采用如图 6-6 和图 6-7 所示的追逐时距曲线观测系统，即在同一排列上接收同一侧不同震源点所激发的折射波。由于不论震源在任何位置，滑行波滑行到接收段下界面上所射出的折射波对地面的出射角 i 均不改变，所以时距曲线S_1 和S_2 互相平行性可证实波的传播未发生穿透现象，如图 6-7 所示。如果发生穿透现象，则由于地震波所经路径不同，使得S_1 和S_2 曲线不平行，即 $\Delta t_1 \neq \Delta t_2$，如图 6-6 所示。

(4) 双重相遇时距曲线观测系统。这种系统是把相遇观测系统和追逐观测系统结合在一起的观测系统。它适用于地表条件复杂的工区，如图 6-27 所示。一般在先完成相遇时距曲线S_1、S_2 观测之后，再分别在 O_1、O_2 两侧对称地移动一定距离，进行追逐时距曲线S_3、S_4 的观测。利用S_3 与S_1、S_4 与S_2 的平行性，可以增加解释界面的长度。当然，此方法增加了野外工作量。

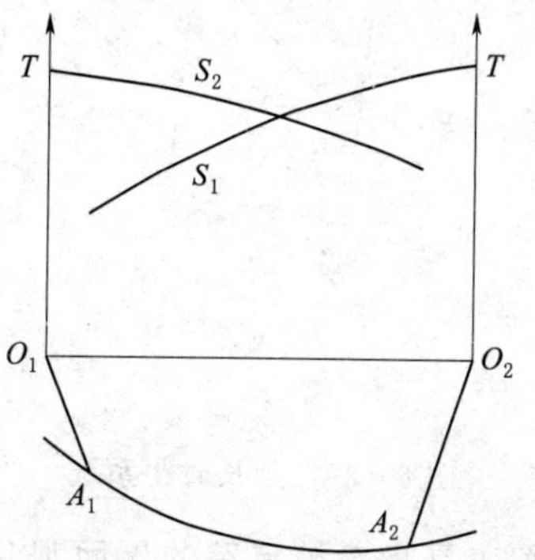

图 6-26　相遇时距曲线观测系统

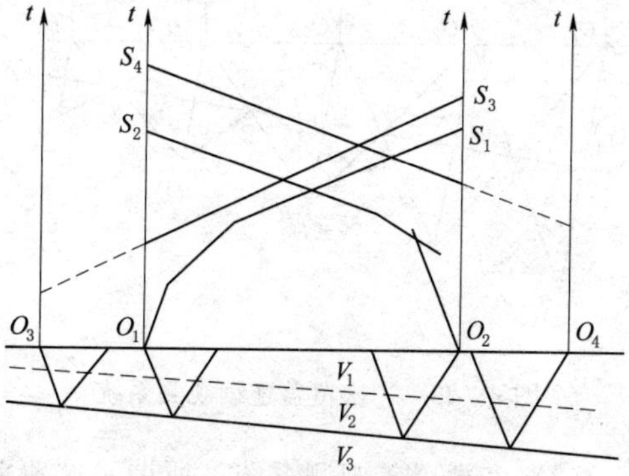

图 6-27　双重相遇时距曲线观测系统

2. 反射波法的观测系统

（1）一次覆盖观测系统。地下界面除存在断层等情况外，一般是连续的，因此要了解连续的界面形态，就要在有一定长度的测线上，使用连续观测系统对界面进行连续的观测。最简单的一次覆盖连续观测系统如图 6-28 所示。

O_1 激发，O_1O_2 接收，追踪 A_1R_1 间的反射；O_2 激发，仍在 O_1O_2 接收，追踪 R_1A_2 的反射；O_2 激发，O_2O_3 接收，追踪 A_2R_2 的反射。然后 O_2O_3 排列不动，炮点移至 O_3，接收 R_2A_3 的反射。这样不断地移动接收点和炮点位置，就可以连续追踪界面 R。这就是简单的连续观测系统。它的优点是炮点和接收段靠近，野外施工方便，不受折射波的干扰，也减少有效波之间的干涉；缺点是近炮点的几道常受爆炸后的声波和面波的干扰。

（2）延长时距系统。当测线通过河流、沼泽和居民点时，不能设置激发点和接收点，为了能连续追踪反射界面，可采用延长时距曲线系统进行观测。延长时距系统的时距平面图如图 6-29 所示。假设在 O_2O_3 之间有河流通过，不能布置排列。为了获得 O_2O_3 下面的反射界面，可在 O_2 点激发，在 O_3O_4 之间接收，得到时距曲线 4，对应的反射界面为 bc。又在 O_3 点激发，在 O_1O_2 之间接收，得到时距曲线 3，对应的反射界面为 ab。虽然，延长时距曲线系统能连续追踪地下反射界面，但是，它不能使障碍物两边的简单连续观测系统进行互换连接对比。尤其是当障碍物过宽时，炮点和排列之间的距离较大，一方面会出现浅层折射波的干扰；另一方面还会产生反射波之间的干涉，造成浅层反射波的对比困难。

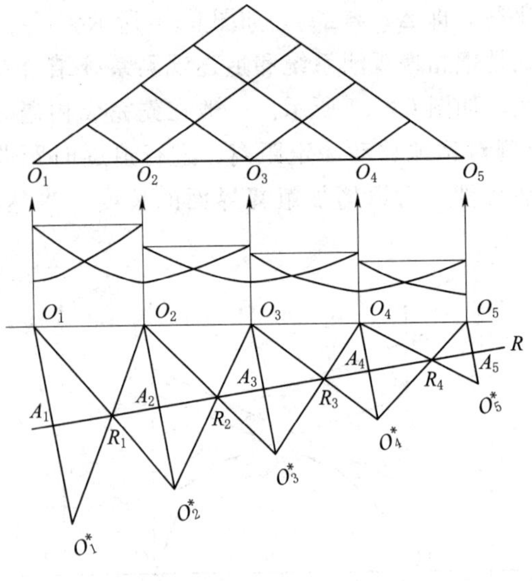

图 6-28　一次覆盖连续观测系统

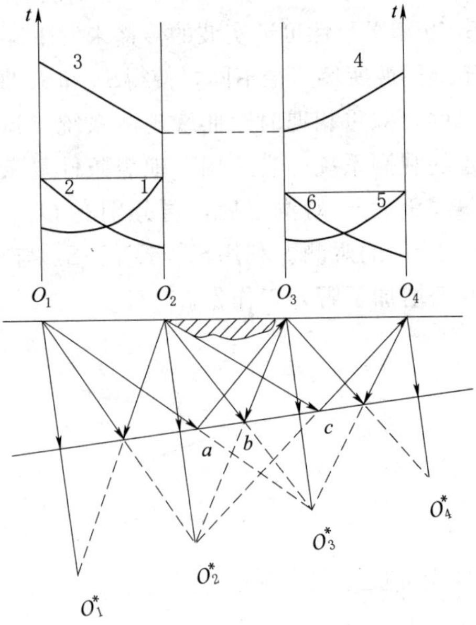

图 6-29　延长时距系统

（3）多次覆盖观测系统。所谓一次覆盖或者多次覆盖是指对被追踪的界面观测的次数而言，例如对同一界面追踪了三次，称为三次覆盖。

多次覆盖的具体做法是：如图 6-30 所示，为了了解界面上 R 点情况，不只在 O_1 点激发、在 D_1 点接收，还分别在 O_2 激发、D_2 接收，O_3 激发、D_3 接收。它们以 O_1D_1 的中点 M 对称分布。如果界面水平，则 R 点在地面的投影与 M 点（共中心点）重合，并且每次观测到的都是来自 R 点的反射。这些道集就是 R 点的共反射点道集。当然在野外生产工作中并不是单道接收，而是多道接收。但我们总能在多次激发获得的地震记录上将地下某点的共反射点道集找出来[35]。

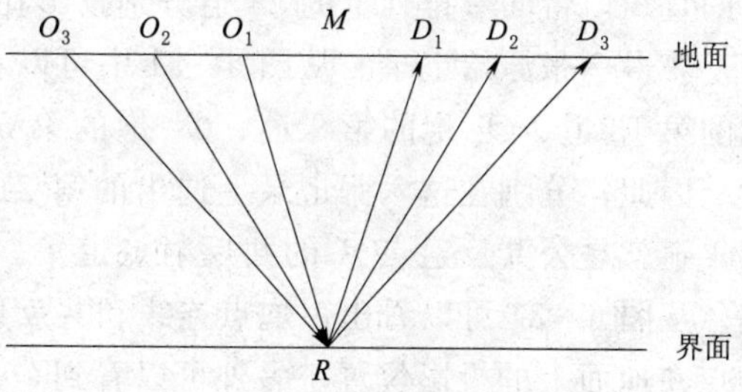

图 6-30 共中心点道集示意图

下面以单边放炮 24 道接收的六次覆盖为例说明多次覆盖观测系统。如图 6-31 所示，炮点位于排列的一端，偏移距（炮点与最近道的距离）为一个道间距。每放完一炮，炮点和接收点一起向前移动两个道间距，这样便组成一个六次覆盖的观测系统。将所有的炮点 O_1、O_2、O_3…标在同一水平线上，然后从各炮点向排列前进方向作一条与炮点成 45°

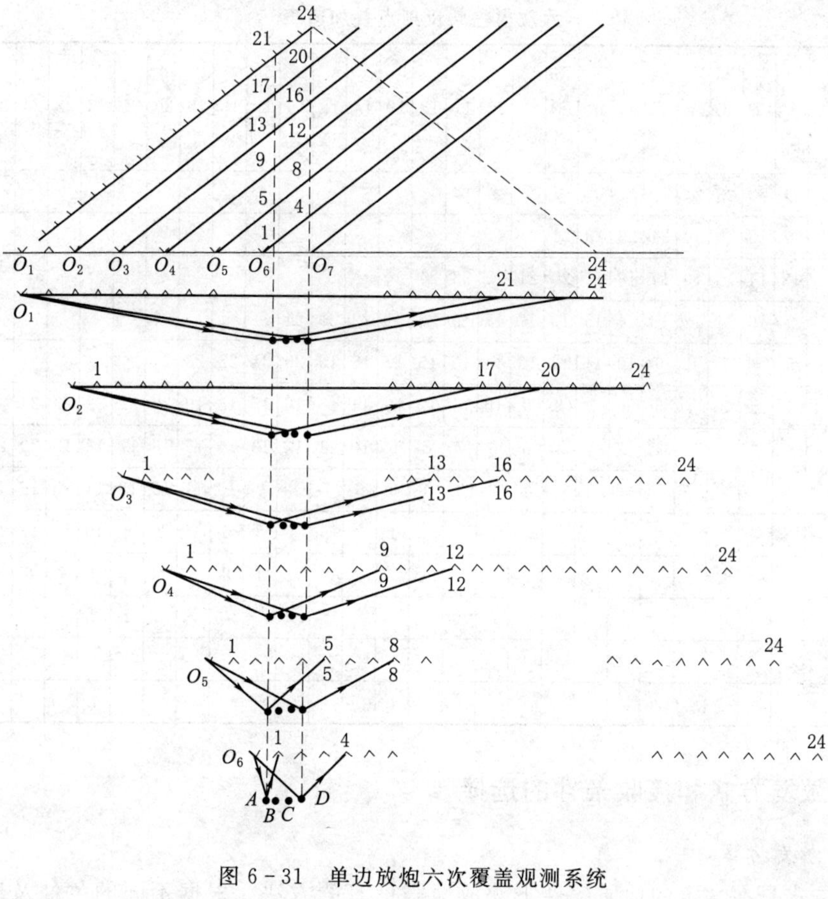

图 6-31 单边放炮六次覆盖观测系统

∨—炮点；∧—检波点；•—反射点

角的直线，将同一排列上的 24 道分别投影在这些 45°的斜线上。即每一根斜线表示一个排列，获得一张原始记录。从图 6-31 中可以看出，O_1 炮的第 21 道、O_2 炮的第 17 道、O_3 炮的第 13 道、O_4 炮的第 9 道、O_5 炮的第 5 道、O_6 炮的第 1 道，都接收来自 A 点的反射。因此，分别在这六张记录上选出的第 21 道、第 17 道、第 13 道、第 9 道、第 5 道和第 1 道就是公共反射点 A 的共反射点道集。其他的反射点也可以找到相应的共反射点道集。从图 6-31 可以看出，炮点连线和共反射点叠加道的连线是垂直的，其交点就是共反射点在地面上的投影位置。另外可以看到 O_1、O_2、O_3、O_4、O_5、O_6 六炮只能获得六次覆盖的四个共反射点 A、B、C、D，若继续放 O_7、O_8、O_9、O_{10}、O_{11}、O_{12}，则可以获得另外一张连续的六次覆盖剖面，他们的共反射点的相应叠加道见表 6-1。显然，自 A 点以后，每一个反射点的信号可以在六张相应的记录上找到，这就是单边放炮的六次覆盖系统。

至于 12 次覆盖、96 次覆盖等情况与此类似。野外施工中，每放一炮，排列和炮点向前移动的道数为 $NS/(2n)$，其中，N 为排列中的接收到数，n 是覆盖次数，当单边放炮时，$S=1$，当双边放炮时，$S=2$。例如，24 道接收、三次覆盖、单边放炮时，放完一炮后，炮点的排列向前移动 4 个道间距；若十二次覆盖，则移动 1 个道间距。

表 6-1　　六次覆盖共反射点叠加道表

反射点 道数 炮点	1	2	3	4	5	6	7	8	9	10	11	12	13	14	15	16	17	18	19	20	21	22	23	24	25	26	27	28
1	21	22	23	24																								
2	17	18	19	20	21	22	23	24																				
3	13	14	15	16	17	18	19	20	21	22	23	24																
4	9	10	11	12	13	14	15	16	17	18	19	20	21	22	23	24												
5	5	6	7	8	9	10	11	12	13	14	15	16	17	18	19	20	21	22	23	24								
6	1	2	3	4	5	6	7	8	9	10	11	12	13	14	15	16	17	18	19	20	21	22	23	24				
7					1	2	3	4	5	6	7	8	9	10	11	12	13	14	15	16	17	18	19	20	21	22	23	24
8									1	2	3	4	5	6	7	8	9	10	11	12	13	14	15	16	17	18	19	20
9													1	2	3	4	5	6	7	8	9	10	11	12	13	14	15	16
10																	1	2	3	4	5	6	7	8	9	10	11	12
11																					1	2	3	4	5	6	7	8
12																									1	2	3	4
13																												

三、激发方式和接收条件的选择

（一）激发方式

激发方式是在一定的地质条件下获取地震信息的方法。根据不同的条件及勘探要求，可采用不同的方法。震源的激发方式主要有爆炸（雷管和炸药）、锤击和夯击、压缩空气枪等形式。爆炸时其有效接收距离随药量的增加而增加。例如在井中放炮时，接收距离可达十余公里。其他方式的最大接收距离约为数百米（与仪器的工作性能有关），有关数据见表 6-2。

表 6-2　　激发方式与有效接收距离

激发方式	有效接收距离/km	激发方式	有效接收距离/km	激发方式	有效接收距离/km
土炮	0.3	井炮	1.0	夯击	0.2
水炮	0.5	锤击	0.1	空气枪	0.2

（二）接收条件的选择

接收条件的选择包括测试仪器的性能及操作水平、测网、道间距、激发点的布置与观测系统的选择以及检波器性能与布设方式等内容。所谓最佳的接收方式就是尽最大可能压制干扰信号，突出有效信号，以得到清晰可靠的地震记录。这里所指的接收方式，则是指仪器的工作条件及检波器的选择与布置。

1. 有效波和干扰波

就地震勘探而言，其有效波和干扰波是个相对的概念。利用折射波勘探时，所有其他的波如反射波、面波、直达波等均属于干扰波。同样，利用反射波勘探时，折射波等其他波显然均为干扰波。过去往往把面波视作为干扰波，但随着勘探水平的提高，利用面波做浅层勘探已经达到了一定的水平。这样在进行面波勘探时，折射波、反射波又均成为干扰波了。因此，只有那些不能被利用的波才始终属于干扰波，如声波、多次反射波以及一些随机干扰信号。地震勘探的效果好坏，关键在于能否有效地压制干扰波，加强有效波。

2. 仪器工作条件的选择

目前使用的地震仪器一般都具有滤波、延时、信号放大增强等功能。所谓仪器的工作条件的选择，就是根据不同的要求，通过反复试验，选用能获得最佳效果的有效波参数指标。

3. 检波器的选择和布置

检波器实质上就是接收地震信号的传感器，每一种检波器都具有自身的频率特性和方向特性。而地震波中各种不同特征的波，其频率和方向性也不一样。如面波的主频分布一般在 20～30Hz，而浅层有效波的主频分布均在 80～300Hz。故在选择检波器的固有频率时，应选用固有频率较高的检波器。检波器的方向特性，主要是指检波器的最灵敏接收方向。当地震波的振动方向与检波器的最灵敏方向一致时，所接收到的信号最强。因此，在布置检波器时其最灵敏的方向对纵波来说就是波的传播方向，对横波来说是垂直波的传播方向。

复习思考题

1. 试述二层介质的折射波时距曲线特点。
2. 地下界面水平和倾斜情况下，地震反射波时距曲线有什么差别？
3. 识别弯曲界面折射波时距曲线真伪的方法。

4. 什么是地震的纵测线和非纵测线？

5. 折射波法常用观测系统是怎样选定和布置的？

6. 简述常用的反射波法观测系统。

7. 浅层地震勘探的野外数据采集方法有哪些？

8. 什么是地震多次覆盖观测系统？有什么优越性？

9. 什么是炮检距、偏移距、炮间距、道间距？

10. 陆上地震野外采集中有哪些主要的干扰波？有何特点？

第七章　地震勘探处理和解释

地震勘探工作主要包括三个环节，即野外采集、数字处理和资料解释。目前，浅震中折射波法和反射波法的资料处理和解释工作虽然已实现了微机自动化或半自动进化，但由于两者在原理和方法上的差异，使其在资料处理和解释方面亦有较大差别，现分别简介如下。

第一节　折射波法的资料处理

这里所讨论的折射波法资料处理是对初至折射波而言。首先，必须对地震记录进行波的对比分析，从中识别并提取有效波的初至时间和绘制相应的时距曲线。这一工作可以由人工完成，也可由计算机自动完成。然后根据时距曲线特征，选用相应的方法进行解释工作。

折射波法资料处理系统的一般过程如图 7－1 中的流程框图所示。从图 7－1 可以看出，在对地震记录拾取初至时间之前，先判别是否要做预处理。若有的地震记录中初至区干扰波较强，而有效波相对较弱时，则应在预处理中通过滤波、切除或均衡等方法压制干扰

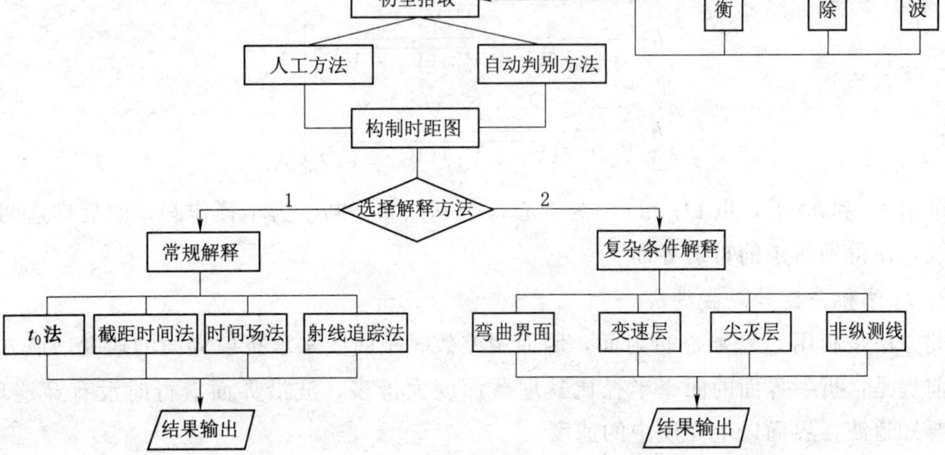

图 7－1　折射波法资料处理系统的流程框图

波，以保证对有效折射波的识别和正确地拾取初至时间。这一工作对由计算机自动判别拾取初至时更为重要。若地震记录中干扰小，初至折射波很清晰，可直接进行拾取初至时间而不必做预处理。

在解释方法选择中，可选常规解释方法和复杂条件解释方法两类。各类中又分别包含有各种不同的方法和不同的情况。通常当折射界面为正常的水平界面或倾斜速度界面时，可选用常规的解释方法；若是其他一些特殊形态的地质体和岩层，则应选用相应的复杂条件解释方法进行解释。

关于各种不同情况的折射波的解释方法，都是根据地震波的射线传播原理和几何关系得出的，由于篇幅有限，这里不可能逐一进行介绍。但为了对折射波解释方法有进一步了解，下面将介绍三种折射波处理解释方法：截距时间法、t_0 法和时间场法。

1. 截距时间法

截距时间法适用于界面为平面的条件，可用它来求界面的深度。对于弯曲的界面，因位于激发点不同侧的时距曲线变得异常复杂，因此必须用其他方法处理。界面以上为多层覆盖层时可用平均速度或交点速度等作为其有效速度 V_1。

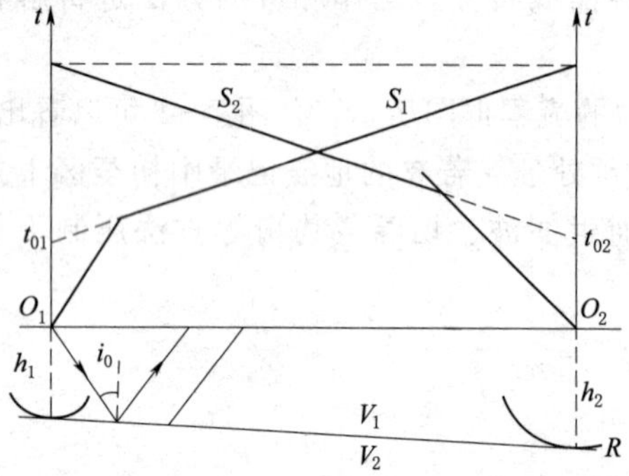

图 7-2　截距时间法求界面深度

如图 7-2 所示，设 O_1、O_2 分别为两个激发点，得到两条相遇时距曲线 S_1 和 S_2。当倾斜界面为平面时，S_1 和 S_2 都为直线段。将 S_1 和 S_2 延长与时间轴分别交于 t_{01} 和 t_{02}，根据时距曲线方程可写出

$$\left.\begin{aligned} t_{01} &= \frac{2h_1\cos i_0}{V_1} \\ t_{02} &= \frac{2h_2\cos i_0}{V_1} \end{aligned}\right\} \tag{7-1}$$

由此，可得震源点 O_1 和 O_2 处折射界面的法向深度 h_1 和 h_2 为

$$\left.\begin{aligned} h_1 &= \frac{t_{01}V_1V_2}{2\sqrt{(V_2+V_1)(V_2-V_1)}} \\ h_2 &= \frac{t_{02}V_1V_2}{2\sqrt{(V_2+V_1)(V_2-V_1)}} \end{aligned}\right\} \tag{7-2}$$

求出 h_1 和 h_2 后，以 O_1 和 O_2 为圆心，分别以 h_1 和 h_2 为半径作圆，然后作这两圆的公切线，便得到所求的折射界面。

2. t_0 法和差数时距曲线法

此方法是利用 t_0 法绘制折射面，因而用差数时距曲线来求折射界面的速度，该方法的应用前提是：折射界面的曲率半径比其埋藏深度大得多，波沿界面滑行时没有穿透现象。同时要知道波在界面以上介质中的速度。

如图 7-3 (a) 所示，设由炮点 O_1、O_2 激震，得到两条相遇折射波时距曲线 S_1、S_2。取测线上任一点 S，在相遇时距曲线上分别得到相应的旅行时间 t_1 和 t_2：

$$\left.\begin{aligned} t_1 &= t_{O_1ABS} \\ t_2 &= t_{O_2DCS} \end{aligned}\right\} \tag{7-3}$$

而在 O_1 和 O_2 的互换时间为

$$T = t_{O_1AB} + t_{BC} + t_{CDO_2} \tag{7-4}$$

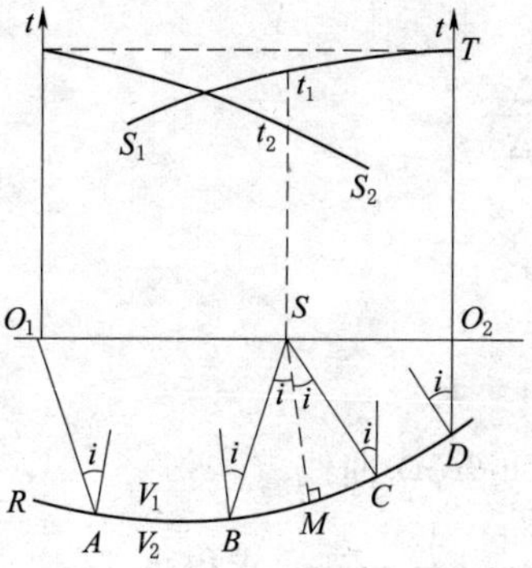

（a）t_0法

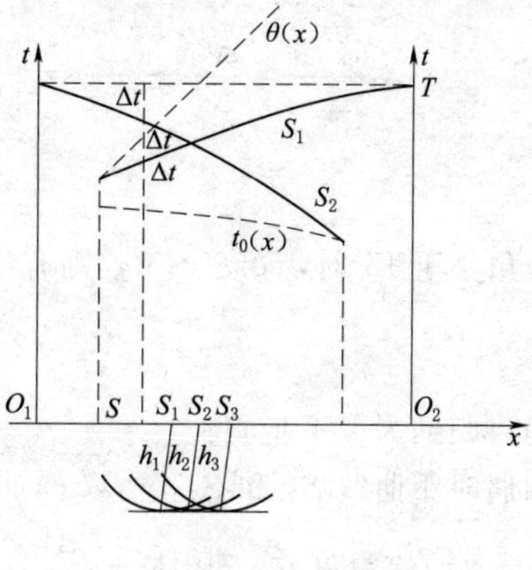

（b）差数时距曲线法

图 7-3　t_0 法和差数时距曲线法示意图

图 7-3（a）中，三角形 BSC 近似于等腰三角形，经过 S 点作 BC 的垂直平分线，得到 $SM = h$，于是

$$\left.\begin{aligned} t_{BS} &= t_{CS} = \frac{h}{V_1\cos i} \\ t_{BC} &= 2t_{BM} = \frac{2h\tan i}{V_2} = \frac{\sin^2 i}{V_1\cos i} \end{aligned}\right\} \tag{7-5}$$

由上述诸式即可求得

$$t_1 + t_2 - T = t_{BS} + t_{CS} - t_{BC} = \frac{2h}{V_1\cos i}(1-\sin^2 i) = \frac{2h\cos i}{V_1} = t_0(x)$$

因此，S 点到折射界面的法线深度为

$$\left.\begin{aligned} h &= \frac{V_1 t_0}{2\cos i} = (t_1 + t_2 - T)K = Kt_0(x) \\ K &= \frac{V_1}{2\cos i} \end{aligned}\right\} \tag{7-6}$$

通过测量测线各检波点的 t_0 和 K 值，就能求得折射界面的法线深度 h。求 $t_0(x)$ 的方法是

令 $$t_0 = t_1 - (T - t_2) = t_1 - \Delta t$$

即先在时距曲线上任一点 S 处，先量得 $\Delta t = T - t_2$，然后在另一条时距曲线上减去 Δt 而得到 t_0，各观测点所得 t_0 均不同，可连成 $t_0(x)$ 曲线，如图 7-3（b）所示。

K 值求法为

$$K=\frac{V_1}{2\cos i}=\frac{V_1}{2\sqrt{1-\left(\frac{V_1}{V_2}\right)^2}} \tag{7-7}$$

这样，问题就变成求 V_2 值。为求 V_2 值，可引入差数时距曲线：

$$\theta(x)=t_1-t_2+T=t_1+\Delta t$$

则
$$\frac{\theta(x)}{\Delta x}=\frac{\Delta t_1}{\Delta x}-\frac{\Delta t_2}{\Delta x}=\left|\frac{1}{V^*_{上}}\right|+\left|\frac{1}{V^*_{下}}\right|=\frac{2\cos\varphi}{V_2}$$

所以
$$V_2=2\cos\varphi\frac{\Delta x}{\Delta\theta}$$

当界面倾角小于 15°时，$\cos\varphi\approx 1$，则有

$$V_2=2\frac{\Delta x}{\Delta\theta} \tag{7-8}$$

上述过程将归纳为以下步骤：

（1）由相遇时距曲线 S_1 和 S_2 作 $t_0(x)$ 曲线和 $\theta(x)$ 曲线。

（2）由 $\theta(x)$ 曲线求得 V_2，用 $K=\frac{V_1}{2\cos i}=\frac{V_1}{2\sqrt{1-\left(\frac{V_1}{V_2}\right)^2}}$ 求得 K。

（3）计算每一测点 S 到折射界面的法线深度 h，$h=t_0(x)K$。

（4）以 S 为圆心，以 h 为半径作圆弧，对每一检波点均可作出这样的圆弧，这些圆弧的公切线即为折射界面的位置。

3. 时间场法（波前法）

时间场法被认为是一种较为精确的绘制折射界面的方法，它适用于均匀介质或不均匀介质，以及规则与不规则的各种界面情况。根据相遇时距曲线和已知界面以上的覆盖层速度 V，就可以应用此法较精确地绘制折射界面的形状，而不需要对界面的性质和下伏介质的速度作任何假设。它也能应用在追逐或单支时距曲线条件下，并可以独立给出折射界面上的波传播速度，但要绘制许多等时线，工作量较大。

时间场法是根据实测时距曲线，绘制出波在介质中的时间场，从而进一步勾制出折射界面。如图 7-4（a）所示，设折射界面 R 的上覆岩层是均匀的，波速为 V_1，S_1、S_2 为两支相遇时距曲线。当在 O_1 点爆炸时，在 O_2 点接收到的时间为 $t_{O_1ABO_2}$；而在 O_2 点爆炸时，在 O_1 接收到的时间为 $t_{O_2BAO_1}$。显然，这两个时间应相等（互换时间），即

$$t_{O_1ABO_2}=t_{O_2BAO_1}=T$$

在 O_1 和 O_2 爆炸时分别激起的折射波能够在界面上任一点 C 相遇，且在 C 点上两个折射波的旅行时之和等于互换时间 T，即

$$t_{O_1AC}+t_{O_2BC}=T$$

这就是时间场法作折射界面的基本关系式。只要知道 V_1，就可以对 S_1、S_2 分别作出其时间场。例如，要作 S_1 的时间场，先要确定出待作等时线之间的时间差 Δt（一般取 4ms 左右），在时间轴上以 Δt 为单位分割 S_1 曲线，并在 x 轴上定出相应的 x_1、x_2…各点。设通过 x_1 点的等时线的时间为 t_k^1，那么波前到达 x_2、x_3 的时间应分别为 $t_k^1+\Delta t$、$t_k^1+2\Delta t$…。根据惠更斯原理，依次以 x_2、x_3…为圆心，以 $r_1=\Delta tV_1$、$r_2=2\Delta tV_1$…为半

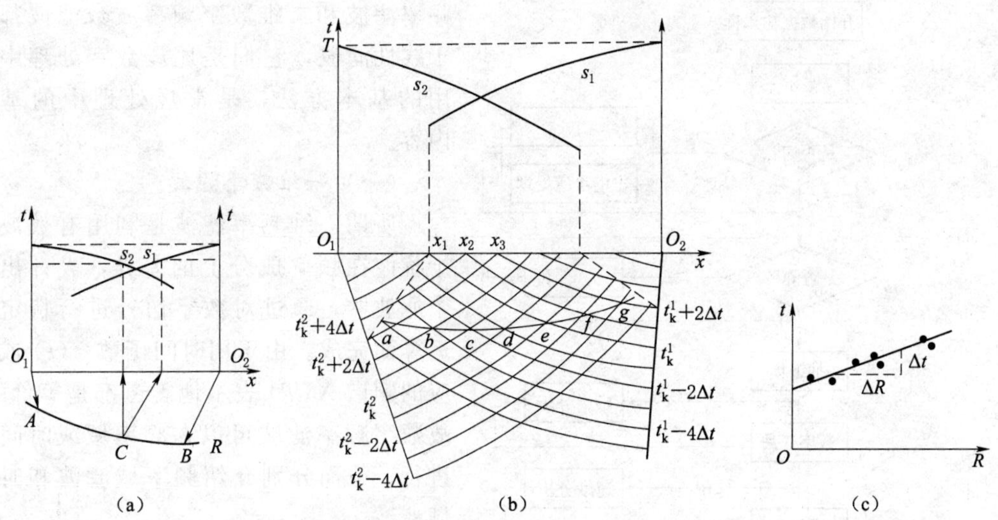

图 7-4 用时间场法确定折射界面

径作弧，再作这些圆弧的包络线即为 t_k^1 时刻的等时线。同理可作出 $t_k^1+n\Delta t(n=1、2、3\cdots)$ 时刻的各条等时线，它们构成 O_1 点激发时形成的折射波时间场。同样可作出 O_2 点激发时形成的折射波时间场。在两个时间场中，找出满足 $T=t_{O_1AC}+t_{O_2BC}$ 条件的两条等时线的交点 a、b、$c\cdots$，把各交点连接起来就是折射界面 R。若以界面 R 上的距离为横坐标，以滑行波到达各点的时间为纵坐标，绘出滑行波的时距曲线［图 7-4（c）］，则 $V_2=\Delta R/\Delta t$。

第二节 反射波法的资料处理

目前，浅层反射波法现场采集的资料通常都是用多次覆盖观测系统得到的共激发点地震记录，其中除了有效波外还常伴随有各种干扰波，无法进行直接的地质解释。因此必须对这些资料进行滤波、校正、叠加等一系列的处理，去伪存真，得出可靠的反射波地震剖面后，才能做出进一步的地质解释。浅层反射波资料处理系统就是在此基础上设计的[36,37]。

随着微机技术的应用及发展，国内外的一些部门和单位结合浅层反射波的特点后开发出浅层反射处理系统，并已广泛地应用于生产实践，取得较好的经济效益。浅层反射波资料处理系统的主要内容和一般流程如图 7-5 所示。

现将框图中主要的处理技术简介如下。

一、数字滤波

在资料解释中，需要识别和追踪有效波，面干扰波和有效波混在一起，给解释工作增加了困难。因此，需要寻找一种过滤或筛选的办法，把有效波从各种干扰波中分离出来。所以对地震波提出了进行过滤的问题，即所谓滤波。滤波的目的就是提高信噪比，把干扰波滤掉或削弱，保留或相对增强有效波。

数字滤波种类很多，从性质上可分为线性滤波和非线性滤波两大类。本节介绍的一维

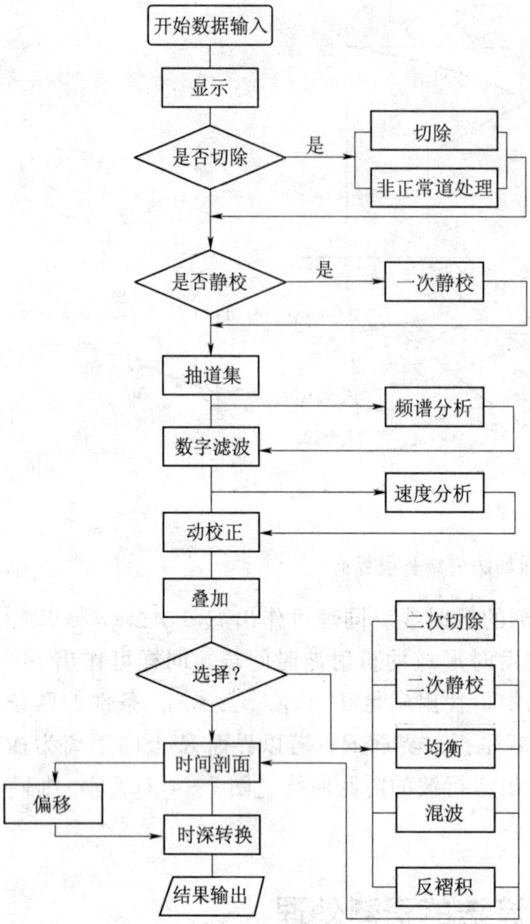

图 7-5　浅层反射法资料处理系统一般流程框图

频率滤波和二维数字频率波数滤波都属于线性滤波，它们是地震数字处理中常用的基本方法，是常规处理中的基本内容。

（一）一维频率滤波

所谓一维频率滤波是利用有效波与干扰波在频率成分上的差异，设计出一个滤波器，通过对数字信号进行特定的运算而完成。由于用时间函数 $x(t)$ 或对应的频谱 $X(f)$ 表示地震道都是等价的，故数字频率滤波可以在频率域或时间域进行。下面分别介绍频率域滤波和时间域滤波。

1. 频率域滤波

进行滤波的目的是要削弱干扰波，突出有效波。因此，首先要了解有效波和干扰波在频谱上有何差异，然后才设计出滤波器的频率响应，以进行滤波。

设地震道 $x(t)$ 的频谱为 $X(f)$，其中有效波的频谱为 $S(f)$，干扰波的频谱为 $N(f)$，而且 $S(f)\neq 0$ 时 $N(f)=0$，见图 7-6 (a)。设滤波器的频率响应函数为 $H(f)$［图 7-6 (b)］，且满足：

$$H(f)=\begin{cases}1, & S(f)\neq 0\\ 0, & S(f)=0\end{cases}$$

当进行滤波处理时，则用 $H(f)$ 与 $x(t)$ 的频谱 $X(f)=S(f)+N(f)$ 相乘，得

$$\begin{aligned}\hat{X}(f)&=X(f)H(f)\\&=[S(f)+N(f)]H(f)\\&=S(f)H(f)+N(f)H(f)\\&=S(f)\end{aligned}$$

式中：$\hat{X}(f)$ 为滤波器的输出。

通过上述运算消去了干扰波，保留了有效波。上面地震波的频谱是较典型的。一般干扰波的频谱 $N(f)$ 与有效波 $S(f)$ 并不完全分离，但可以近似地看作分离，只要设计出合适的频率响应函数 $H(f)$，通过滤波也可以达到提高信噪比的目的。

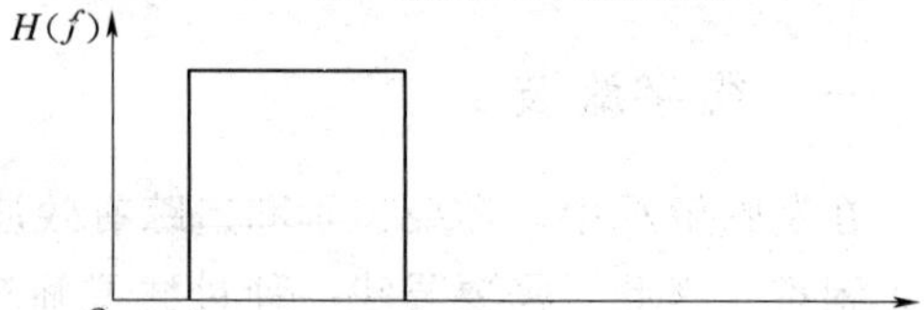

(a) 有效波和干扰波频谱

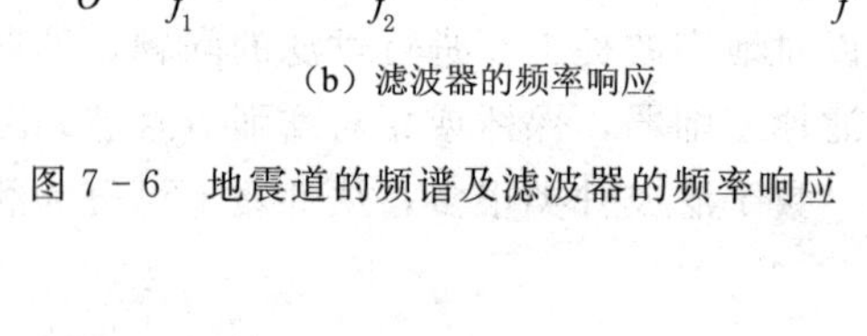

(b) 滤波器的频率响应

图 7-6　地震道的频谱及滤波器的频率响应

由上述运算知频率域滤波方程为

$$\hat{X}(f)=X(f)H(f) \tag{7-9}$$

式中：$X(f)$ 为输入地震道 $x(t)$ 的频谱；$H(f)$ 为滤波器的频率响应；$\hat{X}(f)$ 为输出地震道 $\hat{x}(t)$ 的频谱。

把 $X(f)$、$\hat{X}(f)$、$H(f)$ 分别写成复数形式，则

$$X(f)=|X(f)|e^{i\theta(f)} \tag{7-10}$$

$$\hat{X}(f)=|X(f)|e^{i\hat{\theta}(f)} \tag{7-11}$$

$$H(f)=|H(f)|e^{i\theta(f)} \tag{7-12}$$

由式（7-9）～式（7-12）得

$$|\hat{X}(f)|=|X(f)||H(f)| \tag{7-13}$$

$$\hat{\theta}(f)=\theta(f)+\varphi(f) \tag{7-14}$$

式（7-9）表明：频率域滤波在数学上是通过将 $x(t)$ 的频谱 $X(f)$ 与滤波器的频率响应 $H(f)$ 相乘而实现的。

式（7-13）表明：输出 $\hat{x}(t)$ 的振幅谱 $\hat{X}(f)$ 等于输入 $x(t)$ 的振幅谱 $|X(f)|$ 与滤波器振幅响应的乘积。

式（7-14）表明：输出 $\hat{x}(t)$ 的相位谱 $\hat{\theta}(f)$ 等于输入 $x(t)$ 的相位谱 $\theta(f)$ 与滤波器的相位响应之和。

频率域滤波方程建立完成，下面介绍滤波的主要步骤。设已知一个地震道 $x(t)$，它包含有效波 $s(t)$ 和干扰波 $n(t)$，见图 7-7。现需对 $x(t)$ 进行滤波处理。

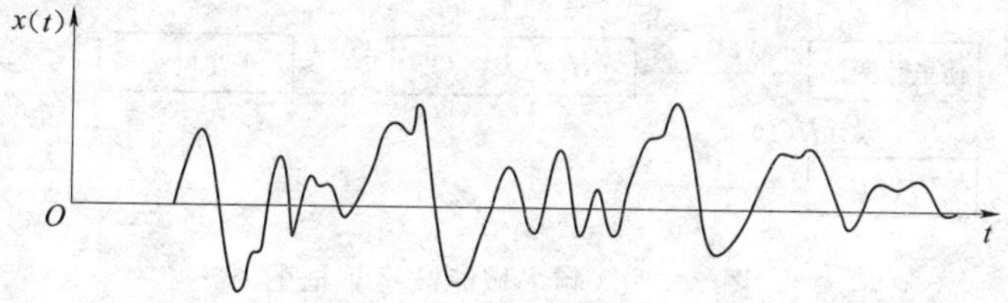

图 7-7　滤波前地震记录

（1）对地震记录 $x(t)$ 进行频谱分析。通过频谱分析结果，了解到有效波 $s(t)$ 的主要频率成分在 $f_1 \sim f_2$ 范围内，干扰波主要频率成分在 $f_3 \sim f_4$ 范围内，二者基本上是分开的，见图 7-8（a）。

（2）设计合适的滤波器。为了滤去干扰波的频率成分，针对频谱分析结果，设计一个带通滤波器，其频率响应为：

$$H(f)=\begin{cases}1, & f_1 \leqslant |f| \leqslant f_2 \\ 0, & \text{其他}\end{cases}$$

其图形见 7-8（b），该滤波器能把干扰波滤掉，保留有效波。

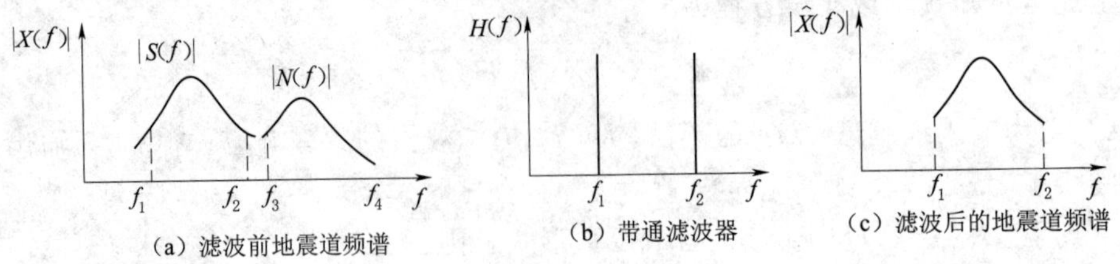

(a) 滤波前地震道频谱　(b) 带通滤波器　(c) 滤波后的地震道频谱

图 7-8　滤波前后地震道频谱

(3) 进行滤波运算。根据频率域滤波方程式 (7-9)，令 $x(t)$ 的频谱 $X(f)$ 与滤波器的频率响应 $H(f)$ 相乘，得

$$\hat{X}(f)=X(f)H(f)$$

输出 $\hat{X}(f)$ 中已经消除了干扰波，见图 7-8 (c)。

(4) 对输出信号频谱 $\hat{X}(f)$ 进行傅里叶反变换。对 $\hat{X}(f)$ 进行傅里叶反变换后，得到输出后的地震道 $\hat{x}(t)$，即消除干扰后的地震记录，见图 7-9。

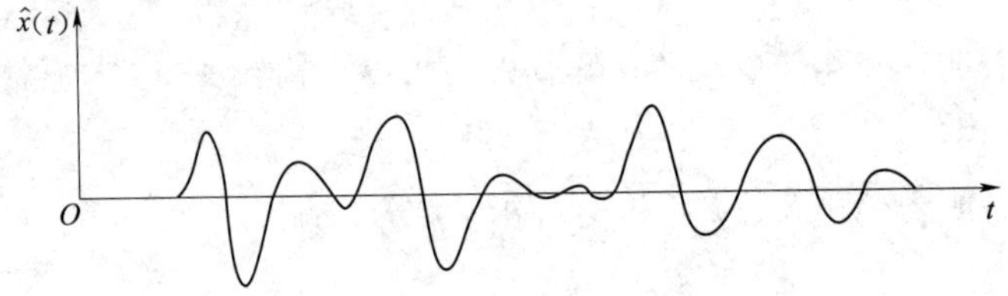

图 7-9　滤波后的地震记录

频率域滤波的整个运算过程见图 7-10。

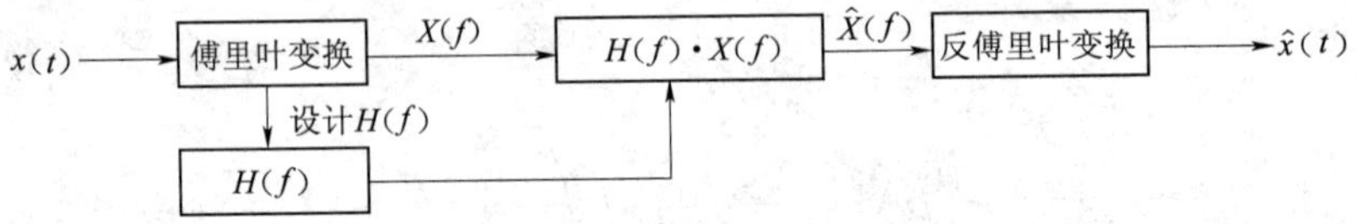

图 7-10　频率域滤波运算框图

从频率域滤波过程来看，对地震道 $x(t)$ 进行滤波，要进行一次傅里叶正变换和一次反变换。以往由于在计算机进行傅里叶运算要花费很多时间，因此这种方法很少应用。近年来，由于采用了快速傅里叶变换算法，缩短了运算时时，这种方法才得到较广泛的应用。

2. 时间域滤波

根据上面建立的频率滤波的方程，以及信号和滤波器的特性在频率域表示与时间域表示可以互换的关系，可以很容易地建立时间域滤波方程。

设滤波器的频率响应为 $H(f)$，其对应的脉冲响应为 $h(t)$；输入地震道为 $x(t)$，其相应的频谱为 $X(f)$，输出地震道为 $\hat{x}(t)$，其对应的频谱为 $\hat{X}(f)$。

从式 (7-9) 知，频率域滤波方程为

$$\hat{X}(f)=X(f)H(f)$$

根据频谱褶积定理可得

$$\hat{x}(t)=x(t)*h(t) \tag{7-15}$$

* 表示褶积运算，式（7-15）即为时间域的滤波方程。由于频率滤波在时间域是一种褶积运算，故把在时间域的滤波又称为褶积滤波。

式（7-15）运算的连续形式为

$$x(t)=\int_{-\infty}^{\infty}h(\tau)x(t-\tau)\mathrm{d}\tau \tag{7-16}$$

其离散的形式为

$$\hat{x}(n\Delta)=\Delta\sum_{m=-\infty}^{\infty}h(m\Delta)x(n\Delta-m\Delta) \tag{7-17}$$

式中：Δ 为采样间隔；$x(n\Delta)$ 为输入离散的地震道；$\hat{x}(n\Delta)$ 为输出离散的地震道；$h(m\Delta)$ 为离散的脉冲响应。

式（7-17）中求和号前面的 Δ 是一个常数。我们可以省略去，略去后滤波结果相差一个常系数，对滤波后信号频谱的相对关系无影响。为了方便，可以把式（7-17）简化为

$$\hat{x}(n)=\sum_{m=-\infty}^{\infty}h(m)x(n-m) \tag{7-18}$$

在实际运算中，m 的取值范围都不可能是（$-\infty$，$+\infty$），而只能取有限长度，即 $[-M, M]$。这样，又会给滤波效果带来影响。

（二）二维数字频率波数滤波

从上述一维频率滤波知道，频率滤波的前提条件是地震信号的有效波和干扰波具有明显的差异，否则，是难以把有效波分离出来的。但是当这种前提条件不存在时，我们可以利用不同时间、不同距离的多道地震记录 $x(t, l)$ 上接收的有效波与干扰波在频率-波数谱上的差异进行二维数字频率波数滤波（以下简称二维滤波）。

二维滤波可以在频率一波数域进行，也可以在时间一空间域进行，因此，二维滤波要涉及两个自变量（t，l）或（f，K），表示波数。它的数学基础是二维傅里叶变换和二维褶积运算。

二维滤波的原理和一维频率滤波原理是一样的。首先，根据地震记录频波谱上有效波和干扰波频谱成分的差异，设计出二维滤波器的频谱响应 $H(f, K)$，在频率波数域进行滤波，只需用 $H(f, K)$ 与地震记录 $x(t, l)$ 的频波谱 $X(f, K)$ 相乘，即得到二维滤波的输出 $\hat{X}(f, K)$。

1. 在频率-波数域的二维滤波

设地震记录为 $x(t, l)$，则

$$x(t, l)=s(t, l)+n(t, l)$$

式中：$s(t, l)$ 为有效波，对应的频波谱为 $S(f, K)$；$n(t, l)$ 为干扰波，其频波谱为 $N(f, K)$。

$x(t, l)$ 的频波谱为

$$X(f, K)=S(f, K)+N(f, K) \tag{7-19}$$

希望二维滤波后的输出为

$$\hat{X}(f, K)=S(f, K) \tag{7-20}$$

要实现滤波目的，显然要求（图 7-11）：

$$S(f, K)=0, (f, K)\notin D \text{ 即} \left|\frac{f}{K}\right|\leqslant v$$

$$N(f, K)=0, (f, K)\in D \text{ 即} \left|\frac{f}{K}\right|\geqslant v$$

式中：D 为 $f-K$ 平面中一个区域，符号“$\in$”表示属于，“$\notin$”表示不属于。

根据 $f-K$ 平面上有效波和干扰波的分布特点，可以设计出需要的二维滤波器的频波响应为

$$H(f, K)=\begin{cases}1, (f, K)\in D \text{ 即} \left|\dfrac{f}{K}\right|\geqslant v \\ 0, (f, K)\notin D \text{ 即} \left|\dfrac{f}{K}\right|\leqslant v\end{cases} \tag{7-21}$$

将 $H(f, K)$ 与 $X(f, K)$ 相乘可得二维滤波的输出：

$$\begin{aligned}\hat{X}(f, K)&=H(f, K)X(f, K)\\&=H(f, K)S(f, K)+H(f, K)N(f, K)\\&=S(f, K)\end{aligned}$$

则

$$\hat{X}(f, K)=H(f, K)X(f, K) \tag{7-22}$$

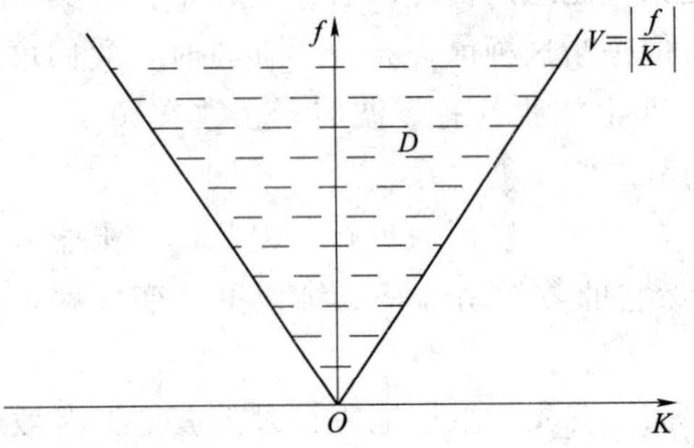

图 7-11　$f-K$ 平面分析

式（7-22）即为频率-波数域上的二维滤波方程，把 $\hat{X}(f, K)$ 通过二维傅里叶反变换就可得到时间-空间域的 $\hat{x}(t, l)$。

从上述的讨论可见，要进行二维滤波，必须要找出有效波和干扰波在频波谱上的差异。这是二维滤波的前提，有此前提条件，才能保证二维滤波的效果。

2. 时间-空间域的二维滤波

设二维滤波器的频率-波数响应为 $H(f, K)$，其滤波因子为 $h(t, l)$，通过反变换求得滤波因子

$$h(t, l)=\int_{-\infty}^{\infty}\int_{-\infty}^{\infty}H(f, K)e^{i2\pi(ft+Kl)}\,df\,dK \tag{7-23}$$

若输入为 $x(t, l)$，对应的输出为 $\hat{x}(t, l)$，类似于一维滤波，在时间-空间域的二维滤波方程为

$$\hat{x}(t, l)=\int_{-\infty}^{\infty}\int_{-\infty}^{\infty}h(\tau, \xi)x(t-\tau, l-\xi)\,d\tau\,d\xi \tag{7-24}$$

其滤波过程如图 7－12 所示。在实际运算时，需把式（7－23）改写成离散化的二维数字滤波公式：

$$\hat{x}(n\Delta,\ m\nabla)=\Delta\nabla\sum_{p=-N}^{N}\sum_{q=-M}^{M}h(p\Delta,\ q\nabla)x(n\Delta-p\Delta,\ m\nabla-q\nabla) \qquad (7-25)$$

式中：n、p 分别为地震波和滤波因子的时间采样序号；m、q 分别为地震波和滤波因子的空间采样序号；Δ 为时间采样间隔；∇为空间采样间隔。

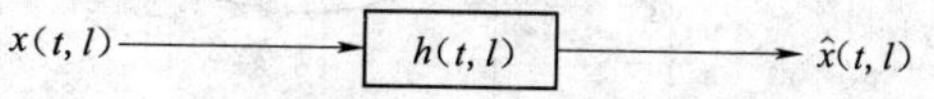

图 7－12　二维滤波

二、动校正和静校正

地震记录经过抽道集后，得到共中心点道集记录，在界面水平时，就是共反射点道集记录，简称为道集记录。为了进行水平叠加，必须对道集记录进行动、静校正，在这一章中，我们将讨论动、静校正的基本概念，动、静校正量的求取。

（一）动校正

无论是单次的反射波时距曲线还是共深度点的时距曲线都是一条双曲线（图 7－13 和图 7－14）。

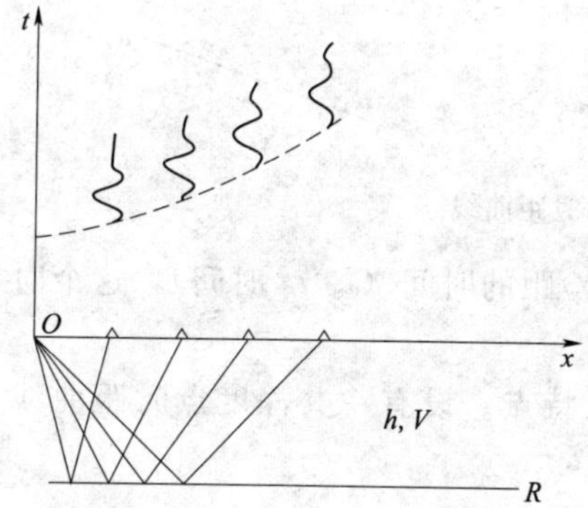

图 7－13　反射波时距曲线

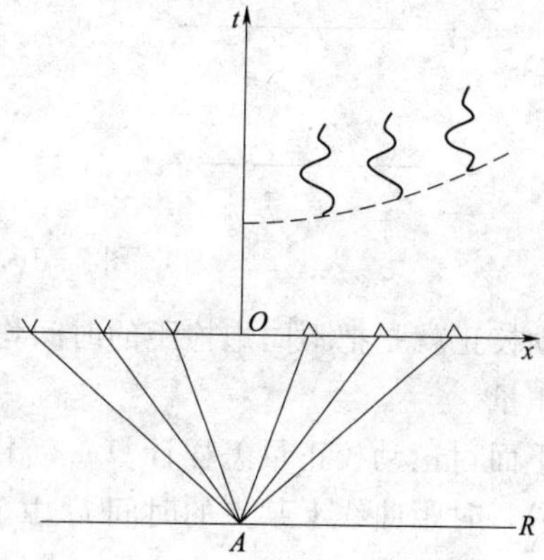

图 7－14　共深度点时距曲线

对单次反射波时距曲线来说，当地下反射界面水平时，时距曲线是一条对称的双曲线；当地下反射界面倾斜时，时距曲线是一条极小点向上倾方向偏移的双曲线（图 7－15）。一般情况下，根据时距曲线族的形状可以大致了解地下各反射界面的形态，把由于在地面接收点偏离炮点所引起的时差消除掉，即把每个接收点都看成是自激自收的，这样，时距曲线便成了一条直线，它就能直接反映地下反射界面的产状了（图 7－16）。消除由于接收点偏离炮点所引起的时差，这个过程就叫作动校正或时差校正。

共深度点的时距曲线也是一条双曲线，由于各道存在炮检距不同而引起的时差，不能直接进行多次叠加，为此必须先消除这些时差，即进行动校正，使其成为在共深度点上的自激自收时间，这时共深度点时距曲线成为一条水平直线，各道间已无时差，便可进行同相叠加了。

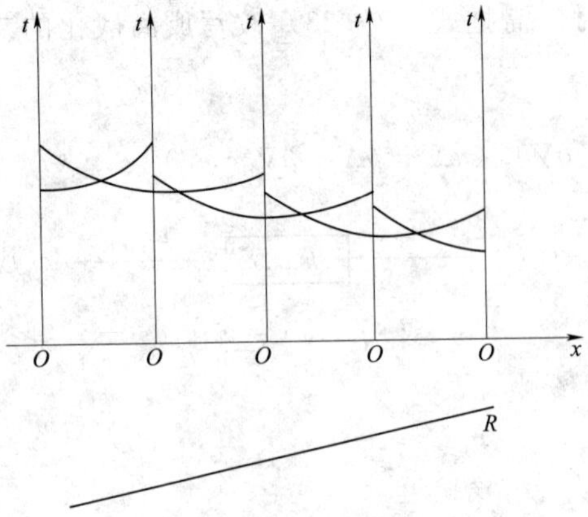

图 7-15　倾斜地层时距曲线

上述两种动校正情况，其原理和公式形式完全一样，但必须注意，其含义是不同的。现在，野外大都是采用多次覆盖技术，室内处理是将共深度点时距曲线做动校正后再进行水平叠加。因此，下面所讨论的是属于后一种动校正情况。显然，每个共深度点都做了动校正，就等于整个测线上都经过了动校正，第一种动校正所述的内容实际上也包含了。因此，经过共深度点时距曲线的动校正，即可进行水平叠加，又在整条测线上反映了地下构造形态。

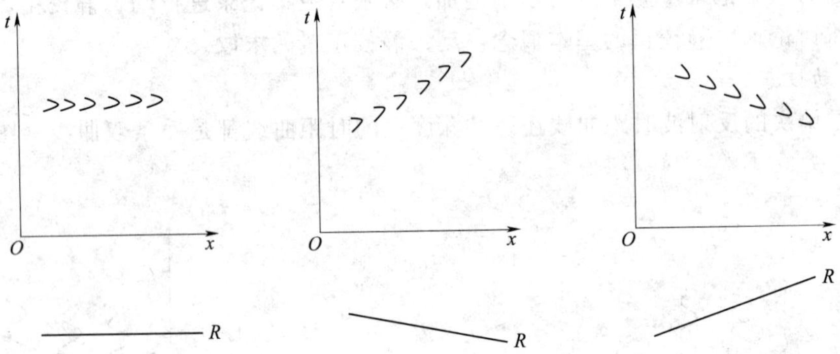

图 7-16　动校正以后的时距曲线

动校正就是把不同炮检距的时间均校正到零炮检距的时间（即 t_0 时间），这个时差叫动校正量。

下面讨论动校正量怎样计算、动校正量有什么特点。设有一共深度点时距曲线（图 7-15），时距曲线上某点的时间 t_i 由下式确定：

$$t_i=\frac{1}{V}\sqrt{4h^2+x_i^{\,2}}=\sqrt{t_0^{\,2}+\frac{x_i^{\,2}}{V^2}}$$

$$t_0=\frac{2h}{V}$$

式中：t_0 为 M 点的垂直反射时间；$i=1$，2，3，…，N 为道的序号；N 为覆盖次数；x_i 为炮检距。某道动校正量用 ΔT_i 表示：

$$\Delta T_i=t_i-t_0=\sqrt{t_0^{\,2}+\frac{x_i^{\,2}}{V^2}}-t_0 \tag{7-26}$$

式（7-26）是动校正量的基本公式。从式（7-26）看出，只要固定 x_i（炮检距在野外是固定的），给出 t_0，已知 V，立即可求出 ΔT_i。另外可以看到，对一个固定的炮检距 x_i，随着 t_0 的增大，通常 V 也在增大或变化，这时 ΔT_i 是减小的。因此，对于每个地震道，动校正量随着 t_0 的变化而变化。当 x_i 变了，动校正量也是变化的。因此，动校正量 ΔT_i 不仅随时间 t_0 而变化，也随空间位置 x_i 的改变而变化。

（二）静校正

人们一般认为反射波时距曲线是一条双曲线，这是由于在推导反射波时距方程时，假设观测面是一个平面，炮点 S 和接收点 R 在一条直线上，而且认为以下介质是均匀的。但是，实际在野外观测时，观测面不一定是平面，而是起伏不平的，地下介质也不是均匀介质，实际观测的时距曲线往往是一条畸变了的双曲线（图 7－17)，它不能正确地反映地下的构造形态。因此，必须研究地形变化及地表条件对地震波传播时间的影响，找出由于激发条件和地表接收条件的变化所引起的时差，并对时距曲线进行必要的校正，以恢复原双曲线形状。这一过程就称为静校正。

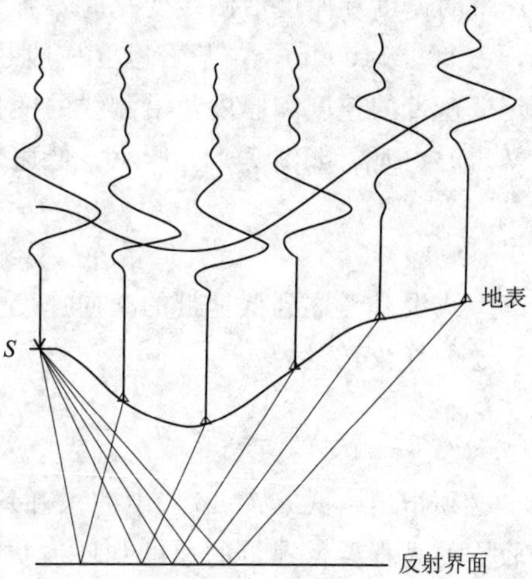

图 7－17　地形起伏造成时距曲线畸变

我国幅员辽阔，有平原、山区、高原、沙漠，地形变化很大。在山区进行地震勘探，一个排列内高差可达数十米。即使在平原地区，地表沟渠纵横，地表速度变化频繁，由此引起的时差也可达几十毫秒。对于多次覆盖观测系统来说，由于都采用大排列和大道距，同一个共深度点道集经过动校正后，时差往往仍可达十几毫秒，甚至更大。如果不对这种时差进行校正，那么叠加效果将是不好的。在构造平缓的地区勘探小幅度构造，如果不进行静校正，则要造成错误的解释。

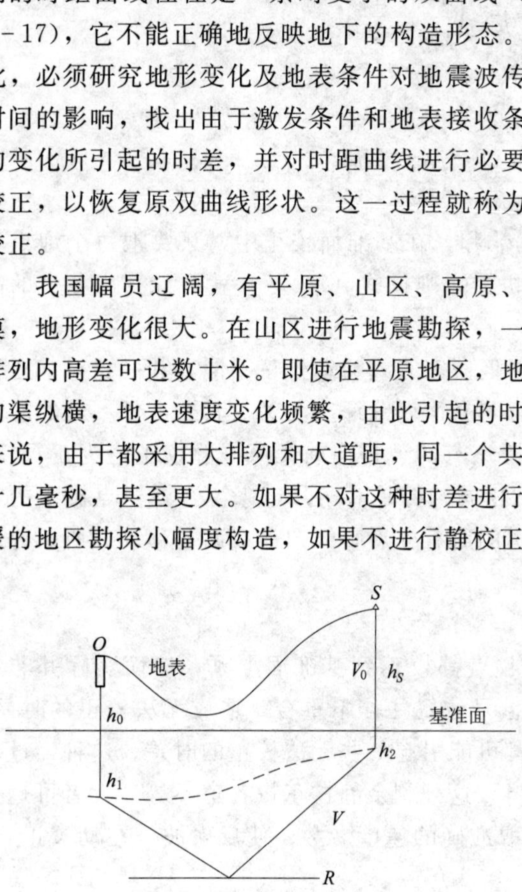

图 7－18　基准面校正原理图

1. 基准面校正

所谓基准面校正也称为一次静校正。一般是在一个工区事先选择一个基准面，将工区内的所有炮点和接收点都校正到这个基准面上，并且把基准面以下的低速带全部替换成高速层（即基岩速度）。因此，基准面校正主要包括井深校正、地形校正和低速带校正三个内容（图 7－18)。

（1）井深校正。设低速带的速度为 V_0，则井深校正值 Δt_1 为

$$\Delta t_1=\frac{h_0}{V_0}$$

式中：h_0 为井底至基准面的距离。

只要从接收点 S 接收到的时间 t 中减去 Δt_1，就完成了井深校正。

（2）地形校正。地形校正是把接收点 S 校正到基准面上，假设接收点至基准面的距离为 h_S，则地形校正值 Δt_2 为

$$\Delta t_2=\frac{h_S}{V_0}$$

只要在接收点 S 接收的时间 t 中减去 Δt_2，就完成了地形校正。

(3) 低速带校正。由于低速带的存在，使得接收到的时间延迟了 Δt_3，更重要的是当低速带的速度和厚度沿测线变化时，各接收点延迟时间将不均匀。一般低速度带的速度很低，为 800～1000m/s，基岩速度一般超过 2000m/s。为了消除低速带的影响，必须事先测定低速带的速度和厚度及沿测线的变化情况，在校正时，就是把低速层的走时换成高速层基岩的走时。如图 7－18 所示，低速带校正值为

$$\Delta t_3=\left(\frac{h_1}{V_0}-\frac{h_1}{V}\right)+\left(\frac{h_2}{V_0}-\frac{h_2}{V}\right)$$

上式没有考虑到低速带的横向速度变化。

总的静校正量为

$$\Delta t=\Delta t_1+\Delta t_2+\Delta t_3=\frac{h_0}{V_0}+\frac{h_S}{V_0}+\left(\frac{h_1}{V_0}-\frac{h_1}{V}\right)+\left(\frac{h_2}{V_0}-\frac{h_2}{V}\right) \tag{7-27}$$

必须指出，式（7－27）中的求和均指代数和。在基准面校正中，只要把每个炮点和接收点的高程及低速带的速度和厚度提供给机器，则按式（7－27）就可计算出各道的静校正量。

静校正的实现也是通过对样点进行搬家，但搬家方式与动校正不同。其一，对某道记录来说，该道的静校正值对所有样点都相同，与介面埋藏深度无关。其二，任一道的静校正值可能是正，也可能是负值，因此静校正搬家有的道是向前搬家（静校正值为正），有的道是向后搬家（静校正值为负），各道均不相同。但是对于某道来说，各样点搬家的方向和移动的单元数目是相同的，也就是说该道的所有样点整体向前或向后移动，所以称静校正为整体搬家。

2. 剩余静校正

基准面校正后，理论上已经把炮点和接收点都校正到基准面上了，然而实际并非如此。例如，实际的炮井位置或检波点位置与桩号位置往往不重合，造成无法校正的时差。又如低速带的速度和厚度测量的不准确等，都可能引起一些无法校正的时差。这种经过基准面校正后尚存的剩余时差称为剩余静校正量。这种剩余静校正量各道不等，大者可达几十毫秒，如果不进行剩余静校正，将无法提取准确的速度参数；使反射波（在动校正后）不能达到同相叠加，致使叠加剖面质量很差。

剩余静校正也称为自动统计静校正，因为这种剩余静校正量不能用一般函数表示出来，但是它满足统计规律，是随机函数，用概率统计的方法可以自动地提取剩余静校正量。

(1) 剩余静校正量的分类。剩余静校正量可分为短波长（高频）静校正量和长波长（低频）静校正量两类（图 7－19）。其中短波长静校正量是局部范围低速带变化引起的，使共深度点道集中各道反射波到达时间不同，从而影响叠加效果。长波长静校正是较大区域的低速带异常，是由相当于一个排列以上的低速带变化引起的，一般对共深度点道集的水平叠加影响不很大，但这种长波长静校正量的存在将造成速度谱异常，往往容易误认为岩性变化或构造异常引起，导致解释错误。

(2) 剩余静校正处理的基本假设和特点。这里主要讨论短波长静校正处理。剩余静校

正处理方法很多，一般都是在一定的假设条件下求取剩余静校正量。我们作如下假设。

1）地震波在低速带中是垂直传播的，即接收点接收到的深层反射波的传播时间与入射角无关。

2）由地形变化和低速带的变化引起的剩余静校正量时差是随机变化的，地面各炮点或各接收点的剩余静校正量之和为零。即，有的炮点的剩余静校正量为正，有的炮点的剩余静校正量为负，而它们的均值为零。必须注意，这一假设条件不符合长波长剩余静校正量的统计规律的。

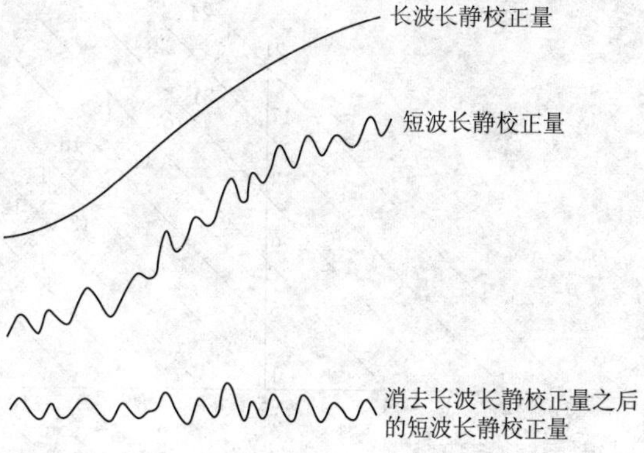

图 7-19　剩余静校正量分类图

下面我们再来讨论剩余静校正处理的几个特点。

1）设地震道 $x_i(t)$ 存在剩余静校正量 τ_i，它包括炮点的剩余静校正量和接收点的剩余静校正量，即

$$\tau_i = \tau_S + \tau_R$$

式中：τ_S 为炮点的剩余静校正量；τ_R 为接收点的剩余静校正量。

我们称 τ_R 为接收点的绝对静校正量，称 τ_S 为炮点的绝对静校正量，称 τ_i 为第 S 炮第 i 道的相对静校正量。

2）对于共炮点记录，各道的接收点绝对静校正量 τ_{R_i} 是不同的，但它们的炮点绝对静校正量是相同的。例如，48 道的共炮点记录，在 S 点放炮，各道的相对静校正值可分离为：

第 S 炮第 1 道相对静校正量　　$\tau_1 = \tau_S + \tau_{R_1}$

第 S 炮第 2 道相对静校正量　　$\tau_2 = \tau_S + \tau_{R_2}$

$$\vdots$$

第 S 炮第 48 道相对静校正量　　$\tau_{48} = \tau_S + \tau_{R_{48}}$

如果我们对 48 道的相对静校正量求其总和，由于各接收点地面位置不同，它们的静校正值是随机分布的，则有

$$\frac{1}{48}\sum_{i=1}^{48} \tau_{R_i} = 0$$

因此有

$$\bar{\tau} = \frac{1}{48}\sum_{i=1}^{48} \tau_i = \frac{1}{48}\sum_{i=1}^{48} \tau_S = \tau_S \tag{7-28}$$

式（7-28）说明：共炮点记录各道相对静校正量的算术平均值等于炮点的绝对静校正量。

3）在多次覆盖观测系统中，同一个地面接收位置，对于不同地点放炮进行多次的观测，如图 7-20 所示是六次覆盖观测系统，地面接收点 A，用于重复观测 12 次，这时接收点的静校正量 τ_R 不变，而各炮点的静校正量不同。由于这 12 道记录分属不同炮记录，但它们的接收点相同（都在 A 点），所以我们称这些道集为共接收点道集。它们分别是：

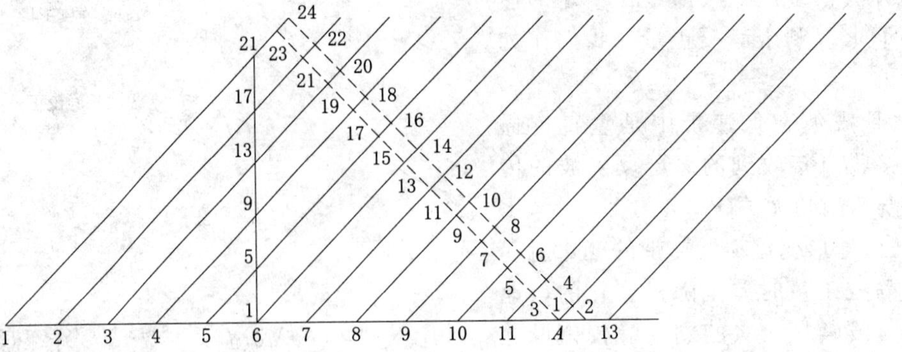

图 7-20　六次覆盖观测系统图

第 1 炮第 23 道相对静校正量　　$\tau_{23}=\tau_{S_1}+\tau_R$

第 2 炮第 21 道相对静校正量　　$\tau_{21}=\tau_{S_2}+\tau_R$

第 3 炮第 19 道相对静校正量　　$\tau_{19}=\tau_{S_3}+\tau_R$

⋮

第 12 炮第 1 道相对静校正量　　$\tau_1=\tau_{S_{12}}+\tau_R$

将上述共接收点道集的相对静校正量求其总和，由于各炮点的静校正值是随机分布的，它们的均值为零，即

$$\frac{1}{12}\sum_{i=1}^{12}\tau_{S_i}=0$$

所以有

$$\bar{\tau}=\frac{1}{12}\sum_{i=2k+1}^{23}\tau_i=\frac{1}{12}\sum_{i=1}^{12}\tau_{S_i}+\frac{1}{12}\sum_{i=1}^{12}\tau_R=\tau_R \tag{7-29}$$

式中，$k=0$，1，2，…，11。式（7-29）说明，共接收点道集相对静校正量之和的算术平均值等于接收点的绝对静校正量。

三、频谱分析

频谱（振幅谱）表示波的能量相对频率的变化规律。频谱分析就是利用傅里叶分析从地震信号 $x(t)$ 中求取其频谱 $X(f)$ 的过程。频谱 $X(f)$ 则反映出组成地震信号的各谐振分量的振幅、初相与其频率的关系。频谱分析的目的在于了解有效波和干扰波的频谱分布范围，以便选取合适的频率滤波器，压制干扰波，突出有效波，提高记录的信噪比，此外还为进行岩性岩相解释等提供参数。

根据离散傅里叶变换理论可知，若给出时间序列 $x(n\Delta)$，其中 Δ 为时间采样间隔，$n=0$，1，…，$N-1$，N（N 为采样点数），$x(n\Delta)$ 的频谱为 $X(md)$，则有

$$x(n\Delta)=d\sum_{m=0}^{M-1}X(md)\mathrm{e}^{\mathrm{i}2\pi mdn\Delta} \tag{7-30}$$

$$X(md)=\Delta\sum_{n=0}^{N-1}x(n\Delta)\mathrm{e}^{-\mathrm{i}2\pi mdn\Delta} \tag{7-31}$$

式中：m 为频谱 $X(md)$ 的采样序号；$d=\dfrac{1}{N\Delta}$，为基频，代表频率 f 的采样间隔。

式（7－30）和式（7－31）组成了离散傅里叶变换对。从式（7－31）可知，$X(md)$ 的实部 $\mathrm{Re}X(md)$ 和虚部 $\mathrm{Im}X(md)$ 分别为

$$\mathrm{Re}X(md)=\Delta\sum_{n=0}^{N-1}x(n\Delta)\cos(nm\frac{2\pi}{N}) \tag{7-32}$$

$$\mathrm{Im}X(md)=-\Delta\sum_{n=0}^{N-1}x(n\Delta)\sin(nm\frac{2\pi}{N}) \tag{7-33}$$

则 $x(n\Delta)$ 的振幅谱 $|X(md)|$ 和相位谱 $\theta(md)$ 分别为

$$|X(md)|=\sqrt{[\mathrm{Re}X(md)]^2+[\mathrm{Im}X(md)]^2} \tag{7-34}$$

$$\theta(md)=\arctan\frac{\mathrm{Im}X(md)}{\mathrm{Re}X(md)} \tag{7-35}$$

频谱分析时要考虑如何选择参数 Δ 和 N，它们影响着频谱分析的精度。

1. 采样间隔 Δ 的选取原则

根据采样定理，要求采样间隔 Δ 满足：

$$\Delta\leqslant\frac{1}{2f_c} \tag{7-36}$$

式中：f_c 为地震信号 $x(t)$ 的截止频率，即 $x(t)$ 最高可能达到的频率，如果 $\Delta=4\mathrm{ms}$，那么，截止频率为 125Hz。

2. 参数 N 的选取原则

连续的地震信号 $x(t)$ 经过采样后，截取出其中某一段离散的地震信号 $x(n\Delta)(0<n<N-1)$ 来做频谱分析，从有限傅里叶分析知，有限离散频谱的频率间隔为

$$d=\frac{1}{N\Delta}$$

因此，要求 N 满足：

$$d=\frac{1}{N\Delta}\leqslant f_\delta \quad 或 \quad N\geqslant\frac{1}{f_\delta} \tag{7-37}$$

式中：f_δ 为地震信号的频率分辨间隔。

$x(t)$ 的振幅谱 $|X(f)|$ 取离散值分析时，频率离散值的间隔不能大于 f_δ，故当 $x(t)$ 所包含的某两个频率之差大于 f_δ 时，对这两个频率成分就可以分辨开。当对频谱分析精度要求高些对，f_δ 就要取得小些，反之，f_δ 可以取得大些。

从式（7－37）知道，进行频谱分析的记录长度 $N\Delta$ 必须大于或等于 $\frac{1}{f_\delta}$，因此称

$$T_{\min}=\frac{1}{f_\delta} \tag{7-38}$$

为进行频谱分析的最小记录长度。

选取 N 时要求满足式（7－37），即要求记录长度 $N\Delta$ 不小于最小记录长度。又因为一般频谱分析程序都采用快速傅里叶变换算法，因此，一般还要求 $N=2^k$，k 为正整数。

由于离散傅里叶变换具有周期性和共轭性，则频谱 $X(md)$ 是以时间采样点数 N 为周期的周期函数。其振幅谱图形对称于 $\frac{N}{2}$ 点，相位谱绝对值相等，符号相反。

为减小选取时窗端点截断因素影响，在频谱分析时，应在时窗两侧取一斜坡值或镶边。当地震资料反映的薄层较多、层间距较小时，为了对某一波组进行频谱分析，斜坡值应取小些，否则，将不可避免地把相邻层的振动取入分析时窗，以致歪曲有分析价值的细节。对二维信号 $f(t,x)$ 的频谱分析，我们采用二维傅氏变换计算，其结果为 $f-k$ 谱。

四、叠加技术和偏移技术

地震记录经过动、静校正后，反射波时间已统一到基准面上的自激自收时间，对 CDP 道集记录便可进行水平叠加处理。下面介绍水平叠加和偏移处理。

（一）水平叠加

经过动、静校正处理后，共中心点道集中各道反射记录时间已换算为从一个统一基准面计算的双程垂直旅行时，双曲线型的时距曲线已校正为直线型时距曲线，可进行叠加处理，如图 7-21 所示。

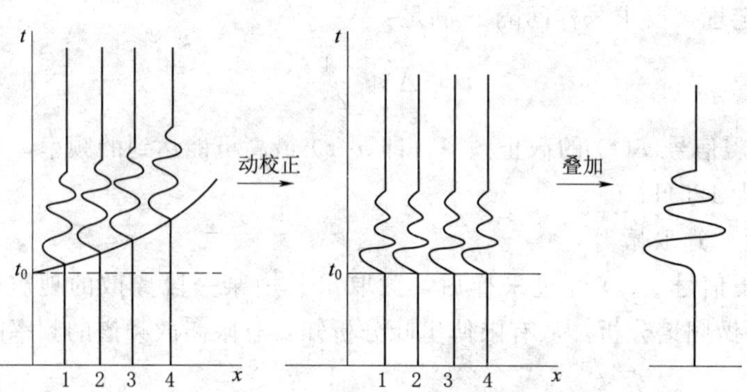

图 7-21　动校正和水平叠加示意图

叠加处理的方法很多，常规叠加是地震处理工作中最常用的一种方法，其叠加公式为

$$x_{\Sigma}(n)=\frac{1}{N}\sum_{j=1}^{N}x_j(n) \tag{7-39}$$

式中：$x_{\Sigma}(n)$ 为叠加结果，是 N 个叠加道叠加平均的结果；N 为叠加总道数；j 为叠加道序号；n 为样点序号。

从上述公式可以看出，常规叠加是将道集中经过动、静校正后的各道上序号相同的采样值取算术平均值，组成叠加道输出。每个共中心点道集输出一个叠加道。一条测线上所有叠加道的几何组成直观反映地下构造形态、可供解释使用的常规水平叠加时间剖面。

处理时只需将经过抽道的共深度点道集顺序输入进行计算即可。若没有进行抽道，则需要先补做，单边放炮多次覆盖共反射点抽道公式为

$$P=\left(M-\frac{M}{N}+j\right)-(i-l)\frac{M}{N} \tag{7-40}$$

式中：P 为满覆盖次数的选道号；M 为一个排列的总道数，一般 $M=48$，96，120；N 为叠加次数；j 为小叠加段内的共反射点序号，$j=1$，2，…，$\frac{M}{N}$；i 为激发炮点序号；l 为小叠加段序号。

例如，$M=48$，12次覆盖，第一个满覆盖次数的小叠加段内第一个反射点，$j=1$，$l=1$，将这些参数代入式（7-40），则叠加道集为第1炮的第45道，第2炮的第41道，第3炮的第37道，第4炮的第33道，第5炮的第29道，第6炮的第25道，…，第12炮的第1道。

在计算机的内存中开辟一个叠加区和一个叠加后记录区。利用共反射点道集记录进行水平叠加时，叠加区所占内存只需一个道长的样点数就够了，道集记录中各道逐道输入到叠加区进行叠加运算，当累加到满覆盖后，将叠加区的记录进行记录，并同时把它调到记录区，等待显示。记录区所占内存的多少视机器而定，一般可开辟24道的记录区，经过水平叠加后的记录可存放24道，即一个叠加段，待24道叠后记录一起显示。这就是一般水平叠加的基本过程。

（二）偏移处理

常规的水平叠加处理是以水平层状介质为基础的。当反射界面产状变化较大（如倾斜界面、凹界面及断层等）时，按水平界面原理得出的CDP（共深度点）道集就不是真正的共反射点道集，致使水平叠加剖面的反射界面形态失真。偏移处理就是要把这种失真的反射界面归位到真实的位置，所以又称为偏移归位。偏移处理可以在水平叠加之前进行（称为叠前偏移），也可以放在水平叠加之后进行（称为叠后偏移）。图7-22为一个理想化的偏移处理效果，通过偏移处理，不但使反射归位，较好地反映了界面形态，而且使绕射等干扰有所收敛，进一步提高了资料质量。

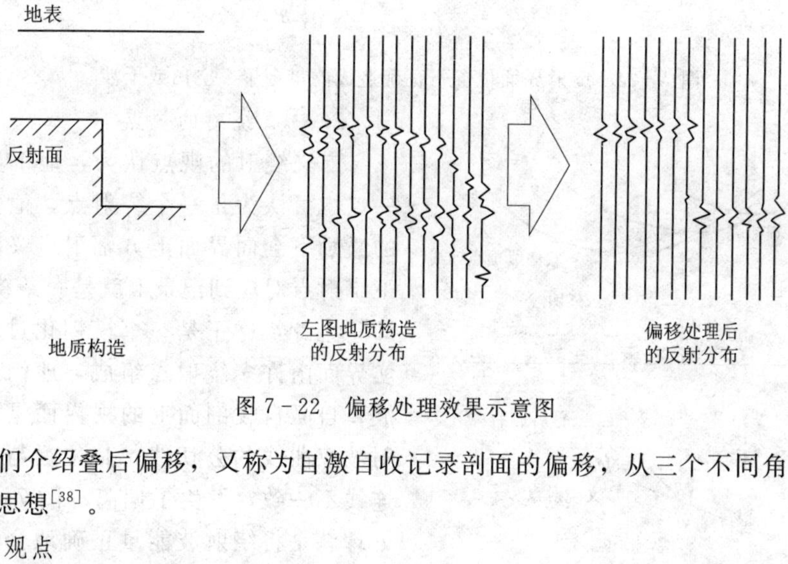

图7-22　偏移处理效果示意图

下面我们介绍叠后偏移，又称为自激自收记录剖面的偏移，从三个不同角度讨论叠后偏移的基本思想[38]。

1. 反射观点

当地下界面水平时，由地下反射点R_1、R_2反射的波在自激自收剖面上的位置（经时深转换后）R_1'、R_2'与原反射点一致，如图7-23所示，自激自收剖面上的界面位置与真实界面一致。当界面倾斜时，由R_1、R_2点反射的波在普通剖面上则汇于自激自收点O_1、O_2的正下方，经时深转换后为R_1'、R_2'，$\overline{O_1R_1'}=\overline{O_1R_1}$，$\overline{O_2R_2'}=\overline{O_2R_2}$，如图7-23所示。可见，自激自收剖面上的视界面$\overline{R_1'R_2'}$与真实界面$R_1R_2$在长度、位置、倾角等方面均不一致，主要表现为向下倾方向发生了偏移且倾角变缓。当构造复杂时，自激自收剖面上的视界面由于位置不正确可能产生能量会聚、空白或干涉等现象，使记录复杂化（图 7－24），影响解释工作的进行。所谓偏移处理，就是将自激自收剖面上的同相轴恢复其原来的正确位置，同时使干涉带自动得到分解，剖面面貌变得清晰。

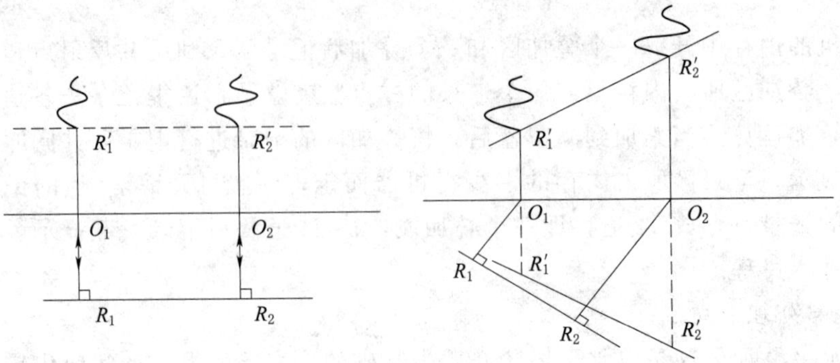

图 7－23　偏移的反射分析

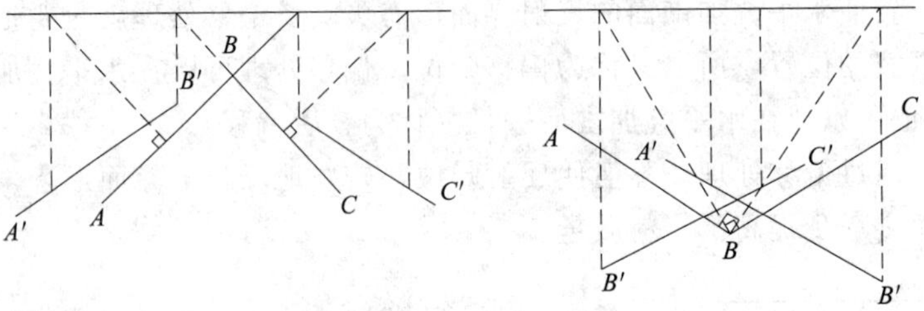

图 7－24　反射界面位置不正确造成能量会聚、空白或干涉

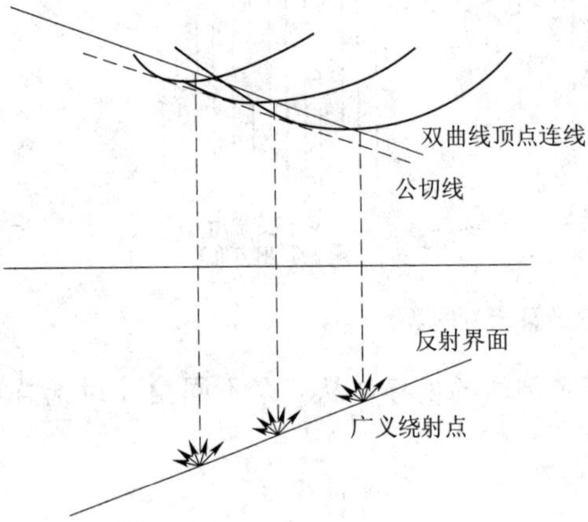

图 7－25　偏移的绕射分析

2. 广义绕射的观点

广义绕射的观点认为，地下界面上的每一点均可认为是一个绕射点，他们在入射波的激励下会向界面上方辐射广义绕射波。地下绕射点对应到记录上就是一条绕射双曲线，即一大片，这正是一个模糊化过程。由于真实界面由许多绕射点组成，他们都辐射绕射波，自激自收剖面上的视界面是所有这些绕射波双曲线的公切线，其位置与双曲线顶点连线不一致，发生了偏离（图 7－25）。偏移处理就是将绕射波能量正确地会聚于其双曲线顶点，结果能量收敛，模糊化消除，界面也自然恢复到真实位置处（即双曲线顶点连线位置）。

3. 波场的观点

从波场分析的角度来看，可以将偏移处理过程看作为自激自收剖面形成的过程。众所周知，波场函数是时间变量的函数，又是空间变量的函数，即 $g(x, y, z, t)$，若不考虑 y 方向，则为 $g(x, z, t)$。可见，地下任何一点处均存在着波场，地震记录仅是地面的波场值，即 $z=0$ 时的波场值 $g(x,\ z=0,\ t)$。偏移处理也就是将已知的地面波场值（自激自收记录剖面）作为边界条件反过来求地下各点处波场值的过程。要想得到地下各点波场值，可以将检波器放置在地下这些点处进行记录，但相对较困难，我们借助于数学运算方法，计算出地下各点波场值。因此，偏移处理就是相当于将检波器不断地向地下移动的过程，故称之为延拓或波场外推。

下面我们简要讨论波场延拓实现偏移处理的过程。

如图 7-26 所示，设地面（$z=0$）处有一自激自收点，接收到界面 A 点的反射，波场为 $g(x,\ z=0,\ t)$，当波速保持恒定时，射线为直线。根据反射的观点，来自界面 R 的反射波在 S 点的正下方 B 点处，自激自收时 $t_{01}=2\ \overline{SA}/V$，$\overline{SA}=\overline{SB}=\frac{1}{2}Vt_0$。记录位置 B 点和反射点 A 之间的水平距离为水平偏移距 $\overline{BA}$。若将观测面布置在地下 $z=z_1$ 深度处，未得到 A 点的反射，激发点和接收点必须放置在 S_1 处，此时波的自激自收时间 $t_{01}=2\ \overline{S_1A}/V$，反射波放置在正下方 B' 处，且 $\overline{SB'}=\overline{S_1A}$，新的水平偏移距为 $\overline{B'A}$；同样，若将观测面布置在 $z=z_2$ 处，则相应的自激自收点为 S_2，相应的水平偏移距为 $\overline{B''A}$。可见，随着观测面不断向地下深度移动，相当于把激发点和接收点不断向下移动，可得到两个明显的结论：

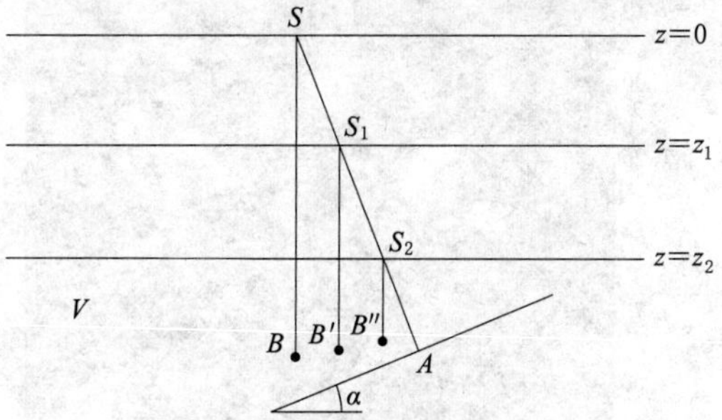

图 7-26　延拓与偏移关系图

（1）偏移距越来越小。

（2）波的自激自收时间越来越短，到界面 A 点时为 $t_0=0$。

这意味着将反射波场向下延拓时，总可使水平偏移距缩小至零，使被偏移的视界面点 B 归位到真实界面点 A，从而实现偏移归位的目的。归位后的波场为 $g(x,\ z=z_n,\ t_0)$。

由上述分析可见，当向下延拓到 $t_0=0$ 时刻，视界面上某点的延拓结束，故把 $t_0=0$ 时刻称为成像条件或称为本次延拓结束的条件。

以上从三个方面讨论了偏移处理的概念。实际上，他们是一致的。数学上可以证明：一个反射界面上各点形成的广义绕射波在地面上被记录下来时，其绕射双曲线顶点的连线与真实地下界面一致，而该绕射双曲线族的公切线与用反射观点算出来的视界面一致。延拓意味着检波器与地下界面距离越来越近，即界面深度越来越小，广义绕射主要能量分布范围也越来越小。

上述讨论是针对自激自收剖面而言的。实际上，其思想完全可以用于非自激自收剖面的偏移，仅在具体的计算上做微小变动。例如，采用反射、绕射观点计算时，需将炮点、检波器点分开；计算界面偏离情况和绕射双曲线、延拓时，需将炮点、建博气垫同时向下延拓等。

根据上述的讨论，我们可引出不同的偏移归位处理方法，即根据反射和广义绕射的观点，引出射线偏移和克希霍夫积分偏移处理方法；根据波场延拓的思想，引出波动方程偏移处理的方法。有关各种偏移处理的方法技术可参阅相关教材文献。实际资料的偏移处理结果如图 7－27 所示。由图 7－27 可见，经过偏移处理后，反射波得到了归位，绕射波得到了收敛，横向分辨率得到了明显提高。

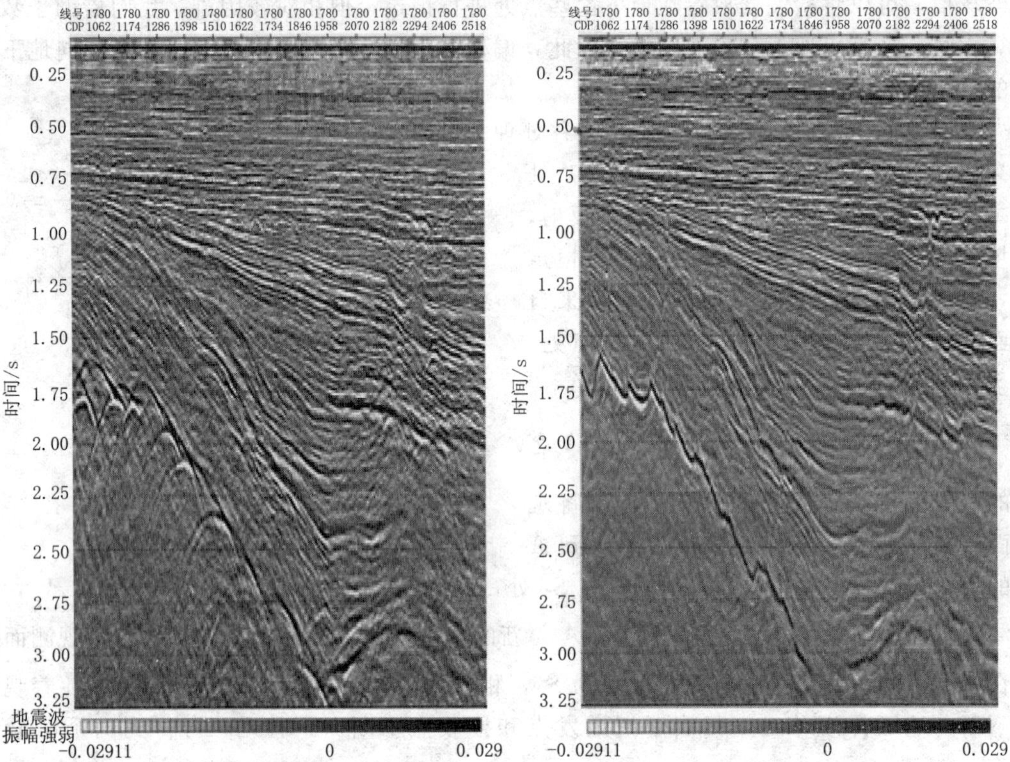

(a) 叠加剖面　　　　(b) 偏移剖面

图 7－27　叠加剖面和偏移剖面的比较

第三节　折射波法的资料解释

一、查明河床覆盖层厚度和基岩埋深

在水利水电工程中，一般所要勘探的基岩埋藏不深，在应用地震勘探时较多地采用初至折射波法。只要基岩的波速大于上覆地层的波速、具有折射波法的良好物理前提，应用这种方法就能取得良好的地质效果。以天桥水电站为例：该电站位于山西保德黄河干流上，河床中间有一小岛，基岩暴露，将河床一分为二，右岸河床地形平坦，左岸为宽约 200m 的主河槽。测区内基岩为奥陶系泥灰岩和石灰岩互层，覆盖层上部为砂层，下部有厚度不大的砂砾石层。各层的波速是：含水砂层一般为 1300～1500m/s，基岩一般为 4000～5000m/s。测网布置按 1∶2000 时比例尺要求，剖面间距为 60～80m，检波器间距为 10m。由于测区具有较好的电法勘探条件，因此，同时也进行了电测深工作。

通过地震折射波法勘探且辅以电测深方法查明，测区覆盖层厚度为 15～28m，基岩高程为 800～790m，右岸河床基岩的等高线见图 7－28。这些测试成果为设计电站主体工程及建筑物布置方案和指导地质勘探及时提供了必要资料。在采用上述方法进行物探之后，又及时打钻验证。结果表明，物探结果较准确地反映了客观实际情况（表7-1）。最后再结合技术施工设计阶段的钻孔资料进行分析对比，结果表明物探与钻探的绝对误差仅为0.2～1.8m。

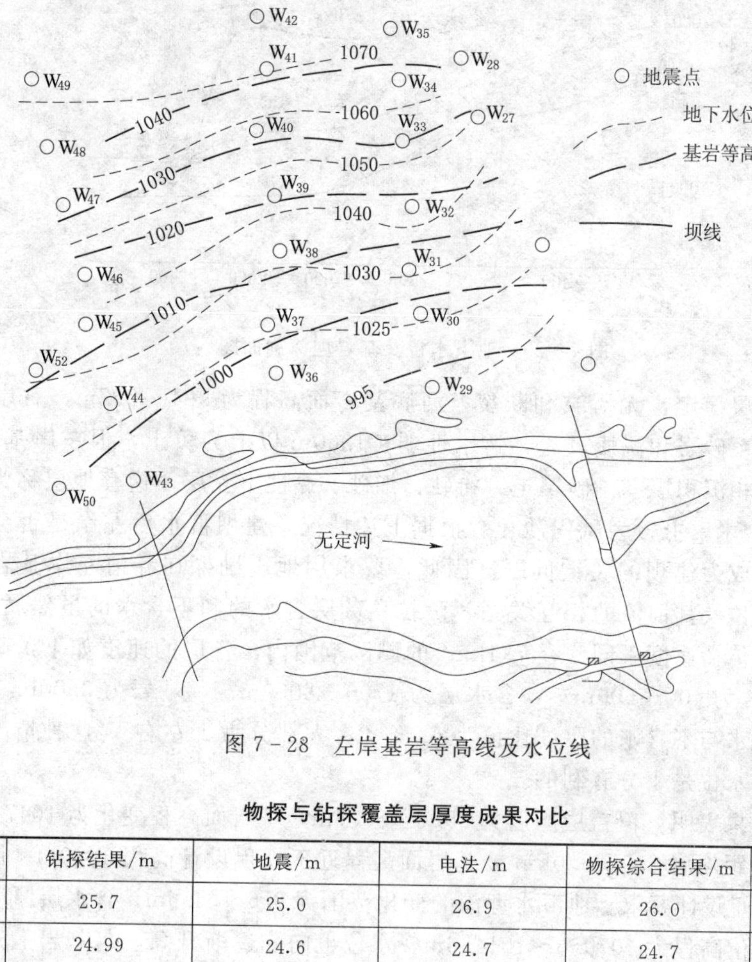

图7-28　左岸基岩等高线及水位线

表7-1　　　　**物探与钻探覆盖层厚度成果对比**

孔号	钻探结果/m	地震/m	电法/m	物探综合结果/m	绝对误差/m
T_{05}	25.7	25.0	26.9	26.0	0.3
T_{06}	24.99	24.6	24.7	24.7	0.2
T_{07}	21.45	22.7	22.5	22.6	1.2
T_{09}	22.40	24.0		24.0	1.6
T_{10}	26.84	26.3	27.0	27.0	0.2
T_{11}	21.43	23.1	22.5	22.5	1.1
T_{12}	25.80	24.0	29.0	24.0	1.8

二、查明潜水分布、评价水库渗涌

在水文地质勘探中，利用地震初至折射波法在松散地层中测定地下水位的主要依据，是含水地层的波速大于上覆不充水地层的波速。在一般情况下，松散岩层中的潜水面均可成为良好的地震折射界面。因此，可以利用折射法直接确定潜水面，借以了解地下水的分布情况，研究其运动规律和补给关系。图 7-29 是用折射波方法探测陕西无定河某水库左岸基岩埋深和地下水位的剖面图。

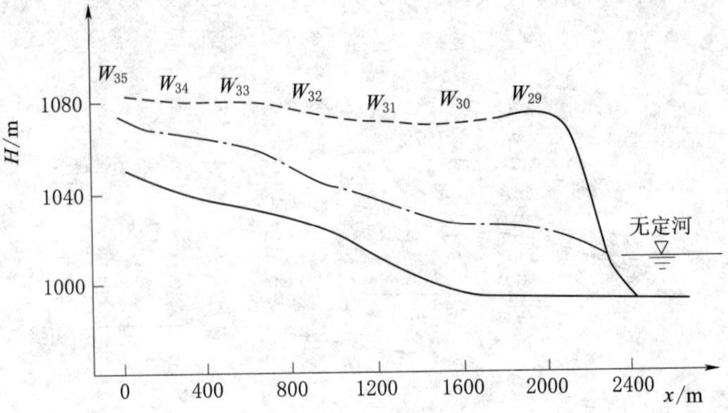

图 7-29　地下水位及基岩埋深剖面图

该水库区地层稳定，无褶皱和断裂，河底基岩面高程为 994～997m，右岸为基岩谷坡，岩性为侏罗系砂岩和泥质页岩，透水性弱，1060m 以上为黄土，但左岸基岩未出露，为晚更新统河湖相沉积层——砂壤土、粉砂、细砂、黏性土互层，这套地层称为萨拉乌苏层，厚者达 80 余米，上覆为风积沙丘。根据上述情况，建坝蓄水后左岸是否会沿库岸大量向库外漏水，成为建坝的关键问题。因此，要求用地震勘探在弄清左岸基岩埋深的同时，查明地下水位及其河流的相互关系。萨拉乌苏层含水的和不含水的虽然属同一地层，但它们弹性波的传播速度不同。在 7.4km^2 的测区范围内，各层的速度如下：萨拉乌苏层（地下水位以上）为 400～600m/s，含水层为 1700～2000m/s，基岩为 3500m/s 左右。这一地区松散层含水与不含水的厚度比值为 0.5～2，大部分为 1 左右 。这种情况对于应用地震法测定地下水位是十分有利的。

地震勘探结果表明，覆盖层厚度为 29.6～80.7m，基岩面高程变化为 1047～994.4m，向北逐渐升高，距坝肩 2.5～3.0km 处基岩面高程近于坝顶设计高程 1040m。因此，左岸基岩高程不能满足设计要求。地下水埋深的变化范围为 9.6～54.6m，含水层厚度为 18.3～27.0m，地下水位高程为 1079.6～1014.6m，水位也向北逐渐升高，与基岩上升的趋势一致，如图 7-29 所示。

地下水位及其基岩埋深剖面进一步表明，地下水平均坡降为 2.5%左右，距坝肩 1km 以内为 1%～2%；1km 以外为 3%～4%。对比上下坝址，渗漏带宽度差不多，但上坝址渗径短，对于绕坝渗漏所引起的左坝肩稳定问题需要进一步考虑。

三、探测覆盖层下的基岩断裂构造

当覆盖层以下的基岩存在断裂构造时，可能有不同岩性的岩层接触，也可能有一定宽度的断层破碎带。而不同岩性及断层破碎带与完整岩石之间往往具有弹性波速的差异和不同的动力学特征。因此，可以应用地震法来探测地下断层构造，特别是对浅部和较大的断裂构造，能取得较好的效果。在地震勘探时，采用初至折射波法，并沿垂直断层构造线的可能走向布置测线，观测系统应用纵测线与横测线相配合。下面以黄河小浪底工区的实例来说明地震法在探测断层构造中的应用情况。

小浪底工区曾经因施工用水的需要提出寻找断裂构造。依据地质资料分析了构造线的可能走向和位置，布置了 12 条地震纵测线（图 7-30）。结果发现在纵测时距曲线图上出现了较大的同相轴脱节及异常走向。在此基础上再布置地震横测线并辅以电剖面测线，从而可查明两条断层，其走向大致相同，如图 7-31 所示。

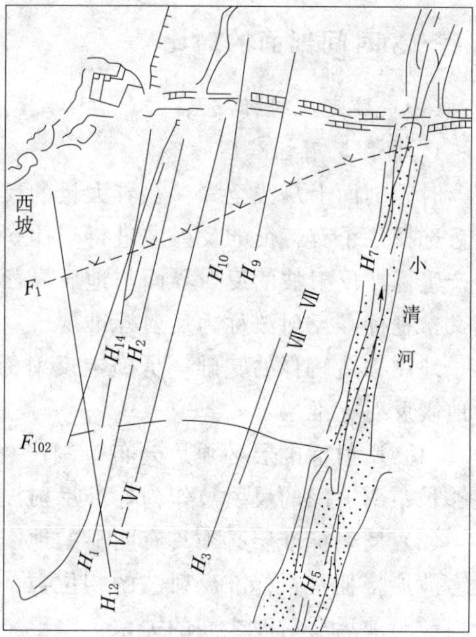

图 7-30　物探查明断层示意图

根据地震法和电法勘探的结果，在新老岩层接触带上反映的特征如下。地震纵测线反映了断层两边基岩速度的差别，电剖面则反映了异常的两翼不对称。在 F_1 下盘岩层的波速为 2500～2600m/s，视电阻率为 70Ω·m 左右。在 F_1 上盘岩层的波速为 5000m/s 左右，视电阻率为 120～150Ω·m。由此可见，基岩面的波速与视电阻率的关系相互对应，基岩面波速大，视电阻率高；反之，界面波速小，视电阻率低。

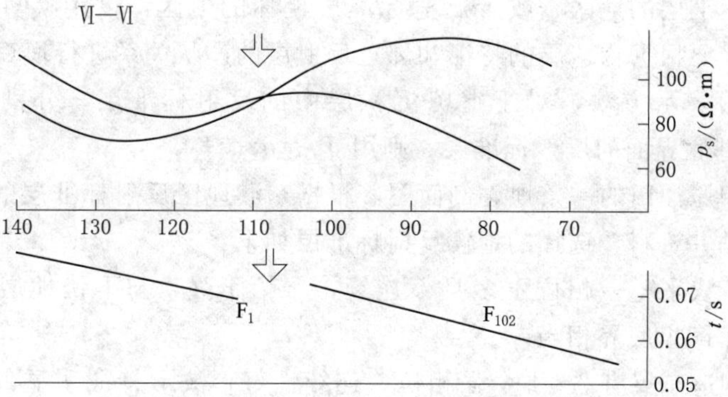

图 7-31　联合剖面（Ⅵ—Ⅵ）ρ_s 及 D_{242} 地震纵测线图

第四节　反射波法的资料解释

反射地震资料的地质解释通过时间剖面的对比来实现。时间剖面对比的主要任务是：确定反射标准层；选择对比相位，进行相位对比和相位闭合；识别时间剖面上各种波的类型，分析波与波之间的关系，推断时间剖面所反映的地质构造[39]。这一节，我们首先讨论如何确定反射标准层、时间剖面的相位对比，然后介绍时间剖面的地质解释，最后是地震地层解释。

一、时间剖面的对比

（一）确定反射标准层

1. 具备反射标准层的条件

时间剖面上从浅至深存在着大量的反射波，为了能清楚地反映地下地质构造特征，一般只选择几个有特征的反射波进行对比，这几个反射波称为标准反射波。一般情况下，由于产生标准反射波的反射界面与地质界面是一致的，可以确定其确切的地质层位，所以我们又常把标准反射波称为反射标准层。

地震构造解释的基础，是确定反射标准层（定层）。具有下列条件的反射层，可以作为地震反射标准层：

（1）反射标准层必须是分布范围广、特征稳定的反射层。选择连续性好、波形稳定、能够长距离追踪的反射波作为标准反射波，可以保证构造图的准确性。

（2）反射标准层必须具有明显的地震特征。反射波的特征包括波形特征和波组特征两种。波形特征是指标准反射波的相位数、视周期、振幅及其相互关系；波组特征是指标准反射波与前后反射波之间的关系。

（3）反射标准层能反映地下地质构造的主要特征。在研究区域构造时，可选择区域不整合面，或者时间地层分界面的反射波作为标准层，以便于全区的构造和地层的统一解释；在研究局部构造时，根据需要在含油层系附近增选一些反射标准层，以进一步查清构造形态。

在没有反射标准层的地区，或者反射标准层变坏的地区，可用换算层代替反射标准层。作换算层时，要根据构造层的特征和邻近反射层的产状关系进行换算。

反射标准层的表示方法，对于上覆沉积层中的反射标准层，分别用 T_0、T_1、T_2、T_3…表示，对于基底界面的反射标准层，则用 T_z表示。

图 7－32 为中原油田的一条地震剖面图，根据东濮地区反射标准层的波形特征，构造层关系，并结合钻井资料，选择的地震反射标准层如下：

1）T_1 层。产状平整，相位不多且不连续，振幅不强，与下伏地层明显的角度不整合。地质层位与馆陶组底界相当。

2）T_3 层。构造东翼有 3～4 个强相位，连续性好，波形特征明显，是一套盐膏层的反射。构造顶部无特征可辨认，反射层质量很差。构造西翼由于盐膏层相变，其特征不如构造东翼。T_2 层与 T_3 层之间的厚度稳定，二者构成了有特征的波组关系。T_3 层的地质层位与沙河街组二段顶部相当。

3）T_6 层。T_6 层是一套密集强反射层的顶界，构造西翼的凹陷中，这套连续反射的下部呈明显的角度不整合。T_6 层与 T_3 层之间，是一段弱反射的空白区。T_5 层的地质层位为沙河街组四段顶部的盐膏层。

反射标准层的特征因地区而不同，所代表的地质层位也不一样。

2. 确定反射标准层的方法

确定反射标准层的含义包括两个：一是定好层；二是定准层。所谓定好层就是根据反射标准层的条件，确定最好的反射层；所谓定准层，则是标准层的层位确定之后，在标准

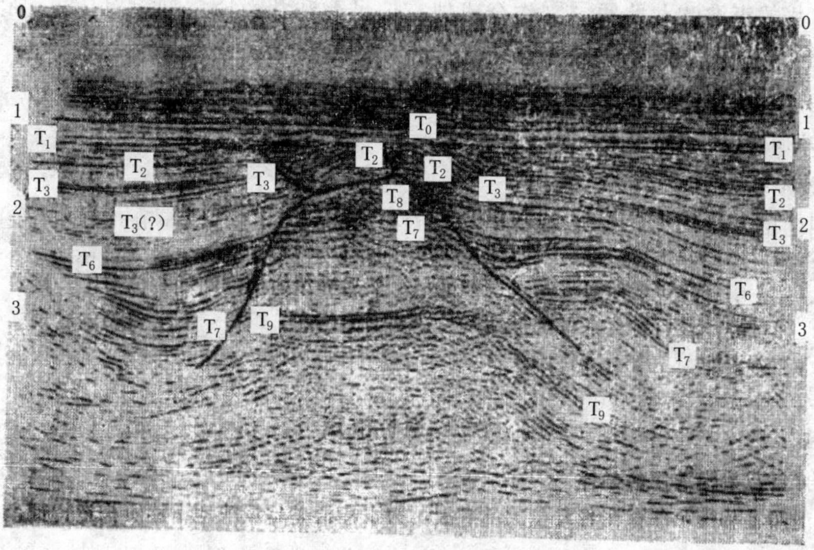

图 7-32　叠偏时间剖面

层的对比追踪过程中，由于断层或者资料变坏，造成反射标准层对比中断，中断以后的层位确定是否准确[40]。

用什么方法可把标准层的层位确定准确呢？确定标准层的方法因资料的好坏程度，钻井数量的多少，各种资料的齐全、准确程度而不同，其准确性也不一样。一般常用的方法如下。

（1）根据标准层的波形特征、波组特征和构造层的特征确定反射标准层。确定反射标准层的方法主要根据标准层的特征。特征明显、标志突出的反射标准层，容易辨认，层位确定的准确度就高。标准层的特征，既包括标准层本身的波形、波组特征，也包括构造层特征。所谓构造层是指一套地层，在这套地层内部，各层之间是整合的、相互连续的，并且在成因上是有联系的。这套地层的顶底界面可以是不整合面，也可以是和不整合面相连接的整合面。构造层和地震地层解释中的地震层序是一致的。根据标准层的特征确定标准层的层位是可靠的。

（2）根据测线网的连接确定反射标准层。反射标准层有特征的剖面，可以根据标准层的特征，确定其标准层的层位。在反射标准层没有特征的剖面，或者是资料质量较差的剖面，可以通过测线网的连接，确定标准层的层位。为此，先要在全区的测线网中，选出反射标准层特征明显、连续性好、构造简单和断层较少的剖面作为基干剖面。通过测线网的连接，既可以确定反射标准层的层位，也可以实现全区的层位统一。

（3）根据层速度资料推断反射标准层。一般情况下，反射标准层是下列几种地质界面的反射：长期沉积间断的不整合面；明显的岩性岩相分界面，如碎屑岩与碳酸盐岩的分界面；稳定的不同岩性组合层段，包括砂、泥岩组合层段，盐膏层组合层段等。因而，产生反射标准层的这些界面，由于沉积条件的不同、岩性岩相的差异，反映到层速度上就有明显的区别。

（4）利用钻井资料，确定标准层的地质层位。反射标准层的地质层位由钻井资料确定。利用钻井的声波测井曲线，制作合成地震记录，和井旁地震剖面对比，可以确定标准层的地质时代及其所反映的岩性。在无钻井资料的地区，可以根据层速度资料，或者根据标准层的特征，和邻区进行比较，推断其地质层位。

（二）时间剖面的相位对比

1. 对比的基本原则

时间剖面的对比实际上是反射标准层的对比。所谓对比，就是在时间剖面上识别和追踪同一层反射波的过程。根据下述三个标志，可以判断是否为同一层反射波。

（1）振幅标志。振幅标志是反射波的主要动力学特征之一，它是识别和追踪同一层反射波的重要标志。因为同一层反射波的振幅变化是很小的，不同层的反射波的振幅是不同的。同一层反射波的振幅，沿测线的变化是渐变的。产生振幅横向变化的原因，一般与地下岩性岩相变化有关。在对比过程中，反射波的振幅发生突变，既可以由断层所造成，也可以由波的干涉所引起。因此，反射波的振幅标志，不仅是识别同一层反射波的重要标志，同时也是判断地下地质因素变化的依据之一。

（2）波形标志。同一层反射波的波形是相似的，这种相似性是识别和追踪反射波的又一个动力学标志。反射波的波形有时也会产生一些规则的横向变化，如相位数的逐渐增减、某一相位的振幅渐变等，这些变化多半与岩性变化有关。在反射波产生干涉（如绕射波与反射波之间的干涉，断面波和反射波的干涉等）时，将产生反射波的波形突变。

（3）相位标志。由于同一层反射波到达相邻两个接收点的时间相近，而且接收点之间的距离相等，因此反射波的同相轴是平滑的、有一定长度，不同相位彼此平行，这些是识别和追踪同一层反射波的基本标志。但是必须注意波的干涉对相位一致性的破坏，例如当出现扭曲同相轴或者阶梯状同相轴时，而且同相轴较短，各相位之间也不平行，这些特征都是波干涉的标志。

上述三个标志，从地震波的不同方面反映了同一层反射波的特征。三个标志不是彼此孤立的，而是互相联系在一起的。

2. 相位对比

由于反射波是在干扰背景上被记录下来的，因此，反射波的波前（即初至）到达时间难以识别，在时间剖面上不能对比波的初至，只能对比波的相位，这种对比方法叫作相位对比，相位对比就是在时间剖面上，识别和追踪同一层反射波的相同相位。绘制反射标准层的构造图，不仅要求反射标准层的层位一致，而且还要求反射标准层的相位相同。一般在地质条件比较简单的地区，反射波的特征稳定，可以对比追踪反射波的某一个相位。这种对比方法又称为单相位对比。对于每一个反射标准层，都要选择振幅较强、连续性好、尽量靠近初至的相位进行单相位对比。在相位对比过程中，由于地质条件的变化或是受波的干涉，对比相位变坏，可以根据反射波的相邻相位关系进行相位换算。

3. 相位闭合

进行反射标准层的相位闭合，既可以统一构造图的作图相位，也可以检查标准层对比工作的质量。根据水平叠加时间剖面同一层反射波相同相位的 t_0 时间在剖面交点上相等的原则，确定其同一层反射波的相同相位，叫作相位闭合。相位闭合不仅是剖面交点上的闭合，而且是整个测线网的闭合。在剖面交点上，相位是否闭合用相位闭合差来衡量。相位闭合差是相交两条剖面反射波的 t_0 时间之差，用 Δt_0 表示。如果相位闭合差小于或等于反射波视周期的一半，即 $\Delta t_0 \leqslant \frac{1}{2}T^*$，则认为相交两条剖面的相位闭合，否则为相位不闭合。如果所有剖面在交点上都满足这个要求，那么整个测线网的相位就闭合了。只有测线网的相位都闭合以后，才能绘制构造图。

二、时间剖面的地质解释

时间剖面的地质解释通过时间剖面的对比来实现。时间剖面的对比不仅仅要确定反射标准层的层位，进行标准层的相位对比，而且还要识别时间剖面上各种波的类型，分析波与波之间的关系，解释时间剖面所反映的地质构造。

这一节，我们将分别讨论各种典型地质构造，包括背斜、向斜、断层、挠曲、不整合、超覆和退覆的地质解释，并以理论图形为主要资料分析它们的特点。

（一）背斜

背斜是褶皱构造中岩层向上弯起的部分，它是油气勘探的主要对象。在水平叠加剖面上，背斜构造主要形式是凸界面反射波和平界面反射波，有时也伴随有回转波。在复杂背斜构造上，还会有绕射波、断面波和侧面波。

图 7－33 和 7－34 是地垒背斜和地堑背斜的理论图形。地垒背斜是在形成背斜时，由于顶部上升，两翼下降，伴随有地垒型断层（图 7－33）。地堑背斜则是在形成背斜时，顶部受张力作用产生断层，地层因重力作用下降形成地堑（图 7－34）。在水平叠加剖面上，两种背斜凸界面反射波被分成几段，波组关系有明显的错开，各断点上都有绕射波，由于断层面较陡，很少见到有断面波。

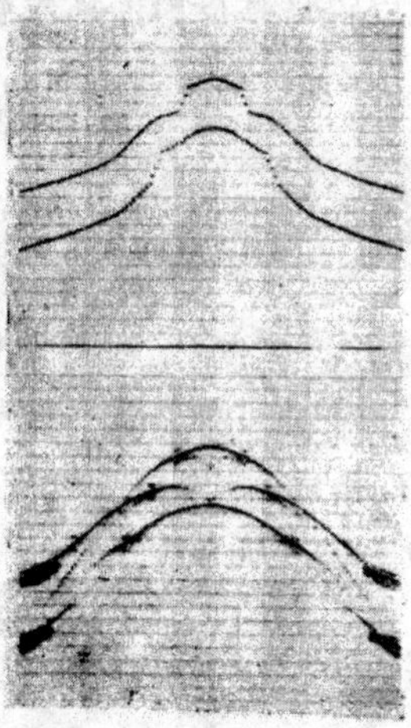

图 7－33　地垒背斜

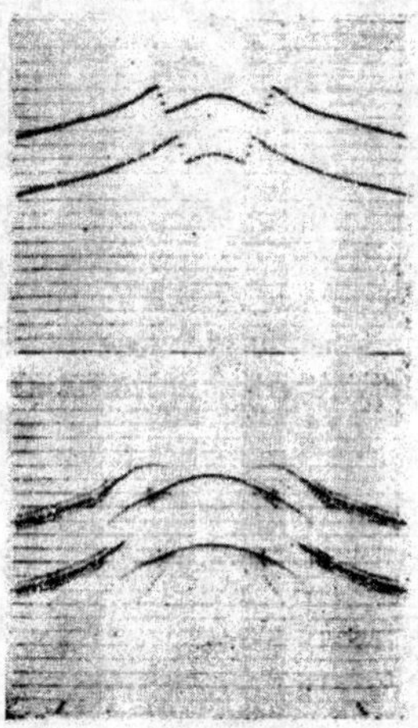

图 7－34　地堑背斜

（二）向斜

向斜是褶皱构造中岩层向下弯曲的部分。较大的沉积凹陷是油气生成的地方，查清沉积凹陷对估价油气资源有重要意义。向斜构造一般有两种：一种为对称向斜（图 7－35）；另一种为非对称向斜（图 7－36）。水平叠加剖面上，凹界面反射波反映了向斜构造的形态。由于凹界面曲率中心的埋藏深度不同，凹界面反射波的类型也不一样。一般情况下，浅层是平缓向斜型，中层是聚焦型，深层则为回转型。凹界面反射波的特点是振幅强，连续性好。但是，在回转波出现的部位，经常有波的干涉现象，造成相位对比困难。在对称向斜构造上，各种波的关系都是对称的，而在对称向斜构造上，各种波的关系则不对称。另外，由于非对称向斜和断层相伴生，因此，在水平叠加剖面上，除有各类凹界面反射波之外，还有断面波和绕射波。

图 7-35　对称向斜

图 7-36　非对称向斜

（三）断层

断层在油气田勘探中具有非常重要的意义，因此，断层解释是反射波地震资料解释的重要内容之一。断层解释包括两个方面的工作：一是确定剖面上的断层性质，这叫作断点解释；二是进行断点的平面组合，又称为断层的平面解释。

断层是岩层的连续性遭到破坏，并沿断裂面发生明显相对移动的一种断裂构造现象，反映在时间剖面上，具有下列几个特点：

(1) 反射波同相轴的数目突然增减或消失，出现这种情况，一般是基底大断裂的反映(图 7-37)。断层的下降盘由于沉积较多，地层变厚，因而时间剖面上反射波同相轴数目增多，标准层齐全。断层的上升盘因为沉积很少，甚至未接受沉积，造成地层变薄或缺失。因而在时间剖面上反射波同相轴数目减少，标准层不全甚至缺失。

(2) 反射标准层波组错断，断层两侧波组关系稳定，特征清楚，这是中小断层在时间剖面上的反映。它的特点是断层延伸短、断距小、破碎带窄。

(3) 反射标准层发生强相位转换或扭折，一般是小断层的反映。这种断层由于断距小，与地层岩性变化不容易区分。

(4) 反射波同相轴零乱，前后产状突变或出现资料空白带，这些也是断层的反映。上述现象是由于断层错动，地层两侧产状发生突变，以及断面的屏蔽作用和对射线的畸变作用所造成。

(5) 绕射波和断面波的出现是识别断层的重要标志，见图 7-37。

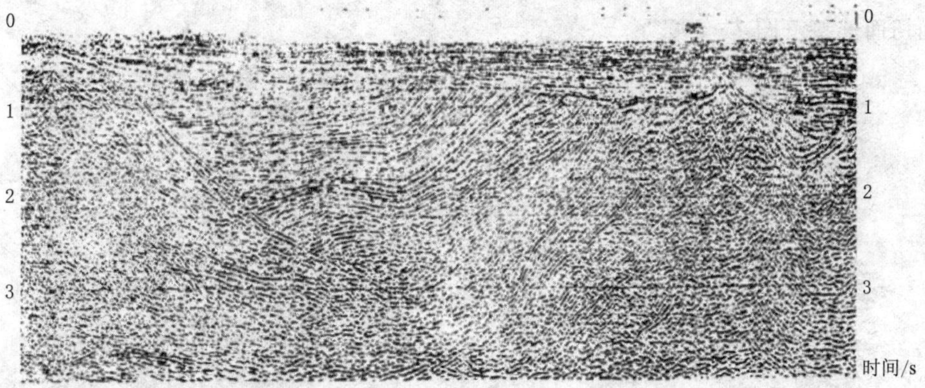

图 7-37　基底大断裂

下面分析不同类型断层的地震模型，以帮助我们正确解释断层的特点。

（1）正断层和逆断层。正断层是断层的上盘沿着断层面相对向下移动的一种断层，而逆断层则是断层的上盘沿着断层面相对向上移动的一种断层。在水平叠加剖面上，两种断层的基本特征相同，波组明显错断，绕射波与断面波和平界面反射波相切而连接。只是反射波中断点的位置和断层上下盘的关系不一样。

（2）屋脊断层和反屋脊断层。正断层的上升盘地层倾向和下降盘地层倾向相反，相背的叫屋脊断层，相对的称为反屋脊断层。在水平叠加剖面上，屋脊断层构成隆起形态，上下盘地层反射波错断，中断点之间有空白段。反屋脊断层则形成凹陷形态，上下盘地层反射波错断，中断点之间有交叉迭掩段。

（3）正向正断层和反向正断层。正断层的上升盘地层倾向和下降盘地层倾向一致，与断面倾向相同的称为正断层，和断面倾向相反的叫作反向正断层。在水平叠加剖面上，两种断层的基本特点相同，都是单斜构造形态，波组关系错断，上下盘反射波中断点之间可以有空白段或迭掩段，它与两盘的地层产状差异有关；不同的地方在于，正向正断层的断面波沿着地层倾向，反向正断层的断面波倾向与地层倾向相反。

（4）台阶断层和 Y 字断层。一条比较大的断裂带一般是由两条或两条以上的断层组成。如果由两条断层组成，就有主断层和次断层之分，断距大的为主断层，断距小的为次断层。两条断层可以构成台阶断层，也可以构成 Y 字断层。在水平叠加剖面上，两种断层各种波之间的关系比较复杂，对比过程中容易解释错误。对于这种复杂的断层，可以先在叠偏剖面上解释，然后用联合对比方法，把解释方案移植到水平叠加剖面上。

（四）挠曲

挠曲是褶皱的一种。地震勘探中，常见的挠曲现象一般出现在断层附近，这种挠曲又叫作断层挠曲或断层牵引。断层牵引分为正牵引和逆牵引两种。正牵引是正断层的上升盘（或下降盘）受断层面的牵引力作用而产生的一种褶皱现象。逆牵引是在断层的下降盘形成和正牵引褶皱方向相反的褶皱现象。正牵引常在断层的上升盘形成牵引背斜，逆牵引则在断层的下降盘形成逆牵引背斜（又叫作滚动背斜）。水平叠加剖面上，正牵引在上升盘出现凸界面反射波，下降盘则是聚焦型或回转型凹界面反射波，此外，还有断棱绕射波和断面波出现，如图 7－38 所示。逆牵引则在下降盘产生凸界面反射波，并和下降盘断棱绕射波相切而连接（图 7－39）。

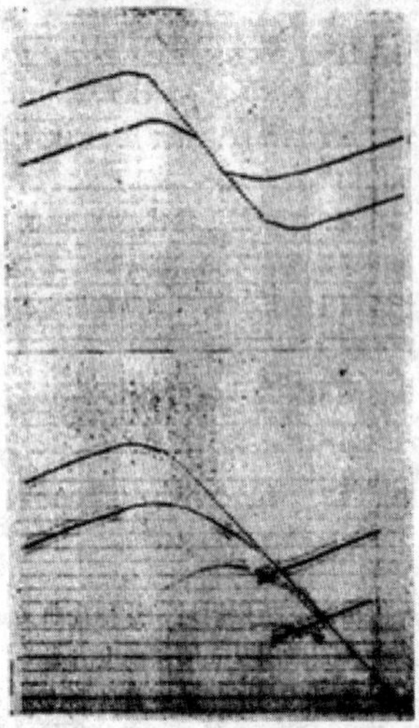

图 7－38　正牵引

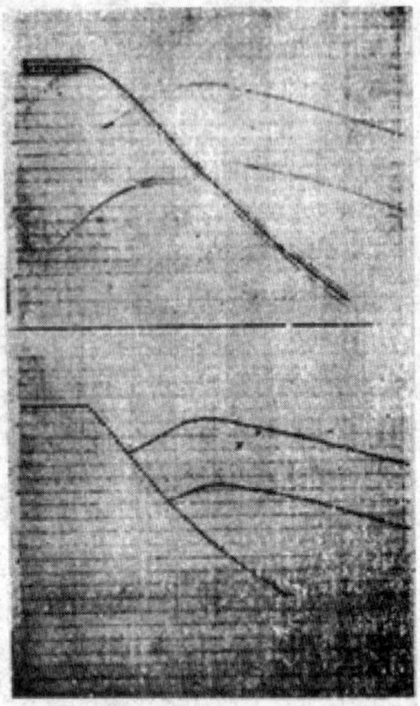

图 7－39　逆牵引

图 7－40 是一个逆牵引背斜的实际例子，由图可知，断层两盘的产状很不协调，深层隆起高点有偏移，而且高点的连线与主断层线平行，隆起幅度中层大，深层小，幅度大小与断层落差成正比。

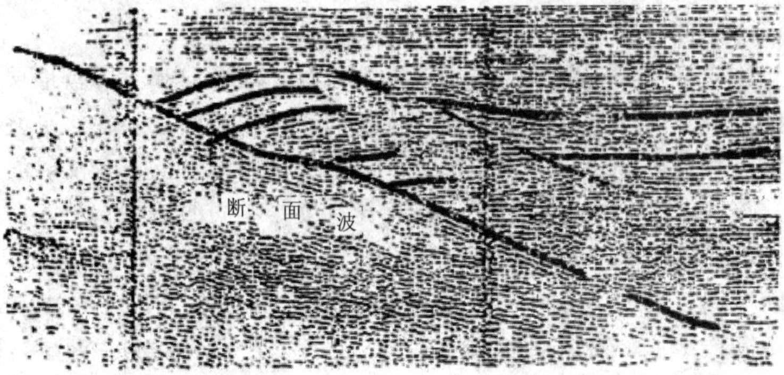

图 7－40　逆牵引背斜

（五）不整合

不整合是由地壳运动引起的沉积间断。它与油气的聚集有密切关系，如不整合遮挡圈闭就是一种地层圈闭油藏。另外，查明不整合对研究沉积历史也有重要意义。不整合分为平行不整合与角度不整合两种。

平行不整合的特点是上下构造层之间存在侵蚀面，但是产状一致。这种不整合在时间剖面上不易识别。由于不整合面受到长期风化剥蚀而凸凹不平，水平叠加剖面上常出现绕射波。与绕射波相似的凸界面反射波和回转波又因为不整合面的波阻抗差异明显、变化大，产生的反射波振幅强，变化也大。这些特点是识别平行不整合的标志。

角度不整合比平行不整合容易识别，时间剖面上表现为不整合面上下反射层有不同的产状，并呈明显的角度接触关系（图 7-40)。不整合面以下的反射波，依次被不整合面所产生的反射波代替；形成于不整合面以上的反射波连续，可长距离追踪，不整合面以下的反射波依次尖灭于不整合面。在地层尖灭点上产生的绕射波常和尖灭点附近的反射波同相轴交叉，形成波的干涉。

（六）超覆和退覆

超覆和退覆出现在盆地边缘和斜坡带。超覆是海平面相对上升时，新地层的沉积范围扩大，依次超越下面较老地层的覆盖范围。退覆则是海平面相对（迅速）下降时，新地层的沉积范围缩小，依次小于下面较老地层的覆盖范围。所以，超覆和退覆是角度不整合的一种特殊形式。时间剖面上它们的基本特点相同，都是几组互不平行的反射波逐渐靠拢，和地层尖灭点的绕射波相切而连接在一起。所不同的是超覆时，不整合面以上的反射波依次被不整合面的反射波所代替（图 7-41)；而退覆时，在不整合面以上的地层中，较新地层的反射波依次被下伏较老地层的反射波所代替，如图 7-42 所示图中 T_2 层代替了 T_1 层，T_3 层又代替了 T_2 层。

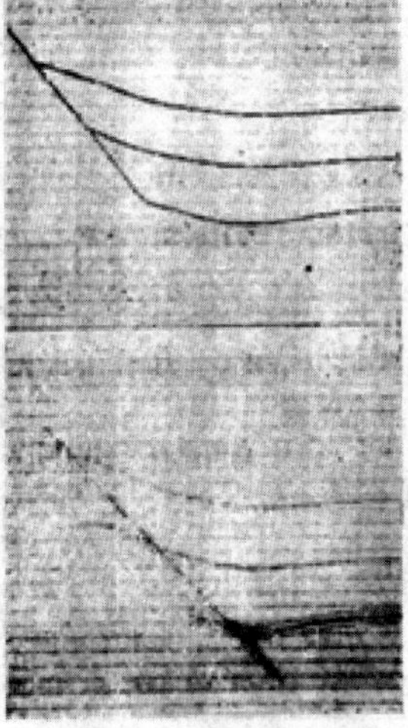

图 7-41 超覆

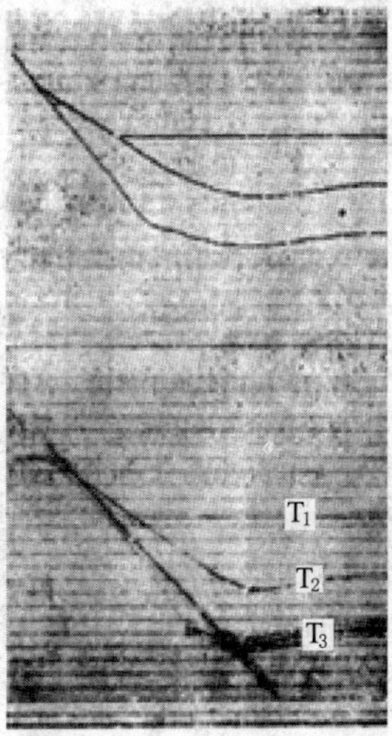

图 7-42 退覆

综上所述，时间剖面的地质解释是一项十分复杂而又细致的工作，尤其是在断层多、构造复杂的地区。要解释好时间剖面，除了分析时间剖面上各种波的特点之外，还应注意了解工区及邻区的地质、钻井和其他物探资料，做到对工区的地层、构造和断裂情况等有一个整体概念。

三、地震地层解释

反射地震资料的地层解释，可以划分地层，确定地层时代，推断沉积特征，分析岩性岩相变化规律和预测含油气有利地区。地震地层解释既可以进行区域性的地层研究，也可以对局部构造或地区做小范围的岩性岩相变化分析。地震地层解释的基础是划分地震层序。地震层序划分之后，可进行海平面相对变化分析，研究地震层序的沉积特征和确定地震层序的地质时代；然后进行地震相分析，将地震相转变为沉积相，能划分出含油气有利的相带；在此基础之上，对含油气有利的局部构造和地区，可进行烃类指示分析，对反射地震资料作出含烃解释。

（一）划分地震层序

从理论上讲，地震反射代表地层的波阻抗界面。但是，一般人很容易把波阻抗界面理解为岩性界面，其实这种理解不符合实际情况。地震勘探的大量实践以及一些典型的实验证明：连续地震反射通常都是沿着地层的层面和不整合面，而地层内部的岩性变化，一般不产生连续反射，只是使层面和不整合面的反射波形发生变化。

产生上述现象的原因在于层与层之间由于时代不同、沉积条件的差异，出现波阻抗的突变，即使有时看上去上下岩性是类似的，实际上波阻抗还是有差别。另一方面，地层内部的岩性变化常常是渐变的，岩性界面也是参差不齐的非连续界面，因此一般不可能形成连续地震反射。对于不整合面，尽管沿着这个面下部岩性有很大变化，引起不整合面反射的振幅变化，甚至极性反转，但是它并不妨碍不整合面形成连续地震反射。

总之，连续地震反射来自地层层面和不整合面这个事实使地震反射具有了地层学的含义，也就是说，当地震反射来自地层层面时，连续地震反射相当于地质时间线；如果地震反射来自不整合面，则连续地震反射就是沉积间断面。

（二）地震层序

地震构造解释的基础是确定反射标准层（定层），地震地层解释的基础则是划分地震层序（分层）。地震层序与沉积层序相对应，它是沉积层序在地震剖面上的反映。所谓沉积层序是指上下整一的、相互连续的、成因上有联系的一套地层，其顶底界面为不整合面，或者和它相连接的整合面。在地震剖面上，找出两个相邻的不整合面，分别追踪到整合面处，则这两个整合面之间的全套地层就是一个完整的地震层序，其所持续的地质时间，称为地震层序年龄。因此，划分地震层序的目的，就是要确定地震地层解释的时间地层单元（即地震层序）。

那么划分地震层序和确定反射标准层有什么区别呢？地震构造解释确定反射层时，着眼于反射的连续性。选出连续性好、波形稳定、能够长距离追踪的反射层作为标准层，可以保证构造图的准确性。地震地层解释划分地震层序时，着眼点是找不整合面，因为不整合面是划分地震层序的主要标志。从盆地边缘，根据反射终端找出相邻两个不整合面，然后向盆地中部对比到相应的整合面，就划分出一个地震层序。

（三）地震层序的边界关系

由上述分析可知，划分地震层序的主要标志是不整合面。不整合面是一个沉积间断面。沉积间断可以由两种原因造成：一种是后期侵蚀，叫作侵蚀型间断；另一种是原来就有某些地层未沉积，称为未沉积型间断。未沉积间断可以形成顶超和底超，底超包括上超和下超两种。因此，一个地震层序的边界关系可能有三种：第一是整合；第二是未沉积间断引起的不整合（包括顶超和底超）；第三是因侵蚀造成的不整合，当然侵蚀不整合只能出现在地震层序的顶部。地震层序的各种边界接触关系分别为：顶部边界的接触（包括侵蚀、顶超和整合三种）、底部边界的接触（包括上超、下超和整合三种）。

侵蚀代表沉积层序在沉积后经过了构造变动和侵蚀作用，它是划分地震层序顶部边界最可靠的不整合标志。顶超是一种未沉积间断的不整合，它表示一种同沉积冲刷面，或沉积作用面，使得后续地层的沉积始终维持在同一个沉积基准面上。上超代表海平面或沉积基准面不断上升，使得后续地层不断扩大沉积范围，沿着古地貌上倾方向超覆。下超代表沉积物的前积作用，表示沉积沿着古地貌下倾方向超覆。上超和下超统称为底超，都是未沉积间断不整合。

图 7-43 是根据地震剖面解释出的地震层序剖面，图的中间部分代表一个地震层序，AB 和 CD 是这个层序的顶界和底界。在地震层序内部，各地层之间都是互相整合的连续沉积。在地震层序的顶部和底部，都有三种接触关系。顶部界面 AB，在 A 处为整合，E 处是顶超，F 处是侵蚀。底界面 CD，在 G 处是上超，H 处是下超，I 处为整合。

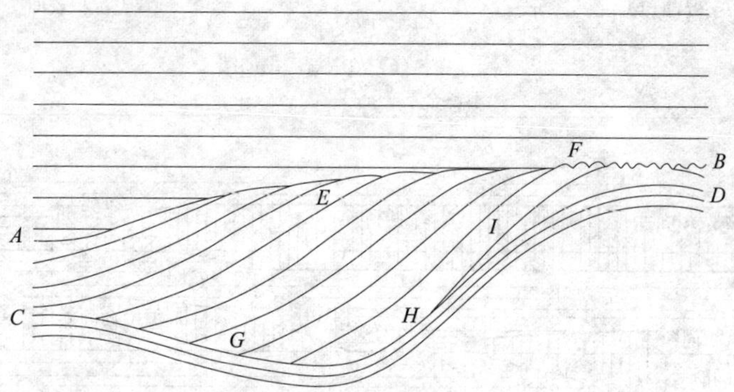

图 7-43　地震层序剖面

（四）时间地层剖面

上面已经提到，由相邻两个不整合面分别追踪到整合面处，两个整合面之间的全套地层才是一个完整的地震层序，所持续的地质时间是该层序的年龄在地震层序顶部或底部不整合的地方，地震层序的年龄是不完整的。因此，地震层序就具有时间地层的意义。

地震层序的地质年代可以根据地面露头和钻井资料确定。在没有钻井资料时，也可以根据相邻地区，分析已知时代的地震层序特征，推断本区地震层序的地质时代；或者利用本区海平面相对变化曲线，与全球性海平面相对变化曲线进行对比，预测本区的地质时代。

地震层序剖面解释出来之后，如果已知各个地层的地质时代，就很容易作出时间地层剖面图。时间地层剖面的纵坐标代表地质时间，因为来自地层层面的地震反射相当于地质时间线，这些反射在沉积时间剖面上都是一些水平线，水平线的终止点连线就是相的不整合面。图 7-44 上部是一个地震层序剖面图，下部是根据地震层序剖面作出的时间地层剖面图，图中说明了沉积间断的时间和部位，以及沉积间断的性质。利用时间地层剖面图，可以研究本区的地质发展史。

四、地震储层预测

地震储层预测是集合地震、测井和地质等资料，依据区域地质资料分析、测井数据统计分析和地震资料特殊处理等方法，对工区内储层的岩性、物性和含油气性进行综合评价。

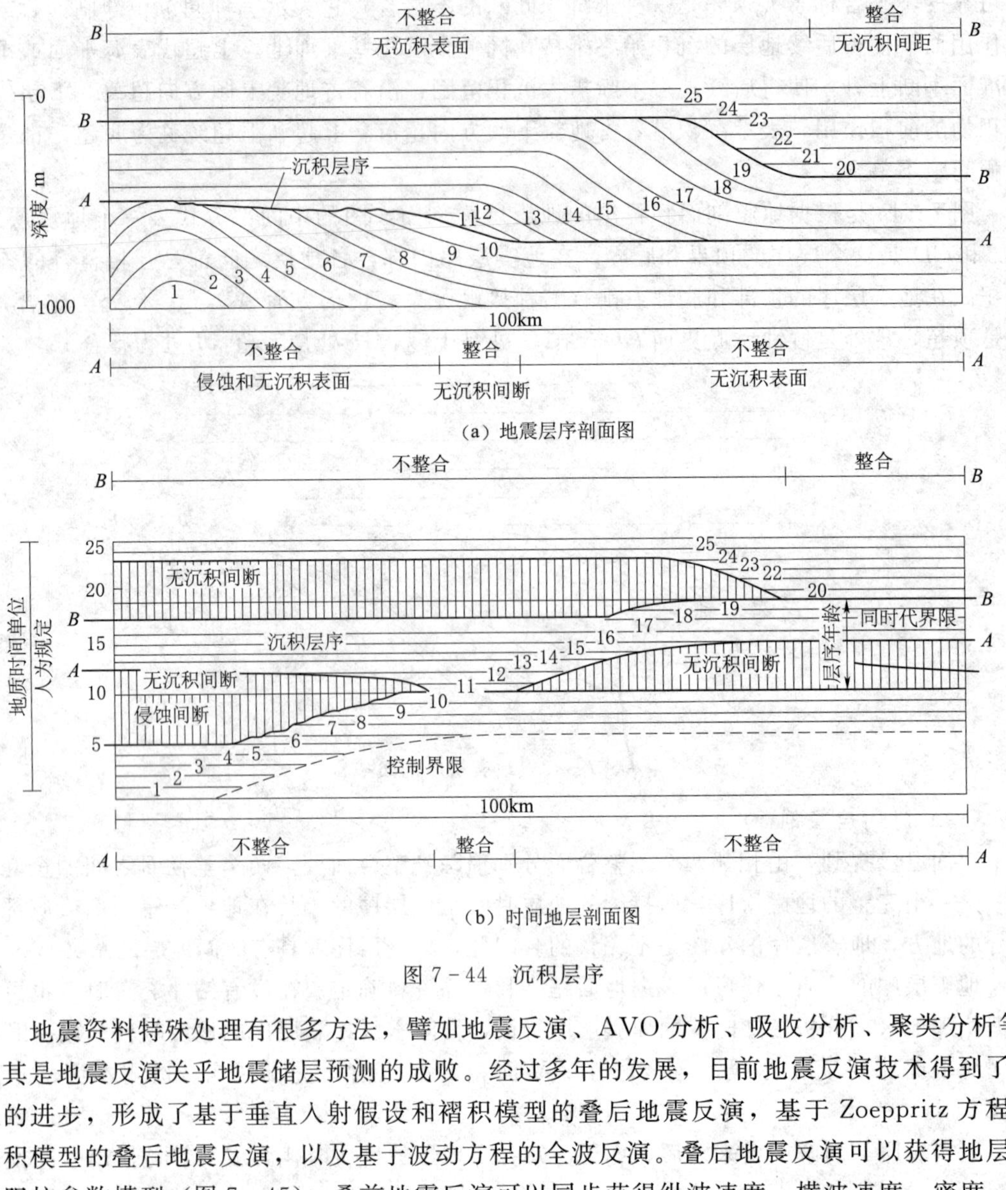

(a) 地震层序剖面图

(b) 时间地层剖面图

图 7-44　沉积层序

地震资料特殊处理有很多方法，譬如地震反演、AVO 分析、吸收分析、聚类分析等，尤其是地震反演关乎地震储层预测的成败。经过多年的发展，目前地震反演技术得到了长足的进步，形成了基于垂直入射假设和褶积模型的叠后地震反演，基于 Zoeppritz 方程和褶积模型的叠后地震反演，以及基于波动方程的全波反演。叠后地震反演可以获得地层的波阻抗参数模型（图 7-45），叠前地震反演可以同步获得纵波速度、横波速度、密度、泊松比和纵横波速度比等参数模型（图 7-46），

（一）储层的岩性预测

储层的岩性预测可以圈定有效的储集层发育区，如孔隙型砂岩、裂隙型碳酸盐岩、孔隙型生物礁滩等，尤其是对于砂泥岩互层区域，识别储集层非常困难。

目前，进行岩性预测的方法主要有两大类，即基于叠前反演的弹性参数交绘图版法和叠后地震多属性参数分析法。基于叠前反演的弹性参数交绘图版方法，可以利用叠前反演获得的密度、纵横波阻抗及速度、纵横波速度比、泊松比、泊松阻抗以及拉梅常数等参数建立多参数交绘图版。叠后地震多属性参数分析法有很多种，主要使用地震振幅、频率、相位、方差体、地震瞬时谱、地震相以及地质模式等信息，通过一些地质统计类方法建立

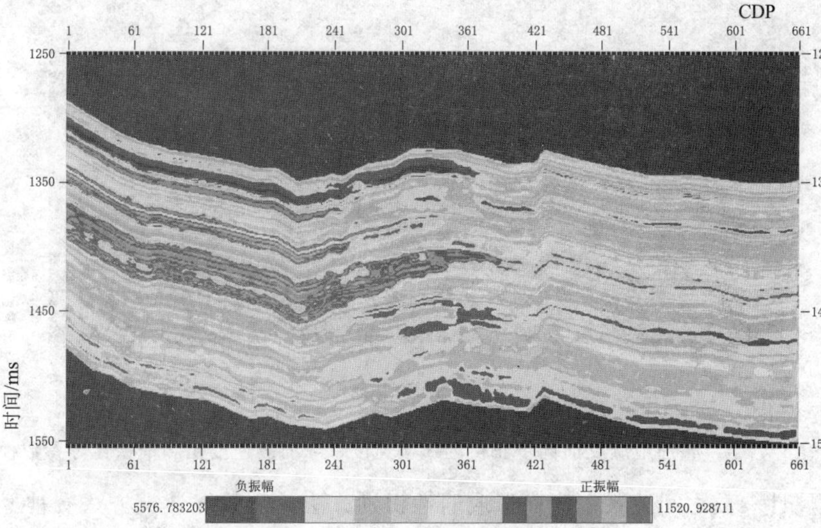

图 7－45 叠后地震反演获得的波阻抗参数模型

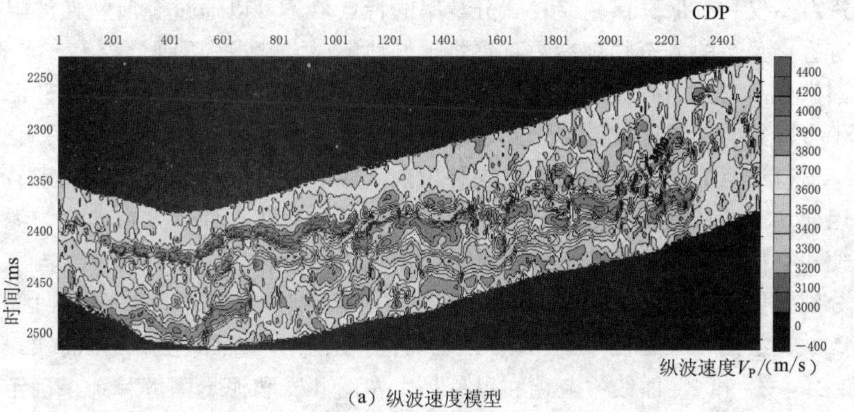

（a）纵波速度模型

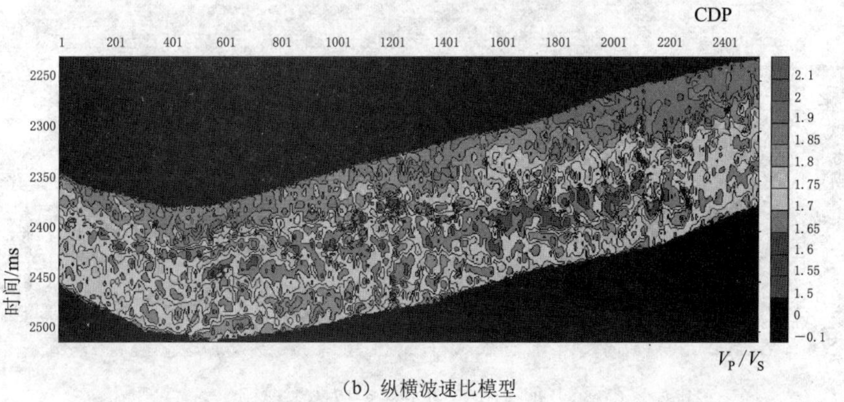

（b）纵横波速比模型

图 7－46（一） 叠前地震反演同步获得的纵波速度、纵横波速度比和泊松比等参数模型

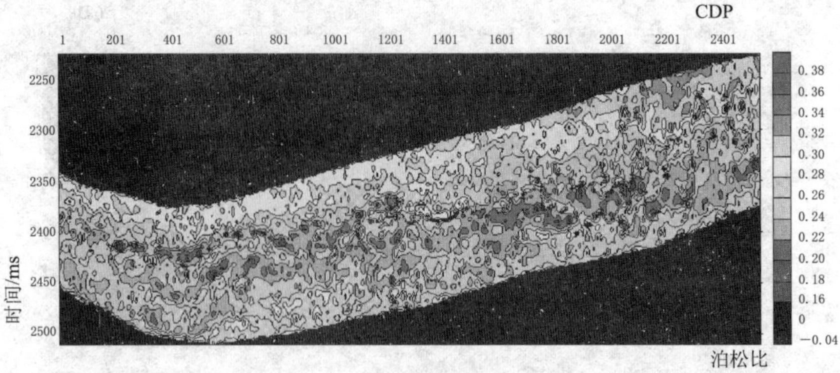

(c) 泊松比模型

图 7-46（二） 叠前地震反演同步获得的纵波速度、纵横波速度比和泊松比等参数模型

岩性与地震属性参数之间关系，进而形成岩性识别方法。地质统计类方法有神经网络、灰色理论、模式识别、核主成分分析等方法。对比分析可以发现，尽管叠后岩性识别方法很多，但是由于受叠后地震资料分辨率、复杂地质条件的影响，在解决一些地质问题时会遇到困难，尤其是研究区的砂泥岩（薄）互层问题。为此，需要借助叠前地震资料识别岩性。叠前地震资料不仅具有保真保幅、较高分辨率的特点，还可以通过叠前弹性波阻抗反演获得与岩性有直接关系的岩石物理参数，这将很好地解决岩性识别问题。

这里以我国南方某工区的砂泥岩预测为例，介绍岩性预测的基本过程。该区砂泥岩十分发育，钻探了多口井。在该区域砂泥岩互层是主要储集层，其中孔隙大量发育，且纵向和横向差异大。值得注意的是，砂岩与泥岩交替出现，横向变化大，这为有效识别砂岩储层带来困难。因此，需要从测井参数统计分析入手，寻找弹性及物性参数在砂岩与泥岩之间的差异，以便建立砂泥岩识别方法，并优选对储层孔隙度敏感的岩石物理参数。

图 7-47 分别提供了某井的 Z_P-Den 和 Z_P-PI 交绘结果，其中每张图由两部分组成，左图为多参数交绘图，并在图中圈出砂岩和泥岩出现范围；右图包括三条曲线，即泥质含量、Z_P 和 Z_S，Z_P 和 Z_S 曲线中灰色和黑色是由左图砂岩和泥岩圈解释结果确定。从

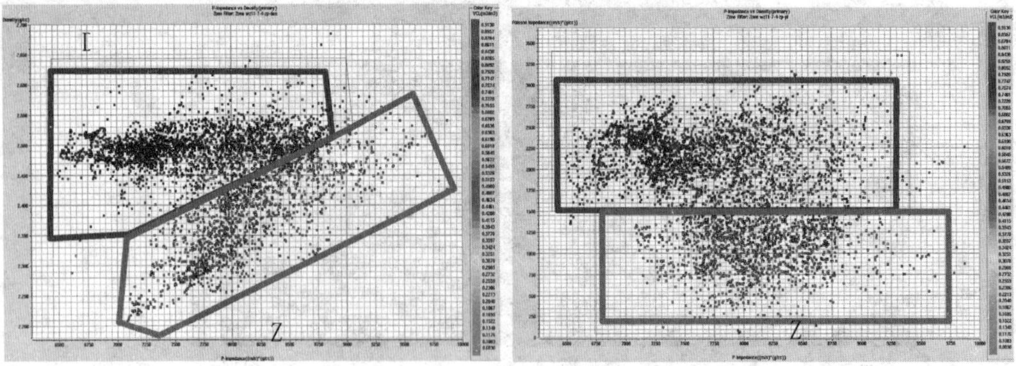

图 7-47　某井的 Z_P-Den 和 Z_P-PI 交绘图

（灰色线框内为砂岩，黑色线框为泥岩）

图 7-48 右图可以看出，Z_P 和 Z_S 曲线中灰色砂岩与低泥质含量对应，而黑色泥岩与高泥质含量对应，这表明使用 Z_P-Z_S 交绘能够较好的识别砂岩与泥岩。通过对比两张多属性交绘图，可以初步得出，在识别砂岩与泥岩上，Z_P-Den 交绘相对更好，Z_P-PI 交绘次之。

图 7-48 和图 7-49 为该区某一剖面岩性预测结果，分别为 Z_P-Den 的 PI-Den 的交绘结果，其中浅灰色代表砂岩，深灰色代表泥岩。对比两张岩性剖面可以看出，Z_P-Den 交绘结果中 T80-T81 和 T82-T83 段砂泥岩纵向分层清晰，横向连续性好，T81-T82 段（泥岩为主）右侧泥岩偏多；PI-Den 交绘结果中 T80-T81 和 T82-T83 段砂泥岩纵向分层清晰，横向连续性好，但是较 Z_P-Den 交绘结果略差，T81-T82 段（泥岩为主）结果比较好。为此，在该区，首选使用 Z_P-Den 交绘，同时可以参考 PI-Den 交绘结果，这样获得的岩性预测效果可能更好。

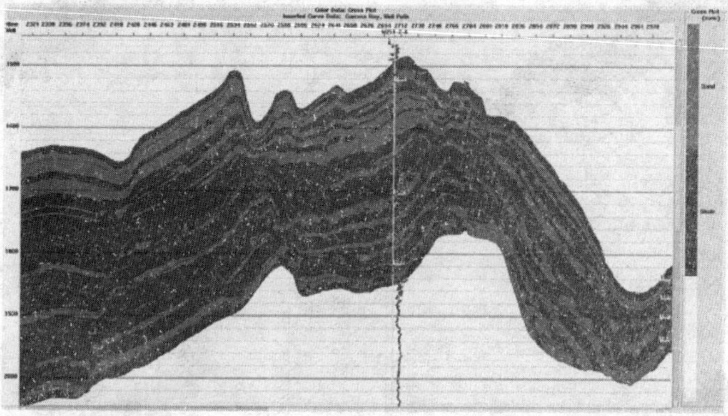

图 7-48　ZP-Den 交绘预测砂泥岩结果

（浅灰色为砂岩，深灰色为泥岩，中海油特普公司提供）

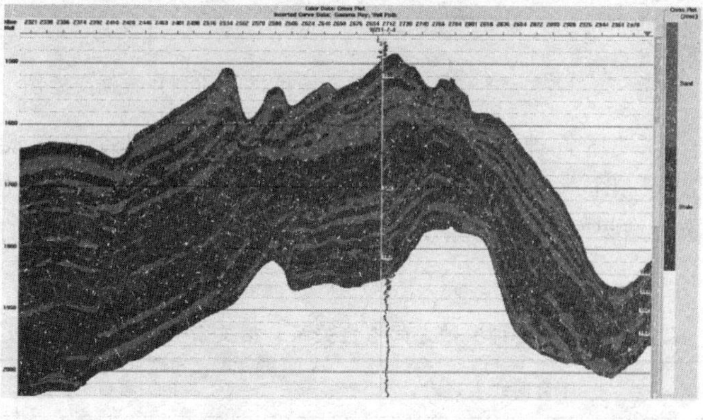

图 7-49　PI-Den 交绘预测砂泥岩结果

（浅灰色为砂岩，深灰色为泥岩，中海油特普公司提供）

（二）储层的物性预测

地震资料评价储层的物性，主要是指孔隙度和饱和度参数，考虑到饱和度计算的复杂性给地震预测带来困难，这里仅仅进行孔隙度参数预测。

在优选用于孔隙度预测的弹性参数中，先要从测井数据统计分析入手，给出各种弹性参数与有效孔隙度之间的交绘图。图 7-50 为我国南方某地区各种弹性参数与有效孔隙度之间的交绘图。在 4 张交绘图中，密度与有效孔隙度之间为线性相关，纵波阻抗及速度、横波阻抗及速度、拉梅常数和剪切模量等参数与有效孔隙度之间均为非线性相关。与其他参数相比，密度与有效孔隙度之间相关系数为 0.9185，是最大，均方根误差为 1.98，是最小，这表明它们之间拟合关系最好。然而，纵波速度、拉梅常数和剪切模量等参数与有效孔隙度之间拟合关系略差一些，相关系数都小于 0.9，尤其是纵波速度与有效孔隙度之间拟合关系的均方根误差为 2.46，是最大。

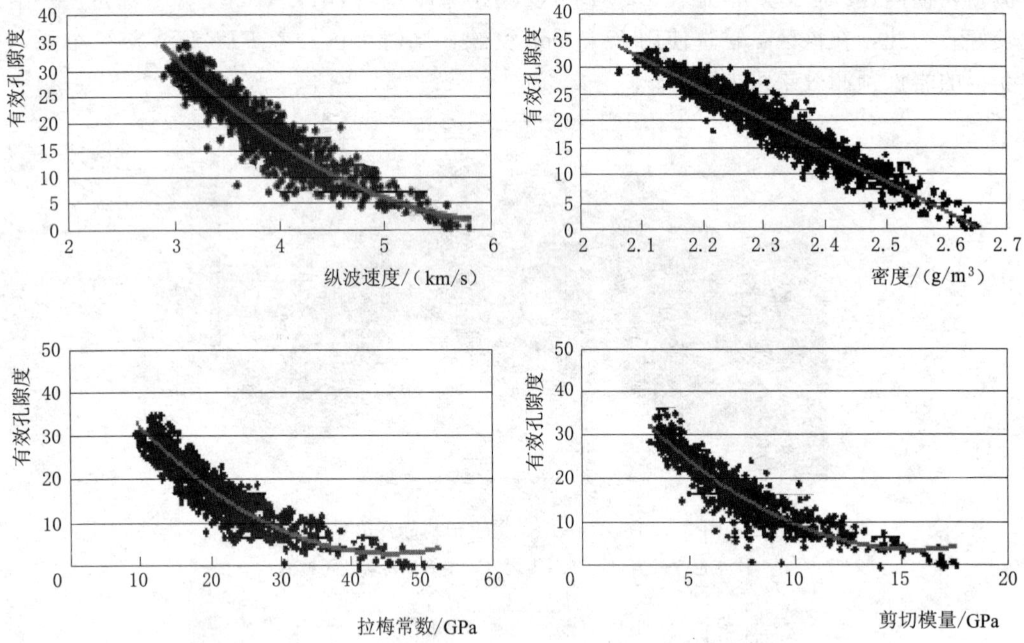

图 7-50 各种弹性参数与有效孔隙度之间的测井数据交绘图

表 7-2 提供了该地区各种弹性参数与有效孔隙度之间拟合关系式，它们是叠前反演有效孔隙度的依据。图 7-51 为该地区叠前地震反演的密度结果预测的孔隙度剖面，通过与其他弹性参数结果预测的孔隙度剖面对比，发现密度参数预测的孔隙度剖面更好一些。

表 7-2 有效孔隙度与各种参数之间拟合关系、相关系数和均方根误差

敏感属性参数	拟合曲线表达式	相关系数	均方根误差
密度	$y=-56.653x+153.27$	0.9185	1.98
纵波速度	$y=2.9608x^2-37.215x+120.94$	0.8756	2.46
剪切模量	$y=0.1857x^2-6.0472x+56.301$	0.8849	2.07
拉梅常数	$y=0.023x^2-2.0998x+54.255$	0.8600	2.14

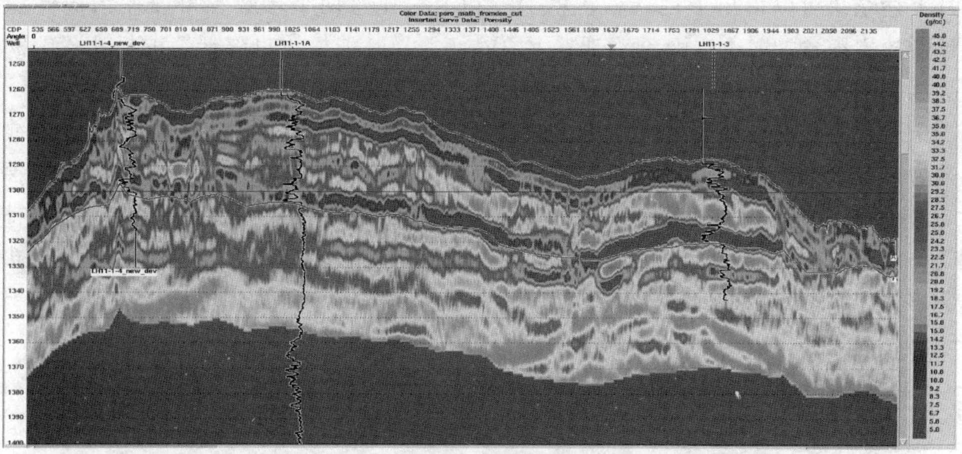

图 7-51　密度反演结果预测的孔隙度剖面

（中海油特普公司提供）

（三）储层的含油气性预测

含油气圈闭的确定是油气资源勘探的最终目的，储层评价的后续工作也需要完成含油气预测工作。在储层区域评价中，人们为了识别流体提出了许多流体识别因子，其中泊松比、V_P/V_S、λ 等参数为较常用的流体识别因子。

从物理意义上说，由于横波（S 波）不在流体中传播，只在岩石骨架中传播，流体性质的改变不影响横波速度的变化。所以横波速度 V_S 对流体不敏感，即 Z_S 对流体也不敏感。所以第一拉梅系数 λ 对流体敏感，第二拉梅系数 μ 对流体不敏感。根据这个理论可以判断各识别因子对流体的敏感程度，含有 P 波波阻抗 Z_P 或 V_P 的流体识别因子都是相对比较敏感的。

1. 弹性参数与储层含油气性的关系

流体识别的目的是将含水储层和含油（或气）储层区分开来，因此选择的流体识别因子对含不同流体储层应表现出明显的差异。图 7-52 和图 7-53 分别为某井 V_P/V_S 与有效孔隙度以及泊松比与有效孔隙度的交绘图。

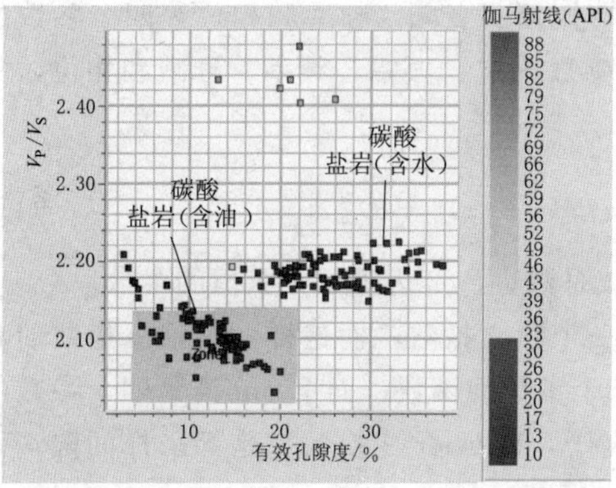

图 7-52　某井 V_P/V_S 与有效孔隙度的交绘图

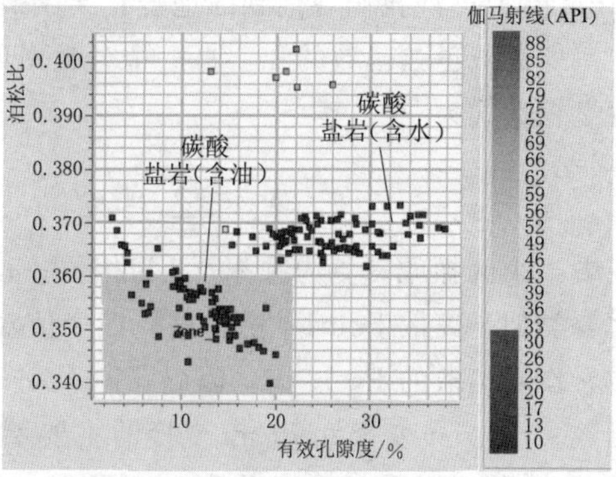

图 7-53　某井泊松比与有效孔隙度的交绘图

从上述结果可以得出下列认识，V_P/V_S 和泊松比这两个参数都可以作为流体识别因子。碳酸盐岩内含油时 V_P/V_S 值降低，$V_P/V_S<2.14$；泊松比也降低，泊松比<0.36。因此，该区碳酸盐岩内含油与水的 V_P/V_S 和泊松比的界限分别为 2.14 和 0.36。

图 7-54 为叠前弹性波阻抗反演获得的 V_P/V_S 参数剖面，图中沿层绘制了 3 条线，将碳酸盐岩段分成上下两部分，上部为含油储层，下部为含水储层。可以看出，上部含油碳酸盐岩 V_P/V_S 值明显低于下部含水碳酸盐岩 V_P/V_S 值。在低 V_P/V_S 值含油碳酸盐岩内部，V_P/V_S 值也有较大变化，这主要是由孔隙度大小所引起的。总之，V_P/V_S 值对碳酸盐岩储层孔隙内流体性质比较敏感，是比较好的流体识别参数。

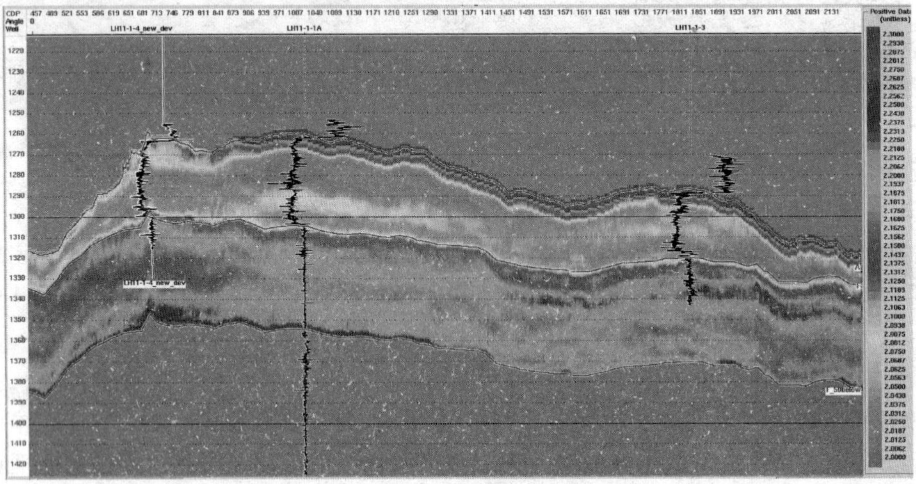

图 7-54　过 3 口井的 V_P/V_S 剖面

（中海油特普公司提供）

2. 含油气性预测的叠后吸收分析方法

吸收分析方法的理论基础是 Proni 变换，该变换是由德国的 Proni 在 1795 年提出的一种谱分析方法，是一种广义的 Fourier 变换，它使用阻尼谐波复指数项来描述所观测到的数据。Marple 在 1987 年的论文中给出了更为完善的 Proni 改进的分析方法，他提出用 Proni 变换可将我们观察到的地震信号看作为带有振幅、衰减、频率和相位等四个参数的一系列衰减正弦函数的和。每一个分量由四个实参数确定：振幅、频率、衰减和相位，其数学表达式为

$$X_n=\sum_{k=1}^{P/2}A_k e^{\alpha_k(n-1)t}\cos[2\pi f_k(n-1)t+\theta_k] \tag{7-41}$$

式中：A 为振幅；f 为频率；θ 为相位；α 是衰减系数；$P/2$ 为阻尼正弦值的个数。

类似于离散 Fourier 谱，这样四个值对应于一个独立指数，而这样一组独立指数的和被看作是离散的 Proni 谱。因此，Fourier 谱是三个参数的函数，而 Proni 谱是四个参数的函数。Fourier 变换和 Proni 变换的主要不同点在于，Fourier 变换频率是等采样间隔，而 Proni 变换可以是任意频率采样间隔。

在吸收分析方法中，使用 Proni 变换代替 Fourier 变换进行频谱分析、频带分离等处理。具体的吸收滤波分析的处理流程为：

(1) 试验线标准谱分析。以此确定出原始输入资料频带宽度，主频、高频变化活跃区。

(2) 选择滤波参数。这些参数包括 $\Delta\tau$ 、$\Delta\omega$ 和 $\Delta\alpha$，其中 $\Delta\tau$ 是估算 Proni 分解参数的一个间距，$\Delta\omega$ 是频带宽度，$\Delta\alpha$ 是衰减。

(3) 用确定好的滤波参数对全区资料进行批量处理。

利用主频吸收剖面（或原始剖面）和高频吸收滤波剖面，可将吸收分析的解释方法分为以下几种吸收异常带模式：

1) Ⅰ类：主频强振幅带，高频弱振幅带，可能的较好含油气带。

2) Ⅱ类：主频弱振幅带，高频弱振幅带，可能的较差含油气带或断裂带。

3) Ⅲ类：主频强振幅带，高频强振幅带，致密岩性带。

4) Ⅳ类：全频弱振幅带，高频强振幅带，致密岩性带。

5) Ⅴ类：高频振幅突变带，可能作为含油气带的指示。

图 7－55、图 7－56 和图 7－57 分别为工区内某一条原始、主频和高频地震剖面。在原始剖面井 1 旁地震道上，1280～1340ms 时间段强反射为含油碳酸盐岩，其下部为含水地层。在高频地震剖面上位于 300～490CDP 范围内的碳酸盐岩段上部（对应图 7－57 中标注的白色虚线圈）吸收非常明显，不同于其上下及左右吸收情况，这个区段刚好与碳酸盐岩段上部含油对应。

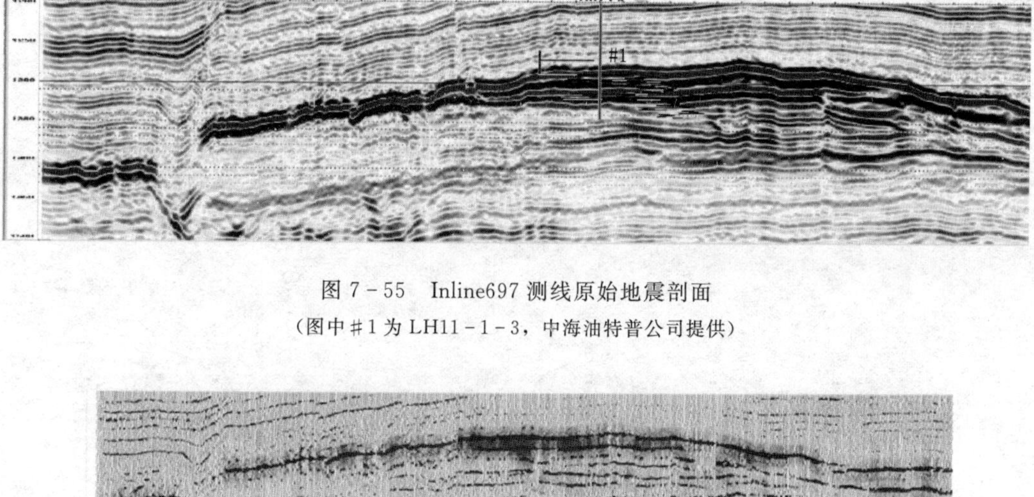

图 7－55　Inline697 测线原始地震剖面

（图中＃1 为 LH11－1－3，中海油特普公司提供）

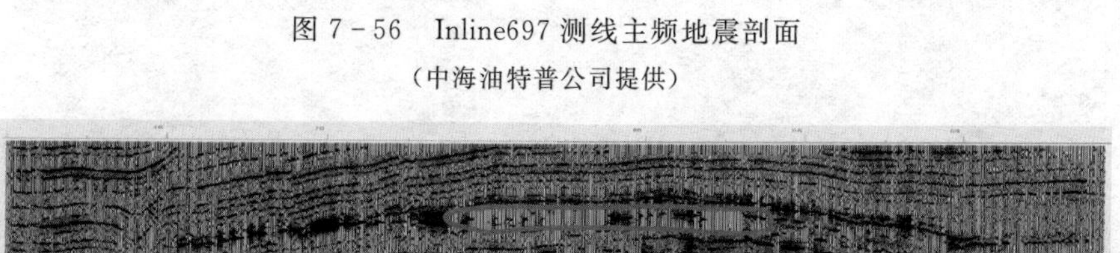

图 7－56　Inline697 测线主频地震剖面

（中海油特普公司提供）

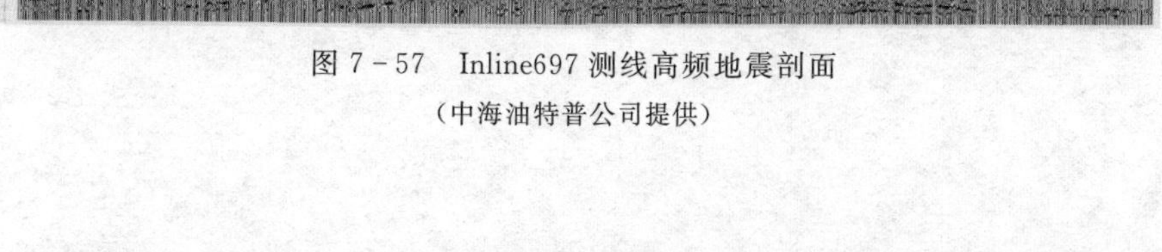

图 7－57　Inline697 测线高频地震剖面

（中海油特普公司提供）

复习思考题

1. 折射波资料处理解释流程是什么？

2. t_0 差数时间法应用的条件是什么？用这种方法解释弯曲界面时，为什么会使它的起伏变得平缓？

3. 用折射波法探测基岩起伏、含水层厚度以及断层破碎带位置的物理基础是什么？

4. 如何利用地震折射波时距曲线方程求取地震波的速度和地层厚度？

5. 反射波资料处理解释流程是什么？

6. 数字滤波的基本原理是什么？

7. F－K 滤波能压制什么类型的干扰波？

8. 什么是动校正？

9. 倾斜界面偏移归位的基本原理是什么？

10. 什么是反射标准层？确定反射标准层有哪些方法？

11. 相对对比的标志有哪些？

12. 断层、背斜、向斜、挠曲、超覆等地质构造在反射地震剖面上有何特点？如何识别？

13. 什么叫地震层序？划分地震层序和确定反射标准层的区别是什么？

14. 如何利用地震资料划分沉积层序？

15. 储层岩性预测方法的有哪几类？有什么优缺点？

16. 常用的流体识别因子有哪些？与储层的含油气性之间有什么样的关系？

第八章　岩体弹性波勘探

第一节　岩体声波探测

和地震勘探一样，声波探测是利用岩石弹性性质的一种物探方法。这种方法是利用频率很高的声波和超声波，甚至于微超声波作为信息的载体，来对岩体进行测试。与地震勘探的主要区别在于声波探测所使用的频率大大高于地震勘探所使用的频率。这样与地震勘探相比，由于其频率高、波长短，因此探测范围小、分辨率高，对于岩石的若干微观结构也会有所反映。另外，方法本身具有简便、快速、经济、便于重复测试、对测试的岩体（岩石）无破坏作用等特点。当然，由于声波本身频率相对较高，故岩石对高频声波的吸收、衰减和散射比较严重，因而探测距离远不如地震勘探那么远。

声波探测技术可分为主动测试和被动测试两类。主动测试所利用的声波由声波仪的发射系统或人工锤击等方式产生，包括波速测定、振幅测定、频谱测定等内容；被动测试的声波则是岩体由于遭受自然界的或其他的作用力，在变形或破坏过程中由其本身发出的，所以亦可称为声发射技术。

声波探测技术，目前在工程地质勘测工作中，使用得越来越普遍。水利电力、交通、地质采矿和国防部门，近年来在许多地区的不少工程项目中都进行了这方面的工作，取得了一些重要的结果。特别是随着各种大型地下工程的兴建，为了保证设计和施工质量，需要对围岩性质和混凝土构筑物的质量做出定量评价，促使声波探测技术在广泛的应用中能得到迅速发展，成为工程地质勘测中不可缺少的勘测手段[41]。

目前声波探测技术主要用于以下几个方面：

（1）围岩工程地质分类。根据波速声学参数的变化规律，进行工程岩体的地质分类并提出各地段应采取的工程措施。

（2）围岩应力松弛范围的确定。根据波速随岩体裂隙发育而降低，以及随应力状态的变化而改变等规律，定量测出地下工程围岩的应力松弛范围（松动圈），为确定合理的衬砌厚度和锚杆长度等提供设计依据。

（3）测定岩体或岩石的物理力学参数，包括动弹性模量、泊松比、杨氏模量和单轴抗压强度等。

（4）测定岩体的地质参数，包括岩体的裂隙系数、完整系数、各向异性系数及风化程度等。

（5）测定小构造的情况，如探测溶洞位置大小、张开裂隙的延伸方向及长度、断层的宽度及走向等。

（6）混凝土构件的探伤及水泥灌浆效果的检查。对混凝土构件内在施工中可能存在的裂隙或空洞进行检测，并根据声波波速的变化来检查灌浆前后的处理效果。

另外，声波技术已用于测井技术中，可利用声速、声幅及超声电视测井的资料划分钻井剖面、岩性剖面，确定结构面位置及套管的裂隙等。声波探测技术已成为工程地质勘察中不可缺少的手段。

一、声波仪的基本原理

（一）声波仪主要部件及功能

声波技术的理论基础是弹性波理论。在此基础上所研制的声波仪由发射系统和接收系统两部分组成（图 8-1）。其结构和工作原理简介如下。发射系统包括发射机和发射换能器，由发射机（一种声源信号发生器）向换能器（压电材料制作）输送电脉冲、激励换能器的晶片，使之振动而产生声波，并向周围岩体发射。于是声波在岩体中即以弹性波形式传播，然后由接收换能器接收后转换成微弱的电信号送到接收机，然后经放大后在终端以波形和数字形式直接显示声波在岩体中的旅行时间 t。根据发射和换能器之间的距离 l，由公式 $V=l/t$，计算出岩体波速。

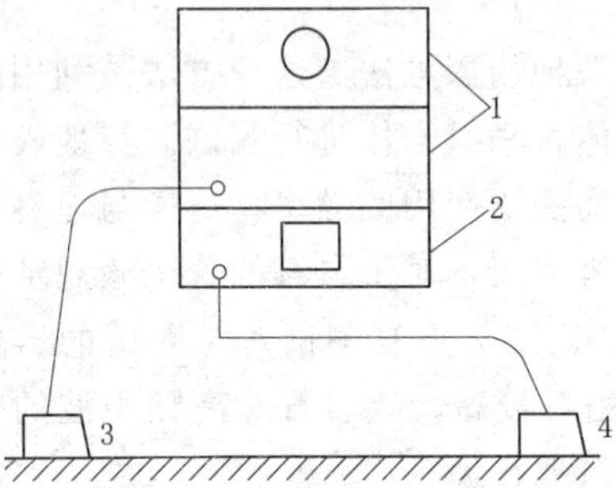

图 8-1　声波探测装置图

1—发射机；2—接收机；3—发射换能器；4—接收换能器

国内常用的声波仪有 YB-4 型及 SYC-2 型岩体波速仪。

发射换能器的功能，是将发射机送来的电能转换成弹性振动形式的机械能，从而产生声波；接收换能器的功能，则是将收到的岩体中的弹性波转换成电能，然后输送给接收机。因此它们是声波仪的重要组成部分。

目前在岩体声波探测中使用的是电声换能器，最常用的是由压电效应的材料（天然晶体或人工制造的极化多晶陶瓷等）制成的压电换能器。其他还有多种型号和式样，应根据测试条件和要求加以选择。接收换能器中常用的是单片弯曲式；发射换能器多用喇叭式。另外还有为测试横波而研制的横波换能器。下面以喇叭式换能器为例，简介换能器的工作原理。

喇叭式换能器的结构如图 8-2 所示，主要由晶片、辐射体及配重三部分组成。用粘接剂将这三部分粘合，并用螺栓旋紧，使其能承受较大的功率。晶片为圆形，由压电陶瓷制成，其前端的辐射体为喇叭形的铝合金硬盖板，可以使压电陶瓷受激振动后所产生的声波向岩体单向发射。喇叭式换能器具有单向辐射性能，指向性能较好，机械强度高，还能承受较大功率，因此多用作发射换能器。

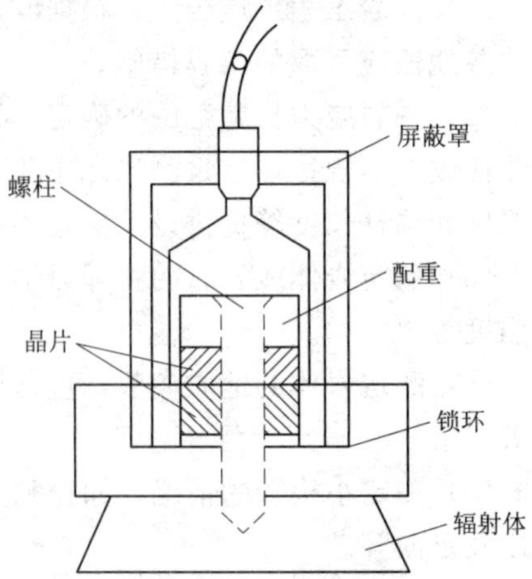

图 8-2　喇叭式换能器结构示意图

（二）声波探测的现场工作方法

目前，主要是利用纵波进行波速测定，最常用的有直达波法（或直透法）、单孔初至折射波法和反射波法，如图 8-3 所示。图 8-3（a）中的对穿直透法是将发射和接收探头放置目标体的两侧，记录直达波。图 8-3（b）为同侧直达波法，是将发射和接收（两个）探头放置目标体表面，记录两个直达波的旅行时间差，可以提高探测结果的横向分辨率和消除目标体表面不规则的影响。图 8-3（d）中的双孔直透法需要将发射和接收探头分别放置在两个井孔中。图 8-3（c）和图 8-3（f）分别为单孔一发双收和单孔双发四收装置，测量纵波临界入射的滑行波，可以获得沿井孔剖面的纵波波速，采用多发射或多接收探头记录时间差，可以消除井轴偏离垂直方向和井壁不规则的影响。图 8-3（e）为单孔反射波法，可以是图中的单发射多接收，也可以使用旋转式自激自收探头，能够获得井壁 360°的信息。此外，反射波法目前仅用于井中超声电视测井和水上的水声勘探。

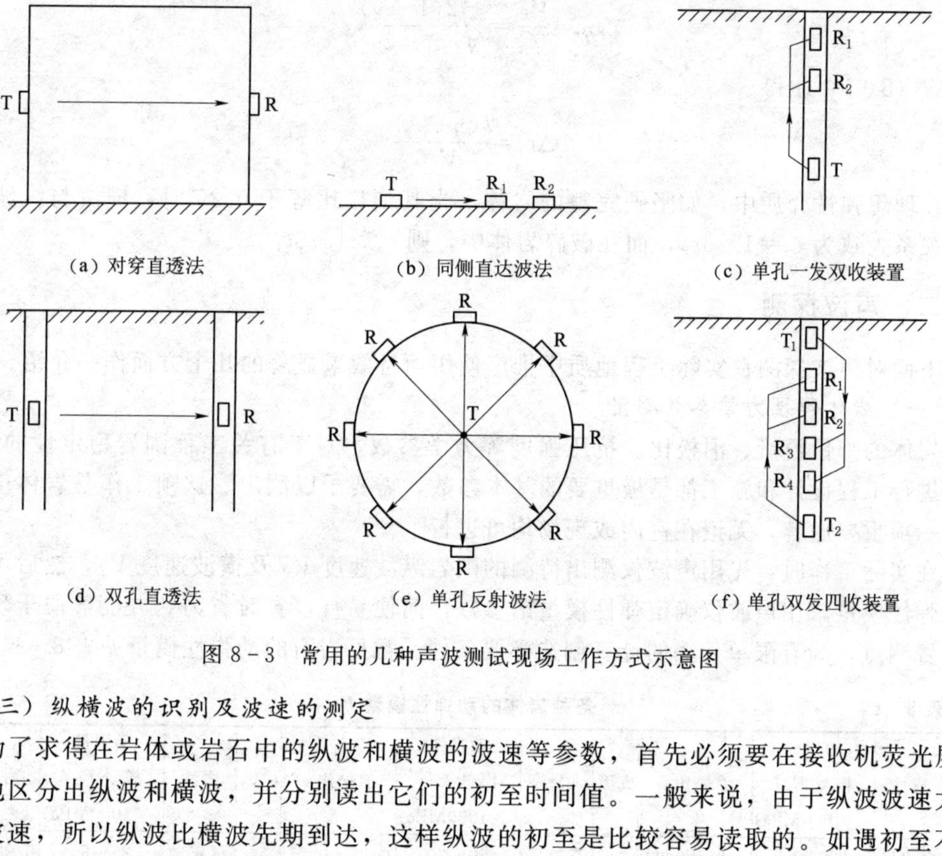

（a）对穿直透法　（b）同侧直达波法　（c）单孔一发双收装置

（d）双孔直透法　（e）单孔反射波法　（f）单孔双发四收装置

图 8-3　常用的几种声波测试现场工作方式示意图

（三）纵横波的识别及波速的测定

为了求得在岩体或岩石中的纵波和横波的波速等参数，首先必须要在接收机荧光屏上正确地区分出纵波和横波，并分别读出它们的初至时间值。一般来说，由于纵波波速大于横波波速，所以纵波比横波先期到达，这样纵波的初至是比较容易读取的。如遇初至不清时，可利用记录波形中的相位校正求出初至时间值。横波由于其波速小于纵波，故在荧光屏上的波形往往叠加在纵波的续至区中，不易辨认。

只有当岩体比较完整，在传播过程中声波的反射、散射不严重，直达波形比较简单，使用的工作频率较高，纵波的延续时间 τ 小于 $0.7t_P$（t_P 为纵波初至时间）时，纵波和横波才能清楚地分开（图 8-4）。

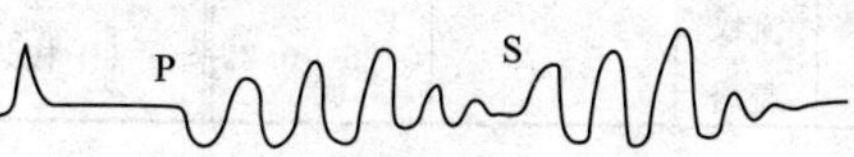

图 8-4　纵波与横波的波形

为了识别在记录中的纵横波，可以增加横波的能量和抑制纵波的延续度，并适当增大发射换能器到接收换能器之间的距离 l，如图

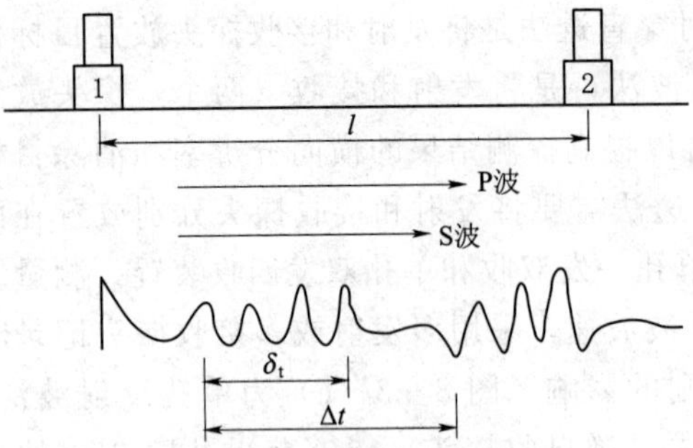

图 8-5　纵波与横波分离

8-5 所示。只要纵波初至 t_P 与横波初至 t_S 之间间隔 Δt 大于纵波延续时间 δ_t，即 $\Delta t > \delta_t$ 时，纵波与横波就可以分开。由图 8-5 可知：

$$\Delta t = t_S - t_P = \frac{l}{V_S} - \frac{l}{V_P} = \frac{l(V_P - V_S)}{V_P V_S} \tag{8-1}$$

此式表明，在 V_P 和 V_S 不变的条件下，Δt 与 l 有正比关系。

令

$$\eta = \frac{V_P}{V_S} = \sqrt{\frac{2(1-\nu)}{1-2\nu}}$$

代入式（8-1）便得

$$\Delta t = \frac{l(\eta - 1)}{V_P} \tag{8-2}$$

在理想弹性介质中，如坚硬完整的岩体，当其泊松比等于 0.25 时，横波与纵波到达时间关系大致为 $t_S = 1.73 t_P$，而在破碎岩体中，则 $t_S > 1.73 t_P$。

二、声波探测

下面对声波探测在实际工程地质中推广使用而且效果显著的几个方面作一介绍。

（一）岩体弹性力学参数测定

岩体的弹性模量、泊松比、抗压强度等力学参数，对于有关工程围岩稳定性的评价，以及进行工程设计和施工都是极重要的基本参数，需要予以测定。这项工作是岩体声波探测的一项重要内容，无论在室内或现场均可进行[42]。

在实际工作时，先用声波仪测出待测的围岩纵波速度 V_P 及横波速度 V_S，然后可计算出动弹性模量。用声波仪确定弹性模量诸参数，简便易行，省时省力，并能够便于现场大量布置测点，为有限单元法的计算创造必要条件。常见岩石的动弹性模量见表 8-1。

表 8-1　各种岩体的动弹性模量 E_d

成因	岩性	动弹性模量 E_d/(×1000MPa)	泊松比 ν	成因	岩性	动弹性模量 E_d/(×1000MPa)	泊松比 ν	成因	岩性	动弹性模量 E_d/(×1000MPa)	泊松比 ν
火成岩	玄武岩	34～76	0.25～0.30	变质岩	石英岩	50～70	0.22～0.27	沉积岩	石灰岩	25～60	0.22～0.35
	安山岩	25～50	0.28～0.33		板岩	13～30	0.27～0.33		泥灰岩	15～45	0.30～0.40
	花岗岩	30～70	0.25～0.30		大理岩	14～67	0.28～0.35		砂岩	15～44	0.20～0.35
	闪长岩	35～68	0.28～0.33		片岩	12～65	0.18～0.26		页岩	0.5～15	0.17～0.45
	玢岩	10～40	0.24～0.40		片麻岩	22～35	0.20～0.29		泥岩	2～40	0.15～0.37
	流纹斑岩	5～25	0.25～0.35		千枚岩	5～25	0.20～0.33		硅质灰岩	2～68	0.18～0.46

（二）岩体的工程地质分类

为了评价岩体质量，了解洞室及巷道围岩的稳定性，合理选择地下洞室或巷道的开挖方案，设计合理的支衬方案，都必须对岩体进行工程地质分类。

目前对岩体进行工程地质分类的声学参数，主要是纵波波速 V_P，和由此计算得到的裂隙系数 L_s、完整性系数 K_v 和风化系数 F_n 等参数。在此基础上，根据多种判据综合形成岩体的工程地质分类方法。表 8-2 给出的综合评价方法是比较全面和可靠的。上述各种参数分别是这样定义的：

完整性系数
$$K_v=\left(\frac{V_{P体}}{V_{P石}}\right)^2 \tag{8-3}$$

风化系数
$$F_n=\frac{V_{P新}-V_{P风}}{V_{P新}} \tag{8-4}$$

裂隙系数
$$L_s=\frac{V_{P石}^2-V_{P体}^2}{V_{P石}^2} \tag{8-5}$$

式中：$V_{P体}$ 为岩体的波速；$V_{P石}$ 为岩石的波速；$V_{P新}$ 为新鲜岩石的波速；$V_{P风}$ 为风化岩石的波速。

如对湖南江垭水电站坝址 15 个平洞中总长约 500m 地段做了双孔穿透声波测量，经过对纵横波速值的分析整理，计算出岩体动弹模量、完整性系数、风化系数等岩石力学参数，利用这些参数结合地质特征，对岩体进行结构分类和质量评价，划分出风化带、软弱层和破碎带。

表 8-2　隧道围岩工程地质分类表

岩体类别	Ⅰ	Ⅱ	Ⅲ	Ⅳ	Ⅴ
岩体稳定性	稳定的	基本稳定的	稳定较差	不稳定	极不稳定
岩体结构	完整体结构	展块体绪掏	碎裂体结构	松散体结构	弹塑体结构
拱顶情况	完整	少量掉块	局部坍塌	大部坍塌	整体塌落
岩体特征	坚硬火成岩	火成岩	风化火成岩	物理风化的各类成因的岩石	化学风化的各类成因的岩石
	厚层沉积岩	中层沉积岩	薄层沉积岩		
	厚层变质岩	中层变质岩	薄展变质岩		
	少量小断层 节理不发育	较多的小断层 节理发育	叠瓦式大断层 节理很发育	大断层交叉带 节理密集常	大断层泥化带 节理风化带
天然容量/(g/cm³)	2.6～2.8	2.5～2.7	2.3～2.5	1.9～2.2	1.5～2.0
抗压强度/(×10kN/m²)	＞600	600～300	300～50	＜50	
内摩擦角 φ/(°)	＞80	70～80	50～70	30～50	＜30
渗透系数 k/(m/d)	0.001～0.01	0.01～0.5	0.5～10	10～100	0.5～0.001
岩芯采取率/%	＞80	80～60	60～40	40～20	＜20
可钻进速度/(m/h)	＜0.5	0.5～1	1～3	3～6	＞6
岩体与衬砌间（侧向）摩擦系数 f	＜0.5	0.5～0.4	0.4～0.3	0.4～0.3	＜0.3
地层压力	无	局部较小	较大	大	极大
侧压力	无	极小	较大	大	极大

续表

岩体类别		Ⅰ	Ⅱ	Ⅲ	Ⅳ	Ⅴ
声波特性指标	纵波速度/(km/s)	>4	4~3	3~2	2~1	<1
	裂隙系数 I_s	<0.25	0.2~0.65	0.65~0.8	>0.8	
	完整系数 K_v	>0.75	0.75~0.45	<0.45		
	风化系数 F_n	<0.1	0.1~0.2	0.2~0.5	0.5~0.8	>0.8
	动弹模 E_d /(×1000MPa)	>40	40~20	20~2	2~0.5	<0.5
	泊松比	<0.2	0.2~0.3	0.3~0.4	0.4~0.45	>0.45
工程措施	喷锚措施	喷素混凝土	锚杆局部加金属网	锚杆加金属网		
	拱顶厚度/cm		20~30	30~40	40~50	50~60
	支护及支撑间距/m	不需支护	部分支撑或锚杆支护 1~1.2m	边施工边支护一般支撑 0.821m	特殊支护加强支撑 0.6~0.8m	衬砌

（三）围岩应力松弛带的测定

洞室开挖前，岩体中应力处于平衡状态。开挖后，原始的应力平衡被破坏，引起了应力的重新分布，导致应力的释放与集中。为此引起岩体完整性的破坏和强度的下降，而出现了应力松弛带。为了在现场确定松动圈的范围，可用声波仪来测定。其原理是在洞壁应力下降区，岩体裂隙破碎，以致波速减小及振幅衰减较快；反之，在应力增高区，应力集中，波速增大，振幅衰减较慢［图 8-6（b）］。因此，利用声波速度随孔深的变化曲线(图 8-7)，可以确定松弛带的范围。

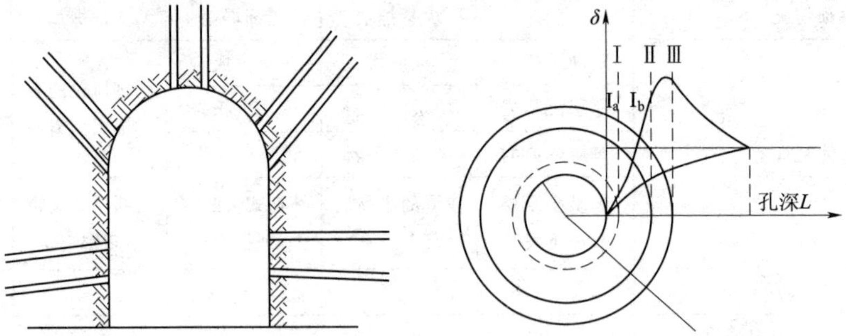

（a）钻孔布置断面圈　　（b）洞室应力分布曲线

图 8-6　围岩松弛带的测定

Ⅰ—应力松弛带；$Ⅰ_a$—破碎带；$Ⅰ_b$—塑性带；Ⅱ—应力集中带；Ⅲ—弹性带（原岩带）

（四）混凝土强度检测

不少工程结构框架是由混凝土构成，因而混凝土浇灌质量的检测是现代工程施工质量检测的关键问题之一。影响混凝土质量的因素主要有混凝土龄期、水灰比、水泥型号等，而这些因素又与声波速度有关，在实际判定时，表 8-3 所列的数据可供参考。该表是在第二届国际应力波桩基应用会议上推荐的。

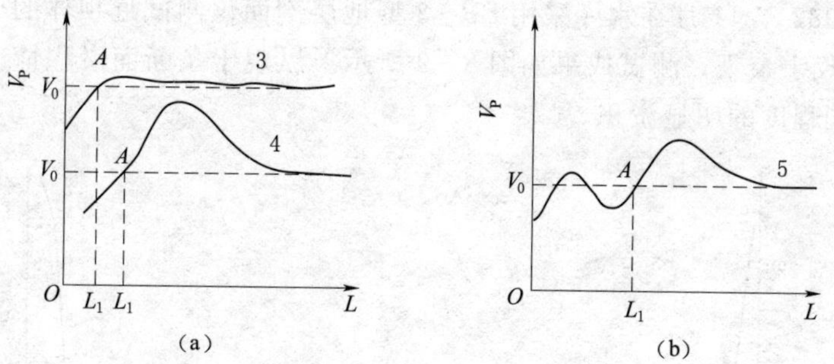

图 8-7 波速 V_P 随孔深 L 的变化曲线

V_0—原始应力状态下纵波速度；L_1—松弛带范围

表 8-3 **波速与混凝土质量的关系**

纵波速度 V_P/(m/s)	混凝土构件质量类别	混凝土参考强度 /(10^5Pa)	纵波速度 V_P/(m/s)	混凝土构件质量类别	混凝土参考强度 /(10^5Pa)
>4120	优	>250	1920～2750	较差	100～150
3300～4120	良	200～250	<1920	差	<100
2750～3300	中	150～200			

此外，在混凝土构件中，可以用声波探测技术进行无损探伤。若出现波速异常或波幅异常，则根据异常情况可得出混凝土构件中是否存在裂纹或空洞的结论。

（五）水声探测技术

水声探测又称为浅地层剖面测量，是一种利用声波传播原理探测水下地形地貌地层结构和岩性分布的一门新技术。由于该方法能准确、高效、快速地完成水域工程建设，江河湖海、港口及滩涂等各项测量，故在水电、交通、海洋和地质各部门得到了广泛的应用。

水声探测的工作原理如图 8-8 所示，工作时发射机人工发射声脉冲（即声波），波向下传播，遇到具有不同波阻抗的分界面时，就会产生反射，接收机接收反射回来的微弱信号，经声-电转换放大后记录下来。

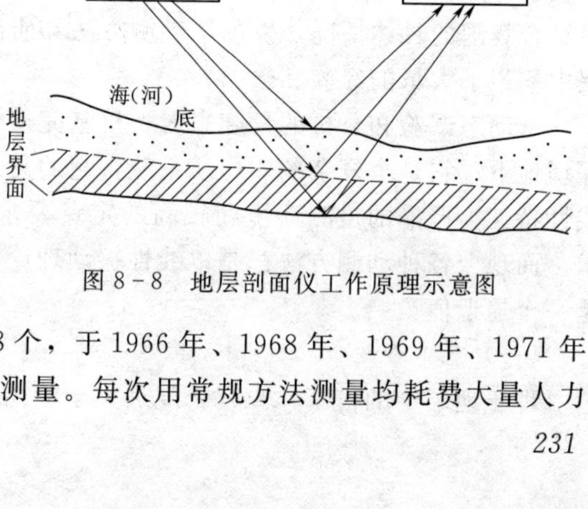

图 8-8 地层剖面仪工作原理示意图

下面以测量某水库泥砂等淤积物为例，说明浅地层剖面测量的应用。众所周知，水库建成蓄水运用后，随之而来的是泥、砂等的淤积问题。水库淤积增长的速率直接关系到水库的寿命，因而掌握库区的淤积变化情况，是水库管理工作中至关重要的问题。

某水库建成后，设置淤积测量大断面 18 个，于 1966 年、1968 年、1969 年、1971 年、1972 年和 1977 年先后进行了六次常规淤积测量。每次用常规方法测量均耗费大量人力、物力和时间。1982 年 11 月在水库采用 SP－3 型地层剖面仪测试近坝体的十条断面，总长 40km，而工时仅十余天，测试成果如图 8－9 所示。纵观十条断面淤积情况，在水库中心附近，都有不同程度的明显淤积。

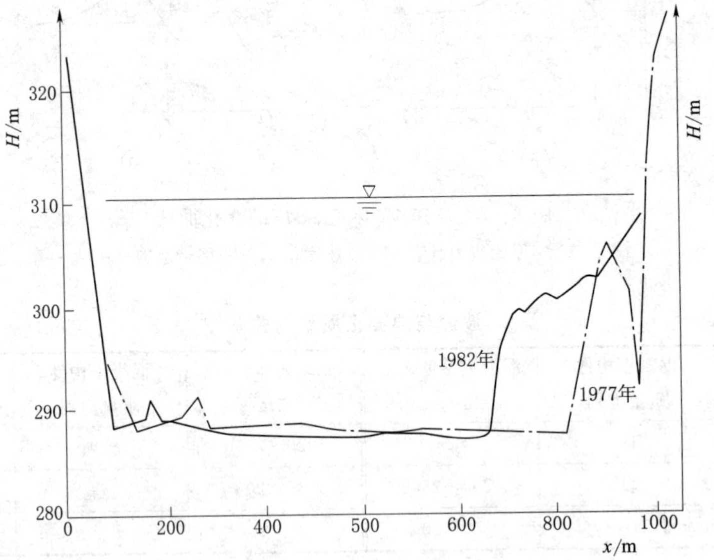

图 8－9　某水库淤积横断面图

三、桩基动测

随着工程建设中桩基的大量应用，桩基完整性检测技术越来越受到重视。桩基完整性检测方法主要有射线法、穿透法、取芯法和振动及应力波动态检测法。其中，振动及应力波方法中的反射波法和稳态与瞬态导纳法，在国内外桩基完整性检测中得到了更为广泛的应用，这些方法不仅适用于预制打入桩，也适用于灌注桩。桩基完整性检测主要内容有桩基截面积变化（缩颈、扩颈），夹层断裂，混凝土质量及强度和桩长等。同时，这些动测方法也为打桩应力分析，土阻力和静、动承载力分析提供了必要的检测分析基础和预处理数据。

近几年来，我国在桩基完整性检测方法的研究和检测仪器的研制方面也取得了一定的成绩。一方面吸收和引进了国外先进的检测技术与检测设备（如 PDA、TNO 等），同时，也结合我国的具体情况，发展了动测方法和研制了桩基完整性动态检测仪器，并在实际工程中积累了大量的经验和数据。

从动态试验和分析的角度来看，桩基完整性检测具有很大的难度。由于桩基绝大部分深埋地下，它是个复杂的非均质系统，它的复杂的桩土参数、模糊的边界条件、严重的非线性特性、严酷的检测环境和较高的定量要求都对测试及分析技术提出了许多严格的要求。而现今各种动测方法都是以线性振动理论为基础，所以，目前动测方法的测试结果还是一个逼近值。

（一）基本理论

埋于地层中的桩基，当其长度远大于桩径时，可简化为一维杆件的振动模型。设杆的单位体积的质量为ρ，杆长为l，截面积为A，材料的弹性模量为E，任一截面x上的纵向张力为$P(x)$，纵向振动位移为$u(x,t)$。根据弹性力学理论，可得到一维杆件纵向振动的微分方程：

$$\frac{\partial^2 u}{\partial x^2}=\frac{1}{V^2}\frac{\partial^2 u}{\partial t^2} \tag{8-6}$$

式中：$V^2=E/\rho$为压缩波沿着杆的纵向传播速度。

式（8-6）是桩基动测的理论基础，下面分别介绍机械阻抗法和反射波法。

（二）机械阻抗法（稳态振动法）

机械阻抗法是从电学中引导出来的概念，其基础和机电相似，即由m（桩身质量）-k（刚度）-c（阻尼）构成的简谐机械振动系统。根据达朗贝尔原理列出的描述系统动态特性的微分方程与相应的电感、电容和电阻组成的电学系统根据基尔霍夫定律建立的微分方程完全相似。

古典的机械阻抗，定义为简谐激振下，频域内响应量与激振量之比。而广义的机械阻抗，是以响应量和激振量的傅里叶变换之比来定义的。不论激振量和响应量是周期的还是瞬态的，所得的机械阻抗都是一样的，也就是说机械阻抗仅与系统的固有特性有关。

机械阻抗$Z(f)$表示为

$$Z(f)=\frac{F(f)}{x(f)} \tag{8-7}$$

式中：$F(f)$为激振量；$x(f)$为响应量。

$Z(f)$、$H(f)$、$x(f)$和$F(f)$均是矢量，$x(f)$可以是系统的位移、速度或加速度。工程上常用机械阻抗的倒数——机械导纳来表示，机械导纳$H(f)$表示为

$$H(f)=\frac{x(f)}{F(f)} \tag{8-8}$$

对于实际的桩系统，当桩嵌入土中时，相当于一根有约束的细长杆，桩头在力的激励下，振动并产生位移、速度和加速度。用振动方法获得的桩的机械导纳（桩系统频率响应与激振力的幅值比和相位差）反映了与系统固有属性有关的许多信息。仔细提取和辨别这些信息，可以研究桩基的动态特性，分析桩身缺陷，估测单桩垂直承载力，这就是机械阻抗法检测桩基质量的基本原理（图8-10）。

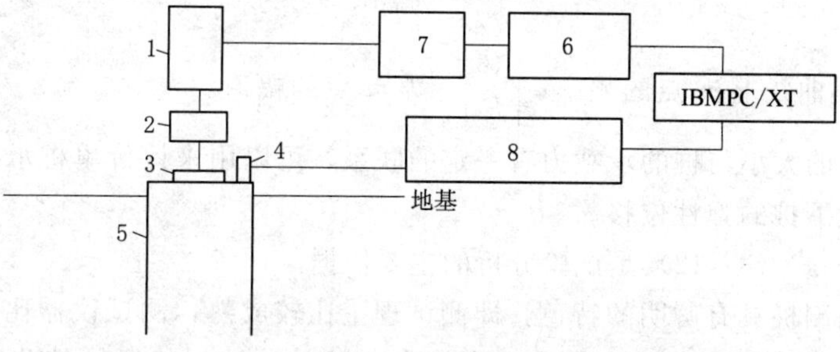

图8-10 稳态激振测试系统示意图

1—电磁激振器；2—力传感器；3—圆形薄钢板；4—拾振器；
5—桩头；6—信号发生器；7—功率放大器；8—测振放大器

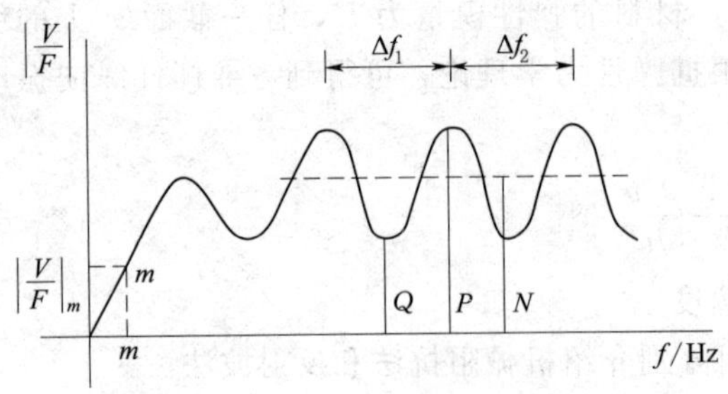

图 8-11　桩基的导纳曲线

如图 8-11 所示为在简谐扫频力 $F(f)$ 激振下得到的典型导纳曲线。图中横坐标为扫频频率，纵坐标为速度导纳。由桩的典型导纳曲线，可以定义下述工程中实用的参数值。

(1) 桩身混凝土的波速 V_c。由波动理论可知：

$$V_c \approx 2L\Delta f \tag{8-9}$$

式中：V_c 为桩中纵波波速，m/s；L 为桩长，m；Δf 为导纳曲线上相邻两个谐振峰之间的频率差值，Hz。

应用时，可以根据已知桩长的理论值 L 和实测 Δf 计算 V_c 值。若 V_c 小于正常混凝土的波速，说明混凝土的质量差。另外，还可以利用 Δf 和正常混凝土的 V_c 值反算桩长的计算值 L_m，若 L_m 小于 L，则反映在深度 L_m 处有质量问题。

(2) 特征导纳值 N。特征导纳值是指导纳频谱曲线上振幅的几何平均值。在曲线上 N_m 可以直接测量得到，即

$$N_m = \sqrt{PQ} \tag{8-10}$$

式中：N_m 为特征导纳的计算值；P 为导纳曲线的峰值；Q 为谷值（图 8-11）。

特征导纳的理论值可由下式计算：

$$N = \frac{1}{\rho_c A V_c} \tag{8-11}$$

式中：ρ_c 为混凝土的质量密度；A 为桩身横截面积。

若 $N_m = N$，为正常桩；若 $N_m > N$，说明桩的 ρ_c、V_c 或 A 变小。ρ_c 或 V_c 变小反映混凝土质量差；A 变小反映有缩径现象，若 N_m 随频率增大而减小，表示桩径上大下小，通常为缩颈桩。

(3) 动抗压刚度 K_D（单位为 N/m）。当桩在低频（低于其固有频率）激振时，位移较小，此时导纳曲线近似于直线，其斜率的倒数为桩的动抗压刚度，即

$$K_D = \frac{2\pi f_m}{\left|\dfrac{V}{F}\right|_m} \tag{8-12}$$

式中：f_m 为导纳曲线上 m 点的频率；$\left|\dfrac{V}{F}\right|_m$ 为 m 点的幅值。

动抗压刚度的大小与桩的承载力有一定的联系，可以用来评价单桩承载力，并且可以估计在工作荷载下桩的弹性位移。

式 (8-9)～式 (8-12) 是试验分析的主要依据。

机械阻抗法测桩具有鲜明的特色，即测试理论比较成熟，测试仪器比较成熟，能量便于控制，测试重复性好，由导纳曲线可直接求得桩的波速、特征导纳和动抗压刚度等参数，为判断桩的质量、断桩、缩径或扩径位置，以及估测单桩承载力提供了明确、有效的参数。这些特点使机械阻抗法在桩基动测方面具有很大的生命力。

（三）反射波法（瞬态动测法）

如前述，当桩体的长度远大于其直径时，桩体视为一维杆体。在一维杆件中，当桩顶受激发、离震源足够远时，波沿射线传播，可视为平面波。

弹性波在传播过程中，当遇到两种不同波阻抗介质时，就会产生波的反射、透射等现象（图 8-12）。

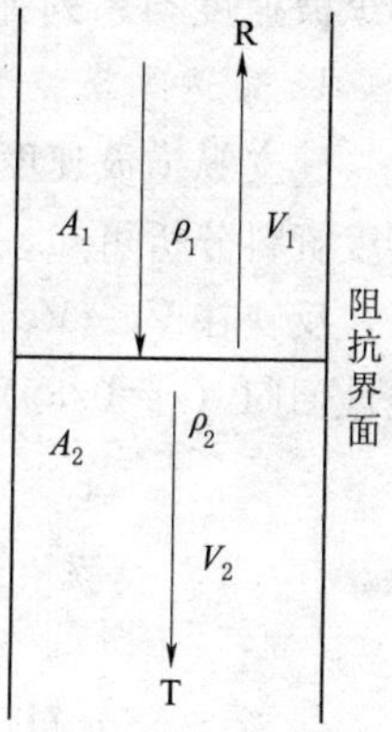

图 8-12 波沿桩身传播的示意图

R—反射波；T—透射波

反射系数 R 为

$$R=\frac{\rho_2 V_2 A_2-\rho_1 V_1 A_1}{\rho_2 V_2 A_2+\rho_1 V_1 A_1}$$

式中：ρ、V 和 A 分别为两种不同介质的密度、纵波速度和截面积。

桩顶设置传感器和记录器后，可记录因应力波的到达而引起的桩顶质点的振动情况，就能得到一条时域曲线，称为振动图，实际中它是用来确定桩体完整性的依据（图 8-13）。

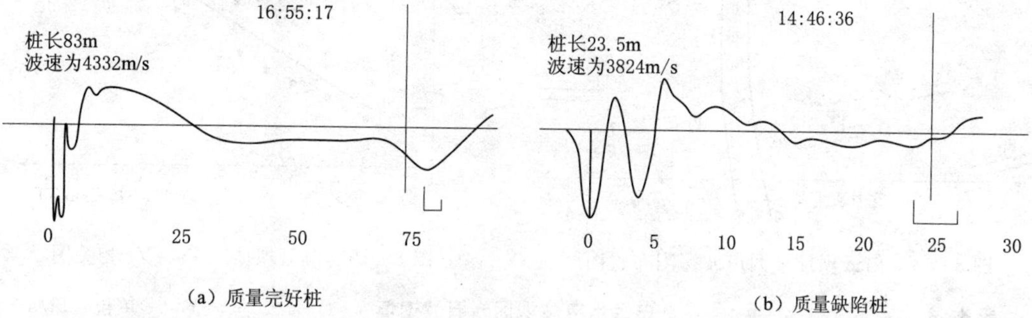

图 8-13 反射波法获得的桩动测曲线

另外可用弹性波传播时间 Δt 来确定波速和反射界面的位置，其公式为

$$V=\frac{2L}{\Delta t} \tag{8-13}$$

以上动测方法，由于使用仪器等的因素不同，在判断桩基完整性时，可应用不同的判据。

桩基动测是一门发展中的应用科学，许多问题尚未解决或尚未很好解决，有待于今后进一步提高和完善。

四、声波探测应用实例

湖南巫水白云水电站工程可行性研究阶段对勘探平洞 P_1、P_2、P_3 和 P_4 四洞进行了声测，初设阶段对平洞 P_7、P_{11}、P_{13}、P_{14} 和 P_{25} 五洞进行了声测（图 8-14）。经大量钻探岩芯试件测定，完整新鲜岩石纵波速度见表 8-4。根据平洞声测：岩体纵横波速度比值变化范围一般为 2.4～1.5，最大值为 3。

（一）纵波速度与系列弹性参数的数学模型

实测岩体横波声速的主要目的，是具体计算岩体的弹性参数，评价工程岩体质量，提供设计参考依据。纵波速度能直观地反映岩体弹性性能，实测岩体纵波速度简单易行，建立纵波速度与系列弹性参数的数学模型很有必要。

1. 直达纵横波速度关系

建立纵横波速度的对应关系是横波速度应用的重要一环。从白云工程两阶段声测纵横波速度资料分析可知，当纵横波速度比为1.5～2.5时，纵波速度和横波速度有良好的线性关系，反映在V_P-V_S相关图上，各点密集成带，如图8-15所示。根据横波速度值进行一元线性回归（$r=0.89$），得到白云坝址跳马涧组砂岩、石英砂岩工程岩体纵横波速度关系式：

$$V_S=0.67V_P-393.8 \tag{8-14}$$

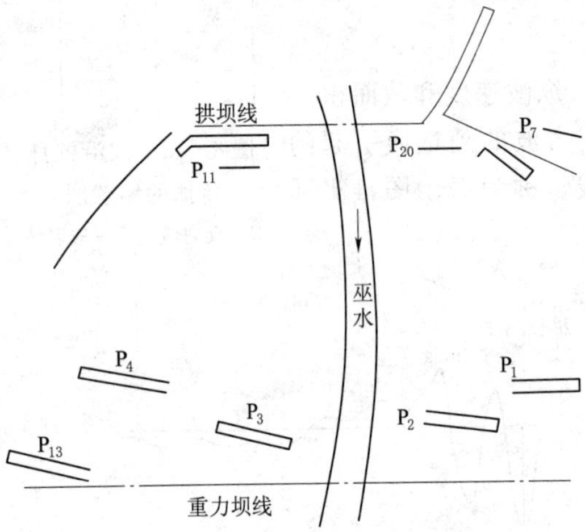

图8-14 白云坝址平洞声波探测布置图

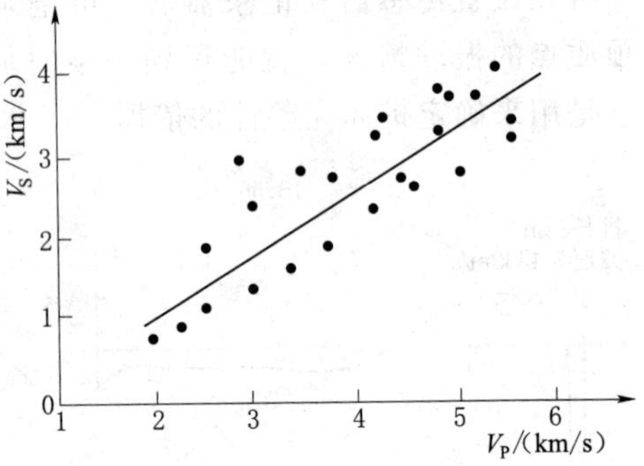

图8-15 白云坝址区V_P-V_S相关图

表8-4 **白云水电站坝区岩石波速值** 单位：m/s

岩石名称	紫色砂岩	灰绿色砂岩	含钙质紫色砂岩	灰白、灰绿色石英砂岩	灰绿色砂质板岩
纵波速度	5260	5210	5330	5000	5210

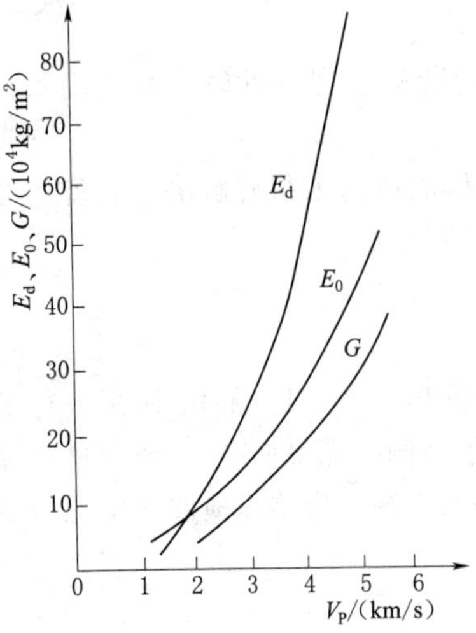

图8-16 V_P-E_d、E_0、G相关图

2. 纵波速度与系列弹性参数关系

在建立了式（8-14）以后，从实测岩体纵波速度便可计算得到岩体动弹性系列参数，从而可求得纵波速度与系列弹性参数的关系。

白云坝址声波测区范围内，新鲜或弱风化岩石物理性质试验成果表明：岩石密度为2.68～2.75g/cm³。在动弹模量E_d、变形模量E_0、剪切模量G的计算中，岩石密度取$\rho=2.68\text{g/cm}^3$。

为获得纵波速度与系列弹性参数的函数关系，建立$V_P-\dfrac{E_d}{E_0/G}$坐标系，将实测纵波速度及计算得到弹性模量等对应值点图，所获E_d、E_0和G曲线与V_P为幂函数关系，如图8-16所示。

（二）工程岩体质量评价

1. 岩体质量评价

岩体纵横波速比及由纵横波速而计算得到的泊松比，均能反映出岩体风化破碎、构造破碎程度。前已述及白云坝址纵横波速比为1.5～2.4，经分析可将其分为四级，见表8-5。

表8-5　白云坝址岩体质量评价

级别	波速比	泊松比	地质描述	综合质量评价
Ⅰ	1.5～1.7	0.24	新鲜完整岩体	好
Ⅱ	1.8～1.9	0.28～0.31	微风化、弱风化、节理较发育岩体	较好
Ⅲ	2.0～2.4	0.33～0.39	强风化、节理密集带、破碎带岩体	较差
Ⅳ	>2.4	>0.39	松散岩体	差

2. 岩体结构评价

工程岩体结构评价的目的是定性评价其稳定性，利用系列弹性参数评价岩体结构，见表8-6。

表8-6　白云坝址岩体结构评价

岩体结构	V_P/(m/s)	E_d/GPa	E_0/GPa	ν	G/GPa	稳定性评价
整体	>4600	>50	>32	≤0.24	>20	良好
块状	4600～4000	50～37	32～25.1	0.24～0.26	20～14.5	较好
层状	4000～3000	37～19	25.1～15.3	0.26～0.30	14.5～7.2	中等
裂隙	3000～2400	19～10.9	15.3～10.5	0.30～0.33	7.2～4.1	较差
松散	<2000	<7	<8	>0.36	<2.5	差

3. 岩体风化分带

工程岩体风化分带对岩体利用有重要意义，岩石因风化作用，成分、结构发生变化，并伴有风化裂隙产生。声波在风化岩体中传播时，纵波与横波的速度肯定会有不同程度的降低，但二者并非等幅降低，不同程度风化岩体的纵横波速度比明显地不同，因此，可将波速比作为风化分带的特征参数。

根据上述波速比指标，对白云坝址工程岩体风化分带的验证与修正地质分带结果，用表8-7表示。表8-7为P_1～P_4平洞地质-声波风化带结果对比。

表8-7　白云坝址岩体风化带划分对比表

洞号	地质划分岩体风化分带		声波划分岩石风化带		对比结果
	洞深/m	风化带	洞深/m	风化带	
P_1	0～11	强风化	4.8～6.7	强民化	应采用声波分带
	11～底	弱风化	6.7～31.0	弱风化	
			31.0～37.2	微风化	
P_2	0～10	弱风化	2.9～14.0	弱风化	
	10～底	微风化或新鲜	14.0～底	微风化	

续表

洞号	地质划分岩体风化分带		声波划分岩石风化带		对比结果
	洞深/m	风化带	洞深/m	风化带	
P_3	0～8	强风化	4.0～7.1	强民化	基本吻合
	8～37	弱风化	7.1～37.0	弱风化	
P_4	0～31.0	强风化	0～29.8	强民化	
	31.0～69.5	弱风化	29.8～69.5	弱风化	

4. 裂隙、松散岩体之纵横波速比特征值

断层破碎带及影响带、节理密集带、软弱夹层等地质体，其结构较疏松，并因构造节理密集切割岩体，成为裂隙状或松散状岩体，纵横波速比、泊松比均大于完整岩体。统计分析表明，白云坝址断层破碎带等特殊地质体的波速比、泊松比有其特征值，见表8-8。

表8-8　　白云坝址破碎、松散岩体的波速比、泊松比

地质体类别	V_P/V_S	ν	说　明
断层破碎带	2.0～2.4	0.33～0.39	带内发育断层角砾岩、糜棱岩、断层泥
软弱的夹层	2.0	0.33	碎石、泥质胶结
砂质页岩夹层	2.2	0.37	局部泥化
节理较发育带	1.8～2.0	0.28～0.33	
节理密集带	2.0～2.2	0.33～0.37	岩石破碎、大部分节理面充填泥质物
断层影响带			

第二节　隧道超前预报

隧道属于地下建筑工程，能够极大地缩短公路的长度，连接一般公路工程无法到达的区域，有着不可替代的重要性。随着国家经济的发展，公路隧道工程的数量越来越多，长度越来越长，埋深越来越大，施工的速度也要求越来越快。然而其地质情况往往令人意想不到，随时会出现各种形状和不同规模的地质体，引发各种地质问题。尤其是在地质条件复杂的山区建设隧道，隧道周围及工作面前方的工程地质和水文地质情况对于隧道施工的质量和安全关系重大。地下地质条件复杂，潜在无法预知的地质因素，如多变的地质条件、地层破碎带、断层、岩溶、富水岩层等。没有预报系统，不良地质条件极容易引起隧道塌方冒顶、沉陷、突泥涌水、支护结构变形，不仅在技术上给隧道施工带来极大的困难，也常常因突发事故导致人身伤亡、设备损失、工期延误，从而造成巨大的经济损失，影响进度和形象。

通过隧道地质超前预报，并辅以其他地质调查方法，结合设计文件和提供的地质资料，对隧道工作面前方围岩，尤其是隧道掌子面前方围岩的工程地质和水文地质情况的性质、位置和规模进行比较准确、全面、系统的探测和判断，确定不良地质体的空间位置和危害程度，综合考虑围岩和主动支护因素，及时地调整支护参数，提出措施和建议，指导隧道施工，有效控制地质灾害的发生，确保支撑隧道的岩石牢固可靠和施工质量，改善工地的安全，赢得施工时间，降低成本，提高隧道掘进的进度，将风险降低到最小。

隧道超前预报的内容如下：

(1) 对照设计文件提供的地质资料，预报隧道掌子面前方围岩软硬变化对施工的影响程度。

(2) 预报可能出现破碎带，引起塌方，滑动的部位、形式、规模及发展趋势。

(3) 预报可能出现突然涌水的地点、涌水量大小、地下水泥沙含量及对施工的影响。

(4) 对隧道穿过不稳定岩层、较大断层作出预报。

(5) 对隧道附近出现的溶洞大小、位置作出预报。

(6) 能较准确地判定围岩类别并提供岩石力学参数，为确保隧道安全施工、确定隧道施工工艺，及时合理地调整支护参数，为对前方软弱岩层予以提前支护、加固提供可靠的依据。

目前，隧道超前预报方法有很多种，应该依据勘探目标、周期和经济成本等选择合适的方法。具体隧洞超前预报方法分类如下：

(1) 工程地质分析。通过对隧洞工程区的地质调绘和对隧洞开挖洞段的地质编录，运用各种地质手段宏观预测隧洞施工掌子面前方的不良地质体性质、位置、规模以及水文地质条件。主要方法有地质体投射法、断层参数预测法和地质编录预报法等。

(2) 超前钻探法。利用钻机在隧洞掌子面进行超前水平钻探，探明隧洞前方的地质及地下水情况。超前水平钻探法主要用于探测断层、溶腔、突水、涌泥、瓦斯等不良地质，具有直观、准确的特点。

(3) 地球物理探测法。在隧洞内采用地球物理勘探方法，对隧洞施工掌子面及周围临近区域进行探测，根据围岩与不良地质体的物理特性差异，查明不良地质体的性质、位置及规模。目前，应用于隧洞超前预报的地球物理勘探方法主要有地震负视速度法、TSP (tunnel seismic prediction) 隧洞超前预报技术、TRT(true reflection tomography) 层析扫描超前预报技术、TGP(tunnel geologic prediction) 超前预报技术、探地雷达法、红外探测法和 BEAM(bore-tunneling electrical ahead monitoring) 法等。

本节仅介绍地球物理探测法中的 TSP 隧洞超前预报技术。

一、TSP 超前地质预报方法

TSP 是由瑞士安伯格测量技术公司开发研制的一种快速、有效、无损的反射地震探测技术，它是专为隧道超前地质预报设计的。其目的在于迅速、超前地提供在开挖周围及前方的三维空间的工程地质预报。

TSP 和其他反射地震波方法一样，采用了回声测量原理（图 8-17)。地震波在指定震源点用小药量激发产生，震源点通常布置在隧道的左边墙或者右边墙，一般 24 个炮点布成一条直线，接收点和炮点在同一水平面。地震波以球面波的形式在岩石中传播，当遇到岩石物性界面，如断层与岩层的接触面、岩石破碎带与完整岩石接触面、不同岩性接触面等波阻抗差异界面时，一部分地震信号将反射回来，一部分折射进入前方介质。反射地震信号将被高灵敏度的检波器接收，反射信号的传播时间和反射界面的距离成反比，因此可确定界面的位置。具体一些，可以这么理解。在 A_1、A_2、A_3 等位置激发震源（图 8-18），产生的地震波遇不良地质界面（波阻抗面）发生反射而被 Q_1 位置的传感器接收，在计算时利用波的可逆性，可认为是 Q_1 位置发出的地震波经不良地质界面反射而传到 A_1、A_2、A_3 等点，这时可认为波是从像点 $IP(Q_1)$ 发出而直接传到 A_1、A_2、A_3 等点，此时的 Q_1 和 $IP(Q_1)$ 是关于不良地质界面（波阻抗面）对称的，由于 Q_1、A_1、A_2、A_3 点的空间坐标是已知的，由联立方程可求出像点 $IP(Q_1)$ 的空间坐标，进而由点 Q_1 和 $IP(Q_1)$ 的空间坐标求出两点所在直线的空间直线方程，由于不良地质界面是线段 $Q_1IP(Q_1)$ 的中垂面，故可求出该不良地质界面相对于坐标原点 Q_1 的空间方程，进一步可求出不良地质界面的空间位置。

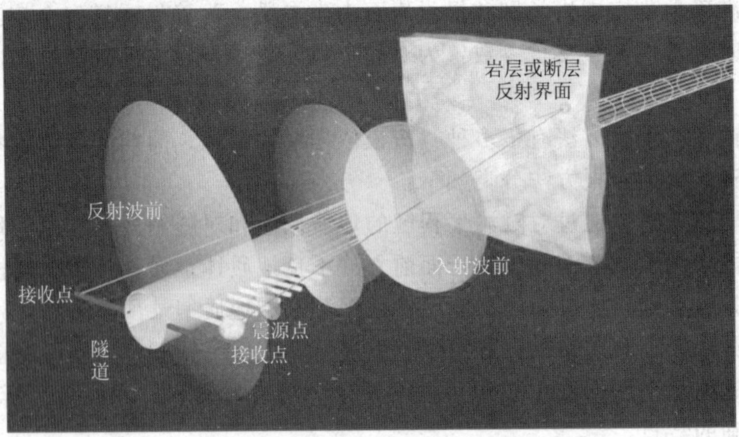

图 8-17　TSP 探测地震波传播示意图

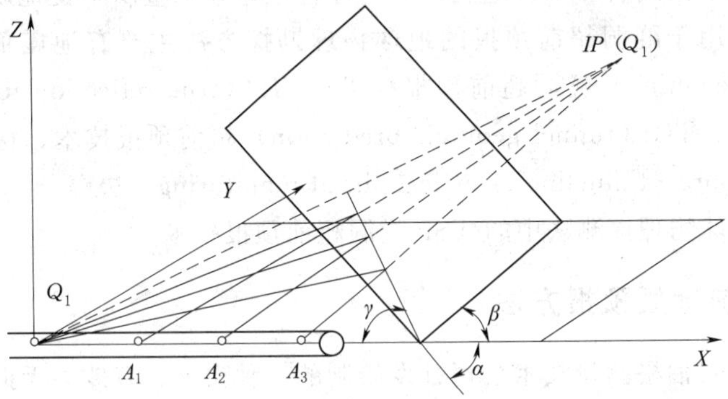

图 8-18　TSP 探测原理示意图

二、TSP 环境下地震时距曲线特征

在隧道、井巷中激发地震波后，随隧道、井巷周围介质结构的不同，地震波传播的特点也是不同的。隧道、井巷波场（全空间）相对于常规（地面）地震波场（半空间）更加复杂，研究 TSP 时距曲线传播规律，有助于对实际复杂波场的认识，可用它来指导 TSP 查明隧道、井巷掌子面前方及周围地质体的构造特点，有效地解决实际工程地质问题。

TSP 时距曲线与常规地震波时距曲线一致。

（一）水平及倾斜界面时距曲线

设在 O 点激发，在测线上离开 O 点距离为 x 的某点 S 接收。水平波阻抗界面 R 的反射波到达 S 的时间 t 与 x 之间的函数关系 $t=f(x)$ 就是构造面反射波的时距曲线方程［图 8-19（a)］。

根据反射定律和虚震源原理，得到水平界面反射波时距曲线方程（与常规地面地震完全一样）：

$$t=\frac{O^*S}{V}=\frac{\sqrt{(2h)^2+x^2}}{V} \tag{8-15}$$

对于倾斜界面，设界面倾角为 α，激发点 O 到界面的法线深度为 h，界面上下的介质是均匀的，上部介质波速为 V，坐标系的原点在激发点 O，x 轴正方向与界面的上倾方向一致［图 8-19（b)］。

$$\frac{t^2}{a^2}-\frac{(x-x_{\mathrm{m}})^2}{b^2}=1 \tag{8-16}$$

和

$$a=2h\cos\alpha/V\text{，}\quad b=2h\cos\alpha\text{，}\quad x_{\mathrm{M}}=2h\sin\alpha$$

这就是常规地面地震倾斜界面反射波的时距曲线方程。上式是一条双曲线，表明水平界面、上覆介质均匀情况下 TSP 的反射波时距曲线是一条双曲线。根据双曲线特性可知，极小点是时距曲线极小点的横坐标。极小点总是相对激发点偏向界面上倾一侧。

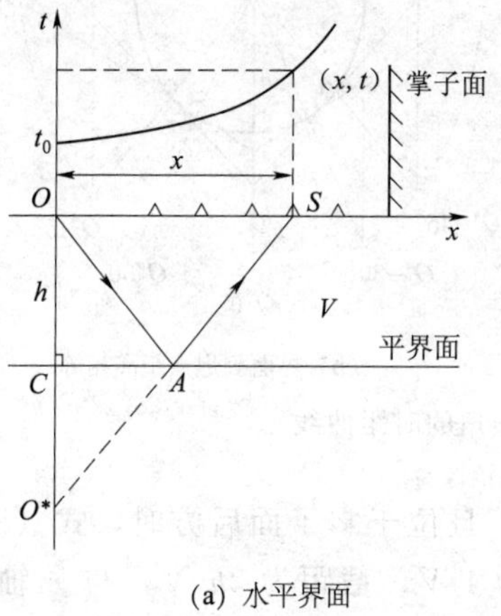

(a) 水平界面

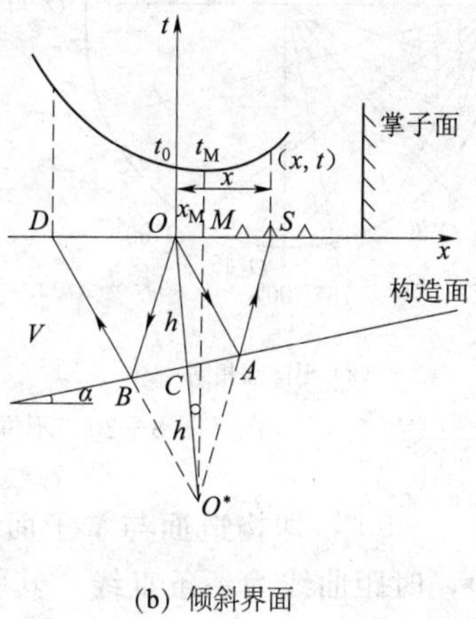

(b) 倾斜界面

图 8-19　TSP 反射波时距曲线

（二）时距曲线规律

通过研究分析 TSP 反射波传播规律，其时距曲线规律总结如下：

(1) 当 $\alpha=0°$，即构造面与隧道、井巷中轴线平行时，时距曲线为极小值过 $x=0$ 的双曲线，它以直达波时距曲线为渐进线，与常规地震反射波时距曲线相似。

(2) 当 $\alpha=90^\circ$，即构造面与掌子面平行，且位于掌子面前方时，时距曲线为一条直线，其斜率为 $-1/V$，截距为 $2h/V$，与 x 轴交点于虚震源处，与常规地震折射波时距曲线相似。此时时距曲线可表示为

$$t=\frac{\sqrt{x^2+4h^2-4xh\sin\alpha}}{V}=-\frac{x}{V}+\frac{2h}{V} \tag{8-17}$$

式中：t 为旅行时间；x 为源距；h 为分界面的厚度；V 为介质传播纵波速度。

(3) 当 $0^\circ<\alpha<90^\circ$ 时，反射波时距曲线为双曲线。界面倾角不同，出露点相同时，极小点相对激发点偏向界面上倾一侧［图 8-20 (a)］，其极小点将随界面视倾角的增大而不断地往界面的上倾方向偏移；界面倾角不同，界面到激发点距离相同时，极小点相对激发点偏向界面上倾一侧［图 8-20 (b)］，其位置随倾角的增大而不断地往界面的上倾方向偏移，极小值 t_0 不断减小。两者都是极小点的左半支相对震源 O 而言（仪器接收范围），具有负向时距曲线（负视速度）特征。

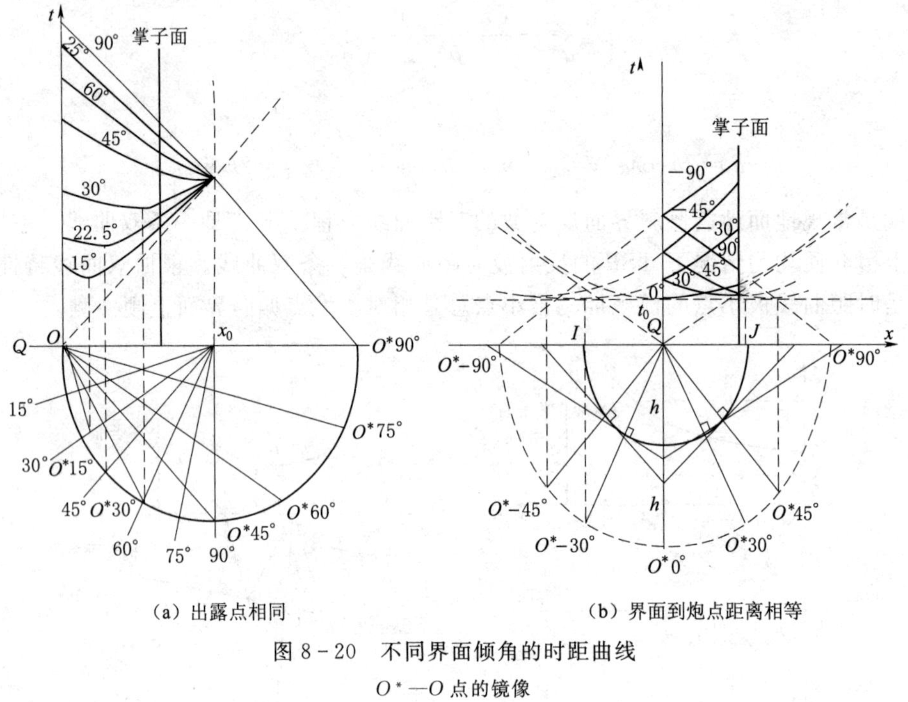

(a) 出露点相同　　　　(b) 界面到炮点距离相等

图 8-20　不同界面倾角的时距曲线

O^*—O 点的镜像

(4) 当 $\alpha=-90^\circ$，即构造面与掌子面平行，且位于掌子面后方时，式 (8-16) 演变成式 (8-18)，时距曲线为一条直线，其斜率为 $1/V$，截距为 $2h/V$，与 x 轴交于虚震源处，是主要干扰信号之一。

$$t=\frac{\sqrt{x^2+4h^2-4xh}}{V}=\frac{x}{V}+\frac{2h}{V} \tag{8-18}$$

(5) 当 $-90^\circ<\alpha<0^\circ$ 时，反射波时距曲线为双曲线。界面倾角不同，出露点相同时，极小点相对激发点偏向界面上倾一侧（掌子面后方一侧），其极小点将随界面视倾角的增大而不断地往界面的上倾方向偏移；界面倾角不同，界面到激发点距离相同时，极小点相

对激发点偏向界面上倾一侧［图 8－20（b）］，其位置随倾角的增大而不断地往界面的上倾方向偏移，极小值 t_0 不断增大。两者都是极小点的右半支相对震源口而言（仪器接收范围），具有正向时距曲线（正视速度）特征，是主要干扰信号之一。

（6）反射界面不管是倾斜（图 8－20）还是直立（图 8－21），有效信号（掌子面前方及周围反射信号）均具有负视速度特征（其余干扰信号成正视速度特征），能充分反映掌子面前方的地质构造特征。通过视速度滤波，可提取这些有效信号，从而达到超前地质预报的目的。

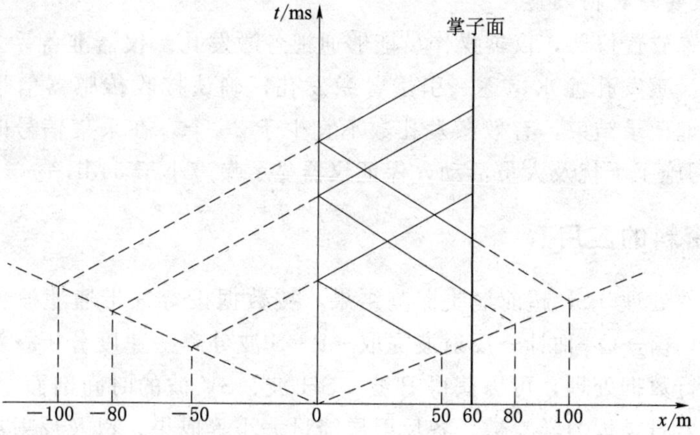

图 8－21　距炮点不同距离，直立界面反射波时距曲线

三、TSP 探测方法

（一）TSP 探测区域划分

TSP 地质超前预报将隧洞的施工掌子面前方划分为 4 个区域，根据隧洞的轴向和主要结构面的产状，确定布置爆破孔的隧洞侧壁。如探测的主要结构面在掌子面的左侧首先揭露，选择 1A 或 1B 作为主要研究区，将爆破孔布置在隧洞的左侧壁；反之，若探测的主要结构面在掌子面的右侧首先揭露，选择 2A 或 2B 为主要的研究区，将爆破孔布置在隧洞的右侧壁。

（二）激发孔与接收孔布置

在隧洞同一桩号的左、右侧壁对称布置 1 个接收孔，在依据探测区域划分确定的隧洞侧壁布置 21～24 个激发孔。接收孔与各激发孔布置在同一高程上，孔口距洞底板高约 1.0m。第一个激发孔与接收孔的间距宜为 15～20m，最后一个激发孔尽可能靠近施工掌子面。激发孔直径宜为 42～50mm，孔深为 1.5m，钻孔垂直隧洞轴向，向下倾斜 10°～20°；激发孔间距为 1.5～2.0m，一般为 1.5m，目标预报距离较大时取大值。

接收孔距施工掌子面 50～80m，接收孔直径宜为 48～50mm，孔深为 2.0m，钻孔向洞口、向上倾斜 5°～10°。

（三）传感器安装及炸药埋置

在接收孔内注入环氧树脂或锚固剂，然后将 TSP 特制套筒插入接收孔，用风枪转动套筒使其缓慢贯入，当套筒出露约 10cm，套筒内两卡槽处于垂线位置时结束。环氧树脂或锚固剂自然养护12h，使套筒与围岩牢固粘结。将接收传感器插入套筒，使传感器底部黑色磁铁（另一个为白色）对准施工掌子面方向，保证连接后的传感器端头箭头指向施工掌子面。

根据围岩硬度和完整程度确定每个激发孔炸药用量，应使用1号或2号岩石乳化炸药，一般为20～50g，硬岩、岩体完整时取小值，软岩、岩体破碎时取大值。炸药与雷管的领用、运输、使用与保管必须符合相关规定。根据炸药用量分割制作药包，将瞬发电雷管插入药包内，然后将药包送入激发孔底部，雷管引爆线引至孔口短接。

（四）炮孔激发与数据采集

选择安全位置放置仪器，仪器操作员能够通视各激发孔。仪器准备妥当后，连接电雷管引线与起爆线，激发孔注水，逐一引爆各激发孔，确认接收传感器信号正常有效后存盘，直到最后一炮记录结束，有效激发孔数不宜少于20个。在采集信号时，应暂停周围300m范围内一切施工干扰及人员活动，保证仪器显示噪声小于64dB。

四、实测资料的应用

通过相关软件处理TSP超前地质探测结果，按数据设置→带通滤波→初至拾取→拾取处理→炮能量均衡→Q-估计→反射波提取→P-S波分离→速度分析→深度偏移→提取反射层的步骤进行数据处理，可以获得P波、SH波、SV波的时间剖面、深度偏移剖面、提取的反射层、岩石物理力学参数、各反射层能量大小等成果，以及反射层在探测范围内的空间分布。TSP处理成果的动力学特征解释遵循下述原则：

（1）正反射振幅表明岩层，负反射振幅表明软岩层。

（2）若S波反射较P波强，则表明岩层含水。

（3）若P波速度与S波速度之比增加或泊松比突然增大，表明有流体存在。

（4）若P波速度下降，则表明裂隙或者孔隙度增加。

鸡公界隧道位于洪江市安江镇以西约15公里处，进口属洪江市，出口属中方县，为分离式单向行车双线隧道。本隧道左线起讫桩号为ZK148＋900～ZK150＋317，全长1417m，右线起讫桩号为YK148＋872～YK150＋326，全长1454m。左线隧道平曲线R＝5000m，右线隧道平曲线R＝2647m、2921m，全隧道无超高，左线纵坡为1.042%，右线纵坡为0.979%。

根据工程地质和水文地质条件，未见大的构造形迹，仅在局部发育有小的皱曲和节理裂隙发育带，地表水主要存在于场地的几条大的冲沟内，场地地下水主要为基岩裂隙潜水，主要存在于岩体节理发育带中。

由里程YK149＋182～YK149＋387间的TSP深度偏移图（图8-22）及2D反射面图（图8-23）可看出，有较多的杂反射，反射波组连续性较差，仅YK149＋249～YK149＋277存在几组强反射，且V_P/V_S明显变大，YK149＋365也存在一组反射。根据TSP探测成果结合前期地质资料，推断YK149＋182～YK149＋387段工程地质及水文地质条件如下：

（1）YK149＋182～YK149＋249、YK149＋249～YK149＋387段，长177m，岩石为微风化硅化板岩，岩石强度高，薄层，层间结合紧密，节理裂隙较发育块状结构，纵波速度为 4.8～5.3km/s，强度较高，围岩节理裂隙较发育，稳定性好。围岩透水性差，基岩裂隙水甚微。

(2) YK149＋249～YK149＋277 段，长 28m，纵波速度为 5.3km/s，岩石强度高，但该段 V_P/V_S 明显变大，围岩节理裂隙发育，基岩裂隙水较丰富。

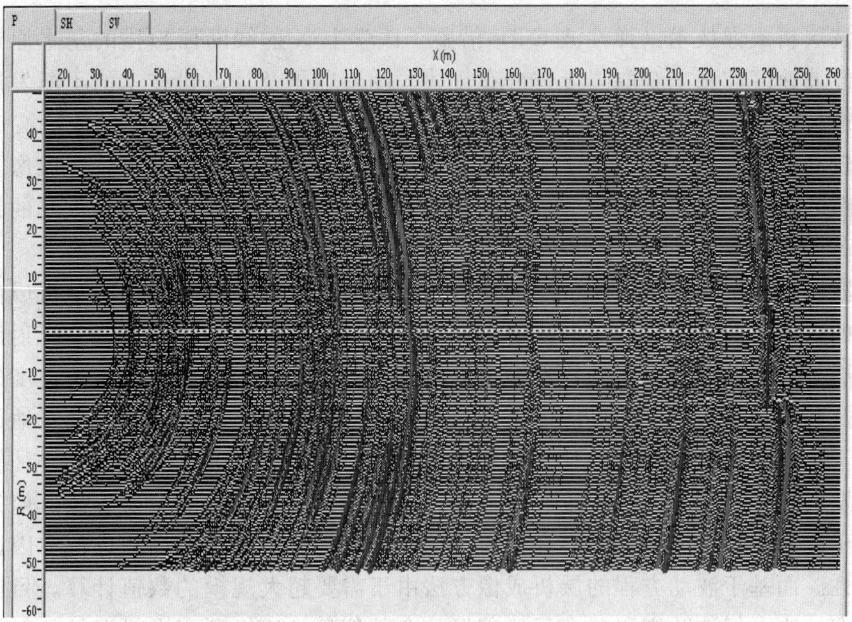

图 8-22　里程 YK149＋182～YK149＋387 间的 P 波深度偏移图

（湖北省神龙地质工程勘察院提供）

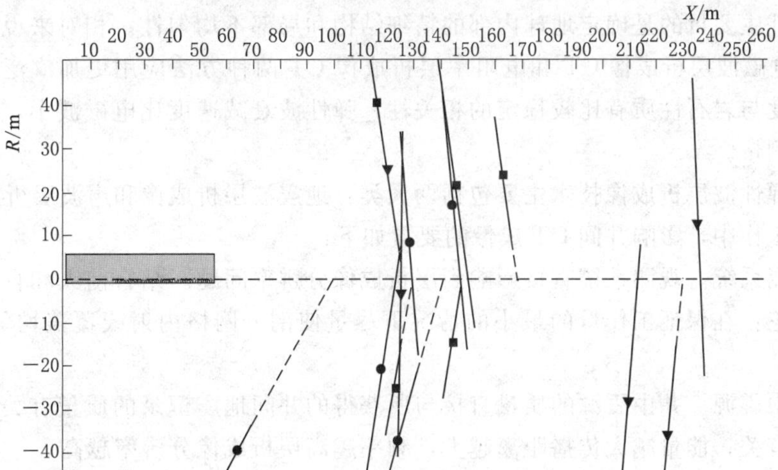

图 8-23　里程 YK149＋182～YK149＋387 间的 2D 反射面图

（湖北省神龙地质工程勘察院提供）

第三节　井间弹性波勘探

一、井间弹性波CT的基本原理

弹性波层析成像技术（弹性波CT）借鉴了医学上X射线断面扫描的基本原理，利用大量的弹性波速度信息来获取岩土体分布规律。随着电子及计算机技术的不断发展，弹性波层析成像技术也在不断成熟和完善，作为一门新颖物探勘查技术，与常规波速测定相比，具有较高的分辨率，更有利于全面细致地对岩体进行质量评价，为波速成像及岩性划分开拓了新的路径，在岩溶勘查、采空区探测等工程物探中发挥着越来越重要的作用，并取得了显著的勘探效果。

弹性波层析成像研究按照所依据的理论基础一般分为基于射线方程的层析成像和基于波动方程的层析成像。前者按照射线追踪时所用的地震资料的不同又可分为反射波、折射波和面波层析成像；按照反演的物性参数区分，可分为地震走时反演地震波速度的波速层析成像以及利用地震振幅衰减反演地震衰减系数的层析成像。基于射线理论，地震走时层析成像由于走时具有较高的信噪比、无论是柱面波还是球面波走时的规律都相同等优点，相对来说发展较早，技术方法比较成熟，是目前弹性波层析成像的主要方法。但是射线理论只适用于波速在一个波长范围内变化很小的场合，是波动方程的高频近似，因此它有一定的局限性。而基于波动方程的层析成像方法由于需要超大规模的数值计算，目前还有许多问题没有解决，但波动方程包含了地震场的全部信息，比仅利用走时资料的射线追踪层析成像更能客观地反映地下结构的信息，因此是地震层层析成像的主要发展方向。

弹性波层析成像就是用弹性波数据来反演地下结构的物质属性，并逐层剖析绘制其图像的技术。其主要目的是确定地球内部的精细结构和局部不均匀性。相对来说弹性波层析成像CT较电磁波层析成像CT和电阻率层析成像CT两种方法应用更加广泛，这是因为弹性波的速度与岩石性质有比较稳定的相关性，弹性波衰减速度比电磁波小，且电磁波速度快，不易测量。

目前，弹性波层析成像技术主要包括两大类：地震波层析成像和声波层析成像。

在实际工作中，影响井间CT成像的要素如下：

(1) 观测系统。观测系统直接影响到层析成像分辨率问题。结合前人和自己试验模型得出如下结论：在保证工作量的最小的情况下尽量使剖分网格内射线覆盖均匀，密度大，交叉角度大。

(2) 井中震源。井中震源的质量直接与所获得的井间地震记录的质量有关，还与施工效率和成本有关；能量越大传播距离越大，频率越高层析成像分辨率越高。

(3) 井中检波器。一般采用灵敏度高、抗噪能力强、频带宽的压电陶瓷检波器（水听器）。

二、井间弹性波CT的观测系统

弹性波层析成像技术基本原理为根据目标体的大概分布规律合理布设钻孔和观测系统

（图 8-24），采用一发多收的扇形透射，经过诸点激发将在被测区域形成致密的射线交叉网络。按照激发与接收时间互换原理，每条射线弹性波旅行时间将被唯一确定，射线通过异常体时，将产生时间旅行差。当多条致密交叉射线通过异常体时，就会对异常体的空间位置进行唯一确定，然后再根据射线的疏密程度及成像精度的要求，在施测范围内划分若干规则的成像单元，实现透视空间离散化。可认为每个成像单元的介质是均匀的，波速是单一的，通过对诸多成像单元波速的数学物理反演计算，可获得异常体波速的展布形态。

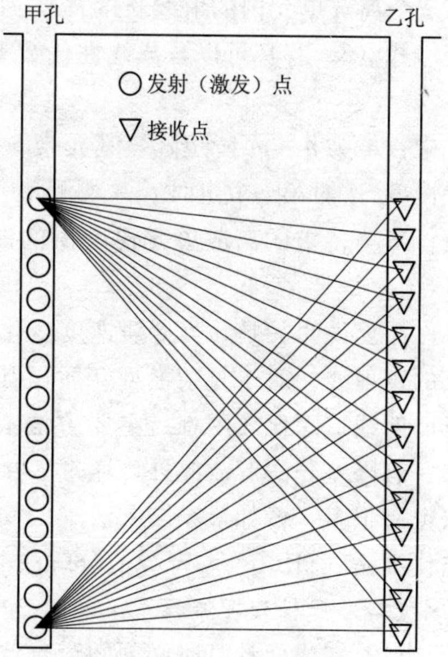

图 8-24　钻孔地震 CT 层析成像观测系统示意图

三、井间弹性波 CT 的资料处理

井间弹性波层析成像资料的处理分为两部分：射线追踪和反演成像。

（一）理论基础

井间弹性波层析成像中，弹性波射线走时可以表示为慢度（速度的倒数）沿射线的积分，即

$$T_{(s,\ r)}=\int_{l[W(x),\ t,\ r]}W(x)\mathrm{d}l+\delta T_{(s,\ r)} \tag{8-19}$$

式中：W 为慢度；x 为目标区点的坐标；s、r 分别为震源和接收点；l 为射线路径；δT 为噪声。

令 $\lim_{k\to\infty}W_k(x)=W(x)$，得

$$W_k(x)=W_{k-1}(x)+\mu\,\Delta W_k(x),\quad k=1,\ 2\cdots \tag{8-20}$$
$$\Delta W_k(x)\ll W_{k-1}(x)$$

式中：ΔW_k 为慢度扰动量；μ 为松弛因子；k 为迭代次数。

则

$$T-T_{k-1}\approx\int_{lk-1}\Delta W_k(x)\mathrm{d}l+\delta T_{(s,\ r)} \tag{8-21}$$

式（8-21）也可表示为

$$\Delta T_k=\boldsymbol{A}_{k-1}\,\Delta W_k+e_k \tag{8-22}$$

式中：$\boldsymbol{A}_{k-1}$ 为射线段长度组成的系数矩阵；ΔT_k 为走时差，e_k 为观测值差。

在已知初始慢度 W_0 的情况下，通过射线追踪求出 A_{k-1} 和 ΔT_k。以此为基础，由迭代计算可以获得慢度 $W(x)$ 的解。

在研究区进行 CT 成像之前，需要对成像区和式（8-19）离散化，即

$$T_i=\sum_{j=1}^{m}W_j\,l_{ij} \tag{8-23}$$

式中：T_i 为记录的走时数据；W_j 为第 j 个离散单元内的平均慢度；l_{ij} 为第 i 条射线经过

第 j 个离散单元内的射线长度；m 为离散单元个数。

式（8-23）可以写成线性代数方程：

$$\boldsymbol{AX}=\boldsymbol{b} \tag{8-24}$$

式中：$\boldsymbol{A}$ 为 $n\times m$ 阶矩阵，其元素 a_{ij}（$i=1，2，\cdots，n$；$j=1，2，\cdots，m$）是第 j 个单元慢度 S_j 对第 i 个走时 t_i（观测值）的贡献量，$a_{ij}=l_{ij}$，n 为射线路径（或接收点）个数；$\boldsymbol{X}$ 为待求的离散单元慢度值的向量，$\boldsymbol{X}=(X_1，X_2，\cdots，X_m)^{\mathrm{T}}$；$\boldsymbol{b}$ 为各射线走时，$\mathrm{b_i}=\mathrm{t_i}$。

需要说明的是，当介质速度变化不大时，弹性波射线可以近似认为是从激发点到接收点的直射线。对于复杂模型介质，其速度变化大，弹性波射线轨迹通常为弯曲的。这时，弯曲射线追踪比较困难，主要方法有打靶法、最小走时法、线性走时插值法、平方慢度法、有限差分法等。此外，通过各接收点记录的走时重构井间模型参数（慢度）的反演方法也有很多，譬如最小二乘法（LSQR）、共轭梯度法（CG）、代数重构法（ART）、联合迭代算法（SIRT）和奇异值分解法（SVD）等。

（二）资料处理流程

（1）在成像计算时必须知道首波（初至波）从激发点到接收所走路径，当所测剖面比较均匀时可近似为两点间连线（直射线）。当异常体变化很大时，根据费马原理首波将沿走时最小的路径传播，要实现弯曲射线 CT 首先必须能够快速计算出首波走时和路径，通过应用《图论》中 Dijkstra 所提出的最佳路径算法，成功解决了这一难题[2,3]，使得计算次数由 $O(N^1)$ 降为 $O(N^2)$。同时通过限定射线弯曲程度减少查找结点数可以进一步提高成像速度。

（2）在首先使用直射线方法对剖面成像后，剖面速度图像由许多正方形单元组成，每个单元内波速可近似认为均匀不变。据弹性波传播原理射线只能在单元边界上发生反射、折射或散射，因此进行射线追踪时，首先要对单元边界进行离散，选择快速计算方法是只用边界交点作为计算结点；精细计算方法是在单元边界中间内插一个结点，这样精度有所提高，但计算时间加长。由于弯曲射线是在直射线附近弯曲，如果用剖面内所有结点来追踪射线，计算量很大且没有必要。因此，规定在进行射线追踪时，在以其激发点和接收点作为焦点所作椭圆内进行，则结点数可减少很多，提高计算速度。当椭圆参数 $b/c=1/10$ 时称为小弯曲成像方法，适用于异常体较小的情况；当椭圆参数 $b/c=1/5$ 时称为大弯曲成像方法，适用于异常较大的情况。

（3）成像时首先用直射线方法计算各单元平均慢度值［即初值 $S^{(0)}$］。设某一单元内有 n 条射线通过，l_m 是其中第 m 条通过单元的射线长度，且其射线总长为 L_m，走时为 T_m，则通过单元所用的时间分配 $t_m=T_m l_m/L_m$，n 条射线通过单元的总时间分配为 $t_n=\sum_{m=1}^{n}t_m$，总长度分配为 $l_n=\sum_{m=1}^{n}l_m$，则该单元的平均慢度 $S=t_n/l_n$。

（4）用 SIRT 联合迭代算法（simultaneous iterative reconstruction technique）进行 CT 成像，即校正各单元慢度值 S。设某一单元内共有 n 条射线通过，T'_m、T_m 分别是通过该单元的第 m 条射线的计算走时和实测走时，l_m（可用直射线或者弯曲射线追踪算法求出）是射线通过该单元内的长度。则分配给该单元的走时误差 $\varepsilon_m=(T_m-T'_m)l_m/L_m$，

n 条射线通过单元内总走时误差为 $\sum_{m=1}^{n}\varepsilon_m$，总射线长度为 $\sum_{m=1}^{n}l_m$，单元慢度 S 用下式校正：$S^{(k+1)}=S^k+\sum_{m=1}^{n}\varepsilon_m/\sum_{m=1}^{n}l_m$。如果已知介质波速变化范围，可使用约束条件 $(1/V_{\max})<S^{(k+1)}<(1/V_{\min})$ 提高计算精度。

（5）重复执行软件成像反演功能，用平均相对误差 $\sigma=[\sum_{m=1}^{n}|T_m-T'_m|/T_m]/n\times 100\%$ 来判断其收敛程度，当 σ 很小或不再减小时即可停止计算，这时所得图像即为剖面 CT 成像结果。

四、资料解释及应用

新建东都—平邑线铁路工程自磁东线东都站至荷兖日线平邑站，位于新泰市东南部和平邑县西北部，全长 60.13km。线路经过沈村矿区，在 DK1＋360～DK3＋700 内有长期、多层、富水、重复开采的煤层采空区，该段线路跨越采空区长度达 2.16km，空间上在线路下分布有 4～5 层的复杂采空区，采空区变形引起多处地面塌陷、下沉、房屋变形。因此大型采空区的存在将会对东平线铁路工程的修建和正常运营产生重要影响。

此采空区具有大型沉陷盆地及小煤窑式古空区共同存在的特点，在如此复杂且深埋又多层的采空区配合地质钻探进行物探检测尚无成功经验。采用先进手段对采空区整治处理前后进行检测，正确快速评价治理效果，是确保铁路建设安全的关键所在。为此，本次注浆处理效果物探检测试验工作选择有代表性的两段作为实验段，两个试验段里程如下。

（1）在 DK1＋460～DK1＋620 试验段，从注浆前 S1－Ⅲ－24 与 S1－Ⅲ－25 孔对地震波 CT 成果图（图 8－25）中可得出，孔间存在的三个软弱区分别位于－70～－65m、－85～－78m 和－104～－98m 处，其与附近钻孔 S1－Ⅲ－33 孔及已知地质资料对应关系良好，说明地震波 CT 采集处理效果较好。

（2）在 DK2＋380～DK2＋550 试验段，从注浆后 S3－Ⅲ－13 与 S3－Ⅲ－14 孔对地震波 CT 成果图（图 8－26）中可得出：尽管两孔已经是注浆后孔对，但孔间仍存在两个明显的软弱夹层，分别位于－82～－78m 和－105～－96m 处，方向斜向小里程侧。对照地质资料，可知该深度范围内，注浆处理未触及到。说明该段的注浆处理深度不大，－78m 以下未曾处理。

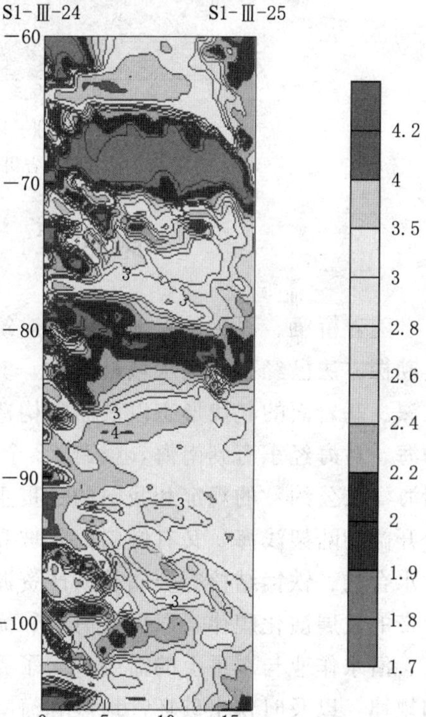

图 8－25　S1－Ⅲ－24 与 S1－Ⅲ－25 孔对地震波 CT 成果图

（四川省川建勘察设计院勘探分院提供）

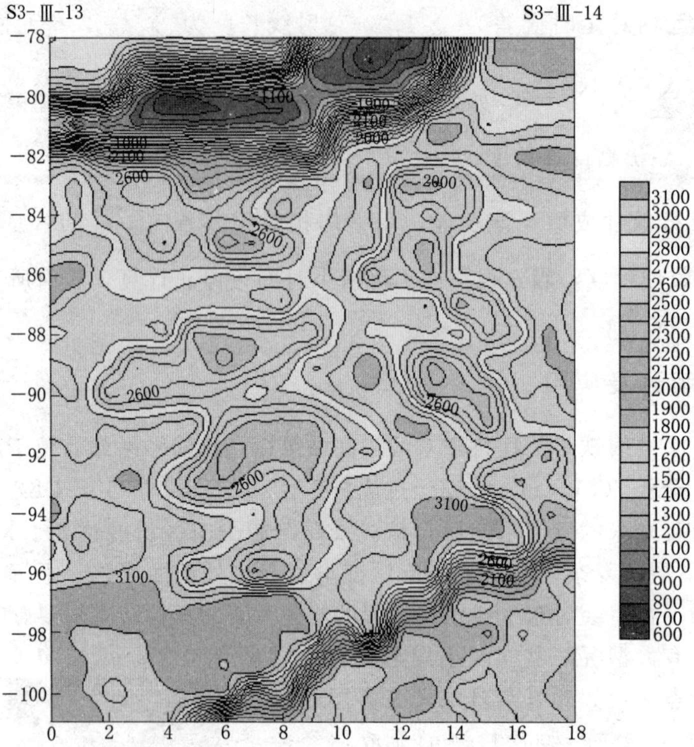

图 8-26　S3-Ⅲ-13 与 S3-Ⅲ-14 孔对地震 CT 成果图

（四川省川建勘察设计院勘探分院提供）

第四节　水域弹性波勘探

随着桥梁、码头、大坝等大型建筑的建设，曾在陆地勘察中发挥过重要作用的工程地震勘探方法已经延伸到水域勘察中，其应用范围较广，主要应用于查明河床覆盖层厚度、水深、基岩面的起伏形态以及断裂构造发育特征等方面。此外，中国是一个海洋大国，从渤海、黄海经东海到南海，横跨 22 个纬度带，全国海岸线总长达 32000km；根据《联合国海洋法公约》的规定和我国的一贯主张，可划归我国管辖的海域面积近 300 万 km^2，既有开阔的陆架浅海，又有倾斜的陆坡和深邃的海盆。海底蕴藏着丰富的石油天然气、天然气水合物、铁锰结核等金属等矿产资源，是一个巨大的资源宝库。为了认识海陆变迁和海岸带的发展演化规律，以保证海底、海岸和港口工程建设，满足航海交通、渔捞、海底通信、潜水作业与军事上的需要；为了弄清与人们生产活动密切相关的海底地震发生的原因和规律，以及时作出破坏性地震和海啸的预报；为了保护海洋环境、防止底质污染等一系列的需要，海洋地质地球物理学研究正越来越受到人们的重视。

水上地震勘探与陆地地震勘探相比有优势，主要体现在：①在水中没有面波及剪切波干扰；②水上噪音虽然也比较严重，但由于这些干扰大多属于规则干扰，相对容易压制。同时，水上地震勘探也有其困难的一面，主要体现在：①水上位置难以准确定位；②多次反射问题比较严重，尤其是水浅和水下土层较硬的时候尤为明显。

目前，水域弹性波勘探仪器主要有单频回声测深仪、双频回声测深仪、多波束测深仪、侧扫声声呐仪、浅地层剖面仪、水上地震勘探仪等，其中浅地层剖面仪和水上地震勘探仪是用于水下工程及地质勘探的主要装备。无论是声波还是地震波，其原理相同，这里仅介绍水声勘探的基本原理。

一、水域弹性波勘探的基本原理

声波在水中传播时，根据牛顿第二定律有

$$-\nabla P=\rho\frac{\partial V}{\partial t} \tag{8-25}$$

式中：P 为声压；ρ 为密度；V 为速度；∇为微分算子。

利用连续性方程和运动方程，可以得到

$$\rho\nabla\left(\frac{\nabla P}{\rho}\right)-\frac{1}{V^2}\frac{\partial^2 P}{\partial t^2}=0 \tag{8-26}$$

式（8-26）为声波在水域中传播的波动方程。

水声勘探时，以固定偏移距人工激发宽频带的声波脉冲，当声波脉冲遇到具有不同波阻抗的分界面时，产生反射波和透射波，接收检波器接收来自水底面和水下地层分界面的反射波。水中勘探仅仅考虑纵波的传播特点。随着测量船只的航行，可以获得沿航线的连续波形记录剖面。根据记录的波形剖面可以解释水下反射界面，从而探测水底地形并进行水下地层分层等。

浅地层剖面仪主要由发射系统和接收系统两大部分组成。发射系统包括发射和发射换能器，接收系统由接收机、接收换能器和用于记录和处理用的计算机组成，此外还有电源、电缆、接线盒等其他配套设备（图 2-7）。声波的发射换能器主要有：压电陶瓷式、电磁脉冲式、声参量阵式、电火花震源以及其他（机械振动、气枪、蒸汽枪、水枪、组合枪、炸药等）。压电陶瓷式的震源传播距离短，电火花震源和炸药传播距离长，有利于获得水下地层分布特征信息，在浅水的河道中也可以使用一些机械振动装置。声波的接收换能器也称作水听器，是由密封在电缆中的多个按照一定顺序排列起来的检波器组成，其性质与检波器的本身指标、排列间隔和数量有关。此外，为了配合野外勘探，需要测深仪和定位测量系统同步开展工作（图 8-27）。

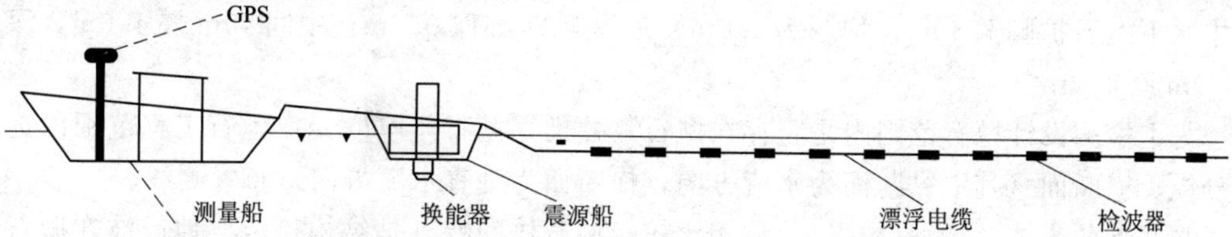

图 8-27　水域弹性波勘探的数据采集示意图

二、水域弹性波勘探的数据处理

在进行资料解释与应用之前，需要对野外原始数据进行处理。根据野外记录的坐标

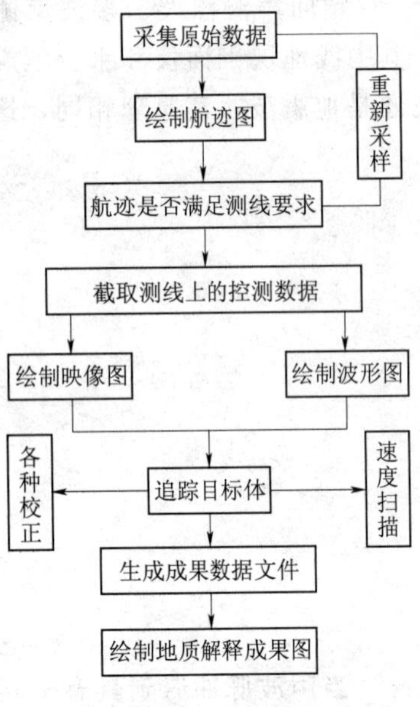

图 8-28　水声勘探的数据处理流程

高程点绘制航迹图，并在航迹图中绘出测线，依据测线起始位置截取航迹中的测线数据，显示测线段的探测剖面，以此追踪探测目标体。具体处理流程如图 8-28 所示，其中各种校正主要包括水位、风浪、海水声速、拖鱼吃水深度和速度等校正，具体作用如下：

(1) 水位校正。将不同时期观测的水位高程绘制成水位线，据此进行水位校正。

(2) 风浪校正。海上作业风浪较大，应使用专业软件进行风浪校正。

(3) 海水声速校正。海洋中的声速与温度、压力（深度）和盐度有关，可以使用一些经验公式对其进行校正。

(4) 拖鱼吃水深度校正。通常，拖鱼安装在水下有一吃水深度：在河流、湖泊及水库中作业时风浪较小，设置吃水深度浅；在海上作业时风浪大，设置吃水深度深。在数据处理时，探测深度要加上拖鱼吃水深度才是水下目标的真实深度。

(5) 速度校正。利用钻孔或以往资料进行速度校正。对于多层松散介质，难以获得各层的准确波速资料，校正是很困难的。

三、水域弹性波勘探的资料解释与应用

水域弹性波勘探资料在工程中的应用分为两方面，即内陆河道及水库的水底地形及水下地层结构评价和水下目标体探测，如河道内护岸的抛石的分布，海岸带的水底地形及水下地层结构评价。

（一）河道内护岸的抛石的分布探测

成德洲位于长江干流铜陵市境内，2015 年以前成德洲未实施过护岸工程。2015 年实施的成德洲护岸工程长度为 2400m，主要建设内容为水上混凝土块护坡和水下抛石护脚。其中水下抛石护脚宽 80m，均厚为 1.0m，近岸侧 20m 厚 0.8m，中间 40m 厚 1.0m，深泓侧 20m 厚 1.2m。

为了检测设计抛石范围内是否存在抛石，并推算抛石体厚度，在抛石工程范围内选取部分纵、横断面（其中纵断面为水流方向，横断面为垂直水流方向）布置测线。

与邻近的水体及淤泥层或岩土体相比较，抛石体的特点是结构松散。地震波在抛石体内传播时，由于抛石体的松散性，不断发生反射，从而产生绕射现象，而且相对于水体及其下的淤泥层，抛石体反射更加强烈。抛石区与未抛石区的波形见图 8-29。而地震波在水体、淤泥层或岩土体等传播时，由于这些介质是相对均匀的，不会产生绕射现象。根据上述特点，利用水域高密度地震映像法可以判断水下是否存在抛石体，并划分出抛石体顶、底界面。图 8-30 为 1 条野外实测的水域地震剖面（垂直于河道的横剖面），图中可

以看出，在河床上覆水体内没有地震反射信号，横剖面的河床起伏较大。在图 8-30 的右侧的河床上部出现了一定厚度的强反射层，经过验证为抛石区。

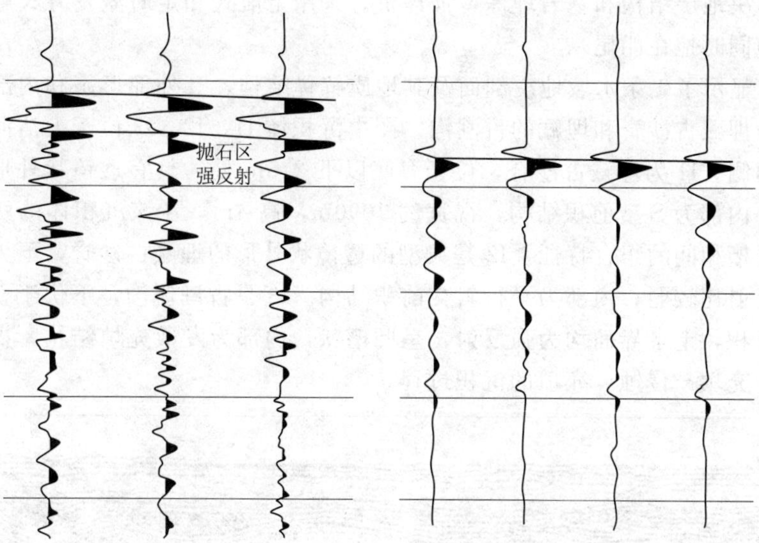

图 8-29　河道抛石区与未抛石区的地震波形对比

（淮委水利科学研究院提供）

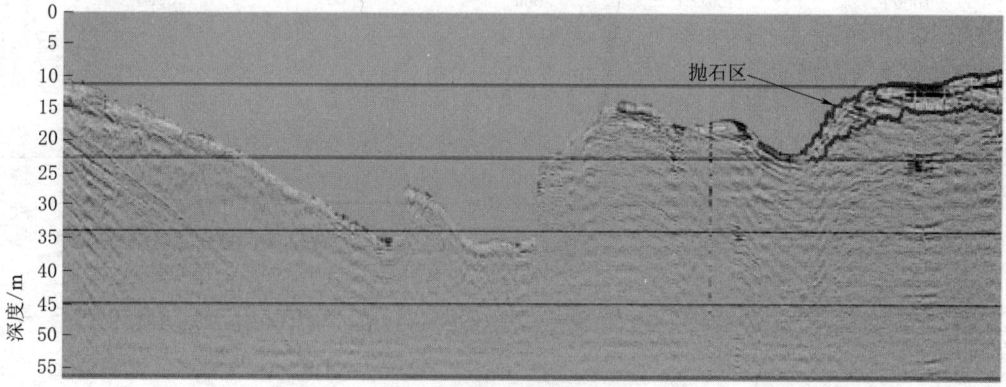

图 8-30　河道抛石区的水域地震剖面

（淮委水利科学研究院提供）

（二）海岸带的水底地形及水下地层结构评价

青岛海湾大桥（北桥位）东起青岛主城区 308 国道，西至黄岛红石崖，横跨胶州湾北部海域，连接青岛市的青岛、红岛和黄岛三部分，查明了桥址的第四纪地震地层层序、基岩面埋深变化、断裂及其活动性及潜在的致灾地质因素等对后期大桥建设非常重要。桥位区海域第四纪沉积基底以青山群的火山岩类为主，局部被后期中-基性岩（脉）侵入。钻孔揭示区内基底的主要岩性有泥岩、角砾岩、流纹岩、安山岩和玄武岩。其中，泥岩和角砾岩上部具有 20～40m 的全强风化带，中酸性的侵入岩（脉）上部的全强风化带较薄，为 0～3m。

施工中采用了多种物探方法，如浅地层剖面仪、水上地震勘探等。多道地震勘探采用电火花震源、海洋工程高分辨率 24 道地震仪和高频多道接收电缆组成的高频多道地震勘探系统，以解决地层结构和基岩埋深特征评价。采用走航式和定时激发方式施工，震源和多道接收电缆同时拖在船尾。

图 8－31 显示了 1 条水域地震剖面及其地质解释结构，其外部形态和内部反射结构可以用于划分为埋藏古沙脊和埋藏的古潮沟。图中沉积体 I1、I2、I3 位于大沽河水道和岛洱水道前缘的两侧。I1 为埋藏古沙脊，位于海底以下 2.5m 处，具有透镜状外形，上下界面均为强反射，内部为 S 型前积结构，视宽约 1090m，高 4m，在该沉积体的西侧伴生一凹槽，形成了脊槽相间的组合特征。I2 是典型的透镜状外形的埋藏古沙脊，下界面为强的反射，上界面反射比较弱，内部为平行斜交前积结构。I3 是古潮流沟，下伏于叠瓦状前积结构的三角洲沉积，上下界面均为强反射，呈凹槽状，内部为发散充填结构，揭示了该潮沟经历了侵蚀－充填－侵蚀－充填的沉积过程。

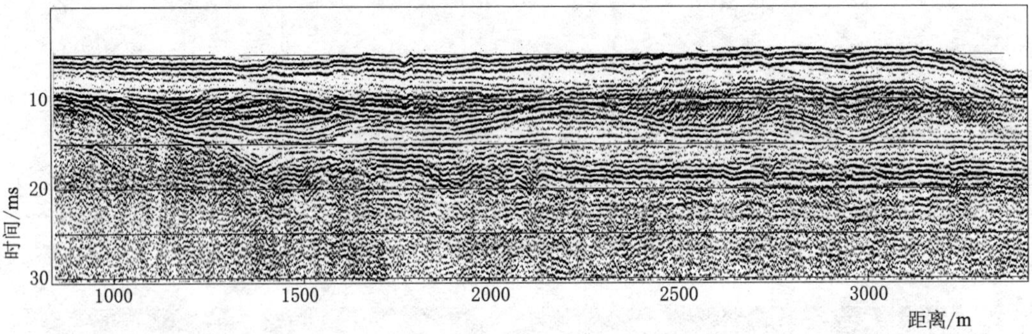

(a) 沉积潮流沙脊的水域地震剖面

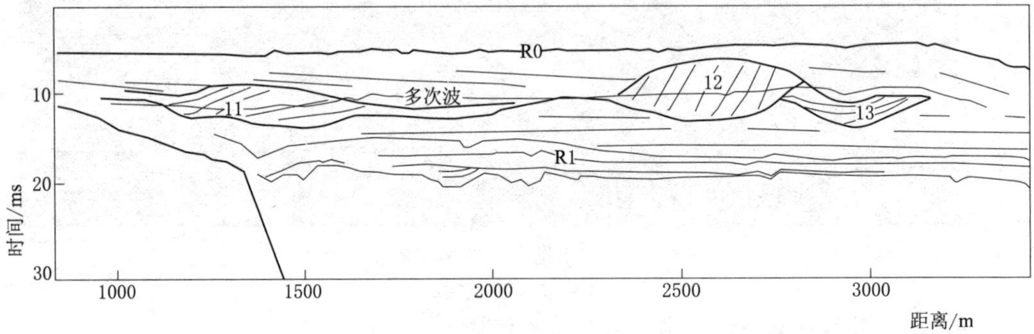

(b) 推断的地质结论

图 8－31 沉积潮流沙脊的水域地震剖面及推断的地质结论

(江苏省水文地质工程地质勘察院提供)

此外在晚更新世陆相层中局部发育了埋藏古河道，图 8－32 所揭示的河道的下界面为侵蚀界面，强反射，内部为杂乱充填结构，视宽度约为 500m，推测在晚更新世陆相环境形成的。

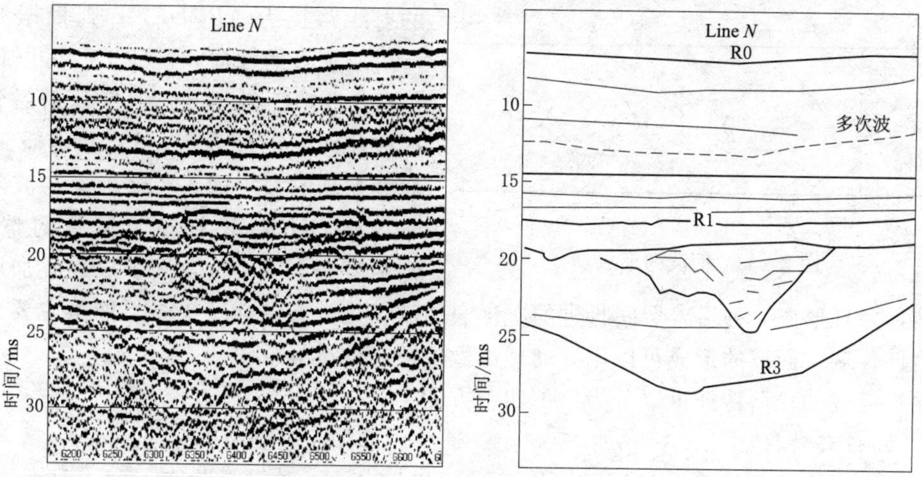

（a）埋藏古河道的水域地震剖面　　（b）推断的地质结论

图 8-32　埋藏古河道的水域地震剖面及推断的地质结论

（江苏省水文地质工程地质勘察院提供）

第五节　瑞 雷 面 波 勘 探

瑞雷面波是由英国学者 Rayleigh 于 1887 年首先在研究弹性介质中的波动时发现的，并了解到这种波动的传播速度低于 P 波和 S 波。随后，天然地震的记录证头了面波的存在，并且利用面波的特征来研究大陆和海洋的地壳以及地球内部的结构。

瑞雷面波勘探是近年发展起来的浅层地震勘探新方法。传统的地震勘探方法以激发、测量纵波为主，面波则属于干扰波。事实上，面波传播的运动学、动力学特征同样也包含着地下介质持性的丰富信息。近年来，随着仪器设备和数据处理技术的发展，把人工激发并记录的瑞雷面波用于解决地下浅部工程和环境地质问题的面波勘探方法逐渐兴起，成为值得推广应用的物探新技术。

在地球介质中，震源处的振动（扰动）以地震波的形式传播并引起介质质点在其平衡位置附近运动。按照介质质点运动的特点和波的传播规律，地震波常可分为两类，即体波和面波。纵波（P 波，压缩波）和横波（S 波，剪切波）统称为体波，它们在地球介质内独立传播，遇到界面时会发生反射和透射。当介质中存在分界面时，在一定的条件下体波（P 波或 S 波，或二者兼有）会形成相长干涉并叠加产生出一类频率较低、能量较强的次生波。这类地震波与界面有关，且主要沿着介质的分界面传播，其能量随着与界面距离的增加迅速衰减，因而被称为面波。在岩土工程中，分界面常指岩土介质各层之间的界面，地面是一较特殊的分界面，其上的介质为空气（密度很小的流体），有时又把它称为自由表面，把自由表面上形成的面波称作表面波。这里介绍的瑞雷面波就是这种表面波。

一、瑞雷面波的形成及特征

面波的形成可以用一个简单的例子来说明，图 8-33 是一个地表下厚度为 H 的覆盖层的简单模型。如果一平面体波的简谐波在图中覆盖层内的传播满足全反射条件，其传播

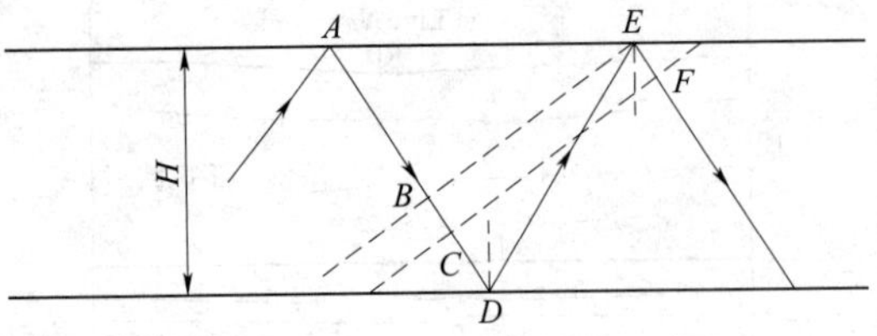

图 8－33　面波的形成

的射线路径为 $ABCDEF$，则根据波前面与射线垂直的性质，虚线 CF 可以代表波由 C、D、E 和 F 经过两次反射后到达 F 的波前面，也可以表示由 A 传播到 C 的后续振动的波阵面。当波前面与波阵面的时程差 $CDEF$ 正好等于波长的整数倍，则两者完全同相位，其合成或叠加属于相长干涉，并且形成一种沿着层间行进的次生表面波，这种波的能量更强且能量主要集中在地表附近。瑞雷面波的形成可以用波动理论做更严谨的推导。

瑞雷面波的传播特征可以分为以下四个方面。

（一）位移特征

波动方程中的 P 波和 S 波可以用位函数 φ 和 ψ 表示。对于简谐波 φ 和 ψ 具有 $e^{i\omega t}$ 的形式。如果存在由 P 波和 S 波叠加形成的瑞雷面波，则 φ 和 ψ 满足波动方程的解可以表示为

$$\left.\begin{aligned}\varphi &= A e^{-\frac{\omega}{V_P}\sqrt{\left(\frac{V_P}{V_R}\right)^2-1}\cdot z} e^{i\omega\left(t-\frac{x}{V_R}\right)}\\ \psi &= B e^{-\frac{\omega}{V_S}\sqrt{\left(\frac{V_S}{V_R}\right)^2-1}\cdot z} e^{i\omega\left(t-\frac{x}{V_R}\right)}\end{aligned}\right\} \tag{8-27}$$

式中：V_P、V_S 和 V_R 分别为纵波、横波和面波波速；ω 为简谐波的角频率；x 为地表距离；z 为深度；t 为波的传播时间；A、B 为系数，可以通过引入边界条件获得。

把式（8－27）中的位函数代入位移分量中，求偏导数后令 $z=0$，即可得到地表处质点在 x 和 z 方向上的位移分量：

$$\left.\begin{aligned}u_x \mid z &= 0 = 0.42c\, e^{i\left[\omega\left(t-\frac{x}{V_R}\right)-\frac{\pi}{2}\right]}\\ u_z \mid z &= 0 = 0.62c\, e^{i\omega\left(t-\frac{x}{V_R}\right)}\end{aligned}\right\} \tag{8-28}$$

式中：c 为任意常数，与震源强度和介质吸收特性有关。

从式（8－28）可以看出，地表处质点位移的水平分量与垂直分量的幅值之比为 2∶3，且水平分量的相位滞后 $\pi/2$，因而质点位移呈绕其平衡位置的椭圆，在平衡位置正上方时质点运动方向与波的传播方向相反，故而可以将面波质点运动轨迹称为逆进椭圆。

此外，式（8－27）中位函数 φ 和 ψ 的幅值随深度 z 增加按指数迅速衰减，一般认为瑞雷面波的影响深度（或穿透深度）不超过一个波长的值。

（二）波速特征

波速是反映介质性质的重要参数，它是瑞雷面波勘探的基础，由介质的弹性模量和泊松比 ν 之间的换算关系，以及瑞雷面波在介质中的传播特点和条件方程（或频散方程），可以得到瑞雷面波波速与横波波速之间的近似关系为

$$V_R = \frac{0.87+1.12\nu}{1+\nu} V_S \tag{8-29}$$

工程勘察中，一般土层的泊松比 $\nu=0.45\sim0.49$，于是 $V_R \approx 0.95V_S$。为此，在难以获得介质横波波速的地区，可以通过测量瑞雷面波波速，估算有关介质的横波波速以及相对应的岩土力学参数。

在自由表面的瑞雷面波形成的讨论中，地下介质被认为是一个均匀、无限大的半空

间。实际上，由于瑞雷面波的穿透深度大约为一个波长，在地表测得的瑞雷面波速度被认为反映了小于一个波长的某一深度范围内介质的平均弹性性质。为此，实际测量时可以激发不同频率的瑞雷面波（其波长也随之变化），可以获得反映不同深度范围内介质的平均速度，这是面波勘探资料处理解释的依据之一。

（三）衰减特征

P波和S波的波前在均匀介质中为球面，其能量按 $1/r^2$ 的规律衰减（r 为震源与接收点之间的距离），也就是说波的振幅以 $1/r$ 的方式减小。瑞雷面波的波前在介质内是高度约为一个波长的圆柱面，为此，波的能量按源距 r 的倒数形式衰减，即瑞雷面波的振幅按 $1/\sqrt{r}$ 的规律减小。这表明，瑞雷面波比体波的衰减慢得多，这也是面波勘探的优势之一。

（四）频散特征

实际介质中传播的波动很少为单频波，往往是由许多不同频率的单频波叠加而成的复合波。其中，每个单频波的传播速度称为相速度 V，复合波的传播速度称为群速度 U，二者之间的关系为

$$U = V - \lambda \frac{\mathrm{d}V}{\mathrm{d}\lambda} \tag{8-30}$$

式中：λ 为单频波的波长。

当波动的相速度随着频率而发生变化，则该波动有频散现象。在弹性介质中，体波的各相速度与频率无关，$U=V$，即没有频散现象，实际中体波可以表现为弱频散现象。然而，面波在传播中有频散现象，这将给资料分析带来困难。当相速度随频率的降低而增大时属于正频散（$U<V$），反之为反频散（$U>V$）。

自由表面的瑞雷面波是面波中的一个特例，它的频散方程中不包含频率参数，表明其相速度与频率无关，即无频散现象。

二、瑞雷面波勘探的资料采集

（一）稳态激振法

在稳态法中，将稳态激振力作为震源，其形成的稳态面波以圆柱面式的波阵面向远处传播，为了准确地测量面波传播的时差或相位差，震源和检波器在测线上应按直线布置。测试场地上选择较平整的部位安置底板，在其上安装激振器，用水准仪检查激振器并调整底座，以保证激振器沿垂直方向振动。

系统调试完毕即可按设计的频点逐个测试，一般按频点的频率由高至低或由低至高的顺序进行激发与接收。具体步骤为：①记录点位、检波器排列的参数（偏移距、道间距、检波器编号等）；②调节信号源和功率放大器，选择频点的工作频率；③改变频率值进行下一个频点的测量。

由于面波速度反映大约半个波长深度以上介质的平均速度，由此可以估计出当频率 f 为100Hz、60Hz、20Hz和5Hz时，频率步长可选择为27Hz、10Hz、1Hz和0.06Hz。

（二）瞬态激振法

在瞬态法中，为了保证每次激振时各频率成分的信号有足够大的相位差和考虑到地层可能的非水平条件，需逐次改变检波器的间距和采用激振点对称布置的方式，见图8-34。

频谱分析处理时取对称的两组结果的平均值作为两检波器连线中点处的值。Δx 选用 2m 左右效果较好。Δx 太小时体波的能量较强，Δx 太大则畸变较严重。

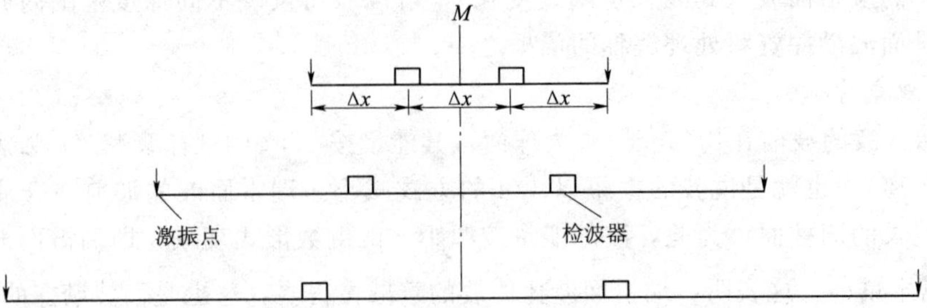

图 8-34　瞬态法的观测系统

瞬态法对震源的要求比较简单，多用锤击或落重法激振。为了获得对应于不同深度的波速，要求震源能产生各种频率成分的波。测试浅层时用小锤或较轻的铁块锤击地面获得高频信号并采用小间距；测试深度大时则相反。地震波主频 f_0 与落重法的重块质量 M 和重块底面积的半径 r_0 的关系为

$$f_0=\frac{1}{2\pi}\sqrt{\frac{4\mu r_0}{M(1-\nu)}}$$

其中：μ 为切变模量；ν 为泊松比。

瞬态法的有效波和干扰波不易区别，应该在同一震源位置重复测试数次进行叠加，以便达到增强有效信号、压制干扰的目的。目前，面波勘探可以采用多道接收，如图 8-35 所示。通常，面波数据现场采集采用图 8-35（a）的布置形式；如果沿测线方向遇有建筑物时，按垂直测线的方向布置地震剖面［图 8-35（b）］。

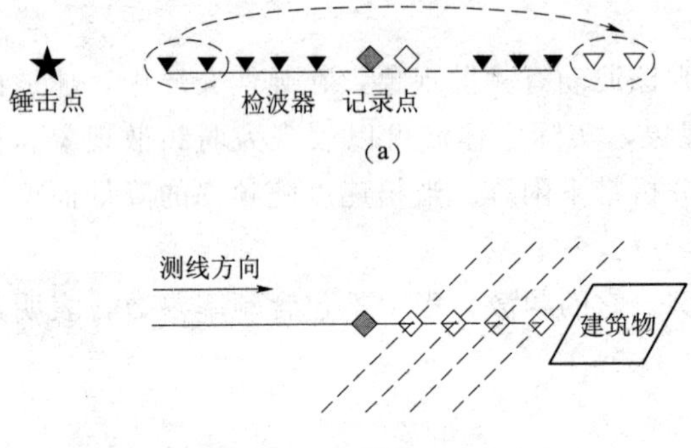

图 8-35　数据采集及测线布置示意图

三、瑞雷面波勘探的资料处理

目前，瑞雷面波测试仪器都具有现场处理资料的能力，但是为了提高测试工作的效率和资料处理效果，往往把测试数据带回基地，在室内完成后续的测试资料精细处理和解释。资料处理工作主要包括：原始记录的整理和质量评价；提高信号质量的处理；面波速度的计算和结果输出。

野外实际测试工作量大，采集点多，尤其是要求分辨率较高的勘探。因而规范、有序的整理、评价工作是资料处理、解释的重要基础。在面波速度的计算过程中，需要准确判读振动记录图上的相位。为此，在判读前采用适当的滤波方法消除某些干扰二产生的畸变。瑞雷面波勘探的核心问题是要准确地获得不同频率面波的相速度，同一频率面波的相速度在水平方向的变化反映出地质条件的横向不均匀性，不同频率面波的相速度的变化则反映出介质在深度方向的不均匀性。

(一) 时间差法

在最简单的情况下，面波以单频 f 的简谐波形式传播，距震源为 x 处的垂向位移可以表示为

$$u_x = A_0\sin(\omega t-\varphi)=A_0\sin\omega\left(t-\frac{x}{V_R}\right) \tag{8-31}$$

式中：φ 为相位。

沿波的传播方向，在地表布置距离为 Δx 的两个检波器 1 和 2（图 8-36），如将测得的两条曲线的第一个峰值代表该波的同一个相位，测出它们到达检波器的时差 Δt。由同相含义有

$$\omega\left[(t+\Delta t)-\frac{x+\Delta x}{V_R}\right]=\omega\left(t-\frac{x}{V_R}\right) \tag{8-32}$$

这样

$$V_R=\frac{\Delta x}{\Delta t} \tag{8-33}$$

一般将 Δx 调整为小于一个波长的长度。

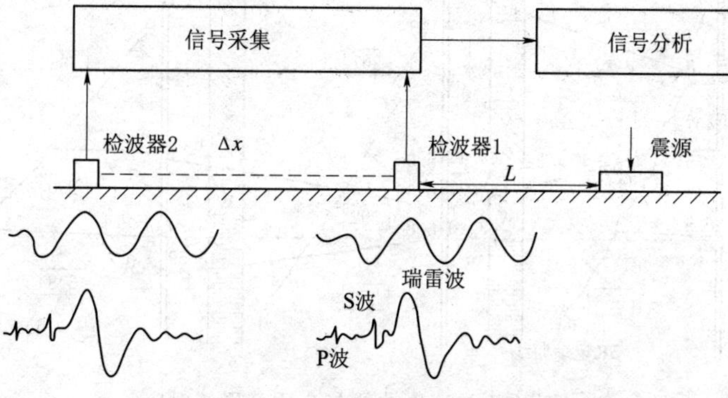

图 8-36 瑞雷面波勘探原理示意图

(二) 相位差法

如果在同一时刻 t 观测到单频波在两个检波器处的相位差 $\Delta\varphi$，则根据位移表达式 (8-28)有

$$\Delta\varphi=\omega\left(t-\frac{x}{V_R}\right)-\omega\left(t-\frac{x+\Delta x}{V_R}\right) \tag{8-34}$$

则

$$\Delta\varphi=\frac{\omega\Delta x}{V_R} \tag{8-35}$$

因而

$$V_R=\frac{\omega\Delta x}{\Delta\varphi}=\frac{2\pi f\Delta x}{\Delta\varphi} \tag{8-36}$$

式 (8-36) 表明，可以用距离 Δx 的两个检波器记录波形的相位差 $\Delta\varphi$，从而获得介质的面波速度的变化特征。

四、瑞雷面波勘探的资料解释与应用

瑞雷波速度资料中包含着地下介质的结构与特性信息，其在工程中的应用分为两方面：对岩土体地质特性的研究和对工程与环境的检测与监测。

（一）瑞雷面波的速度跃变与介质分层

在频点很密的瑞雷面波勘探中，尽管速度曲线与层速度不同，但速度曲线突变处的深度往往对应于介质的界面深度。理论研究和实践均表明，曲线上“之”字形（锯齿状）异常反映了地下弹性介质的分界面。如图 8－37 所示为三条实测的瑞雷面波速度曲线与地下分界面的关系，可以看出，曲线突变处的深度与地层分界面是吻合的，其解释结果得到了钻孔的验证。

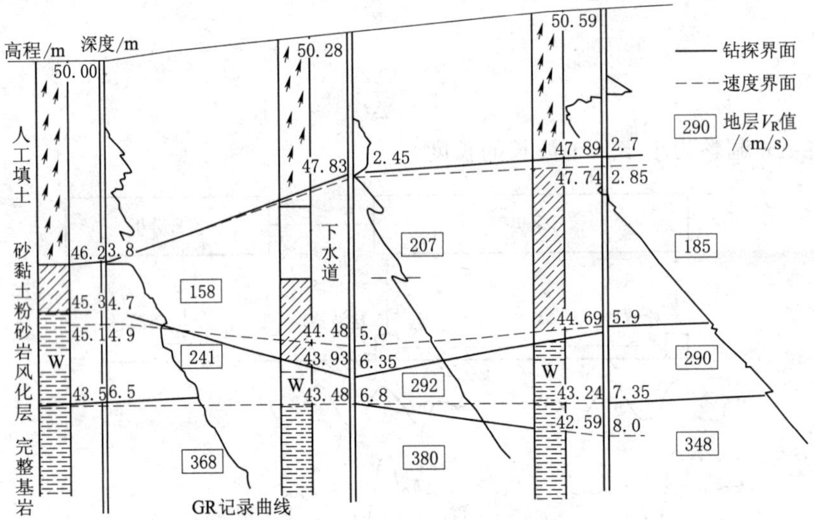

图 8－37　瑞雷面波速度曲线与介质分层的对应关系

在两层覆盖层的介质模型中，当层厚改变时面波频散曲线的计算结果给出了速度跃变与界面对应关系的解释。

（二）强夯地基的评价

强夯地基的评价工作对工程后期施工至关重要。研究区地处重庆市九龙坡区西部，四面高山环抱，境内丘陵起伏，地貌以丘陵兼低山为主。场地覆盖层为第四系全新统人工素填土和粉质黏土，基岩为侏罗系中统沙溪庙组泥岩、砂岩。图 8－38 给出了二期 1 号场地的南向北面波测深映像图，面波反演地层深度在 22m 左右。其中面波速度范围与西东向测试结果相近，波速在 180～600m/s 范围内。等波速曲线图总体呈水平层状展布。表层低速区剪切波速值在 100～280m/s 范围内，埋深为 4～8m；中间层波速在 380m/s 左右，埋深为 4～12m，局部地段较厚；底部高速区波速大于 450m/s。

为查明盾构段岩体松散以及断裂展布情况，在南京市石头城公园—虎踞关路为盾构段工程开展了面波勘探。场地内的地层岩性主要包括第四系全新统—上更新统冲积成因的粉质黏土、淤泥质粉质黏土、粉质黏土夹粉砂、粉砂夹粉质黏土、粉砂、中粗砂，人工堆积成因的素填土、杂填土，以及白垩系上白垩统的泥质砂岩、砂岩、角砾岩等。图 8－39（a）

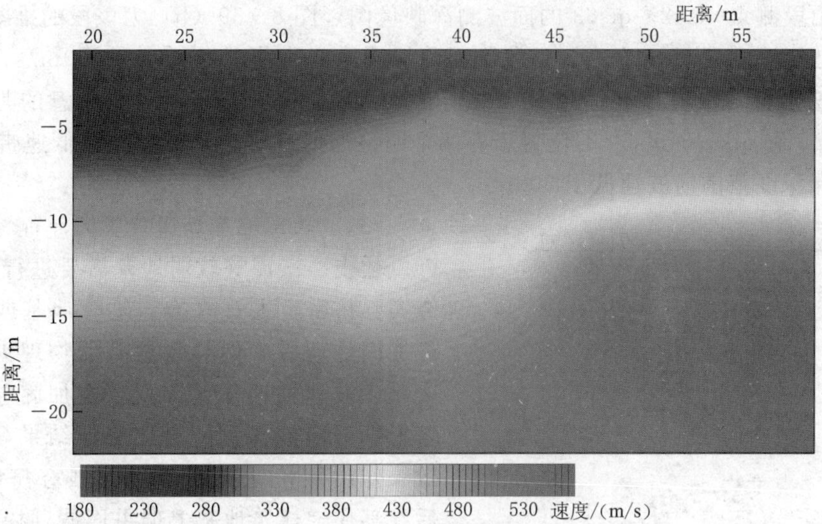

图 8-38 强夯地基的面波测深映像图

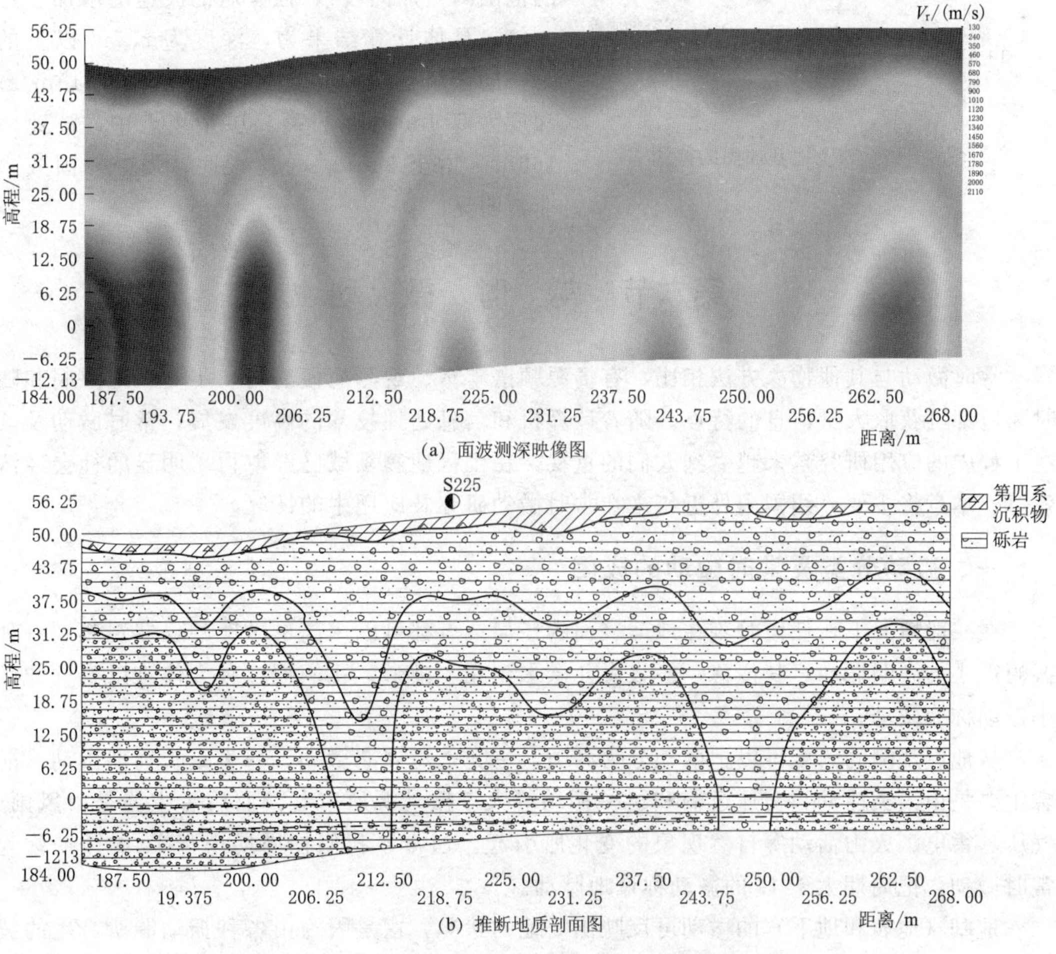

(a) 面波测深映像图

(b) 推断地质剖面图

图 8-39 岩体的面波测深映像图及推断地质剖面图

给出清凉山段测点 qls42～qls63 的面波测深映像图，图 8-39（b）为该段的推断地质剖面图。反演地层厚度在 60m 左右。该段剖面剪切波速变化范围为 130～1900m/s。第四系覆盖层厚度较为均匀，剪切波速值低于 220m/s，厚度为 3～5m。需要注意的是，在测点 qls48～qls49 和 qls57～qls59 的位置，有两个明显的低速带异常区域，该低速带亦呈 V 字形，在勘探深度范围内波速低于 500m/s。

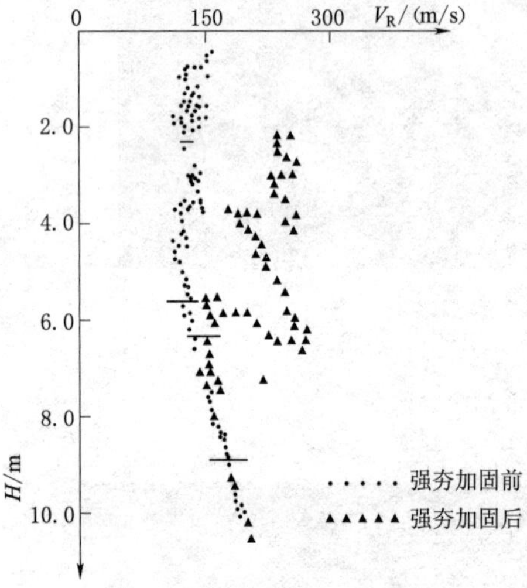

图 8-40　软土地基加固的检测

（三）软土地基加固效果的评价

软土、淤泥等软弱地基需要进行加固处理，夯实、挤密、土石置换、复合地基或桩基建造等加固处理后必然导致地基的物理力学性质的变化，波速值改变。因此，在加固前、后的地基上进行面波探测，对比测量结果，可对加固效果作出评价。图 8-40 为强夯挤密加固前、后在某住宅建筑地基上瑞雷面波勘探的速度-深度资料对比结果。可以发现，在深度 6m 以上的范围内（加固段），强夯后的波速值增加了近一倍。具体计算结果为，深度为 3.7m 以上的第一层杂填土中，波速由 175m/s 增至 318m/s；深度为 5.9m 以上的第二层杂填土中，波速由 166m/s 增至 346m/s。这说明，强夯加固效果非常明显。

第六节　常　时　微　动

常时微动与其他物探方法相比，有场源频谱丰富、观测简便易行、不受场地限制和随时随地都可获取大量信息的特点。随着计算机和信息处理技术的高度发展，常时微动及其在工程中的应用研究越来越受到人们的重视，在工程地震领域已经取得了明显的社会经济效益。本章将主要介绍国内外近年来在常时微动研究及应用中的情况。

一、微动分类及常时微动的成因

在一般情况下，任何时刻在地球表面的任何地点都可以用高灵敏度的仪器观测到一种振幅很小的微弱振动，其位移一般只有几微米到几十微米，我们把这种人体难以察觉的微小振动称为微动。

从地震观测的角度可以把微动分为两类，一类是短周期微动，一类是长周期微动。前者主要是由人类活动、交通运输和机械振动等人工振动源所引起，而后者主要是由风雨、气压、雷电、火山活动等自然现象的变化所引起。通常，我们把周期小于 1s 的微动称为常时微动，把周期大于 1s 的微动称作地脉动。

地基（地表和地下）的微动可反映出场地的状况，这是因为由各种振动源所产生的波具有不同频率，其波动传播特征包含了地基的固有特性。现已查明，微动波是由面波和体波组成的，周期为 1s 以下的常时微动，主要反映了场地结构的动力学特性，与震源关系不大，可以把它看成是由地下垂直入射的 SH 波，这种假设可以解释许多实际观测到的现象。根据日本人堀家、松岛和冈田等人的观测结果，周期为 1s 以上的中长周期微动，多数情况可用面波理论来说明，由于振幅、传播路径的不同，也有用体波说明的。

二、常时微动的性质

（一）常时微动的波形特征

（1）微动源是平稳的。常时微动的稳定性关系到最终的分析结果是否可靠，目前认为常时微动是一种平稳的随机过程。若将波形看作随机函数，它的各种概率特征参数（均值、自相关函数等）均不随时间而变化，可以用多次观测波形的总体平均值来确定随机过程的特征。

（2）具有各态历经性质。即在某观测点上某次波形的某段观测曲线的概率特征值就能代表其总体平均值。

（3）任何特定时间所观测的一簇波点呈高斯正态分布，微动过程的期望值为零。

（4）微动源为白噪声。即波形 $x(t)$ 由无数多个频率分量，但强度相等的正弦波叠加而成。

由于微动的复杂性，一些学者认为这一随机过程不一定具有各态历经性质，即在某测点上某次波形的某段观测曲线概率特征值不能代表其总体平均性质。当振源密度函数（振源数/面积）随时间变化时，必将引起增益特性和周期特性的差异。为了使常时微动资料能反映出某观测点真实的地基振动特性，只有采用多次重复观测的办法。有人统计发现，用 20 次以上观测结果的平均频谱所得到的卓越周期才是稳定的。

（二）常时微动的时间特性

研究表明，在不同的时期测量常时微动的卓越周期变化不大，是比较稳定的，振幅则随时间有较大变化。在一天里，白天振幅较大，功率谱的形状亦较复杂。夜间，特别是午夜，功率谱的形状几乎没有什么变化，比较稳定。

另外，常时微动与气象变化也有一定关系，如风速超过 5m/s 时，长周期波将占优势；降水量超过 30～40mm 时，中长周期波占优势；地表冻结时，短周期波占优势。因此，为了得到地基振动的可靠信息，常时微动的测量应选择在夜间及风力较弱时进行，在观测地点上应注意避开特定的振动源，并选择平坦的地方安置拾震器。

三、测量方法

一般可在地表、地下和建筑物中进行常时微动测量，如图 8-41 所示。

在地表或建筑物中测量时，应保证观测环境在一定范围内无特定振动源（如交通和工程振动等）的影响。测点处地形平坦，以便于安置和调整（调平和对准方向）拾震器。在建筑物中测量时，测点应选在主轴上。地下测量可以和地表测量结合起来进行。当在钻孔中进行时，拾震器可放在基岩面上或建筑物的持力层上。

拾震器一般采用固有周期为 1s 的速度型电磁式拾震器。由于一台拾震器只能测量一个方向的分量，如果在一个点要测两个水平分量（南北、东西）和垂直分量，就需三台拾

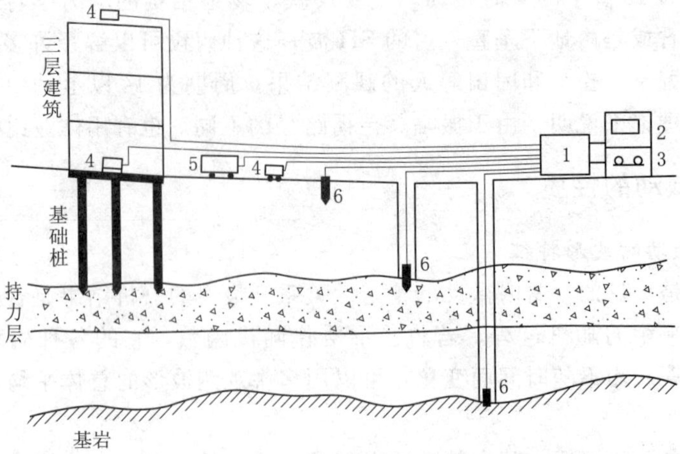

图 8-41 常时微动测量方法示意图

1—放大器；2—示波器；3—磁带机；4—短周期拾震器；5—长周期拾震器；6—井中拾震器

震器。井中拾震器采用圆筒式，且带有双分量（水平）或三分量（水平、垂直）换能器。在高层建筑物中测量时，需采用长周期拾震器。从拾震器输出的信号，通过放大器放大后输入到记录器，这其间还有将速度波形转换为位移波形的积分电路以及转换为加速度波形的微分电路，可根据不同的目的选用。在数据记录器中，通过磁带记录微动的波形。另外，在交通振动等短周期干扰较大的场合，可通过滤波器减少或消除上述干扰。

在测量时，用波形显示器监视记录的好坏，选择干扰小的波形输入磁带机加以记录。如在测量前后通过校准器来记录校准信号，再根据拾震器的灵敏度来进行换算，这样便可计算出波形的绝对振幅。

四、资料处理及解释

常时微动的资料处理方法主要有两种，一种是周期频度分析法，另一种是频谱分析法。目前常时微动观测资料处理普遍采用频谱分析法。

周期频度分析法是通过计算各种周期成分的波所出现的次数，从而得出波形和周期特性。具体做法是在观测记录中选取质量较好的记录段，按波形正反向变化大致对称划一条零线，波形与零线形成一系列的交点，取相邻两点时差的二倍作为相应波的周期。依次读取并进行统计，以周期为横坐标，以不同周期波形出现的次数为纵坐标，即得到各种周期的频度曲线。频度最高的周期称作优势周期，记录中周期最大的称作最大周期，用出现于记录波形上的波数除记录长度（时间）所求出的周期称作平均周期。该方法早期多以手工进行，后来用频度分析仪进行，其分析结果可近似代替频谱分析，还可消除一些高频干扰。对于周期小于 1s 的常时微动，两种方法的处理结果在实际应用中效果相同，见图 8-42。

设常时微动为时间的函数，用 $x(t)$ 表示，则将它变换到频率域的傅氏积分为

$$X(\omega)=\frac{1}{2\pi}\int_{-\infty}^{\infty}x(t)\mathrm{e}^{-\mathrm{i}\omega t}\,\mathrm{d}t \qquad (8-37)$$

此外，利用 $X(\omega)$ 及其共轭复数 $X^*(\omega)$ 还可以求得功率谱 $P(\omega)$，即

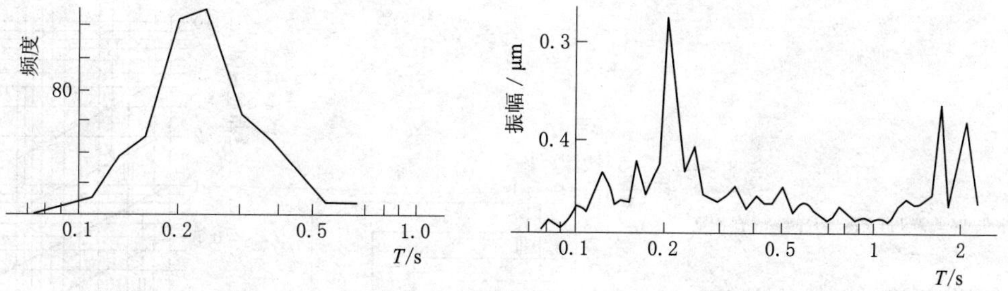

图 8-42　微动的频度曲线与傅氏谱比较

$$P(\omega)=\frac{1}{T}X(\omega)X^{*}(\omega) \tag{8-38}$$

在实际解释中，将明显混入噪音的时间段剔除不用，用各时间段波形功率谱的算术均值即可求得平均功率谱，即

$$P(\omega)=\sum_{n=1}^{N}P_{n}(\omega)/N \tag{8-39}$$

一般取 10s 为一个时间段，这样大约做 20 次左右的叠加，就能得到其观测点的比较稳定的功率谱。功率谱与傅氏谱并无本质区别，二者大体上存在平方关系，可理解为功率谱强调结构物对某些频率成分的波的影响。如果对功率谱进行傅氏变换，就可得到自相关函数：

$$R(t)=\int_{-\infty}^{\infty}P(\omega)e^{i\omega t}dt \tag{8-40}$$

自相关函数是表示将波形函错位移动时间 t 时与原波形相关程度。该值越大，则表示相关程度越好，且相关相邻峰值的时间差，即为该波形的卓越周期。

五、实际应用

（一）地基分类

前已述及，常时微动与地基的固有振动特性密切相关，因此在土木工程建筑和地震小区划中，经常利用常时微动的观测结果进行地基分类。这种方法是由日本工程地震专家金井清教授提出的，后来又由田中爱一郎等人对该方法做了补充。他们根据在各种场地进行大量常时微动观测的结果，利用平均周期与最大周期、卓越周期与卓越振幅，提出两种关于地基类别的判定方案，即 A、B 两种方案，如图 8-43 所示。

金井清等还针对四种地基类别作了说明。即地基从Ⅰ类到Ⅳ类逐渐变软，常时微动周期变长。四种场地类别如下：

（1）第Ⅰ类：基岩、硬砂砾层和第三纪前地层构成的地基。

（2）第Ⅱ类：砂砾层、掺砂硬质黏土层和洪积层构成的地基。

（3）第Ⅲ类：冲积层。

（4）第Ⅳ类：腐殖土，特别软弱的冲积层和填土层。

一般的方法是先用 A 方案，使用微动的平均周期（用 2min 记录内的波数计算 T_m）和最大周期（记录中最长波的周期）T_L。一般同一地点 $T_m=T_p$（卓越周期），且 T_m 容易得到。之所以用 T_m 和 T_L，是因为当微动中出现高频干扰时，T_m 比实际周期要短，而

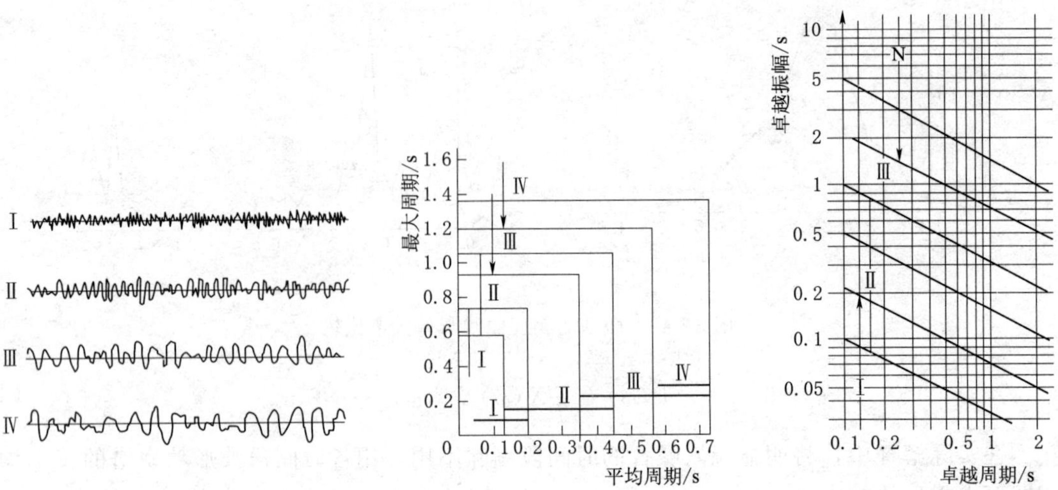

(a) 各种地基类别的微动　(b) 方案A　(c) 方案B

图 8-43　常时微动判定地基类别的方法

地基特性表现在最大周期中。一般情况，平均周期也可以代表地基特性。如出现疑问时再用B方案，使用卓越周期 T_p 和最大振幅 AMP 做调整。当然最好综合使用A方案和B方案对所有观测场地进行地基分类，然后用两者的平均，即可决定场地类别。如A方案为Ⅱ类，B方案为Ⅲ类，地基类别取Ⅱ与Ⅲ之间较合适。当A方案为Ⅰ类，B方案为Ⅳ类时，很难确定地基类型。A方案和B方案的结果差别越大，地基类别的不确定性就越强。

我国在1964年地震区建筑设计规范中，曾把常时微动的卓越周期规定为划分场地类别的一个定量指标，见表8-9。

表 8-9　《地震区建筑设计规范》(1964) 场地分类

场地类别	一般描述	计算强度/(kN/m²)	干容重/(kN/m³)		卓越周期/s	纵波速度/(km/s)
			砂土	黏土		
Ⅰ	稳定岩层	>400	—	—	<0.20	>2
Ⅱ	一般土壤，如砾砂；一般砂类土、密实黏性土	150～400	>15	>14	0.15～0.50	1～2
Ⅲ	松软土壤，如松散砂土、软黏土、浸湿黄土	80～150	14～16	12～15	0.35～0.70	0.3～1
Ⅳ	异常松软土壤，如极软黏土、松厚的填土	<80	<14	<12	>0.60	<0.3

在1978年抗震规范里，四类场地合并为三类场地，分类的定量指标被取消，主要靠一般描述确定场地类别。

(二) 地震小区划

地震灾害在很大程度上取决于地基的振动特性，而常时微动反映了场地土的动力特性，其中卓越周期是表示地基振动特性最重要的量。在进行建筑物抗震设计时，要使建筑物自振周期远离场地土卓越周期，以免地震时发生共振，从而达到抗震防灾的目的。如果在某地区不同地点做了大量的常时微动观测，获得了不同地点的振动特性数据，就能依据振动特性的不同，划分不同的地基。许多城市地震小区划都把常时微动的观测作为场地土工程特性调查的一个手段，有时也把常时微动的分析结果作为场地分区和表征场地动力特性的参考指标。

首先，按一定比例尺网进行常时微动测量，通过频谱分析，计算出每个网格点的卓越周期。依据工程地质资料，特别是钻孔地质柱状图和标贯（N）值，制定地基分类的判定准则，最后绘出工程地质小区划图。如大连市地震小区划，场地分类主要是根据土层的平均切变模量，同时参考了常时微动的结果及工程地质条件，表 8－10 列出了大连市小区划分的场地参数，其中常时微动提交的结果主要是加速度记录的主峰频率和均方根振幅。

表 8－10　小区划分的场地参数

场地分区	平均剪切模量 $G/(10^5\times9.8\text{N/m}^2)$	地面常时微动		地面峰加速度
		主峰频率/Hz	均方根振幅 $/(10^{-3}\text{cm/s}^2)$	
Ⅰ	≥1208	≥7.07	≤1.55	$0.08g$
Ⅱ	895～1208	4.33～7.07	1.55～3.29	$0.11g$
Ⅲ	<895	<4.33	>3.29	$0.14g$

在长春市地震小区划中也给出了由常时微动观测结果所作的分区图，见图 8－44。

分区的主要依据是功率谱的卓越周期。$T_p<0.125$s 为主构成的一类用Ⅰ表示，其中包括Ⅰ_1～Ⅰ_5，场地整体刚度较大，表现为硬土类特征；卓越周期 $T_p=0.3\sim0.7$s 为主构成的一类用Ⅲ表示，其中包括Ⅲ_1～Ⅲ_3，Ⅲ类场地为第四系沉积物较厚、场地整体刚度较小的软土类地基；介于两者之间的是卓越周期 $T_p=0.25$s 的Ⅱ类场地。

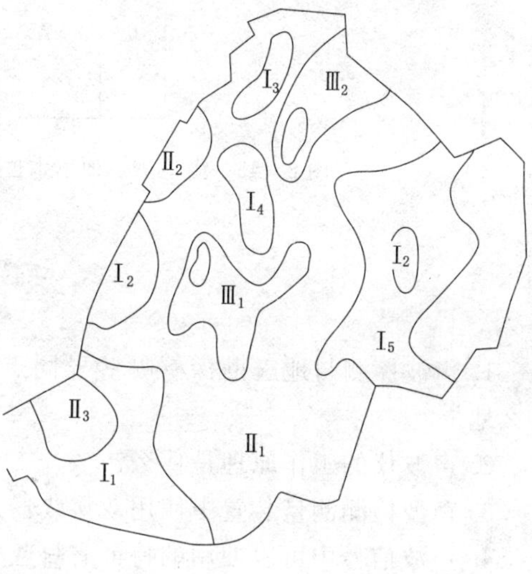

图 8－44　长春市地震小区划分布图

（三）常时微动与砂土液化

1983 年日本的秋田、青森县受 7 级地震的破坏，地基的砂土液化造成的震害比较突出。野越三雄在液化震害最严重的能代市以常时微动测试为主，结合表层波速测试、土质调查等，详细地研究了液化震害与常时微动特性之间的关系，指出在非液化地点与液化地点的土层物理特性有明显的不同。前者常时微动的频谱比较简单，后者则较复杂，特别是后者在稍高频区段里有明显峰值，将其分成 a 型谱与 b 型谱，并且与同时测到的表层 S 波速度、地下水位进行了比较。图 8－45 是常时微动谱型、地下水位、表层 S 波速度与液化频数的关系。由图 8－45 可见，在地下水位小于 1m、S 波速度小于 100m/s 时，常时微动谱型呈现 a 型的场地液化概率最高；当地下水位小于 3m、S 波速度大于 130m/s 时，a 型场地液化的可能性也较多。上述特征在其他地区也有出现。研究表明，常时微动的观测有可能成为地震液化预测研究的一个重要手段。

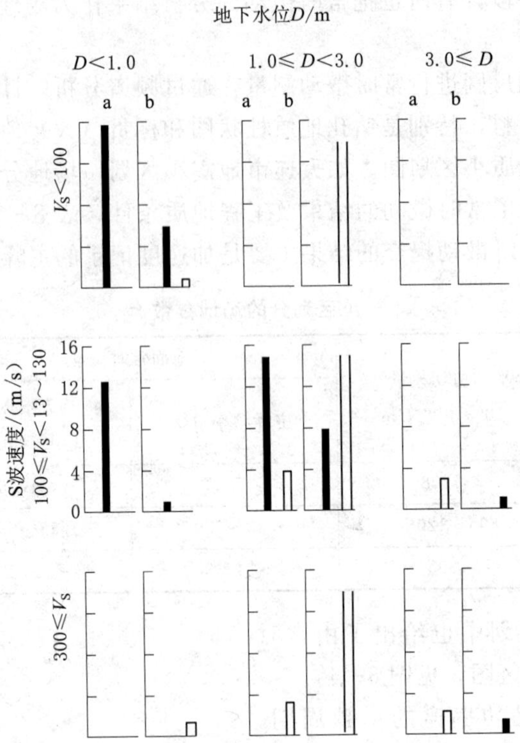

图 8－45　微动谱、地下水位和 S 波速度与液化频数关系示意图

复习思考题

1. 声波探测与地震勘探有哪些异同点？它们各自的优缺点是什么？在工程勘察中占什么地位？

2. 声波仪的工作原理是什么？

3. 声波检测测量装置中使用双接收器的优点是什么？

4. 声波信号中可以使用的特征有哪些？

5. 横波识读困难的主要原因是什么？

6. 区分纵波与横波有哪几种方法？

7. 室内岩石标本声波测试时所用频率，与隧洞围岩测试相比，哪个频率高？

8. 使用声波测试技术检测围岩应力松弛带的机理是什么？

9. 桩基动测中的反射波法和机械阻抗法的原理是什么？

10. 隧道超前预报和井间弹性波 CT 的测量装置特点是什么？

11. 水上地震勘探与陆地地震勘探相比，其优势和困难是什么？

12. 面波的质点振动及传播特点是什么？面波的传播速度与横波速度相比如何？

13. 常时微动与地脉动的差异是什么？非液化地点与液化地点的土层常时微动的频谱特点是什么？

第九章 重力、磁法和放射性勘探

第一节 重 力 勘 探

地下地质体由于存在着密度的差异，就会产生局部的重力场的变化，这些变化称为重力异常。重力勘探就是研究重力异常变化规律的地球物理勘探方法。在工程勘察中，重力勘探主要用于寻找地下各种储水构造（断层破碎带、溶洞等）和古河道、地下河道，研究覆盖层下的基岩起伏和隐伏断裂，研究区域稳定性以及监测地下水位升降等。

一、重力勘探基本原理

1. 重力、重力场强度

在地球附近空间，一切物体都要受到一个被近似拉向地心的力，这个力就是重力。有重力作用的空间，称为重力场。重力场是一种天然静力场。在重力作用下，质量为 m 的物体受到的重力 P 为

$$\vec{P}=m\vec{g} \tag{9-1}$$

式中：$\vec{g}$ 为重力加速度，$\vec{P}$ 和 $\vec{g}$ 均为矢量，方向与铅垂方向一致。

单位质量所受到的重力被定义为重力场强度，即

$$\frac{\vec{P}}{m}=\vec{g}$$

可见，重力场强度在数值和量级上都和重力加速度相同，所以重力测量就是研究重力加速度 $\vec{g}$ 的变化规律。为了方便起见，习惯上使用重力来代表重力场强度或重力加速度。

在 CGS 制中，加速度的单位是 cm/s^2，这个单位在重力勘探中叫做 1 伽（gal）。较小的单位是毫伽、微伽，$1cm/s^2=1gal=10^3\ mgal=10^6\ \mu gal$。在国际单位制（SI）中，重力加速度的单位是 m/s^2，重力单位（gravity unit）是缩写符号 g. u. 。$1g.\ u.=10^{-6}m/s^2$。两种单位的换算关系为：$1gal=10^4 g.\ u.$，$1mgal=10g.\ u.$。

地球的重力，是由地球全部质量产生的引力 $\vec{F}$ 及地球自转产生的惯性离心力 $\vec{C}$ 同时作用在单位质量上的矢量和，如图 9-1 所示。

$$\vec{F}+\vec{C}=\vec{g} \tag{9-2}$$

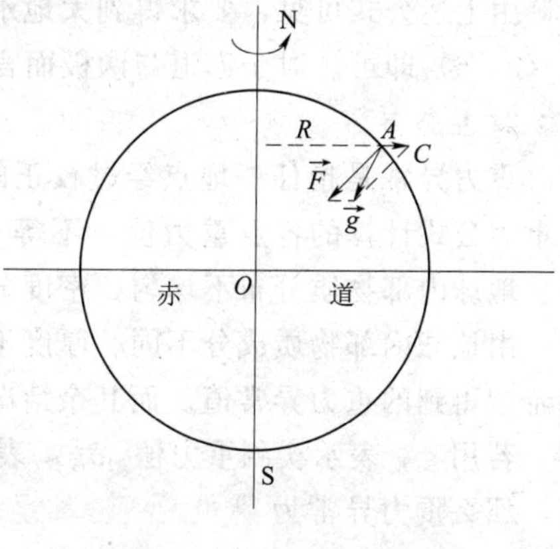

图 9-1 地球重力示意图

式中：$\vec{F}$ 为地球引力场强度；$\vec{C}$ 为离心力场强度。

根据万有引力定律可得下式：

$$\vec{F}=G\int\frac{\mathrm{d}m}{r^2}\frac{\vec{r}}{r} \tag{9-3}$$

式中：$G=6.67\times10^{-11}\mathrm{m^3/(kg\cdot s^2)}$ 为万有引力常数；r 为地球某一质量元 $\mathrm{d}m$ 到 A 点的距离；$\frac{\vec{r}}{r}$ 为 r 方向的单位矢量，方向从 A 指向 $\mathrm{d}m$。

对于自转的地球，作用于地面上 A 点的离心力为

$$\vec{C}=\omega^2 R \tag{9-4}$$

式中：ω 为地球自转加速度；R 为 A 点到地球自转轴的垂直距离，方向指向外。

因此 C 的方向是垂直于地球的自转轴并沿着 R 指向球外。由于在赤道处 R 最大，两极处 R 为零，故惯性离心力是从赤道（最大值）向两极（等于零）逐渐减小的。

离心力的大小和地球引力相比是很小的，在赤道处仅为引力的 1/288。因此，重力的大小基本上由地球的万有引力 F 决定，其方向大致指向地心。

地球可以近似看作为一个二轴旋转椭球体。假设其内部物质的密度是均匀的，并以静止海洋面延伸到各大陆之下形成的封闭曲面的形状作为地球的基本形状，这样就可以推导出反映理想地球表面各点重力——正常重力 g_0 的表达式：

$$g_0=g_c(1+\beta\sin^2\varphi-\beta_1\sin^2 2\varphi) \tag{9-5}$$

式中：g_c 为地球赤道处的重力值；φ 为计算点的地球纬度；β 和 β_1 是与地球形状有关的常数。

若以 g_p 表示两极处的重力值，以 e 表示地球的扁度，则

$$\beta=\frac{g_p-g_c}{g_c}$$

$$\beta_1=\frac{1}{8}e^2+\frac{1}{4}e\beta$$

1979 年国际大地测量及地球物理协会提出新的正常的重力公式为

$$g_0=9780327\,(1+0.0053024\sin^2\varphi-0.0000059\sin^2 2\varphi)\,(\mathrm{g.u.}) \tag{9-6}$$

由上述公式可见，要求得到大地水准面上某点的正常重力值，只需将该点的纬度代入式（9-6）即可。对于赤道与两极而言，正常重力值约差 5～6 伽。

2. 重力异常

重力异常是指任一地点经过校正的重力观测值与该点的正常重力值 g_0 的差值。用正常重力公式计算的各点重力值，不等于地球自然表面的实测值。这是由地球表面起伏不平，地球内部物质分布不均匀、密度分布不均匀，以及固体潮等因素的影响造成的。

由地球内部物质成分不同、厚度不同、密度不同等地质因素引起的重力异常，才是我们希望得到的重力异常值。而其余情况则属于干扰因素，必须视不同情况加以修正。

若用 $g_{测}$ 表示实测重力值，$\delta g_{校}$ 表示各种修正值的总和，g_0 表示理论计算的正常重力值，那么重力异常为

$$\Delta g=g_{测}+\delta g_{校}-g_0 \tag{9-7}$$

重力异常反映了地壳内物质的分布情况，使我们能间接了解地壳的内部构造。其中反

映区域地质构造的异常称为区域重力异常，反映局部地质体的异常被称为局部重力异常。

3. 重力勘探的应用条件

要想获得探测对象的重力异常，应该具备下列应用条件：

（1）探测对象与围岩要有一定的密度差并且埋藏较浅，能引起明显的重力异常，易被重力仪发现，见图 9－2。

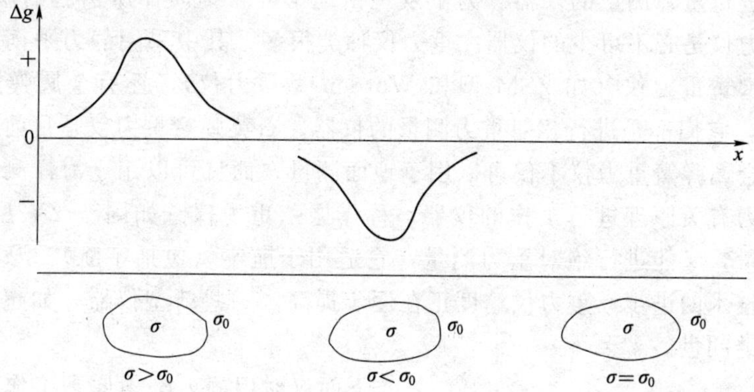

图 9－2　重力异常曲线图

（2）岩体密度不仅上、下层之间有明显的差异（$>0.2g/cm^3$），而且沿水平方向也要有密度变化，这样才能引起重力异常。

（3）探测对象体积不能太小，要有足够大的剩余质量。例如，石灰岩中有一球形溶洞（图 9－3），其中心深度 $h=10m$，溶洞半径 $R=6m$，洞内空气密度 $\Delta\sigma_2=0$，石灰岩密度 $\sigma_1=2.7\times10^3 kg/m^3$，则剩余密度 $\Delta\sigma=\sigma_2-\sigma_1$，剩余质量 $M=\frac{4}{3}\pi R^3\Delta\sigma$，此规模的溶洞引起的重力异常如图 9－4 所示，为负异常，其极值为 162 微伽。

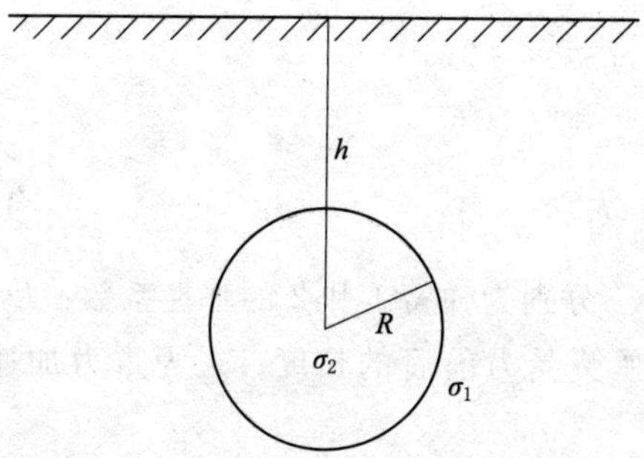

图 9－3　球形溶洞

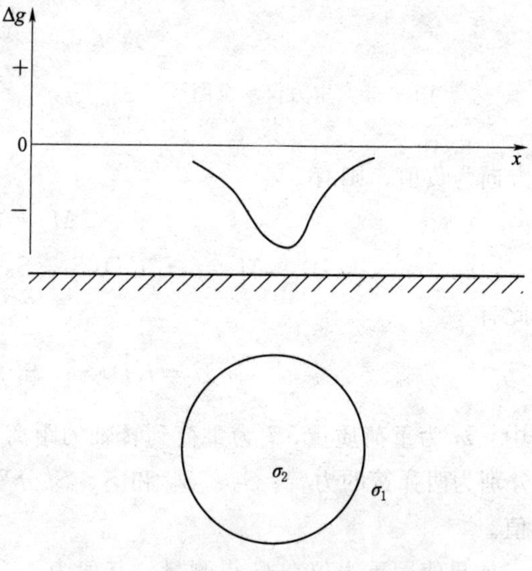

图 9－4　球形溶洞重力异常曲线图

(4) 干扰性异常越小越好，如地形平坦、表层密度较均匀，则干扰小，易于辨认出有用异常。

二、重力仪、重力勘探的野外工作方法

1. 重力仪

重力仪是进行重力测量的仪器。为了发现由地下异常地质体所引起的微小重力变化，高灵敏度的重力仪是必不可少的仪器。重力仪种类很多，其中采用静力平衡原理进行工作的仪器有石英弹簧重力仪（如 ZSM 型和 Worden 型重力仪），还有金属弹簧重力仪（如 GS 型重力仪），它们都是进行相对重力测量的仪器。石英弹簧重力仪是目前地面重力测量常用仪器，而金属弹簧重力仪不仅可以用于地面测量，而且可以用于海洋测量。利用悬丝固有频率与重力有关原理进行工作的仪器，称作振弦重力仪（如国产 ZY 型）。它既能进行相对重力测量，又能进行绝对重力测量，它适用于航空（包括宇航）、海洋及钻孔中测量。随着科学技术的进步，重力仪精度正在逐步提高，一些新型仪器，如超导重力仪和激光重力仪等相继问世。

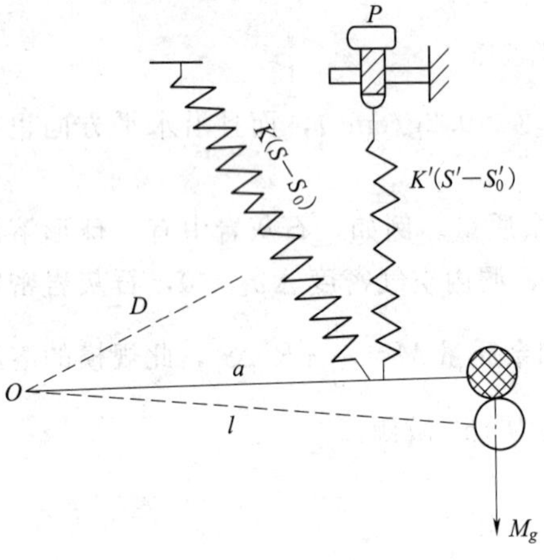

图 9-5　重力仪示意图

下面仅对以静力平衡原理工作的重力仪作介绍。图 9-5 是一个绕水平轴 O 在垂直面内自由转动的秤杆，另一端固定着一个质量为 m 的重荷，重荷与转轴之间接两条粗细不等的弹簧。可见整个系统受到两种力矩的作用，一是重荷 m 在重力作用下对 O 轴产生一个重力矩，二是两条弹簧的张力对 O 轴产生的弹力矩。如果用 M_g 表示重力矩，用 M_r 表示弹力矩，那么，只有当这两个力矩大小相等、方向相反时，秤杆才能静止在某一位置上，称为平衡状态，其平衡条件为

$$M_g + M_r = 0 \tag{9-8}$$

式 (9-8) 称为重力仪基本平衡方程式。

现规定顺时针方向转动的力矩为正值，逆时针方向为负值，则有

$$M_g = mgl$$

$$M_r = -[KD(S - S_0) + K'a(S' - S'_0)]$$

因此有

$$mgl = KD(S - S_0) + K'a(S' - S'_0) \tag{9-9}$$

式中：m 为重荷质量；l 为重荷到转轴的距离；K、K' 分别为弹簧 1 和 2 的弹性系数；D、a 分别为两弹簧的力臂；S_0、S'_0 和 S、S' 分别为两弹簧受力前后的长度；g 为重力加速度值。

如果使用重力仪在 G 点测量，其值为 g_G，在 A 点测量时，其值为 g_A，它们的重力加速度差值 Δg 可用式 (9-10) 表示：

$$\Delta g = g_A - g_G = \frac{k'a}{ml}(S'_A - S'_G) = C(S'_A - S'_G) \tag{9-10}$$

式中：$C=\frac{k'a}{ml}$ 为重力仪的格值，它是表示仪器显示数值所变化一格的重力变化值。

只要准确地读出重力仪两点的格数差值 $S'_A - S'_G$，乘上格值后就能测量出两点的重力差。由此可见，这类重力仪只能测量相对重力值，而不能测定某点的绝对重力值。

目前，地面重力勘探中使用的重力仪的精度是较高的，如国产 ZSM_{IV} 石英弹簧重力仪。

2. 野外工作方法

野外工作大体上分为预查、普查、详查和细测四个阶段。

重力预查是在重力勘探空白区进行大范围、小比例尺（1/50 万～1/100 万）的重力测量。其目的是在比较短的时间内，获得有关大地构造基本轮廓的资料，以作为布置重力普查地区的依据。重力普查是在预查、航磁和地质预查基础上，在具有进一步工作价值地区开展工作（比例尺为 1/10 万～1/20 万），目的为了划分区域构造。重力详查的目的是为了比较详细地（比例尺为 1/2.5 万～1/5 万）研究工作地区重力场分布的规律和特点以便能圈定构造和地质体。重力细测（比例尺为 1/1 万～1/500 万）的目的则是为了确定构造、岩体或产状等的细节。测点的密度要求为在相应比例尺的重力图上每平方厘米范围内有 0.5～1.0 个测点。

在观测时，由于重力仪本身弹性系统的弹性疲劳、温度补偿不完全以及日变等因素的影响，读数的零点值随时间而变化，这个变化称为零点位移。测量时要在测区内建立一些基点，总基点组成基点网，以便对重为仪的读数进行零点位移改正。

三、重力测量结果的改正

1. 纬度改正（正常场改正）

由正常重力公式可知，地表的重力值随纬度 φ 变化，因此，为了消除由于测点的纬度不同所引起的重力变化，必须进行纬度改正，其改正公式为

$$\delta_{g正} = -8.14\sin 2\varphi D \tag{9-11}$$

式中：φ 为测区的平均纬度；D 为总基点与测点的纬向距离（以公里为单位），在北半球，测点位于总基点以北时 D 取正号，反之取负号[43]。

2. 地形改正

当测点周围地形有起伏时，测点所在水平面以上的多余物质和水平面以下空缺部分所亏损的物质，必然对该点观测结果有影响（都使观测值减小），因此需要进行地形改正。即把测点所在的水平面以上的物质去掉，而把水平面以下的空缺部分填补起来。这项工作计算量很大，多用电算处理。

3. 中间层改正

通过地形改正后，测点周围成为测点水平面，但测点到大地水准面或基点水准面之间还存在着一个厚度为 Δh 的水平物质层，称为中间层。由于各测点的高度不同，中间层厚度不同，该层物质的引力也不同。为消除中间层厚度变化对重力测量的影响，必须进行中

间层改正。中间层校正值为

$$\delta_{g中} = -0.419\sigma\Delta h \tag{9-12}$$

世界上大多数国家（包括中国）都取地壳的平均密度 $2.67\times10^3 kg/m^3$ 为中间层密度 σ 值。

4. 高度改正

重力值随测点高程的增加而减小，这种变化与地下物质密度分布无关。因此，当测点与大地水准面或基点水准面之间有高差 Δh 时，需要进行高度改正。高度改正值为

$$\delta_{g高} = 3.086\Delta h \tag{9-13}$$

式中：Δh 以 m 为单位，测点高于大地水准面或基点水准面时 Δh 取正值，反之取负值。

如上所述高度改正和中间层改正都和测点的高度 Δh 有关。因此，当测区面积不大、地形高度变化较小时，通常把两项合并起来校正，即

$$\delta_{g布} = (3.068 - 0.419\sigma)\Delta h \tag{9-14}$$

这种校正称为布格校正，校正后所得值称为布格重力异常。

四、重力异常图示

为了便于重力异常的解释和推断，通常用各种图件将重力异常的分布和变化规律表示出来，这种图件称为重力异常图。

1. 重力异常剖面图

绘制剖面图的方法以测量剖面为横坐标，比例尺为规定的剖面测量比例尺，把测点位置画在横坐标轴上，纵坐标表示重力异常，把相邻点用折线连接。重力异常剖面图是进行重力异常定性及定量解释的重要图件（图 9-6）。

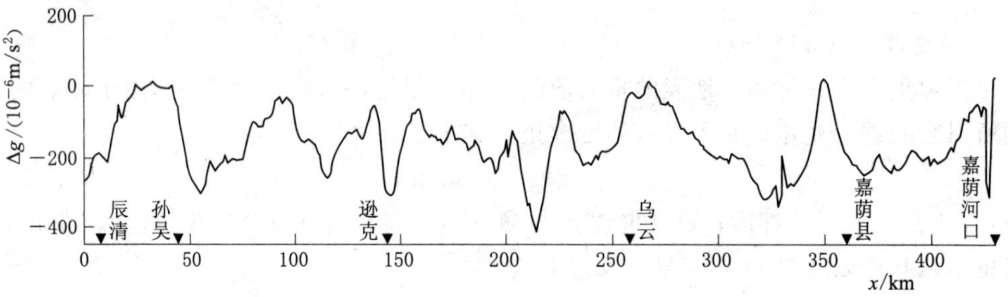

图 9-6 黑龙江孙吴—嘉荫河口重力异常剖面

2. 重力异常平面图

在平面图上用重力异常等值线表示重力异常分布和变化的图件。在图上标明地物和测点。在每个测点旁标明重力异常值，然后按一定的异常线距用内插法把异常值相等的点连成平滑的曲线——等异常曲线。重力异常平面图是重力勘探的基本图件（图 9-7）。

3. 重力异常平面剖面图

该图作法与剖面图相同，是把多个重力剖面按照测线的实际位置和方向展布在同一个平面图上，多用于大比例尺重力测量中。

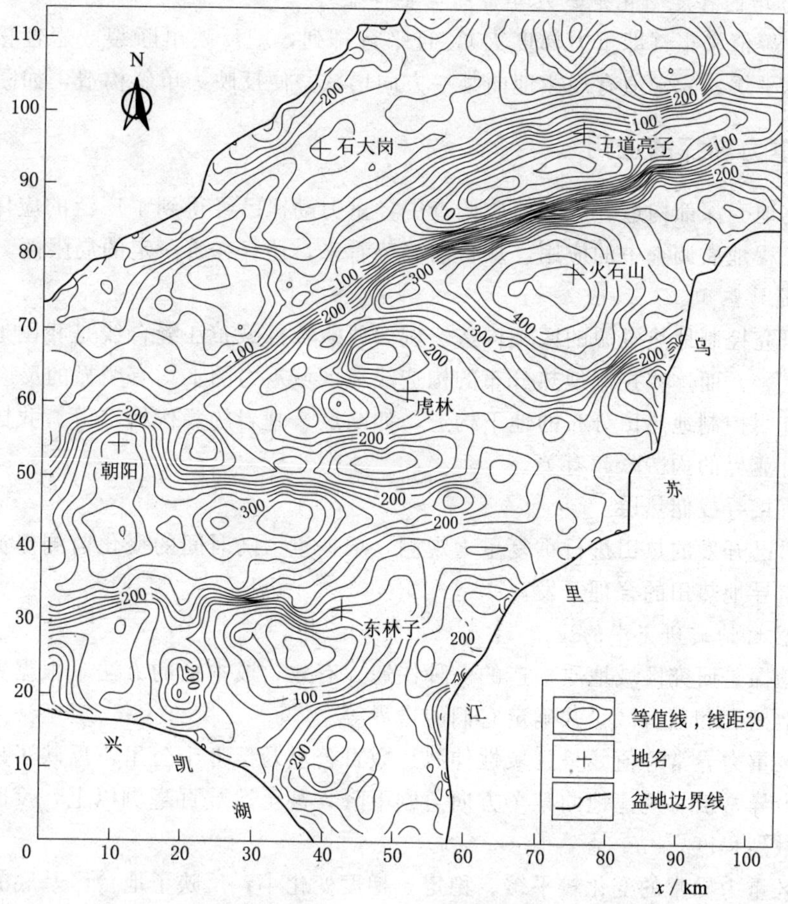

图 9-7 黑龙江省虎林盆地重力异常平面图（单位：g. u.）

五、重力异常特征与地质规律的关系

重力异常特征包括以下几个方面：

1. 重力异常的规模大小及其分布范围

重力异常的规模大小及其分布范围，随着重力勘探对象的规模、形状和埋深的不同而不同。

由地壳深部构造引起的重力异常，分布范围很广，可能延伸数千公里的范围，称作大陆异常。若重力异常变化平缓，说明地壳长期处于较稳定状态；若重力异常在大范围内变化急剧，变化梯度大，异常幅度也大，则反映地壳长期处于活动状态。

2. 异常形态和地质体的形态关系

如图 9-7 所示的重力异常沿某一方向延伸得很远，它往往是地下不均匀的二度体所引起的。异常的长轴方向就是地质体的走明。

如图 9-7 所示的重力异常在各方向上所延伸的长度都相似，则往往是短轴状或等轴状地质体，如穹窿、局部岩体等。

3. 重力场的梯度变化是重力异常的重要特征之一

若异常等值密集（即重力梯度大），且平行排列，就反映出断裂或岩性接触带；若异常梯度变化平缓，异常值有规律地向某一方向增减，便反映为单斜构造，如图 9－7 所示。

六、重力勘探的应用

在研究地壳深部构造、区域地质调查中，重力勘探已经得到了广泛的应用。但其在水文地质及工程地质调查中的应用，从目前趋势看来，还存在着一定的局限性。

1. 研究地热田

（1）研究控制地热资源的区域构造。例如西藏雅鲁藏布江缝合线是我国地热资源最丰富的地区之一，而这些控制地热分布的构造线在区域重力图上均有明显的反应。

（2）查明控制地热田分布的地下构造，如断层、基岩的隐伏构造等。我国京津一带地热田与震旦亚界的构造隆起有关。

（3）直接寻找储热层。

（4）对已开发的热田进行重复重力观测，根据重力随时间的变化监测热流体的动态变化，用来指导地热田的合理开发。

2. 在区域地质研究中的应用

重力勘探是研究区域地质构造的一种快速、有效、成本低的方法。根据重力测量结果可以划分地槽区和地台区，并确定它们的边界等。

地槽区重力异常等值线呈区域性伸展达数百公里乃至上千公里，反映了地槽区的分布范围。重力异常值有规律地向某个方向急剧下降，甚至达数百毫伽以上，反映地壳构造升降运动的激烈程度。

地台区重力异常的变化较平缓、稳定，梯度变化小，反映了地台区基底的稳定性。

第二节　磁　法　勘　探

磁法勘探是利用地壳内部各种岩（矿）石间磁性差异所引起的磁场变化（称磁异常）来寻找有用矿产和查明地下地质构造的一种地球物理勘探方法。

一、地磁场、岩石磁性及磁异常

观测表明，地球本体及周围存在着磁场，称为地磁场。通过长期的观测，发现地球磁场的分布是有规律的，它相当于一个磁偶极子的磁场，地球的北部是 S 极（磁南极），地球的南部是 N 极（磁北极）。磁轴与地球自转轴并不重合（图 9－8）。地球磁力线从磁北极回到磁南极。

1. 地磁要素及分布规律

地磁场强度 $\boldsymbol{T}$ 简称磁场强度，它是一种矢量。在图 9－9 特定的坐标系中 $\boldsymbol{T}$ 可以分解为垂直分量 $\boldsymbol{Z}$ 和水平分量 $\boldsymbol{H}$。$\boldsymbol{H}$ 指向磁北，$\boldsymbol{H}$ 与 $\boldsymbol{T}$ 的夹角称为磁倾角 $\boldsymbol{I}$（规定 $\boldsymbol{T}$ 下倾时 $\boldsymbol{I}$ 为正值）；$\boldsymbol{H}$ 与 z 轴夹角叫作磁偏角，用 $\boldsymbol{D}$ 表示 ；并规定 $\boldsymbol{H}$ 东偏时 $\boldsymbol{D}$ 为正值。水平分量 $\boldsymbol{H}$ 又可分解为北分量 $\boldsymbol{H}_r$ 和东分量 $\boldsymbol{H}_y$。磁场垂直分量 $\boldsymbol{Z}$，磁场水平分量 $\boldsymbol{H}$，磁倾角 $\boldsymbol{I}$ 及磁

偏角 **D** 统称为地磁要素，如图 9-9 所示。

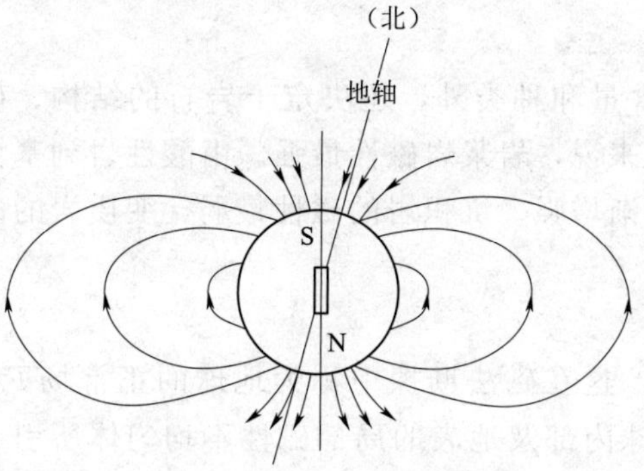

图 9-8　地球磁场示意图

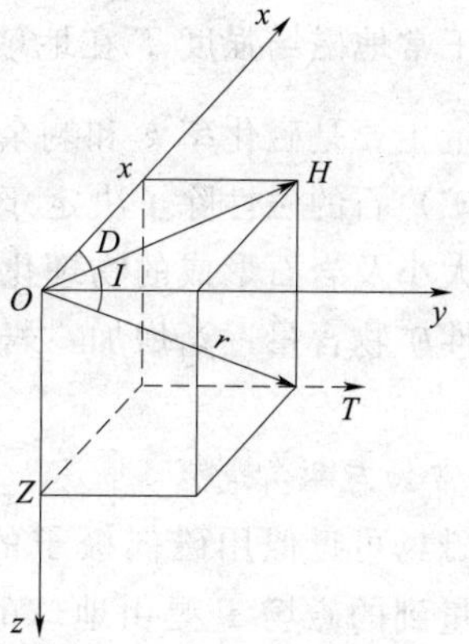

图 9-9　地磁要素图

磁场强度的旧单位用奥斯特 O_e 表示。在磁法勘探中，采用十万分之一奥斯特为测量单位，叫作伽玛或纳特（用 γ 或 nT 表示）。1γ（或 nT）$=10^{-5}O_e$。国际单位是安培/米(A/m)，$1O_e \hat{=} (1000/4\pi)A/m$。$I$ 和 D 用角度单位表示。

世界地磁图反映了地磁场的分布规律，主要表现如下：

（1）两极处：$Z=T=(\pm0.6\sim\pm0.7)\times1000/4\pi(A/m)$，$H=0$，$I=\pm90°$

（2）赤道处：$Z=0$，$H=T=(0.3\sim0.4)\times1000/4\pi(A/m)$，$I=0$

（3）在北半球：Z 和 I 为正值；在南半球，Z 和 I 为负值。

（4）在我国境内：Z、H 和 I 值自南至北的变化范围为

$$Z=(0\sim0.56)\times1000/4\pi(A/m)$$

$$H=(0.41\sim0.20)\times1000/4\pi(A/m)$$

$$I=20°\sim70°$$

（5）**D**。我国东部和中部地区 D 为负，西部地区 D 为正，变化范围是$+5°\sim-11°$。

长期观测表明，地磁场随时间变化，有日变化、月变化、年变化、十一年变化（太阳黑子活动周期）或时间甚短的短周期变化，有时还有短时间的非周期性的强烈变化，如磁暴和磁扰等。

2. 岩（矿石）的磁性

岩石之所以有磁性，是因为它们含有铁磁性矿物。各类岩（矿）石所含磁性矿物的种类和数量不同，因而存在磁性差异。岩（矿）石磁性的强弱可用磁化强度 $\vec{J}$ 来表示。磁化强度由两部分组成。岩石在地壳中形成以后，经历了较长的时期，经受过各种变化。只要岩石中含有铁磁性矿物，岩石形成时被当时地磁场磁化后保留下来的部分，称为剩余磁化强度，简称为磁剩，以 $\vec{J}_r$ 表示。$\vec{J}_r$ 的大小与岩石的磁化经历及其铁磁性矿物含量有关，与现今地磁场大小及其方向无关。此外，岩石还在现今的地磁场中被磁化而具有一部分感应磁场强度，简称磁感，以 $\vec{J}_i$ 表示。$\vec{J}_i$ 的大小与现今的正常地磁场成正比，方向一般与现代地磁场方向一致。所以，岩石的总磁化强度 $\vec{J}$ 是 $\vec{J}_r$ 和 $\vec{J}_i$ 的矢量和：

$$\vec{J}=\vec{J}_r+\vec{J}_i=\vec{J}_r+k\vec{T} \qquad (9-15)$$

由于正常地磁场强度 $\vec{T}$ 在地球表面上一般情况下是一已知常数，因此表示岩（矿）石磁性的参量主要是磁化率 k 和剩余磁化强度 $\vec{J}_r$。

岩（矿）石的磁性除了决定于铁磁性矿物含量和种类外，还决定于岩石的结构、矿物、颗粒大小及岩石形成的物理化学条件。一般来说，岩浆岩磁性最强。由酸性岩到基性岩，铁磁性矿物含量逐渐增加，岩石的磁性也逐渐增强。沉积岩的磁性最弱，变质岩的磁性居中。

3. 正常场与磁异常

地球磁场可近似用磁偶极子的磁场来描写，这在磁法勘探中称为地球的正常场 T_0，但实际测量到的磁场 T 是由地球的正常场与地球内部及地表的局部磁性不均匀体所引起的磁异常 T_a 组成。即有

$$T_a=T-T_0 \qquad (9-16)$$

在地面磁测中，主要测量到的是磁场的垂直分量变化值 ΔZ 或写为 Z_a，叫作垂直磁异常。

$$Z_a=\Delta Z=Z-Z_0 \qquad (9-17)$$

二、磁力仪及野外工作方法

1. 磁力仪

磁测仪器称为磁力仪。它分为机械式和电磁式两大类，下面以机械式磁力仪为例简单介绍其工作原理[44]。

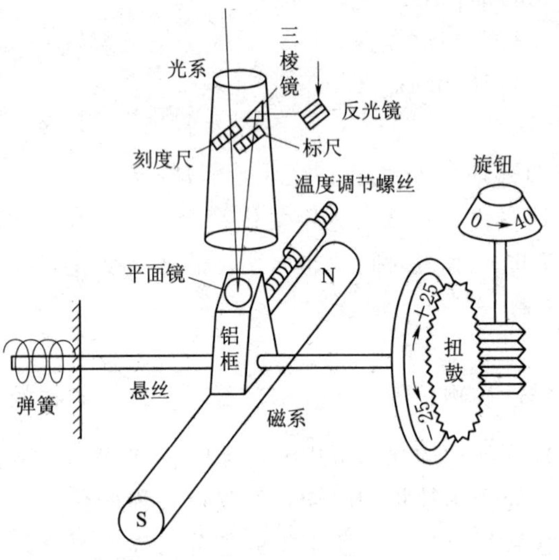

图 9-10　磁力仪示意图

（1）机械式磁力仪。机械式磁力仪又称磁秤，它利用静力平衡原理进行地磁相对测量。其工作原理简介如下。

磁力仪主要由包括磁棒在内的磁系等部分组成，如图 9-10 所示。

为了测量地磁场垂直分量的变化，把悬丝水平置于磁南北方向，这时地磁场垂直分量与悬丝相垂直，并产生磁力矩，使得磁棒悬丝摆动，而地磁场水平分量与悬丝相平行，故不产生使磁棒旋转的磁力矩。设磁棒处于平衡状态时，磁棒倾斜（磁轴 SN 与水平面的夹角为 α），磁棒受到三种力矩的同时作用，即磁力矩、重力矩和扭力矩（悬丝扭力作用），在平衡时，总力矩为零。因此，磁棒静止时夹角 α 变化量与磁场垂直分量的变化量有关。当 $\alpha<2°$时，它们的关系满足于下式：

$$\Delta Z=Z_2-Z_1=C(\alpha_2-\alpha_1)=C\Delta\alpha$$

式中：ΔZ 为磁场垂直分量变化值，它是两个测测量值之差；C 为比例系数；$\Delta\alpha$ 为磁棒的

磁轴与水平线夹角的变化值。

$\Delta\alpha$ 一般很小，要借助光学系统将其放大并转化为刻度尺上的读数变化，即

$$\Delta Z = \varepsilon(S_2 - S_1)$$

式中：S_2 为 Z_2 时的读数；S_1 为 Z_1 时的读数；ε 为系数，称为仪器的格值，单位为伽玛/格，指仪器读数变化一格时所相当的磁场垂直分量变化值。

(2) 电磁式磁力仪。电磁式磁力仪包括磁通门磁力仪、质子旋进式磁力仪、光泵磁力仪和超导磁力仪四种。

2. 测线布置与磁测精度

根据设计及工作比例尺以及被测对象的可能形态，布置一定密度的测网。测线应垂直于被测对象的走向。

磁测精度是指磁测数据的可靠程度，它可用均方误差表示。我国目前采用三级精度标准：高精度的均方误差不超过±10nT；中精度的均方误差=±(10～20)nT；低精度的均方误差=±(20～30)nT。

在水文地质及工程地质中，为了解决有关填图问题而开展的磁测工作，因其磁异常较弱，故应按中等以上精度要求而进行工作。

3. 磁测结果整理和图示

对于所测量的数据必须要进行日变改正，温度改正，仪器零点改正以及纬度变化改正。最后将经过改正后的数据绘成各种图件，包括剖面图、平面等值线图和剖面平面图等图件，以供分析和解释。

三、几种磁性体Z_a的曲线

为了进行定性和定量的解释，首先要研究磁性体 Z_a 的异常特点。

1. 柱状体 Z_a 曲线

自然界中，火山颈、筒状体可看作是柱状体，其 Z_a 曲线特征见图 9-11。

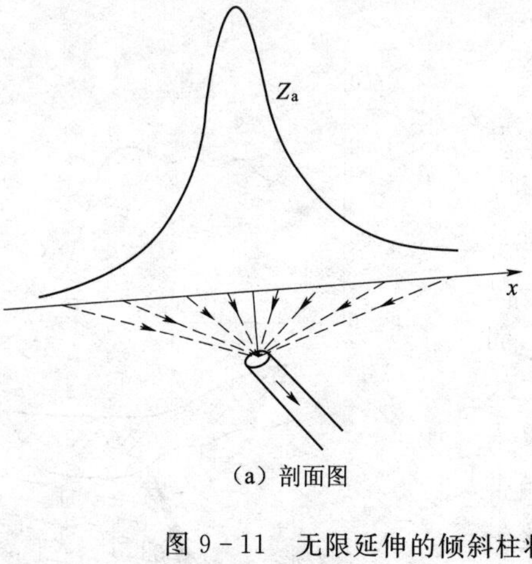

(a) 剖面图

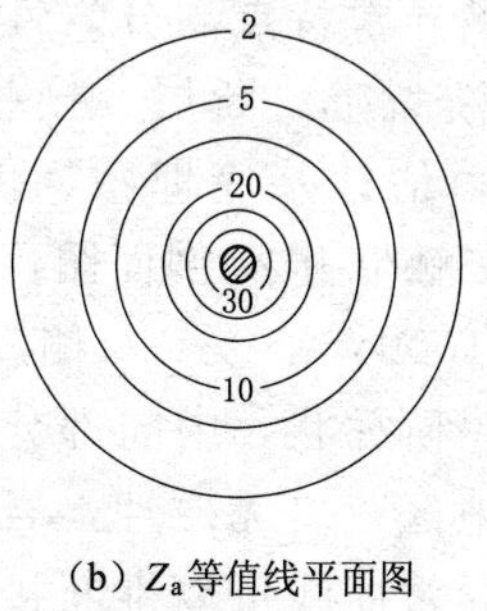

(b) Z_a等值线平面图

图 9-11 无限延伸的倾斜柱状体 Z_a曲线

2. 球体Z_a曲线

自然界中的囊状体、透镜体和充有磁性矿物的溶洞都可近似看作球体。其Z_a曲线特

征见图 9-16。

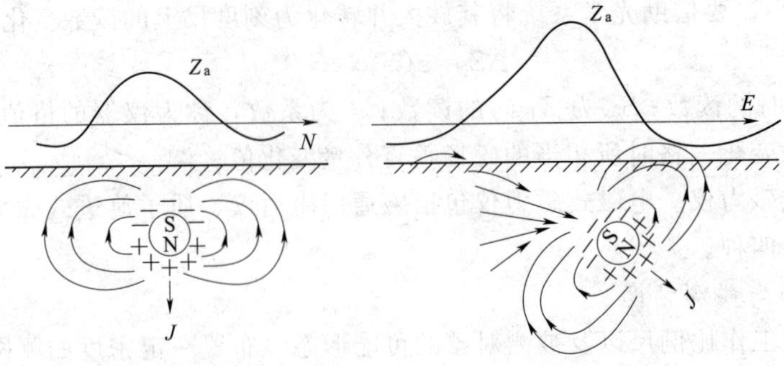

(a) 南北剖面曲线　　(b) 东西剖面曲线

图 9-12　球体的 Z_a 曲线图

3. 板状体 Z_a 曲线

自然界中的层状体和脉状体都可近似看作板状体。其 Z_a 曲线特征见图 9-13。

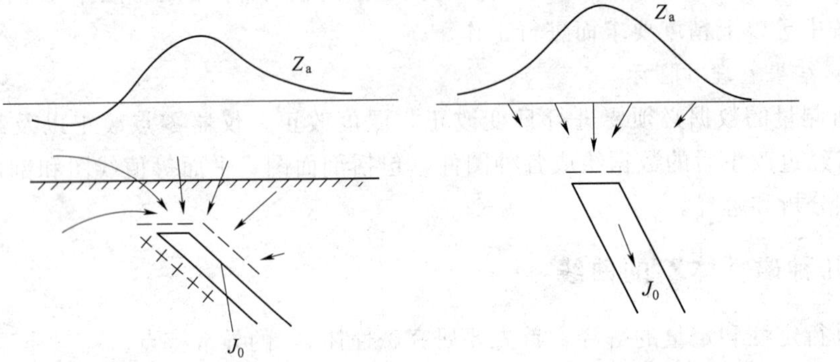

(a) 斜交磁化无限延深板体的 Z_a 剖面曲线　　(b) 顺层磁化无限延深板体的 Z_a 剖面曲线

图 9-13　板状体的 Z_a 曲线

四、磁法勘探的应用

可以根据磁异常特点划分岩性，发现和追索构造断裂带、断层、接触带，了解基底起伏，估计基底埋藏。例如，图 9-14 为某接触带上 Z_a 剖面图，一侧磁场较强（1000γ），另一侧较弱（200γ），曲线呈阶梯状，中间部分曲线斜率很大。该地区灰岩无磁性，岩浆岩磁性较强，由异常曲线可以推断接触带的位置。该区灰岩具有单斜构造，接触带附近岩溶发育，岩浆岩体形成地下挡水坝，故接触带附近有大量上升泉出露。

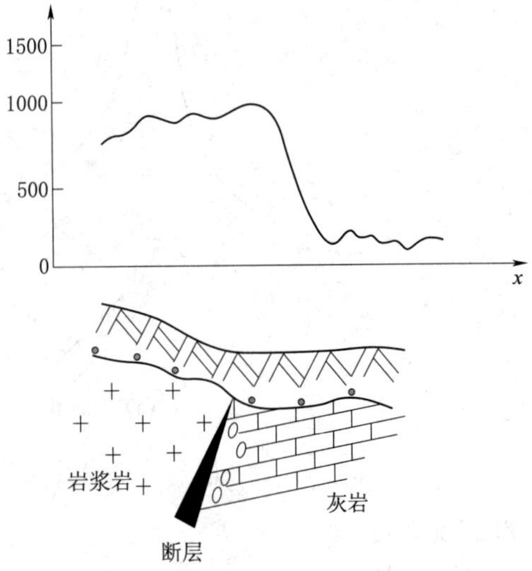

图 9-14　磁法勘探应用实例

第三节　放射性勘探

放射性勘探是以岩（矿）石的放射性元素含量差异为基础的物探方法。放射性勘探主要用于寻找放射性矿床（铀、钍、镭）和稀土元素矿床等，此外，还可用来寻找地下水、划分岩层、探测地热和地下热水、探测堤坝渗漏通道位置、测定土体密度等。

一、放射性勘探基础知识

1. 原子核的基本知识

原子是由原子核和围绕着它的电子所组成。而原子核是由质子和中子构成。质子是氢原子核、带正电（其电荷和一个电子所带的电量相等）。质子数等于外围的电子数，而中子不带电，所以原子呈中性。原子中的电子数相当于元素周期表上的原子序数 Z。原子核里的质子和中子的总数即该元素的质量数 A，因此，中子数 $N=A-Z$。

具有相同质子数 Z 和中子数 N 的一类原子核，称为一种核素，或把具有相同原子序数 Z 和质量数 A 的一类原子核，称为一种核素，并用 ${}^{A}_{Z}X_{N}$（或 ${}^{A}_{Z}X$）表示，例如${}^{16}_{8}O_8$是氧元素的一种核素。

当原子核内的质子数与中子数成一定比例时，核处于稳定状态，若原子核内的质子或中子过多时，它是不稳定的，会自发地转变为另一些元素的原子核，同时放出射线。这个过程称为放射性衰变。具有不稳定原子核的元素称为放射性元素。

同位素就是质子数相同而中子数不同的核素。某些元素既有稳定的同位素，也有放射性同位素。例如 ${}^{1}_{1}H$ 和 ${}^{2}_{1}H$ 是稳定的氢元素向位素，${}^{3}_{1}H$ 是放射性同位素。在放射性同位素中，只有少部分是天然的，而大部分是人工放射性同位素。

2. 放射性元素衰变规律

放射性元素衰变时，它的原子数量将随时间的增长而减少。实验表明，这种衰变遵从统计规律，在某一时刻的衰变率和当时存在的可以衰变的原子总数 N 成正比，即

$$\frac{dN}{dt}=-\lambda N \qquad (9-18)$$

比例系数 λ 称为衰变常数。负号表示在衰减过程中原子数随时间增加而减少。

若开始时（$t=0$）的原子数为 N_0，对式（9-18）积分，可得

$$N=N_0\,e^{-\lambda t} \qquad (9-19)$$

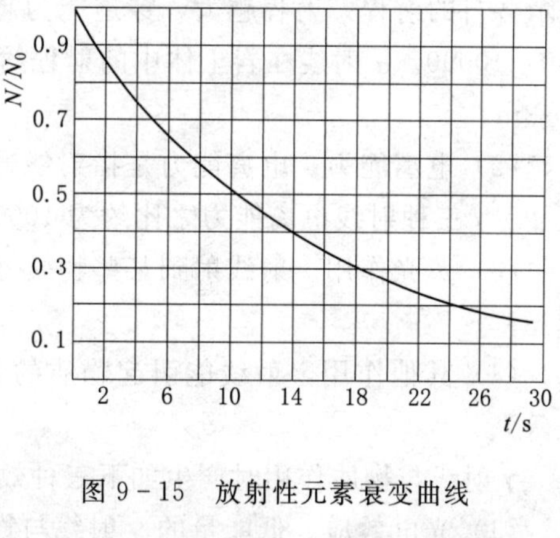

图 9-15　放射性元素衰变曲线

式（9-19）表明放射性元素在衰变过程中，元素的原子数按指数规律随时间而减少（图 9-15）。衰变常数 λ（单位为 s^{-1}、年$^{-1}$）值随各种放射性元素而异，元素的 λ 值越大，衰变得越快。通常还用半衰期 $T_{\frac{1}{2}}$ 来表示元素衰减的快慢。半衰期是元素的原子数由于衰变而减少到原来数目的一半所需的时间。把

$N=\dfrac{N_0}{2}$，$t=T_{\frac{1}{2}}$ 代入式（9-19），得

$$T_{\frac{1}{2}}=\frac{\ln 2}{\lambda}=\frac{0.693}{\lambda} \tag{9-20}$$

常见元素的半衰期值见表 9-1[45]。

表 9-1　　常见元素半衰期

元素名称	符号	半衰期 $T_{\frac{1}{2}}$	衰变常数 λ/s^{-1}	射线种类
铀	$^{238}_{92}U$	4.47×10^{9} 年	4.91×10^{-18}	α、γ
镭	$^{226}_{88}Ra$	1.60×10^{3} 年	1.36×10^{-11}	α、γ
氡	$^{222}_{86}Rn$	3.824 日	2.10×10^{-6}	α、γ
钍	$^{232}_{90}Th$	1.41×10^{10} 年	1.57×10^{-18}	α、γ
钍射气	$^{220}_{86}Rn$	55.6s	1.25×10^{-2}	α、γ
锕	$^{227}_{89}Ac$	21.77 年	1.01×10^{-9}	α、β、γ

3. 放射性射线及其性质

天然放射性元素衰变时，从核内放射出的射线中有 α、β 和 γ 射线，少数元素还放出中子。当原子核中的质子数过多时，就会从核中放出一个 $^{4}_{2}He$ 而发生蜕变。所放出的氦原子核是带正电的粒子，称为 α 射线。当原子核中的中子数过多时就会产生 β 蜕变，即核内中子转变成质子，使核内增多了一个质子，从而电荷增加了一个单位，并从原子核中放出一个高速度运动的电子（β 粒子）。β 射线是一种高速的带负电的电子流。当原子核放出 α 或 β 粒子后还有多余能量，使核仍处于激发状态，当核由激发状态过渡到正常状态时，把多余能量以光子形式放射出来产生 γ 蜕变。γ 射线是波长极短的电磁波，不带电，其实是一种光子流。

三种射线具有以下几种性质：

（1）穿透能力。射线进入物质后完全停下来（α）或被吸收（β、γ）的距离（厚度）表示各自的射程，射程越大，穿透能力越强。α、β、γ 三种射线的穿透能力之比约为 1∶100∶10000。α 射线在岩土体中的射程约为 30μm，β 射线的射程仅几毫米，而 γ 射线可达 1～2m。

（2）电离能力。电离能力是指射线通过物质时在单位路程上所产生的离子对的数目。α、β、γ 三种射线电离能力之比约为 10000∶100∶1。

（3）荧光作用。射线射到某些物质（如硫化锌、碘化钠等）的表面上，能激起荧光或磷光。

（4）其他作用，射线能引起物质的化学变化和其他变化（如治疗癌症、促进植物生长等）。

γ 射线与物质作用时产生如下三种效应：

（1）光电效应。低能量的 γ 射线与物质作用时，它的能量全部被壳层电子吸收，原子放出一个光电子。

（2）康普顿-吴有训效应。γ 射线能量较大时，与电子发生碰撞，将部分能量传递给

电子，有部分反冲电子逸出，γ本身能量降低并改变方向散射。

(3) 形成电子对效应。能量大于1.02Mev的γ光子通过物质时，其能量有可能被全部吸收，转化成一个正电子和一个负电子逸出。

4. 放射性测量单位

放射性强度单位是贝可勒尔（Becquerel，Bq），一贝可等于每秒一次核衰变，即 $1Bq=1s^{-1}$。旧的单位是居里Ci，每秒产生 3.7×10^{10} 次衰变叫作1居里。$1Ci=3.7\times10^{10}$ Bq；$1\mu Ci=3.7\times10^{7}$ Bq。

照射量是指单位质量的物体（空气）在X或γ辐射后产生电离的电量。其单位是库仑每千克，即c/kg。旧单位是伦琴R，$1R=2.578\times10^{-4}$ c/kg。

液体和氡气的浓度则以爱曼em为单位，$1em=10^{-10}$ Ci/L。

二、放射性勘探的应用

在自然界中广泛分布着放射性元素，虽其含量甚微，但在衰变过程中，会产生α、β、γ射线。因此，只要测量放射线的强度就能了解放射性含量大小。水体（地表水、海水、湖水等）的放射性含量一般说来是非常微弱的，而地下水的放射性含量，则主要取决于在形成过程中周围岩石的放射性元素溶解或转移程度。天然放射性法主要用于寻找基岩裂隙水，它是利用放射性探测仪器在地表（或空中）测量天然放射性的强度变化，从而发现与地下水有关的地质构造（如裂隙带、断层），所以这是一种间接的找水方法，下面介绍几种测量方法。

1. 测量γ射线法

用携带式辐射仪（常用闪烁记录器）测量近地表岩石或覆盖层中放射性元素发出的γ射线。根据试验资料，在含水的构造带上所测到的γ射线强度通常高出正常值约0.3～1.0倍。其理由之一是岩石中放射性元素不断地向地下水转移（溶解），使水中的放射性含量增高。当地下水沿裂隙或断层上升时，随着水分的蒸发，放射性元素将不断析出，在地表上形成一定范围的放射性临晕，于是在含水裂隙带上就会测量到较强的放射性异常。理由之二是放射性元素在衰变过程中产生出放射性气体，如氡气或氡的同位素，尽管这些射气穿透能力很弱，一般不会直接到地表，但当遇到裂隙或断层时，则沿着裂隙上升、扩散到地表，并有一部分吸附在土体的孔隙之中，从而也能引起放射性的强异常。在这种情况下，如果测量射气的浓度，将会有明显的异常。

应该指出的是，在探查基岩裂隙水的工作中，由于地表覆盖，单用水文地质的方法，往往难以发现含水地带，而利用电法勘探的资料也因为裂隙带很窄或电性差异不明显而不能够很好地反映现实情况，在这种情况下利用放射性测量，可以取得较满意的结果。

例如，在四川某地一背斜构造北端的山前盆地中，分布着白垩系砂岩和页岩。岩层中有北东和北西两组交叉的裂隙。为了找水，沿近南北方向布置Ⅰ、Ⅱ和Ⅲ的三条γ测量剖面线，测量结果均有放射性异常显示。由此推断出裂隙带的位置和范围，如图9-16所示。1#钻孔经抽水试验，涌水量达到日产1000t以上。

2. α径迹测量

20世纪80年代α径迹测量开始用于探测地下水源，并取得较好的效果。当具有一定

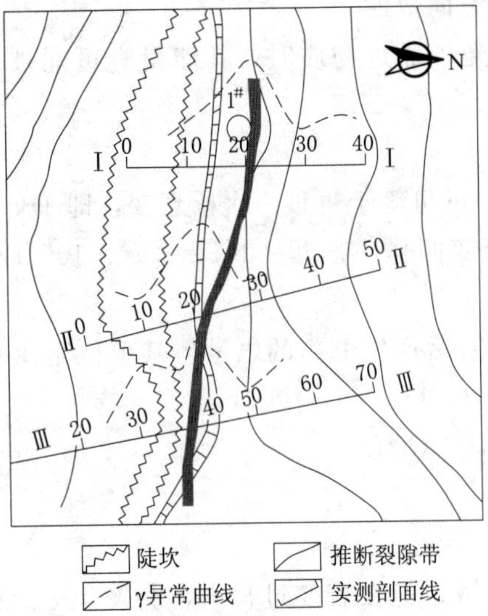

图 9-16　某地 γ 剖面平面图

（剖面线单位：m）

动能的质子、α 粒子以及宇宙射线等带电粒子，射入某些绝缘固体物质中时，会留下微弱的痕迹（只有几十埃），被称为潜迹（要用电子显微镜才能觉察出来）。如把这种经过辐射损伤的材料浸泡在强酸或强碱溶液中，使潜迹扩大成微米数量级的小坑（蚀坑）。这样用一般的光学显微镜就能观测到粒子的径迹。这类能记录重带电粒子的材料，称为固体径迹探测器。用固体径迹探测器探测放射性的方法，称为径迹测量。

如果把盛有探测器的探杯，杯底朝上埋在地表小坑中（一般要 20～30 天），就可能记录到 α 粒。至于 α 粒子的来源，可以认为主要是氡气，这些氡通过扩散、对流以及地下水渗滤等复杂作用而趋向地表并进入探杯，于是氡及其后代相继衰变，它所放射的 α 粒子，就在探测器上留下了潜迹。

例如，无锡某地的上志留统砂岩和石英砂岩，产状为 N70°W / ∠50°，N E。区内裂隙发育，有两组密集带，以 290°一组为主。为了寻找地下水，布置南北向 α 径迹测量剖面，α 径迹曲线出现双峰异常（图 9-17），推测主峰是含水裂隙密集带反映。将井位定在断裂构造上盘位置，井深 130m，静止水位 5.9m，降深 50.8m 时，每小时涌水量为 30.71t。

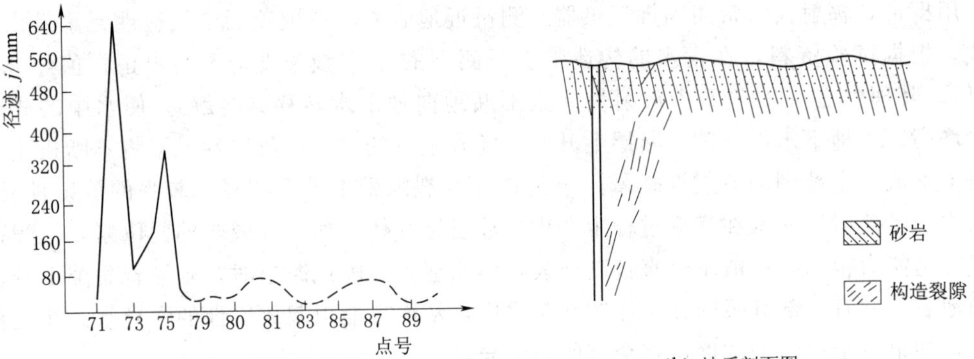

（a）径迹测量剖面曲线　　（b）地质剖面图

图 9-17　用 α 径迹找水实例

3. α 卡法

与 α 径迹相比，α 卡法在土层中测试的时间，可以缩短到数天甚至数小时，既提高了效率，又保证了不受人为的破坏。

α 卡是采用对氡的衰变产物（女体）有强吸附能力的材料制成的卡片，将 α 卡置塑料杯中，并使杯底朝上埋于地下，经数小时到数天后取出，再用测量 α 射线的仪器测定卡片上所收集的氡及其后代相继衰变所产生的 α 射线，就叫作 α 卡法。此法虽然测试时间短，但灵敏度却相当高。它可以发现微弱的放射性异常。因此在探查地下水方面值得推广。

1982 年，在四川隆昌某地寻找地下水时，在同一剖面上做 α 卡法测量和 γ 法测量，测试结果见图 9－18，由图 9－18 可见，两种方法均有明显反应。而 α 卡法所显示的构造部位更加突出。打井后日涌水量大于 800t。

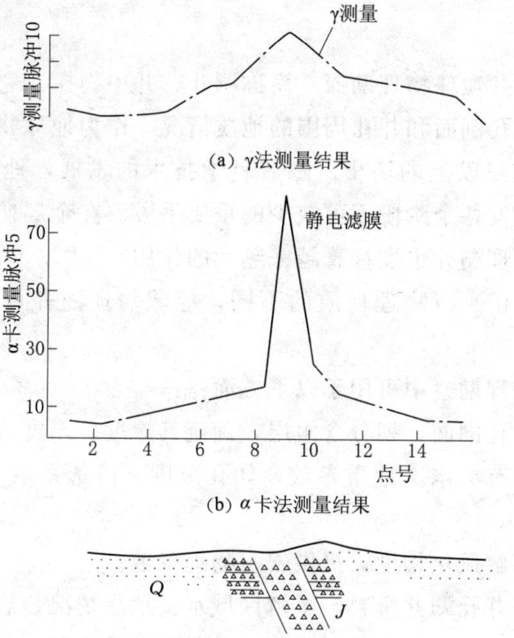

(a) γ法测量结果

(b) α卡法测量结果

(c) 地质解释示意图

图 9－18　α 卡法与 γ 法综合剖面图

复 习 思 考 题

1. 在大地水准面上重力值是否处处相等？为什么？
2. 重力仪的工作原理是什么？什么叫布格异常？
3. 什么叫磁剩、磁感、磁异常？
4. 放射性元素为什么会衰变？衰变服从什么规律？
5. 放射性元素衰变时放出什么射线？这些射线有哪些性质？
6. 射线与物质作用时产生什么反应？
7. 重力、磁法、放射性勘探在工程勘察中有哪些应用？

第十章 地球物理测井

地球物理测井或钻井地球物理勘探，简称测井、井中物探。它将地球物理勘探方法用于井孔之中，以研究井孔剖面和井孔周围的地质情况。作为地球物理的一门应用技术，地球物理测井已有半个世纪以上的历史。随着科学技术的发展，地球物理测井已经成为石油、煤田普查勘探和开发各个阶段不可缺少的重要手段。在金属矿地质、水文地质以及工程地质工作中，地球物理测井也发挥着越来越大的作用。

依据所利用的岩（矿）石物理性质的不同，地球物理测井可分为电测井、弹性波测井、放射性测井等。

地球物理测井在工程勘察中可用于以下方面：

（1）划分、校验井孔剖面，划分含水层，确定其涂度、厚度，划分咸淡水界面。

（2）研究含水层的有关水文地质参数，如孔隙度、渗透系数、矿化度、地下水流速、流向、涌水量等。

（3）判断岩性，了解风化程度，提供岩石物理参数。

（4）通过对比不同井孔测井资料，了解区域水文地质情况、岩性变化、构造等情况。

（5）研究井内技术情况，如井径、井斜、井温、井壁裂隙溶洞探测等。

测井现场工作如图 10-1 所示。

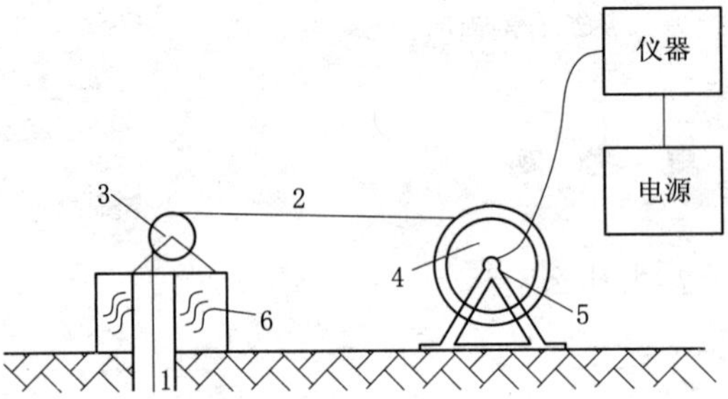

图 10-1 测井现场工作图

1—井下仪器或电极系；2—电缆；3—井口滑轮；4—绞车；5—绞车滑轮；6—钻井台木

地球物理测井的仪器装备一般分为以下三部分：

（1）第一部分为各种地球物理测井共用的仪器装备，主要有：①绞车（带传动装置）；②电缆及电缆头；③吊臂、井口滑轮；④电源设备。

（2）第二部分为地面部分控制部件及记录仪器，用以控制测量，记录地质、地球物理参数。

（3）第三部分为井下仪器和专门收录组件，是专为每一种测井方法所测量的参数而设计的仪器部件。

第一节 电 测 井

以岩（矿）石的电学性质及电化学性质为基础的一类地球物理测井方法称为电测井。这里我们将分别讲述电阻率测井、自然电位测井、电磁波测井。

一、电阻率测井

通过测量沿井孔的视电阻率的变化，来研究某些井孔地质问题的测井方法称为电阻率测井。电阻率测井是最基本的，也是最常用的地球物理测井方法之一。它主要包括有视电阻率测井、侧向测井及单极测井等。它们都是以岩（矿）石电阻率的差异作为方法的物质基础，以点电源场的理论为方法的理论基础。

（一）视电阻率测井原理

视电阻率测井原理如图 10-2 所示。

假设地下充满电阻率为 ρ 的均匀介质，沿井轴放入供电电极 A 及测量电极 M、N。暂不考虑井孔、井液的影响。由于电极本身尺寸远远小于电极之间的距离，可以将电极看成是置于均匀各向同性介质中的点电极。对于一个全空间、均匀各向同性介质中的点电流源的电场，则有

$$\vec{J}=\frac{1}{4\pi r^2}\frac{\vec{r}}{r} \tag{10-1}$$

$$\vec{E}=\frac{I\rho}{4\pi r^2}\frac{\vec{r}}{r} \tag{10-2}$$

$$U=\frac{I\rho}{4\pi r^2} \tag{10-3}$$

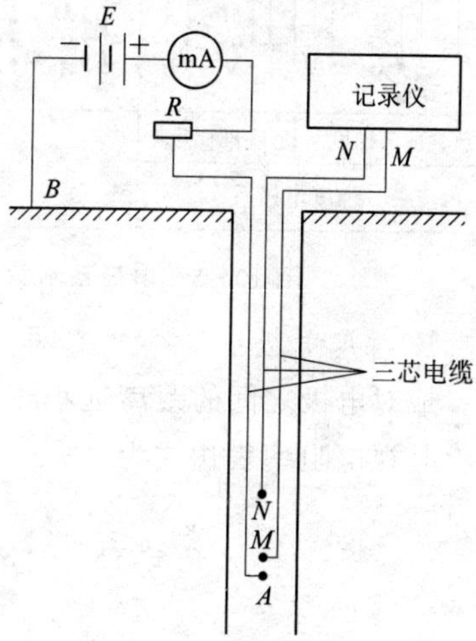

图 10-2 视电阻率测井原理线路图

式中：$\vec{r}$ 为场源指向观测点的向量；r 为场源到观测点的距离。

由于 B 极置于地面，可以认为是在无穷远处，故它在 M、N 极之间形成的电位差为零。因此由供电电极 A 和 B 在 MN 之间形成的电位差，就是 A、B 极供电时，A 极在 M、N 极之间形成的电位差。

$$\Delta U_{MN}=\frac{I\rho}{4\pi}\frac{MN}{AM\cdot AN} \tag{10-4}$$

由此有

$$\rho=4\pi\frac{AM\cdot AN}{MN}\frac{\Delta U_{MN}}{I}=K\frac{\Delta U_{MN}}{I} \tag{10-5}$$

式中：K 为电极系系数，$K=4\pi\frac{AM\cdot AN}{MN}\frac{\Delta U_{MN}}{I}$。

这样，只要预先测算出 K 值，然后按上述布置测出 M、N 极之间的电位差 ΔU_{MN} 和供电电流 I，代入式（10-5）便可计算出所测电阻率的大小。

然而，实际上地下并非均匀各向同性介质，井孔、井液也有一定影响等。这样测算出来的电阻率值并不是某岩层的真实电阻率，而是电场作用范围内各种岩（矿）石电阻率的综合影响值，称为视电阻率，以 ρ_s 表示，即 $\rho_s=K\frac{\Delta U}{I}$。$\rho_s$ 除与电极系类型、周围岩层电阻率有关外，还与地层厚度、井径、井液电阻率等因素有关。

（二）电极系

进行视电阻率测井时，一般将一个电极置于地面井口附近，另外三个电极放入井中，让其沿着井轴移动，边移动井中的电极，边进行测量（测量供电电流 I 及电位差 ΔU_{MN}）。放入井中的三个电极合在一起被称为电极系。组成电极系的三个电极中，有两个是串联在同一回路中的，称其为成对电极。另外一个电极称为不成对电极，它与地面的电极串联在同一回路中。根据成对电极与不成对电极之间的距离，把电极系分为梯度电极系和电位电极系两类（图 10－3）。

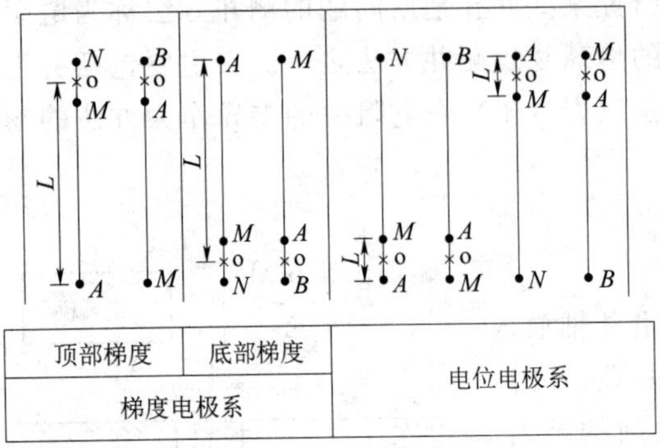

图 10－3　电极系示意图

1. 梯度电极系

成对电极之间的距离远小于中间电极到不成对电极之间距离的电极系，叫梯度电极系。其视电阻率表达式为

$$\rho_s = \frac{4\pi \cdot AM \cdot AN}{MN} \frac{\Delta U_{MN}}{I} \tag{10-6}$$

成对电极之间的距离为无限小（即 $MN \to 0$）的梯度电极系，其视电阻率可写成

$$\rho_s = 4\pi L^2 \frac{E}{I} \tag{10-7}$$

式中：$L = AO$，为梯度电极系的电极距（O 为成对电极的中点）；E 为 O 点的电场强度。

由式（10－6）和式（10－7）可知，如测量过程中保持供电电流大小不变，用梯度电极系所测得的视电阻率与成对电极中点的电位梯度（或电场强度）成正比。这便是梯度电极系名称的由来。

梯度电极系中，成对电极在单个电极上方时，所测得视电阻率曲线以极大值反映出高阻岩层顶面的位置，故称其为顶部梯度电极系。反之，若成对电极在不成对电极下方时，所测视电阻率曲线以极大值反映高阻岩层底面位置，称其为底部梯度电极系。

2. 电位电极系

成对电极之间的距离远大于中间电极到不成对电极间的距离的电极系，叫作电位电极系。成对电极之间的距离无限大（即 MN 或 $AB \to \infty$）的电位电极系，叫作理想电位电极系。对于理想电位电极系，其视电阻率表达式为

$$\rho_s = 4\pi L \frac{U_M}{I} \tag{10-8}$$

式中：$L = AM$，为电位电极系的电报距；U_M 为 M 点的电位。

记录点取在相近的两个电极间的中点。

由式（10－8）可知，如在测量过程中保持供电电流大小不变，则采用电位电极系测

得的视电阻率与 M 点的电位成正比。这便是电位电极系名称的由来。

3. 微电极系

微电极系是在普通电极系电阻率法测井基础上发展起来的微电极系电阻率测井中所使用的电极系。它是一种电极和电极距都很小的电极系，结构如图 10-4 所示。目前我国使用的一组微电极系是电极距为 0.05m 微电位电极系和电极距为 0.0375m 的微梯度电极系（$AM_1=0.025$m，$M_1M_2=0.025$m）。

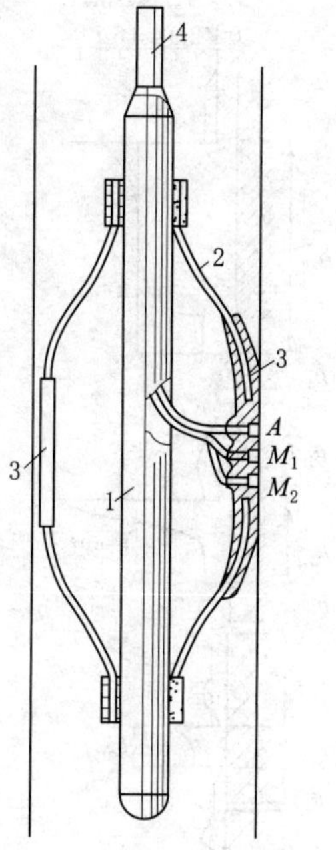

图 10-4 微电极系结构图
1—电机系主体；2—弹簧；3—绝缘板；4—电缆

4. 电极系的符号表示

通常用文字符号表示所使用的电极系。其表示方法是：按照电极系中各个电极在井孔中由上而下的排列顺序，从左至右地写出各个电极名称的字母，在字母之间写上相应电极之间以米为单位的距离。例如：$A2.0M0.2N$，表示一个电极距 $L=2.1$m 的底部梯度电极系；$B2.5A0.1M$，表示一个电极距 $L=0.1$m 的电位电极系；$A0.025M_10.025M_2$，表示一个电极距 $L=0.0375$m 的微梯度电极系；$A0.05M$，表示一个电极距为 0.05m 的微电位电极系。

（三）视电阻率测井理论曲线

图 10-5 给出了顶部梯度电极系和电位电极系对不同厚度的高阻岩层所对应的视电阻率曲线。

1. 梯度电极系视电阻率曲线特点

由图 10-5（a）可以看出：

（1）对单一的高阻水平岩层，视电阻率曲线不对称。对应于高阻岩层处有 ρ_s 曲线凸起——高视电阻率值（对应低阻水平岩层有 ρ，曲线凹下——低视电阻率值）。

（2）顶部梯度电极系测得的 ρ_s 曲线，在高阻水平岩层上界面处出现 ρ_s 极大值，在下界面处出现 ρ_s 极小值。采用底部梯度电极系测井时，其 ρ_s 曲线与顶部梯度电极系的 ρ_s 曲线成镜像，高阻层的顶界面为 ρ_s 极小值，底界面为 ρ_s 极大值。

（3）当岩层很厚时（$h\gg L$），对应于岩层中部测得的 ρ_s 值接近岩层自身的真实电阻率值 $\rho_{岩}$。

（4）当岩层厚度小于极距时，由于高阻层的屏蔽作用，当三个电极在界面同一侧，且单个电极在界面处时，ρ_s 曲线出现一个次（假）极值。

2. 电位电极系视电阻率曲线特点

由图 10-5（b）可以看出：

（1）对应于上、下围岩电阻率相同的岩层，电位电极系测得的 ρ_s 曲线是对称的。

（2）当岩层很厚时，对应岩层中部测得的 ρ_s 值接近岩层本身的真电阻率值 $\rho_{岩}$。

（3）对应于岩层上、下界面，ρ_s 曲线各有一段长度等于电极距 L 的 ρ_s 等值段，该直线段的中点对应于岩层的界面。

（4）当岩层较薄（$h<L$）时，对应于高阻岩层的 ρ_s 曲线出现凹下（低值）；对应于低阻岩层反而出现 ρ_s 曲线凸起（高值）。可见电位电极系不宜于用来划分薄地层。

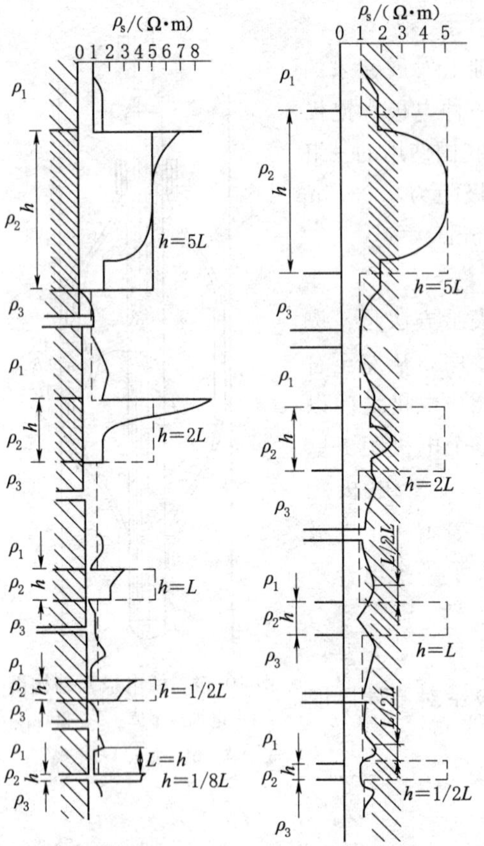

(a) 顶部梯度电极系视电阻率曲线　(b) 电位电极系视电阻率曲线

图 10-5　视电阻率曲线图

（四）影响视电阻率测井曲线的主要因素

1. 井孔、井液的影响

上述理论曲线，是指理想电极系垂直穿过地层，处于地下全空间时的视电阻率曲线。实际上井孔穿过地层，地下不是完整的全空间。井孔中充满了井液，井液电阻率与井孔周围岩层电阻率值一般不等。由于井孔、井液的影响，视电阻率测井所测得的 ρ_s 曲线突变点消失，曲线变得光滑了，且一般 ρ_s 值有所下降。但 ρ_s 曲线的基本特征保持不变。

一般电极距越小，井孔、井液影响越大。井孔对 ρ_s 曲线的影响，随着岩层电阻率和井液电阻率差异增大、井径增大以及电极距变小而增加。相比较而言，井液对梯度电极系所测 ρ_s 曲线的影响，大于井液对电位电极系测得的 ρ_s 曲线的影响。因此，在反映岩层电阻率变化和计算岩层电阻率方面，使用电位电极系，一般比使用梯度电极系的效果要好。

2. MN 大小的影响

实际工作中梯度电极系的 $MN \neq 0$，因而使 ρ_s 的极大值减小。同时，使记录点从电极系最外边向 A 电极移动 $MN/2$，所以记录的曲线也向 A 极移动了 $MN/2$，反映高阻层界面的 ρ_s 极大值点的位置，相对界面处向 A 极一侧（A 为不成对电极）移动 $MN/2$；同样，ρ_s 极小点位置也相对界面处向 A 极（单个电极）一侧移动 $MN/2$，如图 10-6 所示。

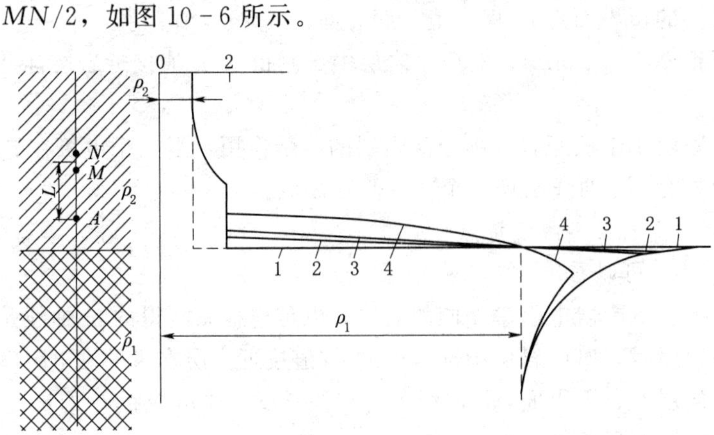

图 10-6　MN 大小不同的顶部梯度电极系所测得的 ρ 曲线（$\rho_1 = 10\rho_2$）

$1-\dfrac{MN}{AO}=0$；$2-\dfrac{MN}{AO}=0.2$；$3-\dfrac{MN}{AO}=0.5$；$4-\dfrac{MN}{AO}=1$

对电位电极系，当 $MN<H$ 时，电位电极系 ρ_s 曲线随 MN 的减小越不对称，而且逐渐相似于梯度电极系测得的 ρ_s 曲线，如图 10-7 所示。

实际工作中通常选用电极距为中等长度的电极系作为最佳电极系。一般要求电极距 L 大于 3～5 倍井径，以便才能消除井孔的影响；同时电极距又要小于目的层厚度，以便于划分层面。

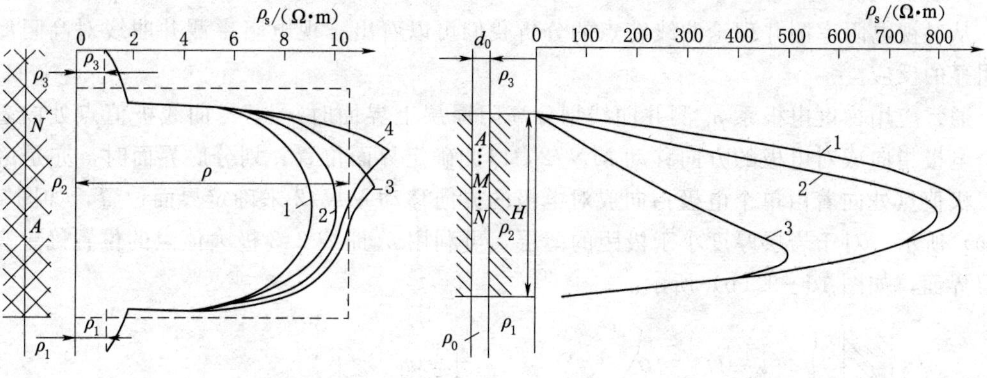

(a) $\rho_2=10\rho_1$, $\rho_1=\rho_3$, $d_0=0$

$1-\dfrac{AN}{H}=\infty, \dfrac{AN}{AM}=\infty$；$2-\dfrac{AN}{H}=0.9, \dfrac{AN}{AM}=9$；

$3-\dfrac{AN}{H}=0.5, \dfrac{AN}{AM}=5$；$4-\dfrac{AN}{H}=0.3, \dfrac{AN}{AM}=3$

(b) $\rho_2=\infty$, $\rho_1=\rho_3=\rho_0=1\Omega m$, $d_0\neq 0$

$1-\dfrac{AN}{H}=1.25$；$2-\dfrac{AN}{H}=0.5$；$3-\dfrac{AN}{H}=0.2$

图 10-7　MN 大小不同的电位电极系测得的 ρ_s 曲线

3. 相邻地层的影响

当岩层厚度比较薄、在电极系的探测范围内有几个薄层存在时，对应于任何一个岩层处所测得的 ρ_s 值，都会受到邻近岩层的影响。特别是当有不同电阻率的岩层交互成层时，邻层的影响尤其显著。图 10-8 是两个电阻率相同、厚度相同的相邻高阻薄层，采用不同电极距的梯度电极系 ρ_s 曲线。由图 10-8（a）可以看出，对于底部梯度电极系，当相邻岩层间距离大于电极距时，由于上部高阻薄层对电流的排斥作用，对应于下部高阻层处测得的 ρ_s 值明显增大。而当两岩层间的距离小于电极距时，由于上部高阻层对电流的屏蔽作用，对应于下部高阻薄层处测得的 ρ_s 值明显减小。对于顶部梯度电极系，同样有相邻层的影响问题，只是受影响的是上面一层而不是位于下面的岩层，如图 10-8（b）所示，可运用与图 10-8（a）相同的方法进行分析。

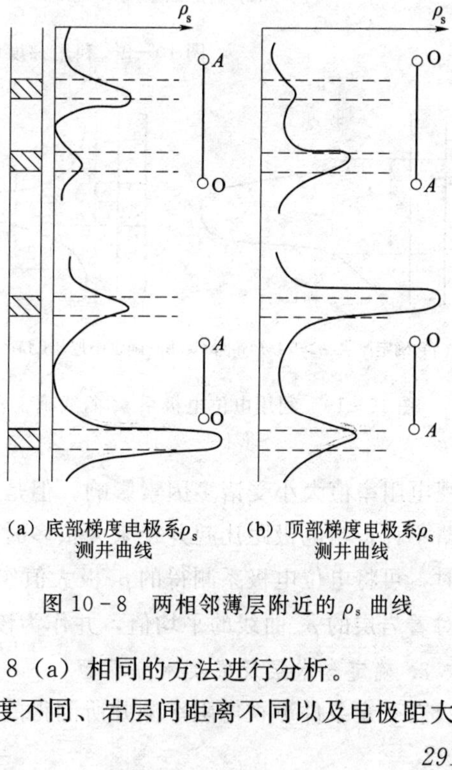

(a) 底部梯度电极系 ρ_s 测井曲线　(b) 顶部梯度电极系 ρ_s 测井曲线

图 10-8　两相邻薄层附近的 ρ_s 曲线

不难理解，当相近岩层电阻率大小不同、厚度不同、岩层间距离不同以及电极距大小改变时，它们所带来的影响是很复杂的，以至难以应用 ρ_s 曲线来确定岩层界面位置、岩层电阻率，甚至难以用 ρ_s 曲线区分岩层电阻率的相对大小。为了正确划分岩层界面，在进行视电阻率测井时，应配合进行其他测井方法，如微电极系测井、侧向测井等测井工作。

（五）视电阻率测井的应用

视电阻率测井可以用来划分井孔剖面，以及确定岩层真实电阻率，确定含水层位等。

1. 划分井孔剖面

从对视电阻率测井理论曲线特点的分析我们可以看出，视电阻率测井曲线对高阻厚层有明显的反应。

通常应用梯度电极系 ρ_s 测井曲线划分高阻厚层上界面时，从 ρ_s 曲线极值点处向着由单个电极指向成对电极的方向移动 $MN/2$，以此确定界面位置；划分底界面时，亦是由 ρ_s 曲线极值点处向着由单个电极指向成对电极的方向移动 $MN/2$ 来确定界面位置，如图 10－9（a）所示。对于岩层厚度小于极距的薄层，可利用 ρ_s 曲线 2/3 极大值点的位置确定高阻岩层界面，如图 10－9（b）所示。

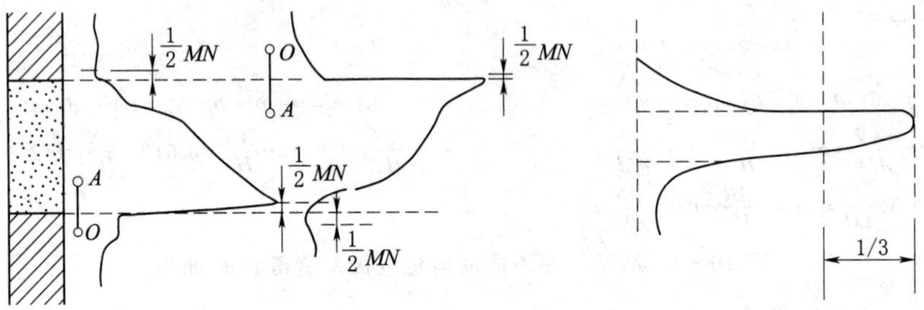

(a) 确定高阻厚层界面　　(b) 确定高阻薄层界面

图 10－9　利用梯度电极系 ρ_s 曲线确定岩层界面

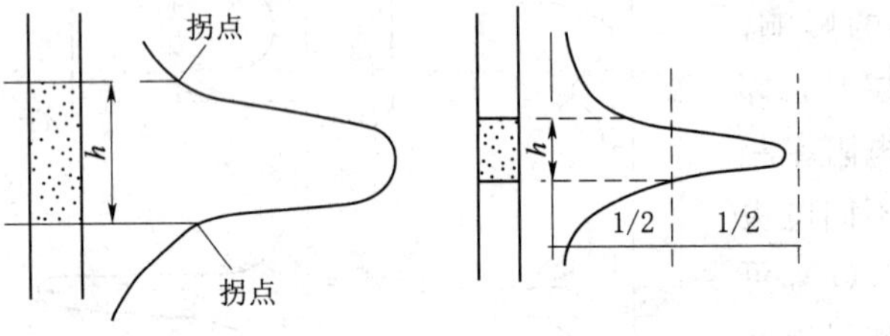

(a) 确定厚层($h>5AM$)界面　　(b) 确定中厚层($AM<h<5AM$)界面

图 10－10　利用电位电极系 ρ_s 曲线确定岩层界面

当使用电位电极系测井 ρ_s 曲线划分界面时，对于高阻厚层（$h>5AM$），可根据 ρ_s 曲线拐点位置确定岩层界面，如图 10－10（a）所示。对于中厚层（$AM<h<5AM$），可以利用 ρ_s 曲线半极值点位置确定岩层界面，如图 10－10（b）所示。

2. 确定岩层电阻率近似值

我们知道视电阻率测井所测得的视电阻率值大小受诸多因素影响。但是，当岩层厚度比电极距大很多时，围岩影响可以忽略不计；当电极距比起井径来大很多时，井孔影响可以忽略不计。所以当岩层厚度相当大时，可将电位电极系测得的 ρ_s 极大值作为岩层电阻率的近似值。亦可利用梯度电极系测得对着岩层的 ρ_s 曲线的平均值，并作为该岩的电阻率似近值。

3. 确定含水层及咸淡水分界面

在一定条件下视电阻率测井所测得的 ρ_s 值主要取决于岩层电阻率大小，而岩层电阻率的大小又主要取决于岩性、孔隙率、含水程度和水的矿化度。这样同一地区视电阻率的变化反映了地层岩性（如黏土或是砂层等），而对同一类岩层（如砂层）视电阻率的变化则反映了该层含水的矿化度变化。由此可以利用视电阻率测井 ρ_s 曲线并配合其他测井方法（如自然电位测井）确定含水层位及咸淡水分界面。

4. 应用实例

利用视电阻率测井曲线划分地层。淮北宿县地区第四纪地层经地质工作者初步划分如下：

(1) 全新流 Q_4。黏土及砂层交替成层，含水层普遍发育，且该层地下水矿化度较低。对应全新流地层地段的视电阻率测井 ρ_s 曲线为高、低阻值的锯齿状曲线，似一厚层，没有纯黏土层的低平电阻率曲线特征。

(2) 上更新流 Q_3 和中下更新流 Q_{1-2}。该区段地下水为淡水。上更新流 Q_3 含钙质结核及锰铁结核，黏土含砂成分多。对应砂层和亚砂土的视电阻率测井 ρ_s 曲线显示为高电阻率异常（20～40Ω・m）。对应黏土、亚黏土约 ρ_s 值较低（5～100Ω・m）。中下更新流 Q_{1-2} 地段钙质结核显著减少，黏土质地较纯。因此对应中下更新流 Q_{1-2} 的黏土、亚黏土层的视电阻率测井 ρ_s 值更低，表 10 - 1 给出了钻孔中黏土、亚黏土视电阻率 ρ_s 的平均值。对应不同时代的黏土、亚黏土井段的平均视电阻率 ρ_s 曲线呈台阶状分布。不同的台阶反映了不同地质时代的地层。

表 10 - 1　　钻孔中黏土、亚黏土平均 ρ_s 值　　单位：Ω・m

孔 号	ρ_s曲线上黏土、亚黏土平均 ρ_s值			孔 号	ρ_s曲线上黏土、亚黏土平均 ρ_s值		
	Q_3	Q_{1-2}	两者平均 ρ_s差值		Q_3	Q_{1-2}	两者平均 ρ_s差值
N_{01}	10.0	6.5	3.5	N_{04}	9.0	6.3；4.0	2.7；5*
N_{02}	7.0	4.0	3.0	N_{05}	9.5	6.5；4.0	3.0；5*
N_{03}	9.5	7.5；4.5	2.5；5*	N_{06}	8.5	4.5	4.0

* 指该孔中下更新流（Q_{1-2}）黏土、亚黏土的视电阻率平均值不同，分为两段，Q_{1-2}内还有台阶。

根据这些特点，利用视电阻率测井 ρ_s 曲线，在宿县地区划分了第四纪地层所属地质年代，并校正了某些钻孔资料。图 10 - 11 为视电阻率测井实测曲线。

（六）微电极系电阻率测井

微电极系电阻率测井是在普通视电阻率测井基础上发展起来的。普通视电阻率测井难以分辨薄层，为此设计了微电极系。它是电极间距离很小的电极系，可以用来划分几厘米厚的薄层、夹层。但是由于极距很小，探测范围也就很小，只能探测井壁附近的情况，其深度不超过 10cm。主要用来划分薄层、夹层，划分渗透性岩层以及测量岩层的电阻率。

微电极结构如图 10 - 4 所示。工作时装在绝缘板上的电极系被弹簧紧压在井壁上。观测过程中微电极系始终贴着井壁进行测量，以减小井液的影响。

微电极系同样也分为微梯度电极系和微电位电极系两类，其线路原理如图 10 - 12 所示。微梯度电极系测量范围约为极距的 1～2 倍，微电位电极系的测量范围是电极距的 2～3 倍。其测量结果仍以视电阻率 ρ_s 表示。

$$\rho_s = K\ \frac{\Delta U}{I}$$

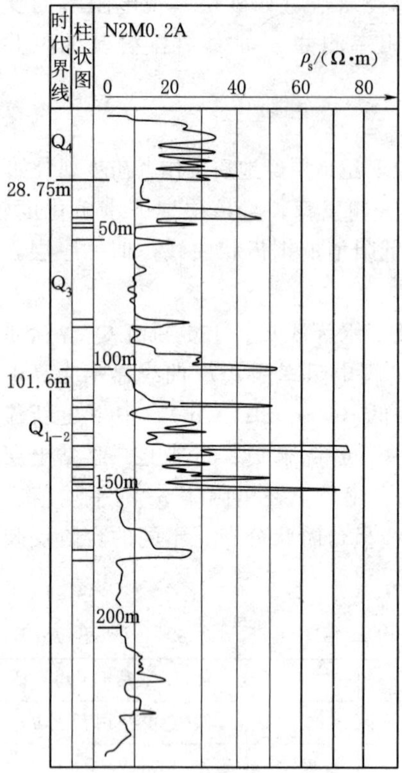

图 10-11　利用 ρ_s 曲线台阶划分地层实例

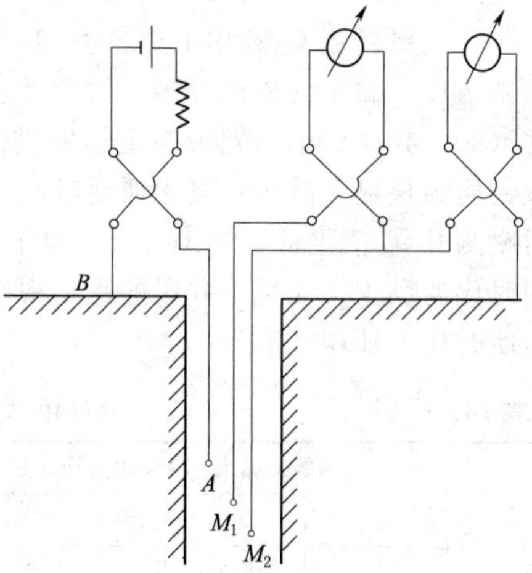

图 10-12　微电极系测量原理线路

式中：K 为电极系系数，它与电极尺寸，极板形状、大小等有关，可通过实验方法求出。

由于微电极系极距很小，且测量过程中电极系紧贴井壁，所以遇到不同电阻率岩层时，尽管岩层厚度不大，也会引起视电阻率的变化，由此可根据视电阻率的变化划分薄层、夹层。同时所测视电阻率接近岩层电阻率。特别是对非渗透岩层或泥岩，黏土层两种微电极系所测得的视电阻率值均接近其岩层真电阻率值。

此外，可利用微梯度电极系和微电位电极系探测范围不同划分渗透性岩层。前已述及对非渗透性岩层，两种微电极系测得的视电阻率值均接近岩层真电阻率值。而对于渗透性岩层，由于泥浆的浸入，以及在井壁处形成泥饼，井壁附近不同深度处的电阻率大小不同。一般泥饼电阻率高于泥浆电阻率 1.5～2 倍，但比浸入带电阻率低很多。进行测井时，微梯度电极系探测范围小，受泥饼影响大，测得的视电阻率值偏低。而微电位电极系探测范围大，受浸入带影响大，所测得的视电阻率值偏离。两种微电极系在同一深度处对应同一（渗透性）岩层所测得的视电阻值不等。ρ_s 曲线不重合，而有一差值。我们称微电位电极系测得的视电阻率值高出微梯度电极系所测的视电阻率值那部分为正幅度差。岩层渗透性越好，正幅度差越大。所以，根据微电极系所测 ρ_s 曲线出现正幅度差，从微电极系视电阻率测井 ρ_s 曲线中能划分出渗透性岩层。图 10-13 便是应用这种方法划分渗透性岩层的实例。

（七）其他电阻率测井

1. 侧向测井

普通视电阻率测井，由于受井孔、井液等因素的影响，当岩层较薄、电阻率高、井液电阻率却较低时，大部分电流将沿井液流过，只有小部分电流流进地层，这样就无法求出准确的地层电阻率。使得普通视电阻率测井区分不同岩层效果变差。为解决这一问题，提出了侧向测井方法。侧向测井也叫聚焦电阻率测井或聚流电阻率测井。这种方法能较准确地划分出高阻薄层，测出岩层电阻率大小。

(1) 方法原理。侧向测井与普通视电阻率测井方法上的主要区别在于使用的电极系不同。侧向测井按其电极系的结构特点和电极数目不同，可分为三电极侧向测井（简称三侧向）、六电极侧向测井（简称六侧向）、七电极侧向测井（简称七侧向）等。

我们通过对三电极侧向测井电极系的工作原理的分析来说明侧向测井的方法原理和实质。

图 10－14 是三电极侧向测井电极系的结构和电流分布图。其电极系由三个被绝缘物隔离开来的、直径相同的金属圆柱体组成。中间的电极叫主电极，以 A_0 表示，上、下两个电极叫屏蔽电极，以 A_1 和 A_2 表示。三个电极通以相同极性的电流，并保持它们电位相等。由于主电极和屏蔽电极的相互影响，致使主电极流出的电流不能像普通电极系供电电极流出的电流那样向各个方向流去，而是近似水平地呈圆盘状流入岩层，从而大大地减小了井液和相邻岩层对观测结果的影响，提高了视电阻率测井的分层能力。

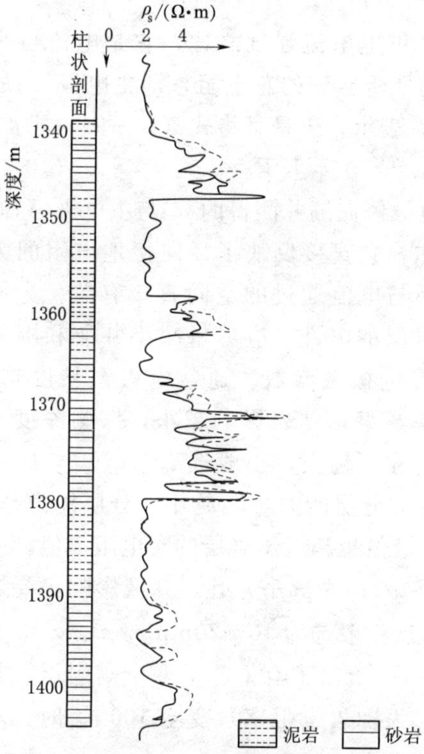

图 10－13　微电极系测井应用实例

实线—微梯度；微虚线—微电位

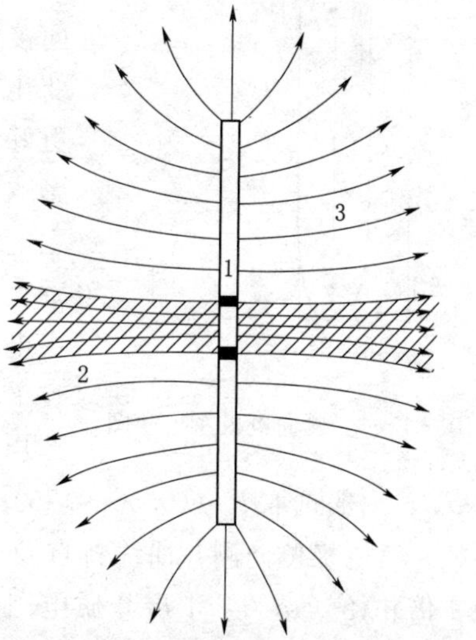

图 10－14　三侧向电极系及电流分布图

1—绝缘层；2—主电极流出电流；3—电流线

与普通视电阻率测井一样，三电极侧向测井仍可测量供电电流、电位差，计算视电阻率，其单位仍是Ω·m，按下式计算视电阻率：

$$\rho_s = K\frac{U_{A_0}}{I_0} \tag{10-9}$$

式中：U_{A_0} 为主电极的表面电位（即 A_0 极与无穷远处的电位差）；I_0 为 A_0 极的供电电流，在工作过程中保持不变；K 为三侧向测井的电极系系数。

K 是与电极尺寸、结构有关的常数。可以通过试验的方法或理论计算求出。试验方法是：将电极系放入电阻率为已知的介质中，测出主电极的表面电位 U_{A_0} 和主电极的供电电流 I_0，将其代入式（10－9），反算出 K 值。理论计算的方法是将电极参数代入下式求出：

$$K = \frac{2.72876\,L_0}{\lg\dfrac{2L}{d_s}} \tag{10-10}$$

式中：$L_0 = 2b + \dfrac{2}{3}m$，为主电极长度，m 为绝缘层厚度；$L = 2C$，为电极系总长度；$d_s = 2a$，为电极系的直径（图 10－15）。

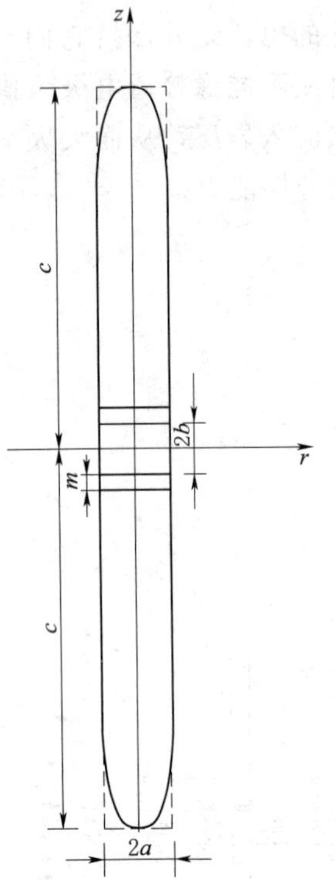

图 10－15　三侧向电极系尺寸图

式（10－9）中，$\dfrac{U_{A_0}}{I_0}$ 是主电极表面与无穷远处之间的电位差与主电极供电电流强度之比，它是电流自主电极表面流到无穷远处所遇到的总电阻，即主电极 A_0 的径向接地电阻，以 R_0 表示，于是可将式（10－9）写为

$$\rho_s = K\,R_0 \tag{10-11}$$

也就是说三电极侧向测井测得的 ρ_s 与主电极 A_0 的径向接地电阻成正比，它直接反映了径向接地电阻的大小变化。这电阻大小与电流通过的空间直接有关。为使其更好地反映单一岩层的电性，应尽量减小井液和围岩的影响，合理地选择电极系参数。通常电极系长度越大，主电流的聚焦效果越好，围岩影响越小，探测深度（指垂直井壁的横向尺寸）越大，一般选 $L \geqslant (10 \sim 15)d_0$；主电极长度大小影响分层能力，$L_0$ 越小，分层能力越强，且 L_0/d_0 越小，ρ_s 极值越趋近于岩层的真电阻率值。一般选用 $L_0 = (1 \sim 1.2)d_0$；为减小井孔、井液影响，要适当加大 d_s，一般选取 $d_s = (0.5 \sim 0.75)d_0$；绝缘层厚度一般选为 10～20mm。

（2）三电极侧向测井曲线特点及应用。图 10－16 给出了有上、下两个高阻层，其间相距 4 倍井径（$4d_0$），下层介质电阻率由 $10\rho_m$（ρ_m 为围岩电阻率）变至 $100\rho_m$ 时，对应上、下两层三电极侧向测井法测出的 ρ_s 曲线。

图 10－17 给出了不同电阻率、不同厚度岩层组所对应的三电极侧向测井和普通视电阻率测井所测得的视电阻率曲线。

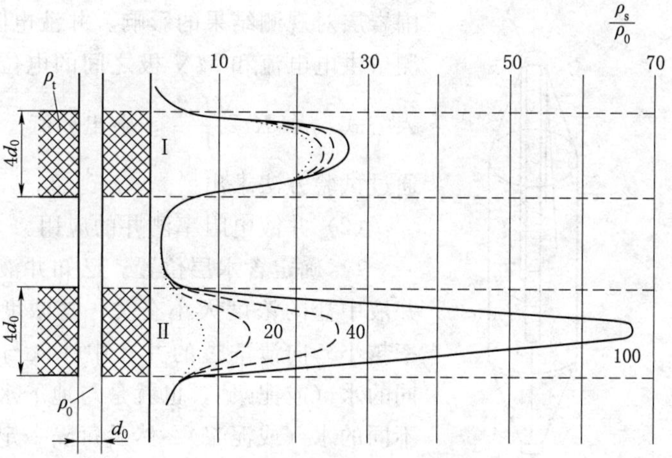

图 10-16 三侧向测井 ρ_s 曲线

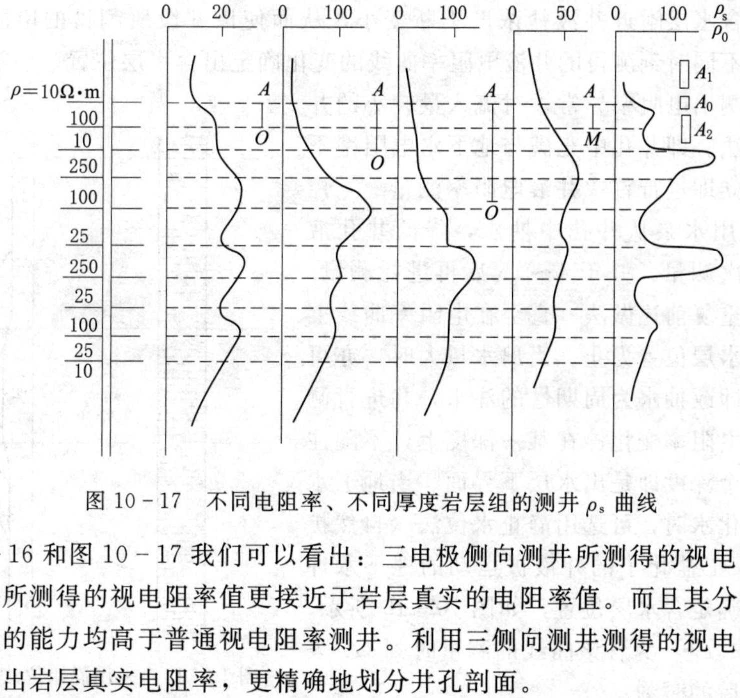

图 10-17 不同电阻率、不同厚度岩层组的测井 ρ_s 曲线

由图 10-16 和图 10-17 我们可以看出：三电极侧向测井所测得的视电阻率值比普通视电阻率测井所测得的视电阻率值更接近于岩层真实的电阻率值。而且其分辨薄层、消除层间互相影响的能力均高于普通视电阻率测井。利用三侧向测井测得的视电阻率曲线，可以更方便地求出岩层真实电阻率，更精确地划分井孔剖面。

2. 井液电阻率测井

(1) 工作原理。井液电阻率测井采用与普通视电阻率视测井相同的测量线路。它们的基本工作原理是相同的，只是井液电阻率测井使用专门的井液电阻率计代替普通的电极系。井液电阻率计与普通的电极系结构不同。井液电阻率计内部由三个间距很小的电极(电极为环形或圆柱形)组成一个电极系，外部有一个上、下开口的圆筒形金属罩做成的外壳，如图 10-18 所示。

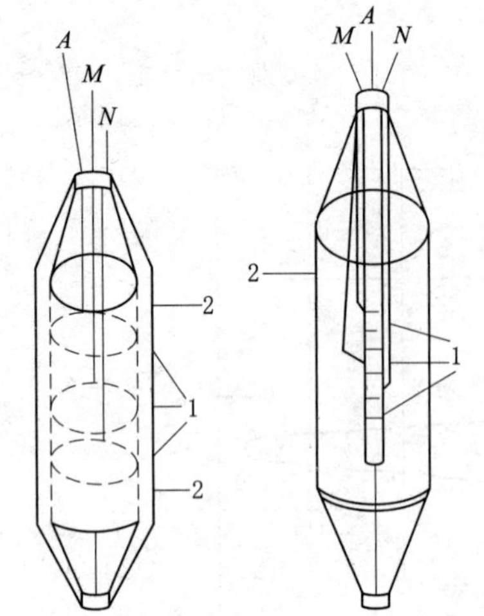

(a) 环形电极　　(b) 圆柱形电极

图 10-18　井液电阻率计

1—电极系；2—外壳

这样做成的井液电阻率计可以防止井壁及其周围岩层对观测结果的影响。井液电阻率测井工作时，测量供电电流和 MN 极之间的电位差，然后将其代入公式：$\rho=K\frac{\Delta U_{MN}}{I}$，求出 ρ 值。电极系系数 K 值通过试验方法求出。

(2) 井液电阻率测井的应用。

1) 确定含水层位置。已知井液电阻率值大小和井液中盐的浓度大小有关，盐浓度越大，井液电阻率越小。向清洗过的井孔中注入与地下水盐浓度不同的水（或泥浆），也就是与地下水电阻率值有明显不同的水（或泥浆）。然后每隔一定时间间隔测量一条沿井轴的井液电阻率曲线，直到能够明显地反映出电阻率异常为止。由于岩层中地下水盐浓度和注入井孔中的水的盐浓度不同发生扩散作用，同时因地下水流动，含水层附近井液盐浓度不断变小，从而使该井段所测得的电阻率值不断变大。由此根据不同时刻测得的井液电阻率曲线的变化确定出含水层位置。

为明显地测出电阻率异常，对流入量较小的井孔可采用提捞法。即井孔中充满与地下水电阻率不同的井液后，立即进行首次井液电阻率测量——控制测量。之后用水泵从井孔中抽水，降低井孔液面，进行第二次测量，并于 1～2h 后再进行测量。然后再抽水，重复前述做法，直至在电阻率曲线上明显地反映出水层位置为止。当出水量大时，亦可采用注入法，即改抽水为周期性的注水，并进行测量。直至井液电阻率变化停在某一深度上，不随注水而变化，这个深度即是出水层下界面。当地下水为淡水或弱矿化水时，可选用静止水位法（自然扩散法）。观测人工盐化了的井液被运动的地下水冲淡的情况，以确定含水层位置，如图 10-19 所示。曲线旁所注 t_0、t_1… 为各该曲线的测量时刻。t_0 表示刚注入盐水后的时刻。

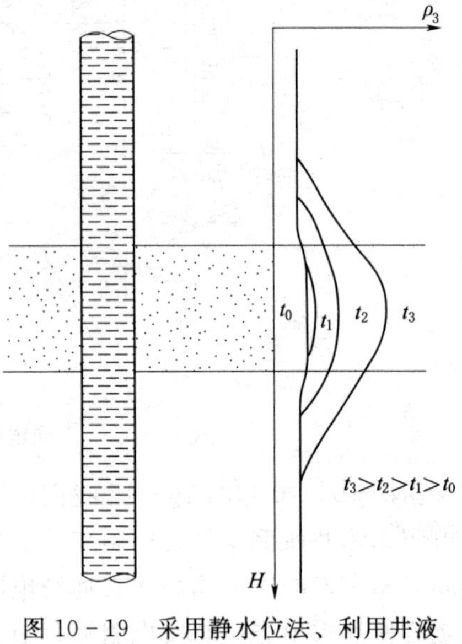

图 10-19　采用静水位法、利用井液电阻率曲线确定含水层原理图

2) 判断各含水层之间补给关系。当井孔穿过不同含水层时，将井液局部盐化，形成盐水柱。测量不同时刻井液电阻率变化。根据沿井轴井液电阻率值的低值段位移情况，判断盐水柱的升降以及升降速度，从而判断地下水沿井孔的运动情况。由此确定不同含水层的补给关系。原理如图 10-20 所示。

井液电阻率测井还可用来检查套管止水效果。

(3) 应用实例。图 10-21 给出一应用井液电阻率测井确定出水层位的实例。井孔由黄土状亚黏土、渗透性好的砾石层及渗透性不好的砾石层组成。向井孔中注入盐水，并分别测出井液盐化前及盐化之后不同时刻井液电阻率沿井轴的变化。结合视电阻率测井曲线，划分出 99～112m 处为出水层位。

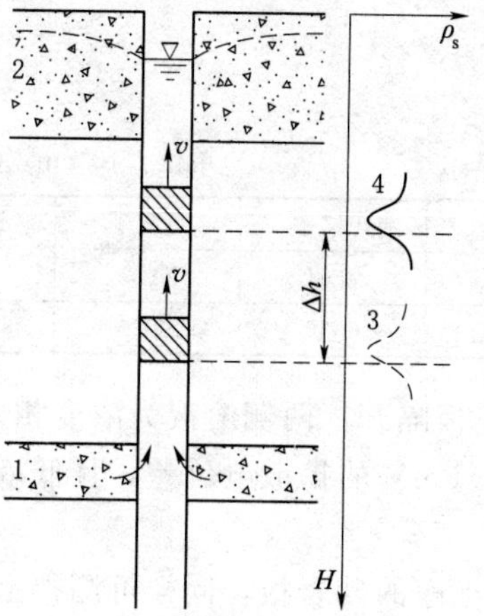

图 10－20 利用井液电阻率变化判断地层水补给关系原理图

1—承压含水层；2—潜水含水层；3— t_1 时刻的盐水柱及相应的 ρ_s 曲线；4— t_2 时刻的盐水柱及相应的 ρ_s 曲线

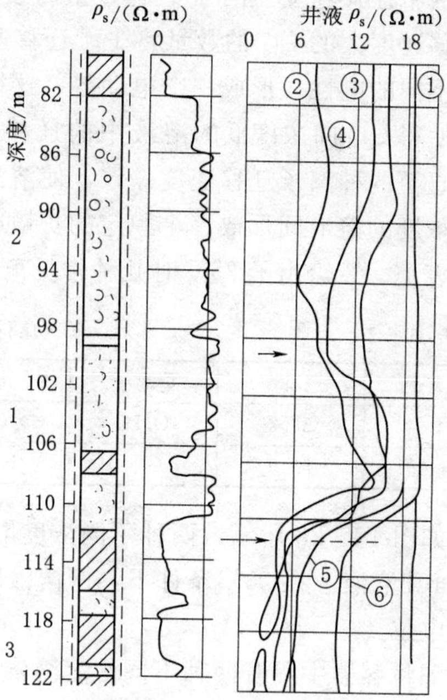

图 10－21 利用井液电阻率测井判断出水层位实例

1—渗透性良好的砾石层；2—渗透性不好的砾石层；3—黄土状亚黏土；①—盐化前井液电阻率曲线；②～⑥—盐化井液后 1′、16′、24′、44′和 61′时测得的井液电阻率曲线

二、自然电位测井

利用如图 10－22 所示原理线路，沿井身移动 M 极，测量移动电极——M 极与设在地面的固定电极——N 极之间的电位差，便可得到沿井轴变化的自然电位曲线。根据所测得的沿井轴变化的自然电位曲线，研究井孔地质问题的方法叫自然电位测井。自然电位测井，可以用来划分井孔地质剖面，判断含水层位置，估计地层泥质含量等。

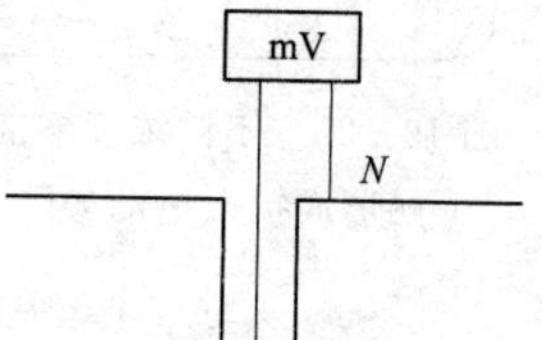

图 10－22 自然电位测井原理图

（一）井内自然电位成因

井孔中形成自然电场的成因是相当复杂的。通常在沉积岩地区和金属矿区，形成自然电场的主要成因是：扩散电动势、吸附电动势、氧化还原电动势。这里我们仅讨论与水文地质、工程地质关系密切的扩散作用及吸附作用形成的自然电场。

1. 扩散成因

根据物理化学知识我们知道，当两种浓度不同的盐溶液相接触时，浓度大的溶液中的离子要向浓度小的溶液中扩散。在离子扩散时，溶液中的正、负离子的迁移速度是不同的。例如 NaCl 溶液中的氯离子的迁移速度就大于钠离子的迁移速度。当两种浓度不同的 NaCl 溶液相接触后，由于正、负离子迁移速度不同，在低浓度的溶液中迁移速度大的 Cl^{-1} 的数量将多于迁移速度小的 Na^+ 的数量。而在高浓度的溶液中迁移速度大的 Cl^- 的数量将少于迁移速度小的 Na^+ 的数量。从而使得浓度不同的两种溶液显不同的电性，形成一个电动势。这样形成的电动势又反转来影响正、负离子的迁移速度，使得 Cl^- 向浓度低的溶液中的迁移速度减慢，使 Na^+ 向浓度低的溶液中迁移速度加大，直至两种离子迁移速度一致，使溶液中正、负离子数量上的差额达到一定值。这时在两种浓度的溶液间形成一个稳定的扩散电动势。

表 10－2 给出了 25℃时几种常见离子的迁移率。

表 10－2　　**几种常见离子迁移率**　　单位：$10^4 cm^2/(v \cdot s)$

正离子	迁移率	负离子	迁移率	正离子	迁移率	负离子	迁移率
H^+	36.2	OH^-	20.5	K^+	7.61	NO_3^-	7.40
Na^+	5.19	Cl^-	7.91	Ba^+	6.60	SO_4^{2-}	8.29

如图 10－23 所示，两种不同浓度溶液中间以陶瓷板隔开，两侧溶液为浓度相差 10 倍的 NaCl 溶液。在 25℃条件下，两溶液间可形成约 11.6mV 的扩散电位差，且低浓度一侧为低电位。

如将容器中隔开两种不同浓度溶液的陶瓷板换成纯净的砂岩板，同样可测得上述结果[图 10－24（a）]。

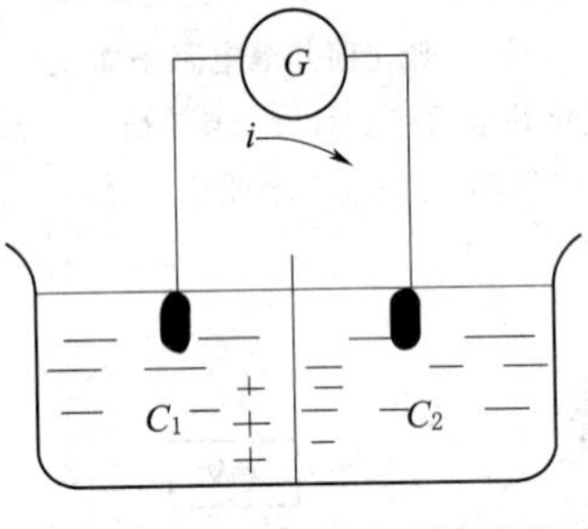

图 10－23　不同浓度溶液接触形成扩散电动势图

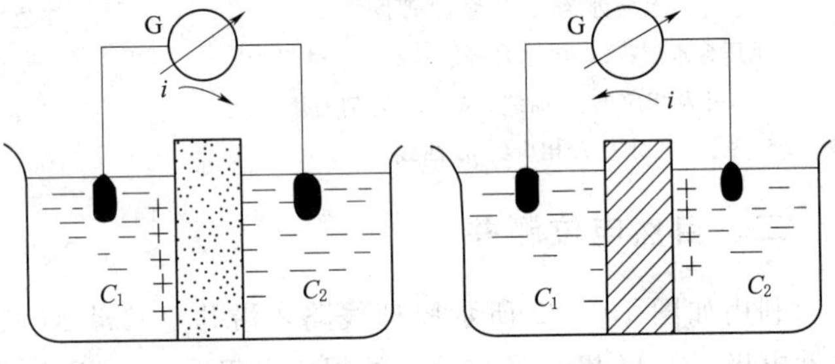

（a）纯净砂岩隔板形成扩散电动势　（b）泥岩隔板形成吸附电动势

图 10－24　离子扩散通过不同隔板时形成电动势图

在井孔中，如井液浓度小于纯净砂岩层中水（溶液）的离子浓度，其情况类似于两种不同浓度的溶液被纯砂岩板所隔开，对应于纯净砂岩处则可测得负电位。这时所形成的自然电场即是扩散作用形成的自然电场。

2. 吸附成因

将上述试验中隔开两种不同浓度溶液的纯砂岩隔板拿掉，换上一个泥岩隔板，其他条件不变。这时，在两种溶液间可测得一个更大的电位差，且这时低浓度的溶液为高电位，高浓度的溶液为低电位，如图 10－24（b）所示，它不同于图 10－24（a）。之所以出现这种变化是由于：泥岩颗粒有吸附负离子的作用。当离子由浓度高的溶液向浓度低的溶液中扩散经过泥岩板孔隙时，负离子被泥质颗粒吸附，附着于孔壁上，而正离子通过孔隙进入了浓度低的溶液中。所以低浓度溶液中正离子增多，而高浓度溶液中负离子相对增多。因此在两种溶液间形成了一个与如图 10－24（a）所示相反的电位差。这样形成的自然电场为吸附作用自然电场。

自然界井孔中井液离子浓度与岩层水离子浓度不同，离子通过岩土孔隙时，会有吸附作用发生，形成吸附作用成因的自然电场。不仅如此，当地下水或井液与地下水之间由于存在压力差而发生流动时，同样也有吸附作用发生，同样也会形成吸附电场，一般称这时形成的电场为过滤电场。自然界中上述几种作用有时会同时发生，形成的自然电场叠加在一起，构成井中总的自然电场。但一般过滤电场较弱，井内测得的自然电场主要是由扩散和吸附成因所形成的自然电场。

（二）自然电位测井曲线

自然电位曲线及其成因如图 10－25 所示。通常黏土岩具有稳定的自然电位，常以此作为自然电位曲线的基线。在泥、砂岩钻孔中，当地下水与井液的接触面（井壁）上发生扩散过程时，若 $C_2>C_c$，则离子扩散方向是由含水砂层指向井液，使井液带负电，在砂岩和井液的接触面上产生扩散电动势 E_d。而由砂岩通过黏土岩向井液的扩散过程中，由于泥质颗粒吸附负离子而形成扩散—吸附电动势E_{dn}，使井液带正电，二者恰如两个串联的电池，通过井液、地层构成自然电流闭合回路，总电动势应是 E_d 和 E_{dn} 之和。由于扩散-吸附作用的结果，砂岩层的自然电位显示负异常。相反，若 $C_2<C_c$，则砂岩层的自然电位为正异常。

图 10－26 给出了对应不同厚度的岩层所计算的自然电位理论曲线。这里假定井孔直径为 d_0，岩层厚度为 H，岩层水平，岩层、围岩、井液均为均匀各向同性介质，且其电

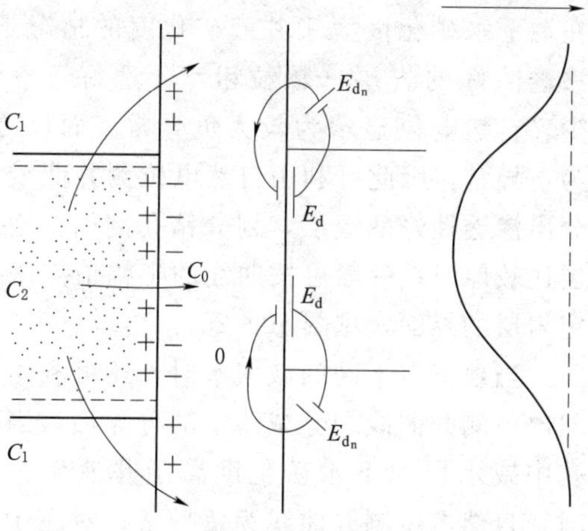

（a）电动势图　（b）自然电位曲线

图 10－25　泥砂岩剖面自然电场及自然电位曲线

C_1—泥岩中水矿化度；C_2—砂岩中水矿化度；

C_0—泥浆矿化度；E_d—扩散电动势；

E_{d_n}—扩散-吸附电动势

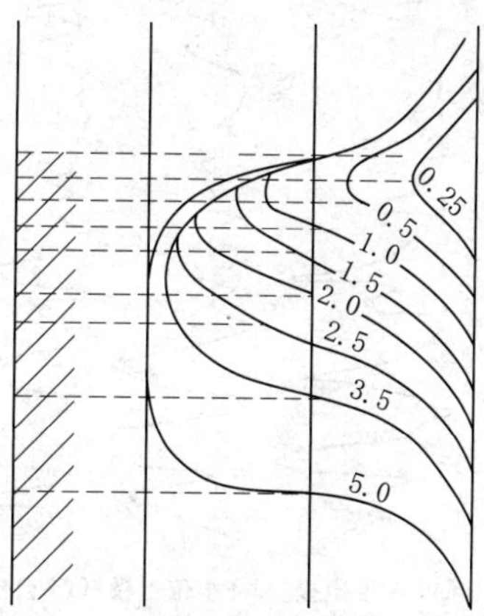

图 10－26　不同厚度岩层自然电位理论曲线

（曲线上数字为：H/d_0）

阻率相等，井孔垂直穿过地层。岩层厚度 $H>4d_0$时，自然电位曲线的半极值点对应于岩层界面处。岩层厚度减小（即 $H<4d_0$）时曲线幅度减小，且岩层界面位置靠近自然电位曲线极值处。

在自然界中，不仅岩层厚度变化会影响自然电位侧井曲线，而且岩层、井液电阻率、岩层产状及相邻层的参数等都会影响自然电位。一般岩层及围岩的电阻率大于井液电阻率时，自然电位曲线幅值减小，尤其对于薄的高阻岩层，岩层电阻率对自然电位曲线的影响更为明显。若砂层不是纯砂层，而是其中含有泥质颗粒时，泥质颗粒将影响负离子扩散速度，形成扩散-吸附电动势，从而影响井孔自然电位曲线。当岩层上、下不对称或产状发生变化时，都将使井中自然电位曲线发生变化。

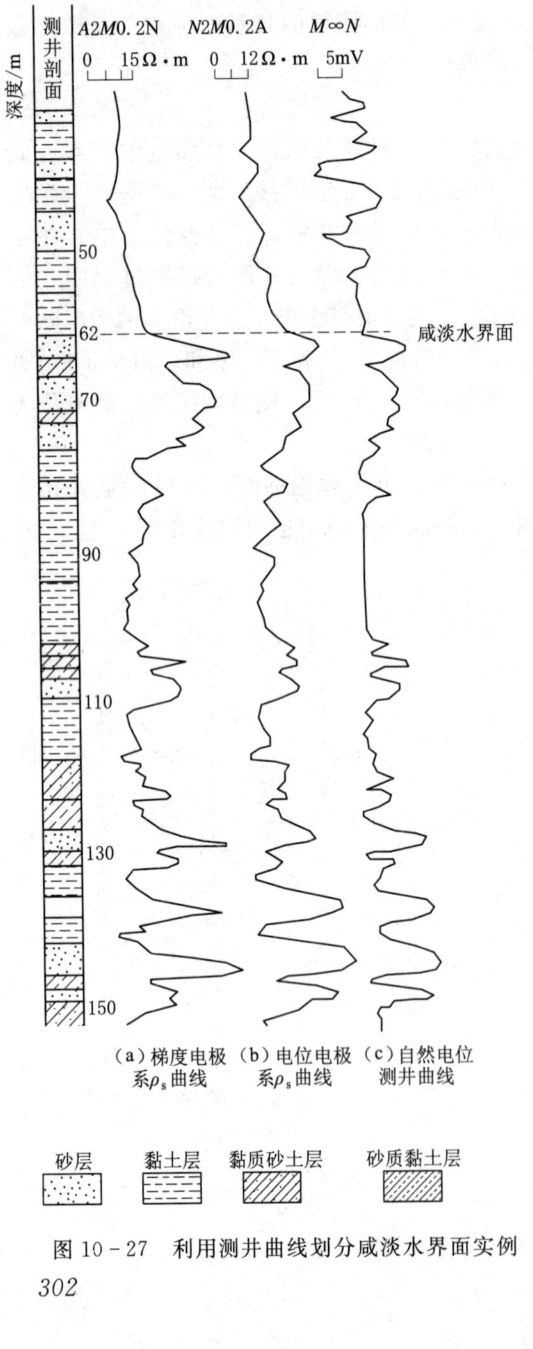

图 10-27　利用测井曲线划分咸淡水界面实例

（三）自然电位测井法的应用

在水文、工程地质工作中，自然电位测井主要用来划分钻孔地质剖面，确定咸淡水界面，确定地下水矿化度等。

在砂-泥质岩层井孔中，自然电位大小主要和地下水与井液之间的扩散吸附作用有关，而扩散吸附作用又与岩性密切相关。因此，可以利用自然电位测井曲线变化划分钻孔地质剖面。

通常在自然电位测井曲线解释中，取厚层泥岩（黏土）层处自然电位曲线为基线。在地下水矿化度大于井液矿化度的情况下，渗透性好的岩层（颗粒粗，分选好，含泥少）自然电位显示为较大负异常。而反之，为正异常。因此可利用自然电位测井曲线划分出渗透性好的地层，划分钻孔剖面。在岩层比较厚时，一般可按曲线的半幅值点来确定岩层的界面，见图 10-26。

当地下有不同的咸淡水时，还可利用自然电位测井曲线划分咸淡水的分界面。当井孔中咸水层地下水矿化度高于井液矿化度时，自然电位测井曲线为负异常；对应于井孔中淡水层地下水矿化度低于井液矿化度时，则自然电位测井曲线为正异常。

图 10-27 为利用自然电位测井曲线划分咸、淡水界面的实例。井孔剖面由砂层、黏土层、黏质砂土和矿质黏土层组成。井孔上

部地下水矿化度较高，使得含水层电阻率较小。梯度电极系视电阻率测井曲线上对含水层与黏土层的反映相近。电位电极系视电阻率测井曲线对砂层、黏土层两者的反映亦无明显区别。而自然电位测井曲线对含水砂层有负异常，有别于黏土层。在62m以下，砂层水的矿化度比较低，为淡水，对应地段测得自然电位正异常。由此用自然电位测井曲线划分出了砂层位置，并划分了咸淡水界面。

三、电磁波测井

电磁波测井是以岩矿石的导磁性及导电性差异为主要物质基础、以电磁感应原理为理论基础的一类测井方法。它通过井下仪器向周围发射电磁波，并在井下或邻近钻孔中接收电磁波。根据所接收的电磁波研究井孔剖面、井孔周围以及井孔之间的情况。所以这类方法可以在干孔或油基泥浆中进行工作。

电磁波测井中，一类方法为发射几十到几万千赫电磁波的低频电磁波测井。低频电磁波测井由井下仪器向周围发射一定频率的交流信号，建立起交变电磁场（称为一次场）。在这交变场的作用下，地层中产生感应交变场（称为二次场）。置于井下的接收器接收感应交变场（即二次场）。感应交变场的强弱与岩矿石的物理性质有关。其中利用岩矿石磁化率参数的电磁波测井为磁化率测井，利用岩矿石电导率参数的电磁波测井为感应测井。

电磁波测井中还有一类方法是通过井下仪器向周围发射频率为0.5～10MHz，甚至更高频率的电磁波，并在另外的井孔中接收发射器所发射的电磁波。这类方法在苏联早期被称为阴影法，后又称为无线电波透视法，我国称之为地下电磁波法（钻孔电磁波法，坑道电磁波法）。由发射器所发射的电磁波向周围介质传播时，因周围介质性质不同，被吸收程度有所不同。通过分析所接收的电磁波的强弱变化来研究井孔周围的情况。

下面分别讨论感应测井和钻孔电磁波法。

（一）感应测井

1. 感应测井的原理

感应测井仪器包括井上部分和井下部分。其方框线路如图10-28所示。

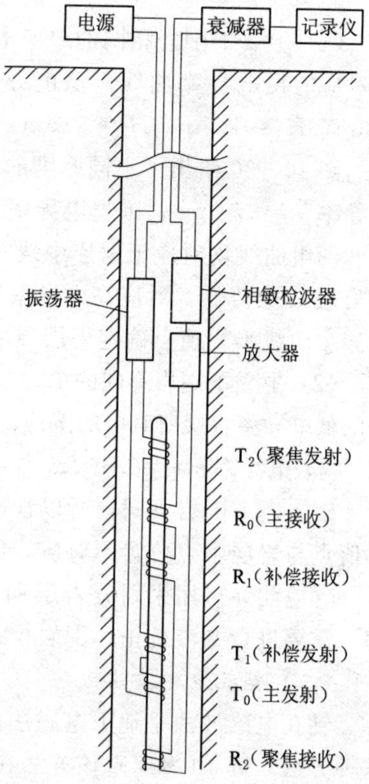

图10-28　感应测井线路方框图

（1）井下仪器。井下仪器由线圈和电子线路两部分组成。其线圈有发射线圈和接受线圈两种不同的线圈，分别相当于直流电阻率测井中的供电电极和测量电极。电阻率测井中有多种形式的电极系，感应测井也可采用单极线圈系、双线圈及聚焦多线圈等多种形式的线圈。

发射线圈发射出的交变信号在其周围所形成的

交变电磁场，在周围介质中引起涡流。涡流产生的磁场在接收线圈中感应出电动势，感应电动势的大小与岩矿石的电导率大小有关。这种感应电动势称为有用信号。在无限均匀各向同性介质中，通过测量这种有用信号，可以求出岩（矿）石的电导率。在井孔、井液及周围介质影响下，也即非均匀各向同性介质情况下，通过测量有用信号求出的是地下介质的视电导率，而不是某一种介质的真实电导率。另外，在接收线圈中，还接收到发射线圈和接收线圈直接耦合产生的电动势，这部分电动势称为无用信号，无用信号的大小与仪器结构、发射电流强度以及发射频率有关。可以通过多线圈系及相敏检波器消除无用信号。同时，多线圈系还可以补偿井液、围岩对有用信号的影响。

图 10－28 中 T_0、R_0 分别为主发射线圈和主接收线圈。这两个线圈的中点为感应测井记录点，T_1、R_1 分别为补偿发射线圈和补偿接收线圈，用以补偿井孔影响。T_2、R_2 分别为聚焦发射线圈和聚焦接收线圈，用以减少相邻层的影响。

井下仪器除发射线圈和接收线圈外，还有振荡器、放大器、检波器。振荡器产生频率稳定、幅度不变的交变信号，并通过发射线圈将其发射出去；放大器将接收线圈所接收到的信号加以放大；相敏检波器将无用信号滤掉，使有用信号通过。

（2）地面仪器。地面仪器包括记录面板和记录仪。通过记录面板的电子线路对井下送上来的信号进行处理，并将处理过的信号送至记录仪。记录仪将有用信号记录成视电导率曲线或视电阻率曲线。

2. 感应视电导率曲线

（1）上、下围岩相同的单一电导率岩层。图 10－29 给出了不同厚度的低电导率岩层所对应的视电导率曲线。低电导率岩层 $\sigma=0.1\Omega/\mathrm{m}$，围岩电导率 $\sigma_w=0.5\Omega/\mathrm{m}$，$H_1=0.6\mathrm{m}$，$H_2=1.5\mathrm{m}$，$H_3=2.5\mathrm{m}$。

图 10－30 给出了不同厚度的高电导率岩层所对应的视电导率曲线。其高电导率岩层电导率 $\sigma=0.5\Omega/\mathrm{m}$，围岩电导率 $\sigma_w=0.1\Omega/\mathrm{m}$，$H_1=0.6\mathrm{m}$，$H_2=1.5\mathrm{m}$，$H_3=2.5\mathrm{m}$。

两组曲线均对应于岩层中线对称分布，且对应岩层中部有极值。总的来说对应低电导率岩层 σ_s 数值低，对应高电导率岩层 σ_s 数值大。对于厚度（H）大于 2m 的岩层，可用视电导率曲线半幅值点确定岩层界面。

（2）上、下围岩不同的单一电导率岩层。图 10－31 给出了上、下围岩不同时，不同厚度的低电导率岩层所对应的感应测井视电导率测井曲线。低电导率岩层的电导率 $\sigma=0.1\Omega/\mathrm{m}$，围岩电导率 $\sigma_{W_1}=0.5\Omega/\mathrm{m}$，$\sigma_{W_2}=1\Omega/\mathrm{m}$，岩层厚度 H 分别为 0.6m、1.5m、2.5m。

因上、下围岩不同，所以视电导率曲线不对称，对应于低电导率地层 σ_s 有极小值。极小值点与岩层中点位置不对应，而是偏向于岩层电导率相对较小的围岩一侧。

感应测井可用来划分岩层和确定岩层的电导率。为从视电导率曲线求得岩层的电导率，需要进行井液校正、围岩校正等。

（二）钻孔电磁波法

钻孔电磁波法是地下电磁法的一个分支。该方法起源于苏联。我国于 1959 年引进了这种方法。近 10 多年来该方法在我国得到较快发展。钻孔无线电波透视法主要用于工程勘察和金属矿勘察。

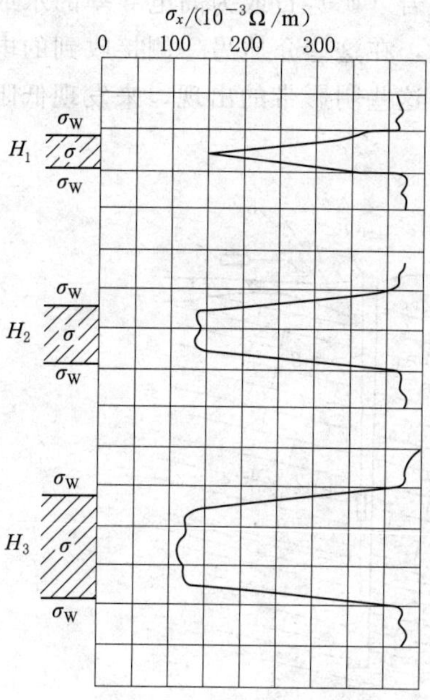

图 10－29 低电导率岩层视电导率曲线

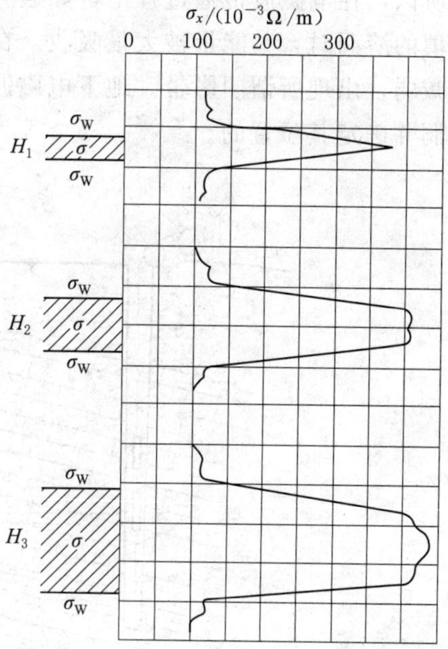

图 10－30 高电导率告层视电导率曲线

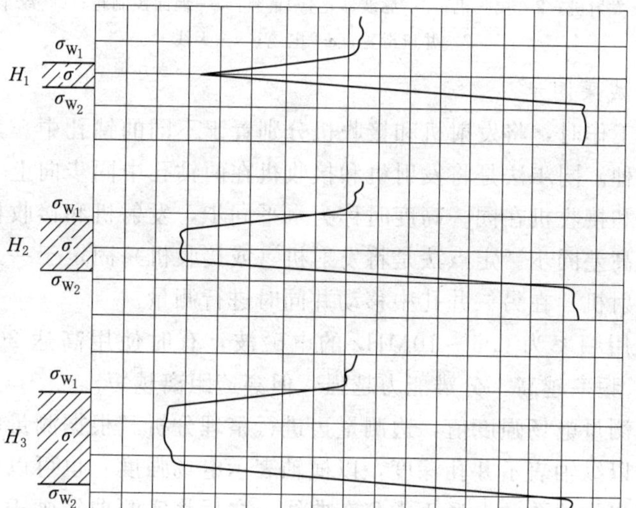

图 10－31 上、下围岩不同时低电导率岩层的视电导率曲线

1. 方法原理

钻孔电磁波法原理如图 10－32 所示。工作时，在一井孔中，由发射天线向周围发射一定幅度的、固定频率的高频电磁波。在另一井孔中用一接收天线接收经地下传来的电磁波。由发射天线所发射的电磁波在周围介质中传播时逐步被吸收。岩（矿）石吸收电磁波能量的大小主要取决于它们的介电常数 ε、磁导率 μ 以及电导率 σ。在当前，在该方法所使用的频率范围内，岩（矿）石吸收电磁波能量的大小主要取决于介质的电导率 σ。空气和高阻岩石对电磁波吸收作用不大，而低阻金属矿和其他低阻介质对电磁波的吸收能力

强。所以，在电磁波传播过程中，如遇到高电导率的岩（矿）石或为高电导率的水或黏土所充填的溶洞时，其能量被大量吸收。在这种情况下，在这些介质另一侧接收到的电磁波明显减弱，出现所谓阴影带。地下电磁波法就是根据这些阴影带的出现，来发现低阻矿体或溶洞并确定其位置的。

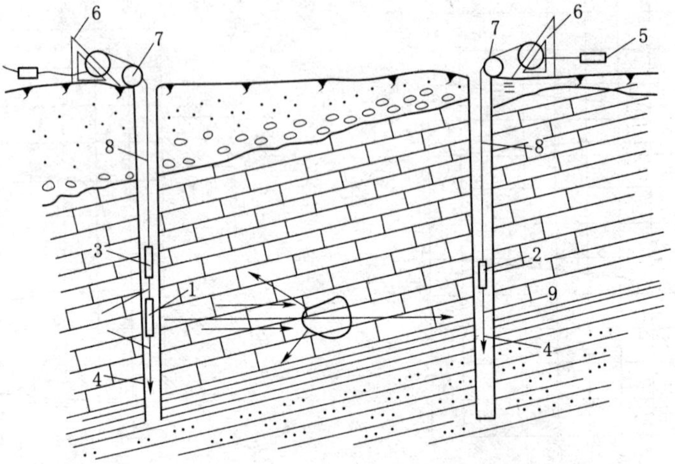

图 10－32　钻孔电磁波法工作原理图

1—发射机；2—接收机；3—滤波器；4—重锤；5—地面控制箱；6—绞车；7—井口滑轮；8—电缆；9—天线

2. 工作方法和成果图示

钻孔电磁波法工作时，将发射机和接收机分别置于不同的钻孔中。其工作方式可分为同步法及定点法两种。同步法是将发射机和接收机在两钻孔中同步向上（或向下）移动并进行测量。发射机和接收机在同一高度时称为水平同步，发射机和接收机置于不同高度进行同步测量时称为高差同步。定点法是将发射机（或接收机）固定于一井孔中某预定位置上，接收机（或发射机）在另一井孔中移动并同时进行测量。

通常该方法使用频率为 0.5～10MHz 的电磁波，有时使用高达 20MHz，甚至 40～50MHz 的电磁波。频率越高，分辨能力越强，但穿透距离越短。

工作时沿井孔测量电场强度值，边测量边进行整理分析。根据测量电场值作出场强沿井孔的变化曲线。以纵轴表示井孔深度，以横轴表示电场强度。也可以作出沿井孔的屏蔽系数图，或先计算出沿井孔的电场正常分布曲线，之后将实测曲线画于其侧，画出阴影位置图。

3. 应用实例

图 10－33 为一应用钻孔电磁波法在石灰岩地区确定溶洞的实例。

在我国某煤矿，其煤层围岩为茅口灰岩，厚度达数百米。灰岩中存在有溶洞以及地下暗河。为确保矿井安全，要查出充水溶洞位置以便合理防治。经在钻孔中进行电磁波测井，查出了溶洞位置，并估算出溶洞大小。而后，通过钻探加以验证，证实了溶洞的存在。ZK_{15}、ZK_{16} 为验证孔；ZK_{16} 打到了低阻泥岩充填的溶洞；ZK_{15} 打到了充水溶洞。

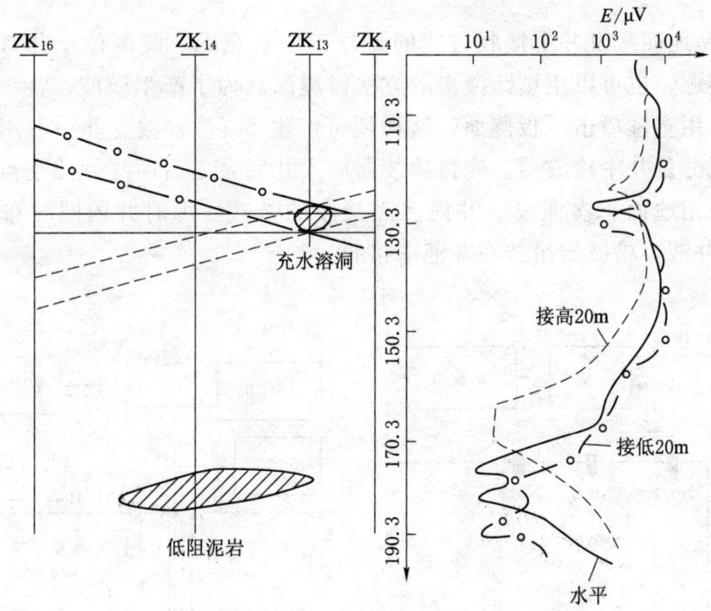

图 10-33 应用钻孔电磁波法确定溶洞实例

第二节 弹性波测井

弹性波测井是以岩（矿）石的弹性差异为物质基础，通过在钻孔中测定弹性波传播速度及其传播过程中幅度变化来研究井孔剖面和井孔周围情况的一类测井方法。弹性波测井分地震测井和声波测井。前者以炸药、雷管爆炸、重锤捶击等方式产生地震波，观测通过井壁或井孔周围介质的弹性波；后者以声电转换方式在地下产生声波或超声波，并在井中进行观测。声波测井又可分为声波速度测井、声波幅度测井等。

弹性波测井在工程地质工作中，可以用来确定岩层厚度、断层破碎带位置、检查水库坝基质量、施工质量以及进行原位测速，通过测定纵波波速、横波波速计算岩石物理力学参数，为工程设计提供资料，并与浅层地震相结合，提高其解释精度及地质效果。

一、地震测井

地震测井主要用来进行原位纵波、横波波速测定。通过波速测定划分井孔剖面，研究井孔周围情况，提供物理力学参数。地震测井按其工作方式可分为井地激发接收（单孔法）及异孔激发接收（跨孔法）两种方法。

（一）地震测井工作方式

1. 井地激发接收方式

井地激发接收地震测井也叫单孔法，如图 10-34 和图 10-35 所示。

图 10-34 是井中激发地面接收的方式。这种方式可以采用雷管或少量炸药做井中震源。通常在通过井口的测线上，布置 3～4 个检波器，接收由震源通过井壁地层传来的弹

性波。

图 10-35 是地面激发井中接收方式的野外工作示意图。震源位于井口附近，可以用雷管、炸药做震源，也可以用重锤撞击的方法做震源。为了产生横波，将一木板紧密地与地面耦合，之后用重锤撞击木板侧面，这样便可产生 S（横）波。井中使用带有能使其紧贴井壁装置的三分量井中检波器。先将检波器放入井底，之后由深到浅逐点测量。为提高效率，有时也采用地面一次激发、井内多点接收的方式。那时井内同时布置多个检波器（那时井中要有井液，检波器吊挂在井液中接收）。

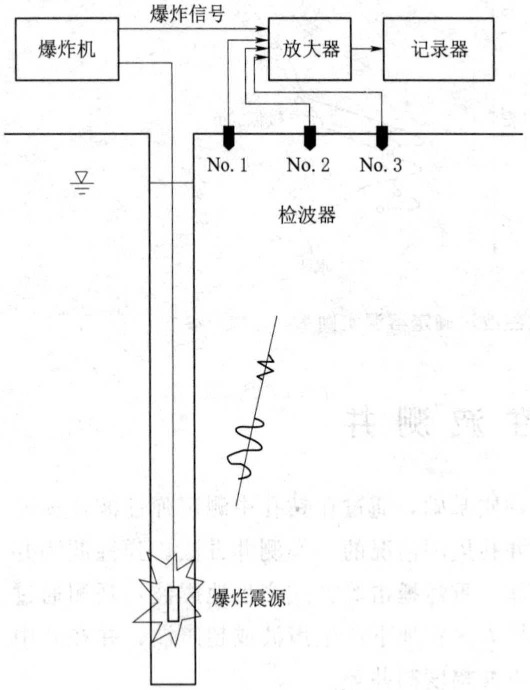

图 10-34　井中激发地面接收工作示意图

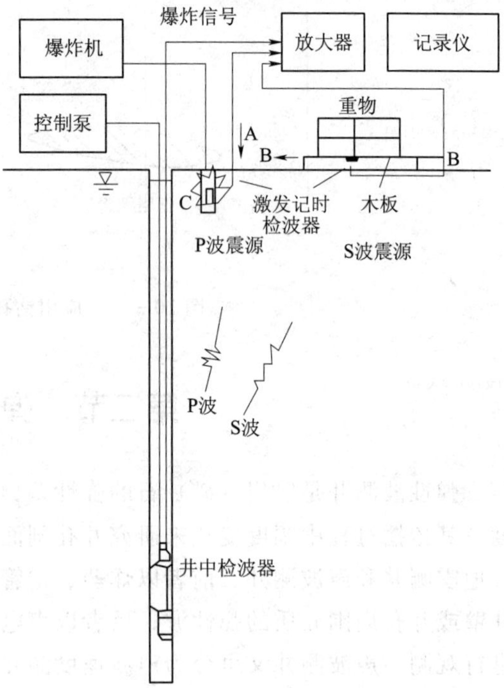

图 10-35　地面激发井中接收工作示意图

A—重锤下落；B—锤击方向；C—爆炸震源

2. 异孔激发接收方式

这种工作方式是从一口井中激发，在其他井中接收。当井孔距离较小（仅数米时），可以利用直达波测定波速，称为直达波法。当井孔间距离较大时，接收的初至波可能是直达波，也可能是折射波。当初至波是折射波时，由传播时间和传播距离求得的速度是钻孔间岩层的平均速度。所以也称其为平均速度法。其井中震源可以是雷管、炸药，也可以是紧贴井壁的载荷板。载荷板受由地面控制的重荷撞击而在井壁产生横波。检波器为紧贴井壁的三分量井中检波器。图 10-36 为异井激发接收工作示意图。

地震测井工作中一般可用浅层地震仪进行放大、记录，而不需专门另备放大、记录仪器。另外，为了向井中检波所附带的胶囊里充气（或充液）以使其紧贴井壁而设置有控制泵。

根据地震测井记录计算出速度资料，或得出沿井孔的速度曲线。

（二）应用实例

1. 某坝址勘测中的应用

某坝址区的河床基岩为雾迷山硅质白云质灰岩，河床覆盖层为砂卵砾石层，层厚约 20m。基岩地层走向北东，倾向南东，倾角 6°～12°，为一单斜构造。河床两岸隙裂发育，以往勘察工作中未发现坝址河床地段有大断裂现象。仅在 519 号孔的 70～80m 深处发现一陡倾角断层破碎带。为进一步了解孔间是否有大断裂存在，利用河床已有的三个钻孔进行了跨孔法地震测井。图 10－37 给出了三个钻孔的相对位置图，以及 526 号孔激发、518 号孔接收，526 号孔激发、519 号孔接收，519 号孔激发、518 号孔接收三组跨孔激发接收时所测得的三条速度曲线。

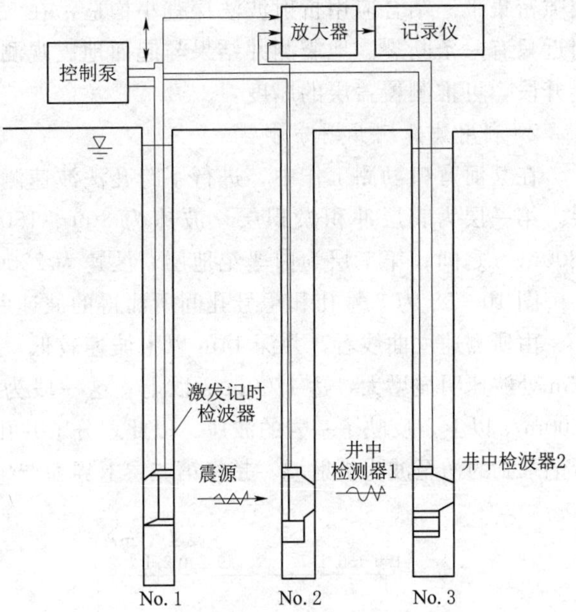

图 10－36　异井激发接收工作示意图

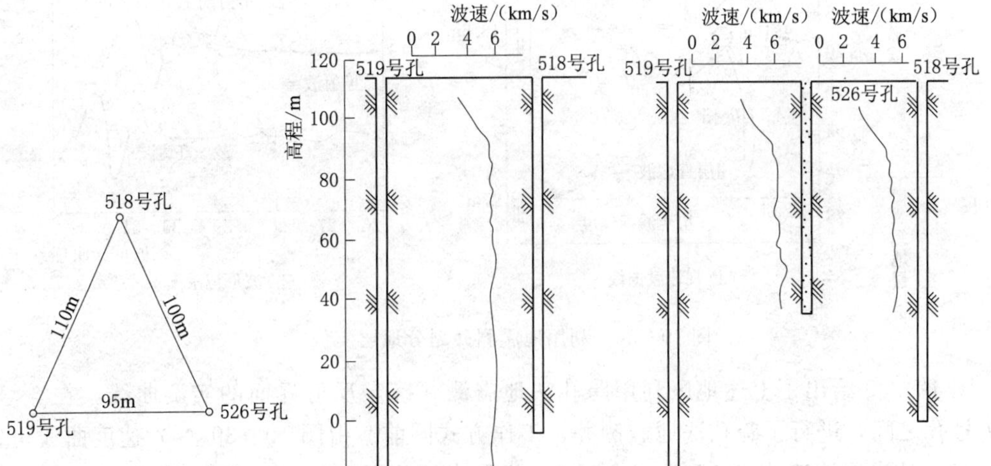

图 10－37　地震测井速度曲线

测量采取同高程激发接收方式，以小剂量炸药爆炸做震源，测点距一般取 2m，个别点距为 4m。从所测三条曲线可以看出基岩内部速度变化不大，且波速均在 6km/s 左右，反映出岩层宏观上比较均匀，岩性较好，岩石坚硬。另 526 号孔激发、519 号孔接收所测波速高于另外两孔激发、518 号孔接收所测的波速。而从钻孔资料看，此间岩性变化不大。可能在 526 号孔与 518 号孔之间，以及 519 号孔和 518 号孔之间有隐伏陡倾角断层和裂隙密集带。结合应用折射波法探查小构造，在 518 号孔附近有较多异常，而在 519 号孔附近只有一条断裂。地震测井结果与起面地震观测结果相一致。另外，井孔上部有视速度上升段，可推测覆盖层的厚度。

2. 利用波速测井划分地层

在某河弯口勘测工作中，进行了跨孔法波速测量。根据速度测井资料，该地可分为三层。第一层为表层冲积淤积层，波速为 800～1500m/s；第二层为砂层，波速在 1600～1800m/s 之间；第三层为白垩纪地层，波速为 2200～2300m/s。

图 10－38 为 3 号孔和 4 号孔间所测得的波速曲线及部分波形记录图。

由所测速度曲线看，井深 14m 以上波速较低，为 1500m/s 左右，为冲积层。井深 14～27m 处波速明显增大，达 1700m/s 以上，这一段为砂层地段。27m 以下波速再度上升，达 2200m/s 以上，反映了基岩的波速。以此划分了井孔剖面。从波形图看，在井深 19～23m 处所记录到的初至波为折射波，是经第三层上界面产生的折射波，续至波为直达波。

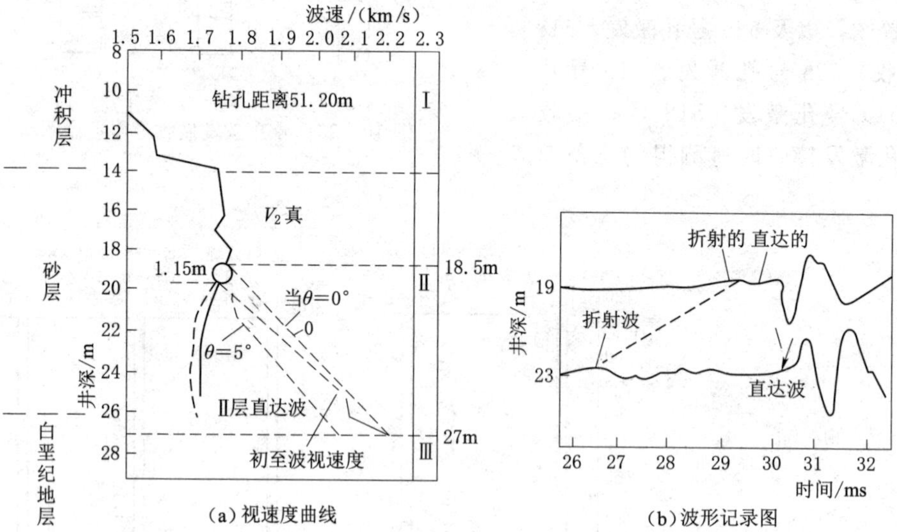

图 10－38　利用地震测井划分地层实例一

图 10－39 给出了上述地区利用跨孔法地震测井确定反射界面的实测曲线。在 6 号孔和 7 号孔之间，进行了跨孔法地震测井，工作方式同前。由图 10－39（a）速度曲线可知，14～25m 处岩层波速均在 1700m/s 左右，此段岩层为砂层。6 号孔和 7 号孔均未打到基岩。图 10－39（b）所记录的波形图中，除记录到直达初至波外，还接收了续至的反射波。该反射波为经第三层介质上界面反射的反射波。已知该层产状近于水平，由此依据反射定律可确定反射界面位置。图 10－39（a）所画白垩系地层层面即是根据地震测井资料所确定的。

二、声波测井

声波测井是弹性波测井的一个分支。它以声电转换装置在地下发射频率为几至几十千赫的声波或超声波（频率超过 20kHz 的属超声波，所以也称其为超声波测井），同时在井

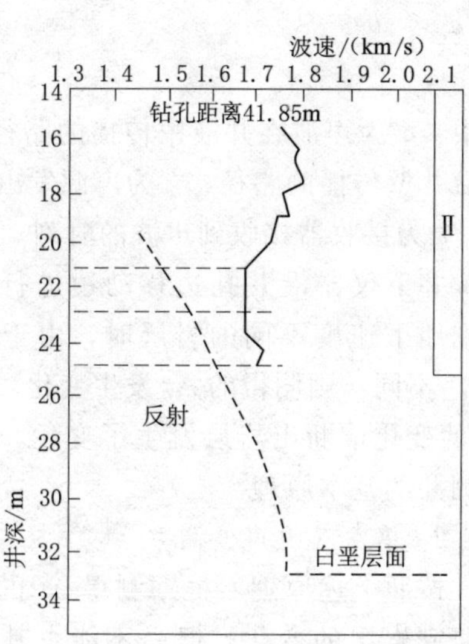

(a)视速度曲线

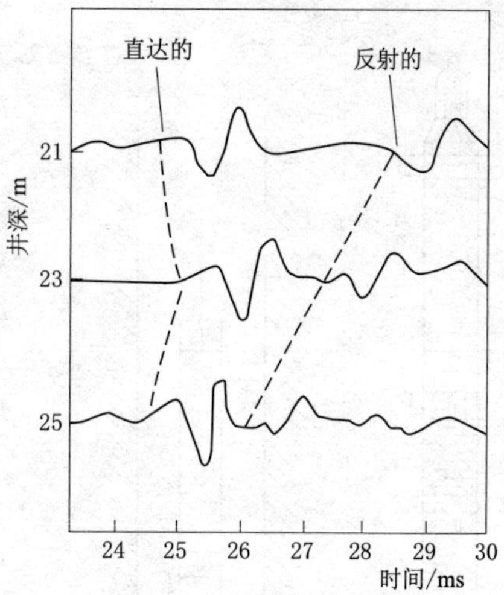

(b)波形记录图

图 10-39 利用地震测井划分地层实例二

下接收经井壁或井孔间传播的声波，并根据其传播速度或幅度研究井孔和井孔周围的地质情况。声波测井又可分为声波速度测井（简称声速测井）和声波幅度测井、声波全波测井、声波电视测井等。

（一）声波速度测井

1. 声速测井原理

声速测井的井下仪器中装有发射器 T 和接收器 R。发射器以脉冲形式发出一系列声波。声波自发射器发出后向各个方向传播，一部分由发射器经井液直接传至接收器，称为直达波；一部分以临界角经井液传至井壁，于是产生了沿井壁传播的滑行波（也称侧面波）。由于井液和井壁紧密相接，在井液中形成了相应的波（在地震勘探中称为折射波），并传至接收器，如图 10-40 所示。

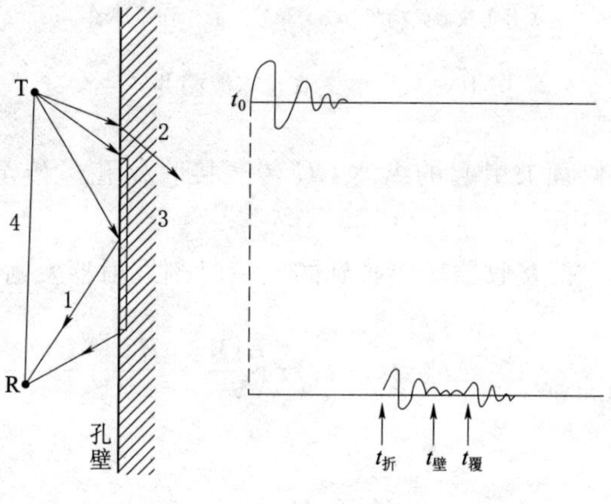

图 10-40 声波传播示意图

1—反射波；2—透射波；3—滑行波；4—直达波

波在井液中以 V_1 速度传播，在岩石中以 V_2 速度传播，且 $V_2>V_1$。因前述各种波所走过的路径不同，在所走的不同地段上的波速不同，所以它们自声源到达接收器的时间不同。选择合适的发射器和接收器之间的距离（称为源距，以 L 表示），可以使经井壁滑行的波最早到达接收器，其次是直达波到达接收器，最后反射波才到达接收器。最早到达接收器的波称为首波或初至波。

从声源发出声波到接收器接收到声波所用的时间为 Δt，则一般可写为

$$\Delta t = t - t_0 = \frac{a}{V_1} + \frac{b}{V_2} \tag{10-12}$$

式中：a 为声波在井液中传播的路径；b 为声波沿井壁传播的路径；t_0 为声源发出声波的时刻；t 为接收器接收到声波的时刻。

井下仪器沿井孔边移动边进行测量。当遇到地下速度不同的岩层时，由于其传播速度 V_2 不同，则测得的 Δt 发生变化，从而根据 Δt 的变化推断出岩层发生了变化。这便是声速测井的基本原理。

2. 单发双收声波测井

按照上述原理，根据测得 Δt 的变化，可以研究岩层的变化。但尚不能由其求出岩层中声波速度。而且当井孔情况有所变化时，也会引起 Δt 的变化。为此设计了单发双收声速测井的井下仪器。如图 10－41（a）所示，在第一个接收器 R_1 下方增设了第二个接收器 R_2。

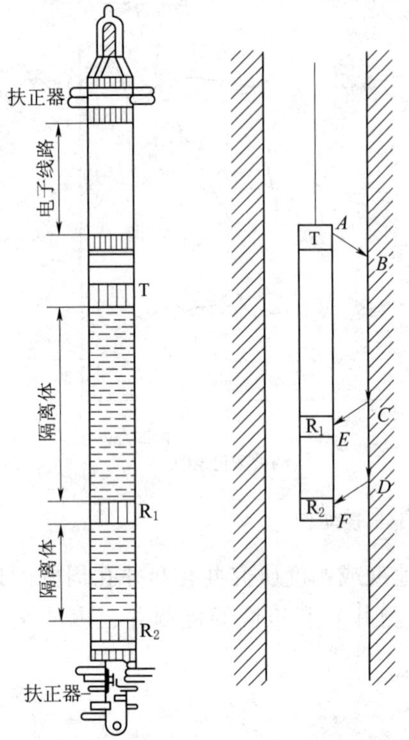

（a）井下仪器结构图 （b）单发双收工作原理图

图 10－41 单发双收声波测井

这种井下仪器的发射器 T 于 t_0 时刻发射的声波，以 V_1 速度向各个方向传播。其中 A、B、C、D、E 和 F 分别为声波在传播路径中的不同时间的波长，AB 以临界角自井液传至井壁，产生沿井壁滑行的侧面波 BC。这侧面波引起的纵波 CE 传至接收器孔。传至 D 点的滑行波引起的纵波 DF 传至接收器 R_2［图 10－41（b）］。

两接收器所接收到的同一时刻发射器发射的声波的时差为 Δt，则

$$\Delta t = t_2 - t_1 = \left(\frac{AB}{V_1} + \frac{BC + CD}{V_2} + \frac{DF}{V_1}\right) - \left(\frac{AB}{V_1} + \frac{BC}{V_2} + \frac{CE}{V_1}\right)$$

$$= \frac{CD}{V_2} = \frac{l}{V_2} \tag{10-13}$$

式中：t_2 为第二个接收器 R_2 收到声波的时刻；t_1 为第一个接收器 R_1 收到声波的时刻；AB、BC、CD、CE 和 DF 为声波在传播路径中的距离，$CE = DF$，$CD = L$，为 R_1 至 R_2 的距离。

在井孔中移动井下仪器，并进行测量。测得井下不同深度上的时差 Δt 值（μs），记录点在 R_1 与 R_2 之间的中点。由 Δt 值可根据式（10－13）求出不同深度上的岩层的声波速度（m/s），或者给出测井声波时差曲线图。

3. 井眼补偿声速测井原理

利用单发双收声速测井装置，根据式(10－13) 计算出岩层速度V_2，并按V_2变化推断岩层变化时，是假定了井孔直径沿井轴没有变化，且井下仪器纵轴平行井轴。如果井孔直径有所变化，或井下仪器纵轴不平行井轴时，$CE \neq DF$，则Δt的变化不单是由于岩层波速变化引起的，而且还有井径变化的影响和井下仪器倾斜的影响在内，如图 10－42 (a) 所示。为此设计了双发双收井下仪器，其工作原理如图 10－42 (b) 所示。这种仪器在接收器的下部与上部发射器相对称的位置上又装了一个发射器。这种双发双收仪器也叫井眼补偿装置。采用这种装置的声速测井，叫作井眼补偿声波测井。

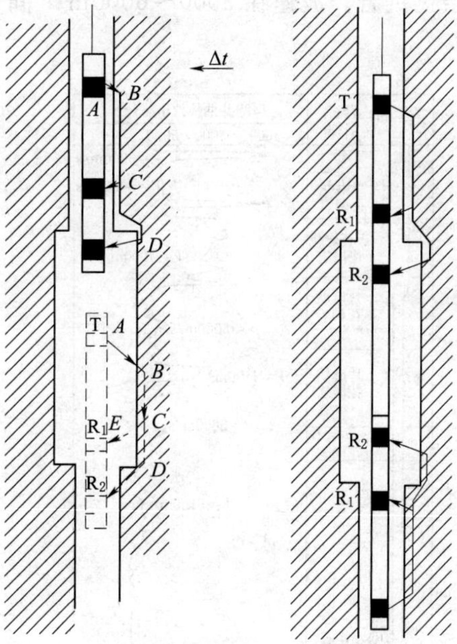

(a) 井径变化时声波传播路径图 (b) 双发双收工作原理图

图 10－42　井眼补偿声波测井

如图 10－42 (a) 所示，发射器在接收器上部，装置过大井径下界面时，R_1接收器与R_2接收器的时差$\Delta t'$小于正常时差Δt。而当装置过大井径上界面时，R_1和R_2两接收器的时差$\Delta t''$大于正常的时差Δt（正常时差指无井径变化时，声波沿井壁传播距离为l时所需的时间）。如发射器在接收器下部，装置过井径变化界面处所造成的时差变化情况刚好和上述情况相反。取两发射器发射所测得的时差的平均值，即可消除井径变化的影响，如图 10－42 (b) 所示。同理这种仪器亦可克服由于井下仪器倾斜所引起的误差。

4. 声波速度测井的应用

(1) 划分岩性和岩石风化带。各类岩石或同类岩石风化程度不同时，声波在其中传播速度不同。通常火成岩波速大，而沉积岩波速较小。沉积岩中不同类型沉积岩的波速也不相同。岩石风化程度不同，波速不同，随着风化程度加深，声波传播速度降低。

图 10－43 为某水库利用声速测井研究岩石风化程度的实测曲线。该地基岩为片麻状花岗岩。当其完全风化时波速小于 2000m/s，强风化时波速为 2000～3500m/s，弱风化时波速为 3500～5000m/s，微风化带约 5000m/s，新鲜岩石波速约达 5500m/s。且新鲜及微风化岩石波速高，波速曲线基本稳定在高值上，虽有摆动，幅差小，且呈小锯齿状。弱风化时波速比微风化低，且曲线由基本平直变为尖齿和宽齿状，局部有较高波速值。按上述特征分析了图 10－43 所给实测曲线。孔深 25m 以上为弱风化岩带；25～37m 段为微风化岩带；37m 以下为新鲜岩石，波速基本稳定在 5300m/s。

图 10－44 是利用声速测井曲线划分岩层的实例。某工程输水隧洞，其围岩为张夏组灰岩，其上部是崮山组杂色页岩及灰岩和页岩瓦层。用声速测井曲线划分地层界面取得了较好效果。波速为 6000m/s 左右的介质为张夏组灰岩，波速为 3000m/s 左右的介质是崮

山组杂色页岩。波速在 3000～6000m/s 间大幅度变化的是灰岩与页岩的互层。

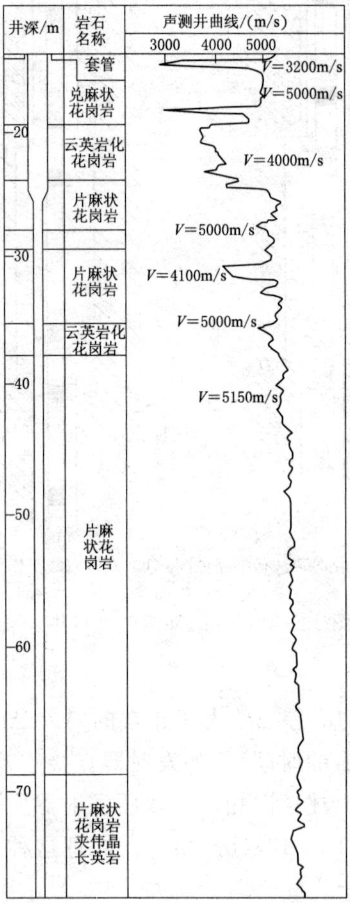

图 10 - 43 利用声速测井曲线研究岩石风化程度实例

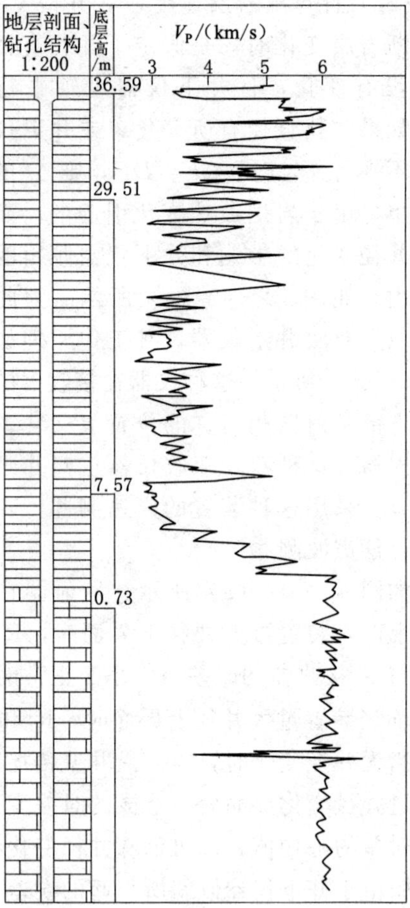

图 10 - 44 利用声速测井划分岩层实测曲线

(2) 确定孔隙率。根据实验结果，声波传播速度与岩石孔隙率、孔隙中液体的波速有如下关系：

$$\frac{1}{V}=\frac{\phi}{V_f}+\frac{1-\phi}{V_m} \tag{10-14}$$

式中：ϕ 为孔隙率；V、V_f、V_m 分别为声波在岩石、孔隙液体岩石固体颗粒（统称为岩石骨架）中的速度。

将波速改变为传播时间，有

$$\begin{aligned}\Delta t&=\phi\Delta t_f+(1-\phi)\Delta t_m\\&=(\Delta t_f-\Delta t_m)\phi+\Delta t_m\end{aligned} \tag{10-15}$$

由此可得到孔隙率 ϕ 的表达式：

$$\phi=\frac{\Delta t-\Delta t_{\mathrm{m}}}{\Delta t_{\mathrm{f}}-\Delta t_{\mathrm{m}}} \tag{10-16}$$

式中：Δt、Δt_{f}、Δt_{m} 分别为 $\frac{1}{V}$、$\frac{1}{V_{\mathrm{f}}}$、$\frac{1}{V_{\mathrm{m}}}$，表示声波在相应物质中传播 1m 所需要的时间。

当岩石骨架成分（岩性）及孔隙中液体性质已知时，可以确定出 Δt_{f} 及 Δt_{m}，于是有

$$\Delta t=(\Delta t_{\mathrm{f}}-\Delta t_{\mathrm{m}})\phi+\Delta t_{\mathrm{m}}=a\phi+b \tag{10-17}$$

式（10－17）为一直线方程。当然使用这一公式确定孔隙率时，必须在岩性相同及孔隙中溶液相同的条件下才有可能得出正确的结论。实际工作中，以相同条件岩性的 Δt 测量值和岩心孔隙率分析值得出的统计分析为依据，获得经验的直线方程。图 10－45 为我国某油田某地段的地层孔隙率和时差的关系曲线。该曲线可用下式表示：

$$\Delta t=536\phi+177$$

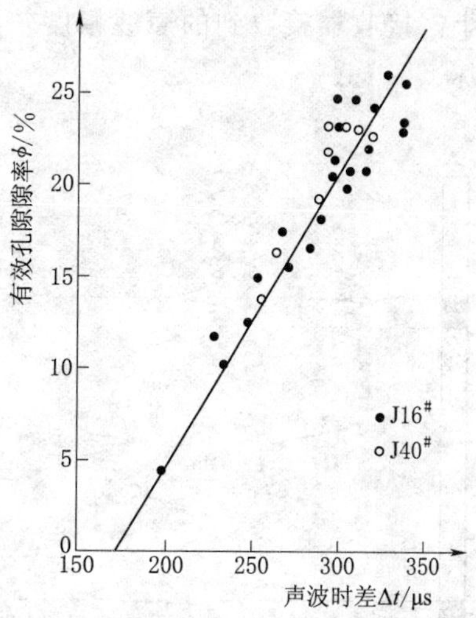

图 10－45　某地孔隙率-声波时差关系曲线

（3）根据声速测井资料为工程地质设计提供参数资料，如岩体完整性系数、弹性模量等。

（4）为地震勘探解释工作提供速度资料。根据声波速度测井资料可以计算出不同岩层中纵波速度及各岩层的平均速度等，为地震勘探资料解释提供速度资料。

（二）声波幅度测井

声波幅度测井是沿井孔测量声波在其中传播时信号幅度的大小、变化，以研究井孔剖面、井孔情况的测井方法。该方法在裸眼井中用以研究井孔剖面、井壁附近岩层的变化；而在有套管的井孔中，可以用来检查套管外水泥的胶结质量。

1. 反射声幅测井

这是一种用一个换能器兼做声辐射和声接收的一种声波幅度测井。由换能器向井壁垂直发射声波，随后接收垂直反射回来的声波。声波垂直入射时，反射波的强弱决定于反射系数的大小。两种相接触的介质，其波阻抗（$Z=\rho V$）差别越大时，反射系数就越大，声波通过界面所传递的能量越小，反射波越强。如井壁为石灰岩，且其密度、声速都大，反射波就强。井壁为页岩时，其密度、声速都较小，反射就弱。砂岩密度、速度介于石灰岩和页岩之间，反射波强度居中。另外岩石风化、破碎程度不同，以及孔隙中液体性质不同，反射波强弱也不同。因此，可以根据声幅曲线的强弱变化来划分岩性，确定含水裂隙带、破碎带以及解决某些其他工程地质问题。图 10－46 为利用反射声幅测井实例。利用声幅测井划分了界面位置。

2. 固井声波变密度测井

目前，在固井水泥胶结质量检测中使用声波变密度测井（CBL/VDL）替代声幅测

井（CBL）。该测井仪器采用单发双收的井下仪器，如图10-47所示。从图10-47可以看出，发射器T与接收器R_1和R_2的距离分别为3ft[1]和5ft，其中距离3ft的R_1只记录全波列的首波幅度［图10-48（a）］，即传统的声幅测井主要用于检测固井第一界面的水泥胶结质量，结合套后水泥密度测井还可以评价微环隙；距离5ft的R_2只记录全波列［图10-48（b）］，即为变密度测井（VDL），可以用于检测固井第一、第二界面的水泥胶结质量。从发射器发出的声波向各个方向传播。接收器最先接收到由滑行波在井液中引起的纵波。当套管外水泥胶结得很好时，能量大部分传到水泥胶结物上，接收器接收到的能量（幅度）很小。如套管外胶结的不好，或没有水泥胶结，沿套管传播的声波衰减很小。接收器接收到的声波幅度较大。于是可以通过所测声波幅度大小来确定套管胶结好坏。

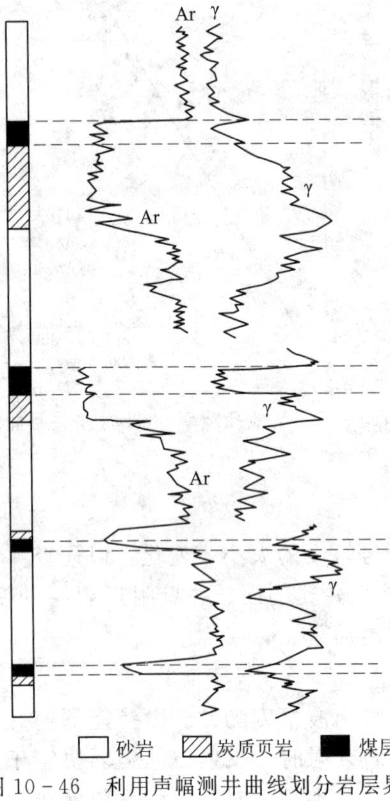

图10-46　利用声幅测井曲线划分岩层界面

Ar—反射声幅测井曲线；γ—伽玛测井曲线

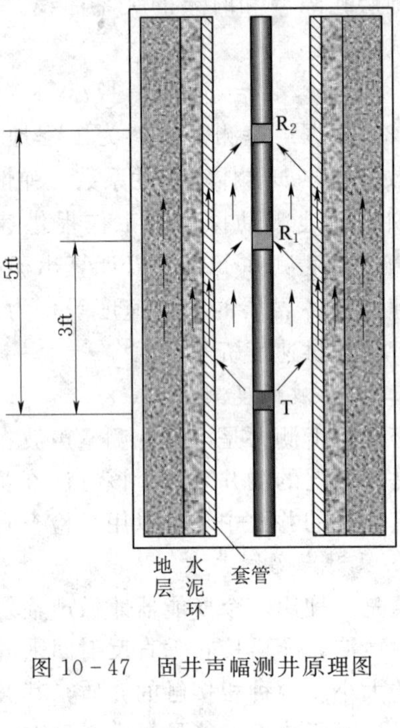

图10-47　固井声幅测井原理图

根据实验结果，将没有水泥胶结的情况下所接收的声幅作为100%，则水泥胶结好时，声波幅度低于15%；中等胶结时声波幅度为15%～30%（有的地方用20%～40%）；胶结差时声波幅度大于30%（或40%），如图10-48（c）所示。如果采用水泥胶结指数BI，即

[1] 1ft=304.8mm。

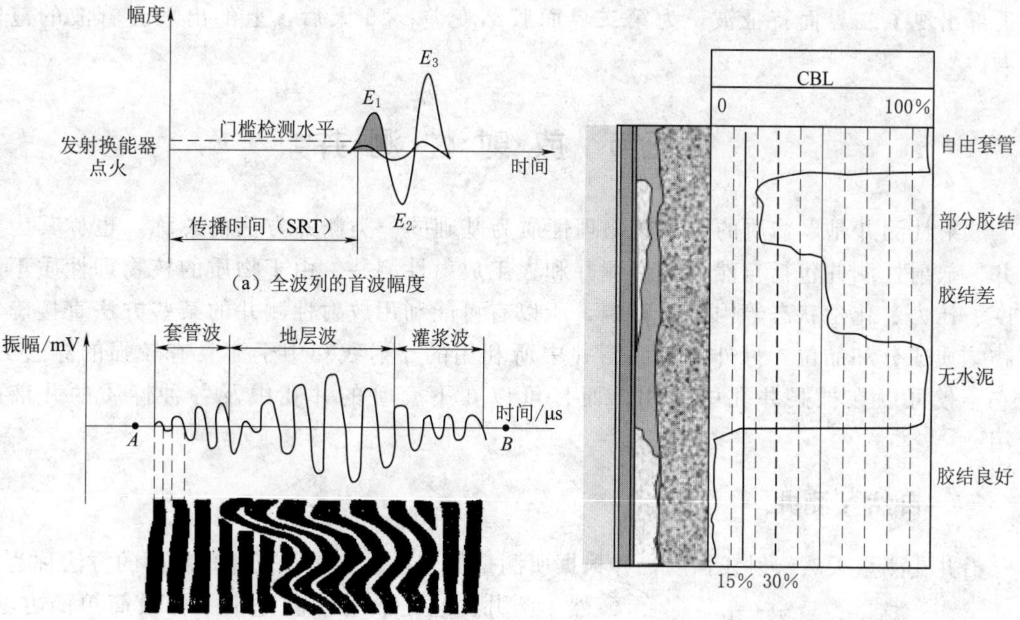

（a）全波列的首波幅度

（b）全波列

（c）各种胶结状况的声幅测井(CBL)的声波幅度值

图 10-48　声波变密度测井波形图

$$BI=\frac{\lg A-\lg A_{\min}}{\lg A_{\max}-\lg A_{\min}}$$

式中：$A_{\max}$为自由套管的声幅值；$A_{\min}$为全胶结的声幅值或最小声幅值。

$BI>0.8$ 时，水泥胶结良好；$BI<0.4$ 时，水泥胶结差；$BI=0.4\sim0.8$ 时，水泥胶结中等。

图 10-49 给出一应用声幅测井确定固井质量好坏的实测曲线。固井声波变密度测井效果好坏与源距、测井时间的选择有关。目前国内一般在浇注水泥后 20～40h 进行测井效果较好。测井时间过早，所测幅度偏高，导致误以为固井质量不高；而测井时间太迟，所测数据偏低，会误认为固井质量好，引起判断失误。此外，固井质量可能会随着时间发生变化。在图 10-49 中，2 天后的变密度测井图仅见到地层波，表明第一、二界面胶结都是良好的；7 天后变密度测井结果中，在上部出现了套管波，为第一界面胶结变差，

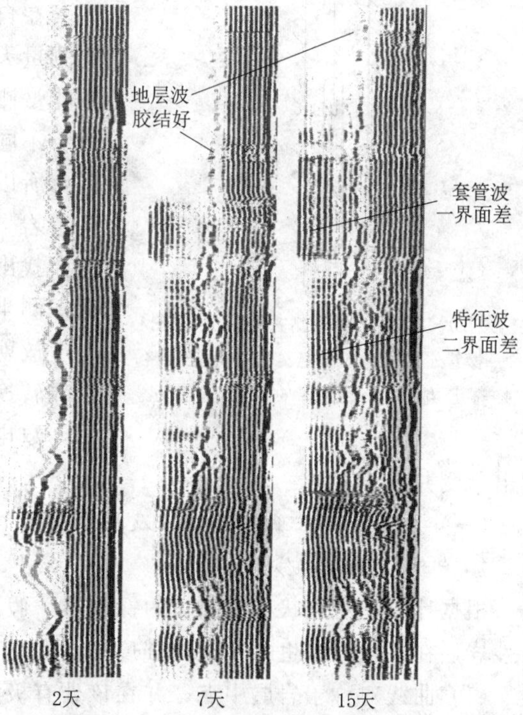

（a）　（b）　（c）

图 10-49　固井声幅测井曲线

（中石油大庆测井公司提供）

中下部出现了二界面特征波，为第二界面胶结变差；15 天后，上部出现套管波的范围变大。

第三节 放射性测井

放射性测井是以物质的原子核物理性质为基础的一类测井方法的总称，也称其为核测井。放射性测井包括自然放射性测井和人工放射性测井。由于物质的核物理性质不受温度、压力、化学状态等因素的影响，所以有可能利用放射性测井的某些方法直接确定矿物物质成分和品位。另外放射性测井中所利用的γ射线和中子流具有较强的穿透力，故它不仅可以在裸眼井孔中使用，而且可以在下套管的井孔中及各种性质的井液中使用。

一、自然γ测井

沿井孔测量天然γ射线强度，并根据所测量的γ射线曲线研究井孔剖面的方法称为自然γ测井。它是放射性测井中一种最简单的方法，该方法不需要人工放射源。自然γ测井装置如图 10-50 所示。

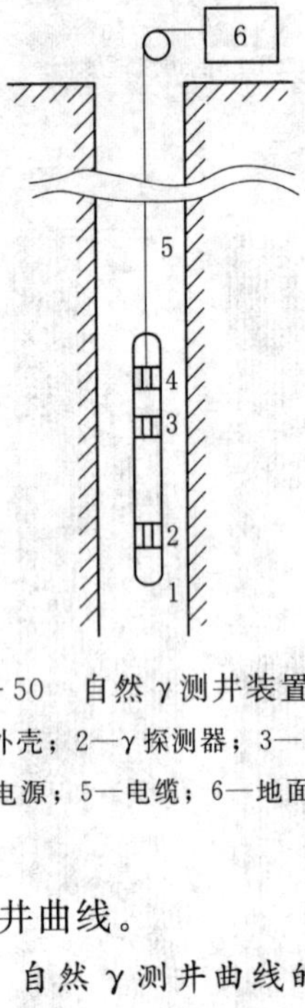

图 10-50 自然γ测井装置示意图

1—探管外壳；2—γ探测器；3—电子线路；4—高压电源；5—电缆；6—地面记录仪器

自然γ测井测量由岩（矿）石中所含的放射性元素在自然衰变过程中所放射出来的γ射线。通常将测量天然γ射线总强度的方法称为γ测井，而将按能量测量天然γ射线强度的方法称为γ能谱测井。由于不同放射性元素放射的γ射线的数量和能量不同，所以可以根据所测得的γ射线的数量和能量来确定岩（矿）石中所含放射性元素的种类和含量，进而找出放射性矿床和研究岩层性质。γ测井的有效探测半径大约为 30～50cm。

放射性γ测井的井下探测器将接收到的自然γ射线转换为电脉冲。电脉冲经过处理进入记录仪器的计数电路，得到与输入脉冲成正比的输出信号，测出γ测井曲线。

（一）自然γ测井曲线的特征及影响因素

1. 自然γ测井曲线特征

根据计算，对点状和有限长的探测器，假定围岩及泥浆均无放射性时，一个水平的放射性岩层在井轴处产生的γ射线强度如图 10-51 所示。其曲线特征如下：

（1）曲线对称于岩层中点，并在该处有极大值 I_{max}。

（2）岩层厚度大于三倍井径时，异常幅度与岩层厚度无关，γ强度曲线在岩层中部成平行井轴的直线段。岩层厚度小于三倍井径时，异常幅度随岩层厚度加大而增大。

（3）当岩层厚度大于井径三倍时，可根据γ强度曲线半极值点划分岩层界面，而岩层厚度不足三倍井径时，半极值点间距离大于岩层厚度。这时可用 $\frac{4}{5}I_{max}$ 点判定岩层界面及厚度。

2. 影响自然 γ 测井曲线的因素

(1) 测井速度和仪器常数的影响。由于元素的放射性衰变是一个符合统计规律的过程，所以选择不同的测井速度和仪器时间常数时，所测得的结果将有所不同。图 10-52 给出选择不同的测井速度 V 和时间常数 τ 时，对同一个地段所测得的自然 γ 曲线 J_{γ}。随速度和时间常数加大，曲线变得平缓，曲线对称性遭到破坏，曲线向着井下仪器移动的方向产生偏移（这里仪器为向上移动），极大值下降，而且岩层厚度越小，曲线幅值降低越明显。

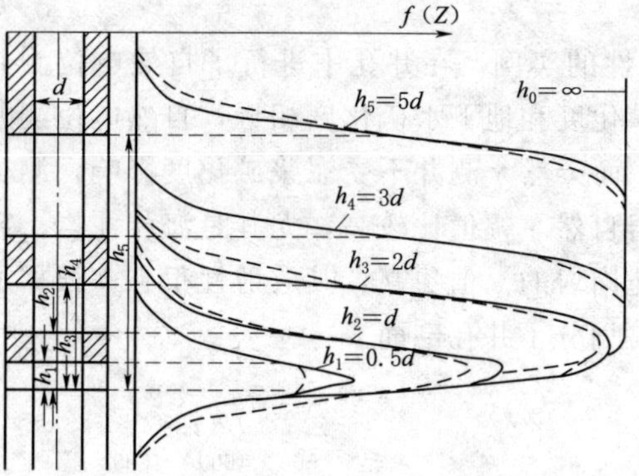

图 10-51　水平放射性岩层在井轴处的放射性强度曲线

h—放射性地层厚度；d—井孔直径；实线—点状计数器成果；虚线—计数器长 $L=d$ 的成果

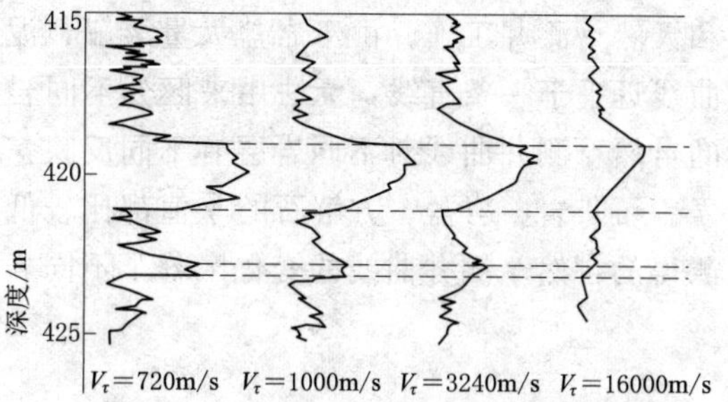

图 10-52　自然 γ 曲线随 V_{τ} 不同的变化

(2) 钻井参数（井液、井径、套管、水泥环等）的影响。一方面是它们对 γ 射线的吸收，另一方面是它们自身的放射性如何影响到测量结果。通常它们不含或含有极微量的放射性物质，对 γ 测井的影响以吸收作用为主。在有套管、水泥环地段或井径扩大地段，自然 γ 测井值有所下降。

(3) 测量结果的统计涨落引起 J_{γ} 曲线产生微小的锯齿状变化。

(二) 自然 γ 测井的应用

1. 确定地层泥质含量

对于沉积岩地层，除一些特殊的含放射性矿物（如海绿石等）的地层以外，其放射性和泥质含量有关。不同地区和不同层系地层，岩层放射性强弱和泥质含量关系不完全相同，但可以根据工区的测井资料和大量岩芯分析结果，按照统计的方法制作出适用于本地区的相关关系曲线。

通常按照下式做出泥质系数 α 和泥质含量 V_{sh} 的关系曲线：

$$\alpha=\frac{J_{\gamma}-J_{\gamma\min}}{J_{\gamma\max}-J_{\gamma\min}}=f(V_{sh}) \tag{10-18}$$

式中：J_{γ} 为目的层的 γ 射线强度；$J_{\gamma\max}$ 为该地区放射性最强的泥岩层的 γ 射线强度；$J_{\gamma\min}$ 为地区放射性最弱的岩层的 γ 射线强度。

图 10-53 为根据岩芯资料对不同时代地层用统计方法作出的三条关系曲线。

2. 判断岩性，划分岩层

岩层中放射性物质含量因沉积环境不同而有所不同。特定的沉积环境和条件使放射性物质量有规律地分布和聚集。自然 γ 测井曲线一般与岩石孔隙中流体性质无关，与泥浆性质无关，它以不同幅值和形态反映出岩层的沉积条件和环境，由此可以利用天然 γ 测井曲线进行岩层对比。

在砂-泥质剖面中，砂岩天然 γ 射线强度较弱，黏土层中 γ 射线强度最高，砂质泥岩、泥质砂岩 γ 射线强度居中。在碳酸盐岩剖面中，石灰岩、白云岩天然 γ 射线强度最弱，黏土岩 γ 射线最强，而泥质灰岩、泥质白云岩 γ 射线居中。可以利用这些不同的天然 γ 射线强度划分岩层。

图 10-54 为一应用天然 γ 测井曲线划分岩性的实例。在井孔中进行了自然电位测井和天然 γ 测井工作。由于岩盐大量溶解，泥浆矿化度和地下水矿化度相近，自然电位测井曲线近乎于一条直线，无法用来区分不同岩性。而天然 γ 测井不受泥浆矿化度影响，测得的自然 γ 测井曲线对不同岩层有不同反映：泥岩自然 γ 幅值比较高，尤其是海相泥岩；砂岩、石灰岩、岩盐、方解石的 γ 值都比较低；花岗岩的 γ 值更高，其放射性很强。根据所测得的自然 γ 测井曲线的变化区分了不同岩层，划分了井孔剖面。

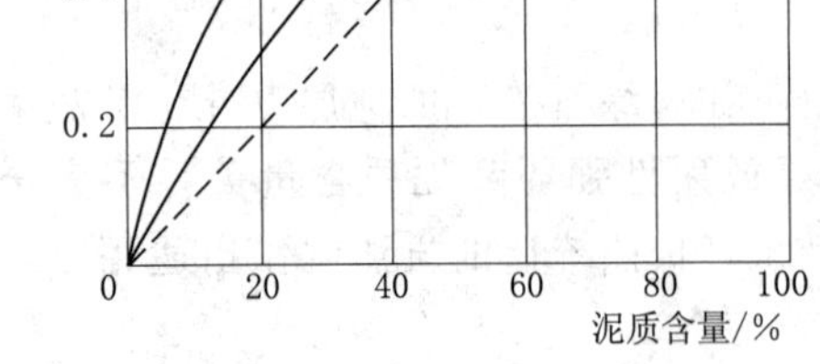

图 10-53　含泥系数与泥质含量关系曲线

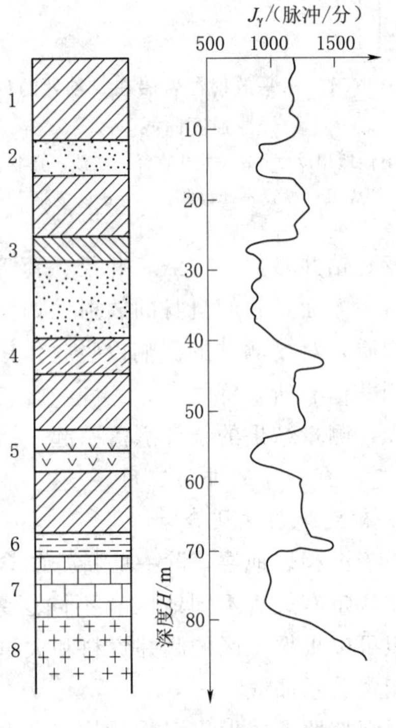

图 10-54　应用天然 γ 测井曲线实例

1—泥岩；2—石膏砂岩；3—方解石；4—海相泥岩；5—岩盐；6—斑脱岩；7—石灰岩；8—花岗岩

二、γ-γ测井

γ-γ测井是以岩层对γ射线的散射和吸收性质不同为基础的一种测井方法。γ-γ测井的井下仪器中放有γ源。从放射源射出的γ射线与岩石中的电子发生碰撞，经碰撞散射后的部分γ射线传到井下探测器中。地面仪器测量并记录经散射的γ射线强度。γ-γ测井井下仪器工作原理如图10-55所示。井下仪器下端安置有γ源，上部安有探测器。为防止γ射线由放射源直接进入探测器，在放射源和探测器之间设有铅屏。为了消除泥浆影响，使井下仪器中γ源的铅屏开口对着岩层，并用弹簧片使井下仪器紧贴井壁移动，移动过程中进行测量。

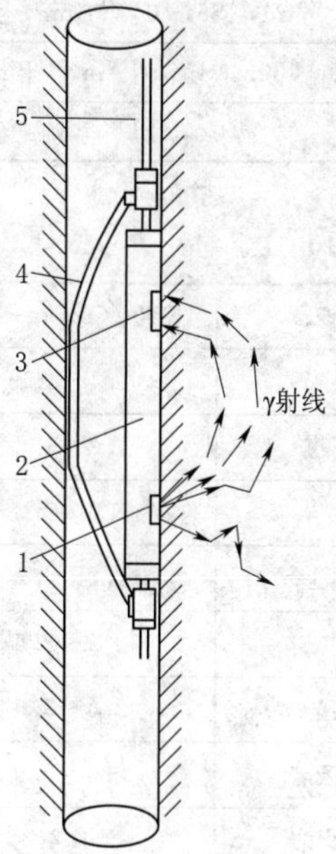

图10-55 γ-γ测井井下仪器工作原理图

1—γ源；2—铅屏；3—探测器；4—弹簧片；5—电缆

γ-γ测井按选用γ源能量工作方式的不同可分为密度测井、选择γ-γ测井、岩性-密度测井。

（一）γ-γ测井方法原理

γ-γ测井所测量记录的散射γ射线的强度，主要取决于岩石对γ射线的吸收程度。前面已经讲过，γ射线对物质有光电效应；康普顿-吴有训效应及电子对形成三种作用。岩石对γ-γ射线的吸收是三种效应吸收的总和。各种效应的强弱既与γ射线的能量有关，又与元素的原子序数有关。对不同能量的γ射线和一定元素而言，其中有一个效应是主要的，因此，不同条件下的γ-γ测井反映了岩石的不同方面的性质。

1. 密度测井

密度测井中常用的γ源有^{60}Co和^{137}Cs。^{60}Co的γ射线能量为1.33MeV和1.17MeV，^{137}Cs的γ射线能量为0.66MeV。对于构成沉积岩的大多数元素，原子序为1～20，上述γ射线与这些轻元素之间的作用以康普顿散射为主。此时康普顿吸收系数与岩石密度成正比。γ-γ测井曲线变化反映了岩石密度的变化。所以这种γ-γ测井又称为密度测井。

2. 选择γ-γ测井

当选用能量较低的γ源，如表10-3所列的γ源，且有选择地测量低能量的γ射线时，这些γ射线穿过岩石以光电效应为主。光电效应吸收系数与γ射线能量的三次方成反比，与原子序数的3～5次方成反比。所以采用低能量的γ源的γ-γ测井，其测井曲线变化反映了岩石的有效原子序数的变化（有效原子序数$Z_{有效}=\sqrt[3]{\sum Z_i^3 P_i}$；$Z_i$为组成岩石的第$i$种元素的原子序，$P_i$为第$i$种元素在岩石中所占的重量百分比）。当岩石中有少量金属矿物时，有效原子序明显增大，所以这种γ-γ测井能探测金属含量很低的金属矿，称其为选择γ-γ测井。

表10-4给出了某些岩石和矿石的有效原子序和密度。

表 10-3　常用 γ 源能量及探测对象

γ 源名称	γ 源能量/keV	探测对象
^{109}Cd, ^{70}Se, ^{14}C, ^{241}Am	20～50	煤
^{75}Se, ^{170}Tm, ^{57}Co, ^{241}Am, ^{147}Pm	20～50	Fe、Mn、Cr、Ni
^{57}Co, ^{75}Se	150～200	Ba、Pb、Sb、Hg、Sn

表 10-4　部分常见岩石、矿石的有效原子序和密度

岩矿石	密度/($10^3kg/m^3$)	$Z_{有效}$	岩矿石	密度/($10^3kg/m^3$)	$Z_{有效}$
褐煤	1.1～1.2	6.5～6.8	花岗岩	2.4～3.1	13.2～14.0
石煤	1.2～1.3	6.3～6.5	伟晶花岗岩	2.7	13.0～13.9
砂岩	1.8～2.8	11.6～15.1	辉绿岩	2.9～3.2	15.4～16.4
黏土	2.0～2.2	11.4～14.7	黄铁矿	5.0	21.6
泥灰岩	2.2～2.6	14.3～15.1	黄铜矿	4.5	24.6
灰岩	2.5～3.0	14.8～15.5	铬铁矿	4.6	22.0
白云岩	2.4～2.9	13.6～13.9	磁铁矿	5.0	23.2
光卤岩	1.7	14.4	赤铁矿	5.1	23.0
石膏	2.3	16.4	重晶石	4.5	45.6
硬石膏	2.8～3.0	15.3	方铅矿	7.5	77.2

3. 岩性-密度测井

这是近年来国外开展的一种新测井方法。它采用长、短源距，按能量不同分区记录散射 γ 射线的强度，称为岩性-密度测井。它综合利用康普顿效应和光电效应，测量与康普顿效应有关的、能量高于 200keV 的散射 γ 射线，以反映岩层密度；而能量低于 200keV 的散射 γ 射线，由以康普顿散射为主逐步过渡到以光电效应为主；测量 40～80keV 的低能区以反映岩层中元素的原子序数，用以判断岩性。测量多种能量散射 γ 射线，互相配合可以准确地确定岩性，对研究矿物成分，确定某些高原子序数的元素，判断裂隙等都有明显优势。

（二）影响 γ 测井的因素

γ-γ 测井通过测量散射 γ 射线的强度来研究井孔剖面。而 γ 射线由 γ 源发出后，通过井液，再经过岩石散射才到达探测器，这样仪器周围的井液以及井径大小的变化必将影响探测结果。通常泥浆密度加大，γ-γ 测量数值减小；泥浆密度减小，γ-γ 测量数值加大。同时泥浆密度比岩石密度小得多，井径变大时，探测范围内介质平均密度变小，影响 γ-γ 测井观测结果。此外，γ 放射源放出的 γ 射线强度及能量的大小不同，井下仪器所选用的源距大小，井下仪器外壳所用的材料的不同以及探测器放射源之间铅屏位置、厚度等也都影响 γ-γ 测井的测量结果。为了减少这些因素的影响，一般 γ-γ 测井工作中，保持整个井孔中泥浆均匀，井下仪器紧贴井壁，选择一定能量、强度的 γ 源，并根据工作要求选择一定源距，同时进行井径测量，测量沿井孔的井径变化曲线。

γ-γ测井曲线和γ测井曲线一样，也有受测井速度、时间常数以及统计涨落误差影响所带来的曲线畸变。

（三）γ-γ测井的应用

1. 划分岩性

利用岩石密度不同对γ射线吸收的不同，用测得的γ-γ测井曲线的变化来区分岩性。图10-56是利用γ-γ测井曲线划分岩性的一应用实例。对应于泥质砂层，γ-γ测井曲线数值较高，而对应于砂砾石层，γ-γ测井曲线数值较低。在进行γ-γ测井的井孔中，也进行了天然γ测井。同样，对应着泥质地层，自然γ测井测得的γ射线强度较大，砂砾石层γ射线强度较低。

图10-57为利用γ-γ测井划分密度不同岩层又一实例。整个井孔有泥质岩、粉砂岩、灰岩和煤层。在这井孔中进行了视电阻率测井和γ-γ测井。由于煤和灰岩均为高电阻率介质，在视电阻率测井曲线上均出现高电阻率异常，无法由高电阻率异常确定煤层位置。而由于煤层密度较泥质岩、粉砂岩、砂岩密度低很多。所以在γ-γ测井曲线上，煤层与其他岩层间有明显的不同反映。其他几种岩层间密度的差别，不如煤层与它们之间的差别那样大，引起γ-γ测井曲线变化亦不够明显。从而由γ-γ测井三个异常准确地确定了煤层位置。

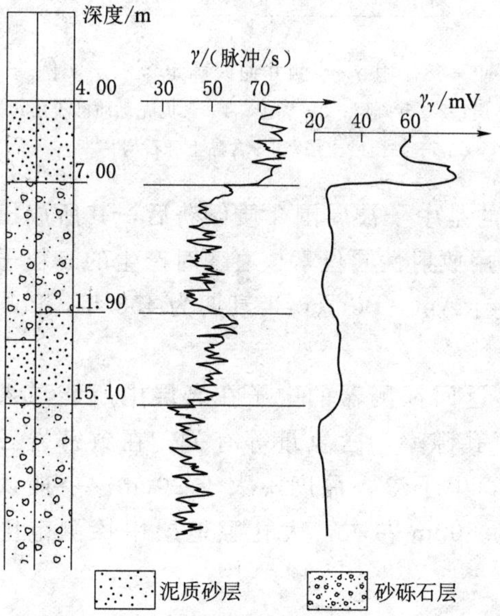

图10-56　γ-γ测井及γ测井曲线

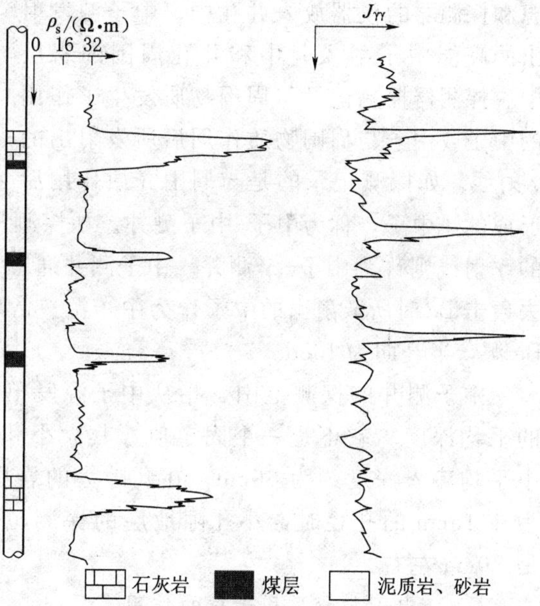

图10-57　测井及视电阻率测井曲线

2. 确定岩层孔隙率

在水文地质及油田钻孔中γ-γ测井主要用来确定岩层密度，计算岩层孔隙率。

设岩石由矿物颗粒和充满孔隙的液体组成，经简化得到孔隙率ϕ与岩石密度ρ_b、矿物颗粒密度ρ_{ma}、孔隙中液体密度ρ_f之间有以下关系式：

$$\phi=\frac{\rho_{ma}-\rho_b}{\rho_{ma}-\rho_f} \qquad (10-19)$$

知道了岩石的矿物成分和孔隙中液体性质，便可以确定 ρ_{ma} 及 ρ_f，再根据密度测井资料求出 ρ_b 后，便可求出 ϕ 值。

3. 划分含水层

图 10-58 为一利用 γ-γ 测井曲线划分含水层实例。该地区含水层为砾石层，用视电阻率测井未能得到明显异常。应用 γ 测井和 γ-γ 测井进行测量，对应砾石层都得到了低值异常，γ-γ 测井反映尤其明显。根据 γ-γ 测井曲线确定了含水砾石层。

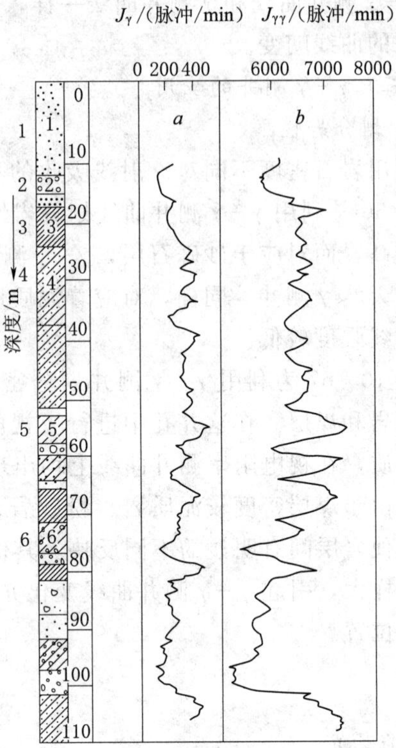

图 10-58　用 γ-γ 测井曲线确定含水层实例

1—砂层；2—砂砾层；3—黏土；4—含贝壳黏质砂土层；5—黏质砂土层；6—含黏土砾石层

三、中子测井

中子测井是利用中子和物质的相互作用产生的各种效应来研究井孔剖面的一组测井方法的总称。进行中子测井时，将装有中子源和探测器的仪器放入井孔中。中子源发射出的高能中子射入井中和井孔周围的岩层中。探测器探测记录与周围物质发生了作用的中子或中子与周围物质作用后所发射出的 γ 射线。如探测记录的是与周围介质作用后形成的热中子，称为中子-中子测井。如探测记录的是中子被周围介质俘获后，其所放出的 γ 射线则称为中子-γ 测井。中子测井通常是利用放射性同位素核衰变时产生的 α 粒子去轰击 Be 时所放射出的中子作为中子源。常用的有 Am-Be 源，半衰期为 458 年，Po-Be 源，半衰期为 138d。

中子测井的探测范围、指从中子源发出，且返回探测器的中子在岩层中所能渗入的平均深度。它不是一个固定值。其大小和岩石孔隙率、含氢量等有关。在致密岩石中平均渗入深度约为 60cm；在孔隙大的岩层中，中子渗入深度不大于 20cm。一般认为在 15cm 的孔径时，小孔隙地层的探测范围为 60cm 左右，大孔隙地层中探测范围是 20cm 左右。

（一）中子与物质原子核的作用

根据原子结构的理论，我们知道中子是中性粒子，其质量为 1.6747×10^{-24}g。中子处于自由状态时是不稳定的。它会变成一个质子、一个电子和一个中微子，并放出能量。中子半衰期是 12.8min，中子对物质的穿透能力强。按中子所具有的能量可把它分为：快中子（能量大于 100keV）；中能中子（能量为 100eV～100keV）；慢中子（能量小于 100eV）。慢中子还可再分为超热中子（0.1～100eV）和热中子（平均能量处于 0.025eV）。

中子测井中使用的中子源释放出来的中子的能量不是单一的，而是连续变化的。目前测井工作使用的中子源放射出的中子能量在几至十几兆电子伏特之间，属快中子。这类中子进入岩层与其原子核的作用如下：

1. 中子的散射

中子与原子核发生碰撞时，有弹性散射和非弹性散射。当中子与原子核发生弹性碰撞时，遵循动量守恒和能量守恒定律，中子被碰撞后改变其能量和运动方向。而非弹性散射引起核的激发，原子核除增加了动能外，还从基态跃升到高能级，当其由高能级回迁到基态时，放出 γ 射线。中子的能量足够大时，才能发生非弹性散射。所以从中子源发出的中子只在最初一两次碰撞时才可能有非弹性碰撞，其后都是弹性散射。

中子与原子核发生碰撞后，能量逐渐损失，最后减速为热中子，直至被吸收。

2. 中子的核反应

中子不带电，可以较容易地进入其他物质的原子核。中子进入原子核为其俘获时，使原子核处于激发状态，发生核反应。

最常见的核反应是（n，γ）反应，即原子核俘获中子放出 γ 射线的反应。大部分同位素都发生这一反应。当中子能量很大时，发生（n，P）反应，即原子核俘获中子后，放出质子和 γ 射线。在使用快中子时，也发生（n，α）反应，即原子核俘获中子后，放出 α 射线。还可以发生（n，2α）型反应。

3. 中子活化

一些稳定的原子核在中子作用下发生核反应，结果变成新的放射性核。这种现象称为活化。活化后的放射性同位素以其自身的半衰期进行衰变，同时放出放射性射线。我们把活化核衰变时放射出的 γ 射线叫作次生活化 γ 射线。活化物放出的 γ 射线是缓发的，并按指数规律衰减，而中子与核发生反应时所放出的 γ 射线是瞬发的，随着核反应的发生而发生，随着核反应的结束而终止。

（二）*岩石的中子性质和中子测井与岩石所含元素的关系*

中子源所释放出的中子与岩石中的原子核发生上述反应，其过程可分为两个阶段：减速阶段——中子减速为热中子，这一阶段主要是中子与原子核发生弹性碰撞；扩散阶段——从形成热中子到中子被俘获，这一阶段里中子断续与原子碰撞，直至被俘获为止。

经研究发现：快中子从中子源发出，与原子核发生碰撞而减速为热中子的平均碰撞次数和与其碰撞的原子核的原子量有关。原子核的原子量越大，所需碰撞次数越多，反之越少。氢核原子量最小，所以中子与氢核碰撞减速为热中子所需碰撞次数最少。因此氢核是最强的减速剂。用减速长度 L_f 表示由介质减速作用造成的中子空间分布概念。减速长度与中子从初始能量减到热中子时所走过的直线平均距离成正比。岩石中含氢量越大，L_f 就越小。

中子和岩石中原子核作用使热中子被俘获时，不同原子核俘获中子的几率不同。B、Hg、Mn、Cd 和 Cl 等有很强的俘获能力。Cl 是岩层中最常见的元素，其含量与岩层水中盐含量有关。从热中子形成的位置到它与原子核碰撞被俘获的位置之间的平均直线距离叫扩散长度 L_d。物质对热中子的吸收能力越强，L_d 就越短。

表 10－5 给出了一些矿物、岩石的中子性质。

表 10-5　一些常见矿物中子性质

名称	成　分	密度/($10^3 kg/m^3$)	L_f/cm	L_d/cm	t/($\times 10^{-4}$s)
水	H_2O	1	7.7	2.3	2.2
石油	C—86%、H—14%	0.875	9.3	2	1.9
石英	SiO_2	2.65	37	17	10.6
方解石	$CaCO_3$	2.12	35	9.5	5.4
岩盐	NaCl	2.15	—	1.2	0.062
白云岩	$CaMg(CO_3)_2$	2.85	—	9.2	5.3
石膏	$CaSO_4 \cdot 2H_2O$	2.3	11	3.2	2.5
硬石膏	$CaSO_4$	3	27	8.2	3.4
无烟煤	C—95%、H—3%、O—2%	1.5	—	4.9	5.2
砂	SiO_2—95%、Al_2O_3—3%、Fe_2O_3—2%	2.3	14	6	4.9
黏土	SiO_2—65%、Al_2O_3—20%、Fe_2O_3—5%、$CaCO_3$—10%	1.88	—	14.7	8.9

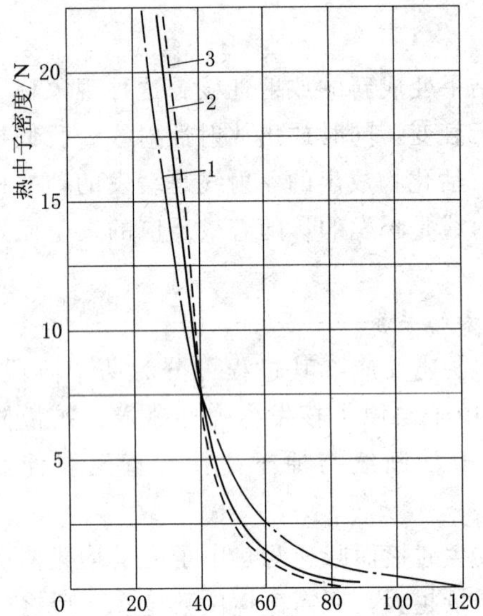

图 10-59　热中子密度与介质含氢量、源距之间的关系

1—岩层含氢体积为 10%；

2—岩层含氢体积为 20%；

3—岩层含氢体积为 25%

对于中子-中子测井，观测值是热中子密度。前已述及，热中子密度与岩石中所含氢的多少密切相关。同时仪器读数还与井下仪器的中子源至探测器之间的距离，即源距有关。图 10-59 给出了岩石不同含氢量条件下热中子密度（N，即次数）的分布。如图 10-59 所示，在中子源附近（l 较小时），热中子密度（N）随含氢量增大而增大。距离中子源较远的地方（l 较大时），热中子密度（N）随含氢量增大而减小。从图 10-59 上我们还可看到不同含氢量的几条热中子密度分布曲线有一交点。在交点处，热中子密度和介质中氢的含量无关，即当源距等于交点处的 l 值时，测得的热中子密度（N）与介质含氢量多少无关。称这个距离 l 为零源距。实际测井工作中，源距在 35～40cm 时，热中子密度与介质含量无关。通常测井时，采用大源距（即选用源距大于零源距），测得的热中子密度随岩层含氢量的增大而减小。根据实验结果得知：热中子密度读数大致和岩层含氢量的对数成比例。

对于中子 γ 测井，所测得的俘获 γ 射线强度与源距及岩层含氢量的关系，基本上和测量热中子密度情况相似。但由于 Cl 原子核俘获中子时，放射出多个高能量的 γ 量子，岩层含 Cl 多时，中子-中子测井读数降低，而中子-γ 测井读数却增大。

(三) 中子测井的应用

1. 判断岩性、划分钻孔地质剖面

各类岩石因其结构不同，含氢量也就有所不同，因此可以根据中子测井曲线划分岩性，尤其是配合自然γ测井能取得更好效果。

几种常见岩石的中子测井反应如下：

(1) 泥岩。由于泥岩总孔隙率大，含有大量吸着水，所以在中子-中子测井及中子测井曲线上均表现为低数值，特别是泥岩段井径经常扩大，就更降低了其强度值。然而它在自然γ测井曲线上为高值，把两者结合起来，即可划分出泥岩。

(2) 致密砂岩、致密灰岩、白云岩和硬石膏。由于它们的孔隙率小，中子-中子测井及中子-γ测井曲线上均对应着高值，而在自然γ测井曲线上为低值。

(3) 渗透性砂岩、裂隙发育的石灰岩。当其含低矿化度水时，中子-中子测井和中子-γ测井曲线上的反应为中等数值（自然γ测井曲线上为低值）。当含高矿化度水时，中子-中子测井曲线对应为低数值，而中子-γ测井曲线上对应段为高数值（自然γ测井曲线上为低值）。当其中充满天然气时，中子-中子测井曲线和中子-γ井曲线上均反映出比含油层、含水层的幅值高（自然γ测井曲线上仍为低值）。

(4) 岩盐层。由于其中含有大量的Cl元素，中子-中子测井曲线上反应为低数值，中子-γ测井曲线上反应为高数值。

图10-60为应用中子-γ测井曲线划分井孔剖面实例。

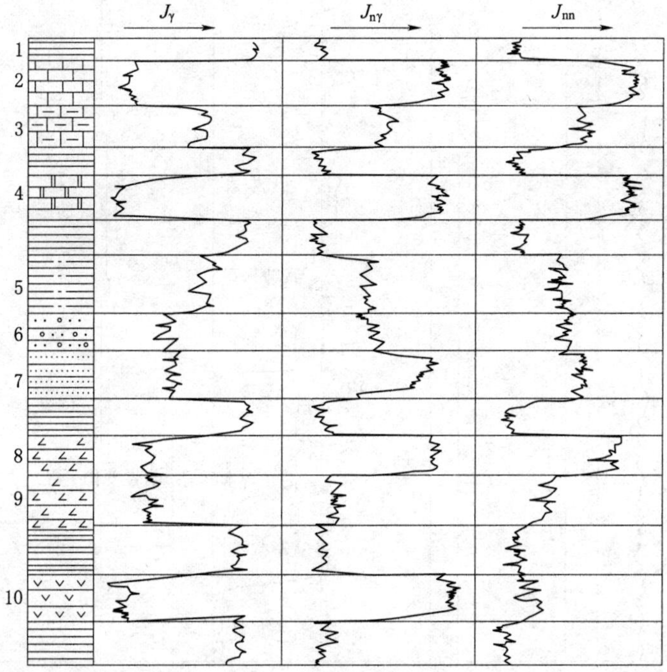

图10-60 中子-中子（J_{nn}）、中子-γ（$J_{n\gamma}$）和自然γ测井曲线与岩性对比

1—泥岩；2—石灰岩；3—泥质灰岩；4—白云岩；5—页岩；6—砂砾岩；7—砂岩；8—无水石膏；9—石膏；10—岩盐

在这个井孔中进行了多种方法的测井工作。图 10－60 给出了各种测井方法所测得的曲线和对应的岩性剖面。对应于不同岩层，自然 γ、中子-中子和中子-γ 测井曲线有明显不同反映。在泥岩中，中子-中子和中子-γ 测井值低，而自然 γ 测井值高；在石灰岩或泥质灰岩中，3 种曲线值相似，为中等值；页岩与砂砾岩的中子-中子和中子-γ 测井值相近，但是页岩的自然 γ 测井值更高；砂岩与砂砾岩的自然 γ 和中子-中子测井值相近，但是砂岩的中子-γ 测井值更高；石膏与无水石膏的自然 γ 测井值相近，但是无水石膏的中子-中子和中子-γ 测井值更高；岩盐的自然 γ 和中子-中子测井值都比较低，但是它的中子-γ 测井值比较高。由此依中子-中子、中子-γ 测井曲线和自然 γ 测井曲线综合划分了井孔剖面。

2. 按照含烃量划分岩性

图 10－61 给出了由中子测井和密度测井获得的中子孔隙度 ϕ_n 和密度孔隙度 ϕ_d 曲线和对应的不同含量的烃类岩性剖面，其中 GR 为自然伽玛测井，Caliper 为井径测井。对应于

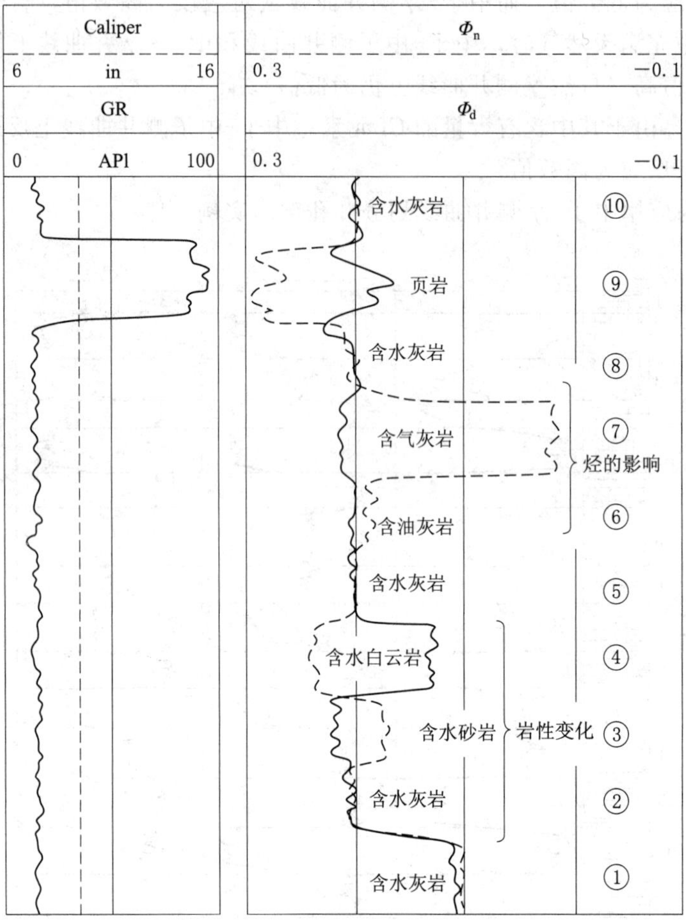

图 10－61　中子孔隙度 ϕ_n 和密度孔隙度 ϕ_d 曲线与岩性及含烃量的对比

①—10%孔隙度的含水灰岩；②、⑤、⑧、⑩—20%含水灰岩；③—20%含水砂岩；④—20%含水白云岩；⑥—20%含油灰岩；⑦—20%含气灰岩；⑨—页岩

不同含量的烃类和不同的岩层，中子孔隙度和密度孔隙度曲线有明显不同的反映。在砂岩中，中子孔隙度值大于密度孔隙度值；在页岩和白云岩中，中子孔隙度值明显小于密度孔隙度值，且白云岩的孔隙度值整体高于页岩的；在灰岩中，同样是20%的含量，含水灰岩的两种孔隙度值相等，含油灰岩的中子孔隙度值略高于密度孔隙度值，含气灰岩的中子孔隙度值明显高于密度孔隙度值；同样是含水灰岩，10%含量的孔隙度值整体高于20%含量的。

3. 确定岩层孔隙率

当岩层中不含带结晶水的矿物和泥质且孔隙中充满了水或油时，孔隙率大小决定了地层含氢量的多少。通过中子测井可以研究岩层孔隙率。实际工作中为了根据中子-γ测井曲线确定岩层孔隙率，要先在标准井中（一般是在不同孔隙率的饱含水的石灰岩中）进行测井仪器的刻度。作出中子-γ测井强度值和孔隙度的关系曲线。而后可以由仪器测得的读数换算为岩石的孔隙率。现代测井技术中，由中子测井读数向孔隙率的换算是通过仪器中的计算器直接进行的。图10-62是不同孔径的中子测井读数与孔隙率的关系曲线。

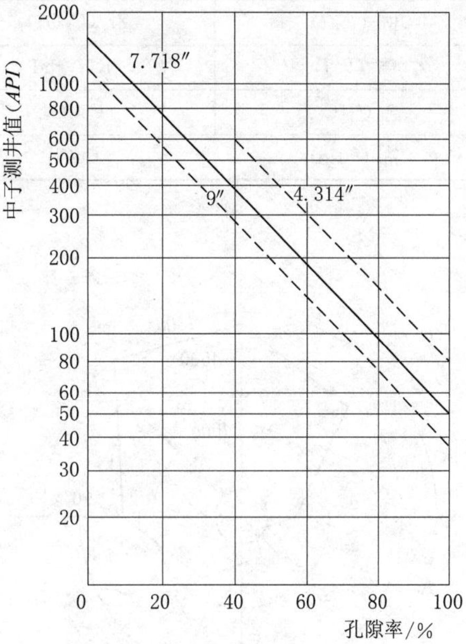

图10-62 中子测井值-孔隙率关系曲线

四、放射性同位素测井

（一）概述

放射性同位素测井也叫放射性示踪测井。在井孔中利用放射性同位素作为指示剂，以探测渗透性岩层和研究地下水运动特性，检查钻孔技术情况（如出水位置、套管破裂位置等）的测井方法称为放射性同位素测井。

进行放射性同位素测井时，将含有放射性同位素的活化液体注入井孔中，大部分放射性同位素将与液体一起进入渗透性岩层或岩体裂隙、洞穴中，然后在投放井或邻近井孔中（检查井），测量指示剂浓度或γ射线强度。

放射性同位素测井所使用的同位素一般是由核反应形成的人工放射性同位素。选择用于同位素测井的放射性同位素，应考虑以下要求：

（1）为了工作方便，应选择能溶于水的同位素化合物。

（2）选用的同位素能放出较强的γ射线，以利于穿透井内套管等，便于测量。

（3）选用半衰期适中的放射性同位素。半衰期太短的放射性同位素不利于保管、运输、观测；半衰期太长的放射性同位素造成污染，且对以后的放射性测量工作不利。

（4）选用易于制作、使用安全、价格便宜的放射性同位素。另外在研究地下水运动特点时，应选用流经岩层时不易被液体吸附的放射性同位素。

表10-6给出了目前同位素测井工作中较常用的一些同位素特征。

表 10-6　**常用同位素参数表**

同位素名称	化合物名称	γ射线能量/MeV	半衰期
铁（^{59}Fe）	$FeCl_3$	1.10～1.30	45.3 天
锆（^{95}Zr）	$Zr(C_2O_4)_2$	0.39～1.0	65 天
碘（^{131}I）	KI；NaI	0.58～0.78	8.1 天
铯（^{134}Cs）	$CsCO_3$	0.5～1.1	3.7 年
钴（^{60}Co）	$CoCl_2$	1.1～1.3	5.3 年

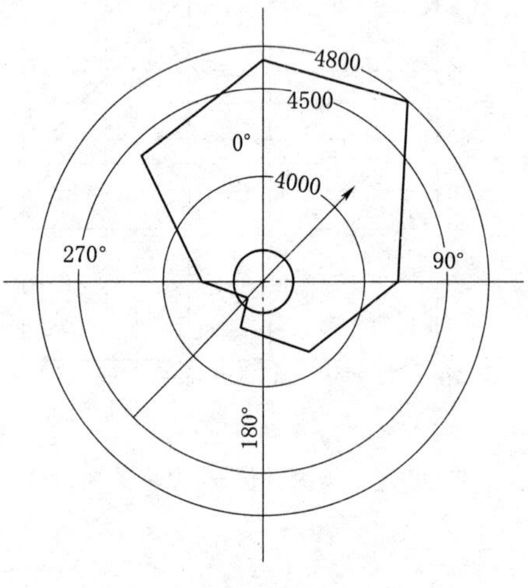

图 10-63　γ强度方位矢量图

（二）群井工作方式

选择中心孔作为指示剂投放孔，在其周围其他钻孔用自然γ测井仪观测示踪的到达时间 t，则根据孔间距离 R 可计算地下水的渗透速度：

$$v_t = \frac{R}{t} \tag{10-20}$$

由于指示剂随水流一起流动，因此只能在下游方向才能观测到明显的示踪异常。由各孔测得的γ强度作出读数随方位变化的矢量图（图 10-63），则由最低γ读数的孔位指向最高γ读数的孔位方向为地下水的流向。

利用一孔投源、多孔接收分析示踪剂浓度的变化也可求出含水层的弥散系数，进行地下水污染的预测和调查，还可借助该方法进行地下水的连通试验，了解坝基或其他水工建筑物的渗漏情况。

（三）放射性同位素测井应用

1. 确定地下水流向、流速、流量及渗透系数

为确定地下水流向、流速、流量等水文参数而进行放射性同位素测井时，一般是先将溶有放射性同位素的泥浆或水溶液注入井孔中，待其随地下水流动后，在附近井孔中测量其γ射线强度。根据附近井孔中所测得的γ曲线，可以确定地下水流向、流速。例如有如图 10-64 所示井群，在 1 号孔中投入含有放射性同位素^{131}I化合物的溶液，在周围井孔中测量γ射线强度。若在 2 号井及 3 号井孔中发现了γ射线异常，则可确定地下水流向为 1→2→3 号孔方向。且根据从 1 号孔投入含^{131}I化合物溶液时刻起，到 2 号孔中测得^{131}I放射的γ射线时刻止的时间差 Δt，以及 1 号孔到 2 号孔的距离 R，即求得地下水流速（$V=R/\Delta t$）。

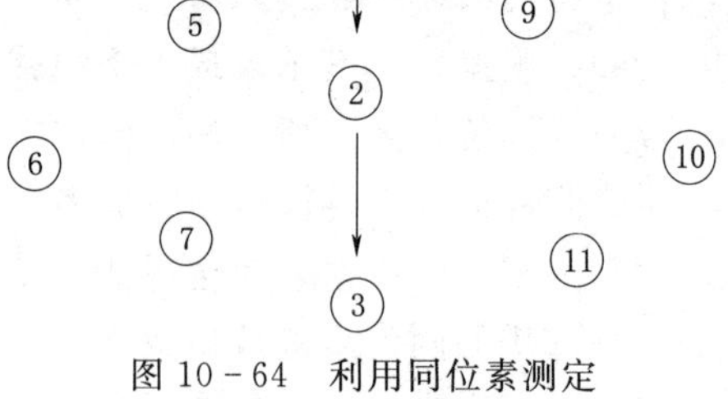

图 10-64　利用同位素测定地下水流向示意图

再由 V 及岩石孔隙率 ϕ，按下式求出渗透速度 V_f：

$$V_f = V\phi \tag{10-21}$$

于是通过断面 W 的地下水流量 Q 为

$$Q = V_f W = V\phi W \tag{10-22}$$

再按下式求出渗透系数 K_f：

$$K_f = \frac{V_f}{I} = \frac{V\phi}{I} \tag{10-23}$$

式中：I 为水力坡度（降）。

2. 确定井内出水位置或套管破裂处

可以先在投放井中注满含有放射性同位素盐类的溶液，例如含^{131}I 的盐溶液之后立即进行测量。这时 γ 射线测井曲线近似于一条直线。而后，每隔半小时或一小时进行一次测量。在地下水出水处，γ 射线强度有所减弱。为加快实验，可定期向上提捞井液，以减小井内水压，加大出水量，这样所测得的 γ 射线强度曲线的变化将更加明显。

另外也可采用向井内注入硼酸溶液，之后进行中子-γ 测井，以判断出水位置的方法。具体做法是，首先在井孔中进行中子-γ 测井，之后向井孔中注入一定量的硼酸，使整个井孔中的硼酸浓度近于相等（约为 2～3g/L❶）。注入硼酸后进行第二次中子-γ 测井。测量被激发的 γ 射线的强度。这时测得的 γ 值将明显降低，而且曲线变的平直了。此后每隔半小时测量一次 γ 射线强度。在出水位置处溶液中的硼离子被冲走，出水位置处的 γ 射线强度值逐渐增大。γ 射线强度值趋于同一点第一次所测得的 γ 射线强度。由此确定出出水位置。同理亦可用来测定套管破裂处。

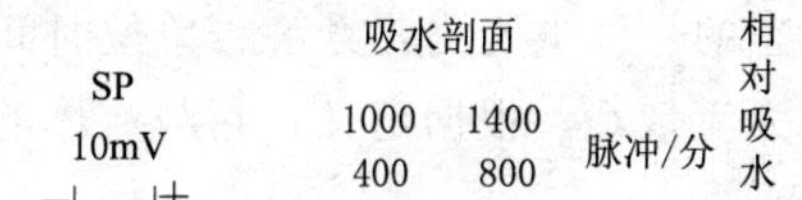

图 10-65 二次 γ 曲线重叠图

1—吸水层；2—活化 γ 曲线；3—自然 γ 曲线；4—包围面积

此外，吸水剖面的测量对于了解含水层的渗透性、压水试验中各个地层的吸水性能都是非常重要的。测量时，先测一条自然 γ 背景曲线，如图 10-65 所示之实线，然后再将活化悬浮液注入井内后测一条活化 γ 曲线（图 10-65 中之虚线）。由于吸水层在吸入水的同时，固相载体滤积在相应层段的井壁表面，形成一层活化层。地层吸水量越大，同位素载体在井壁上的滤积量越多，于是两条 γ 曲线幅度相差就越大。如将两条 γ 曲线叠绘在一起并以非吸水层（如泥岩）段作为幅度差为零的标准，则在吸水层段上两条曲线所包围的面积 S_i（图 10-65 中之 4）与该层的相对吸水量 q_i 成正比，即

❶ $1L = 10^{-3} m^3$。

$$q_i = \frac{S_i}{\sum S_i} \times 100\% \quad (10-24)$$

式中：S_i 为第 i 层活化 γ 曲线与自然 γ 曲线包围面积；$\sum S_i$ 为全井段各吸水层总的包围面积。

第四节 流量测井

水是不可压缩的流体，它在地下的分布和流动状态取决于所处的水文地质环境及外界物理条件和地质构造特征等许多因素。当含水层被钻孔揭穿后，水将过钻孔各层之间发生一定的水力联系，从而引起井内复杂的流动过程，而这些过程又往往与地层性质有密切联系。因此对含水层进行动态分析可以了解地层的含水性、渗透性，并可进一步确定含水层的水文地质参数，估计产水量。当地下水被污染时可以调查污染情况。

流量测井是以分析井内流体在不同深度上流量的变化为基础，从而了解井内流体流动状态的一种重要测井方法。单位时间流经某一流通截面的流体体积称为体积流量，通常简称为流量 Q。根据定义，它与流体的流动速度 v_f 和流通截面 A 成正比：

$$Q = v_f A \quad (10-25)$$

因此我们可以通过测量井内流体的流速 v_f 间接测得流量。目前使用的各种流量计就是根据这一原理设计而成的。

根据测量原理不同，流量计可分为涡轮流量计、激光流量计、超声流量计、核流量计等。本节只重点讨论最常用的涡轮流量计的测量方法及有关资料的解释。

一、涡轮流量计

涡轮流量计主要由涡轮变送器（传感器）以及相应的电子线路和地面仪器所组成，按照工作条件和测量特点不同，可分为两大类，一类是封隔器流量计（又称为集流式流量计），另一类是连续流量计（又称为非集流式流量计）。它们的结构特点如图 10-66 所示。

封隔器流量计是由涡轮变送器及集流器组成。集流器总成的作用是封隔仪器与井壁之间的环形空间内流体上下流动，迫使井内流体 100%通过进液口而流入流量计主管内部以冲击涡轮叶片，然后再从流量计上部出液口流出回到井中。因此这种流量计灵敏度高，适于在低流量井中使用，但由于装有封隔仪器，只能逐点测量。

连续流量计是非集流型流量计，它可连续测量。测量时需用弹簧扶正器将仪器主体居中，使仪器轴与井轴一致，故所测的流速为井的中心流速。当仪器以某一恒定测速连续测量时，井内流体一部分从仪器管外的环形空间流过，另一部分流体则通过进液口从仪器管内部流过，并冲击涡轮叶片使之旋转。当井径不变，测速恒定、井内流体黏度不变时，涡轮的转速 N 与井内中心流速成线性正比关系。即

$$N = k(v - v_x)$$

或

$$N = kv - b \quad (10-26)$$

式中：k 为 $N-v$ 关系直线的斜率，为仪器之常数，它与涡轮材料、结构与电磁特性有关；

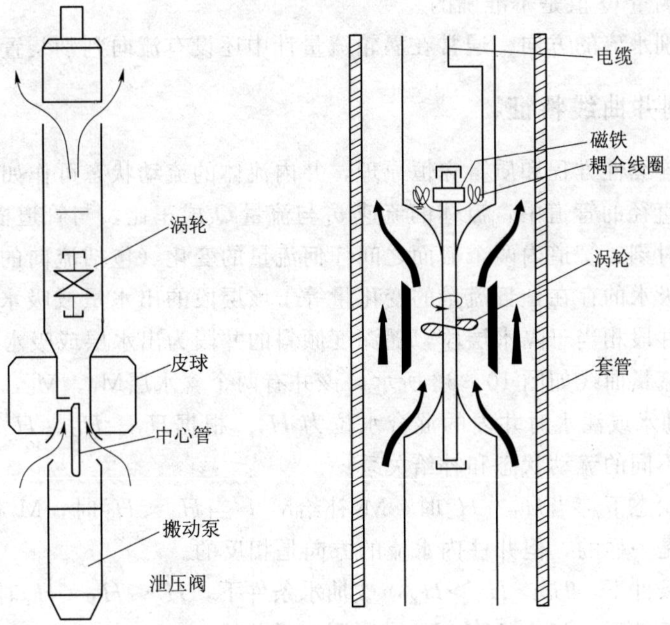

(a)封隔器流量　　(b)连续流

图 10-66　涡轮流量计

v_x为涡轮的启动流量，与流体性质、涡轮摩擦特性有关；v 为流体的相对速度，$v=v_t\pm v_f$，当流体流速 v_f 与仪器移动速度 v_t 同向时，$v=v_t-v_f$，当流体的流速 v_f 与仪器移动速度 v_t 反向时，$v=v_t+v_f$。

涡轮变送器是流量计的核心部件，当涡轮受水流冲击而旋转时带动磁钢旋转，从而在线圈中产生感应电动势，感应电动势的频率与涡轮叶片旋转的频率成正比。测井时通过检测线圈测量感应信号的频率，最后可将频率转换成流量。

根据动量矩守恒原理可以导出涡轮流量计的转速 N 与流体的体积流量 Q 的理论关系式：

$$N=k(Q-q) \qquad (10-27)$$

或

$$N=kQ-a \qquad (10-28)$$

式中：k 为 N 与 Q 关系直线的斜率，它是与变送器结构、材料和电磁特性有关的常数；q 为理论启动流量，它意味着涡轮具有惰性，只有在流量大于 q 时涡轮才能启动，这是由于涡轮本身存在一定的摩擦力的缘故。

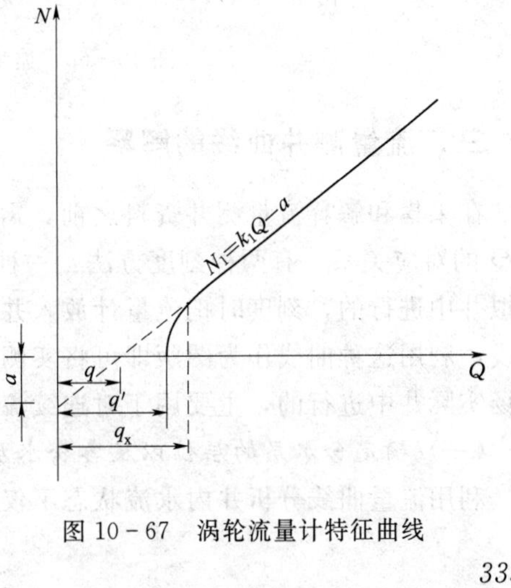

图 10-67　涡轮流量计特征曲线

实际上，涡轮的转速 N 与流量 Q 间并非完全线性关系，只有当 $Q>q_x$ 时，Q 与 N 才呈线性关系，当 $Q<q_x$ 时，Q 与 N 呈明显的非线性关系，见图 10-67。因此，在

极低流量条件下测量 Q 值是不准确的。

为了有效辨别水流的方向，通常在涡轮流量计中还设有流向判别装置。

二、流量测井曲线特征

根据流体的连续性方程和质量守恒原理，井内流体的流动状态可作如下描述：

(1) 在同一直径的管道中，流体的流速 v_f 与流量 Q 成正比，与管道横截面 A 成反比。

(2) 在某一时刻，管道内两个截面之间任何流量的变化（包括流向的改变）均表明有出水（漏水）或吸水的存在，且流量的变化量等于该层段的出水量或吸水量。因此，流量曲线上无变化的井段相当于隔水层段，随深度倾斜的井段为出水层或吸水层段。

典型的理论流量曲线如图 10－68 所示，该井有两个含水层 M_1、M_2，相应的静止水头为 H_1、H_2。当抽水或注水时井内的混合水位为 H'。根据 H_1、H_2、H' 三者间的相互关系，井内将出现不同的流动状态和补给关系：

(1) 在自然状态下，当 $H_1>H_2$ 时，M_1 补给 M_2；当 $H_1<H_2$ 时，M_2 补给 M_1。两种情况所测流量曲线是一样的，但井柱内水流的方向是相反的。

(2) 在注水条件下，$H'>H_1>H_2$，或抽水条件下，$H'<H_1<H_2$ 时所测流量曲线。

(3) 在注水条件下，$H_1>H'>H_2$ 时所测流量曲线。

根据这些特征我们可以对流量测井曲线作相应的地质解释。

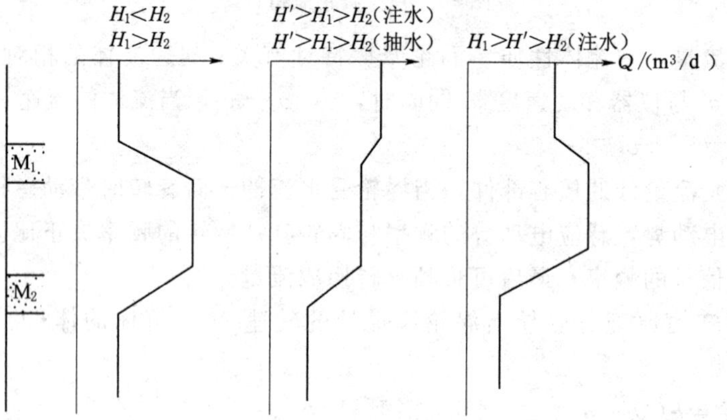

图 10－68　典型条件下的理论流量曲线

三、流量测井曲线的解释

在采集和解释流量测井资料之前，需要用流量计进行刻度，以确定涡轮转速 N 与流量 Q 的对应关系。有两种刻度方法：一种是室内模拟井刻度方法，是在室内预先设计好的模拟井中进行的，刻度时把流量计放入井内，按照实际操作过程即可作出每支仪器的标定曲线，利用这种曲线作为图版即可将实测数据转换成流量；另一种是现场刻度方法，是在现场实际井中进行的，主要用于对连续流量计的刻度。

（一）确定含水层的层位以及各含水层之间的水力联系

利用流量曲线分析井内水流状态不仅可以确定出水层或吸水层的层位，而且还可了解各层之间的水力联系，综合评价坝基渗漏等问题。

当钻孔穿过多个含水层时，井内水流将从水头较高的层位流向较低层位，而当向井内注水或抽水时，则根据混合水位与各层静止水位的关系而使水流发生变化，这种变化包括水流方向的改变，以及原来渗出的变为渗入或原来渗入的变为渗出。

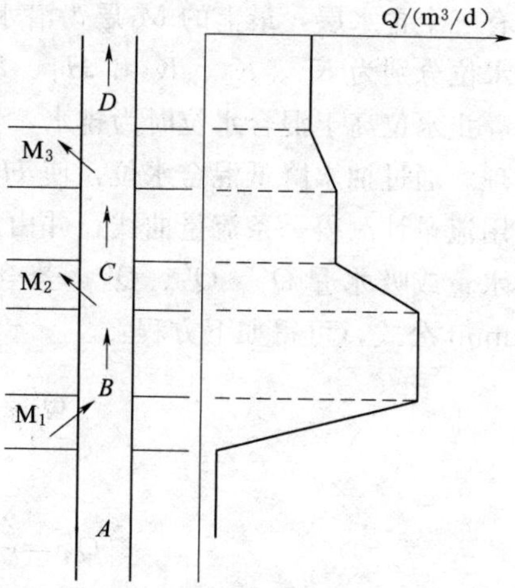

图 10-69　实测封隔器流量计的流量曲线

图 10-69 为某一井段的实测流量曲线。由图 10-69 可见，该井段有三个含水层段，最下一层为出水层，且水量较大，上面两层为吸水层，其特征为随水流方向（由下向上）流速逐渐减小，根据流量曲线特征可以判断由 M_1 层流出的水一部分流入 M_2、M_3 层，还有一部分流向地面或其他地层。如果流量计已被刻度，则根据流量曲线可直接读出各层的涌水量和吸水量：

M_1 层的涌水量　　$q_1 = Q_B - Q_A$

M_2 层的涌水量　　$q_2 = Q_B - Q_C$

M_3 层的涌水量　　$q_3 = Q_C - Q_D$

总出水量　　$q = q_1 - (q_2 + q_3)$

Q_A、Q_B、Q_C、Q_D 为各个相应隔水层段的流量值，如果 D 以上没有其他含水层或漏水层，则所计算的 q 值为该井的地面产水量q_{sc}。如果两者不一样，则就说明在 D 以上井段有漏水或渗水部位。各含水层的顶、底板可由流量曲线倾斜增大或下降的突变点来确定。

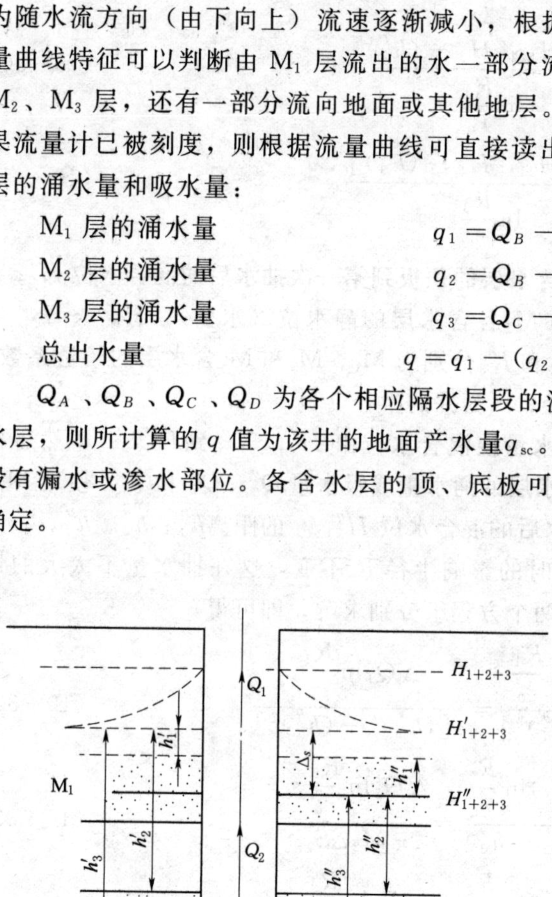

图 10-70　两次混合抽水计算渗透系数示意图

（二）求解含水层的渗透系数

长期以来主要依靠水文地质抽水试验来求渗透系数，这一方法要求事先确定含水层位厚度、抽水时水位降深以及相应的流量等一系列数据。如果钻孔揭露多个含水层则还需要分层止水、分层抽水才能求解。显然，这很费时、费力，而且往往由于分层止水不够准确而导致求解结果误差很大。采用流量测井可以避免这些缺点，而且效果更好。

利用流量测井确定渗透系数仍然以 Dupuit 公式为依据，但需要通过二次混合抽水（或注水）、二次降深过程。当条件有利时（如天然涌水量较大的含水层）也可只一次降深就解出。

以实例说明具体方法。在图 10-70

中有三个含水层，最上的M_1层为潜水层，M_2、M_3为承压含水层，设各层的渗透系数和静止水位分别为K_1、K_2、K_3和H_1、H_2、H_3。H_{1+2+3}为井内混合静水位。当某一含水层的静止水位高于混合水位时为排水，低于时为吸水，等于时则不排水也不吸水。根据这一原理，通过抽水降低混合水位，使H_{1+2+3}降到H'_{1+2+3}，促使各个含水层向井内涌水。此时用流量计测得一条流量曲线，并由此可确定各含水层的层位及厚度，以及各个含水层的涌水量或吸水量Q'_1、Q'_2、Q'_3，若含水层涌水时Q值取正，吸水时Q值取负，根据Dupuit公式，可得如下方程：

$$Q'_1=\frac{\pi K_1[H_1^2-(h'_1)^2]}{\ln\dfrac{R_1}{r_0}} \tag{10-29}$$

$$Q'_2=\frac{2\pi K_2H_{M2}[H_2-(h'_2)]}{\ln\dfrac{R_2}{r_0}} \tag{10-30}$$

$$Q'_3=\frac{2\pi K_3H_{M3}[H_3-(h'_3)]}{\ln\dfrac{R_3}{r_0}} \tag{10-31}$$

式中：h'_1、h'_2和h'_3分别为M_1、M_2和M_3含水层的顶板到第一次抽水后的混合水位H'_{1+2+3}的距离；H_1、H_2和H_3分别为M_1、M_2和M_3各含水层的静水位（水头）；H_{M1}、H_{M2}和H_{M3}分别为各相应含水层的厚度；K_1、K_2和K_3分别为M_1、M_2和M_3含水层的渗透系数；R_1、R_2和R_3为各含水层抽水时的影响半径；r_0为井的半径。

当测完第一条流量曲线后，再增大抽水量使混合水位由H'_{1+2+3}降到H''_{1+2+3}，然后再做第二次流量测井，同理可以得到各个含水层的涌水量或吸水量Q''_1、Q''_2和Q''_3，使用M_1、M_2、M_3含水层的顶板到第一次第二次抽水后的混合水位H''_{1+2+3}的距离h''_1、h''_2、h''_3。

这里，假设第一次抽水和第二次抽水时的影响半径R不变，这在抽水量不太大的情况下是与实际情况相符的。这样，对以上两个方程组分别求解，即可得

$$K_1=\frac{(Q''_1-Q'_1)\ln\dfrac{R_1}{r_0}}{\pi[(h'_1)^2-(h''_1)^2]}=\frac{\Delta Q_1\ln\dfrac{R_1}{r_0}}{\pi[(h'_1)^2-(h''_1)^2]} \tag{10-32}$$

$$K_2=\frac{(Q''_2-Q'_2)\ln\dfrac{R_2}{r_0}}{2\pi M_2(h'_2-h''_2)}=\frac{\Delta Q_2\ln\dfrac{R_2}{r_0}}{2\pi M_2\Delta S} \tag{10-33}$$

$$K_2=\frac{(Q''_3-Q'_3)\ln\dfrac{R_3}{r_0}}{2\pi M_3(h'_3-h''_3)}=\frac{\Delta Q_3\ln\dfrac{R_3}{r_0}}{2\pi M_3\Delta S} \tag{10-34}$$

在式（10-32）～式（10-34）中，Q'_1、Q'_2、Q'_3、Q''_1，Q''_2，Q''_3分别由流量测井曲线读出，ΔS为两次混合抽水的水位差，可以直接测出，r_0可由井径曲线读出，R_1、R_2、R_3可由水文地质资料取得，由于R包含在ln函数之内，因此数值大小对K值计算影响不十分敏感，一般对各个含水层不必分别求取。

如果含水层的自然涌水量较大，也可只用一次混合抽水过程求得渗透系数，此时应先测一条自然流量曲线（设相应的混合水位为a），然后抽水将水位降至b，再测一条流量曲

线，利用式（10－32）～式（10－34）也可解得各层的渗透系数 k 值。

（三）确定含水层的静止水位

利用式（10－29）～式（10－34），用反推的方法可以解得各含水层的静水位表达式为

$$H_1=\sqrt{\frac{Q_1'[(h_1')^2-(h_2'')^2]}{\Delta Q_1}+(h_1')^2} \tag{10-35}$$

$$H_2=\frac{Q_2'\Delta S}{\Delta Q_2}+h_2' \tag{10-36}$$

$$H_3=\frac{Q_3'\Delta S}{\Delta Q_3}+h_3' \tag{10-37}$$

也可用作图方法求解各层的静止水位，其具体方法是根据多次抽水的水位 S 以及相应的流量测井值 Q 作出 $Q-S$ 散点分布图，并进而作 $Q=f(S)$ 回归曲线，根据回归曲线的顺延线与 Q 轴的交点即可确定相应的静止水位 H 值。根据所求回归方程可以预测在一定降深条件下的各层涌水量。

复习思考题

1. 什么是视电阻率测井？
2. 视电阻率测井和地面电阻率法有何异同之处？
3. 如何用符号表示一个电极系？各举一梯度电极系和电位电极系加以说明。
4. 对应单一高电阻率厚层视电阻率测井曲线有何特点？
5. 选择电极系大小要考虑哪些影响因素？
6. 视电阻率测井主要用来解决哪些工程地质问题？
7. 什么是侧向测井？它和普通视电阻率测井主要区别在哪里？
8. 井液电阻率测井的工作原理如何？它的主要用途是什么？
9. 在井孔中形成自然电位的机理是什么（主要是两种电动势）？
10. 单一的泥层或砂层自然电位测井曲线有何特点？咸水和淡水的自然电位测井曲线有何特点？
11. 自然电位测井在水文、工程地质中有何应用？
12. 试述电磁波测井的工作原理。
13. 什么是感应测井？什么是钻孔电磁波法？
14. 在工程地质中钻孔电磁波法能解决什么问题？为什么？
15. 地震测井有哪些工作方式？其特点是什么？
16. 地震测井在工程地质中有何应用？
17. 声波测井有哪些工作方法？
18. 为什么双发双收声波测井可以消除井径变化及井斜带来的影响？
19. 声速测井在工程地质中的用途是什么？
20. 声波幅度测井在工程地质上有什么用途？
21. 什么是放射性测井？它有哪些方法？测量参数各是什么？

22. 典型剖面的自然γ测井曲线的特征是什么？
23. 为什么可以用自然γ测井确定地层泥质含量？
24. 为什么γ-γ测井可以用来划分岩性、确定岩层孔隙率？
25. 中子与物质原子核的作用有哪些？中子与物质原子核的作用的两个阶段是什么？
26. 为什么中子测井能测定岩石孔隙率？怎样用中子测井确定岩石孔隙率？
27. 什么是放射性同位素测井？它在水文、工程地质中有何应用？
28. 如何使用放射性同位素示踪确定地下水的流向和流速？
29. 封隔器流量计和连续流量计的特点是什么？
30. 如何确定含水层的静止水位？

参 考 文 献

[1] 周天福．工程物探 [M]. 北京：中国水利水电出版社，1992.

[2] 王兴泰．工程与环境物探新方法新技术 [M]. 北京：地质出版社，1996.

[3] 陈仲候，傅唯一．浅层地震勘探 [M]. 成都：成都地质学院出版社，1986.

[4] D. H. Griffths, R. F. King. Applied geophysics for geologists and engineers: the elemests of geophysicol prospecting [J]. Earth - Science Reviews, 1982, 18 (1): 89 - 90.

[5] 梁乃杰．杭州湾核电站选址的地球物理调查 [J]. 物探与化探，1986 (3) 161 - 170.

[6] 丁绪荣．普通物探教程 [M]. 北京：地质出版社，1984.

[7] 长春地质学院水文物探编写组．水文地质工程地质物探教程 [M]. 北京：地质出版社，1980.

[8] 傅良魁．电法勘探教程 [M]. 北京：地质出版社，1983.

[9] 陆基孟，王永刚．地震勘探原理 [M]. 青岛：中国石油大学出版社，2014.

[10] 李舟波．钻井地球物理勘探 [M]. 北京：地质出版社，1986.

[11] 罗延钟．电法勘探的某些进展 [J]. 物探与化探，1989 (5) 363 - 369.

[12] 刘国兴．电法勘探原理与方法 [M]. 北京：地质出版社，2005.

[13] 傅良魁．应用地球物理教程：电法放射性地热 [M]. 北京：地质出版社，1991.

[14] 李志武．电法勘探仪器的发展 [J]. 国外地质勘探技术，1994 (3)：1 - 5.

[15] 李金铭，罗延钟．电法勘探新进展 [M]. 北京：地质出版社，1995.

[16] 白宝玉．电阻率中梯法在探测西安地裂缝方面的应用 [J]. 物探与化探，1990 (6)：471 - 473.

[17] 刘红松．应用电阻率法查明断裂和破碎带为城市建设规划提供地球物理依据 [J]. 物探与化探，1986，10 (1)：54 - 57.

[18] 龙凡．电反射系数（K）法在赤峰西部水文地质勘察中的应用效果 [J]. 物探与化探，1988，12 (2)：154 - 159.

[19] 罗延钟，张桂青．电子计算机在电法勘探中的应用 [M]. 武汉：武汉地质学院出版社，1987.

[20] 杨再立，马文杰，于婷婷，等．工程物探中电测深法原理与解释应用 [J]. 中国科技博览，2014 (6) 586.

[21] 丁俊述．电阻率法对砂石料场的储量调查 [J]. 工程物探，1989 (4)：23 - 25.

[22] 扬进，郑于文．高密度电阻率法的原理与技术 [J]. 工程勘察，1989 (2)：73 - 76.

[23] 郑传泰，高密度电阻率法在军都山隧道勘察中的应用 [J]. 工程勘察，1989 (3)：225 - 228.

[24] 刘思源．自然电场法探测堤坝基础漏水带的应用实践 [J]. 工程勘察，1988 (1)：58 - 60.

[25] 信永水．含水构造上激发极化特征的研究 [J]. 物探与化探，1987 (2)：151 - 155.

[26] 陈居和．用激发极化法开展大面积地下水普查的初步尝试 [J]. 物探与化探，1987 (3)：205 -213.

[27] 施申轶，陈维发．利用 DWJ - 1 型微机激电仪在城市找水实例 [J]. 物探与化探，1987 (2)：155 -157.

[28] 朴华荣．电磁测深原理 [M]. 北京：地质出版社，1991.

[29] 陈公伟，周欣．用频率测深法探测岩溶分布带 [J]. 煤田地质与勘探，1982 (5)：44 - 47.

[30] 陈仲候，王兴泰，杜世汉．工程与环境物探教程 [M]. 北京：地质出版社，1993.

[31] 陈晦鸣．电磁法在查明地下电缆和管道方面的应用［J］．物探与化探，1988，12（5）：378-385.
[32] 高绍伟，刘博文．管线探测［M］．北京：测绘出版社，2011.
[33] 侯卫生，刘江平．工程地震勘探的新进展［J］．勘探地球物理进展，1989，25（6）：59-64.
[34] R. L. Sengbush. Seismic exploration methods［M］. Birkhauser，1984.
[35] 许顺芳，张兵．地震勘探实验指导书［M］．武汉：中国地质大学出版社，2017.
[36] 裴琳，宋正宗．浅层反射数据处理系统及其应用［C］//计算机在地学中的应用国际讨论会论文摘要集．北京，1991.
[37] 董泽斌，吴良元．地震资料数据处理［M］．北京：石油工业出版社，1992.
[38] 雷宛，肖宏跃，邓一谦．工程与环境物探教程［M］．北京：地质出版社，2006.
[39] 周绪文．反射波地震勘探方法［M］．北京：石油工业出版社，1989.
[40] 单娜琳，程志平，刘云祯．工程地震勘探［M］．北京：冶金工业出版社，2006.
[41] 中国水利电力物探科技信息网．工程物探手册［M］．北京：中国水利水电出版社，2011.
[42] 陈成宗．工程岩体声波探测技术［M］．北京：中国铁道出版社，1990.
[43] 朱金富．隧道施工超前地质预报方法技术［M］．北京：地质出版社，2017.
[44] 王振宇．弹性波层析成像研究及工程应用［M］．北京：中国水利水电出版社，2013.
[45] 何伟兵．瑞雷面波勘探理论方法的研究及其应用［J］．广东公路勘察设计，2012（1）：38-41.
[46] 曾华霖．重力场与重力勘探［M］．北京：地质出版社，2005.
[47] 刘天佑．磁法勘探［M］．北京：地质出版社，2013.
[48] 刘菁华．王祝文．放射性勘探方法［M］．北京：地质出版社，2014.
[49] Darwin V. Ellis，Julian M. Singer. Well logging for earth scientists［M］. 2nd ed. Berlin：Springer Nether lands，2007.
[50] 王惠濂．综合地球物理测井［M］．北京：地质出版社，1990.
[51] 陈科贵，王文文，喻克全．声波测井新技术及应用实践［M］．北京：石油工业出版社，2012.
[52] 周四春．核测井原理及应用［M］．北京：中国原子能出版社，2016.
[53] 何振起，李海，梁彦忠．利用地震反射法进行隧道施工地质超前预报［J］．铁道工程学报，2000，68（4）：81-85.